OELMASCHINEN

Wissenschaftliche und praktische Grundlagen für Bau und Betrieb der Verbrennungsmaschinen.

von

St. Löffler   A. Riedler

Mit 288 Textabb.

Berlin

Verlag von Julius Springer

1916

ISBN-13: 978-3-642-98435-8   e-ISBN-13: 978-3-642-99249-0
DOI: 10.1007/978-3-642-99249-0

Softcover reprint of the hardcover 1st edition 1916

Kennzeichnung.

Dieses Buch ist unter folgenden Erwägungen, Vorbehalten und besonderen Umständen entstanden:

Die Fachgebiete werden unvermeidlich immer mehr „spezialisiert", verwandte Gebiete entwickeln sich oft völlig getrennt voneinander, und die Denkweise der „Spezialisten" überträgt sich sogar auf Studierende.

Es ist aber notwendig, das Getrennte übersichtlich zusammenzufassen, und vor allem das Gemeinsame aller Verbrennungsmaschinen zu kennzeichnen. Hierzu ist eine Darstellung der Ölmaschinen besonders geeignet, weil sie als vielseitiges Beispiel dienen können, das zugleich das Wesen der übrigen Verbrennungsmaschinen aufklärt. —

Aller Fortschritt beruht auf der zunehmenden Einsicht, die den ursächlichen Zusammenhang feststellt, und auf einer Reihe von Erfahrungen. Darunter befinden sich aber viele Teilerfahrungen, die unbekannten Voraussetzungen und Kompromissen entsprungen sind. Sie dürfen nicht verallgemeinert werden, ebensowenig wie die Schlußfolgerungen aus einseitigen „theoretischen" Erwägungen und Annahmen.

Es wäre verdienstlich, zu zeigen, daß sich viele Erfahrungen, die schweres Lehrgeld gekostet haben, als notwendige Schlußfolgerungen aus wissenschaftlicher Einsicht ergeben, und andrerseits, daß wichtige Schlußfolgerungen durch die Erfahrungen des praktischen Betriebs erläutert und bekräftigt werden.

Die übersichtliche Darstellung einer wichtigen Maschinenart könnte daher eine Kette von wissenschaftlichen Schlußfolgerungen sein, die sich mit den praktischen Erfahrungen so verschlingt, daß diese die Fortsetzung und Vervollständigung der Schlußfolgerungen bilden.

1*

Solche Darstellung würde auch die oft beklagte vermeintliche „Kluft zwischen Wissenschaft und Praxis" ausfüllen helfen, eine Kluft, die nur zwischen einseitigen theoretischen Erwägungen und unzulässig verallgemeinerten Teilerfahrungen besteht.

Wenn die Erfahrungen des Betriebs den Annahmen und Schlußfolgerungen unmittelbar gegenübergestellt werden, dann wird die Gefahr unzulässiger Verallgemeinerung vermindert, und Übereinstimmung oder Widersprüche können erkannt werden.

Viele Erfahrungen, die ungünstigen und die teuer erkauften insbesondere, werden streng geheimgehalten, und es ist schwer, sie richtig zu beurteilen, die eigene Erfahrung aber ist beschränkt. An „praktischen" Erfahrungen kann auch häufig der ursächliche Zusammenhang nicht genügend erkannt werden. Den Praktikern fehlt oft die Zeit und die Ruhe, den verwickelten Beziehungen zwischen Ursachen und Wirkungen nachzugehen. So sind eigentlich nur sorgfältige Versuche auf Prüfständen einwandfrei, und auch sie nur innerhalb der gewollten und sicher bekannten Betriebsverhältnisse. Deshalb sind hier überwiegend allgemein und übereinstimmend gemachte Betriebserfahrungen angegeben, aber auch einige Ergebnisse wissenschaftlicher Versuche herangezogen, soweit die Voraussetzungen dieser Versuche genau mit den praktischen Betriebsbedingungen übereinstimmen. Zu den hier mitgeteilten Erfahrungen konnten jedoch die Betriebs-, Beobachtungs- oder Versuchseinzelheiten nicht angegeben werden, ohne den Umfang des Buchs unzulässig auszudehnen. —

Die grundlegenden Rechnungen sind auf das Wesentliche und praktisch Notwendige beschränkt, und anstelle der „Vernachlässigungen", die in „exakten" Rechnungen und ihren langen Formeln in der Regel gemacht werden, sind Vervollständigungen der Rechnung eingeführt, wo der Zwang dazu vorliegt. —

In der Literatur nehmen die rein wärmetheoretischen Betrachtungen den breitesten Raum ein, die Wärmebilanzen, die alle Einzelheiten berücksichtigen und jeder Kalorie nachgehen wollen.

Dabei wird aber vielfach nach Größen gewertet, die keine oder nur geringe praktische Bedeutung haben oder nur einseitigen Aufschluß geben.

Es ist daher notwendig, selbst auf elementare Grundlagen,

wie Wertungsgrößen, kritisch einzugehen und anzugeben, wie richtige Wertung im Zusammenhang mit den wirtschaftlichen Forderungen und den praktischen Erfahrungen möglich ist. —

Die „theoretischen" Grundlagen der Verbrennungsvorgänge sind gründlich verbesserungsbedürftig, sie beruhen auf der Annahme eines vollkommenen, umkehrbaren Kreisprozesses, der nie verwirklicht werden kann, auf der Annahme der Wärmezuführung und Wärmeableitung bei konstantem Volumen oder unter konstantem Druck, Verdichtung und Ausdehnung ohne Wärmezuleitung oder Wärmeableitung.

In Wirklichkeit erfolgt die Verbrennung und Wärmezuführung noch während der Ausdehnung, bei veränderlichem Volumen, veränderlichem Druck; die Wärmeabführung beginnt wegen der unvermeidlichen Kühlung sogar vorwiegend schon mit der Wärmezuführung, die Verdichtung erfolgt unter Wärmezuführung von heißen Wandungen und von Restgasen usw.

„Theoretisch" wird ein nie erreichbarer Wärmezustand vorausgesetzt; der wirkliche Wärmezustand entscheidet hingegen oft allein über die Betriebsbrauchbarkeit der Maschinen. Die theoretischen Voraussetzungen treffen niemals zu, auch nicht für die verlustlose Maschine und für keinerlei Brennstoff. Der wirkliche Arbeitsvorgang wird nach unmöglichen theoretischen Voraussetzungen gedeutet und gewertet. Daher stimmen denn auch viele Schlußfolgerungen mit wichtigen Tatsachen der wirklichen motorischen Verbrennung nicht überein, und deshalb sind Fachleute über motortechnische Fragen oft sehr verschiedener Meinung, und wichtige Erfahrungswerte können durch die herrschenden Anschauungen über motorische Verbrennung nicht einwandfrei erklärt werden.

Vor allem wäre es daher erwünscht, daß die Grundlagen entsprechend den wirklichen Vorgängen in der Maschine geklärt werden. Das ist aber eine gewaltige Aufgabe, die in diesem Buche nicht nebenher behandelt werden kann. Die erwähnten theoretischen Annahmen, die allgemein gangbar sind, mußten deshalb hier beibehalten werden.

Sie können nur auf Grund eingehender wissenschaftlicher Versuche richtiggestellt werden. Solche umfassende Versuche erfordern Jahre mühevoller Arbeit und reiche Mittel.

Verbrennungsmaschinen werden meist in der Weise dargestellt, daß einer allgemeinen theoretischen Übersicht eine Beschreibung von Gestaltungen folgt, oft aus verflossener Zeit oder mit nie oder nur gelegentlich ausgeführten Einzelheiten. Manchmal sind diese Gestaltungen sogar irreführend. Diese Literatur scheint indes wenig Anklang zu finden, sonst würden die Handbücher, die nur Rezepte und Faustregeln enthalten und auf niedrigerer Stufe stehen als die Kochbücher, nicht so ungewöhnlich große Verbreitung finden, und auch die Studierenden würden sich nicht solchen trüben Quellen zuwenden. In solchen Darstellungen werden „Steuerungen" besonders bevorzugt, also ein Mittel zum Zweck, ohne daß auf den Zweck, auf die tatsächlich erreichte Druck- und Wärmeverteilung eingegangen wird. So ist ja auch die Literatur über Dampfmaschinen reichlichst erfüllt von „Steuerungen", und der Hauptsache, den Wärmewirkungen und ihren Schwierigkeiten, wird aus dem Wege gegangen. Und so werden auch immer mehr die Steuerungen von Verbrennungsmaschinen einseitig herausgegriffen und an der Hand veralteter baulicher Einzelheiten bearbeitet, als geometrische Teilaufgaben, die in unserer Zeit von verständigen Studierenden schon auf der Schulbank gelöst werden können, während die großen Schwierigkeiten in der Beherrschung des Wärme- und Betriebszustandes liegen. —

Verbrennungsmaschinen lassen sich weder durch die baulichen Einzelheiten allein, noch auf Grund von Spezialwissen verständlich darstellen. Spezialbelehrung in Büchern und auf dem Lehrstuhl ist ein pädagogisch ganz aussichtsloses Beginnen, schon deshalb, weil sie endlos ist, die Aufnahmefähigkeit und die Zeit der Lernenden aber sehr endlich.

Gegenüber der mit dem Fortschritt immer mehr steigenden Flut von Spezialwissen und Erfahrungen und gegenüber der Notwendigkeit, einerseits dem Lernenden dennoch vertieftes Wissen beizubringen, andrerseits auch dem Erfahrenen, dem urteilsfähigen, aber zeitarmen Fachmann nützlich zu sein, wäre ein richtiger Weg der, daß erfahrene Lehrende den Anfängern nur die auf das Allernotwendigste verdichtete Einsicht mündlich vermitteln, alles übrige aber in Handbüchern niederlegen, die die wissenschaftlichen und praktischen Notwendigkeiten und die maßgebenden Erfahrungen, sowie die davon abhängigen Gestaltungen zusammenfassen.

Solche Darstellung würde auch bei erfahrenen Fachleuten Anerkennung finden, die manche „Literatur" wie die Pest fliehen. Allerdings müßte diese Zusammenfassung wegen des unaufhaltsamen Fortschrittes beständig erneuert werden, und die schaffende Welt dürfte ihre Mitarbeit nicht versagen. —

Leider wird die Mitarbeit der Praxis durch die Geheimniskrämerei gehindert, die auf dem Felde der Verbrennungsmaschinen üppig wuchert. Konstruktionszeichnungen und Betriebserfahrungen werden ängstlich gehütet, obwohl sich die nach den geheimgehaltenen Zeichnungen gebauten Maschinen gelegentlich selbst auf den Prüfständen der Wettbewerber vorfinden.

Die den Fortschritt bringende Erfahrung kann selten im praktischen Betriebe allein gewonnen werden, sie setzt vielmehr planmäßige Versuche voraus. Diese werden in großen Fabriken im größten Maßstabe durchgeführt; aber davon dringt nichts in die Öffentlichkeit. —

Zu diesen Schwierigkeiten allgemeiner Art, die Verbrennungsmaschinen übersichtlich und richtig darzustellen, kommen noch die besonderen hinzu, die sachlich in der Eigenart der Verbrennungsmaschinen selbst begründet sind.

Die Eigenschaften des Kraftmittels und die Eigenart seiner Behandlung sind entscheidend für die Betriebsverhältnisse und Wirkungen der Maschine, die damit betrieben wird.

Dampfmaschinen werden mit einem fertigen Arbeitsmittel betrieben. auch mit großen Überlastungen; das Kraftmittel der Verbrennungsmaschinen hingegen muß erst in arbeitsfähigen Zustand gebracht werden durch die Gemischbildung, Verdichtung und Zündung, und ein gefährlicher Wärmezustand muß durch besondere Mittel beherrscht werden.

Die Darstellung des Wesens der Verbrennungsmaschinen muß daher den ganzen umständlichen Zusammenhang der Vorbereitung und des Verlaufs der Verbrennung, die Beherrschung des Wärmeflusses und die entscheidenden Betriebsbedingungen umfassen.

Auf eine ganze Gruppe von Ursachen und gleichzeitigen Wirkungen kommt es an. Auf deren umständlichen, aber entscheidenden Zusammenhang muß daher stets eingegangen werden, bei schwierigen Zusammenfassungen, wie auch bei scheinbar einfachen Fragen.

Die Darstellung der Grundlagen wird daher unvermeidlich weitläufig, und Wiederholungen sind dabei nicht zu entbehren, weil immer wieder auf das Zusammenwirken aller wesentlichen Ursachen einzugehen ist.

Wenn es gelingt, die wissenschaftlichen Grundlagen festzustellen, die den wirklichen Vorgängen in den Maschinen entsprechen, dann wird es später möglich sein, die Verbrennungsmaschinen sehr viel einfacher und kürzer darzustellen. —

Noch viele Wünsche und maßgebende Gesichtspunkte könnten hier aufgestellt und begründet werden. Auch nur die wesentlichsten Wünsche zu erfüllen, die mit Recht an eine Darstellung der Verbrennungsmaschinen gestellt werden, ist einem einzelnen auf einem so schwierigen Gebiete nicht möglich. Ich habe deshalb die vorliegende Arbeit gemeinsam mit Professor Dr. Löffler durchgeführt. Für die kritischen Betrachtungen am Schlusse des Buches, in dem Abschnitte „Rückschau und Ausblick“, wünsche ich allein die Verantwortung zu tragen.

Für Mitarbeit am Werke habe ich zu danken den Herren Dipl.-Ing. Schulz, Dr. Stein und Dipl.-Ing. Pansegrau.

Das vorliegende Buch behandelt die Grundlagen, die Entwicklung der Verbrennungsmaschinen, die wärmetechnischen Grundlagen und Arbeitsverfahren, Berechnung und Wertung von Verbrennungsmaschinen, die motorisch verwendeten Brennstoffe, die Gemischbildung und die Beherrschung des Wärmezustandes, alles im steten Zusammenhang mit den Betriebserfahrungen und stets die Ölmaschine als eigenartiges Beispiel benutzend für die Behandlung der wesentlichen Fragen aller Verbrennungsmaschinen.

Bau und Betrieb der Ölmaschinen sollen in einem besondern Buche dargestellt werden, das noch in Bearbeitung begriffen ist. Es soll behandeln: alle wesentlichen baulichen Einzelheiten, Steuerungen und ihre Wirkungen, Umsteuerungen, Regelungen usw., die dynamischen Wirkungen, Ausgleichungen, Massenwirkungen, Schwingungen, Aufstellung, Betrieb, Wartung, Betriebsführung und Betriebseinrichtungen, Versuchs- und Betriebsergebnisse, die Wirtschaftlichkeit der Betriebe, Vergleiche mit andern Wärmekraftbetrieben, die wichtigsten Fragen der Kosten und des Ertrags, also alle wesentlichen Fragen baulicher, betrieblicher und wirtschaftlicher Art.

In der Hoffnung, daß mir die Industrie ihre Hilfe bei der Ausarbeitung des Buches nicht versagen werde, habe ich von allen Fabriken, die nach ihren Ankündigungen Ölmaschinen bauen, zunächst die Beantwortung bestimmter Konstruktions- und Betriebsfragen erbeten, natürlich nur solcher, auf die es entscheidend ankommt.

Der Erfolg war, daß viele die Antwort abgelehnt haben, und zwar, wie ich feststellen konnte, deshalb, weil sie den Bau von Ölmaschinen noch gar nicht erfolgreich betreiben. Andere haben aus Geheimtuerei abgelehnt. Mehrere haben es höchst sonderbar gefunden, so wichtige Fragen überhaupt beantwortet zu wünschen.

Die maßgebenden Fabriken hingegen, die Schöpfer des ganzen Fortschritts, haben alle gestellten Fragen beantwortet, auch bereitwillig ihre Erfahrungen mitgeteilt und — wohl erstmalig — rückhaltlos volle Einsicht in ihre Konstruktionen, Ausführungen und Betriebe ermöglicht. Nur um vorläufige Nichtveröffentlichung einiger Zeichnungen, die neueste Bestrebungen betreffen, haben einzelne ersucht, ein Verlangen, dem selbstverständlich entsprochen wird.

Durch dieses Entgegenkommen der maßgebenden Fabriken wird es möglich, auch die bauliche Gestaltung der Maschinen und die Betriebserfahrungen dem gegenwärtigen Stande der Entwicklung entsprechend darzustellen.

In besonderem Maße habe ich für ihr Entgegenkommen zu danken: der Maschinenfabrik Augsburg-Nürnberg, der Gasmotorenfabrik Deutz, sowie den Firmen Gebrüder Sulzer in Winterthur und Benz & Cie. in Mannheim.

Im vorliegenden Buch sind mehrere eigenartige Schwierigkeiten der Verbrennungsmaschinen in besonderen Abschnitten übersichtlich zusammengefaßt, so u. a. die wichtige „Beherrschung des Wärmezustandes". In ähnlicher Weise könnten noch andere Eigentümlichkeiten und Abhängigkeiten zusammenfassend dargestellt werden, wie z. B. die „Verbrennungsgeschwindigkeit", das „Nachbrennen", das „Ladegewicht", das „Hubvolumen" der Zylinder.

der „Schmierzustand" der Maschinen. Davon ist abgesehen worden, weil es den Umfang des Buches zu sehr vergrößern würde, und weil die Zusammenfassung der hierauf bezüglichen Angaben, die durch Beispiele genügend veranschaulicht und im Zusammenhange mit der Maschinenwirkung geklärt sind, keine Schwierigkeiten bereitet. —

Die Drucklegung des Buches ist durch den Weltkrieg verschoben worden. Dafür konnten Ergebnisse von Versuchen, die während der Kriegszeit für Heereszwecke in der Versuchsanstalt für Verbrennungsmaschinen und Kraftfahrzeuge an der Technischen Hochschule durchgeführt wurden, noch in das Buch aufgenommen werden, soweit ihre Veröffentlichung zulässig ist; auch konnten neue Fragen der flüssigen Brennstoffe und ihrer Verwendung Behandlung finden.

Berlin, im August 1916.

A. **Riedler.**

Inhalt.

I. Entwicklung und Grundlagen
der
Verbrennungsmaschinen.

Es soll hier nicht die Entstehungsgeschichte der Verbrennungsmaschinen in der üblichen Weise dargestellt werden, an der Hand von Beschreibungen, in denen bestimmte Wirkungen behauptet werden, während die Tatsachen, die Betriebserfahrungen und die ursächliche Klärung der Wirkungen fehlen.

Solche Darstellung der Entwicklung wäre unvermeidlich nur eine Geschichte der äußerlichen Mittel, der Irrtümer und Unvollkommenheiten und wäre wenig lehrreich.

Es handelt sich hier vielmehr um eine kurze Übersicht über die allmählich gewonnene Erkenntnis der maßgebenden Grundlagen, die zu einer wirklichen Weiterbildung der Verbrennungsmaschinen beigetragen und den ursächlichen Zusammenhang aufgeklärt hat. Dadurch werden auch am besten und gleich von Anfang an die eigenartigen Schwierigkeiten der Verbrennungsmaschinen in den Vordergrund gerückt.

Diese Eigenart der Schwierigkeiten, die zu überwinden waren, läßt sich insbesondere aus der allmählichen Entwicklung der Ölmaschinen erkennen. Für die wesentlich einfacheren Gasmaschinen genügt eine kurze Übersicht. Die Ölmaschinen hingegen erfordern eine eingehende Kennzeichnung der Grundlagen und vieler Einzelheiten. Die Leichtmotoren sind besonders lehrreich, weil sie oft unter schwierigen Bedingungen und an den äußersten Grenzen der Betriebsmöglichkeit zu arbeiten haben und ihre Wirkungen daher auch besonders auffällig und vielseitig hervortreten.

1. Gasmaschinen.

Die Entwicklung der Verbrennungsmaschinen beginnt vor einem halben Jahrtausend mit den Feuerwaffen, in denen hochwertige chemische Energie (Schießpulver usw.) im Motorzylinder (Geschützrohr) in lebendige Kraft eines Flugkolbens (Geschoß) umgewandelt wird.

Der Wirkungsgrad: das Verhältnis der erzeugten lebendigen Kraft des Geschosses zur Brennstoffenergie ist trotz der entstehenden hohen Temperatur und den ihr entsprechenden Wärmeverlusten sehr groß; er beträgt bis $33^0/_0$, und zwar wegen des hohen Druckgefälles, der sehr hohen Kolbengeschwindigkeit während der Arbeitsumsetzung und der infolgedessen geringen Zeit für Wärmeverluste.

Die mögliche Betriebsdauer ist sehr gering wegen der Schwierigkeiten, welche die ungewöhnlich hohen Pressungen und Temperaturen (über 3000 Atm. und 2000⁰ C.) bereiten und wegen der Nichtbeherrschung des Wärmezustandes; es muß daher für nennenswerten Dauerbetrieb (z. B. von Maschinengewehren) künstliche Kühlung angewendet werden.

Die nutzbare Lebensdauer ist äußerst gering wegen des ungünstigen Wärmezustandes und wegen der zerstörenden chemischen Nebenwirkungen der Verbrennungsgase auf den Motorzylinder. Sie beträgt bei größten Geschützen, auf ununterbrochenen Lauf des Geschosses gerechnet, nur Sekunden. —

Die Absicht, durch motorische Verbrennung Nutzarbeit in eigentlichen Verbrennungsmaschinen zu erzeugen, ist gleichfalls zuerst mit Schießpulver zu verwirklichen versucht worden. Zwei Jahrhunderte lang laufen allerlei Ideen und Versuche nebeneinander her, die darauf hinzielen, Schießpulver, Gas, Öl oder Kohlenstaub motorisch zu verbrennen, Ideen, die in der Literatur ausführlich beschrieben sind, aber für die Kenntnis der Verbrennungsmaschinen und für die vorliegende Darstellung der wesentlichen wärmetechnischen Wirkungen wertlos sind. Sie haben auch praktisch nichts zur Entwicklung der Verbrennungsmaschinen beigetragen.

Die Entwicklung beginnt erst spät, erst dann, als Leuchtgas

in städtischen Rohrnetzen, also verteilte chemische Energie, fast überall zur Verfügung stand.

Die erste bauliche Gestaltung der Leuchtgasmaschinen erfolgte, wie naheliegend, nach dem Vorbilde der damaligen Dampfmaschinen.

Die „Feuermaschine" von Lenoir (1860) ist allgemein bekannt geworden und hat durch ihre Neuheit großes Aufsehen und übertriebene Erwartungen erregt.

Die Maschine war doppeltwirkend (Bild 1), hatte Wasserkühlung

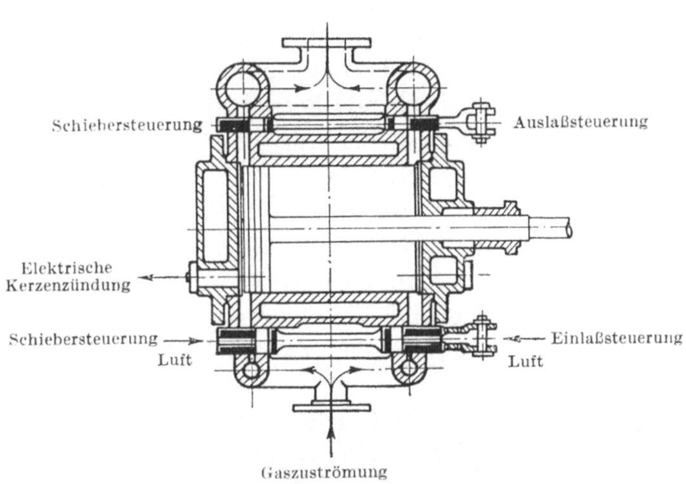

1. Zylinder der Lenoir-Leuchtgasmaschine.
Teilfüllung des Zylinders ohne Vorverdichtung des Gemisches.
Mangelhafte Kühlung des Auslaßschiebers.

im Zylindermantel und in den Deckeln und arbeitete mit elektrischer Zündung; die Steuerung erfolgte durch Schieber, getrennt für Ein- und Auslaß.

Die Arbeitsweise entsprach auch dem Vorbilde der Dampfmaschinen. Vom Hubwechsel an wurde Gemisch von Gas und Luft angesaugt, ein Teil des Zylinders damit gefüllt und gegen Hubmitte entzündet, darauf folgte die Verbrennung und Ausdehnung.

Erfahrungen:

■ Die Gemischbildung der Lenoir-Maschinen war mangelhaft, noch während des Auspuffhubs erfolgte Nachbrennen; die Wandungen wurden sehr heiß, die Kühlung war unzureichend, besonders in der Nähe der Auslaßschieber, und der Wärmezustand konnte nicht beherrscht werden.

Die Maschine konnte nur mit Überschmierung laufen, der Schmierölverbrauch war unerträglich groß; die Auslaßschieber gaben Anlaß zu vielen Störungen und wurden bald unbrauchbar.

Zündung und Verbrennung waren unregelmäßig. Die Regelung, durch Veränderung der Einlaßfüllung, war wegen der Kürze des Einströmungshubs unsicher.

Der Gasverbrauch war unnötig hoch, etwa 4 cbm für die Pferdekraftstunde. Wegen fehlender Vorverdichtung konnte nur reiches Gas, teures Leuchtgas, verwendet werden. Die Betriebskosten waren zu groß, ausreichende Betriebssicherheit wurde überhaupt nicht erreicht.

Außerdem erwies sich die Maschine auch mechanisch als unbrauchbar, weil die Verbrennung und die Drucksteigerung in der Hubmitte (Bild 2) mit dem ganz unzureichenden Triebwerk von alten, kleinen Dampfmaschinen durchgeführt wurde. ■

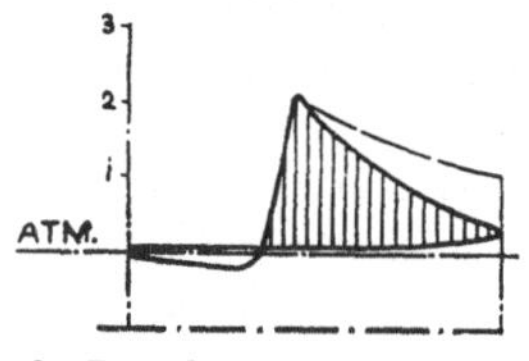

2. Druckdiagramm der Lenoir-Maschine.
Gemischansaugen während des Teilhubs.
Druckwechsel während des Kolbenhubs.
Hoher Gasverbrauch.

Das ungünstige thermische Ergebnis, der große Gasverbrauch, wurde damals nicht richtig beurteilt und nicht auf die schlechte Gemischbildung, auf die fehlende Vorverdichtung, die träge, unvollständige Verbrennung und auf die schlechte Regelung zurückgeführt, sondern merkwürdigerweise der elektrischen Zündung zugeschrieben, die allerdings sehr häufig versagte, weil sie mangelhaft ausgeführt war.

Insbesondere wurde für den unbrauchbaren, stoßenden Gang der Kurbeltrieb als solcher verantwortlich gemacht, statt des Arbeitsverfahrens und der baulichen Durchführung.

Die übertriebenen Hoffnungen, die sich an die Lenoir-Maschine geknüpft hatten, waren unerfüllbar, solange nicht eine betriebsbrauchbare Maschine zustande kam, und solange nicht anderer Brennstoff als teures Leuchtgas zur Verfügung stand.

Die Nachwirkungen des Mißerfolgs und seiner unrichtigen

Deutung waren: die elektrische Zündung, als vermeintliche Ursache der schlechten Verbrennung, und der Kurbeltrieb, als vermeintliche Ursache des stoßenden Ganges, wurden gemieden und damit falsche Wege betreten. Die wirklichen Ursachen des Mißerfolges waren: schlechte, wechselnde Gemischbildung und Verbrennung, unzureichende Kühlung, zu geringe Kolbengeschwindigkeit, unrichtige Gemischladung mit Teilfüllung des Zylinders und zu scharfer, plötzlicher Druckwechsel in Hubmitte bei unzureichendem Triebwerk.

Die folgende Entwicklung zeigt daher einen merkwürdigen Umweg: eine Frucht der Furcht vor dem Kurbeltriebwerk und vor den scharfen „Explosionen" war die sogenannte „atmosphärische" Gasmaschine, die Flugkolbenmaschine von Otto.

Durch die Flugkolbenmaschine wurde nämlich angestrebt: Trennung der Kolbenarbeit, der gefürchteten „Explosionsarbeit", vom Schwungrad und Vermeidung des Kurbeltriebs.

Diese rein mechanische Absicht wird verwirklicht durch einen schweren Flugkolben in aufrechtem Zylinder (Bild 3), unter Zwischenschaltung einer eintriebigen Verbindung mit der Schwungradwelle vermittelst einer einseitig lösbaren Kupplung, so daß die Verbrennungsarbeit in lebendige Kraft des frei aufwärts fliegenden Kolbens umgesetzt wird. Erst beim Niedergang wird Nutzarbeit geleistet, und zwar durch das Gewicht des Kolbens, der mechanische Arbeit auf die Schwungradwelle überträgt. Die Drehzahl der Welle ist etwa doppelt so groß als die Zahl der Kolbenflüge.

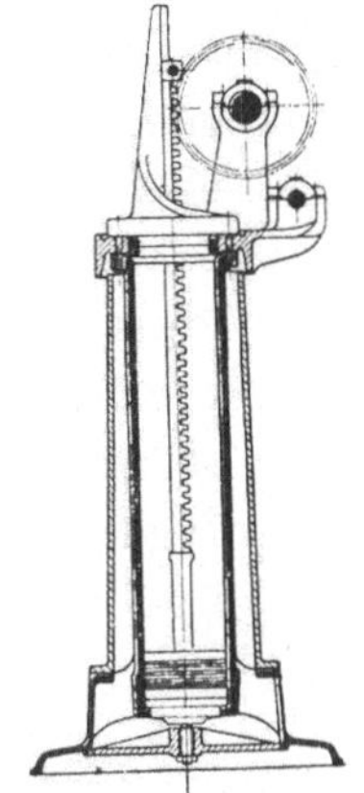

3. Atmosphärische Flugkolbenmaschine von Otto. Große Kolbengeschwindigkeit. Geringer Verbrauch. Unbrauchbares Triebwerk.

Erfahrungen:

■ Der Gang der Flugkolbenmaschinen war sehr geräuschvoll, die Kupplung zwischen Flugkolben und Schwungradwelle war von geringer Haltbarkeit, sie mußte sehr oft erneuert werden.

Die hohe Kolbengeschwindigkeit beim Verbrennungshube (Aufwärtsflug des Kolbens) und die damit gegebene rasche Umsetzung der Wärme in lebendige Kraft des Flugkolbens ergab jedoch ausreichende Expansion, geringen Wärmeverlust bei geringem

Kühlungsbedarf und zum ersten Male niedrigen Brennstoffverbrauch trotz der fehlenden Gemischverdichtung: 1 cbm Leuchtgas statt 3—4 cbm bei der Lenoir-Maschine.

Wegen der raschen Umsetzung der Wärme in Arbeit des Flugkolbens bei rasch und vollständig verbrennenden Gemischen im langhubigen Zylinder konnte der Wärmezustand beherrscht werden. Zur Kühlung der Maschine war ein gewöhnlicher Wasserkühlmantel, aber ohne Wasserumlauf, ausreichend. Bei kleinen Maschinen genügte sogar gewöhnliche Rippenkühlung am Zylinder ohne Wassermantel.

Diese Flugkolbenmaschinen waren die ersten betriebsbrauchbaren Kleinmaschinen. Es sind etwa 3000 solcher Maschinen bis zu Leistungen von 3 PS ausgeführt worden. ■

Wirklicher Fortschritt wurde erst durch die Vorverdichtung des Gemisches im Viertaktverfahren unter gleichzeitiger Rückkehr zum Kurbeltrieb erreicht.

Vor Ausbildung der Viertaktmaschinen wurde versucht, das Gasluftgemisch in besonderen Pumpen zu verdichten und darauf in den Arbeitszylinder zu drücken (Bild 4).

Die Absicht war dabei keineswegs, eine nennenswerte Vorverdichtung des Gemisches zu erreichen, sondern den Maschinenzylinder von dieser Pumpenarbeit zu befreien. Das Vorbild war irrigerweise noch immer die doppeltwirkende Dampfmaschine mit Teilfüllung des Zylinders, der die Gemischfüllung vom Hubwechsel an und die Verbrennung während des Hubs entspricht.

4. Gemischzuführung unter Druck durch besondere Ladepumpen.
Verluste durch die abgetrennte Vorverdichtung.
Druckwechsel während des Kolbenhubs.

Erfahrungen:

■ Der Betrieb mit Gemischpumpen ergab schwere Störungen, weil gelegentliche Rückschläge der Zündung vom Maschinenzylinder zum Mischraum oder Kompressor nicht verhindert werden konnten.

Die Bauart erwies sich als zu umständlich, gerade wegen der besonderen Gemischpumpen. Die tatsächliche Gemischverdichtung war dabei nur gering. Die Verdichtung in besonderen Gemischpumpen und die Überführung des Gemisches in den Zylinder ergaben große Leitungs- und Kühlungsverluste. Mischung und Verbrennung waren trotz der langen Mischungsdauer schlecht, das Nachbrennen zu lange andauernd und der Brennstoffverbrauch groß. Der scharfe Triebwerkstoß infolge der Drucksteigerung war bei rasch brennenden Leuchtgas- und Benzingemischen ebensowenig beherrschbar wie bei Lenoir-Maschinen. ■

Viertaktmaschine von Otto.

Vorverdichtung des Gemisches im Maschinenzylinder.

Der entscheidende Fortschritt wurde erst durch die Vereinigung der Gemischvorverdichtung und der Verbrennung in einem Zylinder durch das Viertaktverfahren erreicht und damit die für den Betrieb erforderliche Einfachheit und Sicherheit.

Als Erfinder der Viertaktmaschine gilt mit Recht Otto, der Mitbegründer der Gasmotorenfabrik Deutz.

Die erste betriebsbrauchbare, marktfähige Viertaktmaschine ist 1878 bekannt geworden. Die Einlaßsteuerung dieser Viertaktmaschine erfolgte durch einen Schieber (Bild 5).

Otto hat als erster einen betriebsbrauchbaren Motor geschaffen und die maschinen- und wärmetechnischen Vorzüge des Viertaktverfahrens und der Vorverdichtung des Gemisches für gute Verbrennung und Wärmeausnutzung zuerst praktisch verwertet.

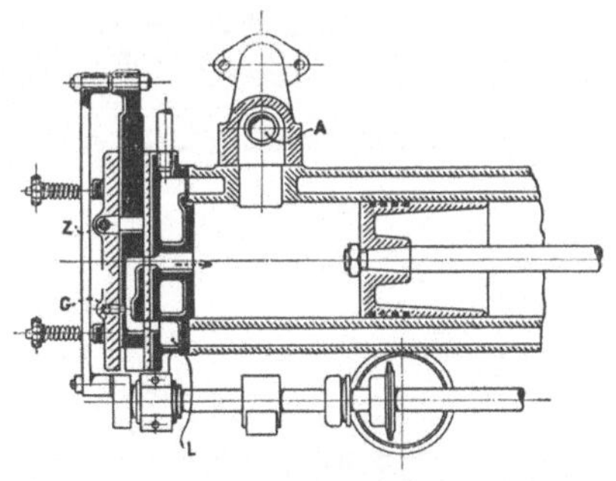

5. Viertaktmaschine von Otto mit Schiebersteuerung für geringe Pressungen.
2 Atm. Enddruck der Verdichtung,
8 Atm. Höchstdruck der Verbrennung.

G: Gas, L: Luft, Z: Zündung, A: Auspuff.

Bild 6 zeigt die aufeinanderfolgenden Arbeitshübe des Viertakts: Ansaugen, Gemischverdichten, Verbrennen und Aus-

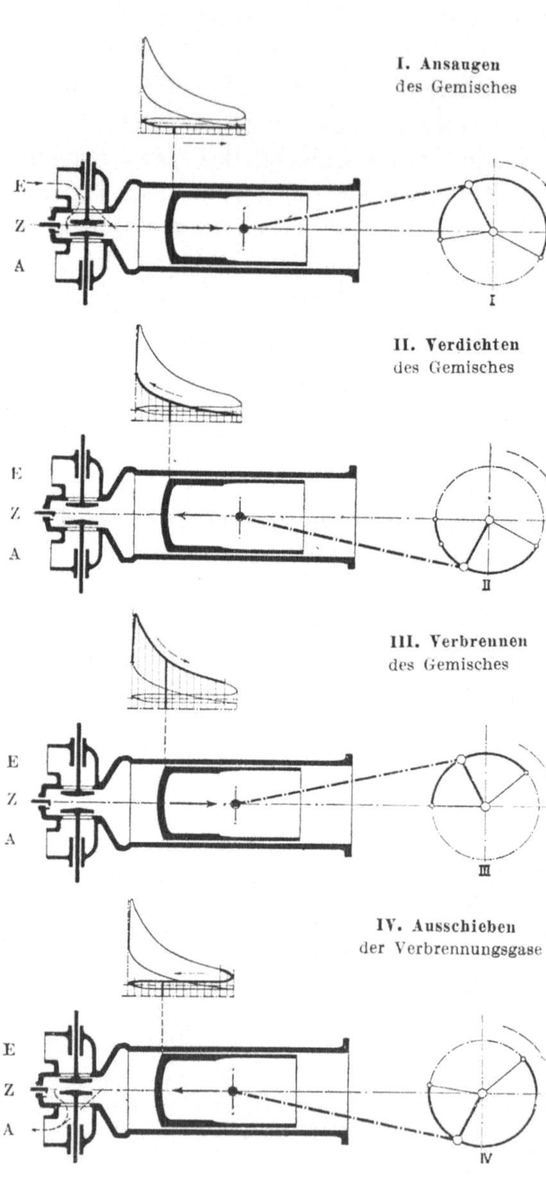

6. Die vier Arbeitshübe einer Viertaktmaschine und Druckverlauf während der vier Hübe. E = Einlaß. Z = Zündung. A = Auslaß.

dehnen, sowie Auspuffen mit der zu jedem Hub gehörigen Druckverteilung und den entsprechenden Kurbelstellungen.

Erfahrungen:

■ Die ersten Otto-Viertaktmaschinen ergaben trotz Vorverdichtung, allerdings auf nur etwa 2 Atm., wesentlich wegen unzureichender Ausdehnung der Gase einen etwas höheren Gasverbrauch als die Flugkolbenmaschinen, insbesondere bei schwachen und wechselnden Belastungen.

Die Bestrebungen, höhere Wärmeausnutzung und geringeren Verbrauch durch höhere Verdichtung und raschere Verbrennung zu erzielen, scheiterten anfangs an den Mängeln der Schiebersteuerung und auch an der mangelhaften Zündung durch offene Zündflamme. Die Gemischbildung und die Verbrennung waren unzureichend. ■

Das Wesen der neuen Maschine, die als „geräuschloser" Motor eingeführt wurde: das Viertaktverfahren, wurde nicht richtig gewürdigt; der Vergleich mit dem ungeeigneten vermeintlichen Vorbilde, der doppeltwirkenden Dampfmaschine, hat zu unrichtiger Beurteilung des Viertakts und zu manchen falschen Bestrebungen geführt.

Die weitere Entwicklung der Viertaktmaschine ist im wesentlichen gekennzeichnet durch: Erhöhung der Vorverdichtung und damit Erhöhung des Temperaturgefälles und der Ausdehnung, Ersatz der Schieber durch Ventilsteuerungen und der offenen Flammenzündung durch wirksamere Zündung.

Frühzündung und Vorzündung

im Sinne ungewollter und gewollter Voreilung der Zündung.

Der Erhöhung des Verdichtungsdruckes ist eine Grenze gesetzt durch die Selbstentzündung des Gemisches. durch die ungewollten Frühzündungen.

Selbstzündungen können insbesondere bei reichen Gasen und stark wasserstoffhaltigen Brennstoffen veranlaßt werden entweder durch zu hohe Verdichtungsspannung und Temperatur oder durch Nebeneinflüsse, glühende Maschinenteile, heiße Rückstände usw.

Nichtgewollte Selbstzündung muß aus Gründen der Betriebssicherheit stets vermieden werden, schon deshalb, weil durch den verfrühten Verbrennungsdruck der Kolbenvorwärtsgang gehemmt wird und die Maschine zum Stillstand kommen kann. Wird hingegen die Maschine durch das Schwungrad weitergetrieben, dann erfolgt während des Kompressionshubes die weitere Verdichtung, und damit treten unter Umständen sehr hohe Pressungen am Ende des Verdichtungshubes auf, für welche die Maschine nicht ausreichend stark gebaut werden kann.

Die Ursachen der Frühzündungen können sein: zu hohe Verdichtung an sich und verschiedene Nebeneinflüsse, nämlich:

zu hohe Temperatur des angesaugten Gemisches, infolgedessen zu hohe Verdichtungstemperaturen,

ungleiche Gemisch- und Wärmeverteilung im Verbrennungsraum derart, daß sich z. B. ein reicheres, leicht entzündliches Gemisch an einer Stelle größerer Wärmestauung lagert und sich deshalb zu früh entzündet, starkes Nachbrennen der Ladung infolge schlechter Gemischbildung und damit Entzündung des in den Zylinder eintretenden Gemisches an den nachbrennenden Restgasen usw.

Erfahrungen:

■ Im Saugrohr entstanden bei schlechter Gemischbildung durch Entzündung des Gemisches an den Restgasen sogenannte „Knaller". Bei Benzin- und Vergasermaschinen traten sie besonders auf beim Schließen der Drossel und hohen Geschwindigkeiten; das Gemisch wurde dann überreich, die Verbrennungsgeschwindigkeit nahm ab, die Restgase brannten noch während des Ansaugens und entzündeten das in den Zylinder strömende Gemisch. Vergaserknaller ergaben sich auch bei zu armem Gemisch, z. B. durch zu kleine Brennstoffdüsen; die Verbrennung ging dann zu träge vor sich, und das Nachbrennen zog sich bis zum Wiederöffnen des Einlaßventils hin. ■

Es sind daher für die Grenzen der ungewollten Frühzündungen wichtig: die Wärmeverteilung innerhalb des Verbrennungsraumes, die Gestalt dieses Raumes, die Gemischbildung und Verteilung, sowie die Kühlung der Maschine.

Selbst bei einfacher, ganz gleichmäßiger Formgebung 'des Verbrennungsraums läßt sich ungleiche Wärmeverteilung in den Wandungen nicht vermeiden.

In der Nähe der Auslaßöffnungen z. B. wird die Temperatur höher sein als in der Nähe der Einlaßsteuerung von Viertaktmaschinen, denn die Einlaßsteuerung wird stets durch den Ansaugestrom gekühlt, die Auslaßöffnungen stehen aber fast ständig mindestens unter dem Einfluß der hohen Auspufftemperatur.

Auch die Wärmeabführung nach dem Kühlwasser ist je nach dem Lauf und den Widerständen des Kühlwassers, je nach Lage der Zu- und Abflußstellen usw. verschieden und von Einfluß auf die Frühzündungen.

Hinsichtlich der Zündung und ihrer Folgen gilt:

Der höchste Arbeitsdruck darf erst am Ende des Verdichtungshubes eintreten, wenn betriebssicherer Maschinengang in der einmal eingeleiteten Drehrichtung erhalten werden soll.

Für die Entflammung des Gemisches vom Augenblick des Zündungsbeginns bis zur Ausbildung des größten Verbrennungsdrucks ist aber eine gewisse Zeit erforderlich, die je nach der Art des Brennstoffs und nach der Höhe des Verdichtungsdrucks usw. verschieden groß ist.

Die Einleitung der Verbrennung, also der Zündungsbeginn, muß somit schon vor Ende des Kolbenhubs erfolgen; der größte Verbrennungsdruck soll sich aber erst kurz nach Hubende einstellen (Bild 7).

Die Zündung muß also mit Voreilung wirken, und die Größe der Voreilung ist abhängig von der Zeit und von der Geschwindigkeit sowohl der Zündung wie der Verbrennung.

Die Voreilung der Zündung (Voreilungswinkel γ) ist abhängig von der Art des Brennstoffs, von der Gemischverdichtung, von der Drehzahl der Maschine usw.

Je höherwertig das Gemisch, je höher die Verdichtung, desto rascher verbrennt das Gemisch, und um so kleiner kann das Voreilen sein.

Bei gleicher Verdichtung und gleichem Brennstoff muß die Voreilung um so größer sein, je höher die Drehzahl der Maschine ist, je kleiner also die Zeit für die Verbrennung wird.

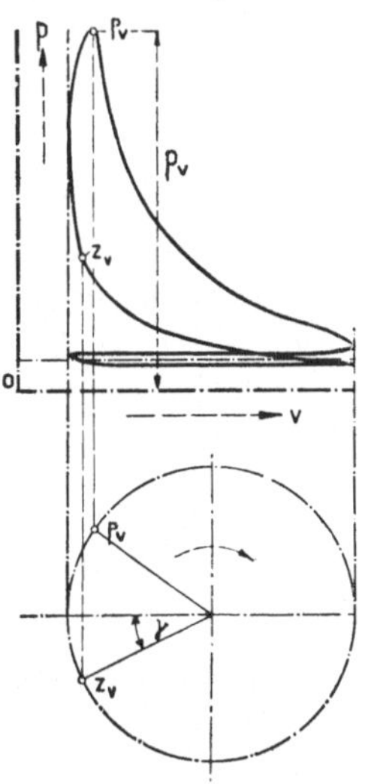

7. Viertakt-Diagramm.
Voreilung der Zündung
und Verbrennung.
Zündbeginn (zᵥ) vor Hubbeginn.
Größter Verbrennungsdruck (pᵥ)
kurz nach dem Hubwechsel.

Auch bei bester Gemischbildung, bei der jedem Brennstoffteil die erforderliche Verbrennungsluftmenge zugeführt wird, und bei günstigster Form und Temperatur des Verdichtungsraums wird die Vorverdichtung des Gemisches sicherheitshalber nur so hoch getrieben, daß, ungewöhnliche Störungen ausgenommen, an keiner Stelle des Verdichtungsraumes eine ungewollte Frühzündung eintreten kann.

Je gleichmäßiger die Mischung und je gleichartiger die Temperaturverteilung sowohl im Gemisch als im Verbrennungsraume ist, desto höher kann das Gemisch ohne Gefahr der Selbstzündung verdichtet werden, und um so günstiger wird die Wärmeausnutzung.

Entscheidend ist die Beschaffenheit des Brennstoffs, seine chemische Zusammensetzung, die Raschheit der Verbrennung und, damit zusammenhängend, im besonderen auch sein Wasserstoffgehalt.

Die meisten Brennstoffe sind Verbindungen von Kohlenstoff, Wasserstoff, Sauerstoff und Anteilen anderer Elemente.

Die Verbrennungsgeschwindigkeit des Wasserstoffs ist bei Atmosphärendruck ein Vielfaches von der des Kohlenstoffs und seiner Verbindungen, z. B. etwa 30 mal so groß als die des Kohlenoxyds. Wasserstoff mischt sich rascher mit Luft als Kohlenstoffverbindungen und bildet schnellbrennende Gemische.

Der Wasserstoffgehalt des Brennstoffs ist daher von großem Einfluß auf den zulässigen Verdichtungsdruck.

Wasserstoffreiche Brennstoffe brauchen in der Regel größeren Luftüberschuß, damit die Verbrennung nicht zu plötzlich vor sich geht. Wasserstoffreichtum im Gemisch kann Störungen, Frühzündungen, ergeben und damit Überverdichtung und unzulässige Beanspruchungen. Frühzündungen während des Ansaugens schlagen in die Einlaßleitung („Knaller"), leisten keine Arbeit und verderben durch das Zurückschlagen die nächste Ladung; dieser

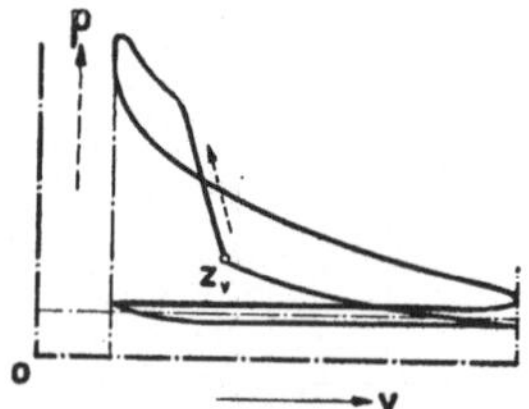

8. Viertakt-Diagramm.
Frühzündung (z_v).
Unzulässig hohe Endverdichtung
und Triebwerksbeanspruchung.

Verbrennungsdruck steigt nicht über 2 Atm. Hingegen ergeben Frühzündungen während des Verdichtungshubes ganz unzulässige Überverdichtung und Überanstrengung der Maschine (Bild 8).

Der Verbrennungsdruck bildet sich bei Wasserstoffreichtum überhaupt zu plötzlich, das Triebwerk der Maschine wird überbeansprucht und der ruhige Lauf gestört.

Dies sind einige Gesichtspunkte, die die Grenzen der Verdichtung, sowie die darauf folgende Zündung und Verbrennung kennzeichnen.

Die grundlegenden Verhältnisse sind bisher nicht ausreichend bekannt, durch wissenschaftliche Versuche nicht geklärt. Es fehlen insbesondere zuverlässige Werte über Zündung und Verbrennung, Verhalten der Brennstoffe, des Schmieröls, der Ölrückstände, über den Einfluß des Wasserstoffs auf die Grenzen der Selbstzündung, den dämpfenden Einfluß der schweren Kohlenwasserstoffe usw.

Zur Erzielung einer guten Wärmeausnutzung sind folgende Bedingungen zu stellen:

Ausreichend hohe Verdichtung, rasche, aber nicht explosive Entflammung, rechtzeitige und vollständige Verbrennung ohne schädliches Nachbrennen, rasche Wärmeumsetzung, geringe Wärmeverluste, geringe spezifische Kühlflächen usw.

Die Verbrennung soll mit oder kurz nach Beginn der Expansion beendet sein. Schädlich ist das Nachbrennen der Gemischreste, insbesondere während der Ausströmung.

Eine genügende Menge Wasserstoff, etwa 5 bis $15^0/_0$, im Gemisch ist daher erwünscht, namentlich wenn das Gas viel Kohlenoxyd enthält, das langsam verbrennt, daher leicht Anlaß zu schädlichem Nachbrennen im Auspuff geben kann.

Die Form des Verbrennungsraums und die Wärmestauungen sind immer besonders zu berücksichtigen, um hohen Verdichtungsdruck, rasche Entzündung und rechtzeitige Verbrennung zu sichern und Frühzündungen, schädliches Nachbrennen, unnötige Abkühlungsverluste usw. zu verhüten.

Die baulichen Einzelheiten sind von entscheidendem Einfluß auf die Vollkommenheit der Gemischbildung, auf die Gleichförmigkeit der Wärmeverteilung und Verhütung ungünstiger Wärmestauungen, auf die Güte der Wärmeausnutzung, die Wirtschaftlichkeit und Sicherheit des Betriebs.

Erfahrungen:

■ Das Viertaktverfahren ist bei Verbrennungsmaschinen, trotz der größten Bemühungen zugunsten des Zweitaktverfahrens, das herrschende geworden; nur bei Hochdrucköl maschinen, bei denen Frühzündung vollständig ausgeschlossen ist, weil die Gemischbildung erst nach dem Hubwechsel der Verdichtung erfolgt, hat das Zweitaktverfahren ausgedehnte Verwendung gefunden.

Große Vorverdichtung wurde anfänglich durch die Schiebersteuerungen behindert. Die Schwierigkeiten, die diese bereiteten, wurden durch die Ventilsteuerung der Maschinen überwunden, die Schwierigkeiten der Verbrennung und Zündung bisher nur durch hohe Verdichtung und zuverlässige elektrische Zündung,

sonstige Betriebsschwierigkeiten durch Verbesserung der Gemischbildung, der Regelung und durch weitgehende Vervollkommnung
der baulichen Einzelheiten.

Das Viertaktverfahren ist im Laufe der Entwicklung im wesentlichen unverändert geblieben, abgesehen von der Steigerung der
Verdichtung und des Arbeitsdruckes, sowie der dadurch erreichten
besseren Wärmeausnutzung, und abgesehen von vielen baulichen
und betriebstechnischen Vervollkommnungen. Die große Mehrheit
der kleinen und mittelgroßen Maschinen sind Viertaktmaschinen;
die raschlaufenden Maschinen, insbesondere für alle Kraftfahrzeuge,
sind ausnahmslos Viertaktmaschinen geblieben.

Aus den Viertakt-Kleinmotoren sind die Großmaschinen entwickelt worden, anfänglich nach dem ungeeigneten Vorbilde der
Kleinmotoren, später als richtig gebaute doppeltwirkende Viertaktmaschinen, die gegenwärtig in Kraftwerken mit Verbrennungsmaschinenbetrieb fast allein herrschen. ■

Zweitaktmaschinen.

Die Zweitaktmaschinen sind anfänglich infolge des Viertaktmonopols der Gasmotorenfabrik Deutz mit großen Kosten auch
für Großbetriebe entwickelt worden. Das Viertaktverfahren war
durch umfassende Patente geschützt, und die Deutzer Fabrik hat
keine Lizenzen erteilt. Um den Viertakt zu umgehen, mußte das
Gemisch in der Nähe des Hubwechsels in den Zylinder hineingedrückt und der Zylinder vorher durch Luft gespült werden,
um die Abgase vor dem Hubwechsel wirksam zu entfernen.

Erfahrungen:

■ Schon vor Ausbildung des Zweitaktes hatte man Gas und
Luft oder deren Gemisch in besonderen Kompressoren verdichtet und den Arbeitszylinder nur zum Verbrennen des Gemisches benutzt. Ohne Erfolg, wegen der gelegentlichen Rückzündungen nach dem Mischraum hin, und auch wegen der Umständlichkeit und der Verluste der getrennten Verdichtung außerhalb des Arbeitszylinders, wobei auch die Kompressionswärme nicht
zusammengehalten werden konnte, sondern durch Leitung verloren
ging. ■

Brauchbare Zweitaktmaschinen herzustellen gelang erst, als man sich damit begnügte, Luft und Gas in besonderen Kompressoren möglichst wenig vorzuverdichten, nämlich nur so weit, daß in der Nähe des Hubwechsels ein ausreichend rasches Spülen und Hineinpressen des Gemisches gegen den Druck der Auspuffgase möglich wurde.

Eine der ersten Zweitaktmaschinen, die einigermaßen brauchbar war, stammt von Clerk (1878). Ihre Bauart wurde später von Körting verbessert und auch für große doppeltwirkende Maschinen verwendet.

Bild 9 zeigt den Arbeitsvorgang und das Spannungsdiagramm.

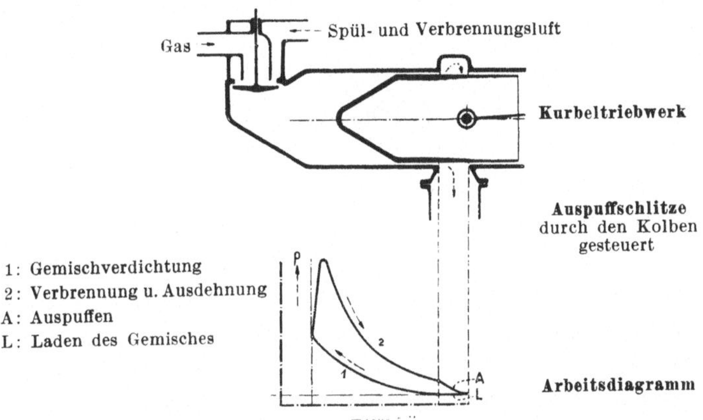

9. Zweitaktmaschine (Clerk) und Arbeitsdiagramm.

Die Auspuffschlitze werden etwa $20^0/_0$ vor Hubende geöffnet, und die Abgase können während des Auspuffweges A abströmen. Gegen Hubende muß hierdurch eine solche Druckentlastung im Zylinder eintreten, daß das frische Gemisch durch ein Ventil einströmen kann, wenn dieses Gemisch entsprechenden, aber möglichst geringen Überdruck besitzt.

Das eintretende Gemisch schiebt die Verbrennungsgase vor sich her und füllt während der Ladezeit L den Zylinderraum, oder es tritt zuerst Spülluft durch die Einlaßsteuerung, und das Gemisch folgt nach. Während dieser Gemischfüllung bleibt der Auspuffraum offen.

Vollfüllung des Zylinders mit Gemisch ist daher ohne Gemischverlust unmöglich. Während des folgenden Hubs wird das hineingedrückte Gemisch wie beim Viertakt verdichtet, dann entzündet, verbrannt und ausgedehnt.

Erfahrungen:

■ Die älteren Maschinen hatten nur eine Ladepumpe für Gemisch, das im Einlaßventil eintrat. Die Maschinen arbeiteten mit großem Gemischverlust, mit Betriebsstörungen und Brüchen infolge von Rückzündungen bei geöffnetem Einlaßventil und Zündung des im Einlaßrohr vorgelagerten Gemisches.

Verbesserung ergab sich dadurch, daß zwischen die Abgase und das frisch eintretende Gemisch eine Luftschicht eingeschoben wurde, die Abgase somit zuerst durch Spülluft aus dem Zylinder ausgetrieben wurden. ■

Der Vergleich von Viertakt- mit Zweitaktmaschinen ergibt folgende Kennzeichnung:

Das Wesentliche des Viertakts wie überhaupt der entscheidende Fortschritt der Verbrennungsmaschinen liegt in der Vorverdichtung des Gemisches zum Zwecke der Steigerung des Druck- und Temperaturgefälles und der Wärmeausnutzung. Die einfachste Lösung dieser Aufgabe ist die Vorverdichtung im Kraftzylinder selbst. Hierdurch werden die Verluste auf ein Mindestmaß gebracht, die Verdichtungswärme zusammengehalten und zugleich die größte Einfachheit erzielt.

Somit zeigen Viertakt und Zweitakt in diesem wesentlichen Punkte keinen Unterschied. Alle Zweitaktmaschinen verdichten das Gemisch auch im Kraftzylinder. Der Unterschied liegt nur in der Art der Ladung des Gemisches: beim Viertakt durch Ansaugen während des Saughubs, beim Zweitakt durch Einpumpen des Gemisches in den Kraftzylinder nach Austreiben der Abgase durch Spülluft.

Der Zweitakt kann daher nie eine grundlegende Änderung des Arbeitsverfahrens bezwecken, sondern nur eine bauliche Änderung für die Gemischladung.

Die Viertaktmaschinen sind in weiten Grenzen unabhängig von baulichen Einzelheiten in dem Sinne, daß sie als einfach- oder doppeltwirkende Maschinen ähnlich wie Dampfmaschinen gesteuert werden können, und daß die Gemischbildung und auch die Regelung während des langen Saughubs in einfacher Weise erfolgen kann und jede bauliche Aufgabe, abgesehen von den Wärmeverhältnissen, sich ohne ungewöhnliche Schwierigkeiten lösen läßt.

Die Viertaktmaschine ermöglicht es auf einfachste Art, die Verbrennungsgase zu entfernen, Gemisch zu laden und zu verdichten. Für den Auspuff, für die Ladung und Verdichtung sind alle erforderlichen Teile: Triebwerk, Zylinder und Steuerung schon in der Maschine selbst vorhanden. Eine einfachere Lösung ist nahezu unmöglich. Dem Viertakt bleibt ein einziger baulicher Nachteil eigentümlich: während des Saug- und Ausschubhubes wird das vorhandene Triebwerk schlecht ausgenutzt. Dies ist aber ausschließlich Frage des Wirkungsgrades und der Kosten, und es ist unrichtig, diese Frage durch Vergleiche mit Dampfmaschinentriebwerken entscheiden zu wollen.

Erfahrungen:

■ Bis zu Leistungen von etwa 150 PS in einem Zylinder ergaben sich einfachwirkende Viertaktmaschinen wesentlich einfacher und billiger und auch im Wirkungsgrad und im Betriebe vorteilhafter als Zweitaktmaschinen oder als doppeltwirkende Viertaktmaschinen, welche Kolbenstangen, Stopfbüchsen und auch Kolbenkühlvorrichtungen erfordern. Selbst Zwillingsmaschinen, aus zwei einfachwirkenden Viertaktmaschinen zusammengebaut, waren trotz des doppelten Triebwerks billiger und für den Betrieb geeigneter als doppeltwirkende Maschinen. Erst bei größeren Leistungen kamen die Vorteile der doppeltwirkenden Bauart zur Geltung. ■

Die Zweitaktmaschinen sind von vornherein an bestimmte bauliche Einzelheiten gebunden, weil die Absicht eine rein bauliche ist: die Änderung der Gemischladung. Es ist z. B. unmöglich, den Auspuff von Zweitaktmaschinen durch Ventile zu steuern. Die Zeit beim Hubwechsel ist zu klein; die erforderlichen Ventilquerschnitte und die dynamischen Wirkungen können nicht beherrscht werden, außer bei verminderter Maschinengeschwindigkeit, die bei den gegenwärtigen Betrieben nicht in Frage kommt. Auch die Einlaßsteuerung durch Ventile bereitet wegen der sehr kurzen Einlaßzeit große Schwierigkeiten. Zweitaktmaschinen, die auch Spülung und Einlaß durch

Schlitze steuern können, haben bisher wenig Verbreitung gefunden. Die Junkers-Oechelhaeuser-Maschine u. a. deshalb nicht, weil ihre ganze Bauart durch die rein bauliche Absicht beherrscht wird, gegenläufige Kolben zu verwenden, die zu den umständlichen und kostspieligen geteilten dreifachen Triebwerken führt.

Die Beurteilung der Zweitaktmaschinen führt daher immer auf besondere bauliche Absichten und Notwendigkeiten als Ausgangspunkt zurück, und in den baulichen Einzelheiten und ihren Wirkungen liegen auch ihre Schwierigkeiten, die sich am einfachsten aus folgendem Zusammenhange erkennen lassen:

Beim Zweitakt muß kurz vor dem Hubwechsel, also in äußerst kleiner Zeit, die Aufgabe gelöst werden, die Abgase genügend zu entspannen, und zwar durch große Voreilung des selbsttätigen Auspuffs, damit die Spülluft mit mäßigem Druck wirken kann.

Dann muß die Spülluft mit diesem mäßigen Druck eingeblasen werden und die Restgase möglichst vollständig aus dem Zylinder treiben, und unmittelbar darauf ist das Gemisch, gleichfalls unter mäßigem Überdruck, in den Kraftzylinder hineinzudrücken.

Der durch den Zweitakt ersparte Saug- und Ausschubhub muß mit der Spülung und Ladung unter den erwähnten schwierigen Verhältnissen und den dazu dienenden Vorrichtungen erkauft werden: Spül- und Ladepumpen, ihrem Antrieb, ihrer Regelung usw.

Diese Vorgänge können befriedigend nur beherrscht werden:

wenn Spülung und Ladung geregelt hintereinander erfolgen, was bei hohen Geschwindigkeiten und bei den kleinen verfügbaren Zeiten äußerst schwierig ist, und wenn Luft- und Gasmassen nicht durcheinander gewirbelt werden, also eine gewisse Schichtung der Massen erhalten bleibt;

wenn die der Spülluft nachgedrückte Gemischmasse dem stets geöffneten Auspuff nicht zu nahe kommt und dadurch Gemischverlust vermieden wird, und wenn mit niedrigen Luft- und Gemischspannungen gearbeitet wird, weil sonst der Kraftaufwand für die Spül- und Ladepumpen unzulässig groß wird.

Die bauliche Ausbildung des Zweitakts bewegt sich daher innerhalb grundsätzlicher Abhängigkeiten.

Es muß stets gute Ausnutzung durch hohe volumetrische Gemischfüllung, hohes Ladegewicht angestrebt werden.

Daher müßte die Spülluft alle Abgase verdrängen und selbst vollständig abströmen. Dann liegt die Gefahr nahe, daß Gemisch durch den offnen Auspuff abströmt und verloren geht, was unter allen Umständen verhütet werden muß, aber nur dadurch verhütet werden kann, daß eine genügende Schicht Spülluft als Sicherheitsschicht nahe dem Auspuff belassen wird.

Hierdurch, sowie durch andere Umstände wird aber das wirksame Ladegewicht verringert. Es gelingt daher selbst bei bester Durchführung der Ladung nie, mit Zweitakt auch nur annähernd das Doppelte des Viertakts zu leisten. Hingegen sind die Mehrkosten für die Ladepumpen und deren Antrieb stets sehr bedeutend.

Trotzdem ist fast ein Jahrzehnt lang versucht worden, Zweitaktmaschinen im großen auszubilden. Zweitakt-Großmaschinen sind sogar früher in guter Ausführung zustande gekommen als Viertakt-Großmaschinen.

Alle sehr rasch laufenden Maschinen, wie Kraftwagen- und Flugzeugmotoren, sind Viertaktmaschinen geblieben.

Mit Zweitaktmaschinen kann bei hohen Drehzahlen das Spülen und Laden in der gegebenen kurzen Zeit nur dann gut erfolgen, wenn Führung und Schichtung von Spülluft und Gas beherrscht werden kann, wie z. B. bei der Schlitzsteuerung der Oechelhaeusermaschine.

Bei Wettbewerben von Zweitaktmaschinen für Automobile und Flugzeuge hat sich ergeben, daß auch die preisgekrönten Maschinen bei verminderter Drehzahl mehr leisteten als bei voller Drehzahl und höchster Strömungsgeschwindigkeit. Die Gemischbildung wurde eben mit steigender Geschwindigkeit so unvollkommen, so roh, daß die Leistung abnahm.

Der Betrieb der Zweitakt-Großmaschinen war anfänglich unwirtschaftlich, weil sie mit hohen Spül- und Ladewiderständen arbeiteten. Einerseits war der selbsttätige Auspuff unzureichend, andrerseits ergaben die Steuerungen der Ladepumpen zu große Widerstände. Der Arbeitsaufwand für das Spülen und Laden überschritt 15 % der normalen Nutzleistung.

Der Betriebswirkungsgrad wurde dadurch für Großmaschinen ein unbrauchbar geringer. Die Ladepumpen mußten erst so weit verbessert werden, daß ihr Arbeitsaufwand 6—7 $\%$ nicht überschritt, was aber nur bei sehr sorgfältiger besonderer Ausbildung ihrer Steuerung erreichbar war.

Zweitaktmaschinen waren für Dynamogroßbetriebe bei Drehzahlen über 100 minutlich nicht brauchbar. Für solche Drehzahlen wurden die Widerstände der Ladepumpen zu groß, die Beherrschung des Wärmezustandes und aller dynamischen Vorgänge bei Spülung und Ladung zu schwierig. Die Drehzahlen solcher Großmaschinen mußten auf etwa 80 minutlich herabgesetzt werden, um diese Schwierigkeiten einigermaßen zu überwinden.

Mit verminderter Drehzahl schieden aber diese Zweitakt-Gasmaschinen aus dem Wettbewerbe für Kraftwerke, also für die wichtigsten Betriebe aus, weil sich durch die verminderte Geschwindigkeit die Anlagekosten, insbesondere auch des elektrischen Teils, unzulässig erhöhten.

Unerläßlich für das Gelingen des Zweitaktes in Großmaschinen ist das regelbare Zumessen der Ladung. Hierdurch ist die Körtingmaschine lebensfähig geworden. Das Fehlen der Zumessung war die wesentliche Ursache der anfänglichen Mißerfolge der Oechelhaeusermaschine. Ihr einfacher Verbrennungsraum wird diese Maschine aber für andere Absichten verwendungsfähig machen.

Gebläsemaschinenantrieb verlangt keine so hohen Drehzahlen wie Dynamobetrieb. Die Beherrschung der Massenwirkungen bei den zumeist verwendeten selbsttätigen Ventilen der Gebläsezylinder läßt höhere Drehzahlen als etwa 80 in der Minute bei den großen Windmengen nicht zu.

Da außerdem die im Hochofenbetriebe erforderliche weitgehende Herabsetzung der Drehzahl beim Zweitaktverfahren ohne Schwierigkeiten erreichbar war, während dies mit den früheren Regelungseinrichtungen der Viertaktmaschinen zunächst nicht so gut gelang, haben die billigeren Zweitakt-Großmaschinen für Gebläsebetrieb größere Verwendung gefunden.

Seitdem aber genügende Verminderung der Drehzahl auch bei Viertaktmaschinen für Gebläseantrieb durch besonders ausgebildete Regelungen usw. mit einfachen Mitteln betriebssicher durchgeführt werden konnte, hat die Viertakt-Gasmaschine auch auf diesem Sondergebiete überwiegende Anwendung gefunden.

2. Ölmaschinen.

Petroleummaschinen.

Unter Petroleummaschinen werden meist Ölmaschinen verstanden, die ein Petroleum-Luft-Gemisch ansaugen und verdichten, zum Unterschiede von den brennstoffrei verdichtenden Maschinen, bei denen die Gemischbildung erst nach der Verdichtung der Verbrennungsluft beginnt.

Petroleum setzt sich aus verschieden flüchtigen Bestandteilen zusammen. Zur Kennzeichnung mag Bild **10** dienen: die Siedekurve eines amerikanischen Petroleums.

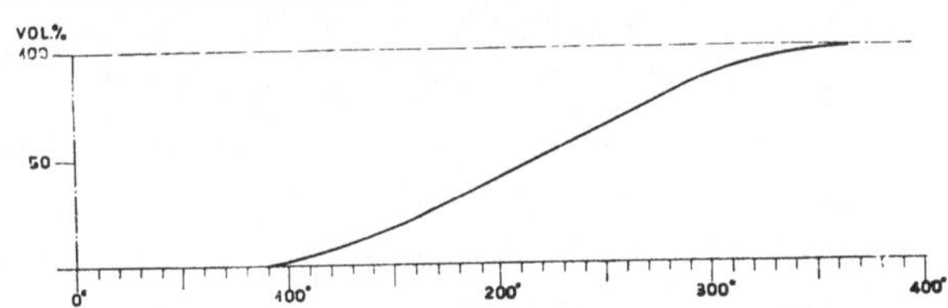

10. Siedekurve eines amerikanischen Petroleums.

Beginn der Verdampfung bei 100⁰ C. Ende der Verdampfung bei mehr als 350⁰.

Die Verdampfung dieses Schweröls beginnt schon bei etwa 100⁰ C., ist aber erst bei etwa 400⁰ beendet. Um ein brauchbares Gemisch von Petroleumdampf mit Luft anzusaugen, muß daher das Petroleumgemisch vorher stark vorgewärmt werden.

Mit Rücksicht auf die Zusammensetzung des Petroleums wird das Gemisch jedenfalls sehr ungleichmäßig sein, wenn keine genügend starke Vorwärmung zur Verdampfung der verschiedenen Bestandteile des Öls angewendet wird.

Andrerseits wird aber durch die große Vorwärmung des angesaugten Gemisches, der größeren Ausdehnung entsprechend, ein geringeres Gemischgewicht in den Zylinder der Maschine gelangen.

Maschinen für Petroleumdampf erhalten daher, abgesehen vom Unterschiede des Heizwertes, wesentlich größere Zylinderabmessungen als Gasmaschinen gleicher Leistung. Außerdem kann das warme, ungleichmäßige Petroleum-Luft-Gemisch nicht so stark verdichtet werden wie Leuchtgasgemisch; die Wärmeausnutzung ist daher geringer.

Erfahrungen:

■ Infolge der Schwierigkeiten der Gemischbildung arbeiteten die Petroleummaschinen wenig wirtschaftlich. Der Petroleumverbrauch war bei kleinen Leistungen sehr groß, 400—1000 g für die Nutzpferdekraftstunde.

Außerdem arbeiteten solche Maschinen mit unvollkommner Verbrennung, geringer Verbrennungsgeschwindigkeit und starkem Nachbrennen. Die Wandungen wurden durch feste Verbrennungsrückstände und Krusten bedeckt, die auch bei Verwendung von Glührohrzündung die engen Öffnungen der Glührohre versetzten, so daß Betriebsstörungen eintraten, manchmal sogar dann, wenn das Glührohr sehr vorsichtig untergebracht und vor Schmierölverkrustungen besonders geschützt war.

Maschinen mit Gemischansaugung für große Zylinderleistungen waren betriebsunbrauchbar, wesentlich deshalb, weil bei ihren großen Verdichtungsräumen die gleichmäßige Mischung und Wärmeverteilung Schwierigkeiten bereitete, mehr als bei kleinen Zylindern, und weil Frühzündungen schon bei Verdichtungsdrücken von 3 Atm. nicht mehr sicher zu vermeiden waren. ■

Der geringe Erfolg der Petroleummaschinen ist in diesen Verhältnissen und Abhängigkeiten begründet.

Verbesserung des Arbeitsverfahrens ist zunächst durch Änderung von Einzelheiten der Maschinen angestrebt worden. Beispielsweise wurde versucht, den Wärmeverbrauch für das Verdampfen des Petroleums mittels besonderer Heizlampen zu ersparen und die Verdampfung und das Heizen durch die heißen Abgase zu bewirken.

Verdampfung und Zerstäubung.

Unter den Bestrebungen, das Arbeitsverfahren eingreifender zu verbessern, z. B. durch vollständigere Verdampfung und Zerstäubung, sind mehrere Wege kennzeichnend, die aber auch nur geringen Erfolg bringen können, weil jeder den besonderen Eigenschaften des Petroleums nur teilweise gerecht wird.

Ein Weg ist: durch eine möglichst vollkommene gesonderte Verdampfung des Petroleums vor Eintritt in den Zylinder bessere Mischung und Verbrennung zu erzielen.

Dabei können die alten Leuchtgasmaschinen ohne wesentliche Änderungen mit Petroleumdampf arbeiten. Die Gefahr der Frühzündung ist wegen niedrigen Verdichtungsdruckes nicht groß.

Ein andrer Weg zur Verbesserung ist: gute Mischung zu erreichen weniger durch starke Vorwärmung und Verdampfung des Petroleums als durch feine Zerstäubung und Nebelbildung des Brennstoffs. Als Mittel zur ausreichenden Zerstäubung dient Druckgas, insbesondere Druckluft (Bild 11).

Erfahrungen:

■ Auf dem ersten Wege wurde durch die vollständige Vorverdampfung des Petroleums wohl bessere Mischung erzielt, aber der Verdichtungsdruck mußte noch niedriger als bei den alten Leuchtgasmaschinen gehalten werden, weil die Temperatur des angesaugten Gemisches infolge der starken Vorwärmung sehr hoch war und leicht Frühzündungen eintraten. Trotz der guten Mischung und sicheren Zündung konnte wegen der niedrigen Gemischverdichtung keine rechtzeitige Verbrennung erzielt, schädliches Nachbrennen nicht vermieden werden.

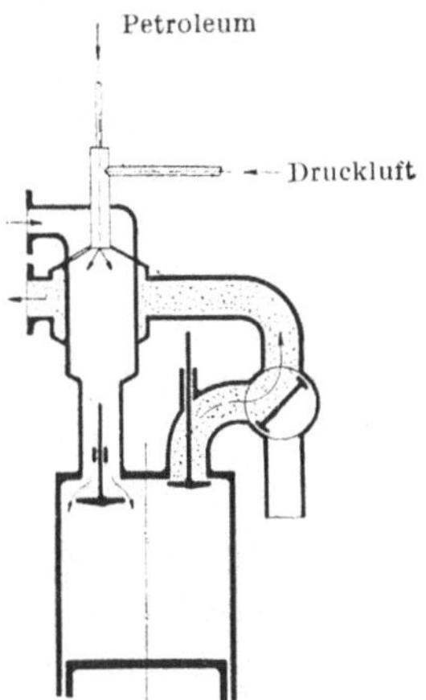

11. Regelbare Verdampferheizung durch Abgase. Zerstäubung durch Druckluft.

Bei solchen Maschinen mit elektrischer Zündung sind vielfach durch Rückstände infolge mangelhafter Verbrennung die Zündkontakte verkrustet.

Glührohrzündung war bei diesen Maschinen sogar betriebssicherer als elektrische Zündung, weil infolge des schußartigen Austretens der Zündflamme aus dem Glührohrkanal sich störende Krusten nicht so leicht bilden konnten.

Diese Schwierigkeiten ergaben Betriebsstörungen und konnten nur bei sehr kleinen Zylinderleistungen erträglich gemacht werden. —

Auf dem zweiten Wege, bei Mischung vor Eintritt in den Zylinder, teilweise durch Zerstäubung des Brennstoffs mittels Druckluft und teilweise durch Vorwärmung, ergab sich nur eine sehr beschränkte Wärmezuführung als zulässig, schon wegen der Gefahr der Frühzündung im Einströmungsrohr.

Bei dieser geringen Vorwärmung konnte allerdings ein größeres Gemischgewicht angesaugt werden. Das Gemisch war aber unvollkommner als bei Maschinen mit vollständiger Petroleumverdampfung. Der Verdichtungsdruck mußte wegen der niedrigen Selbstzündungstemperatur des Petroleumdampfes sehr vermindert werden, und der Ölverbrauch blieb ein hoher. Außerdem wurde der Betrieb durch die Zerstäuberdruckluft teurer. ■

Der Hauptnachteil dieser Petroleummaschinen ist der ungünstige Wärmezustand der Zylinder, so daß bei ungenügender Vorverdampfung des Petroleums während des langen Saug- und Verdichtungshubes an den kühleren Stellen vor und in den Zylindern der als Nebel mitgerissene Teil des Petroleums aus dem Gemisch wieder in geschlossene Massen, in Tropfen übergeht, „kondensiert", und daß dadurch Mischung und Verbrennung sehr verschlechtert wird.

Die Wandungen des Zylinders wesentlich wärmer zu halten, ist aber wegen der Mitwirkung des Schmieröls nicht angängig, das dann auch mit verdampfen würde.

Petroleum-Verdampfer-Maschinen der beschriebenen Art haben daher nur als billige Kleinmaschinen Verwendung gefunden und werden in neuerer Zeit fast gar nicht mehr ausgeführt.

Leichtölmaschinen.

Leichtflüchtiger Brennstoff, wie Benzin, verdampft bei Atmosphärendruck schon unter 100° C. vollkommen (Bild **12**) und gleichmäßiger als Petroleum. Die Verdampfung und Mischung von Benzin mit der zur Verbrennung nötigen Luft gelingt sogar ohne besondere Vorwärmung, und die Gefahr des nachträglichen Niederschlagens flüssigen Brennstoffs an kühleren Maschinenteilen ist nicht vorhanden oder ferngerückt.

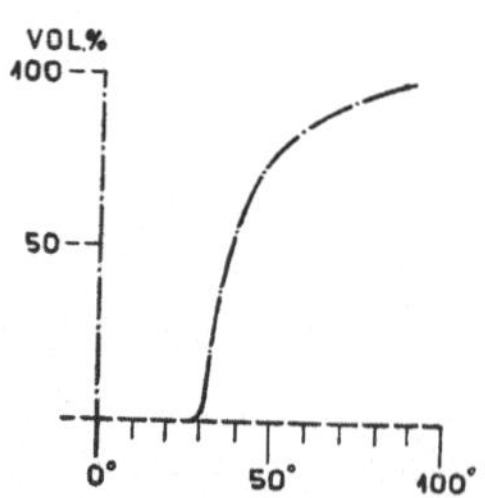

12. Siedekurve eines Benzins.
Beginn der Verdampfung bei 20°.
Ende   „   „   unter 100°.

Vergaserbetrieb.

Bei leichtflüchtigen Brennstoffen kann daher die Vorverdampfung oder Vergasung des Brennstoffs in sogenannten

„Vergasern" erfolgen und die Mischung des vergasten Brennstoffs mit Luft vor Eintritt in den Zylinder.

Bei Vergasermaschinen wird der Brennstoff durch ein enges Düsenrohr in den Mischraum des Vergasers gespritzt und mischt sich dort mit der von außen angesaugten kalten oder vorgewärmten Luft, die an der Austrittsstelle des Brennstoffs mit großer Geschwindigkeit vorbeiströmt.

Beim Ansaugen des Gemisches wird keine „Kondensation" an kalten Maschinenteilen verursacht, weil der Wärmezustand günstig ist und die inneren Wandungen im Betriebe in der Regel eine Mitteltemperatur besitzen, höher als der Siedepunkt des Brennstoffs unter dem herrschenden Teildruck. Andrerseits ist die Temperatur des angesaugten Gemisches niedrig genug, um hohe Vorverdichtung bis nahe an die Selbstzündungsgrenze und gute Wärmeausnutzung zu erreichen.

Das gilt insbesondere für die kleinen raschlaufenden Benzin- und Benzolmaschinen bei denen das geringe Hubvolumen des Zylinders eine sehr gleichmäßige Mischung und Verteilung des Gemisches zuläßt.

Bei großen Maschinen gelingt dies weniger gut, daher muß bei ihnen der Verdichtungsenddruck auf Kosten der Wärmeausnutzung niedrig gehalten werden.

Erfahrungen:

■ Bei einer 20 PS-Vierzylindermaschine, mit minutlich 1200 Umdrehungen laufend, konnte auf nahezu 7 Atm. verdichtet werden; bei einer 100 PS-Zweizylindermaschine, die nur mit 180 Umdrehungen minutlich zu laufen hatte, mußte hingegen wegen des größeren Hubraums die Verdichtung auf höchstens 5 Atm. beschränkt werden, um Frühzündungen sicher zu verhüten. —

Große Benzinmaschinen bereiteten unüberwindbare Schwierigkeiten, weil es nicht gelang, in großen Vergasern inniges Gemisch herzustellen. Die Versuche, mit einer größeren Zahl von Vergasern zu arbeiten, sind gleichfalls gescheitert, weil diese Vergaser nicht zu gleichmäßiger Wirkung zu bringen waren. —

Petroleum- oder Spiritusbetrieb mit Vergasern hat nur bei kleinen raschlaufenden Maschinen Erfolg gehabt, bei denen die verfügbare Zeit zu kurz war, als daß sich der Brennstoffnebel wieder an den kühleren Wandungen niederschlagen konnte, und hat nur entsprochen, wenn reines Lampenpetroleum, also ein leichteres Destillat als das gewöhnliche Petroleum, verwendet und der Mischraum des Vergasers durch Auspuffgase oder, bei Spiritusbetrieb, durch warmes Kühlwasser geheizt wurde.

Mit solchen Maschinen konnte aber bei kleinen Belastungen und insbesondere beim Anlassen der Maschinen kein einwandsfreier Betrieb erzielt werden. ■

Die Erklärung dieser Vorgänge ergibt sich aus folgendem ursächlichen Zusammenhang:

Der Auspuffdruck am Ende der Ausdehnung und bei Beginn des Auspuffs der Verbrennungsgase nimmt zumeist mit der Maschinenbelastung ab (p_a und p_a' in Bild 13), infolgedessen wirkt auch

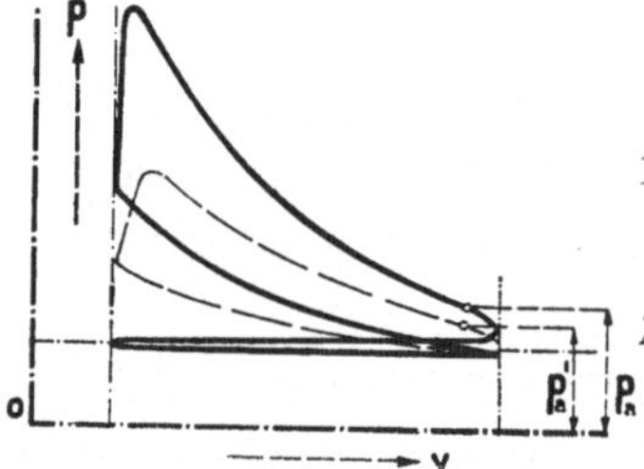

13. Diagramme einer Petroleummaschine.

Änderung des Enddrucks,
der Endtemperatur der Abgase
und
Änderung der Vorwärmung im Vergaser.

die Temperatur der Auspuffgase, entsprechend der Änderung des Enddruckes der Ausdehnung. Dadurch wird bei diesen Petroleummaschinen die Vorwärmung des Mischraums verschlechtert. Diese Abkühlung beeinflußt den Maschinengang bei geringer Belastung, beim Leerlauf und bei der Ingangsetzung der Maschine.

Beim Anlassen, wenn alle Maschinenteile, auch die Wandungen des Zylinders, kalt sind, ist richtige Mischung und Verbrennung nicht erzielbar, auch nicht bei künstlicher Vorwärmung des Petroleums.

Petroleum- oder Spiritusmaschinen verschiedener Art werden so gebaut, daß die Ingangsetzung, das „Anlassen“, mittels Benzins erfolgt, und daß der Benzinbetrieb so lange fortgesetzt wird, bis alle Teile des Zylinders genügend warm geworden sind, worauf dann auf Petroleumbetrieb umgeschaltet wird.

Hierzu können Doppelvergaser dienen (Bild 14) mit zwei Schwimmergehäusen, das eine für Benzin zum Anlassen, das andere für Petroleum oder Spiritus als Brennstoff für den Betrieb.

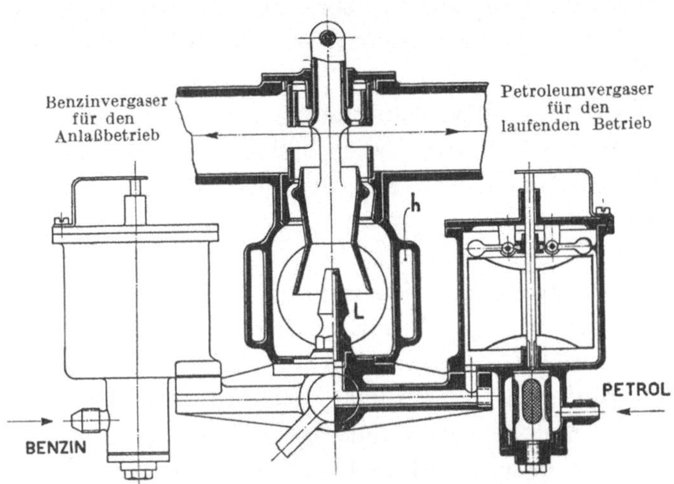

14. Doppelvergaser für gemischten Betrieb.

L = Mischraum des Vergasers.
h = Vorwärmung des Gemisches.

Erfahrungen:

■ Der Betriebserfolg mit Leichtölanlassen war selten zufriedenstellend, weil die Maschinisten, selbst unter Aufsicht, den Anlaßbetrieb mit dem teuren Leichtöl aus Bequemlichkeit zu lange Zeit ausdehnten.

Es zeigten sich aber auch bei dieser Betriebsführung die allgemeinen Mängel solcher Petroleummaschinen. Die Verdichtungsdrücke mußten sogar niedriger gehalten werden als bei Betrieb mit Leichtöl, schon wegen der ungleichmäßigen Verdampfung des Petroleums, dann wegen der sich damit ergebenden schlechten Mischung mit Luft und wegen der niedrigeren Selbstzündungstemperatur des Petroleums.

Wesentlich günstiger stellte sich der Betrieb mit Spiritus. der verhältnismäßig leicht (bis zu ungefähr 100° C.) verdampft, aber wegen seiner Zusammensetzung und seines Wassergehaltes höhere Entzündungstemperatur und geringere Verbrennungsgeschwindigkeit besitzt und stärkere Vorwärmung als Benzin oder Benzol erfordert.

Spiritus gestattete höheren Verdichtungsenddruck (bis 15 Atm.). so daß die Wärmeausnutzung günstiger war als bei Petroleumbetrieb mit Vergaser.

Im allgemeinen waren aber, besonders beim Anlassen, die gleichen Betriebsschwierigkeiten vorhanden wie bei Petroleum, und die Betriebskosten wurden wegen des hohen Spirituspreises trotz der besseren Wärmeausnutzung sehr hohe.

Solcher Betrieb wurde daher besonders für größere Leistungen unwirtschaftlich und war mit den Nachteilen jedes gemischten Betriebs belastet. ■

Vergaserbetrieb hat sich nur für Leichtöle, Benzin und Benzol, erhalten, ist auch nur für diese weiter ausgebildet worden und wird nur bei raschlaufenden Motoren angewendet. Bei Kraftfahrzeugen ist er alleinherrschend geworden.

Bei den Motoren für Kraftwagen, Flugzeuge usw. kann hohe Verdichtung erzielt, und es kann ein günstiger, einfacher Verbrennungsraum ausgeführt werden; ihnen ist rascher Lauf bei mäßiger Leistung eigen, daher kann ein Brennstoffverbrauch erzielt werden, der sogar dem guter Dieselmaschinen nahe kommt.

Maßgebend für die Grenzleistungen sind aber weniger die gewöhnlichen Leichtmotoren für Fahrzeuge, bei denen wesentlich nur Betriebssicherheit und hohe Regelfähigkeit angestrebt wird, als größere raschlaufende, unter ständiger Vollbelastung arbeitende Leichtmotoren, bei denen geringer Brennstoffverbrauch angestrebt wird, insbesondere Flugmotoren.

Erfahrungen:

■ Beim ersten Wettbewerb um den Kaiserpreis für Flugmotoren (1912) wurde dem Preisgericht auf Verlangen der „Industrie" die Wertung nur nach dem Motorgewicht und dem Betriebsstoffverbrauch in einem 7 stündigen Dauerlauf des Motors vorgeschrieben.

Den Benzwerken ist es trotz der gegebenen kurzen Frist auf Grund ihrer Erfahrungen mit Rennmaschinen[1]) gelungen, einen neuen Vierzylinder-Flugmotor von geringstem Gewicht herzustellen, der bei sehr günstigem Verbrennungsraum und einem Verdichtungsdruck von 4,9 Atm. nach dem benutzten amtlichen Meßverfahren (elektrische Eichung der Schrauben) einen Benzinverbrauch von nur

---

[1]) A. Riedler, „Wissenschaftliche Automobil-Wertung", Bericht IV.

210 g für die Nutzpferdekraftstunde ergab. Dieser geringe Verbrauch käme dem guter Dieselmaschinen (190 g) nahe. ■

Niedriger Brennstoffverbrauch ist nur bei ständiger Vollleistung und nur bei raschlaufenden Maschinen mit hohen Kolbengeschwindigkeiten und mit geringem Hubvolumen erreichbar, Voraussetzungen, die bei Flugmotoren zutreffen.

Wesentlich sind hierbei auch die spezifischen Kühlflächen und der Wärmezustand der Maschinen. Der Wirkungsgrad wird auch deshalb hoch, weil die Maschine im Dauerlauf unter Vollast stets warm ist, wobei die Eigenreibung gering wird.

Erfahrungen:

■ Eine Benzinmaschine von 50 PS Leistung in einem Zylinder, mit nur 180 Umdrehungen minutlich laufend, sollte auf geringen Benzinverbrauch gebracht werden. Tatsächlich wurden auch, wie bei raschlaufenden Maschinen, 250 g erreicht. Dann mußte aber, der Frühzündungen wegen, der Verdichtungsdruck herabgesetzt und ein Benzinverbrauch von 300 g zugelassen werden, der bei hohen Benzinpreisen zu unwirtschaftlich wurde. ■

Um billigen Betrieb zu erhalten, müßten statt Petroleum oder Benzin Rohöle, billigere Destillate des Erdöls und andere Schweröle vergast und verbrannt werden. Schwerölbetrieb gelingt aber in den einfachen Vergasermaschinen nicht.

Erfahrungen:

■ Beim Vergaserbetrieb mit Rohöl verstopften sich die feinen Öffnungen der Vergaserdüsen, und die Vergaser ergaben nicht genügende Vorverdampfung und Mischung des schwerflüchtigen Brennstoffs; es wurden nur die leichtflüchtigen Bestandteile verdampft, die schwerflüchtigen blieben als Rückstände im Vergaser und ergaben großen Brennstoffverlust.

Außerdem bestand die Gefahr von Frühzündungen, entweder schon im Vergaser oder an heißen Zylinderteilen. Auf die Frühzündungen folgte unvollkommnes Verbrennen und Zersetzen des Brennstoffs, wobei sich Zersetzungsprodukte mit dem Schmieröl mischten und koksartige harte Krusten absetzten. ■

Schwerölmaschinen.

Die Wirkung der älteren Schwerölmaschinen, wie auch der Maschinen mit Verdampfungskammer und der Glühkopfmaschinen, beruht auf ähnlichen Grundlagen wie die seinerzeit für Verbrennungsmaschinen ausgeführte und noch jetzt in Verwendung stehende Glührohrzündung.

Die alten Leuchtgasmaschinen gestatteten nur geringen Verdichtungsdruck wegen ihrer Schiebersteuerungen und auch wegen ihrer mangelhaften Zündeinrichtung mit gesteuerten Zündflammen, die bei höherem Druck leicht verlöschten.

Wesentliche Verbesserung wurde durch wirksame Glührohrzündung erreicht, die auch bei Petroleummaschinen vielfach ausgeführt wurde.

Die Glührohrzündung ist für die Entwicklung der Ölmotoren wesentlich, und das Verständnis der Wirkungsweise dieses Zündverfahrens erschließt zugleich das Verständnis mancher Arten von Ölmaschinen selbst, u. a. der Glühkopfmaschinen, bei deren Arbeitsvorgange sich im großen Ähnliches abspielt wie beim Zündvorgang im Glührohr.

Das sogenannte Glührohr (Bild 15) besteht aus einem dünnen Metall- oder Porzellanrohr a von 4—10 mm Lichtweite und 40 bis 100 mm Länge, das an den Verbrennungsraum angeschlossen ist und durch eine ständig brennende Flamme b glühend erhalten wird.

Während der Saugzeit wird kein Gemisch nach dem Glührohrraum gelangen, weil er vom vorhergegangenen Arbeitshub noch mit Verbrennungsgasen gefüllt ist, und weil die Eintrittswiderstände im Glührohr zu groß sind.

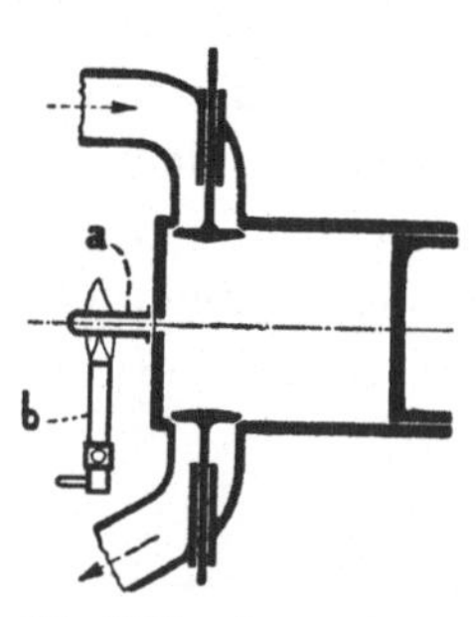

15. Glührohrzündung.

Während des folgenden Verdichtungshubs wird aber das Brennstoffluftgemisch auch in das enge Glührohr gedrückt, samt den darin befindlichen Verbrennungsgasen verdichtet und bis zum Ende des Rohrs zurückgeschoben.

Die Gemischbildung innerhalb des Glührohrs ist daher zunächst nur unvollkommen. Erfolgt die Zündung des Gemisches an der Glühstelle, dann kann die Drucksteigerung innerhalb des Glührohrs dem Inhalt des Rohrs keine so große Geschwindigkeit erteilen, daß er nach dem Zylinder hin austreten kann, entgegen dem in das Glührohr hineingedrückten Gemisch.

Erst gegen Ende des Verdichtungshubs, wenn die Geschwindigkeit, mit welcher der Kolben das Gemisch in das Glührohr hineindrückt, ganz klein und der Verdichtungsenddruck auch im Glührohrraum ausreichend hoch geworden ist, wird die Zündgeschwindigkeit der im Glührohr entstandenen Verbrennung überwiegen, und die im Glührohr brennende Flamme wird mit großer Stärke nach dem Zylinderinnern hinausschlagen. Hierdurch wird, am Hubende, auch der Zylinderinhalt zur Entzündung und Verbrennung gebracht.

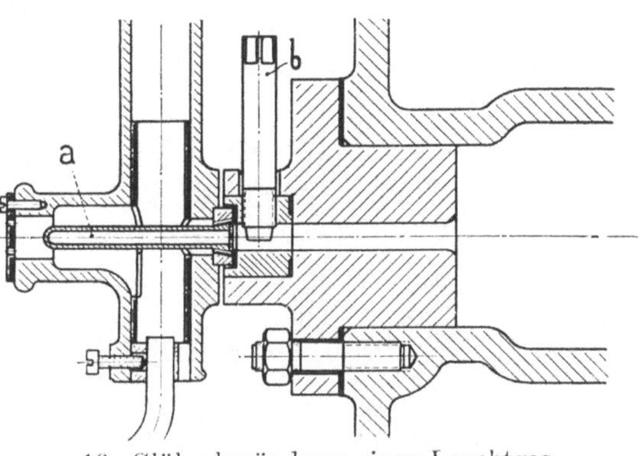

16. Glührohrzündung einer Leuchtgasmaschine.

Bild 16 zeigt das Glührohr *a* einer Leuchtgasmaschine. Durch einen Bunsen-Brenner wird das Rohr glühend erhalten. Zur Stauung der Wärme im Schornstein des Glühraums und zur Verringerung des Zündgasverbrauchs ist eine Asbestverkleidung notwendig. Die Größe des Durchströmquerschnittes beim Anschluß zum Zylinderinnern kann mittels einer Schraube *b* geregelt werden.

Die Wirkung des Glührohrs wird den verschiedenen Betriebsverhältnissen, Brennstoffen und Drehzahlen angepaßt:

durch Änderung der Weite und Länge des Glührohrs, sowie durch die Lage des Glühbereichs im Rohr.

Bild 17 zeigt die Schichtung im Glührohr während des Verdichtungshubes. Die Auspuffrückstände, die im Glührohr zurückbleiben, müssen während des Verdichtungshubes erst zurückgeschoben und verdichtet werden, bevor das frische Gemisch in das Glührohr eintreten kann.

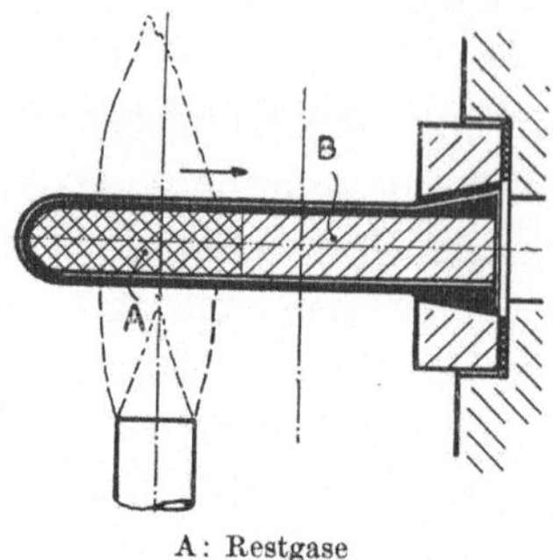

A: Restgase
B: Gemisch

17. Schichtung
von
brennbarem Gemisch
und Restgasen im Glührohr.

Wird die Heizflamme des Glührohrs ganz am Ende desselben angeordnet, dann werden nur die Restgase A, die an diesem Ende liegen, erwärmt und das frische Gemisch B zu spät entzündet. Eine Verschiebung der Heizflamme mehr nach der Mitte des Glührohrs kann Abhilfe schaffen. Wesentlichen Einfluß auf den Zündbeginn hat auch die Lichtweite des Glührohrs. Erfolgt der Zündbeginn zu früh, so muß das Rohr verengt werden. Glührohrzündung erfordert aber bei geringer Drehzahl und besonders beim Anlassen große Vorsicht, damit ein frühzeitiges Hineinschlagen der Zündflamme in das Zylinderinnere vermieden wird.

Die Zündung durch Glührohr wirkt viel kräftiger als die früher verwendeten offenen Zündflammen; sie gestattet höheren Verdichtungsdruck und ist bei raschlaufenden kleinen Leuchtgasmaschinen jetzt noch in Verwendung.

Maschinen mit Verdampfungskammer.

Schwerflüchtige Brennstoffe werden im Arbeitszylinder selbst oder in einer ständig mit dem Zylinder in offner Verbindung stehenden Vorkammer (Bild 18) verdampft und verbrannt.

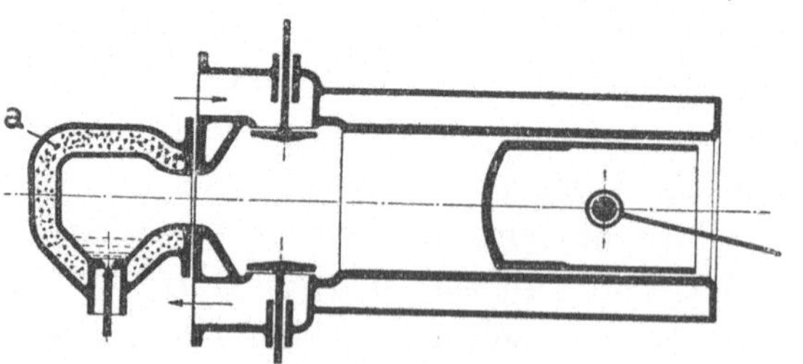

18. Schwerölmaschine mit Verdampfungskammer (Hornsby).

Der Brennstoff wird (bei älteren Maschinen) schon während der Saugzeit in eine mit feuerfestem Material (a) verkleidete Verdampfungskammer (Retorte) eingeführt, wo er an den heißen Wandungen verdampft. Trotzdem kann während der Saugzeit nur wenig Brennstoff in den Arbeitszylinder eintreten, wenn der Verbindungsquerschnittt mit dem Zylinder entsprechend eng ist. Ebenso wird wenig Luft in diese Kammer gelangen, so daß Frühzündungen nicht ohne weiteres zustande kommen.

Erst während der darauffolgenden Verdichtung wird Luft auch in die Verdampfungskammer gedrückt; sie wird sich dort mit dem Treiböldampf mischen und eine Verbrennung bewirken. Hierdurch wird zunächst nur eine geringe Drucksteigerung in der Verdampfungskammer hervorgerufen, die nicht ausreicht, um den Kammerinhalt nach dem Zylinderraum auszutreiben. Der Vorgang ist also ähnlich, wie früher bei der Glührohrzündung angegeben.

Erst wenn gegen Ende des Verdichtungshubs die Geschwindigkeit der in die Verdampfungskammer eintretenden Luft ausreichend klein geworden ist, andrerseits aber der höhere Verdichtungsdruck der Luft auch in der Kammer eine entsprechend starke Vorverbrennung herbeigeführt hat, wird ihr Inhalt nach dem Zylinderinnern getrieben, wo er in dem Luftinhalt des Zylinders erst zur eigentlichen Verbrennung gelangt.

Die Anpassung an verschiedene Betriebsverhältnisse und Drehzahlen erfolgt ebenso wie bei der Glührohrzündung durch die Lichtweite und Lage des Verbindungshalses zwischen Kammer und Zylinder und durch Veränderung des Kammervolumens.

Die Kammer bleibt immer glühend, eine besondere Heizflamme ist entbehrlich. Nur für das Anlassen ist, wie bei den früher erwähnten Verdampfermaschinen, eine besondere Vorwärmung notwendig.

Erfahrungen:

■ Mit solchen Maschinen konnte nur mäßiger Verdichtungsdruck erreicht werden, weil bei höherem Druck Frühzündungen eintraten, insbesondere bei abfallender Geschwindigkeit. Weil die Temperatur der Kammer mit der Belastung abnimmt, wurde bei kleinen Belastungen und im Leerlauf die Verdampfung und Zündung unzureichend oder versagte. Vom eingelagerten Brennstoff wurden hauptsächlich die leichtflüchtigen Teile verdampft, während die schwerflüchtigen als Rückstände in der Kammer ver-

blieben und sich zum Teil zersetzten, ohne vollständig zu verbrennen, so daß Störungen durch Krustenbildung auftraten. Wenn
diese Krusten so weit angewachsen waren, daß sie den Verbindungshals mit dem Zylinder verengten, dann wurde der Betrieb schließlich unmöglich.

Diese und andere Anstände ergaben sich insbesondere bei
Viertaktmaschinen, weil bei diesen die Verdampfungskammer
während des Saughubs durch die Luft unter Umständen zu stark
abgekühlt wurde. Ebenso wurde bei ihnen das Gemisch verschlechtert, weil während der Auspuffzeit die Verbrennungsgase aus der Verdampfungskammer nur schlecht austreten konnten.
Die feuerfeste Verkleidung der Kammer war zudem im Betriebe
sehr unbequem und erhielt leicht Risse.

Derartige Maschinen ergaben auch nur schlechte Ausnutzung
und einen Brennstoffverbrauch von mehr als 400 g für die PS-
Stunde. Sie waren daher nur als billige Maschinen verwendbar,
haben aber in Amerika, bei niedrigen Ölkosten, viel Verbreitung
gefunden, selbst für Leistungen über 100 PS. ∎

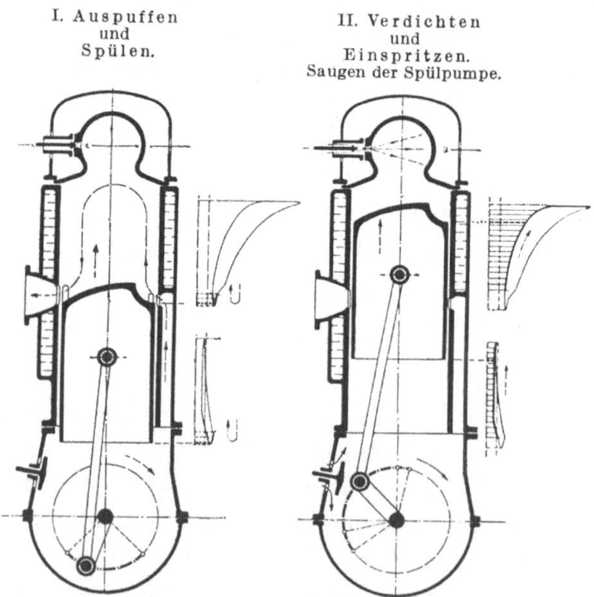

19. I—IV: Arbeitsspiele und Druckverlauf
einer Zweitakt-Glühkopfmaschine mit Ladepumpe im Kurbelkasten.

Glühkopfmaschinen.

Eine erhebliche Verbesserung des Schwerölbetriebes ergibt sich dadurch, daß statt der feuerfest verkleideten Kammern solche aus Gußeisen verwendet und als Glühhauben oder Glühköpfe am Zylinderende aufgesetzt werden, wobei der Brennstoff in diese Glühköpfe eingespritzt wird. Dies geschieht aber erst gegen Ende des Saughubs oder erst während der Verdichtungszeit.

Die Gemischbildung kann auch bis gegen das Ende der Verdichtungszeit verlegt werden, so daß nur Verbrennungsluft angesaugt und verdichtet wird. In diesem Falle kann das Zweitaktverfahren durchgeführt werden, wobei die Verbrennungsgase durch Spülen wenigstens teilweise auch aus dem Glühkopfe ausgetrieben werden können und eine bessere Gemischbildung auch innerhalb des Glühkopfraumes herbeigeführt wird.

Bei kleinen Leistungen können die Spül- und Ladepumpen von Zweitakt-Ölmaschinen vereinfacht werden. Zu diesem Zweck ist der Kurbelkasten als Gemischpumpe, später als Luftpumpe ausgebildet worden. Als Pumpenkolben dient dann der vorhandene Maschinenkolben. Der Eintritt der Spül- und Ver-

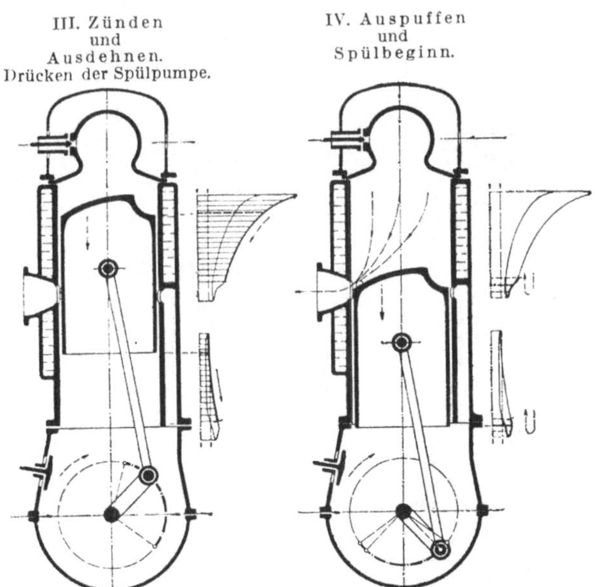

19. I—IV: Arbeitsspiele und Druckverlauf einer Zweitakt-Glühkopfmaschine mit Ladepumpe im Kurbelkasten.

brennungsluft in den Zylinder kann in einfachster Art durch Schlitze erfolgen.

In solcher Weise wurden besonders einfache Zweitakt-Glühkopfmaschinen gebaut.

Bild 19 zeigt die Arbeitsspiele (Laden, Verdichten, Verbrennen mit nachfolgendem Ausdehnen und Auspuffen) und den zugehörigen Druckverlauf im Zylinder und Kurbelraum.

Gegen Ende des Ausdehnungshubs werden zuerst die Auspuffschlitze vom Kolben geöffnet, die Abgase puffen aus, und im Zylinder erfolgt die Entspannung, so daß beim Öffnen der Spülschlitze die vorher im Kurbelraum schwach verdichtete Luft in den Zylinder eintreten und die Abgase vor sich her nach den Auspuffschlitzen treiben kann.

Das Laden erfolgt wieder bei offenem Auspuff. Damit die eintretende Spülluft nicht sofort nach den Auspuffschlitzen entweicht, ist das Kolbenende zwecks besserer Luftführung so geformt, daß der Spülluftstrom nach dem Glühkopfe zu gerichtet wird. Hierdurch sollen auch die im Glühkopf verbleibenden Abgase ausreichend ausgetrieben werden.

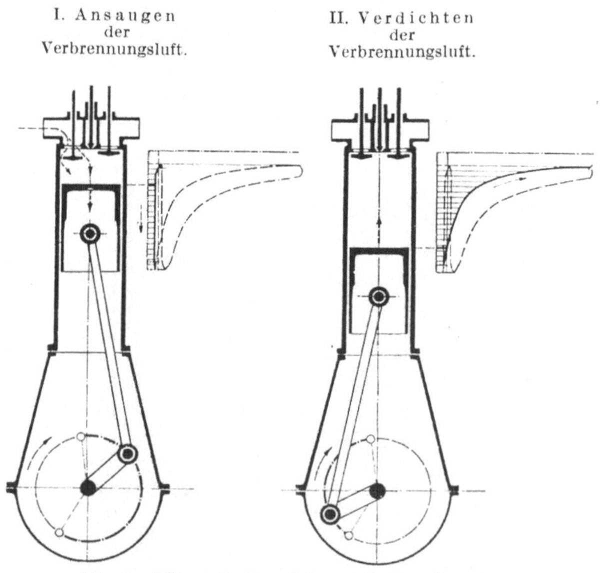

20. I—IV: Arbeitsspiele und Druckverlauf
einer Viertakt-Dieselmaschine.

Erfahrungen:

■ Der Erfolg der Glühkopfmaschinen war lange Zeit unbefriedigend, solange mit verhältnismäßig niedrigen Verdichtungsdrücken gearbeitet wurde.

Nach dem Erfolge der Dieselmaschinen ist auch der Verdichtungsenddruck bei Glühkopfmaschinen erhöht worden. Daraus ergaben sich aber Unzuträglichkeiten: die Glühköpfe wurden bei großen Belastungen der Maschine zu heiß, bekamen Risse, und unzulässige Betriebsstörungen waren die Folge.

Es mußte daher die Innentemperatur durch besondere Hilfsmittel, z. B. durch Wassereinspritzung, herabgesetzt werden, um dauernd sicheren Betrieb ohne Gefahr von Frühzündungen zu erreichen.

Die Glühkopfmaschinen waren aber nur für kleine Leistungen und hohe Drehzahlen (über 200 minutlich) geeignet, und nur für solche war einigermaßen zuverlässiger Betrieb und ausreichend niedriger Brennstoffverbrauch zu erzielen. ■

Erst in neuerer Zeit sind nach dem Vorbilde der Dieselmaschinen Verbesserungen der Glühkopfmaschinen durchgeführt worden, die aber ein abgeändertes Arbeitsverfahren zur Folge

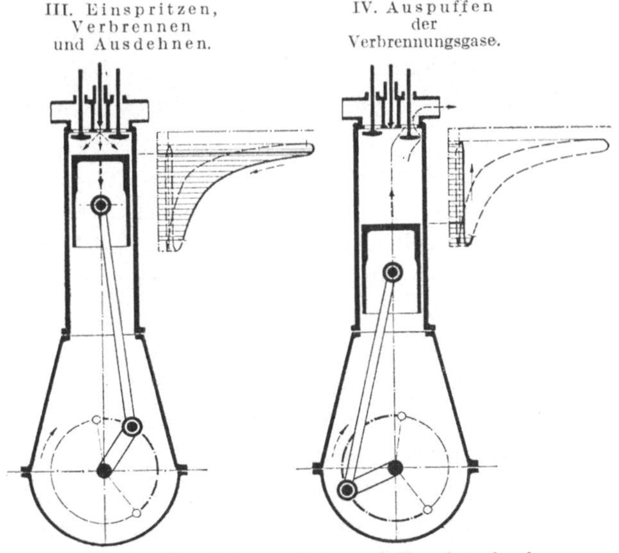

20. I—IV: Arbeitsspiele und Druckverlauf einer Viertakt-Dieselmaschine.

haben, das mit dem ursprünglichen Glühkopfverfahren weniger zusammenhängt als mit dem Verfahren der Dieselmaschinen.

Dieselmaschinen.

Das Arbeitsverfahren der Viertakt-Dieselmaschinen zeigt Bild 20.

Beim ersten Hub wird nur Frischluft angesaugt. Beim zweiten erfolgt hohe Verdichtung dieser Luft, auf 30—35 Atm. Am Ende dieses und zu Beginn des folgenden Hubs wird Öl durch Preßluft in den Zylinder eingespritzt und im Zylinderinhalt fein verteilt; dadurch wird Gemisch gebildet, das infolge von Selbstzündung verbrennt. Hierauf dehnen sich die Verbrennungsgase aus und werden beim vierten Hub aus dem Zylinder hinausgeschoben.

Die Verdichtung erfolgt also brennstoffrei und kann daher beliebig hochgetrieben werden, auch über die Grenze der Selbstzündung hinaus. Ungewollte Frühzündungen können sicher vermieden werden.

Die Schwierigkeit liegt darin, den Brennstoff im verfügbaren kurzen Teilhube, also in sehr geringer Zeit, in die hochverdichtete Verbrennungsluft des Zylinders derart einzuführen, daß eine ausreichend gute Mischung und eine rasche, vollkommene Verbrennung erreicht wird.

Die Mischung wird wegen der sehr geringen Zeit immer schwierig und unvollkommen sein, und die Verbrennung kann überhaupt nur mit großem Luftüberschuß ausreichend vollständig gelingen.

Es ist nur Verbrennungsluft zu verdichten. Infolgedessen kann auch das Zweitaktverfahren ohne wesentliche Schwierigkeit angewendet werden, weil im Zweitakt nur Spülung mit Luft erfolgt. Die Gemischbildung ist aber ebenso wie im Viertakt auf eine ungünstige Stelle des Maschinenhubs abgeschoben, auf den geringen Teilhub nach erfolgter Verdichtung.

Ausreichende Gemischbildung in einfachen Verbrennungsräumen ist schließlich gelungen durch Einspritzen und feines Verteilen des Brennstoffs mittels sehr hoch gespannter Druckluft, die wesentlich höheren Druck besitzt (50—80 Atm.) als die Verbrennungsluft und in einem besonderen Hochdruckkompressor erzeugt werden muß.

Die Dieselmaschine gibt hohe Wärmeausnutzung infolge der

hohen Verdichtung. Schon der erste betriebsfähige Versuchsmotor hatte nur 220 g Verbrauch für die Nutz-PS-Stunde, also etwa die Hälfte des Verbrauchs der früheren Ölmaschinen.

Entstehungsgeschichte der Dieselmaschine.

Die wissenschaftlichen Grundlagen des nach Diesel benannten Arbeitsverfahrens und teilweise auch die bauliche Anordnung für die Durchführung des Verfahrens waren schon vor Diesel bekannt. Die früheren Maschinen dieser Art haben aber keine praktische Bedeutung erlangt, weil, wie es oft bei großen Erfindungen der Fall ist, die Vorgänger nicht zur richtigen Zeit mit ihren Ideen herauskamen, nicht über die erforderlichen Mittel verfügten, um eine praktisch brauchbare Ausgestaltung zu schaffen, und vielleicht auch, weil sie die Tragweite der Sache nicht erkannten.

Diesel konnte diese Schwierigkeiten dank der finanziellen Förderung durch Krupp und die Maschinenfabrik Augsburg, insbesondere aber mit Hilfe der Erfahrungen und Werkstättenmittel der Augsburger Fabrik überwinden und einen gangbaren Hochdruckmotor schaffen. Die Einzelheiten hierüber sind von Diesel in Vorträgen und in seinem Buche „Die Entstehung der Dieselmaschine" nur einseitig angegeben.

Ein Vergleich mit der Entstehung der Viertaktmaschine zeigt: Otto hat die Viertaktmaschine selbständig bis zur Marktfähigkeit entwickelt. Das Erfinderverdienst ist ihm dennoch bestritten worden, und die Viertaktpatente sind gefallen, weil das Verfahren in einer unbekannt gebliebenen autographischen Druckschrift angegeben worden war, und weil ein Münchner Uhrmacher einen Viertaktmotor für seinen eigenen Betrieb vor Otto gebaut und betrieben hatte. Beide Vorläufer haben aber die Bedeutung der Sache nicht erkannt und brauchbare Gestaltungen nicht geschaffen.

Die ersten Bestrebungen Diesels waren auf etwas Unmögliches, auf den „rationellen Wärmemotor" mit isothermischer Verbrennung gerichtet. Das von Diesel im Jahre 1893 angemeldete Patent sollte ein Arbeitsverfahren schützen, bei dem

> nur Verbrennungsluft im Arbeitszylinder über die Selbstzündungstemperatur des Brennstoffluftgemisches hinaus verdichtet wird und
>
> der Brennstoff in fein verteiltem Zustande in die hoch-

erhitzte Luft eingeführt wird, derart, daß er vollständig verbrennt und dabei **keine wesentliche Temperatursteigerung** eintritt.

Dieses Arbeitsverfahren ist aber in dem unbekannt gebliebenen Buche von Köhler „Theorie der Gasmotoren" (1887) auf S. 41 beschrieben.

Diesel hat anfangs nicht an Öl maschinen, sondern an Betrieb mit Gas oder mit Kohlenstaub gedacht. Er hat anfangs, ebenso wie Köhler, Wärmeverluste im Motor vermeiden wollen und darum bei seinem ersten Versuchsmotor keine Wasserkühlung des Zylinders vorgesehen, hat aber, wie vorauszusehen war, damit keinen Erfolg gehabt.

Erfolgreich wurden die Versuche Diesels erst, als er das ursprünglich verfolgte Arbeitsverfahren aufgab und **Verbrennung unter erheblicher Temperatursteigerung** durchführte, die aber nur durch Wasserkühlung des Zylinders und Deckels der Maschine zu beherrschen war.

Auf diese Weise entstand das **Gleichdruckverfahren**, bestehend in:

Laden und Verdichten nur von Luft und
allmählichem Einspritzen des Brennstoffs in die über Selbstzündungstemperatur hinaus verdichtete Luft, so daß die **Verbrennung ohne große Drucksteigerung** erfolgt.

Wesentlich ist bei allen Hochdruckmaschinen, die brennstofffrei nur Luft verdichten, im Vergleich zu dem bei Gasmaschinen üblichen Arbeitsverfahren: der **Fortfall jeder Frühzündungsgefahr** und, in der Dieselmaschine erstmalig verwirklicht: die **Einleitung der Verbrennung durch die Selbstentzündung** des Brennstoffluftgemisches.

Ähnliche Arbeitsverfahren sind schon vor Diesel praktisch versucht worden.

Söhnlein war wohl der erste, der einen Zweitakt-Glühkopfmotor mit Kurbelkastenspülpumpe gebaut und lange vor Diesel die Verbrennung in vorverdichteter Luft ausgeführt hat. Er hat das gleiche Arbeitsverfahren benutzt wie Diesel, ist schrittweise mit dem Verdichtungsdrucke bis zu 10 Atm. gegangen und hat für die Gemischbildung und Brennstoffzerstäubung auch Preßluft verwendet.

Capitaine hat ebenfalls vor Diesel die Vorteile sehr hoher Verdichtung erkannt und den Verdichtungsdruck auf 16 Atm. gesteigert, hat schwerflüchtigen Brennstoff (Masut) mittels Preßluft eingespritzt und Luft oder Brennstoff vorgewärmt, um die Zündung beim Anlassen der kalten Maschine zu sichern.

Durch das Gleichdruckverfahren im gekühlten Zylinder ist ein gangbarer Dieselmotor entstanden, dessen Arbeitsverfahren aber nicht mehr das von Diesel ursprünglich gewollte war, er ist auch nicht das ursprünglich praktisch Gewollte (Gas- und Kohlenstaubmotor) und entspricht nicht den von Diesel vertretenen theoretischen Grundlagen. Dieser Motor war noch nicht betriebsbrauchbar; erst durch die Maschinenfabrik Augsburg allein ist der betriebsbrauchbare und marktfertige Motor geschaffen worden, ebenso die ersten Dieselschiffsmaschinen.

Die Dieselmaschine ist viel mehr noch als andere Hochdruckmaschinen von der Ausführung abhängig. Nur bei richtiger Bauart und Benutzung aller maßgebenden Erfahrungen und bei vorzüglicher Ausführung ist sie betriebsbrauchbar.

Diese Abhängigkeit zeigt schon die Entstehungsgeschichte. Auf Grund des ersten gangbaren Versuchsmotors sind Lizenzverträge mit besten Maschinenfabriken abgeschlossen worden. Außer der Maschinenfabrik Augsburg hat jedoch damals keine Fabrik einen brauchbaren Motor zustande gebracht[1]).

Nur die Hochdruck-Ölmaschine ist herrschend geworden und hat sich zu einer der wichtigsten Motorarten ausgebildet.

Diesel-Zweitaktmaschinen.

Das Zweitaktverfahren läßt sich bei Dieselmaschinen vollkommner durchführen als bei Gasmaschinen, weil nur mit Luft zu spülen und zu laden ist.

Bild **21** zeigt die Arbeitsweise. Durch die Spülpumpe wird Luft in den Zylinder getrieben, diese wird im Zylinder wie beim Viertaktverfahren bis auf etwa 35 Atm. verdichtet, dann wird der Brennstoff in die hochverdichtete Luft mittels höher gespannter Preßluft eingespritzt. Am Ende des Ausdehnungshubes werden die Auspuffschlitze geöffnet; die Abgase strömen aus, und nach der Druckentspannung kann eine neue Ladung Spülluft (mit nur 0,1—0,3 Atm. Überdruck) eintreten.

---

[1]) A. Riedler, „Dieselmotoren", Beiträge zur Kenntnis der Hochdruckmotoren.

Verluste an Brennstoff während des Ladens (Einspritzens) treten daher nicht auf, während bei den Zweitakt-Gasmaschinen, bei denen gespült und darauf durch eine Pumpe vorverdichtetes Gas oder Gemisch bei noch offenem Auslaß geladen werden muß, Gemischverlust nur dadurch verhindert werden kann, daß die Gemischfüllung beschränkt und große Sorgfalt darauf verwendet wird, daß die Schichtung beim Laden und Spülen nicht durcheinander gewirbelt wird.

Betriebseignung der Dieselmaschine.

Ein Hauptwert der Dieselmaschinen liegt in der Möglichkeit, billige Schweröle zu verwenden.

Das Schweröl muß fein verteilt werden, das Gemisch ist mangelhaft, das Öl wird aber bei großem Luftüberschuß dennoch gut verbrannt, weil die Selbstzündung in der hocherhitzten Luftmasse an allen Punkten erfolgt und Verbrennung in dieser Heißluft die besten thermischen Bedingungen gewährt. Darin liegt der eigentliche Wert der Selbstzündung.

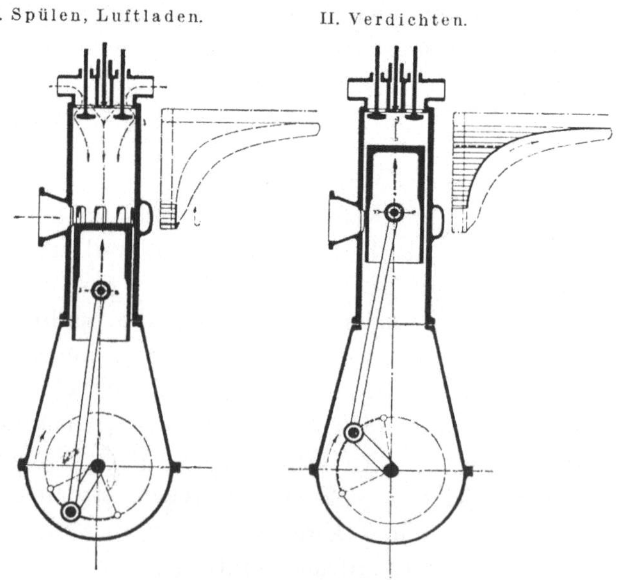

21. I—IV: Arbeitspiele und Druckverlauf
einer Zweitakt-Dieselmaschine.

Die Vorzüge der Dieselmaschine gegenüber anderen Wärmekraftmaschinen sind: hohe Wärmeausnutzung, vollständige Verbrennung des Brennstoffs, Wegfall der Kessel, Generatoren und Nebenapparate; sofortige Betriebsbereitschaft, keine Wärme- und Arbeitsverluste während der Betriebspausen, keine Anwärmeverluste, Betriebsbequemlichkeiten, geruch- und rauchloser Betrieb usw.

Während des Bestehens der Diesel-Patente ist vielfach versucht worden, sie zu umgehen, nur durch Änderung der Vorrichtungen zur Einspritzung und Regelung.

Großen Einfluß hat der Erfolg der Dieselmaschinen auf die Verbesserung der Glühkopfmaschinen ausgeübt.

Die neuere Entwicklung der Ölmaschinen geht zum Teil dahin, den Verdichtungsdruck herabzusetzen und bei kleinen Maschinen Vereinfachungen im Einspritzverfahren und in der Regelung durchzuführen, insbesondere aber die teuren Hochdruckkompressoren zur Erzeugung der Einspritzluft zu ersparen, um so wesentlich billigere Motoren herzustellen, deren Wärmeausnutzung trotzdem nahe der erreichbaren Grenze bleibt.

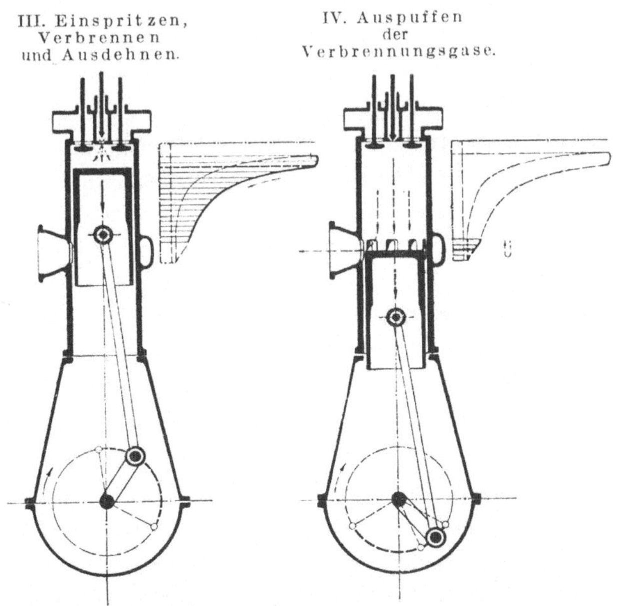

21. I—IV: Arbeitsspiele und Druckverlauf einer Zweitakt-Dieselmaschine.

II. Wärmetechnische und Rechnungs-Grundlagen.

Wertungsgrößen. Wirkungsgrade.

Zur richtigen Beurteilung der Verbrennungsmaschinen, auch zum Vergleich mit anderen Wärmekraftmaschinen, müssen brauchbare Wertungs- und Vergleichsgrößen aufgestellt werden.

Hierzu ist zunächst die Kenntnis des Verbrennungsvorgangs, des Luftbedarfs im praktischen Betriebe und des Wärmewertes der Brennstoffe erforderlich.

Der Beurteilung des praktischen Verbrennungsvorgangs wird der Vergleich mit „theoretischen" Arbeitsprozessen zugrunde gelegt, die einen Grenzzustand darstellen sollen.

Am wichtigsten und zugleich am schwierigsten ist die Beurteilung des Wärmezustandes im Zusammenhange mit Verbrennung und Kühlung. Hier sollen nur einige Grundlagen des Wärmeüberganges an das Kühlwasser und die dadurch bedingten Einflüsse auf den Arbeitsvorgang behandelt werden, während die mit der Beherrschung des Wärmezustandes zusammenhängenden Wirkungen und Einflüsse in einem besonderen Abschnitte ausführlicher zu behandeln sind.

Der Vergleich der Wärmeverhältnisse der praktischen Arbeitsvorgänge mit den Wärmeverhältnissen theoretischer Idealprozesse und mit dem Wärmewert des Brennstoffs führt zur Aufstellung von Wertzahlen oder Wirkungsgraden, die aber nur bei Berücksichtigung aller wichtigen Betriebsverhältnisse und ihrer Einflüsse genügend sichere und klare Wertung der praktischen Arbeitsverfahren zulassen.

1. Grundlagen der motorischen Verbrennung.

Die Verbrennung von Gas oder von Dämpfen flüssiger Brennstoffe in Luft und im Zylinder von Verbrennungsmaschinen zum Zwecke der Drucksteigerung und Leistungsabgabe wird motorische Verbrennung genannt.

Die meisten Brennstoffe bestehen aus chemischen Verbindungen von C und H, auch von O, S und N. Die flüssigen Brennstoffe der Ölmaschinen sind entweder Erdöl- oder Kohledestillate oder Destillations-Rückstände. Die wichtigsten Eigenschaften und die Eignung dieser flüssigen Brennstoffe, Treiböle, zum Ölmaschinenbetrieb werden später ausführlich behandelt. In diesen flüssigen Brennstoffen findet sich H zu etwa 5—15 Gewichtsteilen gegenüber 95—85 Gewichtsteilen C und geringen Beimengungen von S, N, Wasser und seltener O.

Es findet vollständige Verbrennung statt, wenn aller C zu CO_2, aller H zu H_2O und aller S zu SO_2 verbrennt.

Die Vorgänge bei der Verbrennung und die in Betracht kommenden Gewichtsteile der brennbaren Elemente C, H und S und des O lassen sich aus den chemischen Grundgleichungen bestimmen (Abschnitt VII S. 447).

Der theoretische Luftbedarf ergibt sich danach für einen Brennstoff, der aus C kg Kohlenstoff, H kg Wasserstoff und S kg Schwefel besteht, zu:

$$L_0 = (\tfrac{8}{3}\,C + 8\,H + S)\,4{,}25 \text{ kg}.$$

Für vollkommene motorische Verbrennung genügt die theoretische Luftmenge nicht, weil die vollkommene Mischung des Brennstoffes mit dieser Luftmenge nicht erreicht wird.

Hinderlich sind nämlich: ungleichartige Zusammensetzung des Brennstoffes aus leicht- und schwerflüchtigen Bestandteilen, Störungen bei Leitung und Einführung der Luft und des Gemisches, ungleichartige Formgebung des Verbrennungsraumes usw. Selbst wenn aber vollkommene Mischung durchgeführt würde, könnte durch sonstige Unvollkommenheiten in der Einleitung und Durchführung der Verbrennung die Güte der Verbrennung geschädigt werden.

Es wird daher mit ausreichend großem Luftüberschuß gearbeitet, um sicher jedem Brennstoffteilchen die zur vollständigen Verbrennung erforderliche Luftmenge beilagern zu können.

Besonders wichtig ist dies bei solchen Ölmaschinen, in denen der Brennstoff erst kurz vor der Verbrennung in die verdichtete Verbrennungsluft eingespritzt, die Gemischbildung also sehr schwierig wird, weil sie auf einen kleinen Teil des Kolbenhubes beschränkt ist, wie bei Dieselmaschinen.

Die sehr kleine Zeit von meistens weniger als $^1/_{10}$ Sekunde, die zur Einführung, Mischung, Verdampfung und Verbrennung zur Verfügung steht, verlangt außergewöhnliche Maßregeln, um den Brennstoff genügend fein und gleichmäßig in der Luft des Verbrennungsraumes zu verteilen. Am besten gelingt dies mit besonderen Zerstäubern bei Verwendung von Druckluft, die aber wesentlich höher gespannt sein muß als die Verbrennungsluft im Zylinder.

Erfahrungen:

■ Ausreichend gute Mischung ergab sich bei Dieselmaschinen nur mit großem Luftüberschuß, einem Überschuß von 20 bis $100^0/_0$. Bei Maschinen, welche Gemisch ansaugen und bei denen ausreichend viel Zeit zur Mischung zur Verfügung steht, genügte ein geringerer Luftüberschuß, von 10 bis etwa $50^0/_0$.

Der Luftüberschuß durfte nicht unnötig groß sein, sonst mußte für eine bestimmte Leistung das Zylinderhubvolumen zu sehr vergrößert werden. Auch nahm die Zündfähigkeit des Gemisches mit dem Luftüberschuß ab.

Kleine raschlaufende Maschinen gestatteten insbesondere keinen großen Luftüberschuß, weil sonst bei hohen Drehzahlen die Verbrennung nicht rechtzeitig, nur unvollkommen und mit schädlichem Nachbrennen erfolgen konnte.

Bei größeren langsamlaufenden Vergasermaschinen wurde mit etwa $20-40^0/_0$ Luftüberschuß gearbeitet. Raschlaufende Automobilmaschinen für Benzinbetrieb ergaben aber bei wachsendem Luftüberschuß zu kleine Verbrennungsgeschwindigkeit, Zunahme des Brennstoffverbrauchs und Abnahme der Leistung.

Bei derartigen Maschinen konnte selbst mit der theoretischen Luftmenge und sogar bei Luftmangel noch guter Brennstoffverbrauch erreicht werden, auch bei gesteigerter Leistung, weil die Verbrennung rascher und vollkommner erfolgte, und weil bei diesen gemischsaugenden Maschinen die Zeit für gute und gleichmäßige Mischung stets ausreichte.

Dieselmaschinen von mittlerer Größe und 150—300 Umdr./Min. erforderten etwa $50^0/_0$ Luftüberschuß, der teilweise durch die Einspritzluft zugeführt wurde. ■

Die bei der Verbrennung entstehende Wärme wird durch den unteren Heizwert des Brennstoffes H_u gewertet, der die Wärmemenge angibt, die bei der Verbrennung der Gewichts- oder Raumeinheit des Brennstoffes erzeugt wird, unter Abzug der Wärmemenge, die im sich bildenden Wasserdampf enthalten ist.

Über die Bestimmung des Heizwertes ist im Abschnitt VII S. 450 Näheres angegeben.

Ist beispielsweise der untere Heizwert eines Gasöls
$$H_u = 10\,000 \text{ WE/kg},$$
so entsteht bei der vollständigen Verbrennung von B kg Öl eine Wärmemenge $\qquad Q_1 = B\,H_u$ WE.

Es wird anzustreben sein, diese Wärmemenge, welche den Wärmewert des Brennstoffes darstellt, mit möglichst geringen Wärmeverlusten in Nutzarbeit umzusetzen.

In der Verbrennungsmaschine soll die Wärme, die bei der Verbrennung des Gemisches erzeugt wird, eine Drucksteigerung des Gemischvolumens, damit eine Kraftwirkung auf den Kolben des Zylinders und die Arbeitsleistung bewirken.

„Theoretischer" Arbeitsprozeß.
(Thermischer Wirkungsgrad.)

In der Endstellung 1 des Kolbens ist das Volumen $v + v_c$ mit einem Gemisch von Brennstoff und Luft oder nur mit Luft und mit einem Teil der Restgase gefüllt (Bild **22**). Der Zustand der Zylinderfüllung ist durch den spezifischen Druck p_1, das spezifische Volumen v_1 und die absolute Temperatur T_1 gegeben.

In der Stellung 2 des Kolbens ist der Zylinderinhalt auf einen Druck p_2 verdichtet, und zwar adiabatisch, so daß die aufgewen-

dete Verdichtungsarbeit nur zur Temperaturerhöhung des Zylinderinhaltes dient, aber sonst keine Wärme zu- oder abgeführt wird.

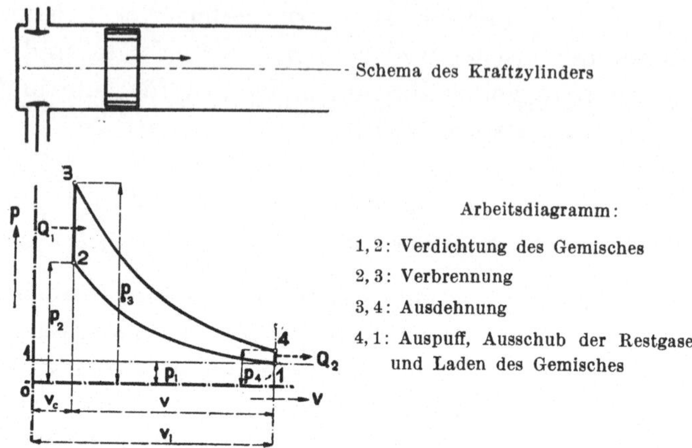

22. Arbeitsvorgang eines theoretischen Prozesses (Verbrennung bei konstantem
Volumen). Druck- und Volumdiagramm.

Hierauf soll durch Entzündung die Verbrennung des Zylinderinhaltes eingeleitet und ohne Veränderung des Volumens v_c durchgeführt werden.

Die im Brennstoffluftgemisch enthaltene Wärmemenge Q_1 wird
frei und bewirkt eine Temperaturerhöhung von T_2 auf T_3 und
eine entsprechende Erhöhung des Druckes p_2 auf p_3.

In der Kolbenstellung 3 beginnt die Ausdehnung der Verbrennungsgase, die ebenfalls adiabatisch vor sich gehen soll, so
daß die durch die Volumvergrößerung von v_c auf $v_4 = v_1$ und durch
die Druckabnahme von p_3 auf p_4 verbrauchte Wärmemenge dem
Wärmevorrat der Verbrennungsgase entnommen wird und diese
eine Abkühlung von T_3 auf T_4 erfahren, ohne daß nach außen
Wärme abgeführt oder von außen zugeführt wird.

In der Kolbenstellung 4 wird ein Auslaß geöffnet, und die
Verbrennungsgase sollen ohne Veränderung des Zylindervolumens
abströmen. Hierbei entweicht eine Wärmemenge Q_2 mit den Auspuffgasen, und die Temperatur des Zylinderinhaltes wird von T_4
auf die Anfangstemperatur T_1 herabgesetzt, indem frische Ladung
in den Zylinder eingeführt wird.

In Nutzarbeit kann somit der Unterschied der Wärmemengen: $Q_1 - Q_2$ umgesetzt werden.

Der Wertmaßstab für die Güte der Wärmeausnutzung des Brennstoffs im theoretischen Arbeitsprozesse ist der „thermische" Wirkungsgrad:

$$\eta_t = \frac{Q_1 - Q_2}{Q_1},$$

das ist das Verhältnis der in Nutzarbeit umsetzbaren Wärmemenge $Q_1 - Q_2$ zu der im Brennstoff enthaltenen Wärmemenge Q_1.

Der thermische Wirkungsgrad kann rechnerisch (Abschnitt VII Seite 458) in die Form gebracht werden:

$$\eta_t = 1 - \frac{T_1}{T_2} \quad \text{und} \quad \eta_t = 1 - \varepsilon^{1-k},$$

wobei $\varepsilon = \dfrac{v_1}{v_c}$ das Verdichtungsverhältnis bezeichnet.

Zur Erzielung eines hohen thermischen Wirkungsgrades muß daher:

die Temperatur T_1, mit der das Gemisch oder die Luft in den Zylinder eintritt, möglichst niedrig und

die dem Verdichtungsenddruck p_2 entsprechende Temperatur T_2 möglichst hoch sein.

Der Zylinderinhalt muß somit vor Beginn der Verdichtung möglichst geringe Temperatur besitzen. Hierzu genügt es nicht, daß das Gemisch oder die Luft vor der Einführung geringe Temperatur besitzt, sondern ihre Erwärmung muß auch während des Einströmens möglichst verhindert werden.

Am Ende des Auspuffs bleiben im Zylinder heiße Restgase zurück, die sich mit der frischen Zylinderladung mischen und die Einführungstemperatur T_1 erhöhen. Zur Erzielung eines günstigen thermischen Wirkungsgrades ist es daher notwendig:

1. Das Gemisch oder die Luft möglichst kühl einzuführen.
2. Temperaturerhöhung während der Einführung des Gemisches bzw. der Verbrennungsluft zu verhüten.
3. Die Restgase möglichst vollständig aus dem Zylinder zu entfernen und dafür sorgen, daß nur Rückstände von möglichst kleinem Druck und geringer Temperatur zurückbleiben. In diesem Zusammenhang wäre ein besonderes Ausspülen der Verbrennungsrückstände auch bei Viertaktmaschinen günstig. Im allgemeinen werden, auch ohne Spülung, die Rückstände bei Viertaktmaschinen vollständiger entfernt als bei Zweitaktmaschinen.

4. Wärmestauungen in den Zylinderwandungen möglichst zu vermeiden.

In den Zylinder soll ein möglichst großes Ladegewicht eingeführt werden, um mit dem vorhandenen Hubvolumen eine möglichst große Leistung zu erreichen.

Bei Einführung einer erwärmten Ladung kann bei gleichem Volumen und gleichem Druck nur ein der höheren Temperatur entsprechendes geringeres Gewicht mit entsprechend geringerer Leistung arbeiten.

Es ist:
$$p v = R T.$$

Ist V das dem arbeitenden Gewicht G entsprechende Volumen, so ist:
$$p V = V \gamma R T = G R T$$

und hieraus:
$$G = \frac{p V}{R T}.$$

Das arbeitende Ladegewicht ist somit der absoluten Temperatur umgekehrt proportional.

Die Forderungen hinsichtlich eines günstigen thermischen Wirkungsgrades und hinsichtlich Maschinenleistung führen für Ölmaschinen zu Schlußfolgerungen, die mit den später angegebenen praktischen Erfahrungen zum großen Teil im Einklang stehen.

Vergasermaschinen ergeben nur dann günstigen thermischen Wirkungsgrad, wenn eine geringe Vorwärmung des flüssigen Brennstoffes zur vollständigen Verdampfung und Mischung genügt. Dies ist aber nur bei Maschinen für leichtflüchtige flüssige Brennstoffe der Fall.

Verdampfermaschinen für Schweröle, wie Petroleum, Gasöl, Teeröl usw., erfordern eine starke Vorwärmung. Schon aus diesem Grunde muß sich beim Betriebe mit solchen Brennstoffen ein ungünstiger thermischer Wirkungsgrad, ein großer Brennstoffverbrauch und ungenügende Leistungsfähigeit der Einheit des Zylinderhubvolumens ergeben.

Bei Dieselmaschinen liegen die Verhältnisse günstiger. Bei diesen Maschinen ist aber (Abschnitt VII S. 459) außer den Temperaturen noch das Einspritzverhältnis

$$e = \frac{v_e}{v_c}$$

für den theoretischen thermischen Wirkungsgrad maßgebend, der
hier den Wert besitzt:

$$\eta_t = 1 - \frac{T_1}{T_2}\delta = 1 - \varepsilon^{1-k}\delta,$$

wobei
$$\delta = \frac{1}{k}\frac{e^k - 1}{e - 1}.$$

Da nur Luft angesaugt wird, so kann T_1 beliebig klein gehalten werden, wenn Vorwärmung der Arbeitsluft nicht etwa aus
besonderen Gründen wünschenswert ist. Die Temperatur T_1 besitzt aber eine untere Grenze, wenn ein zu hoher Verdichtungsenddruck vermieden werden soll.

Der thermische Wirkungsgrad aller Verbrennungsmaschinen ist um so günstiger, je größer bei einem bestimmten
Anfangsdruck p_1 der Verdichtungsdruck p_2 und je höher
die diesem Druck entsprechende Temperatur T_2 ist.

Aus der Beziehung: $\eta_t = 1 - \left(\dfrac{p_1}{p_2}\right)^{\frac{k-1}{k}}$ für Verbrennung bei

konstantem Volumen kann mit $p_1 = 1$ der Verlauf von η_t in
Funktion des Verdichtungsenddruckes p_2 dargestellt werden (Bild 23).
Mit wachsendem p_2 nähert sich η_t asymptotisch einem Grenzwert.

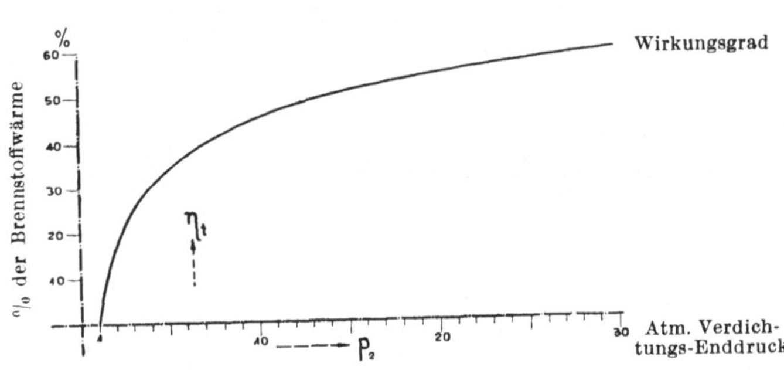

23. Zunahme des thermischen Wirkungsgrades
mit dem Verdichtungsdruck.
Verbrennung bei konstantem Volumen.

Aber schon bei mäßigen Werten von p_2 wird ein von diesem
Grenzwert nur wenig verschiedener Wert von η_t erreicht. Im
späteren ergibt sich, daß es selbst bei Dieselmaschinen mit Rücksicht auf die Wärmeausnutzung zwecklos wäre, wesentlich höher
als auf 40 Atm. zu verdichten.

4*

Bei Verdichtung eines Brennstoffluft-Gemisches muß wegen der Gefahr frühzeitiger Selbstentzündung der Verdichtungsenddruck weit unter 40 Atm. bleiben.

Je kleiner die Anfangstemperatur T_1 des Gemisches ist, um so höher kann selbstverständlich ohne Gefahr von Frühzündungen verdichtet werden.

Erfahrungen:

■ Bei Vergasermaschinen, die mit Leichtölen arbeiten, z. B. bei kleinen raschlaufenden Benzinmaschinen, konnte bis etwa 7 Atm., bei großen langsamlaufenden Benzinmaschinen aber nur bis etwa 5 Atm. verdichtet werden. Bei Benzol und Spiritus waren höhere Verdichtungsdrücke, etwa 10 bis 15 Atm., möglich.

Bei Verdampfermaschinen für Schweröle mußte wegen der hohen Vorwärmung, die zur Verdampfung erforderlich war, mit geringem Verdichtungsenddruck, unter 3 Atm., gearbeitet werden.

In dieser Beziehung erwiesen sich außer der Brennstoffart, besonders dem Wasserstoffgehalt, viele andere Eigenschaften von Einfluß, wie: Güte und Gleichmäßigkeit des Gemisches, Art der Verteilung des Gemisches im Zylinder, Wärmeverteilung in den Wandungen des Verbrennungsraumes, Wärmestauung z. B. in der Nähe des Auslaßventils. ■

Besonders günstig liegen die Verhältnisse bei der Dieselmaschine, da in ihr nur Luft zu verdichten ist.

Auch bei den Glühkopfmaschinen, die erst während der Verdichtungsperiode den Brennstoff einspritzen, kann der Verdichtungsdruck wesentlich höher gehalten werden als bei den Verdampfer- und Vergasermaschinen. Je später der Brennstoff eingespritzt wird, um so höher kann verdichtet werden, ohne daß Frühzündungen eintreten.

Nicht nur die Art der Verdichtung, sondern auch die Einleitung und Durchführung der Verbrennung, sowie die Ausdehnung der Verbrennungsgase ist von großer Bedeutung für die Güte der Wärmeausnutzung.

Für die Verbrennung bei konstantem Volumen ergab sich

$$\eta_t = 1 - \frac{T_1}{T_2}.$$

Da aber $\dfrac{T_1}{T_2} = \dfrac{T_4}{T_3}$ ist (Poissonsches Gesetz), so ist:

$$\eta_t = 1 - \frac{T_4}{T_3} = 1 - \left(\frac{p_4}{p_3}\right)^{\frac{k-1}{k}}.$$

Bei Dieselmaschinen ist noch der Faktor δ anzufügen.

Der thermische Wirkungsgrad wird somit um so günstiger, je höher die Verbrennungstemperatur ist, und bei je niedrigerer Temperatur die Abführung der Verbrennungsgase erfolgt.

Allgemein wird eine um so günstigere Wärmeausnutzung des Brennstoffes erreicht, je größer das Temperaturverhältnis $\dfrac{T_2}{T_1}$ bzw. $\dfrac{T_3}{T_4}$ ist.

Die dem Arbeitsprozesse durch den Brennstoff zugeführte Wärmemenge Q_1 wird am besten ausgenutzt, wenn sie bei möglichst hohen Temperaturen T_2 bzw. T_3 zur Wirkung gelangt, und wenn die Verbrennungsgase bei möglichst geringen Temperaturen T_4 bzw. T_1 abgeführt werden.

Ähnliches zeigen viele andere Arbeitsvorgänge:

Es ist stets vorteilhafter, mit großen Gefällen zu arbeiten und dabei für eine bestimmte Arbeitsleistung kleine Massen des Kraftmittels zu beschleunigen oder zu verzögern, anstatt mit kleinen Gefällen und großen Massen zu arbeiten.

Das Arbeiten mit sehr großen Druck- und Temperaturgefällen ist, wie überall, auch bei den Verbrennungsmaschinen unmöglich, weil mit zunehmendem Gefälle die Widerstände, Wärmeverluste usw. zunehmen und Herstellung und Betrieb der Maschine immer schwieriger wird. Es ist daher eine obere günstigste Grenze für das Gefälle gegeben.

Die Höhe der Verbrennungstemperatur bzw. des Verbrennungsdruckes ist naturgemäß abhängig von dem Wärmeinhalt des Gemisches im Augenblicke der Verbrennung und von der Geschwindigkeit, mit der die Verbrennung vor sich geht.

Der Verbrennungsvorgang erfordert eine bestimmte Zeit, die um so kleiner ist, je gleichmäßiger und reicher das Gemisch ist, je höher der Verdichtungsenddruck, je wirksamer die Entzündung und Entflammung des Gemisches und je geringer die Abkühlungsverluste sind.

2. Verbrennung und Kühlung.

Die Höhe der Verbrennungstemperatur, die über 2000° C. betragen kann, zwingt zur Kühlung der Wandungen des Verbrennungsraumes, um Gleit- und Dichtungsflächen in gutem Schmierzustand zu erhalten und unzulässige Wärmespannungen zu vermeiden.

Es muß daher Wärme nach dem Kühlwasser abgeleitet und ein entsprechender Wärmeverlust getragen werden.

„Verbrennung bei konstantem Volumen" ist praktisch nicht erreichbar, weil der Kolben der Maschine stetig weiterbewegt werden soll, und weil die Verbrennung eine endlich große Zeit erfordert. Die im gegebenen Fall erreichbare Verbrennungsgeschwindigkeit entscheidet.

Der Verdichtungsverlauf wird wegen der erforderlichen Kühlung der Zylinderwandungen keiner Adiabate, sondern einer Polytrope, $p\,v^m = $ konst., entsprechen, wobei der Exponent m kleiner ist als k bei der Adiabate.

Die Beziehungen S. 49 gelten auch für die polytropischen Zustandsänderungen mit genügender Genauigkeit, unter der Voraussetzung, daß die spezifische Wärme nur von der Art des Brennstoffes, nicht aber von Druck und Temperatur abhängig ist.

Der thermische Wirkungsgrad η_t nimmt mit kleiner werdendem k ab, weil Wärme nach dem Kühlwasser abfließt. Die Kühlung hat somit schon aus diesem Grunde eine Verschlechterung des thermischen Wirkungsgrades zur Folge.

Wesentlich größer sind aber die Wärmeverluste während der Verbrennung selbst, wobei durch die Abkühlung eine erhebliche Verringerung der Verbrennungstemperatur und des Verbrennungsdruckes erfolgt.

Die Größe der abgeführten Wärme Q_k (Bild 24) ist abhängig:
von der Größe der für den Wärmedurchgang verfügbaren leitenden Oberfläche F_c,

von dem mittleren Temperaturunterschied $t_g - t_w$,

von der Wärmedurchgangszeit z und

von der Wärmeübergangszahl α,

wobei t_g die mittlere Temperatur der Verbrennungsgase (V) an der Wandung und t_w die mittlere Temperatur des Kühlwassers (W) unmittelbar an der Wand ist.

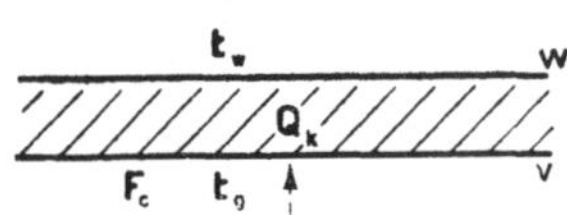

24. Wärmeübergang durch eine Wand.

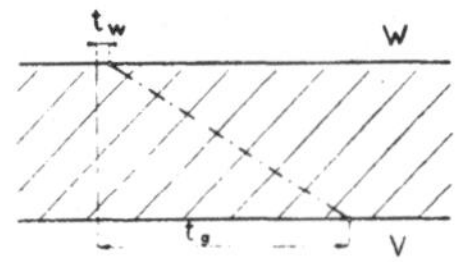

25. Temperaturänderung beim Wärmedurchgang durch eine Wand.

Maßgebend ist die Beziehung $Q_k = \alpha\, F_c (t_g - t_w)\, z$, die eigentlich nur für gleichbleibenden Verlauf der Wärmeströmung vom Zylinderinhalt zum Kühlwasser gilt, wobei die Temperaturänderung innerhalb einer ebenen Wand linear verläuft (Bild 25).

Die Wärmeübergangszahl α ist vorausgesetzt als ein Mittelwert der Wärmeübertragungszahlen für die drei Wärmeleitungsstellen: Wärmeübergang vom Zylinderinhalt zur Wand, Wärmeleitung durch die Wand und Wärmeübergang von der Wand zum Kühlwasser.

In Wirklichkeit wird sich der Wärmezustand des Zylinderinhaltes beständig in weiten Grenzen ändern, während der Wärmezustand des Kühlwassers sich wenig verändert.

Da sich aber die Temperatur im Zylinder bei gleicher Belastung mit der Drehzahl annähernd gleichmäßig ändert, so stellt sich infolge der Trägheit der Leitungsmassen innerhalb der Zylinderwand, besonders bei größerer Dicke derselben, ein nahezu gleichbleibender Wärmezustand ein, und die Temperaturkurve ändert sich fast nur in der Nähe der Wandseite des Verbrennungsraumes, entsprechend den Temperaturänderungen des Zylinderinhaltes (Bild 26).

Innerhalb eines Teils der Wand, etwa von der Stärke s'', wird die Temperaturkurve je nach der Temperatur des Zylinderinhalts wechseln, gegenüber der Mittelkurve ansteigen oder abfallen.

Der ansteigenden Temperaturkurve entspricht ein Wärmeübergang vom Zylinderinhalt zur Wand, wie er während der Verbrennungs- (T_g), der Ausdehnungs- und unter Umständen auch eines Teils der Verdichtungszeit (T_c) der üblichen Arbeitsprozesse stattfindet; dem abfallenden Teil der Temperaturkurven entspricht eine Wärmeabgabe der Wand an den Zylinderinhalt, wie sie während der Ladezeit (T_e) meistens vor sich gehen wird.

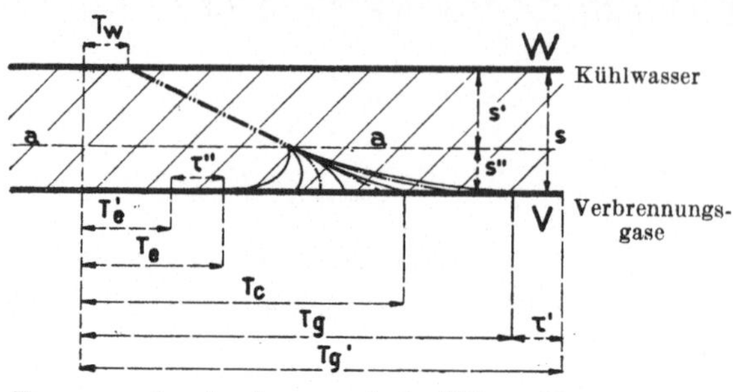

26. Temperaturänderung beim Wärmeübergang und bei veränderlicher Temperatur der Verbrennungsgase.

Der Wärmeübergang zwischen der Wand und dem gasförmigen Zylinderinhalt ist nicht so stark wie zwischen der Wand und dem Wasser. Es wird daher in der Regel ein Temperatursprung τ (im Bild **26** mit τ' und τ'' bezeichnet) zwischen der Wandendtemperatur (z. B. T_g) und der entsprechenden Temperatur des Zylinderinhaltes (T_g') vorhanden sein.

Der Temperatursprung τ wächst, je rascher sich die Temperatur ändert, und er verschwindet, sobald der Wärmezustand gleichbleibend wird.

Die Temperatur des Zylinderinhalts und auch die Kühlwassertemperatur sind zur selben Zeit nicht an allen Wandstellen gleich groß, und in der Regel ist eine Strömung längs der Wand vorhanden.

Daher ist in der Beziehung für die Wärmeströmung nicht der einfache Temperaturunterschied $T_g - T_w$ (wobei mittlere Temperaturen vorausgesetzt sind), sondern eine umständliche Abhängigkeit der Temperaturen maßgebend, die je nach der Art der Strömung verschieden ist (ob Gegenstrom oder Gleichstrom oder ein besonderer Strömungsvorgang).

Die Strömungsgeschwindigkeit w der die Wand berührenden Flüssigkeiten ist auch für die Größe der mittleren Wärmeübergangszahl α von großem Einflusse. Je größer die Geschwindigkeit w, um so größer muß die in der Zeiteinheit übergehende Wärmemenge sein, weil die Zahl der an einem Flächenelement f in der

Zeiteinheit vorbeistreichenden Massenteilchen, die an der Wärmeaufnahme oder Wärmeabgabe beteiligt sind, mit wachsender Geschwindigkeit zunimmt (Bild 27).

Ist die Geschwindigkeit $w = 0$, so hört damit der Wärmeübergang nicht auf, da ja auch im Ruhezustand Massenteilchen an den wärmeübertragenden Wandflächen anliegen. Daraus ist zu schließen, daß sich die Wärmeübergangszahl α nicht proportional mit w ändert. Nach Versuchen ist vielmehr
$$\alpha = \sim a + b\sqrt{w},$$

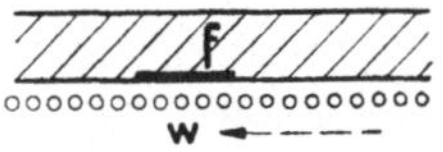

27. Wärmefluß
längs einer Wand.

worin die Größen a und b von der Art der am Wärmeübergang beteiligten Mittel abhängen (Bild 28).

Diese Werte sind beim Wärmeübergang vom Wasser zu einer Metallwand oder umgekehrt wesentlich größer als beim Wärmeübergang von einem Gase zu einer Metallwand oder umgekehrt.

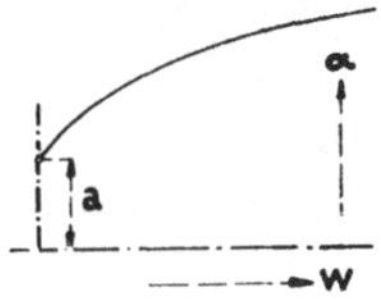

28. Wärmeübergangszahl,
abhängig von der
Strömungsgeschwindigkeit.

Auf den Mittelwert der Wärmeübergangszahl α ist auch die Art des Wandmaterials und die Wandstärke s von Einfluß. Je dünner die Wand ist, um so mehr Wärme strömt unter sonst gleichen Umständen durch sie hindurch.

Wird die mittlere Wärmeübergangszahl
$$\alpha = \frac{1}{\dfrac{1}{\alpha_1} + \dfrac{1}{\alpha_2} + \dfrac{s}{\lambda}}$$

angenommen, worin

α_1 die Wärmeübergangszahl vom Zylinderinhalt zur Wand,

α_2 die Wärmeübergangszahl vom Wasser zur Wand,

λ die Wärmeleitungszahl der Metallwand und

s die Dicke der Wand in m,

so ist z. B., wenn:

$$\alpha_1 = 2 + 10\sqrt{100} = 102, \qquad \alpha_2 = 300 + 1800\sqrt{1} = 2100,$$
$$\lambda \text{ (Gußeisen)} = \sim 40, \qquad s = 0{,}04 \text{ m,}$$

$$\alpha = \frac{1}{\dfrac{1}{102} + \dfrac{1}{2100} + \dfrac{0{,}04}{40}} = \sim 88.$$

Auf die Größe der abzuführenden Wärmemenge hat daher der größte Leitungswiderstand den Haupteinfluß, also der Wärmeübergang vom Zylinderinhalt zur Wand oder umgekehrt. An der Stelle dieses Wärmeübergangs wird der Wärmefluß am stärksten gedrosselt. Die durchfließende Menge entspricht ungefähr der Wärmeübergangszahl $\alpha = \sim \alpha_1$ für den Wärmeübergang vom Zylinderinhalt zur Wand.

Einfluß des Gasdrucks.

Es wird auf Grund von Versuchen behauptet, daß die übertragene Wärmemenge Q_k mit der Pressung p des Zylinderinhaltes sich proportional ändere, daß also die Beziehung:

$$Q_k = \alpha F_c (T_g - T_w) p z$$

Gültigkeit habe.

Ein so weitgehender Einfluß des Druckes p ist allgemein nicht nachweisbar. Änderung der Pressung wird nur dann Veränderung der Wärmeübertragung zur Folge haben, wenn sich dadurch die Zahl der auf das Flächenelement wirkenden und an der Wärmeübertragung beteiligten Massenteilchen ändert. Die Wärmeübertragung durch Druckänderung wird in gewissem Maße dadurch beeinflußt, daß sich die Wärmeberührung zwischen Gas und Wand ändert.

Bedeutender kann der Einfluß einer Drucksteigerung mittelbar werden, wenn damit gleichzeitig erhebliche Wirbelbildung verbunden ist und dadurch die Geschwindigkeit, mit der das Gas an der wärmeübertragenden Wand vorbeistreicht, vergrößert wird.

Dies kann beispielsweise während der Verbrennung eintreten. Diese geht von einer oder mehreren Zündstellen aus und verbreitet sich durch Stoßwellen über den ganzen Verbrennungsraum. In der Regel strömt dann der Zylinderinhalt mit wesentlich gesteigerter Geschwindigkeit an den Wandungen hin, wobei sich Wirbel bilden und die Wärmeübertragung erhöht wird.

Nicht immer ist aber mit der Drucksteigerung eine Vergrößerung der Geschwindigkeit verbunden, und hieraus ist deshalb noch kein unmittelbarer Einfluß des Druckes auf die Größe der Wärmeübertragung zu folgern.

Nach neueren Erfahrungen nimmt der Wärmeübergang bei Überschreitung einer Grenzgeschwindigkeit w_g häufig wieder ab, was wohl dadurch zu erklären ist, daß die an der Wärmeübertragung teilnehmenden Massenteilchen schließlich zu rasch an der Wand vorbeistreichen und die Zeit zur Wärmeabgabe zu kurz wird.

Denn für die Wärmeabgabe ist eine ausreichende Zeit erforderlich, die je nach der Art des Wärmeträgers und der Wand verschieden groß ist. Im allgemeinen muß mit zunehmendem Wärmeinhalt auch die zur Abgabe der Wärme erforderliche Zeit wachsen.

Je größer die Strömungsgeschwindigkeit w ist, um so kleiner ist die zur Abgabe der Wärme eines Massenteilchens verfügbare Zeit, daher nimmt die Wärmeübertragung nur so lange mit der Geschwindigkeit w zu, als die erforderliche Mindestzeit noch gegeben ist.

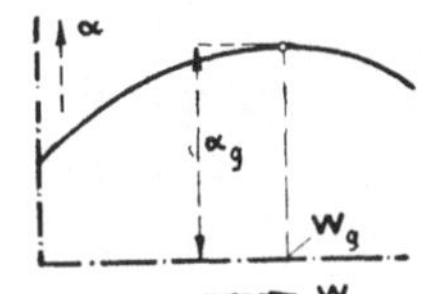

Die Wärmeübergangszahl α erreicht deshalb bei einer Grenzgeschwindigkeit w_g den Höchstwert α_g (Bild 29).

29. Wärmeübergangszahl abhängig von der Strömungsgeschwindigkeit.

Aus der Steigerung des Drucks kann somit nicht unter allen Umständen auf Erhöhung der Wärmeübertragung geschlossen werden, auch wenn die Strömungsgeschwindigkeit w dadurch erheblich zunimmt.

Wird weder das Gewicht noch die Temperatur der Zylinderladung geändert, sondern nur ihr Druck durch isothermische Verdichtung erhöht, dann nimmt mit steigendem Druck die Zahl der wärmeübertragenden Massenteilchen, auf das Flächenelement f gerechnet, zu.

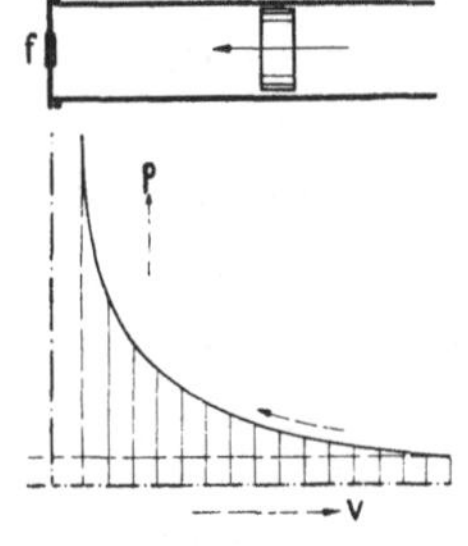

Die Zahl wird aber mit der Druckänderung nicht gleichmäßig zunehmen, vielmehr im Falle der Verdichtung durch einen Kolben, wie in Bild 30 dargestellt, anfangs rascher, mit fortschreitender Verdichtung aber immer langsamer.

30. Wärmeführende Flächen, abhängig von der Änderung des Inhalts und der Pressung.

Durch Entluften z. B. von elektrischen Glühbirnen, von Hohlflaschen für flüssige Luft usw. werden die Wärmeverluste stark herabgesetzt. Die Wärmeübertragung verschlechtert sich bei größeren Unterdrücken.

Nach allen Beobachtungen ist es sehr wahrscheinlich, daß der

Einfluß von Drucksteigerungen auf die Wärmeübertragung dem Einfluß von Temperatursteigerungen gegenüber klein ist. Hierfür spricht auch der Umstand, daß sich bei Flüssigkeiten der Wärmeinhalt und die Wärmeübertragung selbst bei großen Drucksteigerungen nicht nennenswert ändert.

Allerdings wird bei der Verdichtung eines Gases meistens die Entfernung der Gasteilchen voneinander verkleinert und dadurch die Wärmeleitfähigkeit innerhalb des Gasvolumens, sowie in geringem Maße auch die Wärmeübertragungsfähigkeit verbessert. Weit größeren Einfluß übt aber die Verdichtung aus, wenn hierdurch die Zahl der auf das Flächenelement an der Wärmeübertragung beteiligten Gasteilchen zunimmt. Hierbei wird schließlich durch die Verflüssigung des Gases ein Grenzzustand erreicht und weitere Drucksteigerung einflußlos.

Wird der Wärmeinhalt von Gasen bei gleichbleibendem Gewicht und Volumen erhöht, wie es annähernd bei der Verbrennung in Gasmaschinen geschieht, so wird der Wärmeübergang durch die Wandungen beschleunigt. Diese Beschleunigung ist vornehmlich auf die Temperaturzunahme, des weiteren auf die Geschwindigkeitssteigerung und nur in geringem Maße unmittelbar auf die Druckerhöhung zurückzuführen. Denn es wird hierbei die Entfernung der Gasteilchen voneinander eher vergrößert als verkleinert, somit die Zahl der an der Wärmeübertragung mitwirkenden Massenteilchen nur mittelbar durch Geschwindigkeitssteigerung vermehrt.

Hieraus ist mit großer Wahrscheinlichkeit zu schließen, daß die Drucksteigerung während der Verbrennuug keinen wesentlichen Einfluß auf die Wärmeübertragung zum Kühlwasser und damit auf die Wärmeverluste durch die Kühlung haben kann. Volle Klärung können nur wissenschaftliche Versuche bringen.

Für die Wärmeleitung durch die Metallwand kommt in erster Linie das Temperaturgefälle in Betracht. Der Gasdruck beeinflußt die Wärmeaufnahmefähigkeit der Ladung und die Wärmeleitfähigkeit innerhalb der Gasmasse selbst. Namentlich bei großen Unterdrücken wird die Zahl der an der Wärmeübertragung teilnehmenden Gasteilchen sehr klein, und dadurch wird die Wärmeaufnahmefähigkeit, wie auch die Fähigkeit zur Übertragung von Wärme herabgemindert.

Zur vergleichenden Untersuchung der Wärmeverluste während des Verbrennungsvorganges bei verschiedenen Arbeitsvorgängen gibt somit die einfache Beziehung:

$$Q_k = \alpha\, F_c (T_g - T_w)\, z$$

genügende Annäherung an die wirklichen Verhältnisse.

Versuche, die den Einfluß des Gasdrucks auf die Wärmeübertragung erkennen und werten lassen, sind bisher nicht bekannt geworden.

Es dürfte auch nicht leicht sein, derartige Versuche einwandfrei durchzuführen und den Einfluß des Druckes allein, frei von allen Nebeneinflüssen, zu bestimmen.

Bei Versuchen, die Abhängigkeit des Wärmeübergangs vom Druck festzustellen, wurde auf der einen Seite eines doppeltwirkenden Zylinders eine bestimmte Wärmemenge erzeugt und nach einer bestimmten Zeit die durch die Kolbenwandung auf die andere Zylinderseite übertragene Wärme gemessen. Dabei ergab sich, daß die Wärmeübertragung mit dem steigenden Druckunterschied der beiden Zylinderseiten zunahm.

Dieses Ergebnis war aber nicht auf die Übertragung der Wärme durch die Kolbenwand, sondern auf Undichtheiten zwischen Kolben und Zylinderwand zurückzuführen, infolge deren heiße Gase von der einen zur andern Zylinderseite überströmen konnten, und zwar ungefähr proportional dem herrschenden Druckunterschied.

Bei Ausführung solcher Versuche ist größte Vorsicht geboten und ebenso bei Auswertung der Versuche, wenn unrichtige Ergebnisse vermieden werden sollen.

Einzelne Fachleute wollen durch Versuche auch eine andere Abhängigkeit der übertragenen Wärme Q_k von dem Temperaturunterschied $T_g - T_w$ festgestellt haben. Sie rechnen mit einem Faktor $(T_g - T_w)^r$, wobei r größer als 1 ist.

Die bisher hierüber ausgeführten Versuche lassen aber noch keine zuverlässigen Schlüsse über die Größe von r zu.

Es kann daher namentlich für überschlägige Untersuchungen mit $r = 1$ gerechnet werden, bis einwandfreie Versuche, die aber nach dem vorher Gesagten sehr schwierig sind, einen genaueren Wert ergeben.

Einfluß der wärmeleitenden Maschinenteile.

Unter sonst gleichen Umständen wird um so mehr Wärme an das Kühlwasser abgeführt werden, je größer die Berührungsoberfläche F_c im Augenblicke der Verbrennung ist.

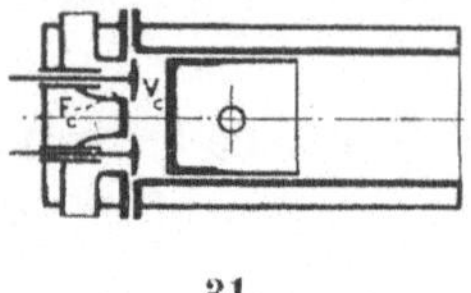

31.

Durch den Verdichtungsenddruck ist der Inhalt des Kompressionsraumes V_c gegeben. Die Größe der wasserbespülten Oberfläche wird aber je nach der **Form des Verdichtungsraumes**, zugleich Verbrennungsraumes, verschieden groß sein (Bild 31—34).

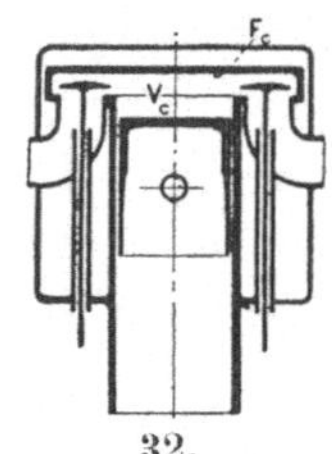

32.

Soll möglichst vollkommene Verbrennung erreicht werden, dann sind Verbrennungsräume mit seitlich liegenden Taschen für die Ventile, überhaupt unsymmetrische und zerklüftete Räume mit toten Winkeln zu vermeiden und möglichst einfache, zylindrische, kegel- oder kugelförmige Räume zu verwenden.

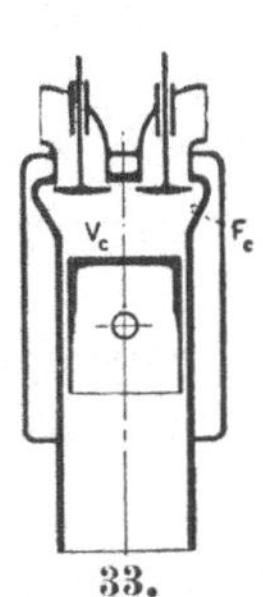

33.

Dies ist auch aus anderen Gründen vorteilhaft: wegen gleichmäßiger Wärmeverteilung und Mischung, leichterer Einleitung und rascherer Durchführung der Verbrennung, besserer Entfernung der Verbrennungsrückstände usw. In einfachen, glatten Räumen können sich auch Verbrennungsrückstände nicht so leicht zu harten Krusten absetzen.

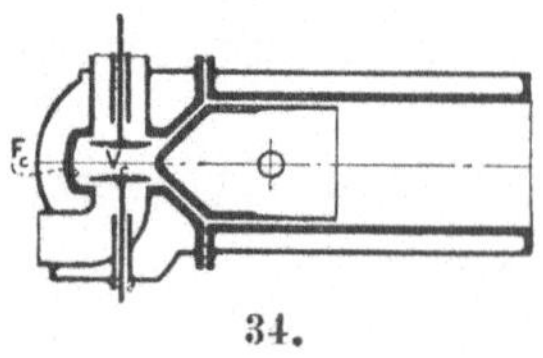

34.

31—34. Formen des Verbrennungsraumes.

Besonders schädlich können lange und enge Bohrungen im Verbrennungsraume, sogenannte Schußkanäle, sein. Die Verbrennung ist in solchen Höhlungen stets unvollkommen, und Verkrustungen und Frühzündungen sind die Folge.

Erfahrungen:

■ Die in Höhlungen z. B. von Indikatoröffnungen (Bild **35**) unvermeidlich vorhandene Gemischmenge kann wegen der engen Querschnitte nur langsam verbrennen. Es ist vorgekommen, daß selbst während des folgenden Auspuffhubs noch keine vollständige Verbrennung des Gemischinhalts solcher Bohrungen eingetreten war. Dann trat Nachbrennen während des Ansaugens ein, und damit ergaben sich bei „scharfen" Gasen Frühzündungen des neueintretenden Gemisches.

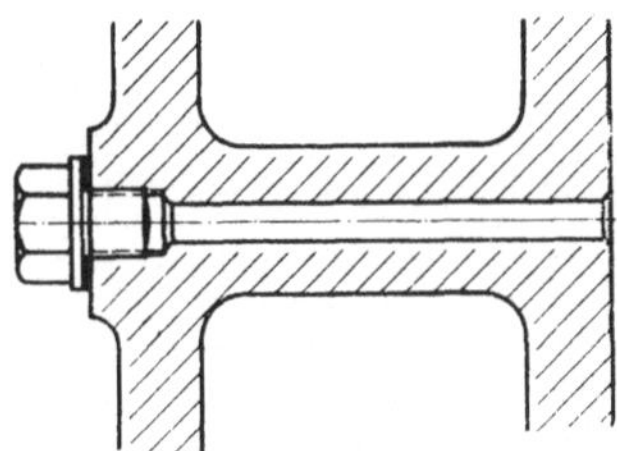

35. Nachbrennraum
in der Indikatorbohrung.
(Unrichtiger Verschluß.)

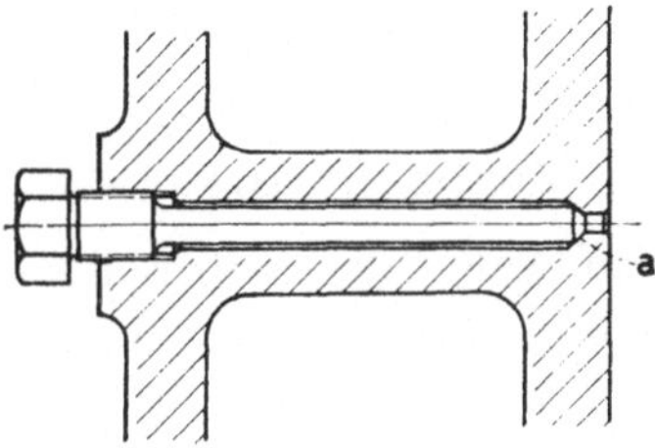

36. Indikatorverschluß
ohne Nachbrennraum
(Richtige Bauart.)

Diese Bohrungen wurden daher in zweckmäßigerer Weise so verschlossen (bei *a* in Bild **36**), daß die ungewollten, ungünstigen Brenn- und Zündwirkungen vermieden wurden. ■

Die wirksame abkühlende Oberfläche muß genügend groß sein, um so viel Wärme abführen zu können, als mit Rücksicht auf die Haltbarkeit des Materials der Wandungen und zur Sicherung der Maschine und ihres Betriebs erforderlich ist. Hierfür kommen besondere Gesichtspunkte in Frage, die später noch zu begründen sind.

Einfluß des Temperaturgefälles und der Wärmeübergangszahl.

Je größer der Temperaturunterschied $t_g - t_w$ ist, um so mehr Wärme wird in der gleichen Zeit abgeführt.

Die Temperatur t_w des Wassers findet eine obere Grenze in seiner Dampftemperatur. Soweit darf sie aber meistens nicht gesteigert werden, da ein Entblößen der Wandungen von Wasser sofort starke Überhitzung derselben zur Folge hat und der Wärmeübergang zum Kühlwasser durch vorgelagerten Dampf gestört wird.

Für die Wärmeübergangszahl α gilt annähernd:

$$\alpha = \sim a + b\sqrt{w},$$

wobei für den Übergang von der Wand zum Wasser

$$a = \sim 200\text{--}400,\ b = \sim 1500\text{--}2000\ \text{ist.}$$

Für den Übergang von den Verbrennungsgasen zur Wand ist aber: $a = \sim 2,\ b = \sim 10.$

Die Geschwindigkeit w wird dabei gewählt

für das Wasser: $w = \sim \frac{1}{2}\text{--}2$ m/sec,

für die Verbrennungsgase: $w = \sim 20\text{--}200$ m/sec und größer.

Im Falle des Wärmeüberganges von der Wand zum Wasser ist daher die Wärmeübergangszahl α unter Umständen 50 mal so groß wie im Falle des Wärmeüberganges von Gasen zur Wand.

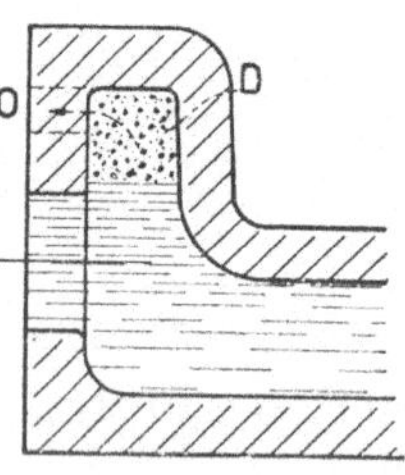

37. Dampfsack im Kühlmantel.

Die Wärmeübergangszahl α ist somit beim Wärmeübergang zu Dampf nur ein Bruchteil des für den Übergang zu Wasser gültigen Wertes, und es muß daher in solchem Falle eine starke Wärmestauung an der von Wasser entblößten Stelle eintreten, ebenso wie bei Dampfsäcken. Die Bildung von Dampfsäcken D (Bild 37) muß unbedingt vermieden und es muß dafür gesorgt werden, daß an Stellen mangelhafter Kühlung eine stärkere Wasserströmung vorhanden ist, bzw. daß die sich bildenden Dampfblasen im höchsten Punkte, bei O, leicht abgeführt werden können.

Die obere Temperatur t_g ist abhängig von der Güte der Verbrennung und ist zur Zeit der Entwicklung des größten Verbrennungsdruckes am größten.

Eine Wand von bestimmter Dicke und Beschaffenheit des Materials vermag in der Zeiteinheit nur eine bestimmte Wärmemenge für jede Flächeneinheit abzuführen. Maßgebend ist die Art des Materials, der Rauhigkeitsgrad usw.

Die abgeleitete Wärmemenge ist insbesondere von der Wärmeübergangszahl α abhängig. Diese ist wieder abhängig von dem Bewegungszustand der wärmeübertragenden Mittel, der Verbrennungsgase und des Wassers.

Je größer die Geschwindigkeit ist, mit der diese Mittel an den Wänden vorbeistreichen, desto größer ist im allgemeinen die Wärmeübergangszahl α, und desto mehr Wärme kann in der gleichen Zeit abgeführt werden. Es ist daher dafür zu sorgen, daß keine Stauung der Wasserbewegung an den Wandstellen des Verbrennungsraumes eintritt.

Günstig für wirksame Kühlung und gute Mischung wäre auch eine Durcheinanderwirblung im Innern des Verbrennungsraumes, doch kann eine solche nur selten erzwungen werden. Bei Vergaser- und Gasmaschinen läßt sie sich im Augenblicke der Verbrennung durch die Anordnung mehrerer Zündstellen erzielen.

Die Durcheinanderwirblung darf aber nicht über die notwendige Kühlwirkung hinausgehen, weil sonst die Wärmeverluste durch die Kühlung zu groß werden.

Die Wärmeübergangszahl α ist auch abhängig von der Dicke der Wandungen. Diese ist meist durch Festigkeits- und Herstellungsrücksichten bestimmt.

Im allgemeinen wird die Wandstärke um so größer sein, je größer die wärmeübertragende Oberfläche F_c ist. Das Streben nach kleinen abkühlenden Oberflächen führt auch zu geringen Wandstärken der Zylinder und anschließenden Teile.

Jede plötzlich auftretende Wärmeentwicklung, die meistens auch mit einer plötzlichen Drucksteigerung verbunden ist, wird eine augenblickliche große Wärmestauung an der Wandseite der Verbrennungsgase und als Folge der Temperaturstöße schließlich Wärmerisse hervorrufen, ähnlich wie andere scharfe Beanspruchungen des Materials durch zusätzliche Kräfte.

Um derartige Überanstrengungen der Wände des Verbrennungsraumes zu verhüten, muß die Kühlfläche ausreichend groß und wirksam sein; die Wasserströmung muß besonders an den Stellen großer Wärmestauung wirken (bei Viertaktmaschinen z. B. an den Auslaßventilen), damit auch bei Überlastung der Maschine die überschüssige und für die Wandung schädliche Wärme sicher abgeführt wird.

Eine einfache Regelung der abzuführenden Wärmemenge läßt sich durch die Veränderung der Kühlwassermenge und des

Temperaturunterschiedes $t_g - t_w$ ermöglichen, namentlich wenn die Durchströmquerschnitte für das Kühlwasser reichlich gewählt sind.

Bei Drosselung der Kühlwassermenge an ihrer Austrittsstelle wird die Temperatur t_w des Wassers höher werden. Gleichzeitig wird die Wassermenge kleiner, damit auch die Strömungsgeschwindigkeit w des Wassers, die Wärmeübergangszahl α und die Kühlwasser-Wärmeverluste geringer.

Erfahrungen:

■ Bei einer zweizylindrigen einfachwirkenden Viertakt-Benzinmaschine von 100 PS, 180 Umdr./Min., war ein günstiger Brennstoffverbrauch und gute Wärmeausnutzung durch Versuche festgestellt worden. Die Kühlräume dieser Maschine waren aber an den Zylinderköpfen zu eng und schwer zugänglich, so daß auch eine Reinigung dieser Räume von Schlamm, Wasserstein usw. nur schwer erreichbar war; infolgedessen haben im Betriebe Wärmestauungen Brüche der Zylinderköpfe bewirkt.

Bei der Nachbestellung einer neuen gleichen Maschine wurden die Kühlräume wesentlich erweitert, so daß gute Zugänglichkeit und Reinigungsmöglichkeit erreicht war. Die Leistungsversuche ergaben aber zunächst wegen der erhöhten Wärmeabführung in das Kühlwasser wesentlich ,ungünstigeren Brennstoffverbrauch und schlechtere Wärmeausnutzung.

Durch zweckentsprechende Regelung der Kühlwassermengen und Verminderung der Kühlwirkung an den verschiedenen Stellen des Verbrennungsraumes konnte die ursprüngliche Wärmeausnutzung wieder hergestellt werden.

Hartes Kühlwasser bewirkte bei 50° Abscheidung von Wasserstein, und die Wände des Kühlmantels wurden mit harten Krusten bis 5 mm Dicke bedeckt. Hierdurch wurde die Wärmeübertragung und die Maschinenwirkung verschlechtert, und schließlich entstanden Risse in den Zylinderdeckeln.

Die Mängel wurden behoben durch Verbesserung der Zugänglichkeit der Kühlräume, um diese von Zeit zu Zeit besichtigen und reinigen zu können, und schließlich durch Einschaltung einer Wasserreinigungsanlage. Der Betrieb wird dann dadurch sichergestellt, daß beim Abstellen der Maschine das Kühlwasser durch die Kühlräume weiterläuft, bis die Zylinder und das Kühlwasser stärker abgekühlt sind. Bei ruhendem warmen Wasser war die Steinabsonderung besonders stark.

Die Temperatur des Kühlwassers erwies sich nicht als sicherer Maßstab für die Güte der Kühlwirkung. Niedrige Temperatur des abfließenden Kühlwassers ergab sich auch bei schlechter Wärmeübertragung, gerade infolge der Steinabscheidung. Das Wesentliche ist vollständige Sicherung des Wasserumlaufs und des Wärmeaustauschs. ■

Beherrschung der Temperaturen und des Wärmeflusses, Beherrschung des Wärmezustandes im Dauerbetriebe sind Lebensfragen für alle Verbrennungsmaschinen.

Zu geringe Temperatur gibt schlechte Verbrennung und schlechte Wärmeausnutzung. Geringe Wärmeverluste durch das Kühlwasser und hohe Zylindertemperatur wären im thermischen Sinne an sich vorteilhaft, können aber Betriebsstörungen herbeiführen.

Erfahrungen:

■ Bei Verbrennungsmaschinen konnte unter gegebenen Kühlverhältnissen der Arbeitsdruck und die Leistung der Maschine nicht beliebig erhöht werden, weil dadurch die Temperatur der Verbrennung und somit auch die Temperatur des Zylinders und seiner Teile erhöht wurde, der ganze Wärmezustand sich änderte.

Bei vielen Maschinen, z. B. Leichtmotoren, lagen schon im normalen Betriebe die Wärmeverhältnisse nahe an überhaupt zulässigen Grenzen, für welche Materialien und Schmiervorrichtungen im Dauerbetrieb knapp genügten.

Durch die höhere Innentemperatur verringerte sich auch das angesaugte Gemischgewicht, und es ist hierdurch sogar eine Leistungsverminderung eingetreten. —

Bei einer 50 PS-Vergasermaschine wurde Steigerung der Leistung nur durch Verwendung von hochwertigem Brennstoff und Sauerstoffträgern und ohne besondere Kühleinrichtungen zu erreichen versucht. Die Folgen waren:

Die Kolben wurden heiß, die Kolbenringe verloren Spannung und Dichtung, versetzten sich mit Verbrennungsrückständen, die Schmierung versagte wegen zu heißer Kolben- und Zylinderwandungen, die Auspuffventile verbrannten, ebenso die Spitzen der

Zündkerzen. Diese selbst konnten bei dem ungünstigen Verhältnis zwischen der Wärmeableitungsfläche des Gewindes und der dem Feuer ausgesetzten Flächen nicht mehr genügend Wärme ableiten, sie wurden glühend und zerstört. ■

Wird der Wasserabfluß vollständig unterbunden, dann ist zunächst überhaupt keine Wasserströmung vorhanden und die Kühlung wesentlich beeinträchtigt. Das Wasser wird aber schließlich an den heißesten Stellen des Verbrennungsraumes verdampfen und der Dampf abzuströmen suchen (Bild 38).

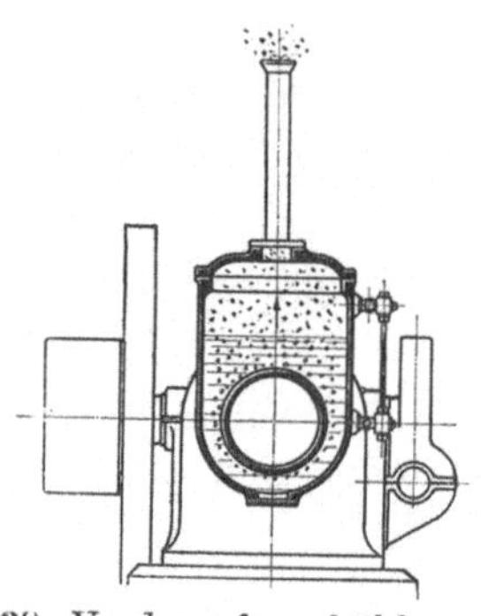

38. Verdampfungskühlung.

Dies wird mit ausreichend großer Geschwindigkeit nur dann geschehen können, wenn gleichzeitig damit ein Steigen der Dampfblasen verbunden ist und kälteres Wasser nach unten sinken kann. Schließlich muß der Dampf an der höchsten Stelle des Kühlraumes entweichen können, wenn nicht eine unzulässig hohe Steigerung des Dampfdruckes auftreten soll (Verdampfungskühlung).

Mit einer bestimmten Menge Wasser kann voller Betrieb nur eine begrenzte Zeit aufrecht erhalten werden. Ausreichend gute Kühlwirkung ist nur bei genügender Strömungsgeschwindigkeit des Wassers erreichbar, welche außer durch die Dampfentwicklung und Strömung der Dampfblasen auch noch durch besondere Hilfspumpen beschleunigt werden kann.

Durch die Drosselvorrichtung an der Ablaufstelle des Kühlwassers läßt sich die Kühlwirkung und die Wärmeausnutzung der Maschine bequem regeln. Daher sollte eine solche Drosselvorrichtung in Verbindung mit einer Temperaturanzeige durch Thermometer im Ablauf des Wassers und mit freiem, sichtbarem Auslauf des Wassers, namentlich bei ortsfesten Maschinen größerer Leistung, stets vorgesehen werden.

Bei großen Maschinen empfiehlt sich immer eine getrennte Wasserführung für die verschiedenen Teile, welche dem Verbrennungsvorgang ausgesetzt sind: Zylinderkopf, Auslaßventil, Kolben, Zylinderlauffläche usw.

Bei Verwendung von Kolbenpumpen zur Wasserförderung durch die Kühlräume der Maschine muß der Kühlwasserstrom vorsichtig abgedrosselt werden, damit keine zu große Drucksteigerung in den Wasserräumen eintritt. Bei Schleuderpumpen ist dagegen selbst vollständige Absperrung der Wasserdruckräume ohne unmittelbare Gefahr ausführbar.

Plötzliche und zu große Wärmestauung und damit Überanstrengung der Zylinderwand an der Innenseite des Verbrennungsraumes wird eintreten, wenn Temperatur und Druck zu schnell und zu hoch gesteigert werden infolge zu rascher Einleitung und Durchführung der Verbrennung.

Erfahrungen:

■ Eine Maschine ergab scharfe, spitze Arbeitsdiagramme, wie sie durch zu große Vorzündung entstehen; die Drucksteigerung war zu plötzlich, die Zündkerzenspitzen verbrannten, und auch die Wände der Zylinder und Deckel wurden sehr ungünstig beansprucht, so daß Wärmerisse entstanden.

Abhilfe wurde in wirksamer Weise erst erreicht, als die Steuerung auf spätere Zündung und etwas langsamere Verbrennung abgeändert wurde, so daß verminderte Temperatur und günstigerer Wärmezustand in der Maschine erreicht wurde.

Die Verbrennung mußte auf eine genügend große Oberfläche verteilt werden, um unzulässige Wärmestauung an Teilflächen und Risse in den wärmeüberlasteten Teilen zu vermeiden. —

Bei Glühkopfmaschinen früherer Bauart wurde der Brennstoffstrahl gegen die heiße Glühkopfwand gespritzt. Dadurch entstand an der Aufprallstelle starke Wärmestauung, die schließlich zum Bruche der Köpfe führte.

Abhilfe wurde erst erreicht, als der Brennstoffstrahl nicht mehr gegen die Wand gespritzt, sondern unmittelbar an der Austrittsstelle der Brennstoffdüse fein zerstäubt wurde. Gleichzeitig wurde dadurch auch bessere Gemischbildung und Wärmeausnutzung herbeigeführt. —

Der Kolbenboden von Dieselmaschinen brannte oft an der Stelle durch, die vom Brennstoffstrahl unmittelbar getroffen wurde. Abhilfe wurde erreicht durch bessere, breitere Zerstäubung unmittelbar an der Brennstoffdüse, ausreichend weit vom Kolben entfernt. ■

Einfluß der Verbrennungszeit.

Die Verbrennungszeit soll wegen der Wärmeverluste möglichst klein sein. Erforderlich ist rechtzeitige Verbrennung, die vor Beginn der Ausströmung und ohne schädliches Nachbrennen während des Auspuffs beendigt ist.

„Theoretisch" würde die Verbrennung bei konstantem Volumen (a) günstiger sein als bei konstantem Druck (b) (Bild 39).

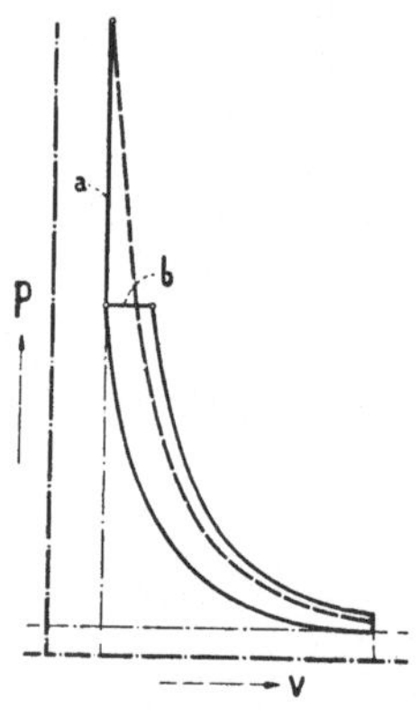

39. Verbrennung bei konstantem Volumen und bei konstantem Druck.

Praktisch ist aber eine Verbrennung bei konstantem Volumen nicht durchführbar, weil je nach der Art des Brennstoffluftgemisches und der Einleitung der Verbrennung eine entsprechend große Zeit für den Verbrennungsvorgang erforderlich, also Nacheilung der Verbrennung und Nachbrennen unvermeidlich ist.

Zur Einhaltung der Drehrichtung und zur Vermeidung schädlicher Druckwirkung muß die Verbrennung derart eingeleitet werden, daß der größte Verbrennungsdruck erst nach Überschreiten der Totlage des Kolbens, aber möglichst nahe dem Hubbeginn eintritt.

Dann wird die abkühlende Oberfläche während der Hochtemperatur klein und der Verlustanteil durch Abkühlung während dieses Teils des Arbeitshubes am geringsten.

Vorzündung oder Voreinspritzung ist die gewollte Einleitung der Verbrennung vor dem Hubwechsel. Diese Vorzündung ist nicht zu verwechseln mit der Frühzündung oder ungewollten Selbstzündung.

Je besser die Mischung, je höher der Verdichtungs- und Verbrennungsenddruck und je kleiner die Drehzahl ist, um so kleiner wird der Vorzündungskolbenweg (Vorzündungswinkel γ Bild 7, S. 11) sein müssen und umgekehrt. Je höher die Drehzahl, um so früher muß unter sonst gleichen Umständen mit der Einleitung der Verbrennung begonnen werden, damit der Höchstdruck der Verbrennung nicht zu spät eintritt.

Die Zündung muß daher verstellbar, der Zündzeitpunkt nach Bedarf veränderlich sein, schon mit Rücksicht auf das Ingangsetzen der Maschinen.

Erfahrungen:

■ Wenn beim Anlassen von Gasmaschinen die Zündung nicht auf Totpunkt oder auf Nachzündung eingestellt wurde, dann ist es im Betriebe sogar vorgekommen, daß der Kolben bei der ersten Verbrennung plötzlich zurückschlug und Unfälle veranlaßte.

Kraftfahrzeugmaschinen wurden vielfach mit Zündung für festen Zündzeitpunkt ausgeführt (Lichtbogenzündung), und diese feste Zündung sollte für alle Drehzahlen der Maschine genügen. Die Folge waren gelegentliches Zurückschlagen der Andrehkurbel und Unfälle beim Andrehen der Maschinen.

Der fest eingestellte Zündpunkt ergab nur bei einer bestimmten Drehzahl und Füllung des Motors günstige Verbrennung, bei allen anderen Drehzahlen und Füllungen aber, wie sie im Kraftwagenbetriebe mit seinem häufigen Geschwindigkeitswechsel vorkommen, war die Verbrennung ungünstiger oder sogar mangelhaft und hoher Brennstoffverbrauch für den Fahrdurchschnitt die Folge der fehlenden Zündeinstellung.

Aus diesem Grunde erfordern gut anpassungsfähige Automobilmotoren Verstellung des Zündzeitpunktes. Selbsttätige Zündverstellung konnte sich nicht bewähren, weil sie nur mit der Änderung der Drehzahl erfolgt, während die Zündstellung auch von der jeweiligen Gemischfüllung abhängig sein müßte. ■

Im allgemeinen wird eine hohe Drehzahl für die Verbrennung günstig sein, weil dann nur geringe Zeit für Abkühlung zur Verfügung steht und daher die Abkühlungsverluste verhältnismäßig klein bleiben. Dies ist allerdings nur möglich, wenn in der verfügbaren kurzen Zeit auch eine günstige Mischung und Verbrennung erreicht wird. Mit genügendem Wirkungsgrad ist dies nur bei kleinen raschlaufenden Vergasermaschinen zu erzielen, weil bei diesen Maschinen die Bildung des frischen Gemisches schon vor Eintritt in den Zylinder erfolgt.

Wesentlich schwieriger ist dies bei Dieselmaschinen, weil bei ihnen die Mischung erst im Augenblicke des Verbrennungsbeginns

eintritt; daher ist es bis jetzt noch nicht gelungen, sehr raschlaufende Dieselmaschinen mit gutem Erfolge auszuführen.

Bei raschlaufenden Automobil- und Flugzeugmaschinen hingegen ist in neuerer Zeit sehr gute Wärmeausnutzung erreicht
worden, so daß diese Maschinen nur wenig hinter den besten
Dieselmaschinen zurückstehen.

Das hinsichtlich des thermischen Wirkungsgrades günstigste
Arbeitsdiagramm müßte in der Nähe des Verbrennungsbeginns
eine Spitze besitzen und nach der vollständigen Verbrennung des
Gemisches rasch abfallen. Mit Rücksicht auf die Beanspruchung
aller an der Verbrennung mitwirkenden Maschinenteile, wie der
Wandungen des Verbrennungsraumes, besonders der Triebwerksteile,
wurde aber eine derartig scharfe Drucksteigerung, wie sie durch
eine Diagrammspitze gekennzeichnet ist, bisher vermieden.

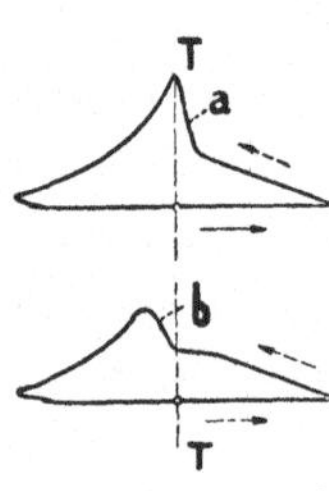

40. Versetzte Diagramme.

Eine Spitze in den üblichen Indikatordiagram-
men ist indessen noch keine Gewähr dafür, daß
tatsächlich eine plötzliche Drucksteigerung vorliegt.
Hierüber kann erst ein Zeitdiagramm oder ein „ver-
setztes" Diagramm Aufschluß geben, bei dem der
größte Druck nicht am Hubende der Indikator-
trommelbewegung, also bei der kleinsten Geschwindigkeit der Indikatortrommel, sondern mittels einer
Übersetzung im Antrieb der Indikatortrommel aufgezeichnet wird (Verbrennungslinien a und
b im Bild 40).

Tritt als Folge einer zu plötzlich
eingeleiteten Verbrennung eine zu starke
Wärmeabgabe an das Kühlwasser zu Beginn der Ausdehnung der Verbrennungsgase ein, so daß schmale Diagramme
(a) entstehen (Bild 41), dann wird durch
Nacheinstellung des Zündbeginns die Ausbildung des Höchstdrucks der Verbrennung etwas verzögert, damit die zu
scharfe Spitze im Diagramm wegfällt und

41. Wirkung
verschiedener Einstellung
der Zündung.

ein volleres, oben abgerundetes Diagramm (b) entsteht.

Die Verspätung des Zündbeginns und die Verzögerung der
Verbrennung darf nicht so weit gehen, daß schädliches Nach-

brennen eintritt (Bild **42**) derart, daß die
Verbrennung wesentlich auch noch während des Ausdehnungshubes vor sich
geht oder gar, bis zum Auspuff ver-
schleppt wird.

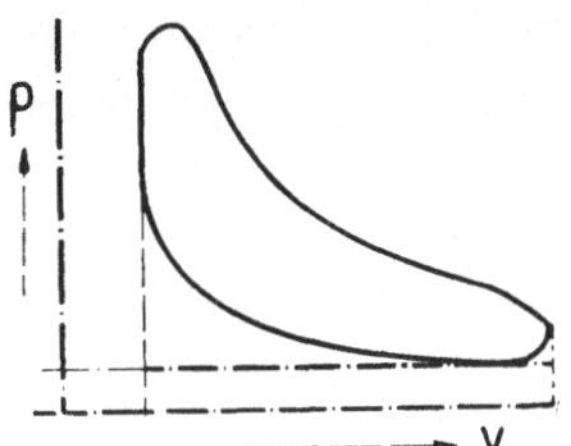

42. Diagramm mit Nachbrennen.

Die anfängliche Drucksteigerung ist
dann in der Regel nur klein, und erst
in der Mitte oder gegen Ende des Hubes
wird eine ungünstige Drucksteigerung hervorgerufen. Das gibt schlechte Verbrennung, an der schließlich
auch das Schmieröl teilnimmt, und schafft erhöhte Wandungstemperaturen, große Abkühlungsverluste, großen Brennstoff-,
Schmieröl- und Kühlwasserverbrauch, außerdem entstehen Rückstände, Krusten und schließlich Betriebsstörungen.

Erfahrungen:

■ Bei einer Dieselmaschine ist im Betriebe die Wandungstempe-
ratur des Verbrennungsraumes zu hoch geworden. Der Übelstand
wurde dadurch behoben, daß ein Nachbrennen durch Veränderung
der Brennstoffzuführung absichtlich hergestellt wurde, um eine
größere Wandungsoberfläche zur Wärmeabführung heranzuziehen.
Die nicht gewollte Wirkung war aber Erhöhung des Brennstoffverbrauchs wegen größerer Kühlverluste.

Vor Abnahme der Maschine wurde Betrieb mit Überlastung
verlangt; bei den Abnahmeversuchen mußte deshalb die Brennstoffeinspritzung auf Nachbrennen eingestellt werden. Dadurch
wurde betriebssicherer Lauf erzielt, aber der gewährleistete Brennstoffverbrauch wurde überschritten. ■

Für normalen Betrieb darf schädliches Nachbrennen
nicht zugelassen werden; die Ursachen des Nachbrennens müssen
ermittelt und beseitigt werden.

Die Ursachen des Nachbrennens sind: unzureichende Verbrennungsgeschwindigkeit, unvollkommene Mischung, unrichtige
Luftmenge, zu geringe Voreilung der Zündung, bzw. Einspritzung
des Brennstoffs, ungenügender Verdichtungsenddruck usw.

Art und Beschaffenheit des Brennstoffs ist naturgemäß
von wesentlichem Einfluß auf die Güte der Verbrennung. Wenn

für einen bestimmten Brennstoff alle Verhältnisse günstiger Verbrennung entsprechend richtig eingestellt sind, also z. B. bei Verdampfermaschinen die erforderliche Luftmenge und der Beginn der Entzündung, so kann bei einer Veränderung des Brennstoffs unter Umständen eine wesentliche Verschlechterung der Verbrennung eintreten.

Solche Veränderung des Brennstoffs kann selbst bei Bezug desselben Brennstoffs durch Veränderungen des Destillationsvorganges usw. hervorgerufen worden sein. Um gute Wärmeausnutzung zu erreichen, müssen die Betriebsverhältnisse erst wieder richtig auf den neuen Brennstoff eingestellt werden.

Erfahrungen:

■ Bei einer Glühkopfmaschine, die sonst anstandslos lief, wurde die Verbrennung zusehends schlechter, und die Leistung nahm im weiteren Verlaufe rasch ab.

Nach Abbau des Glühkopfes wurde gefunden, daß sich im Verbindungshals zwischen Glühkopf und Zylinder rußartige Krusten abgesetzt hatten, welche den Durchgangsquerschnitt verengten und verspätete Zündung und starkes Nachbrennen verursachten.

Da an der Maschine nichts verstellt oder verändert worden war, so hat es längere Zeit gedauert, bis als Ursache der schlechteren Verbrennung die Verwendung eines anderen Gasöles festgestellt werden konnte, das irrtümlicherweise anstelle des sonst verwendeten galizischen Gasöles geliefert worden war.

Nach Neueinstellung der Maschine, dem neuen Brennstoff entsprechend, ergab sich wieder anstandsloser Betrieb. ■

Unter Umständen kann auch schon eine Veränderung in der **Beschaffenheit und Wirkung des Zylinderschmieröls** schädlich sein. Es ist, besonders bei Viertaktmaschinen, nicht zu vermeiden, daß während der Saugzeit ein Teil des Schmieröls in den Verbrennungsraum gelangt und nachträglich verbrennt. Auch bei Zweitaktmaschinen kann Schmieröl z. B. durch die Spülluft nach dem Verbrennungsraum geführt werden. Je nach dem Grade der Zähigkeit des Schmieröls wird die **an der Verbrennung mitwirkende Ölmenge** verschieden groß sein.

Ist nun für eine bestimmte Schmierölbeschaffenheit die Verbrennung richtig eingestellt, so kann durch Veränderung des Schmieröls, z. B. durch Verwendung eines leichter flüchtigen Öls, eine größere Menge zur Verbrennung gelangen, und durch die geänderte Ölverbrennung kann eine Verschlechterung des Verbrennungsvorganges herbeigeführt werden.

Bei Dieselmaschinen liegen die Verhältnisse für den Verbrennungsvorgang sehr günstig. Der hohe Verdichtungsenddruck der Luft, der eine hohe Temperatursteigerung über die Entzündungstemperatur der Schweröle hinaus bewirkt, ist für rasche Einleitung und Durchführung der Verbrennung außerordentlich vorteilhaft.

Diese wird auch noch begünstigt durch die Art der Einspritzung des Brennstoffes mittels Druckluft, die wesentlich höher verdichtet ist als die Verbrennungsluft im Zylinder. Die Einspritzdruckluft bewirkt in Verbindung mit der Zerstäubungsvorrichtung feine Zerteilung und starke Ausbreitung des Brennstoffes in der Verbrennungsluft. Dadurch wird allerdings noch keine gute Mischung des Brennstoffes mit der Luft erreicht, aber wegen der allseitigen Zündung und Verbrennung in der heißen Luft doch eine günstige Verbrennung.

Um aber eine zu plötzliche und starke Drucksteigerung während der Verbrennung zu verhindern, darf die ganze Brennstoffmenge nicht auf einmal, sondern muß allmählich, aber noch immer rasch genug, eingeführt werden.

Der hohe Verdichtungsenddruck ist bei Dieselmaschinen besonders auch mit Rücksicht auf das sichere Inbetriebsetzen der kalten Maschine erforderlich.

Bei etwa 20° C. Anfangstemperatur der eingeführten frischen Luftladung ($T_1 = 293°$) beträgt bei 30 Atm. Verdichtungsenddruck die absolute Temperatur

$$T_2 = T_1 \left(\frac{p_c}{p_1}\right)^{\frac{k-1}{k}} \sim 773°,$$

also etwa 500° C. Diese reicht zur Entzündung aus. Sicherer ist eine noch etwas höhere Temperatur, etwa 600° C. Daher wird auf 32—35 Atm. und bei schwer zersetzlichen Teerölen bis auf 40 Atm. verdichtet.

Viel höher zu verdichten, hat keinen Zweck, denn eine wesentliche Verbesserung der thermischen Ausnutzung ist nicht mehr erreichbar, und die Beherrschung der Festigkeits- und Massenwirkungen, sowie die praktische Ausführung wird schwierig.

Der hohe Verdichtungsenddruck gestattet aber rasche und sichere Verbrennung des eingespritzten Brennstoffs nur dann, wenn der Überdruck der Einspritzdruckluft genügend groß ist, um gute Zerstäubung und Ausbreitung des Brennstoffes zu sichern.

Zu große Voreinspritzung des Brennstoffs ist unzulässig, weil sonst schon vor Hubende Verbrennung und stärkere Drucksteigerung und damit ein Arbeitsverlust eintritt (Bild **43**).

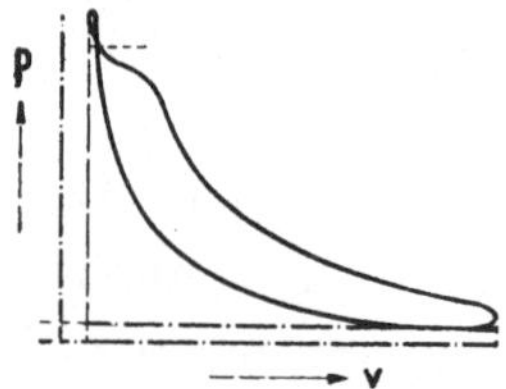

43. Zu große
Voreinspritzung bei
Dieselmaschinen.

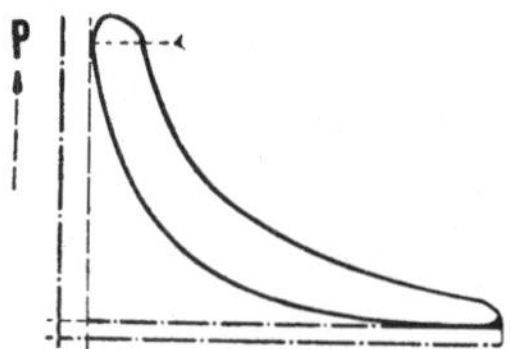

44. Drucksteigerung
in der „Gleichdruck“-
Maschine.

Bei richtig gewählter Voreinspritzung, meist unter $1\,^0/_0$ vor Totpunkt, und bei Verwendung von Zerstäubungsvorrichtungen, die eine zweckentsprechende Verzögerung des Einspritzvorganges hervorrufen, wird eine fast gleichmäßige Drucklinie während des Verbrennungsvorganges erreicht. Daher nennt man die Dieselmaschinen auch vielfach Gleichdruckmaschinen. Doch ist die Bezeichnung nicht ganz zutreffend, weil während der Einspritzung und Verbrennung meistens eine deutliche Drucksteigerung zu beobachten ist (vgl. Bild **44**). Die Dieselmaschinen sind vielmehr als Hochdruck-Ölmaschinen anzusprechen.

Die Drücke sind bei Dieselmaschinen meistens höher als bei anderen Verbrennungsmaschinen, die Temperaturen hingegen ungefähr gleich hoch, unter Umständen sogar niedriger.

In Bild **45** ist der Temperaturverlauf einer Zweitakt-Ölmaschine und einer Viertakt-Gasmaschine verglichen, berechnet nach der Beziehung $pv = RT$ aus dem Druckdiagramm. Für beide Maschinen ergibt sich etwa als Höchsttemperatur 1300°C, bei schlechter Kühlung mehr. Das hängt damit zusammen, daß bei der Verbrennung in gleichbleibendem Volumen die Temperatur wesentlich stärker steigt als bei der Verbrennung unter gleichbleibendem Druck.

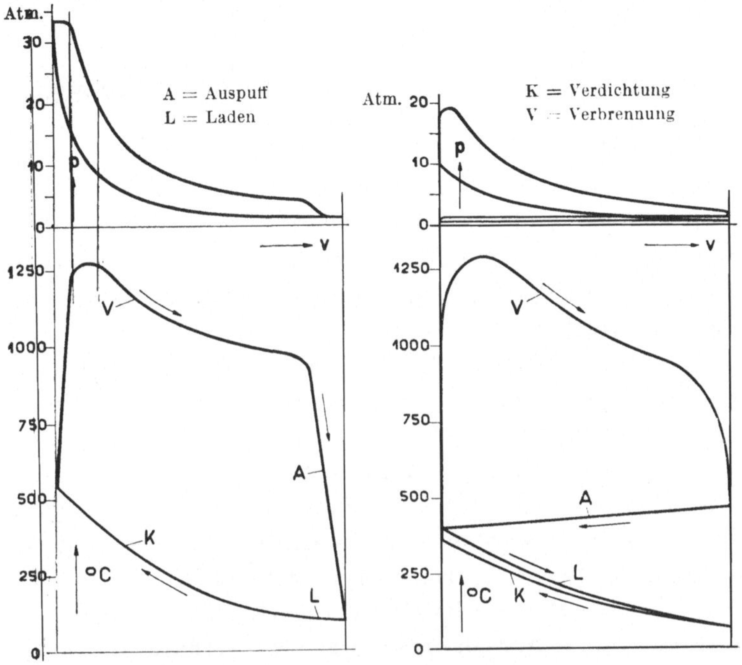

45. Druck- und Temperaturdiagramme.
Zweitakt-Dieselmaschine und Viertakt-Gasmaschine.

Bei gleicher Wärmezuführung Q_1 ist

a) für $v = $ konst.: $Q_1 = G\,c_v\,(T_3 - T_2) = G\,c_v\,\varDelta T$.

b) „ $p = $ konst.: $Q_1 = G\,c_p\,(T_3' - T_2') = G\,c_p\,\varDelta T'$.

Daher ist: $\dfrac{\varDelta T}{\varDelta T'} = \dfrac{c_p}{c_v} = k$.

Der Temperaturunterschied bei konstantem Volumen ist etwa k mal so groß als bei konstantem Druck. Die Wärmeausnutzung ist aber deswegen bei Gasmaschinen doch nicht günstiger als bei Dieselmaschinen.

3. Wirkungsgrade des praktischen Arbeitsvorganges.

Die Umsetzung der im Brennstoff enthaltenen Wärmeenergie in Nutzarbeit bedingt verschiedenartige Verluste: durch Abkühlung, Strömungs- und Massenwiderstände, sowie Formänderungsverluste, so daß nur ein verhältnismäßig kleiner Teil der Brennstoffwärme als Nutzarbeit an der Kurbelwelle der Verbrennungsmaschine verwertbar ist.

Am natürlichsten wäre es, die verschiedenen Einzelverluste durch Vergleichung mit der Brennstoffenergie zu werten. Dies ist aber leider nicht üblich, sondern zur Wertung der beim praktischen Arbeitsprozesse in Betracht kommenden Wärme und Arbeit wird gewöhnlich ein unerreichbarer Idealprozeß zu Hilfe genommen, oder es werden nur die Endergebnisse mit der im Brennstoff enthaltenen Wärmeenergie verglichen.

Die auf diese Weise erlangten Vergleichsgrößen und Wirkungsgrade lassen aber nur dann eine einwandfreie Wertung zu, wenn die Wertmaßstäbe oder Vergleichsgrößen ganz bestimmt festgelegt und die erforderlichen Messungen und Rechnungen in den meisten praktischen Betriebsfällen sicher und einfach genug durchführbar sind.

Einheitliche Wertungsgrundlagen fehlen aber bis jetzt, und auch die für die Untersuchung und Wertung von Verbrennungsmaschinen vom Verein deutscher Ingenieure herausgegebenen „Normen" enthalten verschiedene Unklarheiten und Widersprüche, die zu einer unrichtigen Wertung von Betriebsergebnissen führen können.

Es sollen daher zunächst die bisher bei der Beurteilung praktischer Arbeitsvorgänge in Verbrennungsmaschinen üblichen Versuchsgrößen und Wirkungsgrade angegeben, dann aber die durch den Betrieb bedingten Einflüsse auf die Bestimmung der Wertgrößen und ihrer Zuverlässigkeit näher untersucht werden.

Güte- oder Völligkeitsgrad und „innerer" Wirkungsgrad.

Wesentlich ist nicht der bisher berechnete „thermische" Wirkungsgrad, der streng genommen nur für den vorausgesetzten „theoretischen Kreisprozeß" mit zwei Adiabaten gilt, sondern derjenige thermische Wirkungsgrad, der auch die Abkühlungsverluste berücksichtigt.

Ist die der Diagrammfläche des theoretischen Prozesses (Bild **46**) entsprechende Wärmemenge $Q = Q_1 - Q_2$ und die der wirklichen Diagrammfläche unter Berücksichtigung der Abkühlungs- und Strömungsverluste entsprechende Wärmemenge gleich Q_i, so wird der Quotient

$$\eta_g = \frac{Q_i}{Q}$$

46. Theoretisches und wirkliches Arbeitsdiagramm.

als Güte- oder Völligkeitsgrad des Arbeitsprozesses bezeichnet.

Die dem praktischen Diagramm entsprechende Arbeit wird meistens „indizierte" Arbeit, $L_i = \frac{1}{A} Q_i$, genannt.

Richtiger wäre es, sie „innere" oder „Kolbenarbeit" zu nennen, weil sie nicht immer durch „Indizieren" richtig und sicher bestimmt werden kann.

Die innere Arbeit L_i ist allerdings meist durch Indikatorversuche gegeben, ebenso die dieser Arbeit entsprechende Wärmemenge $Q_i = A L_i$, wobei $A = \frac{1}{427}$ WE/mkg das mechanische Wärmeäquivalent ist.

Das Verhältnis von Q_i zu der mit dem Brennstoff zugeführten Wärme Q_1:

$$\eta_i = \frac{Q_i}{Q_1} = \frac{Q_i}{Q} \frac{Q}{Q_1} = \eta_g \eta_t,$$

wird gewöhnlich „indizierter" thermischer Wirkungsgrad, besser aber „innerer" Wirkungsgrad genannt.

In diesem Ausdruck sind alle inneren Verluste des Arbeitsverfahrens berücksichtigt.

Um zu untersuchen, welches von zwei verschiedenen Arbeitsverfahren bei Zuführung gleicher Wärmemengen Q_1 bessere Wärmewirkung ergibt, sind die Flächen der Diagramme zu vergleichen. Das Arbeitsverfahren mit größerer Diagrammfläche entspricht dem besseren Wirkungsgrad. Hieraus läßt sich unter Voraussetzung gleicher Q_1 ein Vergleich der Dieselmaschine mit Gasmaschinen ziehen (Bild 47).

Bei gleichem Höchstdruck und sonst gleichen Ausdehnungs- und Ausströmungsverhältnissen ist die Diagrammfläche einer Dieselmaschine wesentlich größer als die einem Arbeitsverfahren mit Verbrennung bei konstantem Volumen entsprechende Diagrammfläche. Um mit letzterem Arbeitsverfahren den gleichen Wirkungsgrad zu erzielen, müßte mit höherem Verbrennungsdruck gearbeitet werden, was aber aus praktischen Gründen nicht vorteilhaft ist.

Bei gleicher zugeführter Wärmemenge Q_1 und gleichem Verdichtungsenddruck wird die Verbrennung bei annähernd konstantem Volumen günstiger sein können als die unter konstantem Druck.

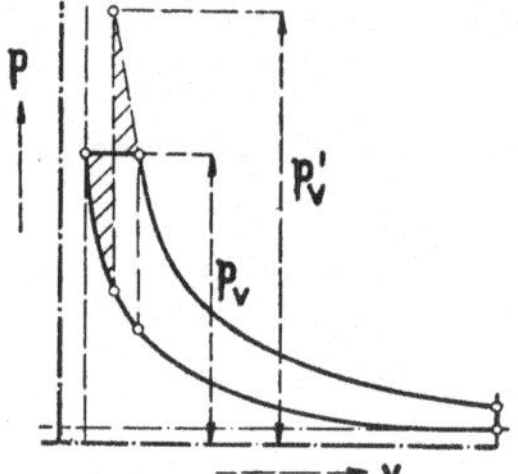

47. Verbrennung bei
konstantem Druck und
konstantem Volumen.

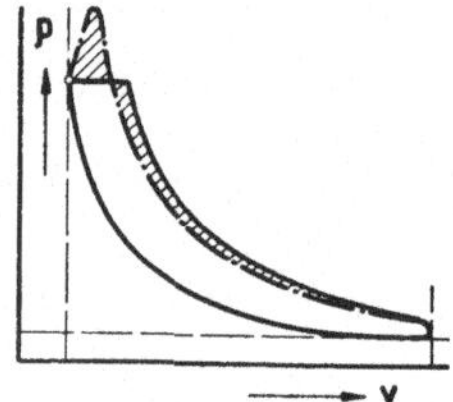

48. Diesel-Diagramme bei
rascher und bei allmählicher
Brennstoffeinspritzung.

Es wird daher eine geringe Drucksteigerung zu Beginn der Verbrennung auch bei Dieselmaschinen günstig sein (Bild 48).

Zu große Drucksteigerung und zu spitze Diagramme erhöhen jedoch die Beanspruchung aller an der Verbrennung mitwirkenden Konstruktionsteile und auch die Wärmeverluste.

Unter Voraussetzung gleicher Höchstdrücke ergibt Verbrennung unter konstantem Druck die günstigere Wärmeausnutzung.

Erfahrungen:

■ Bei einer 100 PS-Dieselmaschine wurde die Leistung durch vermehrte Brennstoffzuführung zu verbessern gesucht, aber dabei wurde durch zu rasches Einspritzen ein zu plötzliches Ansteigen des Drucks bei Beginn der Verbrennung erzielt.

Die Wirkung war: Verschlechterung der Gemischbildung, ungünstigere Verbrennung, schädliches N a c h b r e n n e n und deshalb auch höherer Brennstoffverbrauch. —

Bei den praktischen Versuchen, Gas oder Benzin in Dieselmaschinen zu verbrennen, wurde der Brennstoff o h n e D r u c k l u f t, jedoch unter sehr hohem Überdruck, eingespritzt.

Die Folge war: wesentlich schlechtere Gemischbildung, als wenn das Einspritzen wie bei den Schwerölen durch hochgespannte Luft erfolgte. Das Einspritzen von Leichtöl oder von Gas mittelst Druckluft ergab aber ungewollte Selbstzündungen und Verbrennung schon im Einspritzeinsatz. —

Auch der Betrieb mit Schweröl, das unmittelbar, o h n e Zuhilfenahme von D r u c k l u f t, in den Maschinenzylinder eingespritzt wurde, hatte zur Folge:

Verschlechterung der Gemischbildung, schlechtere Wärmeausnutzung und höheren Brennstoffverbrauch.

Bei Betrieb mit Gas oder Leichtöl hatte dasselbe Verfahren noch größere Verschlechterung des Gemisches zur Folge. Als Ursache ergab sich:

Das spezifisch leichtere Gas bzw. der Leichtöldampf vermochte bei den durchgeführten Einspritzgeschwindigkeiten die hochverdichtete Verbrennungsluft im Zylinder nur sehr schlecht zu durchdringen, es verdampfte zu rasch und zu heftig und drängte die Verbrennungsluft vor sich her. Eine brauchbare Gemischbildung konnte hierbei überhaupt nicht zustande kommen, stets wurde nur sehr m a n g e l h a f t e M i s c h u n g erreicht, und schädliches Nachbrennen, somit großer Brennstoffverbrauch trat ein.

Zahlreiche Versuche, die schon von Diesel ausgeführt worden sind, haben gezeigt, daß mit Gas oder Leichtölen nach dem Dieselverfahren keine bessere thermische Ausnutzung zu erzielen war, als wenn diese Brennstoffe mit wesentlich niedrigerem Verdichtungsenddruck bei ungefähr konstantem Volumen nach dem üblichen Viertaktverfahren verbrannt wurden. ■

Betriebswirkungsgrad.

Der innere Wirkungsgrad („indizierte thermische") gibt nur Aufschluß über die Wärmeverluste und einen Teil der Strömungsverluste, nicht aber über die Größe der mechanischen Verluste (Reibungsverluste, Stoßverluste im Triebwerk usw.).

An der Kurbelwelle steht nicht die innere Leistung N_i zur Verfügung, sondern nur die um die mechanischen Verluste N_w kleinere „effektive" oder Nutzleistung N_e. Es ist: $N_e = N_i - N_w$, und man nennt das Verhältnis

$$\eta_m = \frac{N_e}{N_i} = \frac{Q_e}{Q_i}$$

den „mechanischen" Wirkungsgrad, besser aber den Betriebswirkungsgrad der Maschine.

Dieser Wirkungsgrad bewertet die Reibungsverluste im Zusammenhang mit der Güte der mechanischen Herstellung der Maschine, der Güte der Passung aller Teile, der Schmierung usw., sowie der Zuströmungs- und zum größten Teil auch der Ausschubverluste. Ein kleiner Teil der Auspuffverluste ist schon in der Fläche N_{i+} mitberücksichtigt (schwarze Fläche in Bild 49).

$N_{is} = N_{i-}$: Ausschieben und Laden

N_{i+} : Kolbenleistung

N_r : Formveränderung

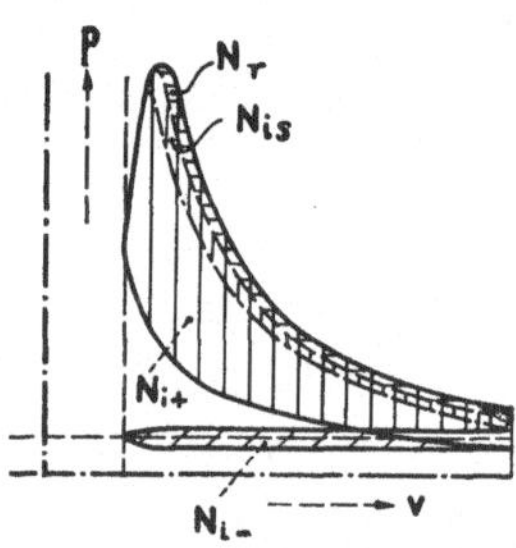

49. Unterteilung der Arbeiten.

Dabei ist für Verbrennungsmaschinen vorausgesetzt:

Beim Viertaktverfahren ist die für das Laden und das Ausschieben aufzuwendende Leistung durch die Diagrammfläche N_{i-} gekennzeichnet (Bild 50).

50. Viertakt-Diagramm.

Von der inneren Leistung N_{i+} wird ein Teil N_r zur Überwindung der reinen Reibungsverluste, Stoßverluste in den Zapfenpassungen usw., also für alle mechanischen Verluste durch Formänderungen aufgezehrt (in Bild 49 schematisch angedeutet).

Ein zweiter Teil $N_{is} = N_{i-}$ dient zur Überwindung der beim Laden und Ausschieben auftretenden Strömungswiderstände (Gasreibung, Wirbelung, Massenwiderstände usw.), während der Rest $N_{i+} - N_r - N_{is} = N_e$ als Nutzarbeit an der Welle der Maschine verfügbar ist.

Der Betriebswirkungsgrad ist dann:

$$\eta_m = \frac{N_e}{N_{i+}} = \frac{N_{i+} - N_r - N_{is}}{N_{i+}} = 1 - \frac{N_w}{N_{i+}}.$$

wobei $N_w = N_r + N_{is}$ ist.

Es genügt somit, wenn nur die der inneren Leistung N_{i+} entsprechende Diagrammfläche mit dem Indikator aufgenommen wird. Dies ist auch in der Regel der Fall. Die Diagrammfläche N_{i-} ist meistens nicht deutlich genug sichtbar; nur durch Schwachfederdiagramme kann sie getrennt genauer bestimmt werden.

Nach dieser Annahme wird der Einfluß von N_{i-} durch die Nutzleistung N_e mitbewertet, so daß der Betriebswirkungsgrad bei Zunahme der mechanischen Formänderungs- und der Strömungsverluste schlechter wird.

Ähnlich ist es beim Zweitaktverfahren, nur daß in diesem Falle die zum Laden und Ausspülen aufzuwendende Leistung N_{is} in einem besonderen Indikatordiagramm mit der Fläche $N_{i-} = N_{is}$ bestimmt wird, wobei sich diese Leistung allerdings — wie auch beim Viertaktverfahren — erst durch ein besonderes Schwachfederdiagramm genauer ergibt (Bild 51).

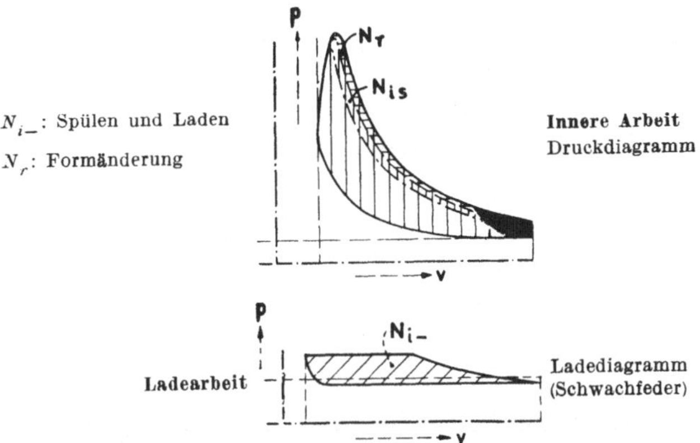

51. Unterteilung der inneren Leistung bei Zweitaktmaschinen.

Die Ausschubarbeit ist zum größten Teil in N_{i+} berücksichtigt (schwarze Fläche in Bild 51). Von der ganzen Diagrammfläche der Maschinenarbeit, entsprechend der inneren Leistung der Maschine N_{i+}, wird, wie beim Viertaktverfahren, ein Teil N_r für die Formänderungsverluste, ein zweiter Teil $N_{is} = N_{i-}$ für die Strömungsverluste und der Rest $N_e = N_{i+} - N_r - N_{is}$ als Nutzarbeit verwendet.

In beiden Fällen ist außerdem angenommen, daß auch bei Dieselmaschinen die innere Leistung des Einspritzkompressors N_{ik} als eine Ladeleistung in dem Werte von N_{is} mitenthalten ist.

Werden alle Hilfsmaschinen, wie Einspritzkompressor und Ladepumpe, von der Hauptmaschine selbst angetrieben, dann gibt die an der Welle der Maschine gemessene Nutzleistung N_e die reine Nutzleistung unter Abzug der zum Betriebe der Hilfspumpen erforderlichen Leistung N_{es} an.

Im Falle des getrennten Antriebs der Hilfspumpen würde sich bei derselben Maschine und bei gleicher Brennstoffzufuhr auch die gleiche innere Leistung N_{i+}, aber eine um N_{es} größere Nutzleistung N_e' an der Maschinenwelle ergeben, weil von der inneren Leistung N_{i+} nur ein Teil N_r für Formänderungswiderstände verloren geht. Würde der Betriebswirkungsgrad in diesem Sonderfalle nach der Beziehung:

$$\eta_m' = \frac{N_e'}{N_{i+}}$$

bestimmt, dann wäre $\eta_m' > \eta_m$, obwohl sich außer dem getrennten Antriebe der Hilfspumpen nichts an der mechanischen Güte der Maschine geändert hat.

Es soll daher in derartigen Fällen stets der nach Abzug der für die Hilfspumpen erforderlichen Leistung N_{es} verbleibende Rest $N_e = N_e' - N_{es}$ in den Zähler von η_m eingesetzt werden, so daß

$$\eta_m' = \frac{N_e}{N_{i+}} = \eta_m$$

wird, wie beim unmittelbaren Antrieb der Hilfspumpen.

Dann gilt die Beziehung:

$$\eta_m = \frac{N_e}{N_{i+}}$$

ganz allgemein, gleichgültig, ob ein Teil der Hilfsmaschinen oder alle getrennten Antrieb erhalten, oder ob alle Hilfsmaschinen von der Hauptmaschine selbst angetrieben werden. Es ist dann auch ein Vergleich von Viertakt- und Zweitaktmaschinen möglich, und zwar wird unter sonst gleichen Umständen (gleiche Güte der Herstellung und Wartung) eine Zweitaktmaschine wegen der größeren Ladearbeit einen schlechteren Betriebswirkungsgrad besitzen müssen.

Aus der Beziehung:

$$\eta_m = \frac{N_e}{N_{i+}} = 1 - \frac{N_w}{N_{i+}}$$

geht hervor, daß für eine Maschine $\eta_m = 0$ wird, wenn $N_{i+} = N_w$ ist. Dann wird keine Nutzarbeit abgegeben werden können, sondern die innere Arbeit wird nur zur Überwindung der Form-

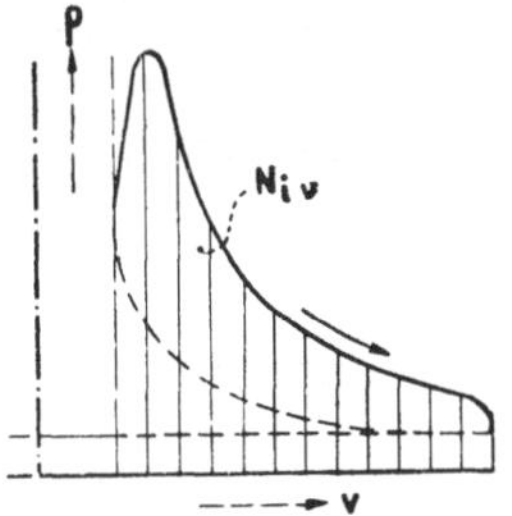

52. Innere Leistung des Verbrennungs- und Ausdehnungshubs.

änderungswiderstände und der Ladeverluste aufgezehrt. Die während der Verbrennungs- und Ausdehnungszeit (Bild 52) geleistete innere Arbeit N_{iv} wird unter Überwindung von Formänderungswiderständen teilweise in Nutzarbeit umgewandelt, während der Rest sich als Schwungradenergie aufspeichert, die während der anderen Abschnitte des Arbeitsvorganges teilweise zur Nutzleistung und zur Verdichtungs-, Lade-, Auspuffarbeit usw. herangezogen wird, stets unter Abzug des entsprechenden Formänderungsverlustes. Alle Reibungsarbeiten sollen aber in der Größe N_r vereinigt gedacht sein.

Das gekennzeichnete Verfahren entspricht zunächst nur dem unmittelbaren Antrieb der Hilfsmaschinen durch die Hauptmaschinen. Bei getrenntem Antrieb der Hilfspumpen ist von der an der Welle zunächst abgegebenen Nutzleistung N_e' ein Teil N_{es}, der zum Betriebe der Hilfsmaschinen erforderlich ist, abzuziehen, so daß für den Betriebswirkungsgrad η_m nur der Rest

$$N_e = N_e' - N_{es}$$

in Betracht kommt.

Es ist dann:

$$N_e = N_e' - N_{es} = N_{i+} - N_r' - N_{es}.$$

Im Falle des Antriebs der Hilfspumpen durch die Maschine selbst war:

$$N_e = N_{i+} - N_r - N_{is}.$$

Daher muß bei gleichem N_{i+}

$$N_r{}' + N_{es} = N_r + N_{is}$$

sein.

Der reine Formänderungsverlust $N_r{}'$ ist im Falle des getrennten Antriebs kleiner als im ersten Falle, dafür ist aber selbstverständlich N_{es} größer als N_{is}, so daß beide Fälle in richtiger Beziehung zueinander stehen.

Um die Veränderlichkeit des Betriebswirkungsgrades mit der Belastung und mit dem Verdichtungsverhältnis ε besser beurteilen zu können, soll η_m noch in etwas anderer Form ausgedrückt werden.

Man kann die zur Überwindung der Formänderungs-, Lade-, Auspuffwiderstände usw. erforderliche Leistung N_w auch durch einen mittleren spezifischen Widerstandsdruck p_w ausdrücken, in ähnlicher Weise wie die innere Leistung N_i durch den mittleren spezifischen Arbeitsdruck p_i (Abschnitt VII S. 478), so daß

$$N_w = m_z\, p_w$$

ist. Dann ist der Betriebswirkungsgrad

$$\eta_m = \frac{N_i - N_w}{N_i} = \frac{p_i - p_w}{p_i} = 1 - \frac{p_w}{p_i}.$$

Es kann der mittlere spezifische Widerstandsdruck

$$p_w = p_r + p_s$$

gesetzt werden, wobei

> p_r der nur für die Reibungswiderstände maßgebende mittlere spezifische Druck und
>
> p_s der den Lade-, Auspuffwiderständen usw. entsprechende mittlere spezifische Druck ist.

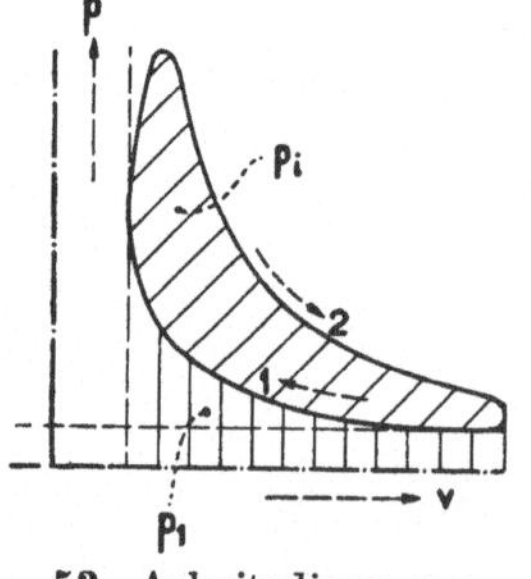

53. Arbeitsdiagramm.

Denkt man sich das Arbeitsdiagramm (Bild 53) in zwei Takten durchgeführt, und ist p_I der mittlere spezifische Druck des 1. Taktes, $p_{II} = p_I + p_i$ der mittlere spezifische Druck des 2. Taktes, dann sind die Reibungswiderstände den Drücken annähernd proportional, die während der beiden Arbeitstakte herrschen.

Ist μ die mittlere Reibungszahl für beide Takte, dann ist $p_r = \mu\,(2\,p_I + p_i)$.

Im Werte von μ ist aber nicht nur die Gleitreibung, sondern auch der Einfluß der anderen Formänderungswiderstände berücksichtigt (z. B. herrührend von der Formänderung der Zapfen, Triebwerksteile usw.). Die Reibungszahl μ wird im allgemeinen bei kleinen Geschwindigkeiten oder beim Anlauf größer sein als bei größeren Geschwindigkeiten, und zwar sowohl wegen der Reibungswirkungen wie auch infolge der Massenkräfte.

Die durch die **Massenkräfte** hervorgerufenen Formänderungswiderstände bei den einzelnen Arbeitsspielen in genauer Weise zu werten, erfordert umständliche Berechnungen. Hier kommt es zunächst nur auf eine Übersicht an. Es kann der den Massenkräften entsprechende mittlere spezifische Arbeitsdruck p_m in den Werten von p_I und p_i mitenthalten sein. oder es kann der Einfluß der Massenkräfte auch durch die Größe der mittleren Reibungszahl μ mitgewertet werden.

Der Einfluß der Massenkräfte wird später im Zusammenhang mit den baulichen Gestaltungen der Verbrennungsmaschinen noch ausführlicher behandelt werden.

Große Drücke in der Nähe der Hubenden der Kolbenbewegung werden größere Formänderungswiderstände hervorrufen, als wenn sie mehr in Hubmitte. bei größerer Kolbengeschwindigkeit, wirken. Bei dem vollausgezogenen Diagramm in Bild 54 wird daher das μ im Mittel größer sein als beim gestrichelten Diagramm. wenn sonst alle anderen Umstände dieselben sind und beide Diagramme gleiche p_I und p_i besitzen.

Es ist ungünstig, die Verbrennung so durchzuführen, daß scharfe, spitze Diagramme mit plötzlichem Druckanstieg im Hubende entstehen (vollausgezogenes Diagramm im Bild 55), sondern vorteilhafter, wenn die Einleitung der Verbrennung etwas verzögert wird. so daß der Verbrennungsdruck verkleinert wird (gestricheltes Diagramm). So-

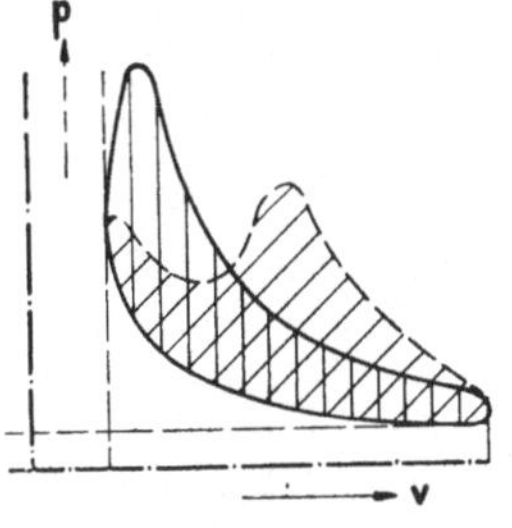

54. Vergleich der Arbeit hinsichtlich der mittleren Reibungszahl.

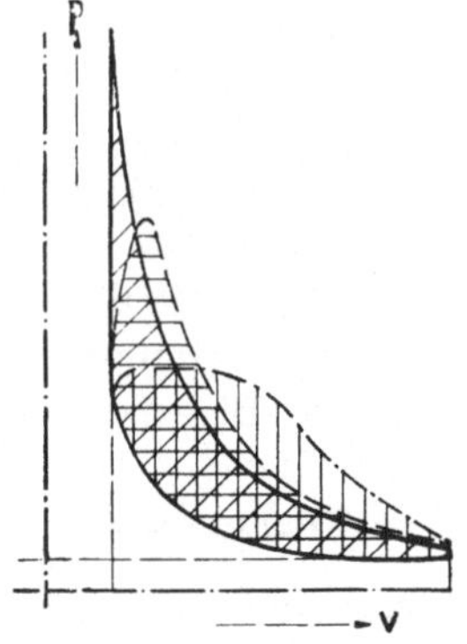

55. Vergleich der Arbeit hinsichtlich der Reibungsverluste.

lange der mittlere spezifische Arbeitsdruck nicht zunimmt, ergibt ein mit starkem Nachbrennen behafteter Arbeitsvorgang (strichpunktiertes Diagramm in Bild 55), soweit die Reibungsverluste in Betracht kommen, sogar günstigeren Arbeitsverlauf als ein spitzes Diagramm.

Bei starkem Nachbrennen verbrennt aber das Schmieröl der Zylinderlaufflächen mit, und dadurch wird die mittlere Reibungszahl wesentlich erhöht; außerdem werden die Abkühlungsverluste und damit der Brennstoffverbrauch vergrößert.

Wird der mittlere spezifische Druck mit zunehmender Belastung vergrößert, dann nimmt auch der mittlere spezifische Reibungsdruck zu, solange die mittlere Reibungszahl gleich bleibt.

Mit steigender Belastung und somit zunehmendem p_i wird im allgemeinen der Wärmezustand der Zylinderlaufflächen erhöht und die Zähigkeit des Öls vermindert, so daß die Reibungszahl abnimmt, solange das Schmieröl nicht verdampfen und verbrennen kann.

Der Reibungsdruck p_r nimmt daher stets weniger rasch zu als der Arbeitsdruck p_i; ja es kann sogar vorkommen, daß der Einfluß des mit wachsender Belastung im allgemeinen abnehmenden μ überwiegt und der Reibungsdruck p_r mit der Belastung abnimmt (Bild 56).

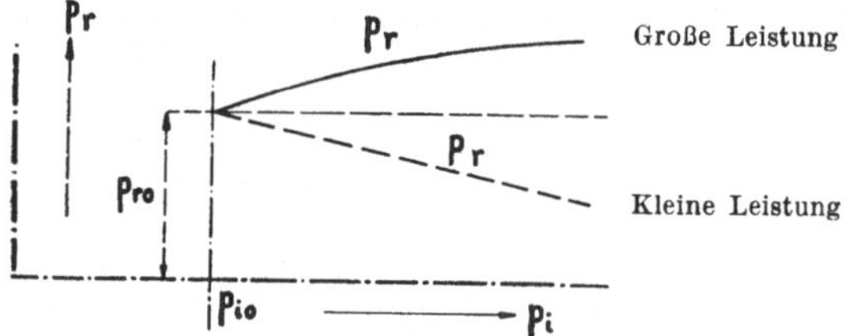

56. Änderung des mittleren spezifischen Reibungsdruckes mit der Belastung.

Erfahrungen:

■ Abnehmender Reibungsdruck war vielfach bei Maschinen kleiner Zylinderleistung zu beobachten. Bei großen Leistungen und großen Zylindern ließ sich das Schmieröl nicht so günstig über die ganze Lauffläche verteilen, so daß die größere Wärmestauung nicht in so weitgehender Weise die Schmierwirkung des Öls beeinflussen konnte.

Mit zunehmender Belastung und größerer Wärmestauung wird im Betriebe der Durchmesser des zumeist ungekühlten Kolbens größer als der Durchmesser des Laufzylinders, so daß bei großen

Zylindern Zwängungen eintraten, also die Reibungszahl mehr zunahm als bei kleinen Zylindern, die zudem mit dem Kolben genauer zusammengepaßt waren. ■

Im Leerlaufe der Maschine sei ein mittlerer spezifischer Reibungsdruck p_{ro} vorhanden, der meistens kleiner ist als der mittlere indizierte Leerlaufsdruck p_{io}, da dieser den für die Überwindung der Ladearbeit usw. erforderlichen spezifischen Druck p_{so} mitenthält.

Für die meisten praktischen Fälle unterscheidet sich aber der mittlere spezifische Reibungsdruck p_r für irgend eine Belastung nur wenig von dem Werte p_{ro} im Leerlaufe, so daß mit genügender Annäherung, namentlich bei Überschlagsrechnungen,

$$p_r = p_{ro} = \text{konst.}$$

für alle Belastungen gesetzt werden kann.

Dies gilt aber eigentlich nur in den Fällen, in denen der Verdichtungsenddruck p_c und damit auch p_I bei allen Belastungen ungefähr gleich bleibt, also für fast alle Öleinspritzmaschinen (Bild 57).

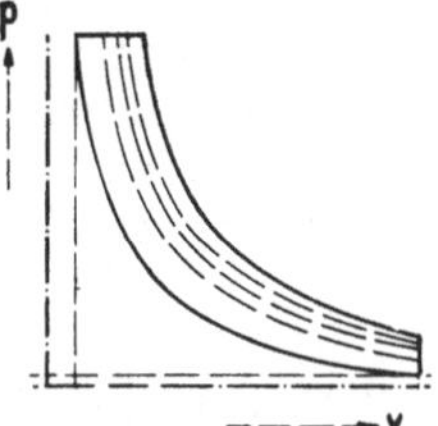

57. Druckänderungen bei Regelung von Dieselmaschinen.

Bei Viertaktvergaser- und bei Gasmaschinen, die durch Änderung der Gemischmenge geregelt werden, nimmt bei wachsendem p_i auch p_I zu (Bild 58), so daß bei diesen Maschinen der mittlere spezifische Reibungsdruck p_r mit der Belastung in der Mehrzahl der Fälle zunimmt, wenn auch der Unterschied gegenüber dem Werte p_{ro} bei Leerlauf in der Regel nicht groß ist. Jedenfalls ist aber bei wachsendem Verdichtungsenddruck p_c und damit zunehmendem p_I beim Betriebe einer und derselben Maschine ein Anwachsen von p_r zu erwarten.

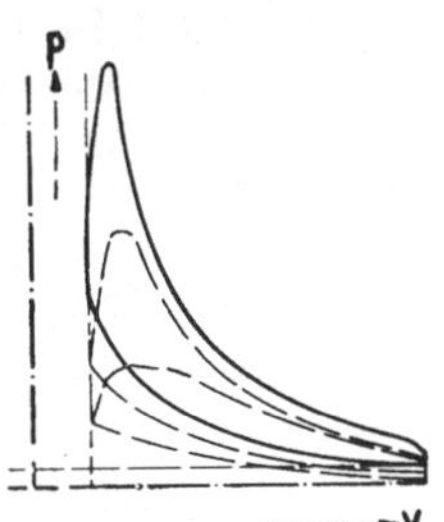

58. Druckänderungen bei Regelung von Viertaktgasmaschinen mit Füllungsregelung.

Hervorzuheben ist, daß bei den erwähnten Belastungsänderungen einer Viertaktgas- oder Vergasermaschine keine Veränderung des Verdichtungsverhältnisses ε erfolgt, weil dabei an den Volumverhältnissen des Zylinders nichts geändert worden ist.

Soll der Einfluß des Verdichtungsverhältnisses ε auf die Reibungsverluste und den mittleren spezifischen Reibungsdruck p_r untersucht werden, dann müssen alle anderen die Reibungsverhältnisse beeinflussenden Einzelheiten möglichst unverändert gelassen werden. Es muß daher die gleiche Belastung für jedes Arbeitsspiel, also gleiches p_i bei verschiedenem ε in Verbrennungsmaschinen zu erzeugen versucht werden.

Im Bild 59 sind drei Arbeitsdiagramme einer Hochdruckölmaschine mit gleichem mittleren spezifischen Drucke p_i, aber verschiedenen Verdichtungsverhältnissen $\varepsilon' = \dfrac{v' + v_c'}{v_c'}$, $\varepsilon'' = \dfrac{v'' + v_c''}{v_c''}$ und $\varepsilon''' = \dfrac{v''' + v_c'''}{v_c'''}$ dargestellt.

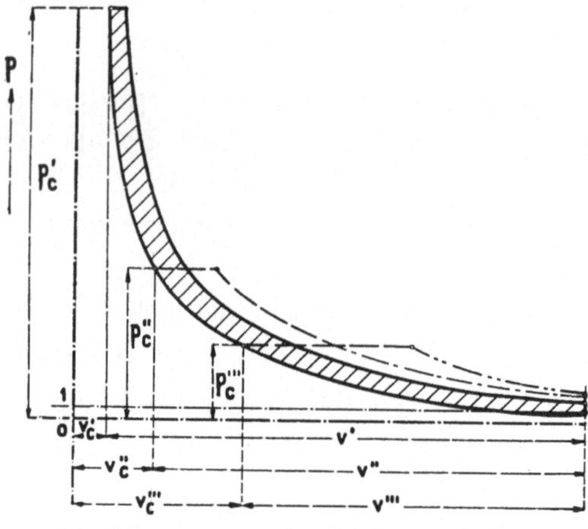

59. Diagramme mit gleichem mittleren spezifischen Arbeitsdruck und verschiedenem Verdichtungsverhältnis.

Mit dem Verdichtungsverhältnis ε wächst in ungefähr gleichem Maße der Verdichtungsenddruck p_c, weil der Anfangsdruck der Verdichtung p_1 in allen Fällen als gleich angenommen ist.

Es ist allgemein:
$$p_c = \sim p_1 \, \varepsilon^k,$$
wobei stets die gleiche Verdichtungs-Polytrope vorausgesetzt wird.

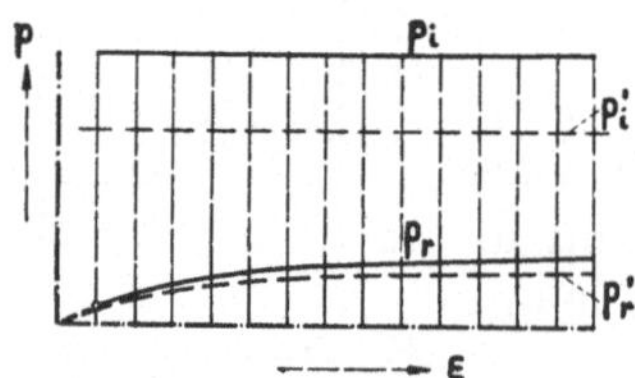

60. Änderung des mittleren spezifischen Reibungsdrucks mit dem Verdichtungsverhältnis.

Mit p_c und ε nimmt p_I und damit auch der mittlere spezifische Reibungsdruck p_r zu, wie dies in Bild 60 für zwei verschiedene p_i dargestellt ist.

Man kann praktisch auch ohne Vorverdichtung ($\varepsilon = 1$), ja sogar bei entsprechendem Unterdruck ($\varepsilon < 1$) eine Nutzleistung erzielen, wie beispielsweise bei der Lenoir-Leuchtgasmaschine (Bild 2, Seite 4). Die Verdichtung kann um so geringer sein, je kleiner p_i, also die Leistungsfähigkeit der Maschine bei jedem Arbeitsspiel ist.

Bei $\varepsilon = 0$ ist eine Leistungsfähigkeit überhaupt ausgeschlossen ($p_i = 0$). Die Kurven des mittleren spezifischen Reibungsdruckes p_r laufen daher theoretisch alle nach dem Werte 0 für $\varepsilon = 0$ hin.

In Wirklichkeit wird aber der mittlere spezifische Reibungsdruck p_r nur bis zu einem durch praktische Rücksichten gegebenen unteren Grenzwert von $\varepsilon = \varepsilon_g$ mit abnehmendem ε abnehmen. Um eine bestimmte Leistung in jedem Arbeitsspiel auch noch bei kleinem ε zu erreichen, muß sich die Verbrennung auf einen immer größeren Teil des Kolbenhubes erstrecken; dann kann aber ein Verbrennen des Zylinderschmieröles praktisch nicht mehr verhindert werden, und der Reibungswiderstand und damit

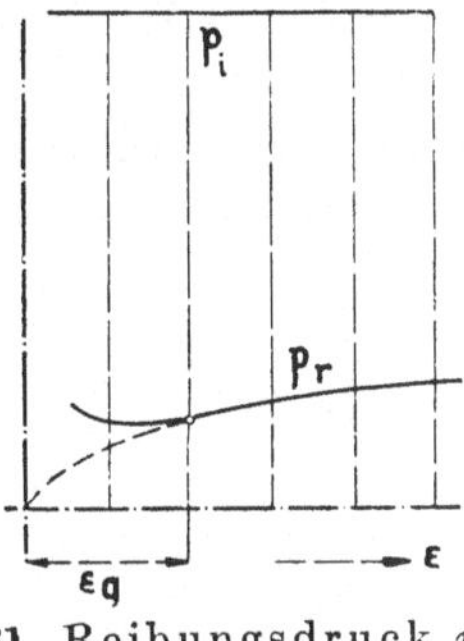

61. Reibungsdruck p_r in Abhängigkeit von ε.

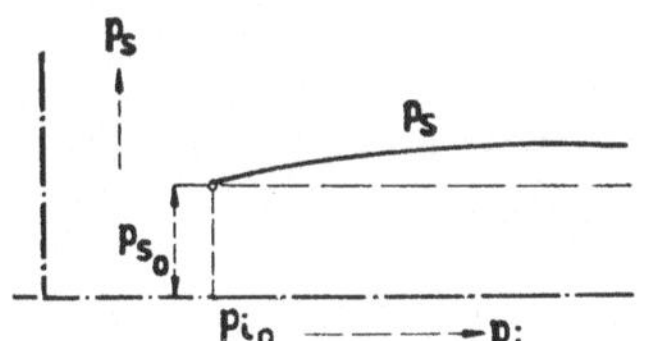

62. Änderung des mittleren spezifischen Ladedruckes mit der Belastung bei Diesel- und Zweitakt-Gasmaschinen.

p_r muß wieder zunehmen, wie dies in Bild **61** dargestellt ist Der theoretische Verlauf von p_r ist von dem Grenzwert ε_g an gestrichelt gezeichnet.

Um die Größe des den Lade-, Auspuffwiderständen usw. entsprechenden mittleren spezifischen Druckes p_s, der in der Folge kurz spezifischer Ladedruck genannt ist, in verschiedenen Betriebsfällen zu untersuchen, sei angenommen, daß die Belastung einer Maschine durch Veränderung des mittleren spezifischen Arbeitsdruckes p_i verändert werde.

Bei Diesel- oder ähnlichen Öleinspritzmaschinen (Diagramme Bild **57**) ändert sich der spezifische Ladedruck p_s nur wenig mit der Belastung, und zwar nimmt p_s mit wachsendem p_i in geringem Maße zu, weil sowohl die Einspritzluftmenge als auch das Gewicht der bei jedem Arbeitsspiel auszutreibenden Verbrennungsgase zunimmt (Bild **62**). Ungefähr das gleiche gilt für Zweitaktgasmaschinen.

Bei Viertakt-Gas- und Vergasermaschinen mit Gemischregelung (Diagramme Bild 58) wird die Ladearbeit mit wachsender Belastung pro Arbeitsspiel kleiner, weil der Unterdruck beim Laden mit p_i abnimmt; dafür wird die zum Abführen der Verbrennungsgase aufzuwendende Arbeit mit p_i etwas zunehmen. Im allgemeinen wird aber p_s mit steigendem p_i etwas abnehmen (Bild 63).

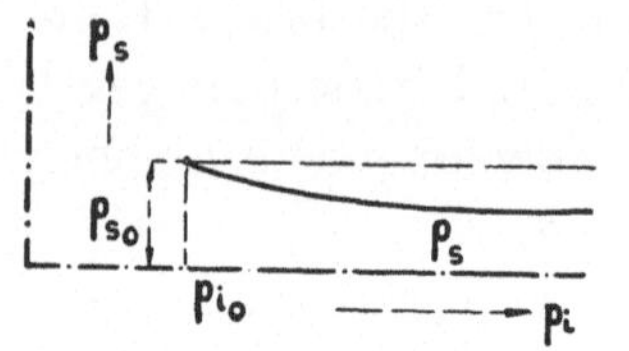

63. Änderung des mittleren spezifischen Ladedruckes mit der Belastung (Viertakt-Gasmaschinen).

Doch ist in allen Fällen der Wert von p_s von dem im Leerlaufe vorhandenen Werte p_{so} nur wenig verschieden.

Es wird daher im allgemeinen der gesamte mittlere spezifische Widerstandsdruck

$$p_w = p_r + p_s$$

sich bei allen Belastungsverhältnissen einer Maschine nur wenig von dem im Leerlaufe der Maschine wirkenden spezifischen Widerstandsdrucke

$$p_{wo} = p_{ro} + p_{so}$$

unterscheiden (Bild 64).

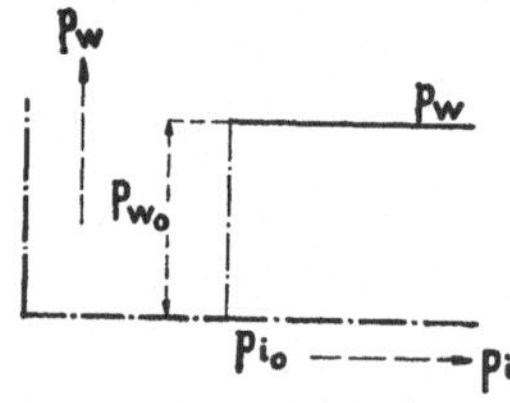

64. Mittlerer spezifischer Widerstandsdruck in Abhängigkeit von der Belastung.

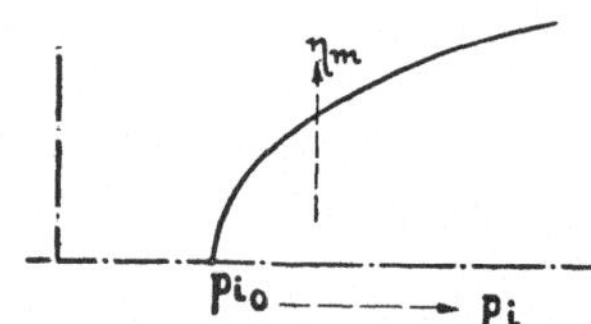

65. Betriebswirkungsgrad in Abhängigkeit von der Belastung.

Im Leerlaufe selbst ist der mittlere spezifische Widerstandsdruck

$$p_w = p_{wo} = p_{io}.$$

Daher wird der Betriebswirkungsgrad

$$\eta_m = 1 - \frac{p_w}{p_i}$$

mit wachsender Belastung für das Arbeitsspiel, also mit zunehmendem mittleren Drucke p_i, größer werden müssen (Bild 65); für $p_i = p_{io}$, also im Leerlaufe, muß $\eta_m = 0$ werden.

Eine Veränderung des Verdichtungsverhältnisses ε bei gleichbleibendem p_i hat ebenfalls keine nennenswerte Veränderung von p_s zur Folge.

Bei Öleinspritzmaschinen wird bei steigendem Verdichtungsenddruck p_c (Bild 59) der Einspritzluftdruck höher werden und dadurch im allgemeinen die spezifische Ladearbeit mit wachsendem ε etwas zunehmen.

Andrerseits nimmt der Enddruck beim Ausdehnungshub mit zunehmendem ε, bei gleichbleibendem p_i, ab und es müßte deshalb p_s mit wachsendem ε etwas abnehmen.

Im ganzen kann man mit genügender Annäherung an die Wirklichkeit annehmen, daß sich p_s bei den Öleinspritzmaschinen mit ε nicht ändert.

Das gleiche gilt auch für Gas- und Vergasermaschinen, bei denen mit wachsendem ε, bei gleichbleibendem p_i, die Verbrennung immer günstiger wird.

Bei kleinem ε tritt zumeist starkes Nachbrennen ein, der Enddruck der Ausdehnungsperiode p_e steigt infolgedessen von p_e' auf p_e'', und damit wird im allgemeinen der Ausschubverlust und p_s größer (Bild 66).

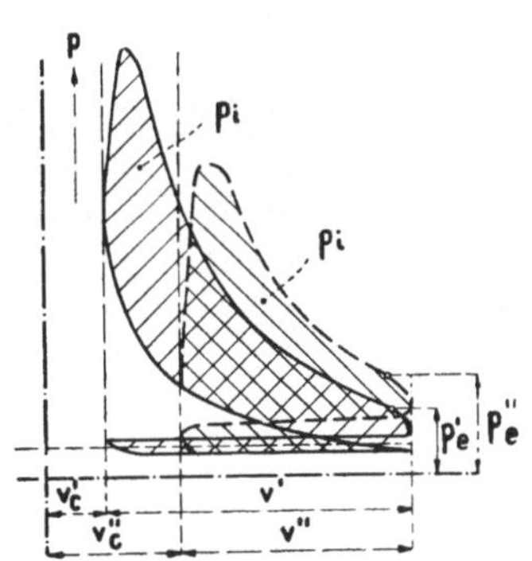

66. Gleicher mittlerer spezifischer Arbeitsdruck und verschiedenes Verdichtungsverhältnis.

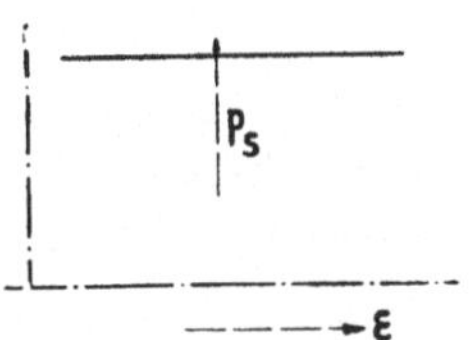

67. Änderung des mittleren spezifischen Ladedrucks mit dem Verdichtungsverhältnis.

Daher muß bei diesen Maschinen der spezifische Ladedruck mit dem Verdichtungsverhältnis ε etwas abnehmen.

Doch kann auch hier p_s für alle praktisch vorkommenden Werte von ε, das durch die Selbstentzündung des Gemisches begrenzt ist, annähernd als konstant angesehen werden (Bild 67).

Für die Veränderung des gesamten spezifischen Widerstands-
druckes p_w mit dem Verdichtungsverhältnis ε ist daher wesentlich maßgebend die Veränderlichkeit des spezifischen Formände-
rungsdruckes p_r.

Dieser Formänderungsdruck erhöht sich um den Betrag des
gleichbleibenden p_s auf den Gesamtwert p_w (Bild 68).

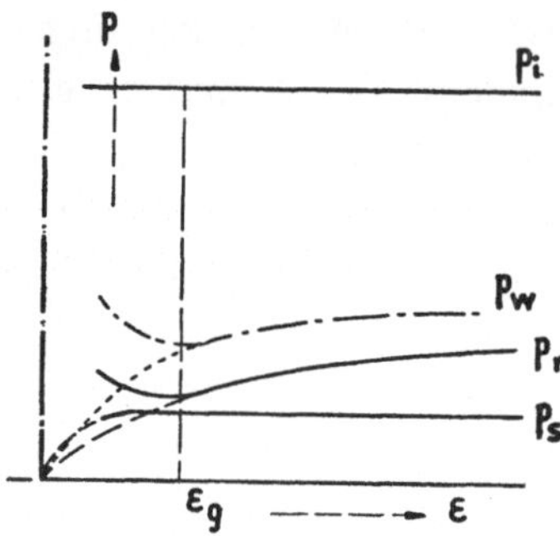

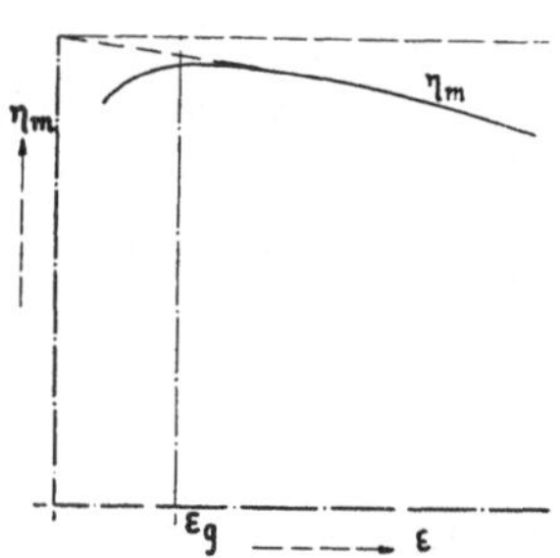

68. Änderung des mittleren spezifischen
Widerstandsdrucks
mit dem
Verdichtungsverhältnis.

69. Änderung des
Betriebswirkungsgrades
mit dem
Verdichtungsverhältnis.

Der Wert von p_r kann für bestimmte Werte von ε kleiner
oder größer sein als p_s.

Bei Viertaktmaschinen ist zumeist p_r größer als p_s, während
bei Zweitaktmaschinen unter Umständen, besonders bei kleinen
Werten von ε, das Umgekehrte der Fall sein kann.

Aus der Beziehung:

$$\eta_m = 1 - \frac{p_w}{p_i}$$

läßt sich der Betriebswirkungsgrad η_m (Bild 69) bestimmen. Er
wird mit abnehmendem ε günstiger und nähert sich theoretisch
dem Werte 1 für $\varepsilon = 0$.

Aus den schon bei der Besprechung des Zusammenhanges
von p_w mit ε angeführten praktischen Gründen wird aber η_m
für Werte von ε, die unterhalb eines Grenzwertes ε_g liegen, wieder
abnehmen.

Brennstoffwirkungsgrad.

Das Verhältnis der in Nutzarbeit umgesetzten Wärmemenge

$$Q_e = A N_e \, 75,$$

(wobei A das mechanische Wärmeäquivalent: $\dfrac{1}{427}$ WE/mkg)

zu der dem Arbeitsprozesse im Brennstoffe zugeführten Wärmemenge Q_1:

$$\eta_w = \frac{Q_e}{Q_1} = \frac{Q_e}{Q_i} \frac{Q_i}{Q_1} = \eta_m \, \eta_i = \eta_m \, \eta_g \, \eta_t$$

ist der **Brennstoffwirkungsgrad** des Arbeitsprozesses.

Dieser ist ein Maß für die Güte der Wärmeausnutzung des Brennstoffes.

Diese Wertzahl gibt an, wieviel von der im Brennstoff enthaltenen Wärmemenge Q_1 in der Maschine in Nutzwärme Q_e umgesetzt wird.

Der Brennstoffwirkungsgrad η_w kann bestimmt werden, wenn der Brennstoffverbrauch B für 1 PSe und 1 Stunde bekannt ist. Um 1 PSe oder eine dieser Leistung entsprechende Nutzwärme

$$Q_e = \frac{1}{427} \cdot 75 \text{ WE/sec}$$

zu erzeugen, muß dem Arbeitsvorgange eine Wärmemenge

$$Q_1 = \frac{B H_u}{3600} \text{ WE/sec}$$

im Brennstoff zugeführt werden. Daraus ergibt sich:

$$\eta_w = \frac{Q_e}{Q_1} = \frac{75 \cdot 3600}{427} \cdot \frac{1}{B H_u} = \sim \frac{632}{B H_u}.$$

Werden somit beispielsweise bei einer Dieselmaschine 200 g Gasöl von einem unteren Heizwert $H_u = 10\,000$ WE/kg für die PSe/st verbraucht, so ist in diesem Falle

$$\eta_w = \frac{632}{0,2 \cdot 10\,000} = \sim 0,32 \, .$$

Somit werden $32\,^0/_0$ der im Brennstoff enthaltenen Wärme in Nutzleistung N_e umgesetzt.

Zusammenfassung.

Für die Beurteilung eines Verbrennungsmaschinen-Arbeitsverfahrens sind die Wertgrößen η_t, η_g, η_i, η_m und η_w aufgestellt und im Bilde 70 in Funktion des Verdichtungsverhältnisses ε bei gleichbleibender Belastung für ein Arbeitsspiel (gleiches p_i) aufgetragen.

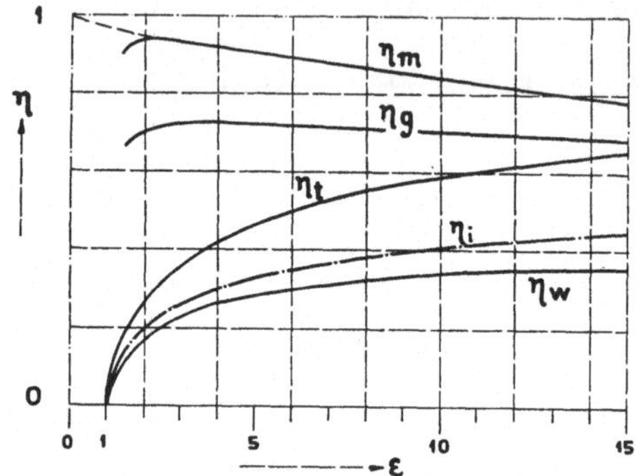

70. Änderung der verschiedenen Wirkungsgrade mit dem Verdichtungsverhältnis für Verbrennung bei konstantem Volumen.

Der Gütegrad η_g eines Arbeitsverfahrens, der hauptsächlich die Größe der Wärmeverluste im Kühlwasser und in den Auspuffgasen im Vergleich mit den Wärmeverlusten bei einem theoretischen Prozesse mit Verdichtungs- und Ausdehnungsadiabate kennzeichnet, ändert sich, wie die Erfahrung gezeigt hat, mit dem Verdichtungsverhältnis ε nur wenig.

Unter der Voraussetzung eines gleichen p_i werden die Kühlwasserverluste mit steigendem ε und damit zunehmendem Verdichtungsenddruck p_c anwachsen, während die Wärmeverluste durch die Auspuffgase wegen der Abnahme des Enddruckes der Ausdehnungsperiode abnehmen. Andrerseits wird, weil sich die Verbrennungsperiode mit abnehmendem ε verlängert, der Kühlverlust mit steigendem ε abnehmen müssen (vgl. Bild 59).

Diese verschiedenartigen Einflüsse ergeben schließlich, daß η_g für die meisten praktischen Fälle sich fast gar nicht mit ε ändert. Nur bei ganz kleinen Werten von ε $(\varepsilon < \varepsilon_g)$ müssen aus den schon früher geschilderten Umständen, besonders wegen der fast über den ganzen Hub ausgedehnten Verbrennung, die Abkühlungsverluste stark zunehmen und damit η_g abnehmen.

Der thermische Wirkungsgrad ist aus der Beziehung:

$$\eta_t = 1 - \varepsilon^{1-k}$$

mit $k = 1{,}35$ berechnet worden, wobei ein theoretischer Arbeitsprozeß mit Verbrennung bei konstantem Volumen vorausgesetzt ist (Bild **39**, S. 70).

Für $\varepsilon = 1$ wird $\eta_t = 0$.

Der innere Wirkungsgrad $\eta_i = \dfrac{Q_i}{Q_1} = \eta_g \eta_t$ muß kleiner als η_t werden, aber einen ungefähr gleichen Verlauf wie dieser Wirkungsgrad mit ε zeigen. Auch η_i wird für $\varepsilon = 1$ Null werden müssen.

Die Kurve des Brennstoffwirkungsgrades $\eta_w = \eta_i \eta_m$ muß ebenfalls ungefähr den gleichen Verlauf zeigen wie die Kurven von η_t und η_i.

Man erkennt aus dem Verlaufe von η_w, daß diese Größe für Werte des Verdichtungsverhältnisses, die größer als $\varepsilon = 15$ sind, fast gar nicht mehr zunimmt.

Dieser Grenzwert ε entspricht aber ungefähr dem bei Dieselmaschinen üblichen Werte des Verdichtungsenddruckes von $p_c = \sim 35$ Atm. Mit größerem Verdichtungsverhältnis als $\varepsilon = 15$ zu arbeiten, hat somit keinen Zweck, weil dann ein nennenswerter Wärmegewinn nicht mehr zu erreichen ist.

Das Verdichtungsverhältnis der jetzigen Dieselmaschinen ergibt daher bei dem angenommenen Verlauf der Arbeitsverfahren die mit dem notwendigen Luftüberschuß praktisch erreichbare günstigste Wärmeausnutzung des Brennstoffes.

Es ist aber denkbar, daß durch besondere Vorkehrungen, beispielsweise durch katalytische Beinflussung des Verbrennungsvorganges (vgl. S. 148), günstigste Wärmeausnutzung auch schon bei kleinerem Verdichtungsverhältnis erreicht wird.

Bei Dieselmaschinen sind die Wertungsgrößen η_t, η_i und η_w auch noch vom Einspritzverhältnis e abhängig.

Unter der Annahme einer Verbrennung unter konstantem Druck (vgl. S. 51) ergab sich:

$$\eta_t = 1 - \frac{T_1}{T_2}\,\delta = 1 - \varepsilon^{1-k}\,\delta\,,$$

wobei

$$\delta = \frac{1}{k}\,\frac{e^k - 1}{e - 1}\,.$$

Je größer das Einspritzverhältnis e einer Dieselmaschine mit zunehmender Belastung wird, um so größer wird δ und um so kleiner η_t, das heißt: der thermische Wirkungsgrad einer Dieselmaschine ist um so günstiger, je kleiner das Einspritzverhältnis e, also je kürzer der Einspritzweg in Prozenten des Kolbenweges ist.

Danach würde der thermische Wirkungsgrad η_t mit der Belastung abnehmen (Bild 71). Daraus darf aber nicht geschlossen werden, daß mit wachsender Belastung die Wärmeausnutzung ungünstiger wird.

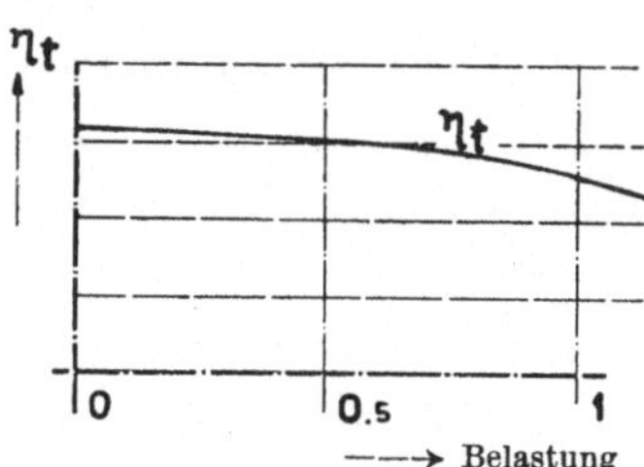

71. Änderung des thermischen
Wirkungsgrades
mit der
Belastung.

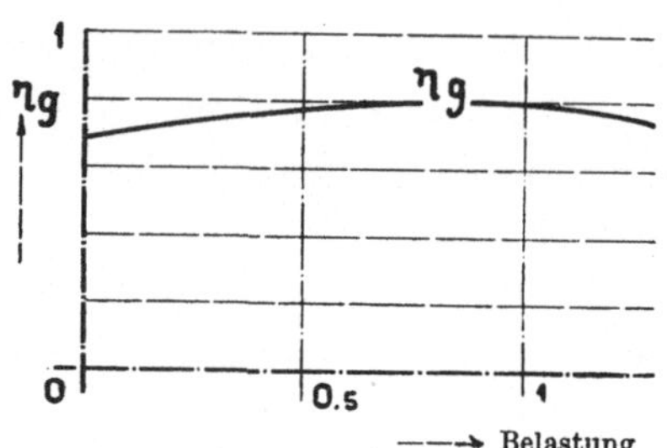

72. Änderung des Gütegrades
mit der
Belastung.

In Wirklichkeit ist vielmehr das Umgekehrte der Fall, weil nicht der thermische Wirkungsgrad η_t, sondern der innere und der Betriebswirkungsgrad maßgebend sind.

Die Abkühlungs- und auch die Auspuffverluste sind bei der Dieselmaschine für die verschiedenen Belastungen ungefähr gleichgroß.

73. Änderung des
Betriebswirkungsgrades
mit der Belastung.

Der Gütegrad η_g des Arbeitsvorganges wird daher mit wachsender Belastung etwas zunehmen (Bild 72).

Das gleiche gilt vom Betriebswirkungsgrad η_m. Der Widerstandsverlust N_w ist bei allen Belastungen ungefähr gleich der Leerlaufleistung N_0, daher wird auch der Betriebswirkungsgrad mit der Belastung zunehmen müssen (Bild 73).

Aus beiden Gründen wird daher trotz der Abnahme des thermischen Wirkungsgrades der Brennstoffwirkungsgrad und damit auch die Wärmeausnutzung mit der Belastung steigen. Unter Belastung ist dabei die Nutzleistung N_e verstanden.

Bild 74 zeigt den spezifischen Brennstoffverbrauch B für die PSe/st in Funktion der Belastung.

Während der Betriebswirkungsgrad η_m noch über den Wert der Höchstleistung der Maschine hinaus im Zunehmen begriffen ist, hat der spezifische Brennstoffverbrauch B vielfach schon bei ungefähr $^3/_4$ der Vollbelastung seinen günstigsten Wert erreicht und nimmt nachher wieder zu.

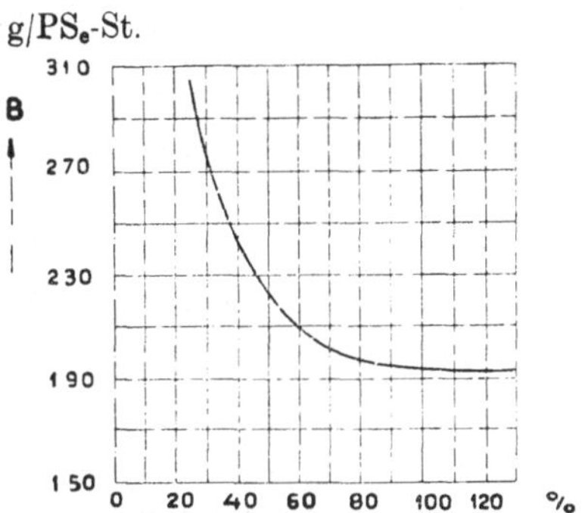

74. Änderung des spezifischen Brennstoffverbrauchs mit der Belastung.

Trotz erhöhter Brennstoffzufuhr muß nämlich die erreichbare Leistung der Maschine schließlich wieder abnehmen; denn bei bestimmten Abmessungen der Strömungsquerschnitte ist nur eine günstigste Füllung des Zylinders mit Verbrennungsluft möglich, daher auch die Grenzleistung bei vollkommener Verbrennung und günstigstem Brennstoffverbrauch gegeben.

Bei Mehraufwand von Brennstoff wird das Gemisch reicher und die Brenngeschwindigkeit zunächst erhöht, daher auch die Leistungsfähigkeit vergrößert. Schließlich reicht aber der Luftvorrat des Zylinders nicht mehr aus, die Verbrennung wird unvollständig, selbst wenn gleichmäßige Mischung erreichbar wäre, und ein Teil des eingespritzten Brennstoffes entweicht unverbrannt mit dem Auspuff. Der spezifische Brennstoffverbrauch B muß daher bei weiter zunehmender Belastung wieder zunehmen.

Auch die Überlastungsfähigkeit der Maschine hört schließlich auf, soviel Brennstoff auch eingespritzt wird. Die Maschine fällt immer mehr in ihrer Drehzahl ab und bleibt dann stehen.

Da die Strömungs- und Massenwiderstände mit wachsender Drehzahl zunehmen, nimmt die Leistungsfähigkeit der Maschine nach Erreichung einer Höchstleistung bei einer Grenzdrehzahl n_{max} wieder ab.

Diese Beziehungen für den Betriebswirkungsgrad, die Leistungsfähigkeit und den Brennstoffverbrauch gelten nicht nur für Dieselmaschinen, sondern auch für alle anderen Verbrennungsmaschinen.

4. Kritik der Wertungsgrößen.

Es ist zu untersuchen, ob die üblichen Wertungsgrößen ohne besondere Voraussetzungen eindeutige Wertung der verschiedenen Arbeitsverfahren von Verbrennungsmaschinen ermöglichen, und ob sie für die Verhältnisse des praktischen Betriebes geeignet sind.

Brennstoffwirkungsgrad.

Dieser ergibt sich aus der Beziehung:

$$\eta_w = \frac{632}{BH_u},$$

ist somit für einen bestimmten Brennstoff durch den stündlichen Brennstoffverbrauch für die PS_e gegeben. Er kennzeichnet also die Güte der Umsetzung der im Brennstoff enthaltenen Wärmeenergie in Nutzarbeit.

Im praktischen Betriebe ist aber die verbrauchte und gemessene Brennstoffmenge noch kein einwandfreies Maß für die dem Arbeitsprozeß zugeführte Wärmemenge, weil außer dem Brennstoff stets auch noch eine erhebliche Schmierölmenge verdampft und bei genügendem Luftvorrat auch mitverbrennt.

Je nach der Güte der Schmierung, der Menge und Art des Schmieröls, seiner Zähigkeit, der Dichtheit des Kolbens usw. wird die verbrannte Schmierölmenge verschieden groß sein.

Bei Viertaktmaschinen ist auch die Größe des Unterdruckes während des Saugvorganges von Einfluß. Somit wird bei Füllungsreglung oder bei Reglung durch Drosslung des Gemischzutrittes, besonders bei geringen Belastungen, die zur Verbrennung gelangende Schmierölmenge groß sein. Bei Dieselmaschinen ist der Einfluß des Unterdrucks nicht bedeutend und bleibt bei allen Belastungen ungefähr gleich.

Am ungünstigsten liegen die Verhältnisse bei raschlaufenden Maschinen, da bei diesen große Mengen Schmieröl durch Zerspritzen und Zerstäuben desselben in den Verbrennungsraum gelangen können, obwohl Ölabstreifer und Schutzbleche angebracht werden, um den Eintritt übergroßer Schmierölmengen in den Verbrennungsraum zu verhüten.

Bleibt das mit zur Verbrennung gelangende Schmieröl unberücksichtigt, so wird der Brennstoffverbrauch der Maschinen zu niedrig gewertet und ein eingebildeter, zu günstiger Brennstoffwirkungsgrad ermittelt, dessen Bekanntmachung in der wirtschaftlichen Welt Schaden anrichtet.

Soll der Brennstoffverbrauch B für die PS$_e$/st oder der Brennstoffwirkungsgrad η_w als Wertmaßstab bei Abnahmeversuchen dienen, dann muß daneben stets auch der Schmierölverbrauch für die PS$_e$/st angegeben und gewährleistet werden.

Es genügt nicht, nur den Schmierölverbrauch für die Zylinderschmierung anzugeben, es muß vielmehr der gesamte Schmierölverbrauch ermittelt werden, weil dieser mittelbar noch auf andere Weise den Wirkungsgrad η_w beeinflußt.

Durch die Schmierölwirkung wird nämlich der Betriebswirkungsgrad η_m wesentlich verändert. Je besser geschmiert wird, desto besser wird im allgemeinen der Betriebs-, damit aber auch der Brennstoffwirkungsgrad sein.

Gute Schmierung darf jedoch nicht durch Verschwendung von Schmieröl, sondern muß durch richtige und zweckmäßige Ausbildung der Schmiereinrichtungen erreicht werden.

Daher muß scheinbar günstiger Brennstoffverbrauch und guter Brennstoffwirkungsgrad durch Feststellung des Schmierölverbrauchs nachgeprüft werden, sonst sind diese Wertzahlen irreführend.

Bei der Angabe des spezifischen Brennstoffverbrauchs B muß gleichzeitig die zugehörige Belastung angegeben werden, da sich B mit der Belastung ändert, etwa wie im Bild **74**, S. 99, dargestellt ist.

Es muß auch angegeben werden, ob der spezifische Brennstoffverbrauch B auf die Nutzleistung (B_e) oder auf die innere Leistung (B_i) bezogen wird. Denn der Wert für den Verbrauch, auf die innere Leistung bezogen, ist naturgemäß erheblich kleiner, weil in diesem Wert die Reibungsverluste usw. noch nicht berücksichtigt sind.

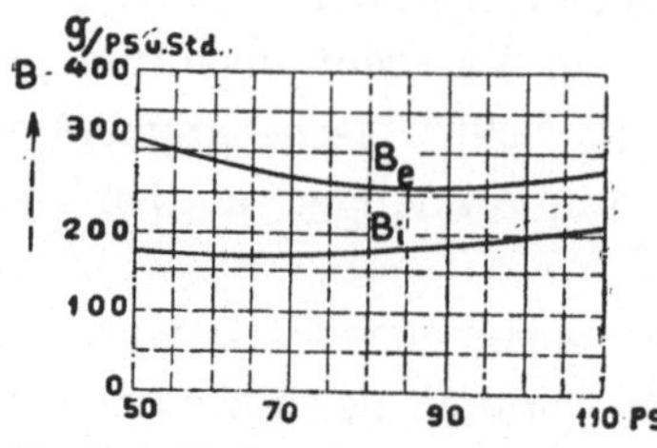

75. Spezifischer Brennstoffverbrauch einer Dieselmaschine.

Aus Bild **75** ist der Unterschied der beiden Verbrauchszahlen zu ersehen.

Der dem spezifischen Brennstoffverbrauch B_i entsprechende Wirkungsgrad ist, wie früher gezeigt, der innere Wirkungsgrad

$$\eta_i = \frac{Q_i}{Q_1}.$$

Es ist daher richtiger, wenn man den Wirkungsgrad $\eta_w = \frac{Q_e}{Q_1}$, der dem spezifischen Brennstoffverbrauch B_e entspricht, nicht als einen wirtschaftlichen, sondern als effektiven thermischen Wirkungsgrad oder, wie es hier geschieht, als Brennstoffwirkungsgrad bezeichnet.

Um durch einen Wirkungsgrad die Wirtschaftlichkeit des Betriebes zu kennzeichnen, nicht allein mit Rücksicht auf den Brennstoffverbrauch und die Brennstoffkosten, sondern allgemein in Beziehung auf die Kosten der Nutzleistung in der Stunde, müßten naturgemäß auch die Aufstellungs-, Fundierungs-, Herstellungs-, Wartungs- und Reparatur-, sowie die Betriebskosten berücksichtigt werden.

Zur Kennzeichnung des Brennstoffwirkungsgrades η_w ist zwischen Viertakt- und Zweitaktmaschinen zu unterscheiden, da in der Regel bei Zweitaktmaschinen ungünstigere Austreibung der Verbrennungsrückstände und weniger günstige Füllung erfolgt, des weiteren auch die Widerstandsverluste größer sind als bei Viertaktmaschinen.

Auch die Drehzahl der Maschine muß berücksichtigt werden, da in der Regel die Strömungs- und Massenwiderstandsverluste bei Schnelläufern größer sind als bei Langsamläufern.

Erfahrungen:

■ Im allgemeinen ergab sich der Brennstoffverbrauch bei den Zweitaktmaschinen größer als beim Viertakt, schon wegen des schlechteren inneren Wirkungsgrades, dann aber auch deshalb, weil der Betriebswirkungsgrad meistens ungünstiger war als beim Viertakt.

In der Regel werden nur Maschinen kleiner Leistung mit kleinem Hubvolumen als Schnelläufer gebaut und meistens als Mehrzylindermaschinen ausgeführt. Der Brennstoffwirkungsgrad solcher Schnelläufer ergab sich aber deswegen nicht schlechter als bei Langsamläufern, weil sich der innere Wirkungsgrad bei ihnen im allgemeinen besser und nur der Betriebswirkungsgrad ungünstiger erwies als bei langsamlaufenden Maschinen.

Nur bei den schnellaufenden Dieselmaschinen ergab sich auch der Brennstoffwirkungsgrad im allgemeinen schlechter als bei Langsamläufern. Das Einspritzen und gute Zerstäuben der für ein Arbeitsspiel erforderlichen, äußerst kleinen Brennstoffmenge bereitete unabwendbar große Schwierigkeiten. Die zur Verbrennung verfügbare Zeit reichte nicht aus, um gleichzeitig gute Mischung, Verdampfung und Verbrennung zu erzielen. ■

Beim Vergleich von Schnell- und Langsamläufern ist zu beachten, daß mit der Erhöhung der Drehzahl die Beherrschung der Massenwirkungen, Schwingungen und Erschütterungen immer schwieriger wird. Im allgemeinen sind langsamlaufende Maschinen leichter zu entwerfen, herzustellen und zu betreiben, gewähren bei gleich guter Ausführung größere Betriebssicherheit und Lebensdauer, ihre Wartung und Schmierung ist einfacher usw.

Bild 76 zeigt, daß der spezifische Brennstoffverbrauch einer Dieselmaschine mit der Drehzahl zunimmt, selbst wenn bei jeder Versuchsdrehzahl bis zur Vollbelastung einreguliert wird. Besonders Dieselmaschinen für schwer zersetzliche Teeröle eignen sich nicht zum Schnellaufbetrieb.

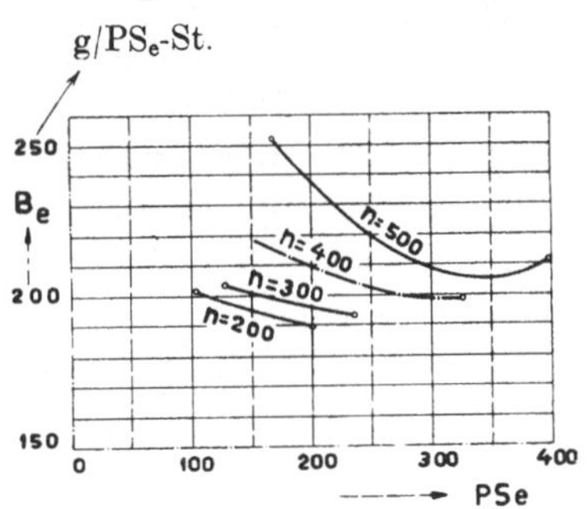

76. Spezifischer Brennstoffverbrauch bei verschiedenen Drehzahlen.

Betriebswirkungsgrad.

Obwohl es sich um einen grundlegenden Begriff handelt, sind über diese Wertgröße, die man in der Literatur zumeist als „mechanischen Wirkungsgrad" bezeichnet findet, die verschiedensten Ansichten verbreitet. Die vielfachen Auseinandersetzungen in Fachzeitschriften, insbesondere in der Zeitschrift des Vereins deutscher Ingenieure 1905, an denen sich zahlreiche hervorragende Fachleute beteiligten, haben keine Klärung dieses Begriffs gebracht.

Der Betriebswirkungsgrad

$$\eta_m = \frac{N_e}{N_{i+}}$$

ist als Maßstab aller Widerstandsverluste anzusprechen, und als solche sind alle Reibungs-, Stoß- und Strömungsverluste anzusehen.

Von der sogenannten positiven, inneren Leistung N_{i+} muß daher die zur Überwindung der Formänderungsverluste (Reibungs- und Stoßwiderstände) erforderliche Leistung N_r und die beim Laden, Austreiben, Einspritzen usw. aufzuwendende Leistung N_{is} abgezogen werden, um die Nutzleistung N_e zu erhalten (vgl. Bild 49 u. 51, S. 82 u. 83). Dann ergibt sich:

$$\eta_m = \frac{N_{i+} - N_r - N_{is}}{N_{i+}} = 1 - \frac{N_r + N_{is}}{N_{i+}} = 1 - \frac{N_w}{N_{i+}} = \frac{N_e}{N_{i+}}.$$

Als innere Leistung ist im Nenner stets die durch das Indikatordiagramm sowohl bei Viertakt-, wie auch Zweitaktmaschinen deutlich gekennzeichnete positive indizierte Leistung N_{i+} einzusetzen.

Man braucht nach dieser Bestimmungsart des Betriebswirkungsgrades weder genauere Feststellung der negativen inneren Leistung N_{i-} durch Schwachfederdiagramme, noch ist es nötig, die Hilfspumpen, Spülpumpen und Einspritzkompressoren zu indizieren, was meistens sehr umständlich, manchmal — wie z. B. bei Turbopumpen — unmöglich ist und selten ausreichend genaue Ergebnisse liefert.

Nur bei getrenntem Antrieb der Hilfspumpen muß die zu ihrem Betriebe erforderliche Nutzleistung N_{es} durch Bremsversuche oder dergleichen ermittelt werden, um bei gleicher

Auslegung des Begriffes von η_m die maßgebende Nutzleistung $N_e = N_e' - N_{es}$ zu finden. N_e' ist die bei getrenntem Betriebe der Hilfspumpen an der Maschinenwelle verfügbare Nutzleistung.

Beim Antrieb der Hilfspumpen durch die Maschine vollzieht sich das Abziehen der zu ihrem Betriebe erforderlichen Leistung von der Maschinenleistung von selbst, und es ist die an der Welle verfügbare Nutzleistung zugleich die für die Berechnung des mechanischen Wirkungsgrades maßgebende Nutzleistung N_e.

Nach dieser Berechnungsart ist es unmöglich, daß beim Vergleich zweier sonst gleichen Maschinen, die sich nur dadurch voneinander unterscheiden, daß bei der einen die Hilfspumpen von der Maschine selbst, bei der zweiten aber getrennt von ihr angetrieben werden, der Betriebswirkungsgrad dieser letzteren Maschine sich größer ergibt als der der Maschine mit unmittelbar angetriebenen Hilfspumpen. Vielmehr wird, wie es richtig ist, der Betriebswirkungsgrad unter sonst gleichen Umständen im Falle des Antriebs durch die Maschine selbst eher besser sein als bei getrenntem Antriebe.

Allerdings ist der so bestimmte Betriebswirkungsgrad kein unmittelbarer Maßstab für die reinen Formänderungsverluste N_r (Reibungs- und Stoßverluste) und für die damit zusammenhängende Güte der Herstellung und Wartung (Schmierung, Instandhaltung) der Maschine.

Dafür gibt er aber dem Käufer der Maschine einen zuverlässigen Maßstab, wieviel von der inneren Leistung der Maschine schließlich nutzbringend verfügbar ist.

Dem Käufer einer Maschine ist es meistens gleichgültig, ob der Unterschied zwischen der inneren und der Nutzleistung zur Überwindung der Reibungsverluste oder der Strömungsverluste aufgezehrt wurde; ihn interessiert nur, welchen Teil der inneren Leistung er noch nutzbar verwerten kann.

Wenn der Käufer erfährt, daß der Betriebswirkungsgrad der von ihm gekauften Maschine $80^0/_0$ beträgt, so schließt er daraus, daß er von der inneren Leistung der Maschine $80^0/_0$ als Nutzleistung verwenden kann. Ob von dem Verluste 10 oder $15^0/_0$ zur Überwindung der Reibungs- und Stoßverluste verbraucht wurden, hat für ihn kein besonderes Interesse.

Ein solches Interesse hat dagegen der Hersteller der Maschine. Dieser wünscht eine möglichst weitgehende Trennung der Verluste, damit er an der richtigen Stelle Verbesserungen anbringen kann. Für ihn ist es daher wichtig, die Größe der Reibungs- und Stoßverluste oder der Strömungswiderstände getrennt von den übrigen zu kennen.

Diesen besonderen Wünschen der Fabrikanten glaubte wohl der Verein deutscher Ingenieure entsprechen zu sollen, als er in seinen Normen eine andere Berechnungsart für den mechanischen Wirkungsgrad vorschrieb.

Nach diesen Normen des V. d. I. sollte der mechanische Wirkungsgrad nur als Maßstab der reinen Reibungs- und Stoßverluste der Maschine, nicht aber der Strömungsverluste gelten; die Lade-, Ausschub-, Einspritzarbeit usw. wurden dabei nicht als Widerstandsverluste, sondern als für den Betrieb der Maschine notwendig, daher nutzbringend, für die Leistungsfähigkeit der Maschine förderlich angesehen.

In dem Ausdrucke:

$$\eta_m = \frac{N_e}{N_i}$$

für den mechanischen Wirkungsgrad der Maschine soll als „indizierte" Leistung N_i der Maschine ein Wert eingesetzt werden, der in Punkt 17 der Normen des Vereins deutscher Ingenieure folgendermaßen gekennzeichnet ist:

„Als indizierte Leistung der Maschine oder indizierte Leistung schlechthin gilt der Unterschied zwischen den im ganzen erzeugten und den im ganzen hiervon innerhalb der Maschine verbrauchten indizierten Arbeiten, oder kurz der Unterschied zwischen der positiven und der negativen indizierten Leistung."

Es müßte somit, um den mechanischen Wirkungsgrad einer Viertakt-Gasmaschine zu bestimmen, die dem Laden des frischen Gemisches und dem Austreiben der Verbrennungsgase entsprechende Arbeitsfläche N_{i-} (vgl. Bild **49** u. **51**) von der Fläche der indizierten Leistung N_{i+} abgezogen werden, und es wäre dann

$$\eta_m = \frac{N_e}{N_{i+} - N_{i-}}.$$

Bei einer Zweitakt-Gasmaschine mit von der Maschine selbst angetriebenen Ladepumpen für Luft und Gas müßten diese Pumpen besonders indiziert und ihre indizierte Leistung N_{is} von der indizierten Leistung N_{i+} der Maschine abgezogen werden. Die Leistung N_{is} entspricht somit der Leistung N_{i-} bei der Viertaktmaschine.

Werden allgemein die mit dem Laden, Austreiben usw. zusammenhängenden indizierten Leistungen mit N_{is} bezeichnet, und soll in diesem Ausdruck auch der mit dem Einspritzen des Brennstoffes bei Dieselmaschinen zusammenhängende Arbeitsverbrauch mitenthalten sein, dann ist (Bild **49**, S. 82) der Wert des Wirkungsgrades nach den „Normen":

$$(\eta_m) = \frac{N_e}{N_{i+} - N_{is}} = \frac{N_{i+} - N_{is} - N_r}{N_{i+} - N_{is}} = 1 - \frac{N_r}{N_{i+} - N_{is}}.$$

hingegen nach der hier zugrunde gelegten Annahme:

$$\eta_m = \frac{N_e}{N_{i+}} = \frac{N_{i+} - N_{is} - N_r}{N_{i+}} = 1 - \frac{N_w}{N_{i+}}.$$

Dieser Wert läßt einen richtigen Schluß auf die Gesamtwiderstände zu; denn wenn die Rechnung beispielsweise für η_m einen Wert von 0,80 ergibt, so betragen die Widerstände $20^0/_0$ der inneren Leistung der Maschine.

Bei der Rechnung nach den „Normen" würde das Ergebnis einen einfachen und klaren Schluß nicht zulassen, weil es sich weder auf die innere Leistung der Maschine, noch auf die Nutzleistung, sondern auf einen Zwischenwert bezieht.

Allerdings gibt der Normenwert (η_m) einen ungefähren Anhaltspunkt für die Beurteilung der reinen Reibungsverluste $N_r{}'$ der Maschine; aber in vielen Fällen können dadurch selbst Unklarheiten und Täuschungen hervorgerufen werden.

Die Nutzleistung N_e einer Zweitaktmaschine mit von ihr selbst angetriebenen Ladepumpen kann folgendermaßen ausgedrückt werden:

$$N_e = N_{i+} - N_{is} - N_r{}' - N_r{}'',$$

wobei $N_r{}'$ die Formänderungsarbeit der Maschine und $N_r{}''$ die der Ladepumpen usw. ist, so daß sich $N_r = N_r{}' + N_r{}''$ als gesamte Formänderungsarbeit ergibt.

Ein mechanischer Wirkungsgrad $\eta_m{}'$, der die Reibungswiderstände der Maschine $N_r{}'$ allein kennzeichnet, müßte aus:

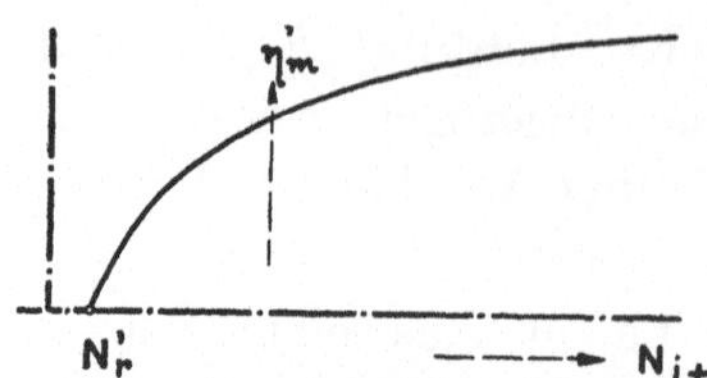

77. Reibungswirkungsgrad,
abhängig von der
Belastung.

$$\eta_m{}' = 1 - \frac{N_r{}'}{N_{i+}}$$

bestimmt werden (Bild 77).
Es ist auch:

$$\eta_m{}' = \frac{N_{i+} - N_r{}'}{N_{i+}} =$$

$$= \frac{N_e + (N_{is} + N_r{}'')}{N_{i+}} = \frac{N_e + N_{es}}{N_{i+}},$$

wobei $N_{is} + N_r{}'' = N_{es}$ die für den
Antrieb der Ladepumpen usw. aufzuwendende Nutzleistung ist.

Würden die Ladepumpen von der Hauptmaschine abgetrennt
und besonders angetrieben, dann wäre hierfür eine Nutzleistung
von N_{es} aufzuwenden, und die Hauptmaschine könnte an der
Welle eine größere Nutzleistung $N_e{}' = N_e + N_{es}$ abgeben, während
die indizierte Leistung genau gleich N_{i+}, wie vorher, sein würde.

Der mechanische Wirkungsgrad würde unter Berücksichtigung
der Formänderungsverluste allein die Größe

$$\eta_m{}' = \frac{N_e{}'}{N_{i+}} = \frac{N_e + N_{es}}{N_{i+}} = \frac{N_{i+} - N_r{}'}{N_{i+}} = 1 - \frac{N_r{}'}{N_{i+}}$$

erhalten, also denselben Wert wie im vorhergehenden Fall.

$\eta_m{}'$ bezeichnet den Reibungswirkungsgrad der Maschine,
der insbesondere die Größe der mechanischen Reibungswiderstände
der Maschine wertet.

Demgegenüber gestattet der Begriff:

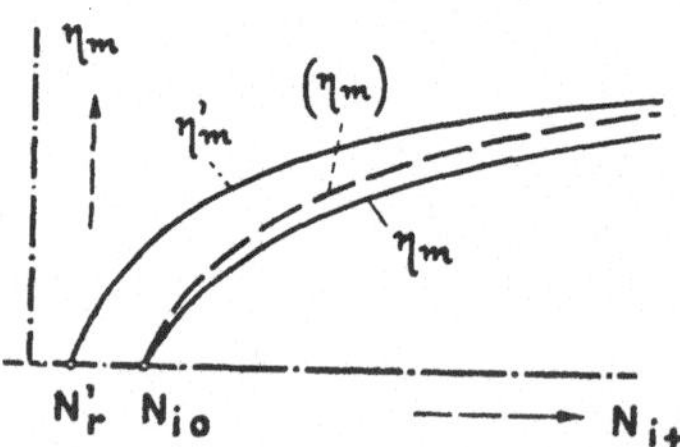

78. Betriebswirkungsgrad,
Reibungswirkungsgrad und
mechanischer Wirkungsgrad
nach den Normen des V. d. I.

$$\eta_m = \frac{N_e}{N_{i+}} = 1 - \frac{N_w}{N_{i+}}$$

außer den Reibungs-(Formänderungs-)
Widerständen auch die Lade-, Aus-
schub- und andere Hilfsarbeiten zu
werten; er ist daher als Betriebswirkungsgrad bezeichnet worden.

Vergleicht man den Reibungswirkungsgrad $\eta_m{}'$ mit dem Betriebswirkungsgrad η_m und mit dem nach
den „Normen" bezeichneten Wert für
den mechanischen Wirkungsgrad (η_m), so erkennt man (Bild 78),
daß letzterer zwischen den beiden anderen Werten liegt.

Während die Wirkungsgrade η_m und $\eta_m{}'$ eine einfache, wissenschaftlich und praktisch klare Deutung zulassen, ist dies bei dem Werte nach den „Normen" des V. d. I. nicht der Fall.

Für die Praxis der Maschinenbetriebe ist jedenfalls der Wert, den die „Normen" des V. d. I. für den mechanischen Wirkungsgrad aufstellen, unbrauchbar.

Zunächt widerspricht er der eingebürgerten Auffassung des „mechanischen Wirkungsgrads" von Dampfmaschinen und Viertaktmaschinen.

Bei diesen Maschinen wird η_m so berechnet, wie es oben angegeben ist. Es werden weder die Lupftpumpen der Dampfmaschinen indiziert, noch die negative indizierte Leistung einer Viertaktmaschine durch Schwachfederdiagramme ermittelt. Die Luftpumpenarbeit bei den Dampfmaschinen und die Ladearbeit bei den Viertaktgasmaschinen werden somit richtig als Widerstandsarbeiten gewertet.

Daß ein Teil dieser Arbeiten nutzbringend für den Arbeitsverlauf verwendet wird, ist selbstverständlich, aber bei schlechter Ausführung der Luftpumpe oder der Ladevorrichtungen und bei dadurch verursachten großen Strömungswiderständen ist doch die Möglichkeit gegeben, diesen Mangel im Ausdruck für den mechanischen Wirkungsgrad zweifelsfrei zur Geltung zu bringen.

Dies ist beim „Abzugsverfahren" nach den „Normen" des V. d. I. nicht möglich. Die Ladepumpen von Zweitakt-Gasmaschinen können noch so große Verluste durch mangelhafte Konstruktion, unrichtige Art der Spülung usw. herbeiführen, im mechanischen Wirkungsgrade des V. d. I. kommt dies nicht zum Ausdruck.

Namentlich die Viertakt-Gasmaschinen werden dadurch stark benachteiligt, da bei diesen Maschinen η_m allgemein, auch nach den Erläuterungen der Normen, ohne Abzug der indizierten negativen Ladearbeit usw. berechnet wird. In Wirklichkeit sind die Viertaktmaschinen oft besser durchgebildet als die Zweitaktmaschinen; trotzdem kann die Rechnung nach den „Normen" für Zweitaktmaschinen wesentlich günstigere mechanische Wirkungsgrade ergeben.

Bei Viertakt-Dieselmaschinen haben die Normen sogar ein gemischtes Verfahren gezeitigt; danach wird die für die Einspritzung des Brennstoffs erforderliche indizierte Luftpumpenarbeit, nicht aber auch die Lade- und Auspuffarbeit von der indizierten Leistung der Maschine abgezogen.

Eigenartig liegen die Verhältnisse im Falle des getrennten Antriebes der Ladepumpen von Zweitaktmaschinen. Die Normen sagen nicht klar, wie der mechanische Wirkungsgrad in diesem Falle zu berechnen ist.

Soll man nach den „Normen" die indizierte Leistung N_{is} der Ladepumpen usw. von der indizierten Leistung N_{i+} der Maschine abziehen oder nicht? Es heißt in Punkt 17 der „Normen", daß als indizierte Leistung im Nenner des mechanischen Wirkungsgrades der Unterschied zwischen den im ganzen erzeugten und den im ganzen innerhalb der Maschine verbrauchten indizierten Arbeiten einzusetzen ist.

Bei der Zweitaktmaschine mit getrenntem Antrieb der Ladepumpen usw. wird im ganzen erzeugt: die indizierte Leistung N_{i+} der Hauptmaschinen und die indizierte Leistung N_{is} der Hilfspumpen. Die indizierte Leistung der Ladepumpen usw. wird nutzbringend innerhalb der Maschinen verwendet; doch ist aus den „Normen" nicht klar zu ersehen, daß diese Art des Verbrauchs der indizierten Leistung der Hilfspumpen gemeint ist.

Auch kann als die im ganzen erzeugte indizierte Leistung die von der Hauptmaschine erzeugte Leistung N_i gemeint sein.

Nach den „Normen" könnte daher in diesem Sonderfalle der mechanische Wirkungsgrad (η_m) auf mehrfache Weise gerechnet werden, und zwar:

$$(\eta_m)_1 = \frac{N_e'}{(N_{i+} + N_{is}) - N_{is}} = \frac{N_e'}{N_{i+}},$$

wobei angenommen wird, daß $N_{i+} + N_{is}$ die im ganzen erzeugte indizierte Leistung und N_{is} die innerhalb der Maschine davon verbrauchte Leistung, oder N_{i+} allein die im ganzen erzeugte indizierte Leistung der Maschine ist und innerhalb derselben kein Verbrauch an indizierter Leistung N_{is} stattfindet. Dann ist auch

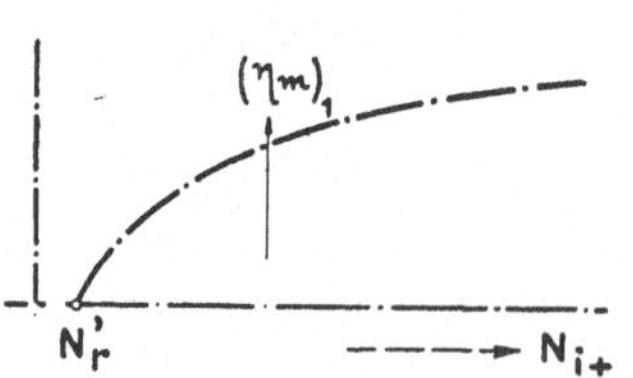

79. 1. Normenwert (V. d. I.) des mechanischen Wirkungsgrades bei getrenntem Antrieb der Ladepumpen.

$$(\eta_m)_1 = \frac{N_{i+} - N_r'}{N_{i+}} = 1 - \frac{N_r'}{N_{i+}}.$$

Der Wert des mechanischen Wirkungsgrades (Bild **79**) ist daher bei dieser Berechnungsart mit dem Reibungswirkungsgrad η_m' identisch.

Diese Berechnungsart nach den „Normen" würde daher für den Antrieb der Ladepumpen durch die Hauptmaschine einen anderen Wert des mechanischen Wirkungsgrades ergeben als bei getrenntem Hilfspumpenantrieb.

Eine zweite Rechnungsweise ergibt:

$$(\eta_m)_2 = \frac{N_e'}{N_{i+} + N_{is}},$$

wobei als im ganzen erzeugte indizierte Leistung $N_{i+} + N_{is}$ an-angenommen wird und innerhalb

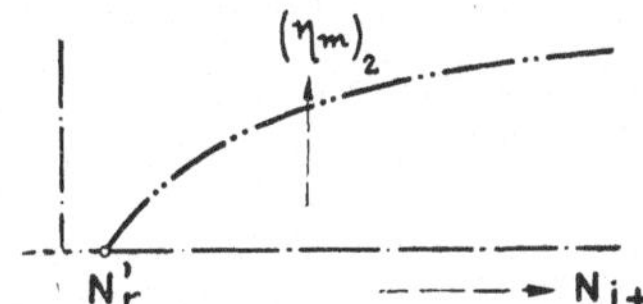

80. 2. Normenwert (V. d. I.) des mechanischen Wirkungsgrades bei getrenntem Antrieb der Ladepumpen.

der Maschine kein Verbrauch an indizierter Leistung N_{is} stattfindet.

Es ist dann:

$$(\eta_m)_2 = \frac{N_{i+} - N_r'}{N_{i+} + N_{is}} = 1 - \frac{N_r' + N_{is}}{N_{i+} + N_{is}}.$$

$(\eta_m)_2$ wird gleich Null, wenn $N_r' = N_{i+}$ wird (Bild **80**), doch ist $(\eta_m)_2$ sonst etwas kleiner als $(\eta_m)_1$.

Außerdem ist noch der folgende Rechnungsausdruck möglich:

$$(\eta_m)_3 = \frac{N_e'}{N_{i+} - N_{is}},$$

wobei N_{i+} als im ganzen erzeugte und N_{is} als innerhalb der Maschine verbrauchte indizierte Leistung angesehen wird. Das „Abzugsverfahren" kommt nur bei dieser Berechnungsart offen zur Geltung.

Rechnerisch ergibt sich:

$$(\eta_m)_3 = \frac{N_{i+} - N_r'}{N_{i+} - N_{is}} = 1 - \frac{N_r' - N_{is}}{N_{i+} - N_{is}},$$

wobei $(\eta_m)_3$ für $N_{i+} = N_r'$ den Wert Null annimmt, für größere Werte von N_{i+} aber stets größer ist als $(\eta_m)_1$ und $(\eta_m)_2$ (Bild **81**).

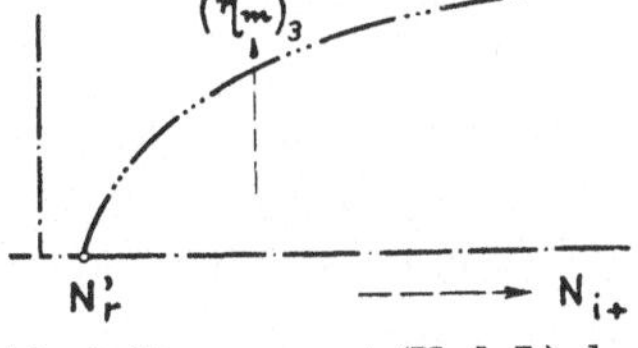

81. 3. Normenwert (V. d. I.) des mechanischen Wirkungsgrades bei getrenntem Antrieb der Ladepumpen.

Es ist aber kaum denkbar, daß bei der Abfassung der Normen diese dritte Berechnungsart vorgesehen war; denn unter Umständen läßt sich danach ein Wirkungsgrad von über 100 % berechnen.

Wird beispielsweise mit Spülluft von unnötig hohem Druck gearbeitet, die zum größten Teil nutzlos durch die Auspuffschlitze entweicht, wie dies anfänglich bei schlechten Zweitaktmaschinen geschehen ist, veranlaßt namentlich durch das Bestreben, die Zweitaktmaschinen mit Geschwindigkeiten zu betreiben, die der normale Dynamobetrieb oder der unmittelbare Walzenstraßenantrieb erfordert, oder wenn Undichtheiten in der Druckleitung der Ladepumpe vorhanden sind, so kann eine ungewöhnlich große indizierte Leistung N_{is} sich ergeben, ohne daß die indizierte Leistung N_{i+} und die Nutzleistung N_e' der Maschine in nennenswerter Weise zunimmt. Der Ausdruck:

$$(\eta_m)_3 = \frac{N_e'}{N_{i+} - N_{is}}$$

kann also schließlich größer werden als 1.

Bei getrenntem Antrieb der Ladepumpen von Zweitaktmaschinen kann somit der mechanische Wirkungsgrad (η_m) nach den „Normen" drei verschiedene Werte annehmen, die in Bild 82 dargestellt sind.

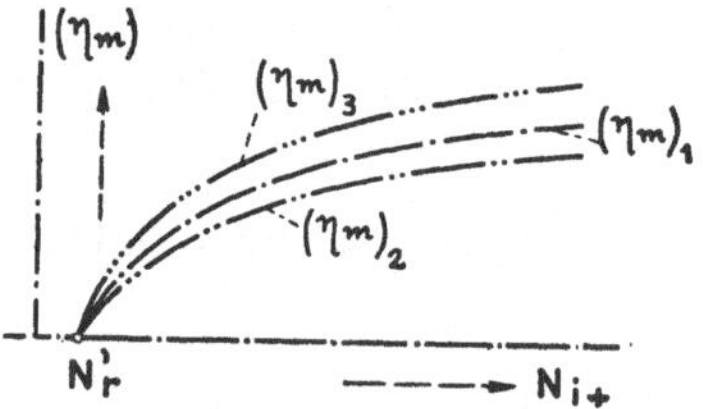

82. Vergleich der drei „Normenwerte" des Vereins deutscher Ingenieure.

Keine von diesen drei Größen stimmt mit dem Werte überein, der sich nach den „Normen" beim Antriebe der Ladepumpen durch die Maschine selbst ergibt.

Der nach den „Normen" des Vereins deutscher Ingenieure berechnete Wert des mechanischen Wirkungsgrades ist daher kein eindeutig festgelegter Begriff; er läßt zudem keine klare Wertung der Reibungsverluste in allen praktischen Fällen zu.

Für den Käufer von Maschinen kann der Begriff der „Normen" unter Umständen zu einer schweren Täuschung führen, da Angebote in den seltensten Fällen eine nähere Kennzeichnung des „garantierten" mechanischen Wirkungsgrades geben.

Auch für den Vergleich verschiedener Maschinen ist der „Normen“-Begriff des mechanischen Wirkungsgrades ungeeignet, da nicht eindeutig bestimmt wird, welche Widerstände eigentlich gewertet werden.

Keinesfalls werden dadurch nur die schädlichen Reibungsverluste gekennzeichnet, abgesehen davon, daß auch die Reibungswiderstände teilweise durch die Umsetzung in Wärme dem Arbeitsvorgang nutzbar gemacht werden.

Wesentlich besser ist der Begriff des Reibungswirkungsgrades η_m' zur Kennzeichnung der reinen Formänderungsverluste geeignet; doch verlangt dieser Wert, daß beim Antrieb der Hilfspumpen durch die Zweitaktmaschine selbst entweder die Reibungsleistung N_r' der Maschine oder die zum Betriebe der Hilfspumpen aufzuwendende Nutzleistung N_{es} bestimmt wird, was im praktischen Betriebe stets mit großen Schwierigkeiten verknüpft oder überhaupt unmöglich ist.

Am einfachsten und zur Kennzeichnung aller mechanischen und Strömungsverluste brauchbar ist der Begriff „Betriebswirkungsgrad“, der sich zudem in den meisten praktischen Fällen ohne wesentliche Schwierigkeiten bestimmen läßt.

Besonders einfach gestaltet sich seine Bestimmung bei Maschinen mit von ihnen selbst angetriebenen Hilfspumpen. Dann ist

$$\eta_m = \frac{N_e}{N_{i+}}$$

durch Indizieren der Maschinenzylinder und Messen der Nutzleistung an der Kurbelwelle der Maschine gegeben. In diesem Ausdruck werden auch die für die Kühlung, Schmierung usw. aufzuwendenden Arbeiten (Betrieb der Kühlwasser- und Schmierpumpen) mitgewertet.

Auch der Vergleich verschiedenartiger Verbrennungsmaschinen, von Viertakt- und Zweitaktmaschinen untereinander oder mit anderen Wärmekraftmaschinen, ist in einfacher und für den Käufer unzweideutiger Weise möglich.

Schwieriger ist die Bestimmung des Betriebswirkungsgrades bei Maschinen mit getrennt angetriebenen Hilfspumpen, weil dann die zum Betriebe dieser Pumpen aufzuwendende Nutzleistung N_{es} durch Messen an den Hilfsmaschinen ermittelt werden muß.

Nur in Ausnahmefällen ist die Bestimmung des Betriebswirkungsgrades einer Maschine nach der angegebenen Berechnungsart in genauer Weise unmöglich, so beispielsweise dann, wenn einige oder alle Hilfspumpen mehrerer Maschinen an einer gemeinsamen Stelle, getrennt von den Hauptmaschinen, betrieben werden, so daß etwa eine Pumpe für zwei oder mehrere Maschinen verwendet wird. Dann kann nur ein gemeinsamer mittlerer Betriebswirkungsgrad für alle Maschinen ermittelt werden.

Der hier bezeichnete Fall kann eintreten, wenn z. B. mehrere Dampfmaschinen an eine gemeinsame Kondensation angeschlossen sind, oder bei Dieselmaschinenanlagen, die eine gemeinsame Kompressoranlage für mehrere Maschinen besitzen.

In solchen Ausnahmefällen würde sich aber der mechanische Wirkungsgrad einer Maschine der Zentralanlage nach keiner Methode unzweideutig bestimmen lassen.

Ähnlich verhält es sich bei Verbrennungsmaschinen, deren Luftkompressoren nicht nur die Luft für den Kraftbetrieb selbst, für Anlassen, Umsteuern und Einspritzen liefern sollen, sondern auch für andere Zwecke, z. B. zum Antriebe von Hilfsmaschinen auf Schiffen. Der Kompressor ist dann nicht bloß Teil der Kraftmaschine, sondern zugleich Arbeitsmaschine für ganz fremde Zwecke; dann kann er aber auch nicht unmittelbar durch den Betriebswirkungsgrad gewertet werden, denn die für seinen Betrieb aufzuwendende Leistung entspricht schon einem Teile der Nutzleistung der Kraftmaschine.

Auch bei Kraftmaschinen, welche Arbeitsmaschinen unmittelbar antreiben, z. B. Gebläsezylinder, wobei die Kurbelwelle und das Schwungrad der Kraft- und Arbeitsmaschine gemeinsam sind, kann der Betriebswirkungsgrad der Kraftmaschine allein nach keiner Methode genau bestimmt werden, weil die an der Kolbenstange der Gasmaschine zum Betriebe des Gebläses verfügbare Nutzleistung meist nicht meßbar ist.

Es läßt sich dann aber ein annähernder Gesamt-Betriebswirkungsgrad durch Messung der innern Leistung der Kraftmaschine N_i und der Arbeitsmaschine N_{ia} aus:

$$\eta_m = \frac{N_{ia}}{N_i}$$

ermitteln, der die gesamten Formänderungs- und Strömungsverluste wertet.

Für die meisten praktischen Betriebe läßt sich aber der Betriebswirkungsgrad mit genügender Genauigkeit ohne wesentliche Schwierigkeiten bestimmen. —

Es wäre noch zu untersuchen, wie weit der Betriebswirkungsgrad η_m auch zur Beurteilung der Formänderungsverluste, besonders im Zusammenhang mit der Güte der mechanischen Herstellung der Maschine, der Güte der Schmierung usw., ausreicht.

Der Betriebswirkungsgrad nimmt mit der Güte der Schmierung zu; guter Betriebswirkungsgrad kann unter Umständen durch großen Schmierölverbrauch erkauft werden. Es muß daher, um zu richtiger Wertung zu gelangen, neben dem Betriebswirkungsgrad auch der Schmierölverbrauch angegeben werden.

Auf die Güte der Schmierung hat die Beschaffenheit des Schmieröles großen Einfluß. Je dünnflüssiger sich das Schmieröl z. B. zwischen Zylinder und Kolbenwand hält, je schmierfähiger es ist, desto besser ist der Betriebswirkungsgrad.

Auch die Zylinder- und Kühlwassertemperatur in den Kühlräumen der Zylinderlauffläche hat hierauf Einfluß. Je höher diese Temperatur, um so dünnflüssiger und schmierfähiger bleibt das Schmieröl, und um so besser wird der Wirkungsgrad.

In Bild **83** ist der Wirkungsgradverlauf einer Einzylinder-Dieselmaschine kleiner Leistung (15 PS) für zwei verschiedene Kühlwassertemperaturen dargestellt. Bei 70⁰ C. Austrittstemperatur des Kühlwassers ist der Wirkungsgrad sichtlich größer als bei einer Kühlwassertemperatur von 35⁰ C.

Danach wäre es vorteilhaft, bei Verbrennungsmaschinen das Kühlwasser zuerst durch den Kopf oder

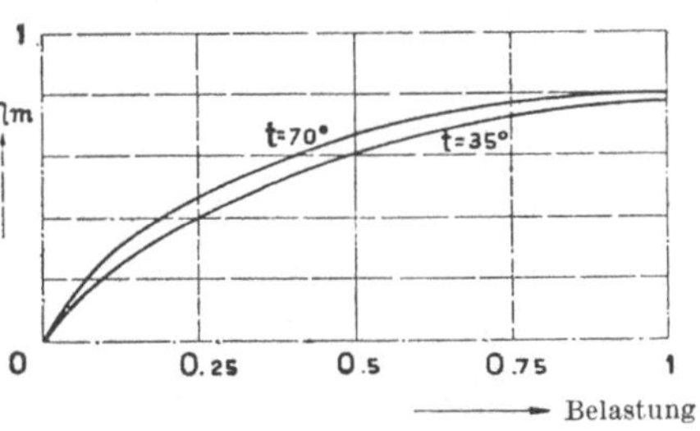

83. Betriebswirkungsgrad einer Dieselmaschine bei verschiedener Kühlwassertemperatur.

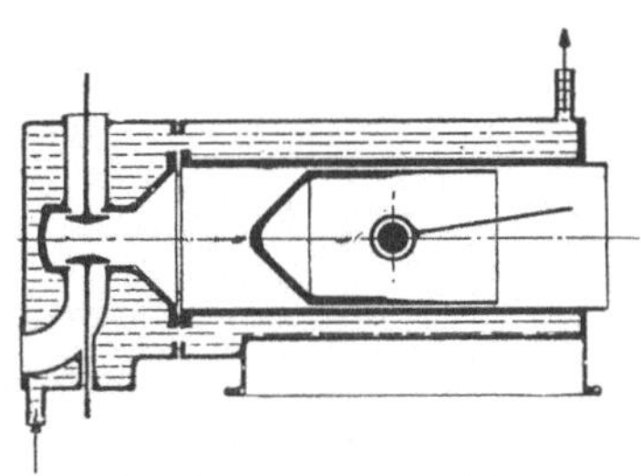

84. Kühlwasserführung liegender Maschine.

den Deckel der Maschine und erst, nachdem es genügend vorge-
wärmt ist, durch den Kühlraum der Zylinderlauffläche zu leiten.
Dies geschieht auch bei liegenden Maschinen in der Regel (vgl.
Bild 84). Bei stehenden Maschinen (Bild 85) wird aber das Kühlwasser meistens umge-
kehrt geführt, zuerst durch den Kühlmantel des Zylinders und dann erst durch den Deckel.
Dies geschieht deshalb, weil das warme Was-ser an der höchsten Stelle der Maschine abgeführt wer-den muß, wenn natürliche Wasserströmung und selbst-tätige Abführung von sich bildenden Dampf- und Luft-blasen erreicht werden soll. Auch bei liegenden einfach-wirkenden Verbrennungs-maschinen wird in der Regel an der Stelle der größten Zylinderbelastung, der un-

85. Kühlwasserführung
stehender Maschine.

86. Kühl-
wasserführung
hängender
Zylinder.

teren Kolbenseite, nicht das wärmste Kühlwasser vorhanden sein,
wenn das kalte Wasser unten zugeführt wird.

Die Kühlwasserführung ist in Hin-sicht auf günstigsten Betriebswirkungs-grad am zweckmäßigsten bei Maschinen mit hängenden Zylindern (Bild 86). Der-artige Ausführungsformen von Maschinen bringen aber praktische Nachteile, u. a. schwierige Ausbildung der Schmierung, und werden deshalb nur noch selten gebaut.

Bei kleinen stehenden Ölmaschinen wird manchmal das Kühlwasser oben zu- und auch oben abgeführt, so daß die Kolbenlauffläche stets von wärmerem

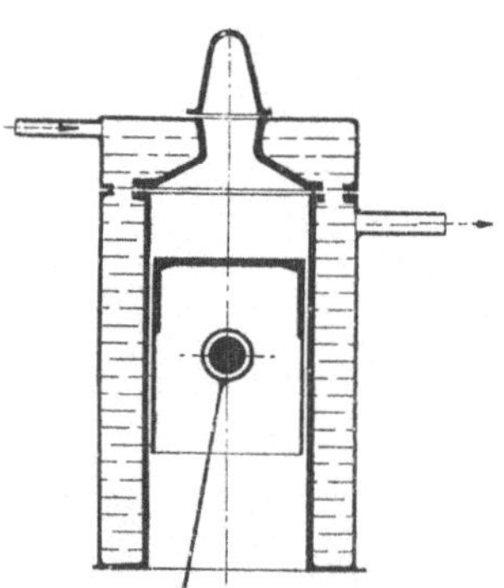

87. Kühlwasserführung
stehender Zylinder.

Wasser umspült ist (Bild 87). Für größere Zylinderleitungen ist
aber diese Art der Kühlung unzureichend.

Erfahrungen:

■ Die Verwendung von dünnflüssigem Schmieröl ergab den nachteiligen Einfluß, daß zu viel Öl nach dem Verbrennungsraume gelangte und dort verbrannte, daß der Maschinenkolben nicht dicht genug lief, daß Undichtigkeitsverluste auftraten, und daß die Leistungsfähigkeit verringert wurde.

Unnützes Verbrennen von Schmieröl war schon mit Rücksicht auf den hohen Preis des Schmieröls zu vermeiden, der jedenfalls den Preis der billigen schwerflüchtigen flüssigen Brennstoffe weit übersteigt. Im praktischen Betriebe wurde daher zur Schmierung der Zylinderlaufflächen ziemlich dickflüssiges Schmieröl verwendet.

Bei der Bestimmung des Betriebswirkungsgrades war aber der Wärmezustand der Maschine entscheidend. Es mußte daher bei Ermittlung des wirklichen Verbrauchs so lange gewartet werden, bis ein ausreichend guter Beharrungszustand, ein möglichst gleichbleibender Wärmezustand der Maschine erreicht war.

Der Betriebswirkungsgrad ergab sich bei eingelaufenen Maschinen besser als bei neuen, erst kurze Zeit im Betriebe befindlichen; aber nach längerer Betriebsdauer und nach eingetretenem Verschleiß der Laufflächen wurde er wieder schlechter. ■

Der Betriebswirkungsgrad ist daher von vielen Einflüssen abhängig und gibt keinen guten Wertmaßstab.

Besser geeignet ist der Brennstoffwirkungsgrad, der auch leichter durch Versuche bestimmt werden kann. (Brennstoffverbrauch und Nutzleistung.)

Bei der Wertung einer Maschine muß auch der Barometerstand, die Höhenlage des Betriebsortes berücksichtigt werden, und die Garantiezahlen müssen sich auf einen Normalzustand der Außenluft beziehen. Als solcher wird physikalisch allgemein 0^0 C. und 760 mm Barometerstand angenommen, in neuerer Zeit leider. abweichend hiervon, „technisch" 15^0 und 735,5 mm, was in den Gewährleistungen nicht immer gesagt wird.

Die Verbrauchswerte und Gewährleistungen werden aber auf Grund von Probeversuchen in den Werkstätten und des dort herrschenden Luftzustandes (Barometerstand und Lufttemperatur) ermittelt.

Bei niedrigerem Luftdruck wird ein entsprechend geringeres

Luftgewicht und Gemischgewicht eingeführt. Dadurch wird die erreichbare Leistung und auch der Verdichtungsenddruck herabgesetzt. So ist z. B. bei Lieferungen nach Johannesburg (Transvaal) mit einem Barometerstand von nur 600 mm zu rechnen; in anderen Gegenden ist auf die höheren Lufttemperaturen Rücksicht zu nehmen, was manche Lieferanten zu ihrem Schaden verabsäumt haben. In solchen Fällen ist dann versucht worden, die gewährleistete Nutzleistung durch Anreichern des Gemisches zu erreichen, dabei stieg aber der spezifische Brennstoffverbrauch.

Für überschlägige Rechnungen kann man annehmen, daß sich die Leistungen oder der spezifische Brennstoffverbrauch ungefähr proportional den Barometerständen und den absoluten Temperaturen verändern.

Sind z. B. die Garantiewerte auf t^0 C. und 760 mm Barometerstand bezogen, während am Verwendungsorte der Maschine ein Barometerstand b und eine Temperatur t' herrscht, so ist

$$N' = N \frac{(273 + t)}{(273 + t')} \frac{b}{760}, \qquad B' = B \frac{(273 + t')}{(273 + t)} \frac{760}{b},$$

wobei N und B die Werte für Leistung und Brennstoffverbrauch am Orte der Prüfung der Maschine, N' und B' die Werte am Betriebsorte der Maschine sind.

Genauer lassen sich diese Werte nur durch Versuche feststellen, die aber nur mit großen Schwierigkeiten durchführbar sind. Man kann zu diesem Zwecke beispielsweise in der Lufteinführungsleitung einer Dieselmaschine einen größeren Ausgleichsbehälter (von mindestens dem 20 bis 30 fachen des Zylinderhubvolumens) einschalten und durch ein vor diesem Ausgleichsbehälter angeordnetes Drosselorgan die Luft oder das Gemisch auf den Zustand am Verwendungsort der Maschine einstellen.

Ist auch die Temperatur am Verwendungsort eine wesentlich andere, dann muß beim Vorversuch die entsprechende Temperatur durch Erwärmung oder Abkühlung hergestellt werden. Meistens handelt es sich aber nur um geringfügige Temperaturunterschiede. Außerdem ist der Einfluß einer Temperaturänderung nicht so groß wie der des Barometerstandes.

Bei den Angaben von Wirkungsgraden und anderen Wertungsgrößen ist selbstverständlich die Art des Brennstoffs, sein unterer Heizwert, sein spezifisches Gewicht, seine Zusammensetzung (Kohlenstoff- und Wasserstoffgehalt) und die Menge leichtflüchtiger Bestandteile zu berücksichtigen.

Aus Bild 88 ist die Veränderung des Brennstoffverbrauchs einer Dieselmaschine bei Verwendung verschiedener Brennstoffe

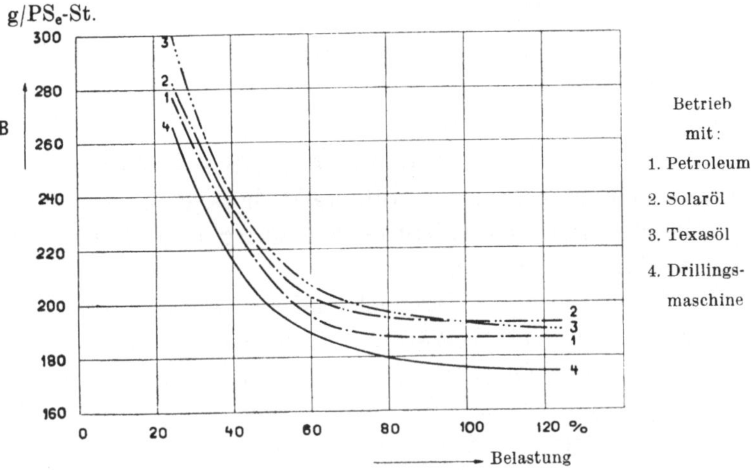

88. Spezifischer Brennstoffverbrauch von Dieselmaschinen bei Verwendung verschiedener Treiböle.

zu erkennen (Dinglers Journal 1911). Die Verbrauchskurven 1 bis 3 sind an einer zweizylindrigen Dieselmaschine von 60 PS Leistung aufgenommen, und zwar:

Kurve 1 bei Betrieb mit russischem Petroleum ($85\,^0/_0$ C, $15\,^0/_0$ H),
   „ 2 „   „   „ Solaröl . . . . . . ($85\,^0/_0$ C, $12^1/_2\,^0/_0$ H),
   „ 3 „   „   „ Texas-Treiböl . . . ($86\,^0/_0$ C, $12\,^0/_0$ H).

Die Verbrauchskurve 4 ist an einer Dreizylindermaschine von 120 PS Leistung bestimmt. Der Brennstoffverbrauch ist bei dieser Maschine nicht nur wegen der größeren Zylinderleistung, sondern auch wegen des besseren Gleichganges günstiger. Die Werte scheinen aber etwas zu niedrig zu sein. Wahrscheinlich ist eine größere Menge Schmieröl mitverbrannt, die nicht gewertet wurde.

Gütegrad (Völligkeitsgrad).

Als Gütegrad eines Arbeitsprozesses:

$$\eta_g = \frac{Q_i}{Q}$$

wird bezeichnet das Verhältnis der beim wirklichen Arbeitsprozeß in Nutzarbeit umsetzbaren Wärmemenge Q_i zu der beim angenommenen „theoretischen" Arbeitsprozeß umsetzbaren Wärmemenge Q.

Es fragt sich nun, ob die Angabe, daß eine Verbrennungsmaschine einen bestimmten „Gütegrad" besitzt, eine genügend klare, einfache und unzweideutige Wertung des praktischen Arbeitsverfahrens zuläßt.

In der Regel wird als Vergleichsmaßstab für das praktische Arbeitsverfahren mit seinen Wärme- und Strömungsverlusten innerhalb des Arbeitszylinders ein „theoretischer" Prozeß mit den theoretisch geringsten Verlusten benutzt.

Der Bestimmung des Gütegrades einer Gas- oder Vergasermaschine, die mit Vorverdichtung des Brennstoffluftgemisches und Verbrennung bei annähernd konstantem Volumen arbeitet, entsprechend einer Fläche Q_i des praktischen Arbeitsdiagrammes (Indikatordiagramm), wird ein theoretischer Prozeß zugrunde gelegt, dessen Arbeitsdiagramm von der Fläche Q (Bild 89) aus folgenden für die einzelnen Arbeitsspiele gemachten Annahmen bestimmt wird:

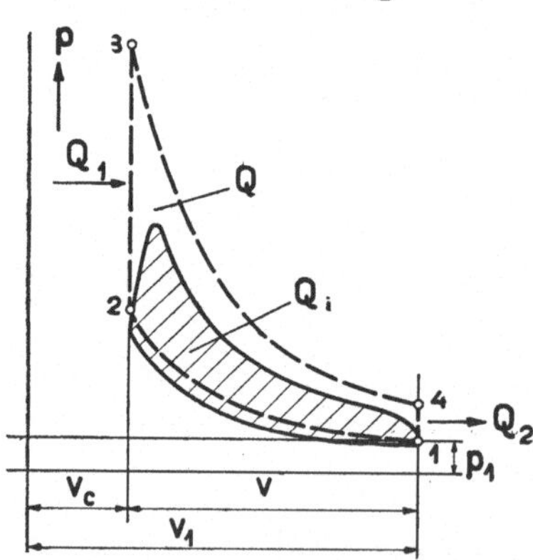

89. Diagramme des theoretischen und des praktischen Arbeitsverlaufs für Verbrennung bei konstantem Volumen.

Als Zustand des Gemisches zu Beginn der Verdichtung wird ein Normalzustand angenommen: vom Drucke p_1, einem Volumen V_1 und der absoluten Temperatur T_1.

Dieser Gemischzustand 1 wird ohne Wärmeänderung, also durch adiabatische Verdichtung, auf den Zustand 2 gebracht, der, wie früher gezeigt, durch das Verdichtungsverhältnis der Maschine

$$\varepsilon = \frac{V_1}{V_c}$$

bestimmt werden kann.

Hierauf wird das Gemisch bei „konstantem Volumen" verbrannt, wobei die im Brennstoff enthaltene Wärmemenge Q_1 frei wird und zur Druck- und Temperaturerhöhung des Gemisches dient (verlustfreie Verbrennung).

Das Gemischgewicht für ein Arbeitsspiel ist durch den Anfangszustand des Gemisches:

$$G_1 = \frac{p_1 V_1}{R T_1}$$

gegeben, und es ist mit Rücksicht auf das Mischungsverhältnis μ auch das in G_1 enthaltene Brennstoffgewicht

$$G_b = \frac{G_1}{1 + \mu}$$

bestimmbar, wobei zunächst die Wirkung der Abgasreste jedes Arbeitsspiels vernachlässigt ist.

Ist H_u der untere Heizwert des Brennstoffes, dann ergibt sich:

$$Q_1 = G_b H_u,$$

und es kann aus der Beziehung:

$$Q_1 = G_1 c_v'(T_3 - T_2)$$

die Verbrennungstemperatur T_3 ermittelt werden, wenn die spezifische Wärme c_v' bekannt ist.

Den Verbrennungsdruck p_3 erhält man dann aus:

$$p_3 = p_2 \frac{T_3}{T_2},$$

so daß nunmehr der Zustand 3 des Zylinderinhaltes entsprechend dem theoretischen Arbeitsprozeß bestimmt ist.

Nach erfolgter Verbrennung wird eine „verlustlose adiabatische" Ausdehnung angenommen, bei der sich der Druck von p_3 auf p_4 und die absolute Temperatur von T_3 auf T_4, entsprechend dem Zustand 4 der Verbrennungsgase, verkleinert.

Nunmehr soll der Anfangszustand 1 wieder erreicht werden.

indem bei konstantem Volumen eine plötzliche Abkühlung auf die Temperatur T_1, verbunden mit dem entsprechenden Druckabfall auf p_1, erfolgt. Hierbei wird eine Wärmemenge

$$Q_2 = G_1\, c_v''\,(T_4 - T_1)$$

abgeführt, so daß im ganzen eine nutzbare Wärme

$$Q = Q_1 - Q_2$$

verfügbar bleibt.

Diese Wärme kann auch aus der Fläche des so festgelegten theoretischen Arbeitsdiagrammes ermittelt werden, mit dem das wirkliche, im praktischen Betriebe aufgenommene Indikatordiagramm (Q_i in Bild 89) verglichen werden soll.

Bei Dieselmaschinen wird zur Bestimmung des Gütegrades ein theoretischer Arbeitsprozeß vorausgesetzt, bei dem eine Verbrennung unter „konstantem Druck" angenommen wird, so daß die dabei dem Zylinderinhalte zugeführte Wärme aus:

$$Q_1 = G_1\, c_p'\,(T_3 - T_2)$$

bestimmt werden kann, wenn die spezifische Wärme c_p' bekannt ist (Bild 90). Sonst bleibt alles so wie bei dem theoretischen Arbeitsprozesse mit Verbrennung bei konstantem Volumen.

Die der Fläche des „theoretischen" Arbeitsdiagrammes entsprechende Wärmemenge Q ist zunächst abhängig vom Anfangszustand 1 des Gemisches. Dieser Anfangszustand 1 des theoretischen Arbeitsprozesses kann verschieden angenommen werden.

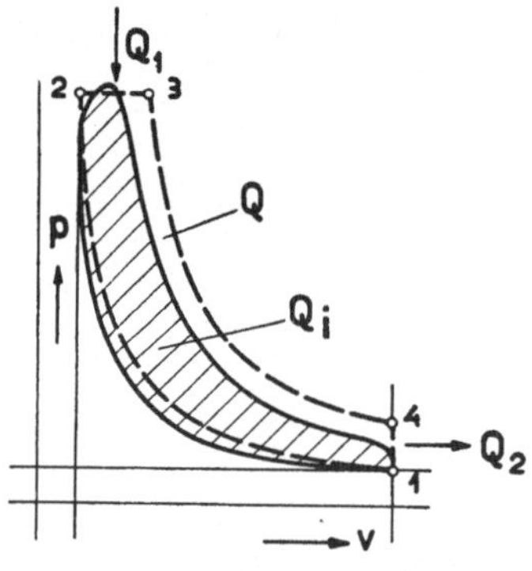

90. Diagramme des theoretischen und des praktischen Arbeitsverlaufs bei Verbrennung unter konstantem Druck.

Man kann beispielsweise einen Normalzustand voraussetzen mit $T_1 = 273^0$ und p_1 entsprechend 760 mm Barometerstand, oder mit $p_1 = 1$ Atm. und $T_1 = 288^0$ (metrische oder technische Atmosphäre). Es kann auch der bei der Untersuchung der Maschine herrschende äußere Luftzustand als Anfangszustand angenommen werden; meistens wird aber der Zustand des Gemisches im Zylinder vor Beginn der Verdichtung beim praktischen Betrieb (Zustand 1 in Bild 91) zugleich als Anfangszustand 1 des theoretischen Prozesses angenommen.

In letzterem Falle ist der Anfangszustand nicht genau bestimmbar, da T_1 nur geschätzt werden kann. T_1 ist abhängig von der Temperatur des einströmenden Gemisches und von der Erwärmung durch die heißen Wandungen.

Die Größe des arbeitenden Gemischgewichtes G_1 und Brennstoffgewichtes G_b läßt sich nur annähernd bestimmen. Nur bei Ölbetrieb könnte G_b unmittelbar gemessen werden.

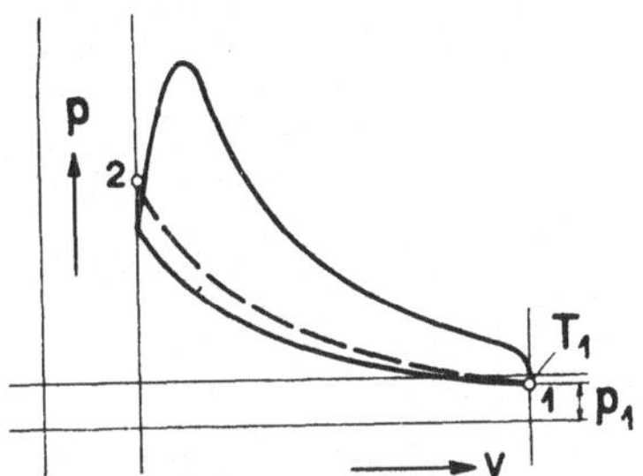

91. Arbeitsdiagramm mit Anfangszustand des theoretischen Verlaufs.

Hinzu kommt noch die ungenügende Kenntnis der spezifischen Wärmen c_p' und c_v'. Nach neueren Feststellungen sind diese von der Temperatur abhängig. Die Endtemperatur T_3 ist aber zunächst unbekannt.

Es können daher die maßgebenden spezifischen Wärmen nur annähernd berechnet werden. Ähnlich liegen die Verhältnisse während der Ausströmung.

Schon diese wenigen Überlegungen zeigen, daß auch der Güte- oder „Völligkeitsgrad" eines Arbeitsprozesses kein allgemein feststehender, klarer und unzweideutiger Wertmaßstab ist. Die Angabe der Größenordnung von η_g genügt daher nicht, um zu einer richtigen Beurteilung des Arbeitsverlaufes zu gelangen, sondern es muß außerdem genau angegeben werden, auf Grund welcher Annahmen und Voraussetzungen der Gütegrad η_g bestimmt worden ist.

Dieser Wertmaßstab hat theoretische Bedeutung insofern, als aus ihm ersehen werden kann, wie weit sich das praktische Arbeitsverfahren dem günstigsten, selbst „theoretisch" nicht möglichen Arbeitsprozeß im Zylinder der Maschine nähert.

Für die Praxis ist der Gütegrad jedoch von geringer Bedeutung, schon aus dem Grunde, weil er keine eindeutige Wertgröße ist und seine genaue Bestimmung in der Regel große Schwierigkeiten bereitet.

5. Energiefluß in der Maschine.

Aus der Kritik der Wirkungsgradzahlen geht hervor, daß besonders der Begriff des Betriebswirkungsgrades noch wenig geklärt ist. Keiner der Wirkungsgrade ist geeignet, eine zuverlässige Wertung der Wirtschaftlichkeit des Betriebes zu ermöglichen. Nur der Brennstoffwirkungsgrad läßt sich zum Vergleich der Ausnutzung der Brennstoffwärme in verschiedenen Wärmekraftmaschinen mit Vorteil benutzen.

Energiediagramme.

Am besten aber läßt sich die Güte der Wärmeausnutzung werten, wenn alle Einzelverluste in einem Energiediagramm zusammengestellt werden.

In Bild **92** ist ein Energiediagramm für einen bestimmten Belastungszustand einer Maschine dargestellt. Die Einzelverluste sind durch besondere Messungen zu ermitteln, die Kühlwasserverluste in einfacher Weise durch Messen der Kühlwassermenge und der Temperaturen des Kühlwassers an der Ein- und Austrittstelle, wobei die Versuchszeit genügend lang und die Belastung genügend gleichmäßig gehalten werden muß.

Die Abgasverluste können durch ein in die Abgasleitung eingeschaltetes Abgaskalorimeter bestimmt werden, doch ist diese Bestimmung besonders bei größeren Maschinen im praktischen Betriebe schwer ausführbar, weil sich Wärmeverluste mit Sicherheit nicht verhüten lassen.

Die mechanischen Verluste werden in der Regel als Unterschied der inneren und der Nutzleistung bestimmt.

Die zum Betriebe des Einspritzkompressors einer Dieselmaschine erforderliche innere Leistung kann durch Indizieren dieses Kompressors ermittelt werden, oder aber es wird dieser Kompressor als eine Hilfsmaschine, wie die Kühlwasserpumpe, die

Schmierpumpen usw. behandelt und nur in der Nutzleistung der Maschine berücksichtigt.

Bild **93** ist das Energiediagramm einer älteren Dieselmaschine. Auffällig ist der große Kühlwasserverlust, der bei neueren Maschinen wesentlich kleiner ist.

Bild **94** und **95** sind die Energiediagramme einer Dieselmaschine und einer Benzinmaschine (Vergasermaschine) ungefähr gleicher Leistung und gleicher Drehzahl. Beide Maschinen waren zweizylindrig und ergaben bei 180 Umdr./min etwa 100 PS Nutzleistung.

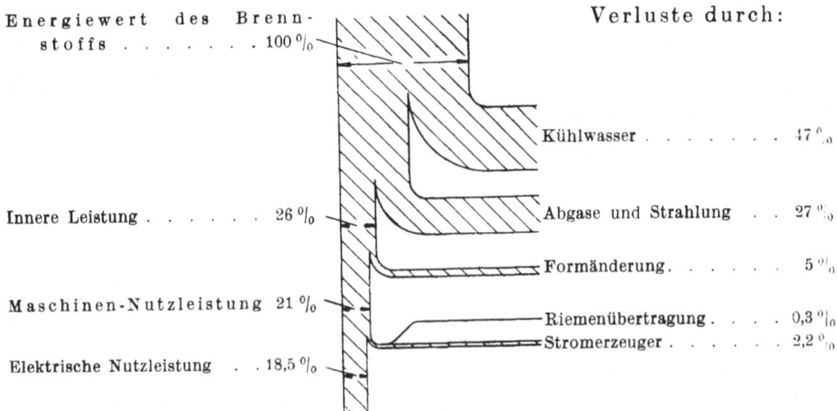

92. Energiediagramm einer Benzin-Vergasermaschine von 100 PS.

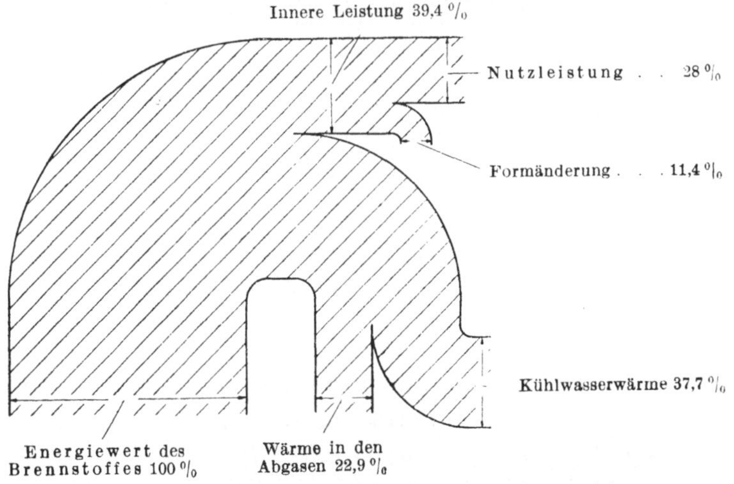

93. Energiediagramm einer älteren Dieselmaschine.

Der wesentlich größere Kühlwasserverlust der Benzinvergasermaschine hängt vor allem mit dem Arbeitsverfahren dieser Maschine (Verbrennung bei ungefähr konstantem Volumen und mit starkem Nachbrennen) zusammen. Außerdem betrug der Verdichtungsenddruck den Benzinmaschine nur ungefähr $4\,^1/_2$ Atm., so daß sich ein wesentlich schlechterer Brennstoffwirkungsgrad als bei der Dieselmaschine ergeben mußte.

Der Vergleich des Energiediagrammes der Benzinmaschine Bild 95 mit dem Energiediagramm Bild 92 einer Benzinmaschine von sonst gleicher Leistung und Bauart, aber mit wesentlich größeren und besser zugänglichen Kühlräumen zeigt:

Der Kühlwasserverlust ist erheblich vergrößert (bis $47\,^0/_0$) und der Brennstoffwirkungsgrad entsprechend verschlechtert. Durch Drosseln in der Austrittsleitung des Kühlwassers ist aber eine wesentliche Verbesserung des Brennstoffverbrauchs erreichbar.

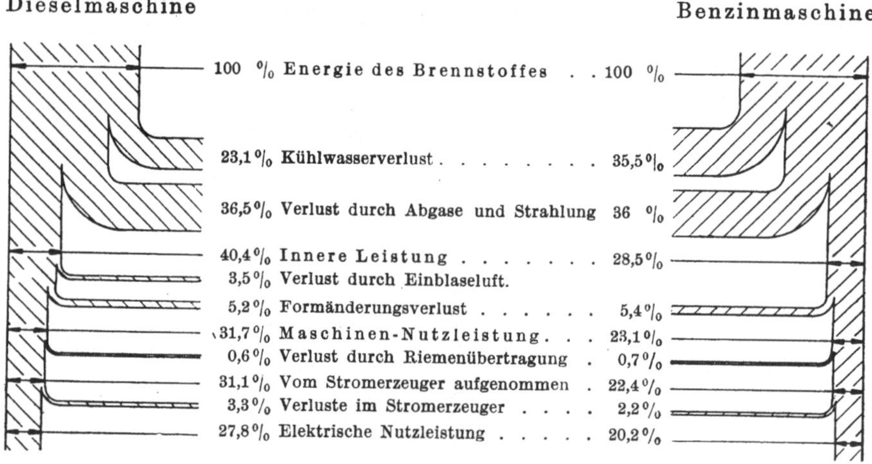

94 u. 95. Energiediagramme einer Dieselmaschine und einer Benzinvergasermaschine von 100 PS.

Die dargestellten Energiediagramme ergeben die Energieverteilung nur bei einer Belastung, und zwar in der Regel bei größter Dauerleistung. Im praktischen Betriebe wird aber vielfach auch mit Teilbelastungen und im Leerlaufe gearbeitet.

Einen Überblick über die Energieverteilung einer Maschine bei allen Belastungen ergeben Energiediagramme nach dem Beispiele von Bild 96.

Die mit Teeröl betriebene Dieselmaschine von 70 PS Leistung erreichte den günstigsten Brennstoffwirkungsgrad von $33^0/_0$ erst bei Überlast. Dies ist nicht immer, aber meistens der Fall.

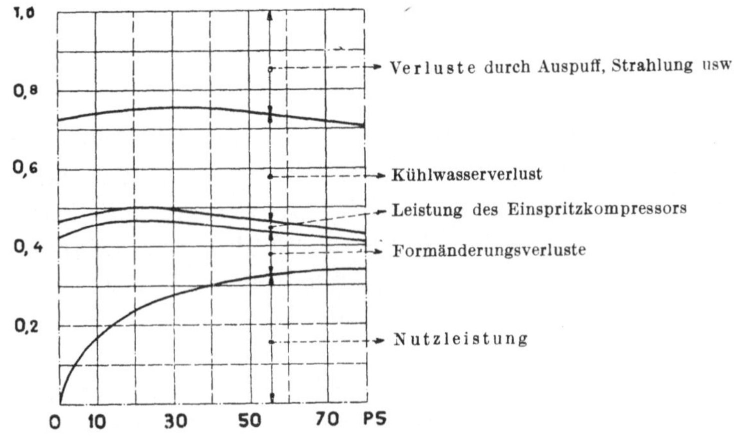

96. Energiediagramm einer Dieselmaschine.

Es ist zu unterscheiden: Betrieb bei Teilbelastung, Betrieb bei größter Dauerleistung, aber normaler Belastung und Betrieb bei vorübergehender Höchstleistung unter Überlastung.

Die Höchstleistung oder Überlast wird in der Regel mit etwa 10 bis $20^0/_0$ bemessen; nur in besonderen Fällen, wie z. B. bei Maschinen zum Betriebe von Walzenstraßen oder bei Kriegsschiff-motoren, wird eine noch größere Überlastung verlangt (20 bis $50^0/_0$).

Schließlich kann eine Erhöhung der Leistung noch erreicht werden durch Erhöhung der Drehzahl der Maschine bis zu einem zulässigen Grenzwerte, aber meistens nur auf Kosten günstiger Wärmeausnutzung.

Vorübergehend ist auch ein Arbeiten mit ungewöhnlich hohen mittleren Arbeitsdrücken möglich, wenn besondere Hilfs-pumpen zum Laden des Zylinders mit höher gespannter Luft ver-wendet werden, die eine Erhöhung des Verdichtungsenddruckes und damit eine Erhöhung der Leistung bei entsprechend stärkerer Brennstoffzuführung zur Folge haben.

III. Die Brennstoffe und ihre motorische Verbrennung.

Es sollen hier zunächst nur die mit der wirtschaftlichen und betriebssicheren Verbrennung in Verbrennungsmaschinen zusammenhängenden wichtigsten Eigenschaften der Brennstoffe behandelt werden, insbesondere die Eigenschaften der flüssigen Brennstoffe, der Treiböle, ihre Vorbereitung zur Mischung mit der Verbrennungsluft und die durch ihre besonderen Eigenschaften (Zusammensetzung, Bindung, Wasserstoffgehalt, Verdampfbarkeit usw.) bedingte Art der Führung des Verbrennungsvorganges.

Eine einfache und übersichtliche Scheidung der als Treiböle verwendbaren flüssigen Brennstoffe ergibt sich, wenn sie nach ihrer Fähigkeit, brennbare Dämpfe zu bilden, in drei Hauptgruppen geteilt werden.

Erforderlich ist es, die wichtigsten physikalischen, chemischen und mechanischen Eigenschaften der flüssigen Brennstoffe scharf zu kennzeichnen, die für ihre Eignung zum Ölmaschinenbetriebe wesentlich sind und zugleich Art und Umfang der unter Umständen erforderlichen Vorbehandlung (Reinigung, Vorwärmung usw.) erkennen lassen.

Nicht eine Eigenschaft allein, wie etwa der Wasserstoffgehalt, reicht zur Beurteilung eines Treiböls aus, sondern die günstige Vereinigung mehrerer Eigenschaften ist für die Eignung flüssiger Brennstoffe zum Ölmaschinenbetriebe maßgebend. Andrerseits können unter Umständen geringfügige Beimengungen die Verwendung eines Brennstoffs als Treiböl vollständig ausschließen.

Auch nach der Art ihrer Gewinnung müssen die wichtigsten Treiböle gekennzeichnet werden, weil ihre Beschaffenheit und Verwendbarkeit zum Teil durch die Herstellung bedingt ist. Endlich sind alle Einzelheiten und Erfahrungen festzulegen, die für die Betriebsführung der Ölmaschinen wesentlich sind.

1. Grundlagen der Verbrennung.

Zur Durchführung der Verbrennung muß zunächst jeder Brennstoff **zersetzt** werden. Hierzu ist je nach dem Zustande des Brennstoffes, ob fest, gasförmig oder flüssig, je nach der chemischen Bindung der Elemente eine verschieden große Wärme aufzuwenden, die **Zersetzungswärme**.

Am leichtesten und raschesten gelingt die Zersetzung bei **gasförmigen**, am schwersten bei **festen** Brennstoffen.

Verbrennung fester Brennstoffe.

Feste Brennstoffe sind für Verbrennungsmaschinen ungeeignet. Die meisten besitzen zu viel unverbrennbare Bestandteile und ergeben Rückstände, die eine rasche Zerstörung der Dichtungs- und Laufflächen des Zylinders bewirken würden.

Aber selbst wenn es gelänge, sämtliche unverbrennbaren Bestandteile vorher auszuscheiden, würde die **Zersetzung** des festen Brennstoffes im Zylinder der Maschine **zu viel Wärme** und **zu viel Zeit** erfordern.

Abgesehen von den Betriebsschwierigkeiten, würde die Wärmeausnutzung eine sehr schlechte werden. Ein genügend **fein verteiltes Gemisch** von festem Brennstoff und Luft wäre jedenfalls unmöglich herzustellen, ebensowenig könnte es im Zylinder verdichtet und verbrannt werden, ohne Zerstörungen der Dichtungs- und Laufflächen herbeizuführen.

Es ist auch vergeblich versucht worden, vorgewärmte Luft brennstoffrei sehr hoch zu verdichten und den festen Brennstoff möglichst fein verteilt in die vorverdichtete, heiße Luft einzuführen (Dieselmaschine).

Erfahrungen:

■ Bei allen Versuchen, Maschinen mit solchem Arbeitsverfahren zu verwirklichen, bereitete schon die Einführung des Brennstoffstaubes große Schwierigkeiten. Selbst wenn hochverdichtete Einspritzluft verwendet und der feste Brennstoff in feinster Weise zerkleinert wurde, konnte eine genügend gleichmäßige Verteilung und Mischung im Verbrennungsraume des Zylinders doch nicht erreicht werden.

Die Zersetzung der festen Brennstoffteilchen in ihre Elemente hat zu viel Wärme und zu viel Zeit erfordert, so daß die nachfolgende Verbrennung unvollständig und zu langsam erfolgte.

Die unverbrannten festen Bestandteile haben rasch Betriebsstörungen verursacht. Alle bisherigen Versuche mit Kohlenstaubmotoren sind deshalb gescheitert. Die wenigen Beobachtungen beziehen sich auf ganz kurze Versuchszeiten. ■

Feste Brennstoffe müssen daher erst in den gasförmigen Zustand umgewandelt werden, um sie im Zylinder von Verbrennungsmaschinen zu Kraftzwecken verwenden zu können.

Aus festen Brennstoffen wird meistens erst Kraftgas in Generatoren oder Brennstoffdampf in Verdampfern (z. B. Naphthalin) erzeugt. Aber nur wenige auserlesene feste Brennstoffe, wie Anthrazit und Koks, konnten bisher in günstiger und wirtschaftlicher Weise in Kraftgas umgewandelt werden.

Verbrennung gasförmiger Brennstoffe.

Gasförmige Brennstoffe sind im allgemeinen für die Verbrennung sehr günstig, weil sie eine gute Mischung mit der Verbrennungsluft gestatten. Für Kraftzwecke sind aber nur gasförmige Brennstoffe von bestimmter Zusammensetzung gut geeignet. Sie bestehen zumeist aus einem Gemisch von CO, CH_4, H, N, O, S, CO_2.

Der Wasserstoff ist das leichteste und gleichzeitig das heizwertreichste Gas. Der Gehalt an H im Gas bestimmt wesentlich dessen spezifisches Gewicht und den Heizwert, sowie die Brennfähigkeit.

Je mehr H ein Gas enthält, um so rascher bildet es brennfähige Gemische mit Luft, und um so schneller verbrennt es. Die Brenngeschwindigkeit von H ist bei Atmosphärendruck etwa 30 mal so groß wie die von CO, und der Unterschied ist noch größer gegenüber den schweren CH-Verbindungen.

Maßgebend ist aber nicht der Zündbeginn oder der Zündpunkt, d. i. die zur Entzündung des Brennstoffluftgemisches bei Atmosphärendruck erforderliche Temperatur, sondern die

Schnelligkeit der Verbrennung, die Brenngeschwindigkeit nach erfolgter Entzündung.

So ist z. B. der Zündpunkt von reinem Wasserstoff ein höherer als der von Petroleum oder gar von Schmieröl. Für die Wärmeentwicklung, Drucksteigerung und Güte der Verbrennung ist eben nicht die zur Entzündung erforderliche Temperatur entscheidend, sondern der Heizwert und vor allem die Schnelligkeit der Verbrennung des verdichteten Brennstoffluftgemisches.

Die Verbrennungsgeschwindigkeit der Gemische nimmt mit dem Wasserstoffgehalt und mit dem Verdichtungsdruck zu. Die zur Entzündung erforderliche Temperatur ist unabhängig davon durch eine künstliche Zündquelle oder durch die Verdichtungswärme stets erreichbar und hat mit der Schnelligkeit der Verbrennung unmittelbar nichts zu tun.

Bei chemischen Verbindungen von Wasserstoff mit anderen Elementen, namentlich mit Kohlenstoff, ist besonders auch die Art der Bindung und die zur Zersetzung erforderliche Wärme neben der Menge des Wasserstoffs von besonderer Bedeutung. Im allgemeinen sind die wasserstoffreicheren Verbindungen auch leichter zu spalten und schneller vollständig zu verbrennen.

Zu viel H im Brennstoffluftgemisch führt zu scharfer, schlagender Entzündung mit plötzlicher Drucksteigerung und starker Beanspruchung der Triebwerksteile, auch deshalb, weil der Wasserstoff sich in gasförmigem Brennstoff meist nur beigemengt und nicht chemisch gebunden vorfindet.

Erfahrungen:

■ Das leichte Wasserstoffgas wurde unter Umständen nicht genügend innig mit den anderen Bestandteilen des Brennstoffes gemischt und konnte dann an oberster Stelle des Brennstoffs schwimmen. Es bildeten sich Nester unvermischten Gases.

Heißere Teile der Wandungen konnten heftige Frühzündungen selbst bei reichlichem Luftüberschuß verursachen. Sehr wasserstoffreiche Gase, wie beispielsweise Wassergas, das über $50\,^0/_0$ H enthielt, konnten in Gasmaschinen ohne Betriebsschwierigkeiten und Störungen nicht verwertet werden. Besonders Maschinen größerer Leistung waren mit solchen Gasen nicht dauernd betriebsfähig.

Gemische mit zu wenig H verbrannten zu langsam. Die eigentliche Verbrennung erfolgte unter Umständen erst während und nach der Ausdehnungsperiode (Nachbrennen), so daß großer Wärmeverlust und hoher Brennstoffverbrauch die Folge waren.

Eine bestimmte Menge Wasserstoff, etwa 5—15 Volumprozente im Brennstoffgemisch hingegen war sehr erwünscht, um ausreichend rasche Verbrennung des Gemisches herbeizuführen. Durch die Größe des Luftüberschusses war Anpassung an die günstigsten Betriebsverhältnisse möglich. ■

Gasförmige Brennstoffe müssen möglichst frei von mechanischen Verunreinigungen, sowie von Teer und Schwefel sein, um störungsfreien Betrieb zu ergeben.

Die wichtigsten gasförmigen Brennstoffe, wie Gichtgas, Koksofengas und Generatorgas, müssen daher vor der Verwendung in besonderen Anlagen von anhaftendem Staub, Teer, Schwefel usw. gereinigt werden.

Früher wurde auch Leuchtgas viel zum Betriebe von Verbrennungsmaschinen verwendet, doch sind die kleinen Leuchtgasmaschinen vielfach durch Elektromotoren, sowie Benzin- (Benzol-, Naphthalin- usw.) Maschinen verdrängt worden.

Kennzeichnend für den Gasbetrieb in Verbrennungsmaschinen ist, daß die Gemischbildung schon außerhalb des Zylinders oder während des Einströmens in den Zylinder erfolgt. Es ist dadurch selbst bei höherer Drehzahl eine ausreichend gute Gemischbildung auch bei größeren Mengen von Gas und Luft möglich, die nicht auf einmal, sondern in kleineren Volumteilen zuzusammengebracht und gemischt werden. Durch besondere Mittel kann auch gute gleichmäßige Mischung und, abhängig von der Steuerung des Gas- und Luftzutrittes, eine entsprechend beherrschbare Verteilung des Gemisches im Zylinder erreicht werden.

Verbrennung flüssiger Brennstoffe.

Öle müssen vielfach erst vergast oder verdampft werden, bevor sie zum Betriebe von Verbrennungsmaschinen geeignet sind.

Die meisten flüssigen Brennstoffe sind chemische Verbindungen von C und H (Kohlenwasserstoffe) mit geringen Beimengungen von H_2O, S und mechanischen Bestandteilen (freiem Kohlenstoff,

Asche usw.), sowie Gemische solcher Verbindungen. Für die Güte der Verbrennung ist besonders die **Art der Bindung** des C und H maßgebend, nach welcher unterschieden werden:

1. die **aliphatischen Kohlenwasserstoffverbindungen** oder **Paraffinverbindungen** und

2. die **Benzolverbindungen.**

Die Paraffin-Kohlenwasserstoffe (Paraffine) sind „offene" oder „kettenförmige" Verbindungen von C und H, z. B. die der chemischen Grundformel $C_n H_{2n+2}$ entsprechenden: CH_4 (Methan), $C_2 H_6$ (Aethan), $C_3 H_8$ (Propan), $C_4 H_{10}$ (Butan), $C_5 H_{12}$ (Pentan), $C_6 H_{14}$ (Hexan), $C_7 H_{16}$ (Heptan), $C_8 H_{18}$ (Oktan) usw. In diesen Verbindungen ist der H-Gehalt relativ **groß.**

Es sind im allgemeinen in 1 Molekül $C_n H_{2n+2}$ enthalten, auf **Moleküleinheiten** bezogen:

$$\frac{2n+2}{2} \text{ Moleküle Wasserstoff}$$

und

$$\frac{n}{2} \quad \text{,,} \quad \text{Kohlenstoff.}$$

Bezeichnet man das Verhältnis der Molekülzahlen von H und C als **Wasserstoffzahl** y, so ist diese bei den genannten „aliphatischen" CH-Verbindungen:

$$y = \frac{2n+2}{n} = 2 + \frac{2}{n} \, .$$

Die Wasserstoffzahl y ist bei aliphatischen Kohlenwasserstoffen von der Form $C_n H_{2n+2}$ größer als 2 und hat beim Methan CH_4 den Höchstwert 4.

Zu den aliphatischen CH-Verbindungen gehören auch die Kohlenwasserstoffe der **Naphthene,** die der chemischen Grundformel $C_n H_{2n}$ entsprechen.

Beispielsweise:

$C_6 H_{12}$ (Cyklohexan), $C_7 H_{14}$ (Heptanaphthen), $C_8 H_{16}$ (Oktonaphthen), $C_9 H_{18}$ (Nononaphthen) usw. Je höher der C-Gehalt ist, um so höher ist im allgemeinen der Siedepunkt und das spezifische Gewicht.

Die **Wasserstoffzahl** y der Naphthene ist gleich 2.

Je geringer der H-Gehalt wird, um so mehr verlieren die CH-Verbindungen ihre kettenförmige, leicht zersetzliche Bildung.

CH-Verbindungen von der Form $C_n H_{2n-2}$ mit y kleiner als 2, aber meistens größer als 1,5, zeigen noch deutlich die kettenförmige Bindung; aber schon die Kohlenwasserstoffe nach der Grundformel $C_n H_{2n-6}$, wie z. B.

$$C_8 H_{10} \text{ (Xylol) mit } y = 1,25 \text{ und}$$
$$C_7 H_8 \text{ (Toluol) mit } y = 1,14,$$

zeigen ringförmige Bindung von wesentlich festerer, schwerer zersetzlicher Zusammensetzung als kettenförmige CH-Verbindungen.

Die aliphatischen CH-Verbindungen lassen sich verhältnismäßig leicht zersetzen und verbrennen.

Je größer die Wasserstoffzahl y, also je größer der H-Gehalt in der CH-Verbindung ist, um so leichter und rascher geht die Zersetzung und Verbrennung vor sich.

Der Gehalt an C in einer CH-Verbindung bestimmt meistens ihren Aggregatzustand. Beispielsweise ist bei den Kohlenwasserstoffen nach der chemischen Grundformel $C_n H_{2n+2}$ der gasförmige Zustand bis n = 5 beim Pentan vorhanden. Das Hexan $C_6 H_{14}$ ist schon flüssig. Von n = 14 an beginnt der feste Aggregatzustand. Bei anderen CH-Verbindungen liegen die Verhältnisse ähnlich.

Um die CH-Verbindungen von flüssigem oder festem Aggregatzustande zu zersetzen und zu verbrennen, müssen sie erst vorher verdampft werden.

Je leichter ein Kohlenwasserstoff verdampfbar ist, also je weniger Wärme zu seiner Verdampfung aufzuwenden ist, um so leichter und rascher wird er sich unter sonst gleichen Umständen zersetzen und verbrennen lassen.

Die Verdampfbarkeit hat aber mit der Art der Bindung des C und H unmittelbar nichts zu tun.

Es gibt viele ringförmige CH-Verbindungen, die leichter verdampfen als aliphatische Kohlenwasserstoffe.

So verdampft z. B. das Benzol sehr rasch; bis 100° C. sind über 90 % vollständig verdampft, während z. B. Petroleum noch bei 300° C. nicht vollständig verdampft ist und erst bei etwa 100° C. zu sieden beginnt.

Das Benzol verdampft fast ebenso rasch wie das Benzin, aber die Dämpfe beider haben sehr verschiedene Beschaffenheit.

Während die Benzindämpfe aus verschiedenen aliphatischen CH-Verbindungen bestehen, die sich in der Hitze sehr leicht zersetzen, sich rasch mit Luft mischen und verbrennen, sind die Benzoldämpfe ringförmige CH-Verbindungen, die sich wesentlich schwerer zersetzen und verbrennen lassen.

Die leichte Dampfbildung schon bei mäßigen Temperaturen (unter 150° C.) gestattet, ähnlich wie bei Gasmaschinen, die Bildung des Gemisches von in Nebelform zerstäubtem Brennstoff oder von Brennstoffdampf und Luft schon außerhalb des Zylinders in den sog. Vergasern, also allmähliche Gemischbildung, bei der im Verlaufe der Einström- oder Ladeperiode des Arbeitsprozesses stets nur kleine Mengen von Brennstoffdampf und Luft aufeinandertreffen und sich mischen.

Erfahrungen:

■ Bei manchen sonst leicht verdampfbaren Brennstoffen, wie bei Benzol oder Spiritus, genügte feine Zerstäubung bis zur Nebelbildung nicht immer, um eine gute Mischung mit Luft im Vergaser und darauf folgend eine günstige Verbrennung im Zylinder zu erreichen, weil bei ungenügendem Wärmeinhalt des Gemisches leicht ein Niederschlagen von flüssigem Brennstoff an den kalten Wandungen erfolgte, wodurch sich Betriebsstörungen ergaben.

Vorwärmung des Brennstoffes, der Luft oder des Gemisches wurde notwendig. Bei schwerer entzündbaren Gemischen, wie etwa von Spiritus oder Petroleum mit Luft, genügte Gemischvorwärmung durch warmes Kühlwasser nicht, es mußte außerdem die Luft und unter Umständen auch der Brennstoff vorgewärmt werden.

Hierbei war Vorsicht notwendig, weil bei zu starker Vorwärmung das Gemischgewicht und damit die Leistungsfähigkeit des Motors zu stark verkleinert und schließlich sogar eine Vorverbrennung im Vergasermischraum hervorgerufen wurde.

Je feiner der Brennstoff zerstäubt und je besser er mit Luft gemischt wurde, um so geringer konnte die Vorwärmung sein, und um so günstiger waren die Betriebsergebnisse. ■

Es ist schwer möglich, flüssigen, leicht verdampfbaren Brennstoff mit dem ganzen Luftvolumen rechtzeitig und vollständig zu mischen. Denn der flüssige Brennstoff vergrößert beim Verdampfen sein Volumen im Mittel etwa auf den 300fachen Betrag.

Beispielsweise gibt 1 kg Handelsbenzol annähernd 0,28 m³ Dampf. Bei einem spezifischen Gewicht von $\gamma = 0,88$ kg/dm³ des flüssigen Benzols entspricht das Dampfvolumen ungefähr dem 250fachen Betrage des Volumens des flüssigen Benzols.

Es wäre daher schwer möglich, derartig leicht verdampfbare flüssige Brennstoffe in Dieselmaschinen zu verbrennen. Das Gemisch würde sich nicht rechtzeitig bilden.

Beim Einspritzen dieser Brennstoffe erfolgt keine ausreichende Verteilung von noch flüssigen, genügend schweren Brennstoffteilchen in der heißen Verbrennungsluft des Zylinders und keine genügende Mischung an den verschiedenen Stellen des Verdichtungsraumes, sondern es bildet sich schon unmittelbar beim Eintritt des flüssigen Brennstoffes in den Zylinder stürmisch Dampf, der ein Verdrängen der Verbrennungsluft im Zylinder, aber keine gute Mischung der großen Volumen mit geringer Masse von Brennstoffdampf und Luft bewirken würde.

Die Verbrennung würde daher selbst bei Benzin, trotz der leichten Zersetzlichkeit der Dämpfe, keine ausreichend rasche und vollständige sein, sondern es würde wegen der schlechten Gemischbildung schädliches Nachbrennen eintreten.

Für die Brauchbarkeit eines Öls im Ölmotoren-, insbesondere im Hochdruckbetriebe, ist daher kennzeichnend:

weder die Art der Verdampfbarkeit allein,

noch die mehr oder weniger leichte Zersetzlichkeit der Brennstoffdämpfe,

auch nicht die Wasserstoffzahl allein,

sondern zu einem brauchbaren Treiböl ist die Vereinigung mehrerer Eigenschaften erforderlich.

Soll eine möglichst gute Verbrennung in einer Ölmaschine stattfinden, so müssen in richtiger Weise aufeinander folgen:

Zerteilung des flüssigen Brennstoffes in möglichst feine Teile (Zerstäubung),

Verdampfung der einzelnen Brennstoffteilchen,

Mischung des Brennstoffdampfes mit Luft,

Zersetzung der einzelnen Dampfteilchen in die Elemente C, H usw. und schließlich die

Verbrennung dieser Elemente mit dem Sauerstoff der beigemischten Luft (Bild 97).

Eine derartige folgerichtige Verbrennung wird mit leichtflüchtigen flüssigen Brennstoffen von niedrigem Siedepunkt, wie Benzin, Benzol u. dgl., in Vergasermaschinen bei günstigem Wärmezustand in der Maschine erreicht.

Im weiteren sind die Dämpfe flüssiger Brennstoffe, die schon bei verhältnismäßig niedriger Temperatur (meistens unter 150° C.) und unter Umständen ohne besondere Vorwärmung entstehen, als „Zünddämpfe" bezeichnet.

Benzin, Benzol u. dgl., bilden nur Zünddämpfe. Sie verdampfen schon bis etwa 100° C. vollständig. Daher sind sie in Hochdruckölmaschinen, besonders solchen, die nach dem Dieselverfahren arbeiten, nicht vorteilhaft zu verwenden. Auch wird keine gute Gemischbildung und rasche Verbrennung ohne Nachbrennen erreicht.

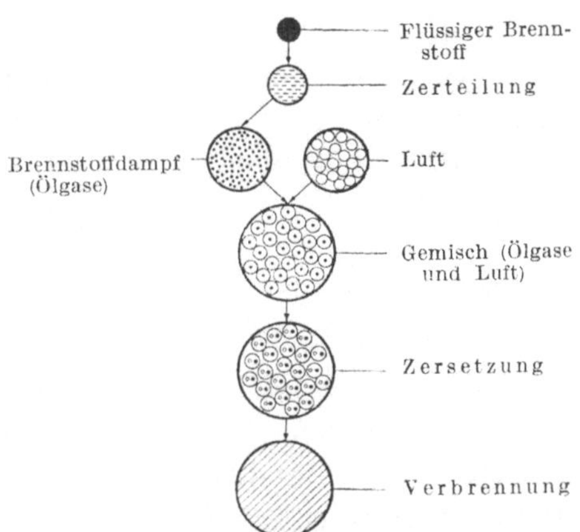

97. Verbrennungsvorgang eines flüssigen Brennstoffes (kettenförmig gebundene Kohlenwasserstoffe).

Soll flüssiger Brennstoff mit der hochverdichteten und heißen Luft des Zylinders einer Hochdruckölmaschine möglichst fein vermischt werden, dann darf sich nicht sofort beim Zusammentreffen des Brennstoffs mit der heißen Luft Dampf bilden und Zersetzung erfolgen, sondern der Brennstoff muß sich in noch flüssiger Form, aber fein verteilt, als Nebel, in die Verbrennungsluft des Verdichtungsraumes einführen lassen.

Bei schwerer verdampfbaren Ölen gelingt dies auch im Falle, daß die Temperatur der vorverdichteten Verbrennungsluft höher ist als der Siedepunkt des Brennstoffs, wenn die Einspritzung und Verteilung des Öls genügend rasch und bei großem Überdruck der

Preßluft usw. erfolgt. Es muß dem flüssigen Brennstoff doch erst die zur Verdampfung erforderliche Wärme zugeführt und von ihm aufgenommen werden, und hierfür ist eine gewisse Zeit erforderlich.

Für Hochdruckölmaschinen, die nur Luft hoch verdichten, eignen sich am besten Öle, die wenig oder gar keine Zünddämpfe bilden, die aber durch Zuführung von Wärme bei höheren Temperaturen (über 100° und unter 500° C.) verdampfen, wobei die entstehenden Dämpfe hauptsächlich leichter zersetzliche aliphatische Kohlenwasserstoffe sind.

Derartige Dämpfe, „Ölgase", bestehen somit aus CH-Verbindungen mit höheren Wasserstoffzahlen (im Mittel $y = 2$).

Flüssige Brennstoffe, die Ölgase bilden, sind beispielsweise das Erdöl und seine höher siedenden Destillate, sowie die Braunkohlendestillate.

In Bild 98 ist der Destillationsvorgang eines Erdöls schematisch angegeben.

Erfahrungen:

■ Das rohe Erdöl (Rohöl) konnte, von mechanischen Verunreinigungen möglichst befreit, als Treiböl für Dieselmaschinen Verwendung finden. Es bildete aber beim Einspritzen in den Zylinder zu viel Zünddämpfe (selbst über $10\,^0/_0$), die die Gemischbildung beeinträchtigten. Dies gab unter Umständen auch zu Frühzündungen im Einspritzeinsatz Anlaß. Es erwies sich als vorteilhafter, das rohe Erdöl erst von den niedrig siedenden Bestandteilen, besonders dem Benzin, zu befreien. ■

Benzin (B), als das leichteste Destillationsprodukt des Erdöls, das nur Zünddämpfe bildet, ist daher, wie erwähnt, zum Betriebe in Dieselmaschinen nicht brauchbar, abgesehen davon, daß der Betrieb damit zu teuer würde.

Das zweite Destillationsprodukt, Petroleum (P), ist zum Betrieb in Hochdruckölmaschinen brauchbar, aber ebenfalls zu teuer.

Am besten geeignet ist das dritte Destillationsprodukt, das Gasöl (G), das bei Temperaturen von etwa 250 bis 400° C. verdampft und fast keine Zünddämpfe bildet. Das Gasöl läßt sich noch flüssig in der Luft des Verdichtungsraums fein verteilen, so daß fast jedem Brennstoffteilchen die zur vollständigen Verbrennung erforderliche Luftmenge beigefügt werden kann. Im Augenblicke der Verdampfung ist daher auch jedes Dampfteilchen von der notwendigen Luftmenge umgeben, und auf die sich anschließende Zersetzung der aus aliphatischen Kohlenwasserstoffen bestehenden Dampfteilchen in die Elemente C, H usw. kann die Verbrennung dieser Elemente unmittelbar folgen.

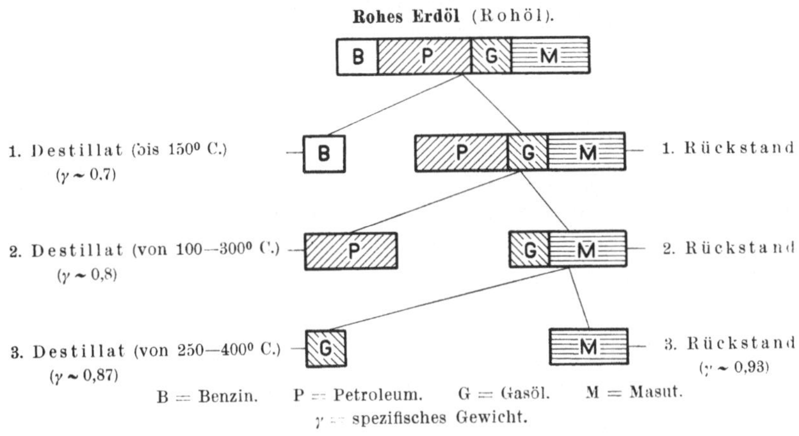

98. Destillationsvorgang des Erdöls.

Erfahrungen:

■ Die Verdichtungswärme der Luft bei Dieselmaschinen ($\sim 500^0$ C.) reichte zur Verdampfung, Zersetzung und Verbrennung des ersten Teils der eingespritzten Brennstoffmenge vollständig aus. Durch diese Teilverbrennung erhöhte sich die Temperatur des Zylinderinhalts, und der später eingespritzte Brennstoff fand zur Verdampfung, Zersetzung und Verbrennung ausreichende Wärme vor.

Der Verbrennungsvorgang war in dieser folgerichtigen Weise möglich, weil die Zersetzungswärme bei den aus aliphatischen CH-Verbindungen bestehenden Ölgasen nur gering ist.

Aus diesem Grunde ließ sich sogar das Masut (M), der zähflüssige Rückstand der Erdöldestillation, in der Dieselmaschine gut verbrennen, wenn es entsprechend seiner großen Zähigkeit und seinen mechanischen und anderen Beimengungen (Asche, Staub, freier C usw.) behandelt wurde. Die mechanischen Beimengungen konnten durch Absetzen und Filtrieren, die Zähflüssigkeit durch Vorwärmen beseitigt werden. ■

Wesentlich anders gestaltet sich der Verbrennungsvorgang bei einem Treiböl, das aus ringförmig gebundenen Kohlenwasserstoffen besteht, wie z. B. das Steinkohlenteeröl. Selbst wenn die Verdichtungswärme der Luft des Zylinders zur Verdampfung des zunächst eingespritzten Brennstoffteils ausreicht, ist in der Regel die zum Zersetzen der aus Benzolverbindungen bestehenden Dämpfe des Brennstoffs (im weiteren „Öldämpfe" genannt) erforderliche Wärme nicht mehr vorhanden, besonders beim Anlassen der kalten Maschine.

Zur Erzeugung dieser Wärme wird daher meistens eine Vorverbrennung mittels einer geringen Menge Zündöl eingeleitet. Hierzu eignet sich ein Treiböl, das bei der Verdampfung Ölgase bildet, die sich leicht zersetzen und verbrennen lassen.

Erfahrungen:

■ Es war stets vorteilhaft, das Steinkohlenteeröl vorzuwärmen, weil seine Verdampfung dann keinen so großen Teil der Verdichtungswärme der im Zylinder enthaltenen Luft beanspruchte. Zu weit durfte aber die Vorwärmung nicht getrieben werden, weil sich sonst das Treiböl nicht mehr in flüssiger Form als Nebel in der Verbrennungsluft des Verdichtungsraumes verteilen ließ und keine gute Gemischbildung gelang.

Ein aus schwer zersetzlichen CH-Verbindungen bestehender flüssiger Brennstoff, wie das Benzol, konnte zum Betriebe von Dieselmaschinen nicht gut verwendet werden. Dieser Brennstoff bildete keine Öldämpfe, sondern zu große Mengen von Zünddämpfen, die gute Gemischbildung und rasche Verbrennnng verhinderten.

Bei der Einleitung der Vorverbrennung durch Zündöl ergab sich die Gefahr, daß die Temperatur zu hoch stieg und dadurch der nach dem Zündöl eingespritzte Teil des Steinkohlenteeröls sofort verdampft und zersetzt wurde, ohne ausreichend mit Luft gemischt zu werden. Der freiwerdende Kohlenstoff konnte dann nicht vollständig verbrennen, weil die vorhergegangene Zersetzung der schweren Kohlenwasserstoffe dem Zylinderinhalt zuviel Wärme entzogen hatte. Starkes Nachbrennen und unvollkommene Verbrennung, daher rauchartiger Auspuff und Abscheidung rußartiger, fester Rückstände waren die Folge.

Dies trat besonders leicht bei raschlaufenden Maschinen

ein, bei denen zur Einspritzung des Brennstoffs und zur Verbrennung nur wenig Zeit zur Verfügung stand; auch beim Arbeiten mit offenen Düsen (vgl. S. 288).

Bei diesem Verbrennungsvorgang wurden, unter dem Einfluß zu hoher Temperaturen, wie sie z. B. durch Vorverbrennung von zu vielem Zündöl entstehen, zunächst die schweren CH-Verbindungen vollständig in C und H zersetzt; hierauf verbrannte ein Teil des H, und der Rest vereinigte sich mit dem freigewordenen C zu noch schwereren Kohlenwasserstoffen, während ein Teil des Kohlenstoffs unverbrannt ausgeschieden wurde.

Eine derartige unvollkommene Verbrennung ist auch bei Treibölen beobachtet worden, die nur aus aliphatischen Kohlenwasserstoffen bestehen, wenn der Brennstoff, wie dies beispielsweise bei Glühkopfmaschinen früher öfter geschah, unmittelbar gegen die glühende Kopfwand gespritzt wurde, an der er sich infolge der übermäßigen Hitze rasch vollständig zersetzte, bevor er sich ausreichend mit Luft gemischt hatte. Die Folge war, daß vornehmlich nur der freiwerdende Wasserstoff verbrannte, der Kohlenstoff aber zum Teil unverbrannt ausgeschieden wurde.

Es war besonders bei Steinkohlenteeröl wichtig, die vorzeitige Zersetzung der Öldämpfe und die zu frühe Verbrennung eines Teils des freiwerdenden H zu verhindern, solange nicht die zur sofortigen vollständigen Verbrennung des C erforderliche Luftmenge und Wärme vorhanden war.

Dies gelang nur dann, wenn der Verbrennungsvorgang nicht zu stürmisch, sondern unter Einwirkung mäßiger, aber doch ausreichend hoher Erwärmung eingeleitet und durchgeführt und wenn zu rasche Zersetzung der Öldämpfe durch hohen Verdichtungsdruck der Verbrennungsluft oder durch andere Mittel nach Möglichkeit verhindert wurde. ■

Immer muß angestrebt werden, daß der Verdampfung des Steinkohlenteeröls nicht die sofortige Zersetzung in C und H folgt, sondern daß die Öldämpfe erst in Ölgase aufgespalten, d. h. die schweren CH-Verbindungen ringförmiger Bindung zu leichteren Kohlenwasserstoffen kettenförmiger Bindung umgewandelt werden.

Hierdurch wird dem Zylinderinhalt wesentlich weniger Wärme

entzogen, als wenn die ringförmig gebundenen Kohlenwasserstoffe (Öldämpfe) sofort zersetzt werden, und es bleibt noch genug Wärme verfügbar, um die loser gebundenen aliphatischen Kohlenwasserstoffe (Ölgase) zu zersetzen und ihre Elemente fast vollständig zu verbrennen.

Die Zersetzungswärme für die Benzolverbindungen ist ein Vielfaches der zur Zersetzung von aliphatischen CH-Verbindungen erforderlichen Wärme. Daher verbraucht die sofortige Zersetzung der schweren Kohlenwasserstoffe, die erhebliche Temperatursteigerung erfordert, selbst bei allmählichem Einspritzen des Brennstoffs so viel Wärme, daß die zur vollständigen Verbrennung der Zersetzungsprodukte erforderliche Wärme doch nicht verfügbar bleibt, während die vorhandene Wärme zur Aufspaltung der schweren CH-Verbindungen in leichtere, sowie zur Zersetzung dieser aliphatischen Kohlenwasserstoffe und Verbrennung der Elemente ausreicht.

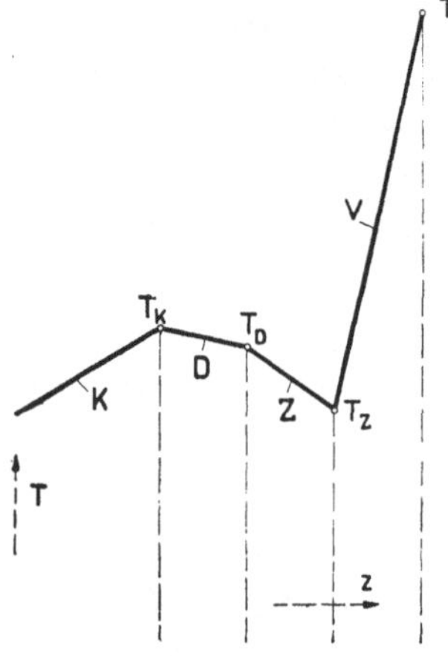

99. Verbrennung eines Erdöldestillates (Gasöl).

K = Verdichtung.
D = Verdampfung.
Z = Zersetzung.
V = Verbrennung.

Dies hängt auch damit zusammen, daß der geringe Wasserstoffgehalt der schweren Kohlenwasserstoffe keine genügende Durcheinanderwirbelung und Mischung von Brennstoff und Luft bewirkt, daher die nachfolgende Verbrennung, besonders des frei gewordenen Kohlenstoffes, nur sehr träge vor sich geht und schließlich unverbrannter Kohlenstoff abgeschieden wird.

Durch die Aufspaltung der schweren Kohlenwasserstoffe (Öldämpfe) in aliphatische, wasserstoffreichere Verbindungen (Ölgase) wird eine viel bessere Durcheinandermischung des Zylinderinhalts, sowie bessere Entzündung und Verbrennung erreicht. Trotz der Zwischenschaltung des Umwandlungsvorganges wird daher das Steinkohlenteeröl genügend rasch und vollständig verbrannt.

In den Bildern **99—102** sind die Verbrennungsvorgänge durch schematische Darstellung des ungefähren Temperaturverlaufs in Abhängigkeit von der Zeit veranschaulicht.

In Bild **99** sind die aufeinanderfolgenden Arbeitsvorgänge: Verdichtung der Luft (K), Verdampfung des eingespritzten Brennstoffes (D), Zersetzung des Dampfes (Z) und Verbrennung (V) für ein Erdöldestillat (Gasöl) dargestellt.

Während der Verdichtung steigt die Temperatur des Zylinderinhalts auf einen Wert T_k, sie fällt bei der Verdampfung (Ölgasbildung) auf T_d und während der Zersetzung auf T_z, um durch die Verbrennung auf T_v anzusteigen.

Bild **100a** zeigt in ausgezogener Linie den Temperaturverlauf des Verbrennungsvorganges bei Betrieb mit Steinkohlenteeröl, wie er sich vollzieht, wenn in richtiger Weise die entstehenden Öldämpfe vor der Zersetzung erst aufgespalten und die schweren Kohlenwasserstoffe zu leichteren, wasserstoffreicheren CH-Verbindungen (Ölgasen) umgewandelt werden. Die Reduktionszeit ist mit „R" bezeichnet.

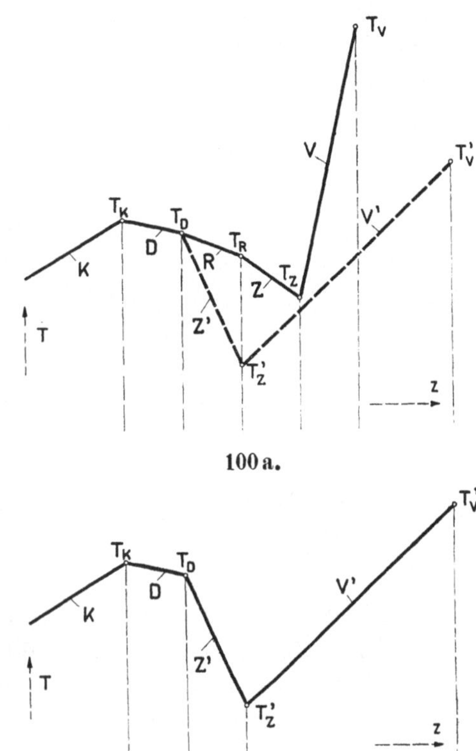

Verbrennung von Steinkohlenteeröl.

a) Richtige Verbrennung.   b) Ungünstige Verbrennung.

K = Verdichtung.   D = Verdampfung.
R = Aufspaltung.   Z = Zersetzung.
V = Verbrennung.

In Bild **100b** ist der Verbrennungsvorgang eines Steinkohlenteeröls angedeutet, wobei auf die Öldampfbildung die Zersetzung der Dämpfe in die Elemente C, H usw. folgt. Die Temperatur des Zylinderinhalts fällt dadurch auf den Wert T_z', der wesentlich kleiner ist als T_z (vgl. die gestrichelte Linie in Bild **100a**).

und die nachfolgende Verbrennung, besonders des Kohlenstoffs, geht viel langsamer vor sich und verursacht wesentlich größere Wärmeverluste, was in Bild **100a** durch die größere Verbrennungszeit und die Temperatur $T_v' < T_v$ zum Ausdruck gebracht ist.

In den Bildern **100a** und **100b** ist der Verbrennungsvorgang der Einfachheit halber so dargestellt, als wenn der ganze Brennstoff jeder Arbeitsperiode auf einmal verdampft, zersetzt und verbrannt werden könnte.

In Wirklichkeit wird der Brennstoff allmählich eingespritzt, und der Verbrennungsvorgang spielt sich in mehreren Stufen ab, wie dies in den Bildern **101** und **102** schematisch dargestellt ist.

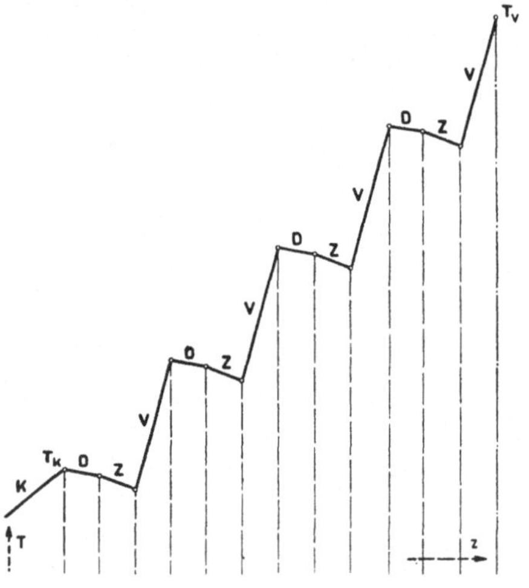

In Bild **101** ist angenommen, daß die Verbrennung eines Gasöls in vier Stufen vor sich geht, deren jede aus einem Verdampfungs- (D), Zersetzungs- (Z) und Verbrennungsteil (V) besteht. Die Endtemperatur T_k der Verdichtungsperiode wird daher nicht auf einmal, sondern stufenweise auf die Verbrennungstemperatur T_v erhöht.

101. Verbrennung eines Gasöls in Hochdruckölmaschinen.

In Bild **102** ist in ähnlicher Weise die Verbrennung von Steinkohlenteeröl unter Voreinspritzung von Zündöl dargestellt. In der ersten Stufe soll das Zündöl verbrennen und dadurch die Endtemperatur T_k der Kompressionsperiode auf die höhere Temperatur T_B gebracht werden, die zur Einleitung einer günstigen Verbrennung des nachher eingespritzten Teeröls vorteilhaft ist. Diese Verbrennung auf die Endtemperatur T_v soll in drei Stufen vor sich gehen, deren jede aus vier Teilen: Verdampfung (D), Reduktion (R), Zersetzung (Z) und Verbrennung (V) besteht, während bei der Verbrennung des Zündöls die Reduktion fehlt.

Zur Vereinfachung der Darstellung ist angenommen, daß sich alle Teilvorgänge in gleichen Zeiten, in gleicher Art und in richtiger Aufeinanderfolge abspielen, während in Wirklichkeit die einzelnen Zeitabschnitte sehr verschieden sein können, einzelne Teilvorgänge nebeneinander vor sich gehen, sich überlagern usw. Auch die Temperaturänderungen werden bei den Teilvorgängen verschieden sein, und es wird vorkommen, daß Brennstoffteile des Teeröls unreduziert sofort zersetzt und daher unvollständig verbrannt werden.

Dies sollte allerdings nach Möglichkeit verhütet und der Verbrennungsvorgang so geleitet werden, daß der ganze aus ringförmig gebundenen Kohlenwasserstoffen bestehende Öldampf vor der Zersetzung erst vollständig aufgespalten und zu kettenförmig gebundenen leichteren Kohlenwasserstoffen (Ölgasen) reduziert wird.

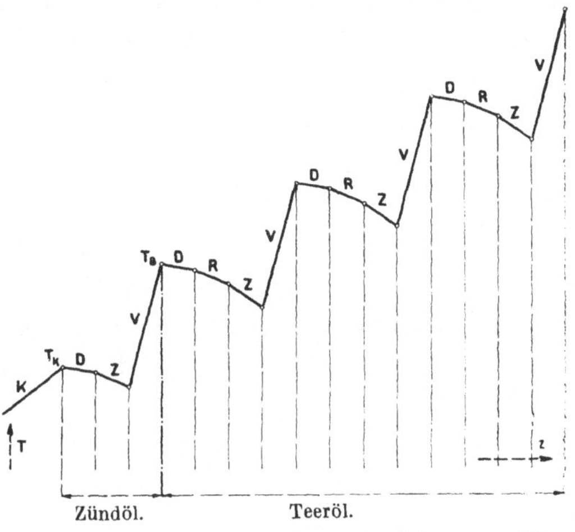

102. Verbrennung von Steinkohlenteeröl in einer Verbrennungsmaschine.

Dieser Reduktionsvorgang verlangt langsamere Verbrennung bei mäßigeren Temperaturen; durch entsprechende Vorkehrungen kann er jedoch wesentlich beschleunigt werden.

Erfahrungen:

■ Hohe Verdichtung eines guten Gemisches von Brennstoff und Luft erwies sich für die Aufspaltung schwer zersetzbarer Benzolverbindungen vorteilhaft.

Dies zeigte sich schon bei der Verwendung von Benzol in Vergasermaschinen. Nur wenn Benzol bei genügendem Luftüberschuß gut mit Luft gemischt und im Vergaser große Berührungsflächen zwischen Luft und Brennstoff geschaffen wurden, und wenn die Verdichtung des Brennstoffluftgemisches hoch genug, also bis nahe an die Grenze der Selbstzündung des Gemisches getrieben wurde, konnte die Verbrennung rußfrei, ohne Nachbrennen und mit niedrigem Brennstoffverbrauch erfolgen.

Bei ungenügender Verdichtung war sowohl die Aufspaltung der schweren CH-Verbindungen ungenügend, als auch der thermische Wirkungsgrad infolge des zu kleinen Temperaturgefälles ungünstig.

Die schwerer zersetzlichen, wasserstoffärmeren Zünddämpfe des Benzols haben wesentlich höhere Verdichtungsenddrücke (je nach der Größe des Zylinders bis 12 Atm.) zugelassen als die wasserstoffreicheren, leicht zersetzlichen Zünddämpfe des Benzins (nur etwa bis 7 Atm.). Benzolmaschinen, die nur mit Verdichtungsenddrücken arbeiteten, wie sie bei Benzinmaschinen zulässig sind, also mit etwa 5 bis 7 Atm., ergaben keine ausreichend gute Verbrennung und Wirtschaftlichkeit. Auch die Aufspaltung und Umwandlung der schweren CH-Verbindungen des Benzols ging nur unvollständig vor sich. Abscheidung von freiem, unverbranntem Kohlenstoff ließ sich nur schwer verhindern, und der Auspuff war rauchend. ■

Durch größeren Luftüberschuß und gute Gemischbildung, sowie durch Beimengung wasserstoffreicherer Kohlenwasserstoffe, wie Xylol und Toluol, läßt sich die Verbrennung des Benzols in Vergasermaschinen verbessern.

Die hohen Verdichtungsdrücke in Dieselmaschinen sind für die Aufspaltung der ringförmig gebundenen Kohlenwasserstoffe günstig. Beim Betrieb mit Teeröl wird daher mit dem Verdichtungsenddruck der Luft bis auf etwa 40 Atm. gegangen, besonders wenn kein Zündbrennstoff verwendet werden soll.

Dies geschieht aber nicht etwa allein, um die Temperatur des Zylinderinhalts zu erhöhen, namentlich wenn ohne Zündöl gearbeitet wird, sondern auch um die vorzeitige Zersetzung der ringförmig gebundenen Kohlenwasserstoffe zu verhüten.

Die erforderliche Anfangstemperatur, besonders beim Anlassen der kalten Maschine, könnte auch auf andere Weise als durch höhere Verdichtung erzielt werden, z. B. durch Vorwärmen der Luft, am besten während der Verdichtung, also nach erfolgter Ladung, um das Ladegewicht nicht zu verringern, oder durch Vorwärmen des Brennstoffs.

Die günstige Wirkung des voreingespritzten Zündöls besteht weniger in der Erhöhung der Temperatur, als vielmehr darin, daß beim Verbrennen des Zündöls infolge Freiwerdens des Wasserstoffs aus den wasserstoffreicheren Ölgasen des Zündbrennstoffs, der Zylinderinhalt stark durcheinandergewirbelt und dadurch das nachher eingespritzte Teeröl rasch und gut mit der Luft des Verdichtungsraumes gemischt wird. Daneben soll allerdings das Zündöl auch die Einleitung der Verbrennung, besonders bei geringen Belastungen und beim Anlassen der kalten Maschine, durch die Erhöhung der Temperatur des Zylinderinhalts unter allen Umständen sicherstellen; denn zur Verdampfung und Umwandlung der ringförmig gebundenen Kohlenwasserstoffe ist stets mehr Wärme erforderlich als zur Verdampfung der unmittelbar Ölgase bildenden Brennstoffe.

Erfahrungen:

■ Gute Zerstäubung und Verteilung des Teeröls in der Luft des Verdichtungsraums und innige Gemischbildung erwies sich als sehr wichtig, und besonders bei Verwendung von Teeröl mußte der flüssige Brennstoff mittels hochgespannter Einspritzdruckluft kräftig zerrissen und eingespritzt werden.

Bei geringen Belastungen war Vorsicht geboten, damit nicht zuviel von der verhältnismäßig kalten Einspritzluft in den Zylinder gelangte und durch ihre Entspannung den Zylinderinhalt stark abkühlte, was die wirksame Aufspaltung der schweren CH-Verbindungen erschwerte oder sogar verhinderte.

Die Einspritzluftmenge mußte daher mit abnehmender Belastung verringert und schließlich ein Zündbrennstoff, namentlich beim Leerlauf der noch kalten Maschine, verwendet werden.

Im Betriebe erwies sich stets, daß die Gemischbildung und Verbrennung wesentlich von der Zerstäubung des Brennstoffs durch die Einspritzdruckluft abhängt.

Die Wirksamkeit des Zerstäubungsverfahrens nahm bis zu einer gewissen Grenze mit der Größe des Überdrucks der Einspritzluft über den Druck des Zylinderinhalts zu. Je größer der Überdruck, um so feiner wurde der flüssige Brennstoff zerteilt und um so wirkungsvoller die Brennstoffteilchen im Luftinhalte des Zylinders ausgebreitet. Bei zu großem Überdruck wurde der Brennstoff schließlich heftig gegen die Zylinderwände geschleudert und damit die Gemischbildung wieder verschlechtert. ■

Wird eine Einspritzstelle in Zylindermitte vorausgesetzt, dann gibt es je nach der Größe des Zylinders, bei gleich angenommenem

Hubverhältnis, einen bestimmten Grenzdruck für die Einspritzluft, bei dessen Überschreiten sich die Gemischbildung verschlechtert. Unnötig großer Einspritzluftdruck ist schon wegen des großen Luftverbrauchs und der zur Luftbeschaffung aufzuwendenden Arbeit und Kosten jedenfalls zu vermeiden.

Erfahrungen:

■ Innerhalb der angegebenen Grenzen für den Überdruck der Einspritzdruckluft wurde Zerstäubung und Gemischbildung mit abnehmender Luftpressung schlechter.

Der Betrieb mit verminderter Einspritzpressung zeigte Verzögerung und Verschlechterung der Verbrennung und schließlich rauchigen, rußigen Auspuff.

Ungünstige, unvollständige Verbrennung ergab sich jedoch auch, ohne daß sich rauchiger und rußiger Auspuff zeigte, wenn sich die in den Auspuffgasen enthaltenen Rußteilchen schon vorher abschieden, beispielsweise im Auspufftopf. Rußfreier Auspuff war kein sicherer Beweis für gute und vollständige Verbrennung. Ein solcher konnte nur durch Analyse der Auspuffgase erbracht werden. Praktisch gilt aber im Betriebe ein rauchfreier, klarer Auspuff, der fast unsichtbar ist, wenn kein Wasser eingespritzt wird, als ein Zeichen guter Verbrennung. ■

Besondere Mittel, die die Umwandlung der schweren Kohlenwasserstoffe (Öldämpfe) in Ölgase vorteilhaft unterstützen und den dazu-erforderlichen Reaktionsvorgang wesentlich beschleunigen, sind die Katalysatoren.

Ein sehr wirksames katalytisches Mittel ist Wasserdampf, der sich in der Hitze zersetzt, die schweren CH-Verbindungen mit H anreichert und damit die Bildung wasserstoffreicherer Kohlenwasserstoffe bewirkt.

Die katalytische Wirkung des Wasserdampfes zeigt sich in deutlicher Weise bei den Glühkopfmaschinen, denen Wasser zwecks Herabsetzung der Wandungstemperaturen eingespritzt wird.

Aber auch bei Dieselmaschinen wäre mäßige Wassereinspritzung während der Verdichtungsperiode der Luft bei großer Belastung und heißer Maschine vorteilhaft, besonders wenn bei Teerölbetrieb bis auf etwa 40 Atm. verdichtet werden soll. Beim

Anlassen der kalten Maschine und bei geringen Belastungen müßte allerdings die Wassereinspritzung abgeschaltet werden.

Als Katalysatoren wirken auch verschiedene Metalle, Metallsalze und andere Körper, wie z. B. Platinmetalle, Nickel, Kupfer, Kobalt, Eisen, Aluminiumsalze, Kaolin, Porzellan, Tonerde in feinverteiltem Zustande, und zwar am besten in Verbindung mit Wasserdampf, dessen Wasserstoff in Gegenwart der erhitzten und feinverteilten Körper rasche Hydrierung der schweren Kohlenwasserstoffe herbeizuführen vermag.

Zweifellos wirken schon die heißen Eisenwandungen des Verbrennungsraums in Verbindung mit dem Wasserdampfgehalt der Luft katalytisch auf die Öldämpfe ein.

Bei den für den Betrieb in Hochdruckölmaschinen besonders sorgfältig hergestellten Steinkohlenteerölen genügen in der Regel diese einfachen Reduktionsmittel, um ausreichend gute Aufspaltung und Hydrierung der schweren Kohlenwasserstoffe zu bewirken.

Hierbei wird dem Zylinderinhalt nicht zu viel Wärme entzogen,

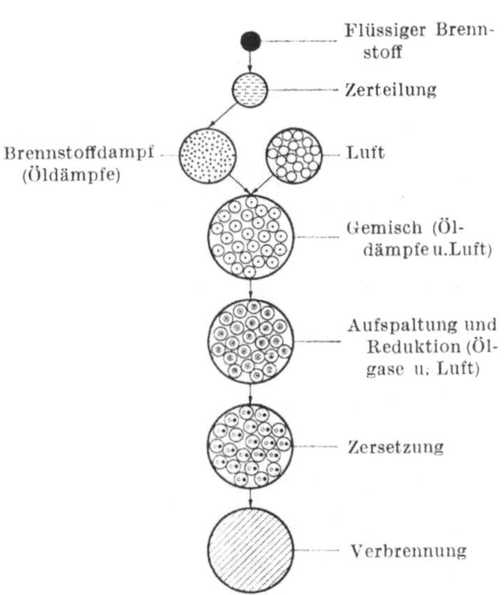

103. Verbrennungsvorgang eines flüssigen Brennstoffes (ringförmig gebundene Kohlenwasserstoffe).

und die nachfolgende Zersetzung der gebildeten Ölgase und die Verbrennung ihrer Elemente, besonders aber die vollständige Verbrennung des nur träge verbrennenden Kohlenstoffes gelingt in befriedigender Weise.

Voraussetzung hierfür ist, daß der Brennstoff nicht auf einmal, sondern allmählich in den Zylinder eingespritzt wird. Nur bei allmählicher Brennstoffzuführung ist zur richtigen Durchführung der hintereinanderfolgenden Verbrennungsvorgänge: Zerteilung des flüssigen Brennstoffes und Verteilung im Verdichtungs-

raum, **Verdampfung**, Gemischbildung, Aufspaltung und Ölgasbildung, **Zersetzung** und **Verbrennung**, stets die erforderliche
Wärmemenge und genügende Zeit verfügbar (Bild **103**).

Je größer der Kohlenstoffgehalt oder je kleiner der Wasserstoffgehalt in dem aus ringförmig gebundenen Kohlenwasserstoffen
bestehenden Brennstoff ist, um so schwieriger ist es, die Aufspaltung
und Reduktion der schweren CH-Dämpfe zu erreichen. Enthält
der flüssige Brennstoff außerdem noch einen größeren Anteil freien
Kohlenstoffs, wie dies z. B. bei den **Steinkohlenteeren** der Fall ist,
dann gelingt seine Aufspaltung und richtige Verbrennung mit den
einfachen Mitteln der üblichen Verbrennungsverfahren nicht mehr,
sondern es müssen **neue Arbeitsverfahren** ausgebildet werden,
mit denen es möglich ist, für die Verbrennung bessere Katalysator-
wirkung zu erreichen.

Bis jetzt ist eine brauchbare Ölmaschine zur Verbrennung
aller Sorten Steinkohlenteere noch nicht gefunden. An verschiedenen Stellen wird aber an der Ausbildung eines hierfür geeigneten
Verbrennungsverfahrens und der dafür passenden baulichen Anordnung gearbeitet, das für die Entwicklung des Ölmaschinenbetriebes
von großer Bedeutung wäre, weil die Ausbeute an Ölen, wie sie
für die jetzigen Betriebe geeignet sind, bisher nur gering ist,
während Steinkohlenteere in größeren Mengen und noch zu billigen
Preisen zu haben sind.

Die bisher vorgeschlagenen und versuchten Maschinen, die
die Verwendung verschiedenartiger Steinkohlenteere ermöglichen
sollten, gewährleisteten noch keine sichere Betriebsführung. Außerdem war ihre Wartung meist zu umständlich und zu schwierig, und
daraus ergaben sich ständige Betriebsstörungen.

Um billigen und sicheren Ölmaschinenbetrieb zu erreichen,
sind daher noch andere Wege eingeschlagen worden. Vielfache
Versuche wurden gemacht, die Einrichtungen zur Koksbereitung so
umzugestalten, daß die entstehenden Steinkohlenteere günstigere,
dem Maschinenbetriebe besser entsprechende Eigenschaften erhalten.

Die Vereinigung beider Wege: Schaffung geeigneterer Maschinen
und Gewinnung besserer Teere, kann zur Weiterentwicklung der
Ölmaschinenbetriebe in dieser Richtung führen.

2. Eigenschaften der flüssigen Brennstoffe und Eignung für Ölmaschinenbetrieb.

Die zum Betriebe von Ölmaschinen brauchbaren Öle können nach der Beschaffenheit ihrer Dämpfe geschieden werden in:

1. Flüssige Brennstoffe, die hauptsächlich Zünddämpfe bilden, d. h. Dämpfe, die beim Sieden von Ölen zwischen etwa 20 und 150° C. entstehen.

Derartige Brennstoffe sind zum Betriebe von Hochdruck-öleinspritzmaschinen (Diesel-, Glühkopf- und ähnlichen Öl-maschinen) wenig geeignet, in ausgezeichneter Weise aber zum Betriebe von Vergasermaschinen.

2. Flüssige Brennstoffe, die hauptsächlich Ölgase ergeben, d. h. Dämpfe, die beim Erwärmen eines aus aliphatischen oder kettenförmig gebundenen Kohlenwasserstoffen bestehenden Öls zwischen etwa 100 und 400° C. entstehen, sich verhältnismäßig leicht zersetzen und infolge des großen H-Gehaltes rasch verbrennen lassen.

Derartige Brennstoffe sind zum Betriebe von Hochdruck-ölmaschinen vorzüglich geeignet, während sie für Vergaser-maschinen nach den bisherigen Erfahrungen fast unbrauchbar sind.

3. Flüssige Brennstoffe, die beim Sieden fast ausschließlich Öldämpfe erzeugen, d. h. Dämpfe aus ringförmig gebundenen Kohlenwasserstoffen, die sich zwischen etwa 150 und 450° C. bilden, sich nur bei größerer Hitze zersetzen und infolge ihres verhält-nismäßig geringen Wasserstoffgehaltes nur träge verbrennen.

Rasche Verbrennung ist zu erzielen, wenn die Öldämpfe vor der Zersetzung zu Ölgasen reduziert werden.

Diese Brennstoffe sind für Hochdruckölmaschinen nur bei zweckentsprechenden Vorbereitungen: Vorwärmen, Vorein-spritzen von Zündöl usw. brauchbar. Für Vergasermaschinen sind sie unverwendbar.

Neben diesen drei Hauptgruppen von Ölen gibt es noch verschiedene Zwischengruppen, die charakteristische Eigen-schaften von zwei oder von allen drei Gruppen besitzen.

Übersicht der flüssigen Brennstoffe für Ölmaschinenbetriebe.

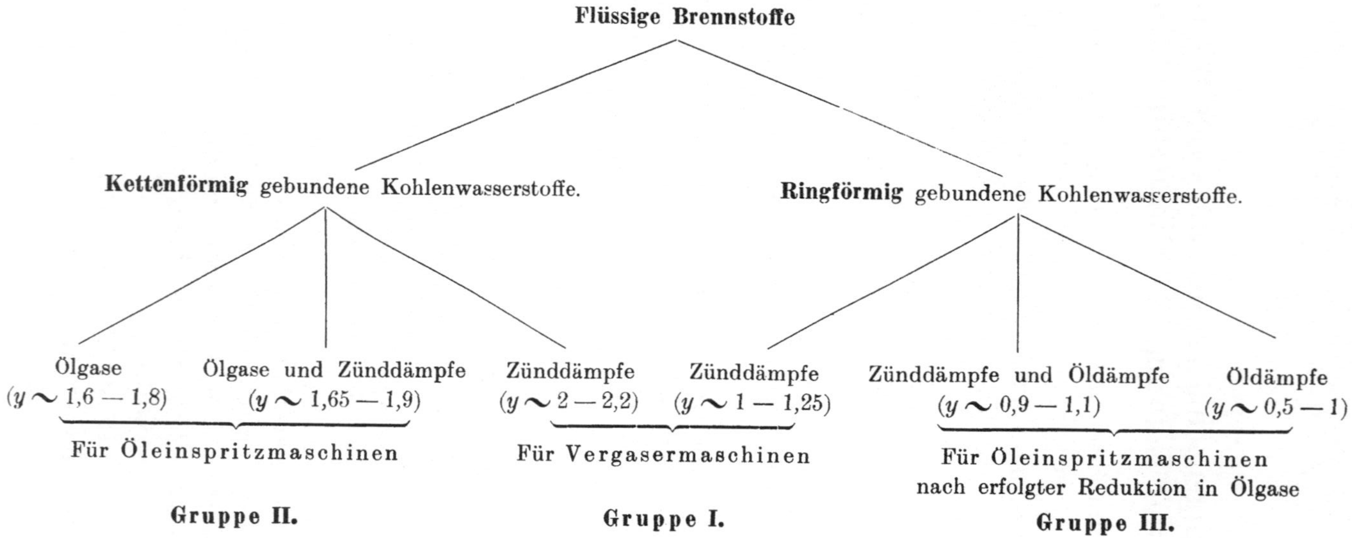

Es gibt Öle, die wohl in der Hauptsache Ölgase, aber auch viel Zünddämpfe bilden, z. B. das rohe Erdöl und Lampenpetroleum. Diese Öle eignen sich wohl im allgemeinen für den Betrieb von Hochdrucködmaschinen. Je mehr niedrig siedende Zünddämpfe sie aber bilden, um so plötzlicher geht die erste Entzündung vor sich, und um so heftiger ist die damit verbundene Drucksteigerung, um so schlechter wird außerdem die Mischung und infolgedessen der weitere Verlauf der Verbrennung. Unter Umständen entstehen auch Frühzündungen im Einspritzeinsatz.

Es gibt auch Öle, die zum größten Teil Öldämpfe, aber außerdem noch ziemlich viel Zünddämpfe bilden. Schließlich kann man durch Mischung jede beliebige Zwischenstufe flüssiger Brennstoffe erreichen.

Welche Eigenschaften eines Brennstoffes kennzeichnen seine Eignung zum Ölmaschinenbetrieb einwandfrei und unzweideutig? Hierüber sind die Meinungen noch geteilt.

Einzelne Fachleute sind der Ansicht, daß allein die Wasserstoffzahl y richtige Kennzeichnung ermögliche. Allerdings ist ein Brennstoff im allgemeinen um so besser zum Betriebe von Hochdruckölmaschinen geeignet, je größer seine Wasserstoffzahl ist. Es gibt aber sowohl Brennstoffe mit hoher Wasserstoffzahl, wie Benzin, als solche mit kleiner Wasserstoffzahl, wie Benzol und Naphthalin, die sich zum Betriebe von Öleinspritzmaschinen nicht gut eignen. Die letzteren sind Brennstoffe der 1. Gruppe, welche vornehmlich Zünddämpfe bilden.

Schon aus diesem Grunde ist die Wasserstoffzahl allein kein sicheres Kennzeichen für die Brauchbarkeit eines Treiböls. Jedenfalls ist außer ihr noch der Verdampfungsverlauf von Einfluß.

Aber selbst wenn diese beiden Kennzeichen günstig sind, können unter Umständen geringe Anteile von Beimengungen, wie Säuren, Wasser oder feste Stoffe, oder besondere noch nicht ausreichend erforschte Eigenschaften das betreffende Öl zum Betriebe von Verbrennungsmaschinen unbrauchbar machen.

Wichtig ist außerdem die Zähigkeit des Öls, der Heizwert, das spezifische Gewicht, das Verhalten in der Kälte, das Verhalten beim Lagern, der Geruch usw. Im nachfolgenden sollen die wesentlichen Eigenschafteen und ihr Einfluß auf den Betrieb der Ölmaschinen näher untersucht werden.

Verdampfung.

Über den Anteil an Zünddämpfen, die ein flüssiger Brennstoff bildet, gibt die Siede-Analyse und die den Verlauf der Verdampfung im Zusammenhang mit der Temperatur darstellende Verdampfungskurve des Brennstoffs ausreichenden Aufschluß.

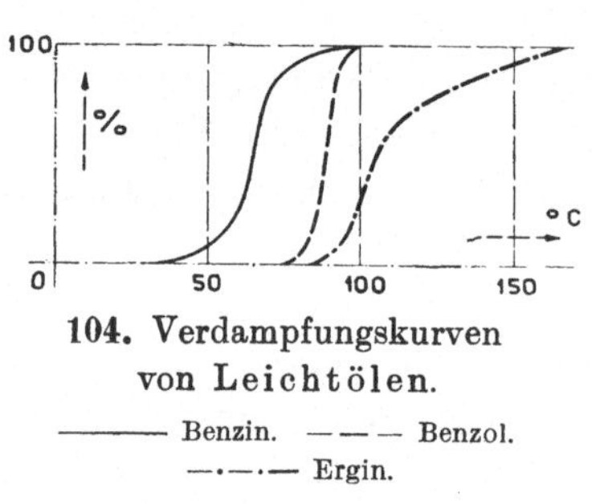

104. Verdampfungskurven
von Leichtölen.

———— Benzin.   — — — Benzol.
—·—·— Ergin.

Bild **104** zeigt die Verdampfungskurve eines mittelschweren Benzins (ausgezogene Linie), eines guten Handelsbenzols (gestrichelte Linie) und des Ergins (strichpunktierte Linie). Es sind dies Brennstoffe, die fast nur Zünddämpfe entwickeln, somit vorteilhaft nur für Vergasermaschinen brauchbar sind.

Je leichter verdampfbar solche Vergaserbrennstoffe sind, je näher die Endtemperaturen des Verdampfungsvorganges beieinander liegen, also je steiler die Verdampfungskurve verläuft, um so besser und sicherer ist der Verbrennungsprozeß in der Maschine durchzuführen.

Ein Vergaserbrennstoff, der aus einem Gemisch von sehr leicht und von schwerer verdampfbaren Teilen besteht, wie beispielsweise, seiner Verdampfungskurve nach, das Ergin, ist für Vergasermaschinen weniger geeignet als die beiden anderen Brennstoffe, Benzin und Benzol, deren steilere Verdampfungskurven im gleichen Bilde dargestellt sind. Die leicht siedenden Bestandteile vergasen zuerst, während die schwerer verdampfbaren unter Umständen als Rückstand im Vergaser verbleiben.

In Bild **105** sind die Verdampfungskurven eines Lampenpetroleums (ausgezogene Linie), eines Solaröles (gestrichelte Linie) und eines leichten Steinkohlenteeröls (strichpunktierte Linie) gezeichnet. Alle drei Brennstoffe sind in Hochdruckölmaschinen zu verwenden, doch eignen sie sich dazu in verschiedenem Maße.

Lampenpetroleum kann unter Umständen infolge seines Gehalts an leichtflüchtigen Bestandteilen Zünddämpfe bilden, und dadurch kann sich scharfe Entzündung und schlechtere Mischung beim Einspritzen ergeben. Andrerseits eignet es sich bei entsprechender Vorwärmung auch noch zum Betriebe von Vergasermaschinen.

Solaröl zeigt schon in ausgesprochener Weise die kennzeichnende Verdampfungskurve eines für Ölmaschinenbetrieb gut brauchbaren Brennstoffes; die Zünddampfbildung ist bei ihm geringer als beim Petroleum, es ist daher für Vergasermaschinen wenig geeignet.

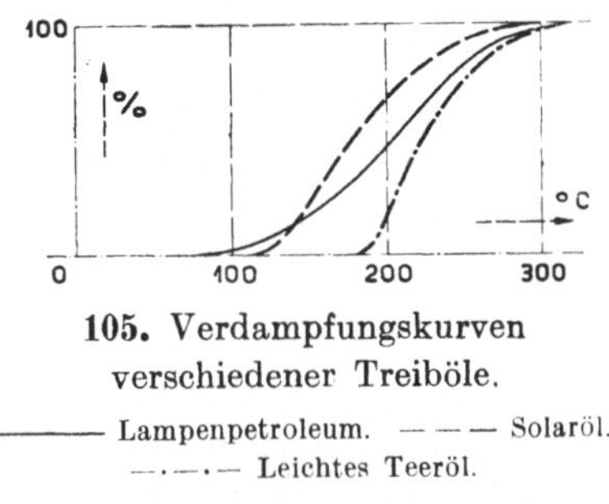

105. Verdampfungskurven
verschiedener Treiböle.

———— Lampenpetroleum. ——— Solaröl.
—·—·— Leichtes Teeröl.

Die Verdampfungskurve des leichten Teeröls zeigt gar keine Zünddämpfe. Somit ist dieser Brennstoff für gewöhnlichen Vergaserbetrieb unbrauchbar. Sonst verläuft die Verdampfung günstig, da sie bei etwa 180⁰ beginnt und bei 300⁰ nahezu beendet ist. Wegen seiner Verdampfungsfähigkeit wäre daher dieses Öl ausgezeichnet für Ölmaschinen geeignet. Trotzdem ist es dazu aber weniger brauchbar als das Gasöl, dessen Verdampfungskurve in Bild 106 an-

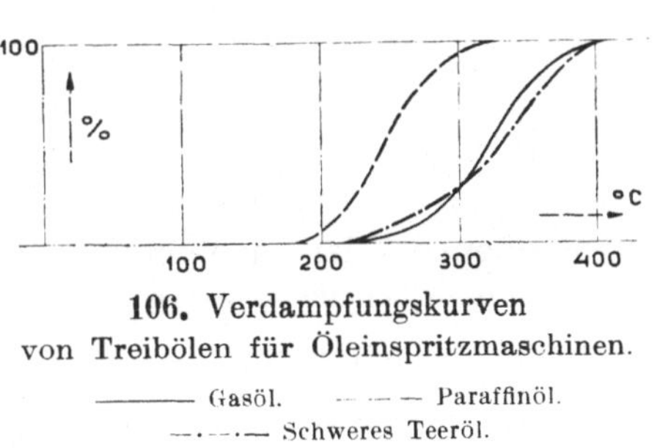

106. Verdampfungskurven
von Treibölen für Öleinspritzmaschinen.

———— Gasöl. ——— Paraffinöl.
—·—·— Schweres Teeröl.

gegeben ist (ausgezogene Linie). Der Verbrennungsverlauf des Teeröls ist wesentlich ungünstiger, weil es aus ringförmig gebundenen, schwer zersetzlichen Kohlenwasserstoffen, das Gasöl dagegen aus aliphatischen, leicht zersetzlichen CH-Verbindungen besteht.

In diesem Falle würde die Wasserstoffzahl eine bessere Kennzeichnung ergeben als die Verdampfungskurven, die nur für Brennstoffe ungefähr gleicher chemischer Beschaffenheit eine nähere Unterscheidung ermöglichen würden. So ist beispielsweise das Paraffinöl mit der in Bild 106 gestrichelt gezeichneten Verdampfungskurve bei gleicher Wasserstoffzahl günstiger als das

Gasöl, während andrerseits das in diesem Bilde angegebene schwere Teeröl weniger geeignet ist als das im Bild **105** dargestellte leichte Teeröl.

Entflammung (Flammpunkt).

Die Verdampfungskurven geben im allgemeinen auch Aufschluß über die mehr oder weniger große Entflammbarkeit und damit über die Feuergefährlichkeit eines flüssigen Brennstoffes. Je mehr Zünddämpfe ein Brennstoff entwickelt, um so feuergefährlicher ist er in der Regel.

Unter Flammpunkt wird die Temperatur verstanden, bei welcher der Brennstoff Dämpfe bildet, die mit der Luft ein entzündbares Gemisch geben, das beim Vorbeistreichen einer Brennquelle vorübergehend aufflammt.

Danach könnte auch ein Brennstoff, der fast gar keine Zünddämpfe bildet, dennoch einen niedrigen Flammpunkt besitzen, wenn er nur geringe Mengen leichtflüchtiger Beimengungen, z. B. von früheren Destillationsvorgängen her, enthielte. Wenn ein derartiger Brennstoff in einem offenen Behälter gelagert wird, dann können diese geringen Mengen leichtflüchtiger Bestandteile unter Umständen schon durch kräftiges Lüften entfernt werden. Der Flammpunkt hat daher verschiedenen Wert, je nachdem er in einem offenen oder in einem geschlossenen Gefäß bestimmt wird.

Die Brennstoffe werden nach ihrem Flammpunkt in drei Gefahrenklassen eingeteilt:

Gefahrenklasse I: Brennstoffe, die unter 21° C. entzündbare Dämpfe bilden, die Temperatur auf Normalluftdruck, 760 mm, bezogen.

Diese Öle sind außerordentlich feuergefährlich; für ihre Handhabung, Lagerung, Transport usw. gelten daher besondere, scharfe Vorschriften.

Zur ersten Gefahrenklasse gehören Benzin und Benzol.

Gefahrenklasse II: Flüssige Brennstoffe, die zwischen 21° und 65° C. entflammbare Dämpfe geben.

Die polizeilichen Vorschriften für diese Brennstoffe sind zwar weniger zahlreich als für Klasse I, beschränken aber immerhin die freie Handhabung.

Zur zweiten Gefahrenklasse gehört beispielsweise das Lampenpetroleum, das in Deutschland nur dann in den Handel gebracht werden darf, wenn sein Flammpunkt über 21^0 C. liegt.

Es ist zu beachten, daß, obwohl der Flammpunkt einzelner Petroleumsorten schon unter 30^0 C. liegt, doch erst bei etwa 100^0 C. der eigentliche Verdampfungsvorgang beginnt. Der niedrige Flammpunkt rührt zumeist davon her, daß geringe Mengen Benzin infolge unvollständiger Abdestillierung im Petroleum verblieben sind.

Das gleiche gilt für die meisten flüssigen Brennstoffe, die durch ein Destillationsverfahren erzeugt werden.

Gefahrenklasse III: Brennstoffe, die zwischen 65 und 140^0 C. entzündbare Dämpfe bilden.

Zu dieser Klasse gehören die meisten für den Betrieb von Ölmaschinen geeigneten flüssigen Brennstoffe. die Treiböle.

Gefahrenklasse IV: Flüssige Brennstoffe von höherem Flammpunkt als 140^0 C. Diese unterliegen keinerlei besonderen polizeilichen Vorschriften. Hierzu gehören aber keine Treiböle, sondern nur Schmieröle, Fette usw.

Brennpunkt.

Als Brennpunkt eines Brennstoffs wird diejenige Temperatur bezeichnet, bei der ein flüssiger Brennstoff Dämpfe bildet, die bei vorübergehender Berührung mit einer Flamme in dauerndes Brennen geraten. Der Brennpunkt liegt daher meistens wesentlich (20—60^0 C.) höher als der Flammpunkt.

Zündpunkt.

Weder der Flammpunkt noch der Brennpunkt eines flüssigen Brennstoffes gibt ein Maß für diejenige Temperatur, bei der ein Brennstoff mit Luft gemischt sich von selbst entzündet.

Der Brennstoff wird auf eine Platte von möglichst gleichmäßiger Temperatur getropft und diejenige Temperatur bestimmt, bei der die Entzündung eintritt (Zündpunkt).

Danach ergibt sich der Zündpunkt der aliphatischen Erdöldestillate, die für Ölmaschinenbetrieb sehr gut verwendbar sind, zu etwa 400 bis 500^0 C., während die Steinkohlendestillate erst bei ungefähr 550 bis 650^0 C. zünden.

Der Zündpunkt entspricht somit nicht etwa der Verdampfbarkeit oder dem Flamm- und Brennpunkt, sondern in ihm kommt
die Zersetzungs- und Brennfähigkeit zum Ausdruck. Daher
ist der Zündpunkt eines Steinkohlenteeröls höher als der eines
Gasöls, obwohl dieses schwerer verdampft als das Teeröl.

Bei einem aus aliphatischen Kohlenwasserstoffen bestehenden,
schwer verdampfbaren Öl (ausgezogene Verdampfungskurve in
Bild **107**), das geringe Mengen leicht siedender Bestandteile enthält, die Zünddämpfe bilden, kann der Zündpunkt niedriger sein
als bei einem leichter verdampfbaren Öl, das keine Zünddämpfe
bildenden Bestandteile hat
(gestrichelte Verdampfungskurve in Bild **107**).

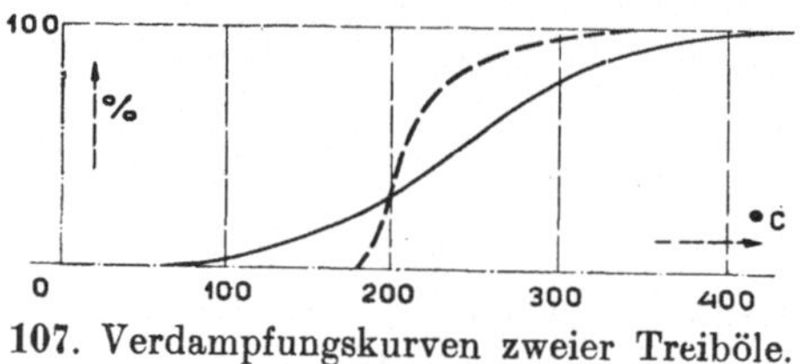

107. Verdampfungskurven zweier Treiböle.

——— Öl mit Zünddämpfen.
— — — Öl ohne Zünddämpfe.

Der Unterschied in der
Zersetzungs- und Brennfähigkeit zeigt sich bei der Zündpunktbestimmung dadurch,
daß z. B. ein aus aliphatischen CH-Verbindungen be-
stehendes Öl auf einer Platinplatte restlos verbrennt, während ein
aus ringförmig gebundenen Kohlenwasserstoffen bestehendes Teeröl
einen Rückstand an unverbranntem Kohlenstoff (Koks) zurückläßt.

Die Zündpunktbestimmung gibt somit ein ziemlich gutes Bild
von der Brennfähigkeit eines Öls; der Zündpunkt allein läßt
aber noch keine einwandfreien Schlußfolgerungen zu (vgl. die Ausführungen S. 131). Außer dem Werte für den Zündpunkt müßte
stets noch die Art seiner Bestimmung, ob im Platin-, Nickel-
oder Porzellantiegel, ob im Luft- oder Sauerstoffstrom usw., ferner
der Verlauf der Verbrennung und die Art der Rückstände angegeben werden.

In der Verbrennungsmaschine erfolgt die Zündung, infolge
der hohen Vorverdichtung der Luft oder des Gemisches, bei etwas
niedrigerer Temperatur, als der Zündpunkt angibt.

Erstarrungspunkt (Stockpunkt).

Der Erstarrungspunkt soll einen ungefähren Anhalt für
das Verhalten der Öle in der Kälte geben. Er gibt diejenige
Temperatur an, bei der das ruhig lagernde Öl fest zu werden

beginnt. Die Kenntnis des Stockpunktes ist wichtig wegen des Betriebs von Ölmaschinen im Winter.

Der leichtestflüchtige Brennstoff, das Benzin, hat auch einen tiefen Erstarrungspunkt, meist unter — 40° C. liegend. Das fast ebenso leichtflüchtige Benzol erstarrt schon früher, und zwar je nach der Beschaffenheit zwischen 5° und — 15° C. Sein Erstarrungspunkt kann durch besondere Zusätze (z. B. von Toluol, Xylol u. dgl.) herabgesetzt werden. Hiervon wird beim Betriebe von Kraftfahrzeugmaschinen Gebrauch gemacht.

Der Erstarrungspunkt der für den Betrieb von Hochdruckölmaschinen besonders geeigneten Treiböle, die aus aliphatischen Kohlenwasserstoffen bestehen, liegt je nach dem Gehalt an Paraffin, Wasser, Asphalt usw., zwischen etwa $+5°$ und $-20°$ C. Irgend eine bestimmte Gesetzmäßigkeit ist für ihr Erstarren bisher nicht gefunden worden. Ähnlich wie sie verhalten sich auch die Steinkohlendestillate.

Wesentlich wichtiger als der Erstarrungspunkt ist der Grad der Zähflüssigkeit der Öle bei verschiedenen Temperaturen.

Zähigkeit (Viskosität).

Die Kenntnis der Zähigkeit oder des Fließvermögens der Öle ist für den Betrieb von Ölmaschinen besonders im Winter wichtig, da es notwendig ist, daß ein Treiböl auch in der Kälte sicher durch die engen Rohre zu den Einspritzdüsen usw. geleitet werden kann. Öle, die in der Kälte dickflüssig sind, müssen entsprechend vorgewärmt werden, damit sie leicht gepumpt und fortgeleitet werden können.

Die Zähigkeit wird in Deutschland in Engler-Graden bestimmt, als eine Vergleichszahl, die den Quotienten aus der zum Ausfließen von 0,2 l Öl erforderlichen Zeit, bei der betreffenden Temperatur, und der Ausflußzeit einer gleichen Menge Wasser von 20° C. angibt.

Die Zähigkeit wird meistens nur bei dickflüssigeren Ölen bestimmt und kann von verschiedenen Faktoren abhängen. Bei den Erdölen und ihren Destillaten ist der Paraffin- und Asphaltgehalt von großem Einfluß.

Öle mit größerem Paraffingehalt sind bei gewöhnlicher Lufttemperatur ($\sim 15°$ C.) noch ausreichend dünnflüssig; aber in der Kälte wird Paraffin ausgeschieden, und dann erstarren solche Öle oft plötzlich.

Asphalthaltige Öle werden mit abnehmender Temperatur immer dickflüssiger, sie erstarren aber in der Kälte nicht plötzlich.

Steinkohlenteeröl scheidet in der Kälte Naphthalin aus und wird dadurch immer dickflüssiger.

Durch kräftiges, rechtzeitiges Vorwärmen der Brennstoffbehälter und der Leitungen kann genügende Dünnflüssigkeit erreicht werden.

Um beurteilen zu können, wann man mit dem Vorwärmen beginnen muß, ist die Kenntnis der Zähigkeit bei verschiedenen Temperaturen notwendig. In den Tabellen S. 182 u. 184 sind die Zähigkeitszahlen der wichtigsten Erdöle und Erdöldestillate, in der Tabelle S. 192 die der wesentlichsten Steinkohlenteere und Teeröle und in der Tabelle S. 188 die der Braunkohlenteeröle und Pflanzenöle bei Temperaturen von 20 bis 100° C. nach Constam und Schläpfer (Zeitschr. d. Ver. deutsch. Ing. 1913) angegeben.

Aus diesen Tabellen ist zu ersehen, daß das Fließvermögen mit der chemischen Zusammensetzung der Treiböle in keinem unmittelbaren Zusammenhang steht, da beispielsweise sowohl Erdöldestillate wie Braunkohlen- und Steinkohlenteeröle noch bei 20° C. sehr dünnflüssig sind (unter 5° E.).

Erfahrungen:

■ Öl konnte störungsfrei durch enge Rohrleitungen zur Maschine nur dann geleitet werden, wenn es noch unter 20° C. ausreichend dünnflüssig war. Die meisten Braunkohlen- und Steinkohlenteeröle, sowie verschiedene Erdöle, besonders die galizischen und ihre Destillate, entsprachen dieser Bedingung.

Paraffinreiche Erdöle waren bei 20° C. noch sehr dünnflüssig, aber sie erstarrten durch Ausscheidung von Paraffin bei ungefähr 0° C. plötzlich.

Steinkohlenteeröle, die ebenfalls bei 20° C. noch sehr dünnflüssig waren, schieden bei niedrigeren Temperaturen, besonders in der Nähe von 0° C., Naphthalin aus und wurden dann rasch zähflüssig und zur Fortleitung ungeeignet. Durch Vorwärmen konnte dem Übelstande abgeholfen werden. Im Sommer und überhaupt bei Lufttemperatur über 10^0 C. war solche Vorwärmung in der Regel nicht erforderlich.

Verschiedene asphaltreiche Erdöle und ihre schweren Destillate, sowie die meisten Steinkohlenteere waren derart zähflüssig, daß es schwierig war, sie ohne kräftige Vorwärmung fortzuleiten und zu zerstäuben.

Treiböle, die bei ungefähr 80^0 C. nicht mindestens 5^0 Engler Zähigkeit nachwiesen, waren für Ölmaschinenbetrieb ungeeignet, denn die meisten dieser Brennstoffe enthalten leichtsiedende Bestandteile, die bei zu starkem Vorwärmen verdampften und zu Frühzündungen im Einspritzeinsatz Anlaß gaben. ■

Zur Bestimmung der zum Vorwärmen eines flüssigen Brennstoffes notwendigen Wärmemenge ist die Kenntnis der spezifischen Wärme c erforderlich, die angibt, wieviel Wärmeeinheiten gebraucht werden, um die Temperatur von 1 kg des Brennstoffes um 1^0 C. zu erhöhen.

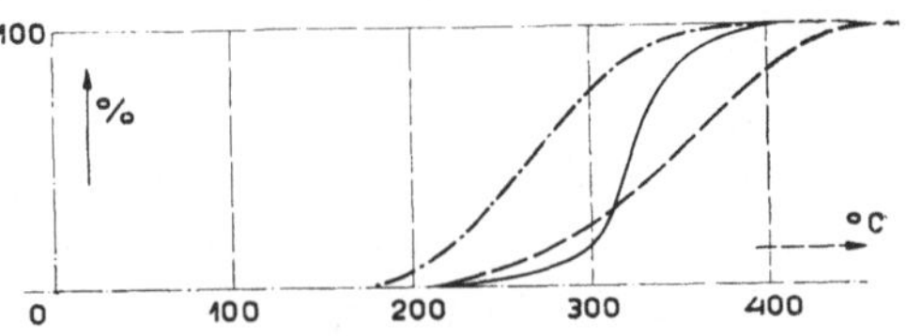

108. Verdampfungskurven verschieden zäher Treiböle.

———— Südamerikanisches Rohöl.   — — — Koksofenteer.
—·—·— Galizisches Rohöl.

Bei den meisten Treibölen sind im Werte der spezifischen Wärme nur geringe Unterschiede vorhanden. Allgemein ist etwa

$$c = 0.4 - 0.7 \text{ WE/kg.}$$

Die Erdölprodukte und Braunkohledestillate haben eine spezifische Wärme

$$c = 0.4 - 0.5 \text{ WE/kg.}$$

Die Steinkohlendestillate, im besonderen die Steinkohlenteeröle, haben ein $c = \sim 0.6$ WE/kg.

Die angegebenen Zahlen beziehen sich auf den Temperaturbereich von ungefähr 20 bis 80^0 C.

Im allgemeinen ist ein Öl um so zähflüssiger, je mehr schwer verdampfbare Bestandteile es enthält. So zeigt z. B. ein stark asphalthaltiges und demzufolge sehr zähflüssiges südamerikanisches Rohöl den im Bild 108 durch die ausgezogene Linie dargestellten

Verdampfungsverlauf. Der Hauptteil des Öls verdampft erst zwischen 300 und 400° C. Einen ähnlichen Verdampfungsverlauf (gestrichelte Verdampfungskurve in Bild **108**) weist ein sehr zähflüssiger Koksofenteer auf.

Diesen beiden Ölen gegenüber zeigt ein asphaltfreies **galizisches Rohöl** die strichpunktiert dargestellte Verdampfungskurve. Der Hauptteil des Öls verdampft also schon zwischen 250 und 300° C. Dieses Treiböl besitzt auch geringe Zähigkeit.

Im Zusammenhang mit der Zähigkeit und mit dem Verhalten bei der Verdampfung steht das **spezifische Gewicht** der Öle.

Spezifisches Gewicht.

Das spezifische Gewicht γ des Öls wächst in der Regel mit der Menge der schwer verdampfbaren Bestandteile, mit der Zähflüssigkeit und mit abnehmender Wasserstoffzahl y.

Das spezifische Gewicht des leichtflüchtigen **Benzins**, das zudem eine große Wasserstoffzahl, etwa 2,2, besitzt, ist daher am kleinsten, ungefähr 0,7. Das fast ebenso leichtflüchtige **Benzol** hat wegen des wesentlich geringeren Wasserstoffgehalts $(y = \sim 1)$ ein wesentlich höheres spezifisches Gewicht ($\sim$ 0,88).

Bei Brennstoffen mit ungefähr gleichem Wasserstoffgehalt steigt das spezifische Gewicht mit der Schwere der Destillationsprodukte.

Für die in Bild **108** mit ihren Verdampfungskurven angegebenen Öle ergeben sich die folgenden spezifischen Gewichte:

Für das **galizische Rohöl** (strichpunktiert) $\gamma = \sim$ 0,87,

für das wesentlich schwerer verdampfbare **südamerikanische Rohöl** (ausgezogene Linie) $\gamma = \sim$ 0,97.

Die Wasserstoffzahlen beider Öle unterscheiden sich nur wenig voneinander ($y \sim 1,7$ und 1,6). Kommt zu der schweren Verdampfbarkeit noch geringer Wasserstoffgehalt hinzu, wie beim **Koksofenteer** (gestrichelte Linie, Wasserstoffzahl $y = \sim$ 0,8), dann steigt das spezifische Gewicht auf $\gamma = \sim$ 1,17, also auf mehr als 1.

Die Steinkohlenteere und Teeröle haben fast sämtlich ein spezifisches Gewicht, größer als 1. Dies ist, abgesehen von den sonstigen damit zusammenhängenden Eigenschaften kein Nachteil, unter Umständen sogar vorteilhaft.

Wird als Einheitsvolumen das Liter und das Gewicht eines Liters Wasser zu 1 kg angenommen, dann gibt das spezifische

Gewicht γ zugleich das Gewicht eines Liters der Flüssigkeit in Kilogramm an. 1 Liter Benzin mit $\gamma = 0{,}7$ wiegt also 0,7 kg, 1 Liter Koksofenteer mit $\gamma = 1{,}17$ aber 1,17 kg.

Bei einem Benzinbrande würde somit Wasser zum Löschen unwirksam sein, weil Benzin auf Wasser schwimmt, während Brände von Steinkohlenteerölen und Teeren durch Wasser gelöscht werden können. Am besten ist es, vorzusehen, daß die brennenden Teerölbehälter unter Wasser gesetzt werden können.

Hohes spezifisches Gewicht ist für die Lagerung vorteilhaft. Je höher das spezifische Gewicht, um so größer ist das Ladegewicht an Brennstoff, das in einem bestimmten Raume untergebracht werden kann.

Allerdings wird mit dem höheren spezifischen Gewicht in der Regel die Verdampfbarkeit geringer und die Zähigkeit größer, so daß das Öl vor dem Fortleiten erst erwärmt werden muß.

Außerdem nimmt mit wachsendem spezifischen Gewicht in der Regel der Heizwert des Brennstoffes und damit die Leistungsfähigkeit ab.

Zur Bestimmung des für eine bestimmte Menge eines flüssigen Brennstoffs erforderlichen Lagerraumes ist die Kenntnis der Ausdehnungszahl α erforderlich, welche angibt, um wieviel sich die Volumeinheit der Flüssigkeit beim Erwärmen um 1^0 C. in einem bestimmten Temperaturbereich ausdehnt.

Die leichtflüchtigen, nur Zünddämpfe bildenden Brennstoffe der 1. Gruppe haben die größte Ausdehnungszahl, nämlich:

$$\text{Benzin} \quad \alpha = \sim 0{,}0013,$$
$$\text{Benzol} \quad \alpha = \sim 0{,}0012.$$

Mit der Verdampfbarkeit nimmt α zu. Dies ergibt sich aus den folgenden Angaben:

$$\text{Erdölrückstand} \quad \alpha = \sim 0{,}0007,$$
$$\text{Gasöl} \qquad\qquad \alpha = \sim 0{,}00076,$$
$$\text{Petroleum} \qquad \alpha = \sim 0{,}001.$$

Die Ausdehnungszahl der Braunkohlen- und Steinkohlendestillate schwankt zwischen

$$\sim 0{,}0008 \text{ und } 0{,}0006.$$

Die angegebenen Ausdehnungszahlen entsprechen ungefähr dem Temperaturbereich zwischen 10^0 und 30^0 C.

Heizwert.

Je größer der Heizwert eines Brennstoffes, desto größer die Leistung eines bestimmten Brennstoffgewichts. Mit wachsendem spezifischen Gewicht ergibt sich ein Lagerungsvorteil nur dann, wenn der Heizwert sich nicht entsprechend verschlechtert.

Im allgemeinen nimmt der Heizwert mit dem spezifischen Gewicht ab (Bild **109**), weil damit in der Regel auch der Wasserstoffgehalt im Brennstoff abnimmt. Doch läßt sich eine bestimmte, in einfacher Form ausdrückbare Gesetzmäßigkeit nicht nachweisen.

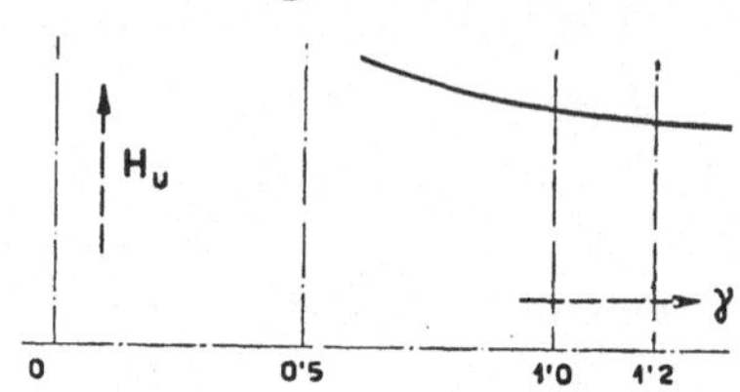

109. Heizwert der Treiböle in Abhängigkeit vom spezifischen Gewicht.

Bei Brennstoffen, die sich vornehmlich aus Kohlenstoff und Wasserstoff zusammensetzen, besteht jedoch ein einfacher Zusammenhang. Beispielsweise gilt für viele Erdöle und ihre Destillate annähernd:

$$H_u = \sim a + \frac{b}{\gamma},$$

wobei

$$a = \sim 9600,$$
$$b = \sim 500.$$

Für ein Gasöl von $\gamma = \sim 0{,}87$ ist danach:

$$H_u = \sim 10170 \; WE/kg.$$

Für ein Schwerbenzin von $\gamma = \sim 0{,}74$ ergibt sich:

$$H_u = \sim 10\,300 \; WE/kg.$$

Enthalten Öle aber zu erheblichem Teile **unverbrennbare Beimengungen** oder solche von **niedrigem Heizwert**, so kann ein bestimmtes Gesetz nicht mehr aufgestellt werden. Der Heizwert nimmt dann jedenfalls mit der Menge derartiger Beimengungen ab.

Dies zeigt sich sehr deutlich beim **Spiritus**, der ungefähr 50% Kohlenstoff, 13% Wasserstoff, 30% Sauerstoff und im übrigen **Wasser** enthält. Der große Gehalt an Sauerstoff drückt den Heizwert auf unter 6000 WE/kg herab.

Andrerseits muß ein größerer Gehalt an heizwertreichem

Wasserstoff den Heizwert des Brennstoffs erhöhen; daher haben die aus aliphatischen Kohlenwasserstoffen mit großer Wasserstoffzahl y bestehenden flüssigen Brennstoffe höheren Heizwert als die aus ringförmig gebundenen Kohlenwasserstoffen bestehenden Steinkohlendestillate mit kleinerer Wasserstoffzahl y. Nur wenn Erdöle größere Mengen heizwertarmer Bestandteile enthalten, wie beispielsweise Schwefel ($H_u = \sim 2200$ WE/kg) oder Asche, Wasser usw., kann ihr Heizwert kleiner werden als der von Steinkohlenteerölen.

Je heizwertreicher ein flüssiger Brennstoff ist, um so wertvoller ist er in der Regel für den Betrieb von Verbrennungsmaschinen. Der spezifische Brennstoffverbrauch nimmt zumeist mit wachsendem Heizwert eines Brennstoffs ab.

Dies ist besonders für Fahrzeugbetriebe wichtig, bei denen es darauf ankommt, die verlangte Leistung mit möglichst kleinem Gewicht möglichst lange Zeit zu liefern. Bei gleichem Gewicht an flüssigem Brennstoff steigt die Fahrweite mit wachsendem Heizwert.

Der Heizwert darf nur durch kalorimetrische Messungen, nicht aber durch Berechnung aus der Analyse und den Heizwerten der Elemente bestimmt werden.

Maßgebend ist derjenige untere Heizwert, der sich auf den tatsächlich zum Betriebe verwendeten Brennstoff bezieht. Wenn somit ein Treiböl Beimengungen enthält, wie beispielsweise das Steinkohlenteeröl Naphthalin, das sich in der Kälte abscheidet, so darf zur Prüfung nicht das von Naphthalin freie Öl genommen, sondern es muß zuvor das ausgeschiedene Naphthalin wieder im Öl gelöst werden. Andrerseits muß bei einem Treiböle, das Wasser enthält, die zur Heizwertbestimmung dienende Probemenge wasserfrei sein, da das Wasser vor dem Betriebe doch stets sorgfältig abgeschieden werden muß.

Die Kenntnis der bisher behandelten Eigenschaften der Treiböle ist für die Einregelung im Maschinenbetriebe sehr wichtig. Erwünscht sind außerdem Kenntnis des Einflusses von Veränderungen, die die Treiböle durch Zersetzungs- und Oxydationsprodukte, durch Beimengungen usw. erfahren, weil dadurch leicht Betriebsstörungen hervorgerufen werden können.

Bestandteile und ihre Wirkungen.

Paraffin besteht aus höhermolekularen Kohlenwasserstoffen der Paraffinreihe und ist bei gewöhnlicher Temperatur eine feste, durchscheinende Masse von ungefähr 0,92 spezifischem Gewicht.

Fast alle Erdöle und auch die Braunkohlenteerprodukte enthalten Paraffin, ohne daß dadurch die Brauchbarkeit der Öle zum Betriebe von Ölmaschinen beeinträchtigt würde.

Der Heizwert des Paraffins, das im Mittel aus $85\,^0/_0$ C und $15\,^0/_0$ H besteht, ist mit 10400 WE/kg höher als der der meisten Treiböle. Der Gehalt an Paraffin bewirkt aber, wie schon bemerkt, daß die Öle in der Kälte infolge des Ausscheidens des Paraffins plötzlich erstarren.

Dies zu verhindern, genügt indes eine verhältnismäßig geringe Vorwärmung, denn der Schmelzpunkt der meisten Paraffinarten liegt zwischen etwa 30^0 und 65^0 C. Der Ölmaschinenbetrieb mit paraffinreichen Treibölen erfordert daher besondere Anwärmevorrichtungen, die mit Hilfe des warmen Kühlwassers und der Auspuffgase betrieben werden können.

Asphalt ist ein hochmolekularer Kohlenwasserstoff, der durch teilweise Oxydation der Öle entsteht. Viele Erdöle, besonders die aus Kalifornien, Mexiko, Texas, Argentinien, Indien enthalten Asphalt.

Je asphalthaltiger ein Öl, um so größer ist seine Zähigkeit, und sein Heizwert sinkt infolge des Gehalts an Sauerstoff, sowie an Schwefel und Wasser.

Die Verbrennung hochasphaltiger Erdölprodukte bereitet aber keine besonderen Schwierigkeiten. Sie spalten sich in der Hitze leichter als manche Paraffinöle und jedenfalls viel leichter als Steinkohlenteer. Manche stark asphalthaltigen Öle beginnen sich schon bei verhältnismäßig niedriger Temperatur, unter 350^0 C., stürmisch unter Schaumbildung zu zersetzen.

Es ist erforderlich, die asphaltreichen Öle vor der Verwendung entsprechend vorzuwärmen, je nach der Zähigkeit bei verschiedenen Temperaturen (vgl. hierzu S. 160).

Schwefel ist in fast allen Treibölen enthalten, bis zu etwa $3\,^0/_0$; er bildet während des Arbeitsvorganges im Zylinder der Ölmaschine SO_2, das durch das Hinzutreten von Wasser zu Schwefelsäure wird, die die Eisenteile angreift.

Sämtliche Zylinderteile sind jedoch während des Betriebes so heiß, daß sich der während der Verbrennung entstehende Wasserdampf nicht niederschlagen und sich daher auch keine Schwefelsäure bilden kann.

Schädlicher Einfluß des Schwefels ist daher im allgemeinen nur in der Auspuffleitung möglich. Jedenfalls muß bei Abwärmeverwertungs-Einrichtungen mit stark schwefelhaltigen Treibölen darauf geachtet werden, daß keine zu weitgehende Abkühlung der Abgase und dadurch Kondensation des Wasserdampfes und Bildung von Schwefelsäure eintritt.

Besonders reich an Schwefel sind zumeist stark asphalthaltige Öle, wie die mexikanischen und südamerikanischen. Beim Betrieb mit solchen Ölen ist manchmal beobachtet worden, daß die Auspuffleitungen angefressen wurden. Auch scheint unter besonderen Umständen eine unmittelbare Verbindung von Schwefel mit Eisen zu Schwefeleisen nicht ausgeschlossen zu sein, beispielsweise an den Brennstoffnadeln, so daß Öle mit größerem Schwefelgehalt besser nicht als Treiböle verwendet werden.

Naphthalin $(C_{10}H_8)$ ist ein ringförmig gebundener Kohlenwasserstoff, der bei gewöhnlicher Temperatur fest ist und sich, bis zu etwa $10\,^0/_0$, in jedem Steinkohlenteer und Teeröl vorfindet. Bei ungefähr $0\,^0$ C. wird das Naphthalin als schmutziggraue Masse ausgeschieden, die das Fortleiten und Zerstäuben des Teeröls sehr beeinträchtigt.

Durch kräftiges Wirbeln und entsprechendes Vorwärmen kann das Ausscheiden von Naphthalin verhütet oder ausgeschiedenes Naphthalin wieder zum Schmelzen gebracht werden.

Im Winter, bei größerer Kälte, muß das Ausscheiden von Naphthalin schon beim Transport, beim Abfüllen aus den Transportbehältern und beim Lagern des Teeröls durch Heizvorrichtungen verhütet werden.

Während des Maschinenbetriebes können das warme Kühlwasser und die Auspuffgase zur Vorwärmung benutzt werden.

Besser ist es, das Abscheiden von Naphthalin durch geringes Vorwärmen überhaupt zu vermeiden, als das ausgeschiedene Naphthalin erst wieder einzuschmelzen, weil hierzu wesentlich größere Wärme aufzuwenden ist und dabei die Gefahr der Verdampfung und frühzeitigen Entzündung von Naphthalindampf-Luftgemisch im Einspritzeinsatz entsteht.

Oxydationsprodukte sind in Steinkohlenteeren und im Teeröl stets in einem beträchtlichen, 6 bis 12% ausmachenden Anteil enthalten: Kresole und Phenole, die die Metallteile und Dichtungsmaterialien zerfressen und dadurch Betriebsstörungen hervorrufen können.

Besonders werden Kupfer, Zink und Legierungen dieser Metalle, sowie Dichtungsmaterialien aus vegetabilischen Stoffen angefressen und in kurzer Zeit zerstört.

Daher dürfen Konstruktionsteile, die mit dem Steinkohlenteeröl in Berührung kommen, nicht aus Bronze hergestellt und nicht durch Kupfer, Hanf, Gummi oder dgl. abgedichtet werden.

Am widerstandsfähigsten ist Gußeisen und hochwertiger, etwa 25%iger Nickelstahl. Aus diesen Materialien müssen daher besonders die Zerstäubungsvorrichtungen und die Düsennadel hergestellt werden. Einfachere Konstruktionsteile, wie Rohrleitungen oder dgl., können auch aus gewöhnlichem Stahl bestehen. Als Dichtungsmaterial kommt neben Gußeisen und Stahl namentlich noch Asbest zur Anwendung.

Wasser ist in den meisten Treibölen enthalten; je nach seiner Menge und der Art des Öls wirkt es verschieden auf den Arbeitsvorgang in der Ölmaschine ein.

Zuviel Wasser im Öl schadet in der Regel aus mehreren Gründen: es setzt den Heizwert des Öls herab, erschwert seine Entzündung und Verbrennung und kann bei Anwesenheit von Schwefel zur Bildung von Schwefelsäure und zu Anfressungen in den Auspuffleitungen Anlaß geben. Bei Steinkohlenteeröl können unter Umständen schon geringe Mengen Wasser die Entzündung in Hochdruckmaschinen vollständig stören.

Weniger schädlich ist das Wasser beim Betriebe von Glühkopfmaschinen, in denen bei größeren Belastungen absichtlich Wasser zur Herabsetzung der Temperatur des Verbrennungsraumes eingespritzt wird. Glühkopfmaschinen erhalten die zur Entzündung erforderliche Temperatur durch besondere Glühwände, so daß die Temperatur des Zylinderinhaltes im Augenblicke der Brennstoffeinspritzung für die Entzündung des Brennstoffes nur eine untergeordnete Bedeutung hat. Glühkopfmaschinen vertragen daher bei großer Belastung beträchtliche Wassermengen.

Das Wasser übt in nicht zu großen Mengen eine günstige katalytische Wirkung aus (vgl. S. 148); es darf aber nicht zuviel

Wärme zu seiner Verdampfung und Zersetzung verbraucht werden, besonders bei Teerölbetrieb, weil sonst die erforderliche Verbrennungswärme fehlt.

Erfahrungen:

■ Aliphatische Kohlenwasserstoffe, wie beispielsweise das Erdöl, vertrugen im Motorbetrieb ohne Schaden größere Wassermengen, weil zu ihrer Zersetzung und Verbrennung keine so große Wärmemenge erforderlich war wie bei den Steinkohlendestillaten.

Im allgemeinen wird bei Dieselmaschinen nicht mehr als höchstens $1\,^0/_0$ Wasser zugelassen; doch war brauchbarer Betrieb auch noch bei größeren Wassermengen, bis zu etwa $3\,^0/_0$, möglich.

Die Entfernung des Wassers aus dem Öl gelang in den meisten Fällen durch einfaches Absetzenlassen, besonders bei den Erdölen, die leichter als Wasser sind. Bei manchen Erdölen, wie beispielsweise den mexikanischen und südamerikanischen, war das Wasser aber derartig innig mit dem Öl vermischt, daß es sich selbst nach längerer Zeit nicht abschied. Aber gerade in dieser innigen Beimischung schadeten auch größere Wassermengen wenig, weil neben dem Wasser stets Brennstoff eingespritzt wurde, der aus aliphatischen, leicht zersetzlichen Kohlenwasserstoffen besteht und daher sichere Entzündung ergab.

Schädlicher für Motorbetrieb zeigte sich großer Wassergehalt bei den Steinkohlendestillaten. Besonders Steinkohlenteere enthalten oft viel Wasser, und das ist ein Hauptgrund, warum derartige Teere für Dieselmaschinen unbrauchbar waren. Aus dickflüssigen Teeren ließ sich das Wasser nur sehr schwer abtrennen. Wesentlich leichter gelang dies bei dünnflüssigen Teeren durch Abschleudern mittels Zentrifugen.

Das Wasser mußte aus dem Öle oft auch deshalb entfernt werden, weil es Salze enthielt, die sich beim Verdampfen des Wassers ablagerten und zu Verstopfungen der Düsenbohrungen usw. Anlaß gaben. ■

Aschengehalt und Beimengungen.

Der Aschengehalt der Treiböle rührt zum Teil von den in ihnen enthaltenen Verunreinigungen, des weiteren aber von chemischen Beimengungen her, die beispielsweise durch die Reinigungsverfahren zugeführt werden.

Der Aschengehalt der Destillationsprodukte ist natürlich wesentlich geringer als der der Destillationsrückstände. Diese müssen deshalb vor der Verwendung zum Ölmaschinenbetrieb besonders sorgfältig gereinigt werden.

Erfahrungen:

■ Schon ganz geringe Aschenmengen (unter $^1/_{10}\,^0/_0$) vermochten nach entsprechend langer Betriebsdauer durch Abnutzung der Kolbenringe, der Lauffläche des Zylinders usw. Störungen hervorzurufen.

Im allgemeinen konnte kein größerer Aschengehalt als $^5/_{100}\,^0/_0$ zugelassen werden. Durch sorgfältiges Filtrieren ließ er sich wesentlich vermindern, aber nur bei genügend dünnflüssigen Ölen. ■

Mechanische Beimengungen und Verunreinigungen, Sand, Erde, Fasern usw., müssen vor der Verwendung des Öls als Brennstoff für Ölmaschinen möglichst sorgfältig entfernt werden, weil sonst die feinen Bohrungen der Zerstäubervorrichtungen verstopft werden und dadurch Betriebsstörungen entstehen. Der bei der Verbrennung aus den Beimengungen entstehende Aschenrückstand verursacht große Abnutzungen der Zylinderlauf- und Dichtungsflächen.

Die mechanischen Beimengungen können sowohl organischer wie anorganischer Natur sein. Sie finden sich naturgemäß in den rohen Erdölen und in den Destillationsrückständen in größerer Menge vor als in den Destillaten. Durch unreine Lagerbehälter können aber Verunreinigungen auch in die Destillate gelangen. Es ist daher notwendig, das Treiböl vor dem Brennstoffeinsatz durch Filtrieren sorgfältig von Beimengungen zu befreien.

Erfahrungen:

■ Nicht immer genügte das Vorschalten selbst feiner Schutzsiebe, um das Mitreißen mechanischer Teile sicher zu verhindern.

Bei einer 50 PS-Vergasermaschine wurde etwas trübes, aber einwandfreies Benzin verwendet. Trotz Vorschaltens eines feinen Metallsiebs ergaben sich nach etwa halbstündigem Betriebe Verstopfungen der Düse und Stillstand der Maschine. —

Bei einem 80 PS-Dieselmotor traten nach weniger als halbstündigem Betriebe Störungen durch Verstopfung des Zerstäubers ein, herrührend von feinen Fasern, die in den Zerstäuber gelangt waren, obwohl ein sehr feines Sieb vorgeschaltet war. ■

Treiböle, die größere Mengen hochmolekularer Kohlenwasserstoffe und Oxydationsprodukte des Kohlenstoffs enthalten, verbrennen, doch selten vollständig, selbst wenn es aliphatische Öle sind, wie beispielsweise die asphaltreichen amerikanischen Erdöle. Es bleiben **Koksrückstände** zurück, die leicht Krusten bilden und die feinen Düsenbohrungen usw. verstopfen.

Noch unangenehmer sind die Folgen, wenn Öle, wie das Steinkohlenteeröl, oder besonders die **Steinkohlenteere** größere Mengen **freien Kohlenstoff** enthalten, der nicht nur schwer entzündbar ist und unvollständig — unter Bildung von Koksrückstand — verbrennt, sondern der als fester Körper auch die Lauf- und Dichtungsflächen des Zylinders stark abnutzt, ähnlich, wie es durch mechanische Beimengungen und Aschenteile geschieht.

Erfahrungen:

■ Einzelne mexikanische, argentinische und Texasöle gaben bis $10\,^0/_0$ Koksrückstand, wenn nicht durch sorgfältige Zerstäubung mittels höher als üblich gepreßter Einspritzluft (70 bis 80 Atm.) und durch entsprechend höhere Verdichtung (etwa 35 Atm.) für ausreichend vollständige Verbrennung gesorgt wurde.

Die angegebenen Mittel halfen aber bei den Steinkohlendestillaten wenig, weil diese ohnehin aus schwer zersetzlichen Kohlenwasserstoffen bestehen, so daß es nur durch besondere Vorkehrungen, wie Voreinspritzen von Zündöl gelang, den an Wasserstoff gebundenen Kohlenstoff ausreichend vollständig zu verbrennen. Daher durfte der Gehalt an freiem Kohlenstoff bei den Steinkohlendestillaten nicht zu groß und mußte unter $3\,^0/_0$ sein, damit genügend günstige Verbrennung ohne nennenswerte Schwierigkeiten und Betriebsstörungen erreicht wurde.

Ungenügende Verwendbarkeit der Steinkohlenteere zum Ölmaschinenbetrieb war zum größten Teile auf ihren zumeist großen Gehalt an **freiem Kohlenstoff** (bis $30\,^0/_0$) und **Wasser** (bis $40\,^0/_0$) zurückzuführen. Außerdem zeigten diese Teere (nicht aber das

Steinkohlenteeröl) die unangenehme Eigenschaft, daß sie mit dem Schmieröl Verharzungen ergaben, die im Betriebe zu Verstopfungen, Krustenbildungen und Betriebsstörungen führten. ■

Der **Geruch** eines Treiböls hat unmittelbar mit seiner Eignung zum Ölmaschinenbetriebe nichts zu tun, jedoch kann unangenehmer Geruch die Verwendbarkeit des Öls wegen der sich daraus ergebenden Belästigungen stark beeinträchtigen.

Erfahrungen:

■ Benzol hat sich bisher, trotzdem es wesentlich billiger ist als Benzin und ungefähr gleiche Leistungsfähigkeit ergibt, nur im Nutzfahrzeugbetrieb und bei ortsfesten Maschinenanlagen, nicht aber in der gleichen Weise bei Personenfahrzeugen eingebürgert, weil es einen eigenartigen Geruch besitzt.

Die meisten Steinkohlendestillate haben den bekannten scharfen Teer- oder Naphthalingeruch. Die Teerölbehälter mußten daher gewöhnlich außerhalb des Maschinenhauses untergebracht und dicht verschlossen werden.

Es ist versucht worden, den Geruch des Benzols durch aromatische Zusätze zu verbessern, aber ohne Erfolg.

Es hat sich auch ergeben, daß bei ungünstiger Verbrennung ein an sich geruchloses Öl übelriechende Auspuffgase bildete, während ein schlecht riechendes Öl, wenn es nur vollständig verbrannte, rauch- und geruchlosen Auspuff ergab. Richtige Verbrennung erwies sich immer als das Wesentliche. ■

Treiböle sollten so beschaffen sein, daß sie sich durch das **Lagern** nicht verändern.

Mischungen verschiedener Treiböle scheiden oft Bestandteile ab, so daß Betriebsstörungen die Folge sind. Nur solche Öle dürfen gemischt werden, die sich dauernd zu einem gleichmäßigen Brennstoff vereinigen.

Oder es muß, um Störungen zu vermeiden, ein Rührwerk im Brennstoffbehälter vorgesehen werden, welches das Abscheiden einzelner Bestandteile verhindert.

3. Allgemeines über Treiböle.

Vorkommen, Gewinnung, Preis- und Zollverhältnisse der Treiböle usw. können hier nicht besprochen werden. Dieserhalb wird
auf die einschlägige Literatur verwiesen. Hier sollen nur einige
Einzelheiten angegeben werden, die mit dem Betriebe und der
Eigenart der Ölmaschinen zusammenhängen. Dabei wird die früher
angegebene Gruppeneinteilung der Brennstoffe (S. 151) zugrunde
gelegt.

Die wichtigsten Eigenschaften der für Maschinenbetrieb in Betracht kommenden Treiböle sind in den folgenden graphischen
Übersichten: Bild **110** bis **121** zusammengestellt und bedürfen
nach dem bereits Ausgeführten keiner näheren Erklärung.

Treiböle der 1. Gruppe: Zünddämpfe bildend
(für Vergasermaschinen).

a) Benzin.

Unter Benzin werden die durch Destillation des Erdöls bei
Temperaturen bis etwa 150° C. entstehenden Dämpfe verstanden,
die kondensiert und gereinigt werden.

Das Benzin wird in der Regel nach dem spezifischen Gewicht gewertet, und es wird unterschieden zwischen Leicht-
benzin oder kurz Benzin von $\gamma = \sim 0,68$ bis $0,72$ und Schwerbenzin von $\gamma = \sim 0,72$ bis $0,77$.

Erfahrungen:

■ Diese Unterscheidung erwies sich im praktischen Maschinenbetrieb als nicht kennzeichnend genug; denn unter Umständen war
Benzin von 0,73 spezifischem Gewicht besser zum Maschinenbetrieb
geeignet als Benzin von 0,68 spezifischem Gewicht, das keinen so
hohen Verdichtungsenddruck wie jenes zuläßt und zu scharfe und
schlagende Verbrennung mit ungünstiger Beanspruchung der an
der Verbrennung beteiligten Maschinenteile ergab.

Die Erfahrung hat gezeigt, daß selbst Schwerbenzin von 0,75 spezifischem Gewicht sich gut zum Motorbetrieb eignet, wenn es genügend viel leichtflüchtige Bestandteile besitzt, die rasche Einleitung der Verbrennung sichern. ■

Benzinsorten von fast gleicher Verdampfbarkeit können wesentlich verschiedenes spezifisches Gewicht besitzen. Jedenfalls ist die Verdampfbarkeit im Zusammenhange mit dem Heizwert maßgebender für die Brauchbarkeit des Benzins zum Motorbetrieb als das spezifische Gewicht.

Je enger die Siedegrenzen eines Benzins sind, desto gleichmäßiger wird die Mischung mit der Luft und desto rascher und besser ist unter sonst gleichen Umständen die Verbrennung.

Das Benzin soll nicht zuviel sehr leichtflüchtige Bestandteile, aber auch nicht zuviel schwerflüchtige, erst über 100° C. siedende Teile enthalten, weil sonst im Vergaser ungleichmäßiges Gemisch gebildet wird.

Ein großer Teil der Benzinerzeugung dient heute zum Kraftfahrzeugbetrieb; für ortsfeste Betriebe wird Benzin nur ausnahmsweise (z. B. in Petroleum-Raffinerien) verwendet, weil es zu teuer ist und bei großem Zylindervolumen nur geringen Verdichtungsenddruck zuläßt, daher ungünstige Wärmeausnutzung ergibt.

Deutschland erzeugt bisher keine nennenswerten Mengen von Benzin. Fast der ganze Benzinbedarf muß durch das Ausland: Galizien, Rußland, Rumänien, Amerika und Indien, gedeckt werden.

Der Preis des Benzins, besonders des Leichtbenzins, ist in neuerer Zeit derartig gestiegen, daß ein dringendes Bedürfnis nach billigeren Betriebsstoffen besteht.

Es ist aber bis jetzt nicht gelungen, vollwertigen Ersatz für Benzin zu finden, nämlich ein Treiböl, das sich leicht mit Luft mischt, ausreichend hohen Verdichtungsdruck (bis 7 Atm.) zuläßt und rasch in günstiger Weise verbrennt.

Der Betrieb von Kraftfahrzeugen (Land-, Wasser- und Luftfahrzeugen) nimmt immer größeren Umfang an, und dementsprechend ist der Bedarf an Benzin, damit aber zugleich der Preis ständig im Zunehmen begriffen.

Es ist daher begreiflich, wenn namentlich für den Betrieb von Nutzfahrzeugen, der auch im Kriegsfall eine große Rolle spielt, nach einem im Inlande herstellbaren, billigeren Brennstoff eifrig gesucht wird.

Während der Kriegszeit ist der Bedarf an Benzin zum Motorbetriebe, besonders für Militärzwecke, außerordentlich gestiegen. Die vorhandenen Benzinvorräte sind von der Heeresverwaltung mit Beschlag belegt worden, und die übrigen Kraftwagenbetriebe waren daher zeitweise auf minderwertige Ersatzbrennstoffe (Mischungen von Petroleum mit Benzin und Benzol, von Spiritus mit Benzin, Benzol oder Äther u. a.) angewiesen.

In dieser Zeit sind nun verschiedene neue Verfahren zur Erzeugung von Benzin aus den schwerflüchtigeren Destillaten und aus den Rückständen der Destillation des Erdöls, sowie sogar aus Braunkohle und Steinkohle ausgearbeitet worden, die zum Teil sehr aussichtsreich und geeignet sind, in Zukunft große Mengen von Benzin und auch Ölmaschinentreiböle aus inländischen Rohstoffen zu billigen Preisen zu beschaffen, so daß dann eine große Entwicklung der Ölmaschinen und der Motorfahrzeuge zu erwarten ist.

b) Benzol.

Benzol entsteht bei der Destillation der Steinkohle und wird je nach seiner Flüchtigkeit und seinem spezifischen Gewicht verschieden bewertet.

Es besteht aus ringförmig gebundenen Kohlenwasserstoffen, die schwerer zersetzbar sind, als die aliphatischen CH-Verbindungen des Benzins, so daß zur vollständigen Verbrennung des Benzols größerer Luftüberschuß, bessere Mischung mit Luft und höhere Entzündungstemperaturen erforderlich sind als zur Verbrennung des Benzins.

Benzol gestattet aber wesentlich höheren Verdichtungsenddruck (bis 13 Atm.) als Benzin, daher ist günstigere Wärmeausnutzung erreichbar.

Die zumeist zum Motorbetrieb verwendeten Benzolsorten sind das 90er Rohbenzol und das gereinigte 90er Handelsbenzol, die sich nur unwesentlich voneinander unterscheiden. Von beiden Benzolsorten verdampfen ungefähr 90% bis $100°$ C., daher der Name 90er Benzol. Das Rohbenzol enthält etwas mehr Schwefel und mechanische Beimengungen, sowie etwas weniger

Wasserstoff als das gereinigte Handelsbenzol, außerdem ist sein Geruch etwas schärfer als der des Handelsbenzols.

Erfahrungen:

■ Das Rohbenzol enthält manchmal Bestandteile, die zu Verharzungen und damit zu Ablagerungen und Verstopfungen, z. B. der feinen Vergaserdüsen, Anlaß gaben. Zum Motorbetrieb war nur gereinigtes Benzol günstig zu verwenden.

Manche Benzolarten haben geringe Kältebeständigkeit, es mußte ihnen daher im Winter Benzin, Xylol oder Toluol beigemischt werden, um den Erstarrungspunkt herabzusetzen.

Einige Benzolarten, wie Autin, Ergin, die bei der Herstellung besonders behandelt und von schädlichen Beimengungen befreit werden, erwiesen sich leichter entflammbar und bis ungefähr — 15° C. kältebeständig.

Benzol wird noch nicht in dem Maße zum Motorenbetrieb verwendet, wie nach seinen günstigen Eigenschaften und seinem bisherigen Preise zu erwarten wäre. Das liegt wohl zum Teil an der unzureichenden Würdigung seiner besonderen Eigenschaften. Oft wird verlangt, daß eine Vergasermaschine sowohl mit Benzin als auch mit Benzol gut betrieben werden könne, und daß der Verbrauch und die Leistungsfähigkeit des Motors beim Benzolbetrieb nicht ungünstiger sei als beim Benzinbetrieb.

Das sind aber Forderungen, die nicht ganz erfüllbar sind. Eine für Benzinbetrieb gebaute Maschine wird bei Verwendung von Benzol selbst mit dem besten Vergaser nicht die gleiche Leistungsfähigkeit und auch keine so gute Wärmeausnutzung ergeben, wie wenn Benzol in einer für Benzolbetrieb besonders gebauten Maschine verbrannt wird, weil der Verdichtungsenddruck für Benzolbetrieb zu gering ist. Wenn hingegen der Motor den besonderen Eigenschaften des Benzins oder Benzols entsprechend gebaut und einreguliert wurde, war die volle Ausnutzung des Brennstoffs möglich.

Die Menge des in Deutschland erzeugten Benzols ist allerdings derzeit noch verhältnismäßig klein und deshalb ausgedehntere Verwendung zum Motorbetriebe augenblicklich nicht möglich. Es würde aber keine wesentlichen Schwierigkeiten bereiten, erheblich größere Mengen von Benzol zu erzeugen, beispielsweise in der Leuchtgasfabrikation, wenn die dringende Notwendigkeit einer

stärkeren Verwendung des Benzols zum Kraftwagenbetriebe vor-
läge. Solange dies nicht der Fall ist, wird kein Überschuß an Benzol erzeugt, der den Preis herabzudrücken vermöchte. Wegen der
vielseitigen Verwendbarkeit des Benzols in verschiedenen Industrien
ist aber sein Preis ständig gestiegen (auf etwa 0,3 Mark für 1 kg),
und für ortsfeste Betriebe, wie auch für Nutzfahrzeuge macht sich
schon das Bedürfnis nach einem noch billigeren Brennstoff fühlbar. ■

In neuerer Zeit beginnt die Verwendung von Naphthalin
größeren Umfang anzunehmen, da dieser Brennstoff noch billig
und in größeren Mengen zu erhalten ist und keine wesentlichen
Betriebsschwierigkeiten ergibt.

c) Naphthalin.

Das Naphthalin $(C_{10}H_8)$ entsteht ebenfalls bei der Destillation der Steinkohle und ist bei gewöhnlicher Temperatur ein
fester Körper, der erst durch Erwärmung auf etwa 80^0 C.
flüssig wird.

Im flüssigen Zustande läßt sich dann das Naphthalin in
gleicher Weise wie das Benzol in einem Vergaser zerstäuben,
mit Luft mischen und im Zylinder der Verbrennungsmaschine
verbrennen.

Zum Schmelzen des Naphthalins wird die Kühlwasser- oder die
Auspuffwärme verwendet oder auch beide zugleich in der Weise,
daß die Auspuffwärme zunächst das Kühlwasser auf die Schmelz-
temperatur des Naphthalins bringt, und daß dann das erwärmte
Kühlwasser den Naphthalinbehälter umspült. In diesen Behälter
ist zur Aufnahme des festen Naphthalins ein Sieb eingesetzt, aus
dem das erwärmte und flüssig gewordene Naphthalin ohne weiteres
abfließt.

Erfahrungen:

■ Zum Anlassen der kalten Maschine mußte immer eine besondere Wärmequelle verwendet, oder es mußte zunächst so lange
mit Benzin oder Benzol gearbeitet werden, bis die Maschine genügend warm geworden war.

Trotz des niedrigen Preises (0,12 Mark für 1 kg) wurde

Naphthalin bisher wenig verwendet. Daran mag außer der Notwendigkeit der Vorkehrungen zum Anlassen und zum Schmelzen des Naphthalins auch dessen scharfer Geruch schuld sein.

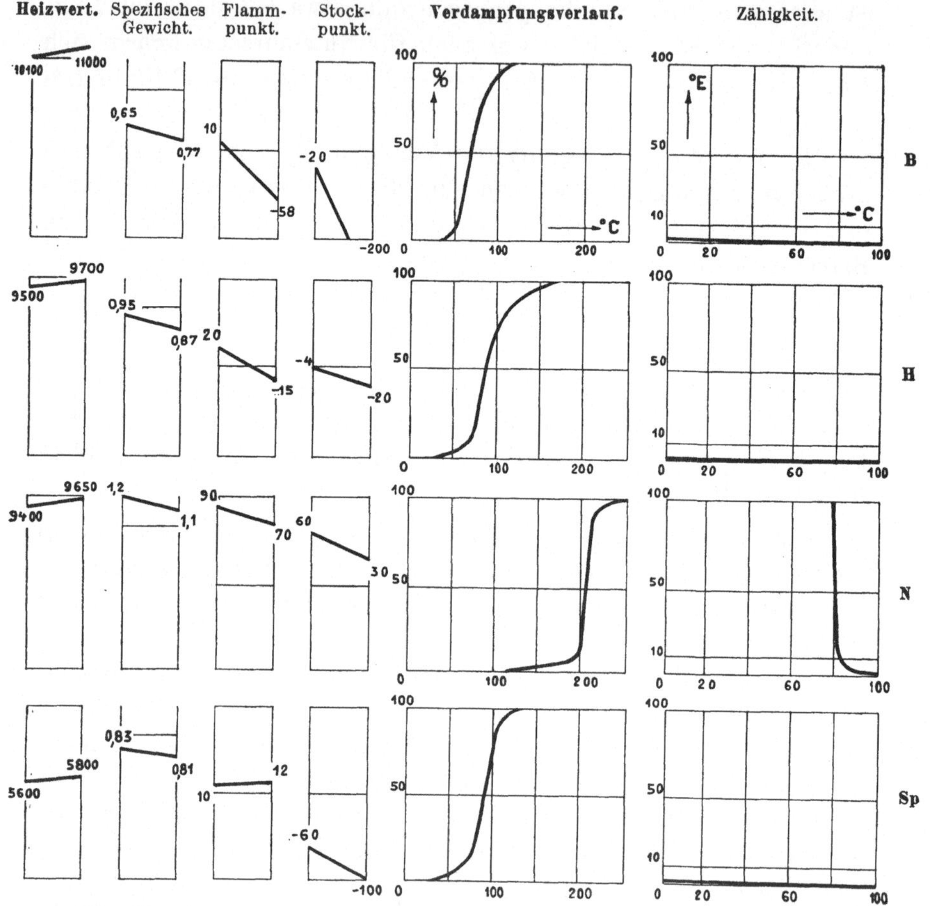

110. Kennzeichnende Eigenschaften von Vergaserbrennstoffen.

Auch das Auffüllen des Schmelzbehälters, das Lagern und Fortleiten des Naphthalins ließ sich nicht in so einfacher Weise durchführen wie bei flüssigen Brennstoffen.

Gleichmäßige Beschaffenheit des Naphthalins war unerläßlich, wenn störungsfreier Betrieb erreicht werden sollte. Durch die zum Schmelzen des Naphthalins nötige Vorwärmung wird das

Ladegewicht des Gemisches verringert, daher war die Leistungsfähigkeit der Maschinen etwas geringer als beim Betrieb mit Benzin oder Benzol. ■

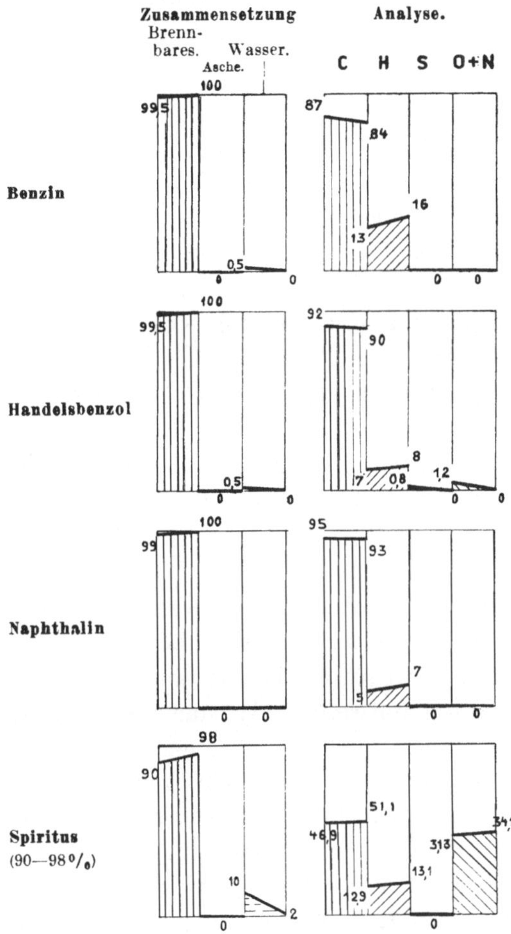

111. Bestandteile von **Vergaserbrennstoffen.**

Bei den niedrigen Kosten des an sich einfachen und sicheren Naphthalinbetriebs ist eine starke Zunahme in der Verwendung dieses Brennstoffs, besonders für ortsfeste Betriebe und Nutzfahrzeuge, sehr wahrscheinlich.

d) Spiritus.

Spiritus wird aus Kartoffeln, Getreide, Zuckerrüben und anderen Rohstoffen durch einen Koch-, Verdampfungs-, Gärungs- und Destillationsprozeß gewonnen und enthält in reinem Zustande, als Alkohol: $52{,}5\,^0/_0$ C, $13\,^0/_0$ H und $34{,}5\,^0/_0$ O.

Der Handelsspiritus ist eine Mischung von Alkohol mit Wasser. Je mehr Wasser im Spiritus enthalten ist, um so größer ist sein spezifisches Gewicht, um so niedriger Heizwert und Preis. Der Gehalt an reinem Alkohol wird durch Grade angegeben; z. B. 95 gradiger Spiritus enthält 95 Gewichtsprozent Alkohol.

Für gewerbliche Zwecke wird nur denaturierter, durch einen Zusatzstoff ungenießbar gemachter Spiritus verwendet, da Alkohol als Genußmittel einer hohen Steuer unterworfen ist. In

Deutschland werden dem Spiritus zur Denaturierung gewöhnlich 2 Volumprozent roher acetonreicher Methylalkohol und $^1/_2$ Volumprozent Pyridinsäure zugesetzt.

Für motorische Zwecke wird meistens 90- und 95gradiger denaturierter Spiritus gebraucht, dem manchmal Benzin oder Benzol beigemischt wird.

Erfahrungen:

■ Spiritus erfordert zur vollständigen Verbrennung großen Luftüberschuß. Bei ungenügender Mischung mit Luft bildete sich Essigsäure, durch die die Zylinder zum Rosten gebracht und angegriffen wurden.

Durch Mischung mit Benzin und Benzol wurde die Verbrennung wesentlich verbessert.

Der verhältnismäßig geringe Heizwert des Spiritus ($\sim$ 6000 WE/kg) und sein hoher Preis ($\sim$ 0,3 M für 1 kg) lassen eine ausgedehnte Verwendung für Maschinenbetriebe nicht erwarten. Im Betriebe mit Spiritus ergaben sich infolge des Wassergehalts und der säurebildenden Eigenschaften dieses Brennstoffs manche Störungen.

Kalte Maschinen konnten nicht ohne weiteres mit Spiritus in Betrieb gesetzt werden, weil selbst bei dem zulässigen hohen Verdichtungsenddruck, bis 15 Atm., die zur Entzündung und zur Einleitung der Verbrennung notwendige Wärme nicht erzeugt werden konnte. Es mußte daher zunächst so lange mit Benzin oder Benzol gearbeitet werden, bis die Maschine genügend warm geworden war, um mit Spiritus betrieben werden zu können.

Auch war vielfach sowohl Gemischvorwärmung als Luftvorwärmung notwendig, um günstigen Maschinenbetrieb zu erreichen. Dies war namentlich bei geringem Verdichtungsenddruck des Spiritus-Luft-Gemisches der Fall. ■

An eine weitgehende Verwendung von Spiritus für Maschinenbetriebe wäre, im Hinblick auf den geringen Heizwert desselben, nur bei sehr großer Herabsetzung des Preises zu denken.

Treiböle der 2. Gruppe: Ölgase bildend (für Ölmaschinen).

a) Erdöle.

Das Erdöl, Rohöl, Rohnaphtha und seine Destillationsprodukte liefern den Hauptteil der zum Ölmaschinenbetrieb geeigneten Treiböle.

Das meiste Erdöl wird von Amerika geliefert, wo in letzter Zeit größere Vorkommen in Kalifornien, Mexiko und Argentinien erschlossen wurden. Dann folgen, der Menge der Gewinnung nach, Rußland, Galizien, Rumänien, Indien, Japan und Deutschland. Es ist anzunehmen, daß in Zukunft noch große Öllager gefunden werden.

Schon das rohe Erdöl ist nach gründlicher Reinigung von den anhaftenden mechanischen Beimengungen zum Betriebe von Ölmaschinen geeignet. Doch ist die Verwendung von rohem Erdöl wegen des hohen Wertes seiner leichtflüchtigen Bestandteile (Benzin und Petroleum) sehr unwirtschaftlich und zudem mit zeitweiligen Störungen durch Frühzündungen verknüpft, die durch die leichtflüchtigen Bestandteile hervorgerufen werden.

Das rohe Erdöl wird daher zunächst einem mehrfachen Destillationsprozesse unterworfen (vgl. das Schema in Bild 98, S. 139), und nur einzelne der Destillationsprodukte, insbesondere das Gasöl und der Rückstand, Masut, Pacura oder auch fälschlich Rohöl genannt, werden zum Ölmaschinenbetriebe verwendet.

Das leichtflüchtigste Destillationsprodukt des Erdöls, das Benzin, wird nicht zum Ölmaschinenbetriebe, sondern nur für Vergasermaschinen gebraucht.

Petroleum.

Das Petroleum ist der zwischen 150° und 300° C. destillierende Teil des Erdöls und wird vornehmlich zu Leuchtzwecken verwendet.

Sein hoher Preis verbietet ausgedehntere Verwendung im Ölmaschinenbetriebe. Es wird nur in Ausnahmefällen, und zwar für Vergasermaschinen (vgl. S. 27), für Glühkopfmaschinen und für Dieselmaschinen gebraucht.

Das Petroleum besteht im Mittel aus $85{,}5\,^0/_0$ C, $14\,^0/_0$ H und $0{,}5\,^0/_0$ O und N. Es hat ein spezifisches Gewicht von $\sim 0{,}81$ und einen unteren Heizwert von $\sim 10\,400$ WE/kg.

Früher enthielt das Petroleum oft einen größeren Anteil Benzin, wodurch sein Flammpunkt stark heruntergesetzt und seine Feuergefährlichkeit erhöht wurde. In Deutschland besteht deshalb die Vorschrift, daß Petroleum von weniger als 21° C. Flammpunkt

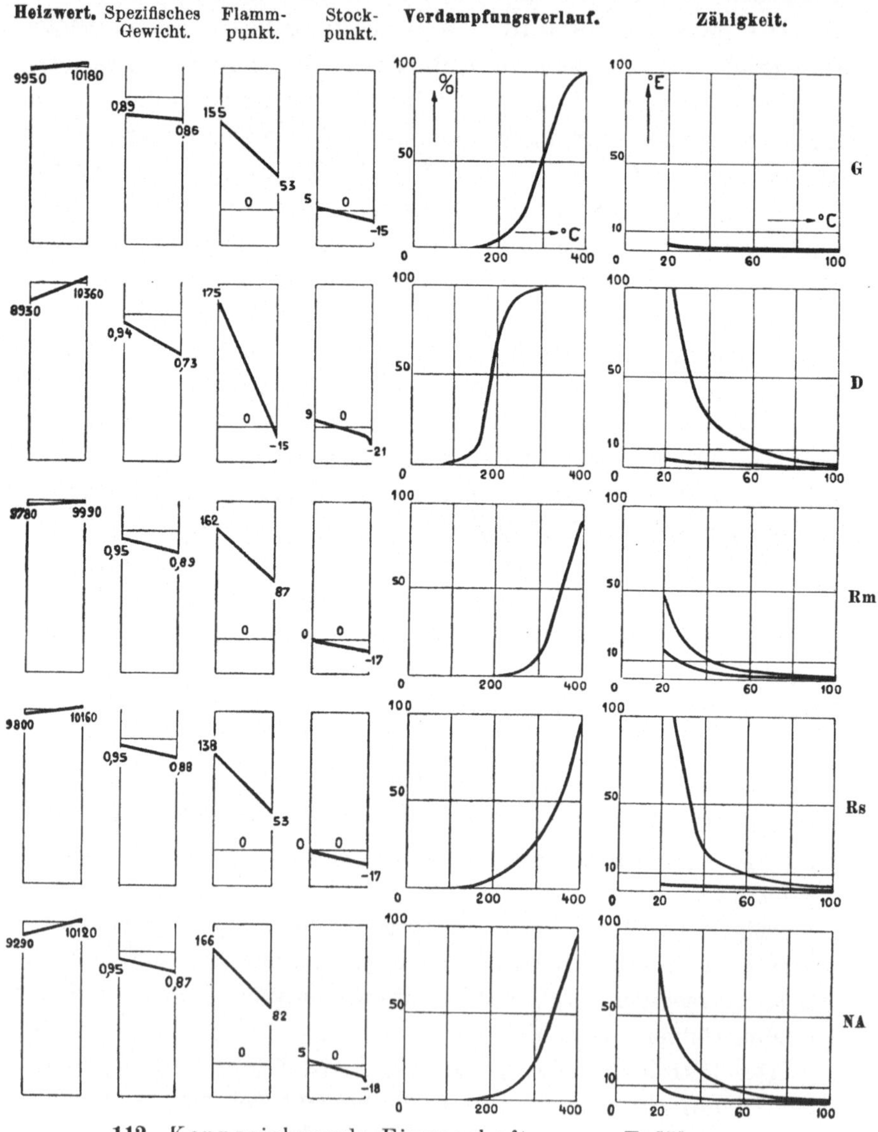

112. Kennzeichnende Eigenschaften von Erdölen.

nicht in den Handel kommen darf. Da das Benzin inzwischen wesentlich wertvoller als Petroleum geworden ist, wird es sehr sorgfältig abdestilliert, und der Flammpunkt des Petroleums ist infolgedessen in der Regel höher als 25^0 C.

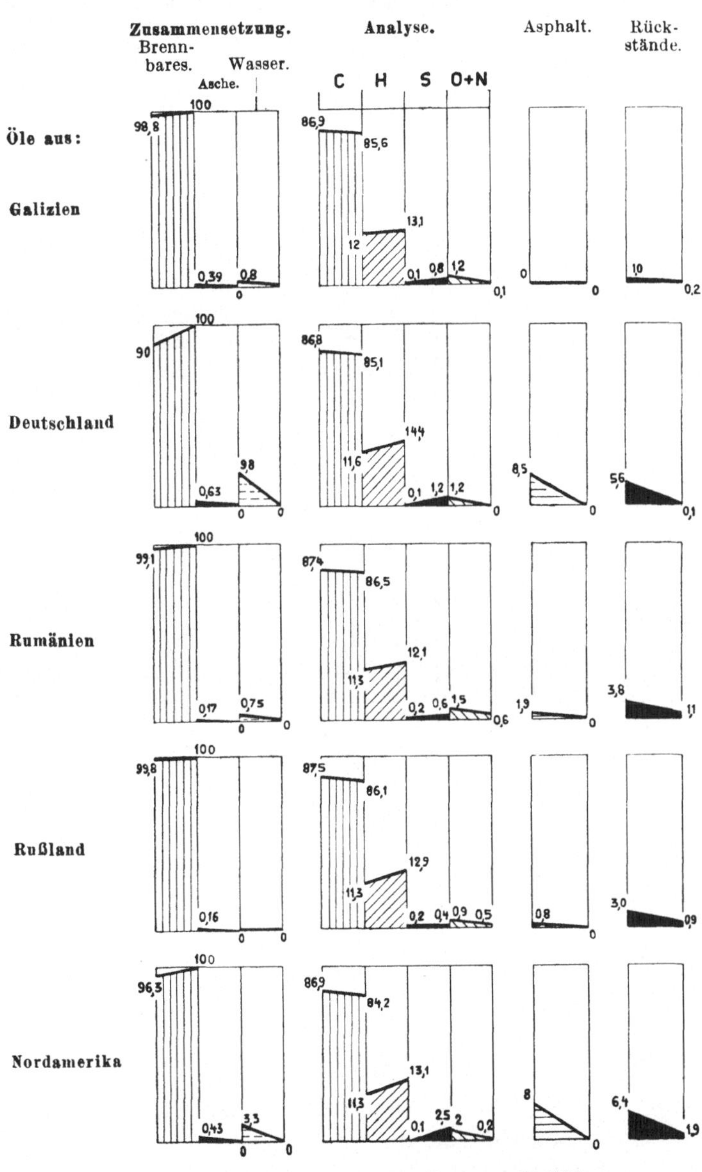

113. Bestandteile von Erdölen.

Gasöl.

Das Gasöl ist das für Ölmaschinenbetrieb am meisten verwendete Destillationsprodukt des Erdöls. Es entsteht bei der Verdampfung des Erdöls zwischen etwa 200° und 350° C., hat ein spezifisches Gewicht von 0,85—0,88, einen Heizwert von 9800

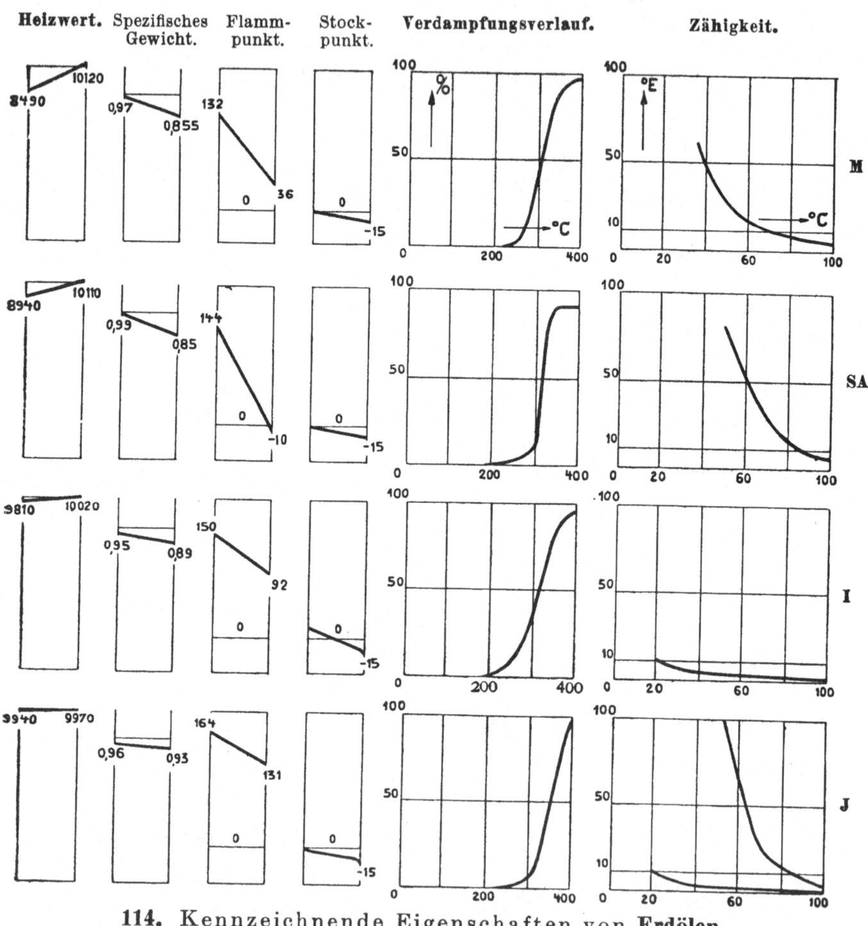

114. Kennzeichnende Eigenschaften von **Erdölen.**

bis 10200 WE/kg und besteht im Mittel aus 86,6 % C, 12,8 % H, 0,5 % S und 0,1 % O und N. Wegen seiner Farbe wird es mitunter Blauöl oder Grünöl genannt.

Zum größten Teile wird das Gasöl aus dem Ausland bezogen.

Wegen des herrschenden großen Bedarfs und zur Hebung der Öl-
maschinenindustrie ist der Zoll für Motorengasöl ermäßigt
worden.

Destillationsrückstände.

Ungefähr die Hälfte des Erdöls bleibt bei der Destillation

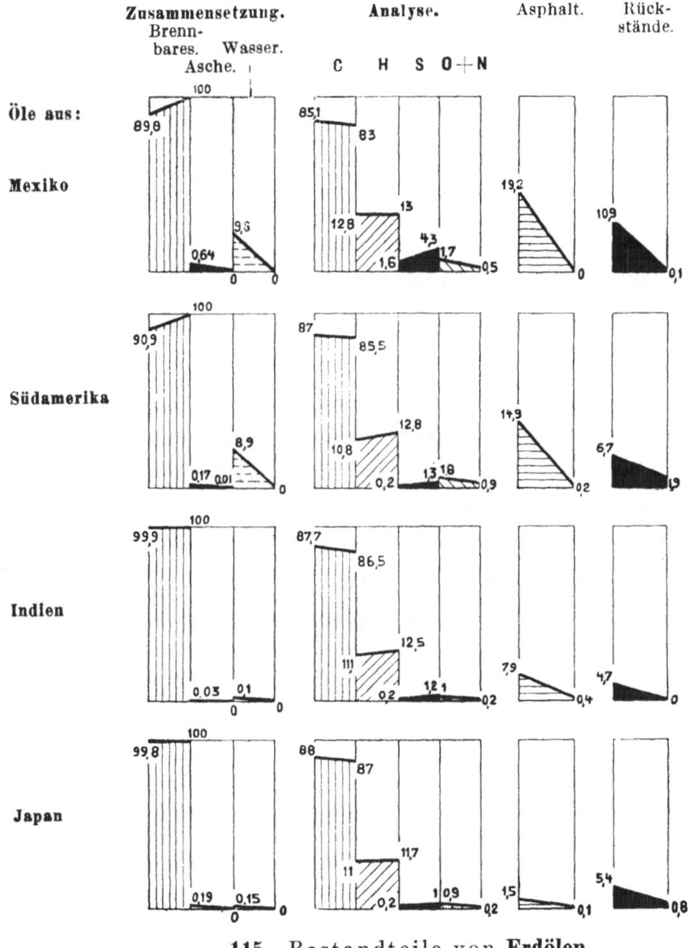

115. Bestandteile von **Erdölen.**

als Rückstand übrig. Bei zweckentsprechender Behandlung ist
dieser zum Ölmaschinenbetrieb wohl geeignet. Der Rückstand besteht im Mittel aus $86\,^0/_0$ C, $12{,}5\,^0/_0$ H und im übrigen aus O, N
und S, sowie aus mechanischen Beimengungen. Sein spezifisches

Gewicht ist verhältnismäßig hoch, ungefähr 0,9 bis 0,98; sein Heizwert übersteigt häufig 10500 WE/kg.

Die große Zähflüssigkeit des Rückstandes zwingt meistens dazu, ihn vor der Einführung in die Zerstäubungsvorrichtungen vorzuwärmen; im allgemeinen bereitet aber seine Verbrennung in der Dieselmaschine keine nennenswerten Schwierigkeiten.

Die als Treiböle für Ölmaschinen in den Handel gebrachten Erdölprodukte sind zumeist Gasöle oder Gemische von gereinigtem Erdöl mit Rückstand, oder von Gasöl mit Rückstand und Petroleum usw. Je nach dem Fundort des Erdöls sind seine Eigenschaften und damit seine Eignung zum Ölmaschinenbetriebe verschieden.

Betriebseigenschaften der verschiedenen Erdöle.

Die galizischen Öle gehören zu den besten Treibölen für Ölmaschinen. Einzelne Ölsorten enthalten ziemlich viel Paraffin, das die Zähflüssigkeit des Öls bei Kälte erhöht und es plötzlich zum Erstarren bringen kann. Durch rechtzeitiges Vorwärmen kann indes jeder Betriebsstörung vorgebeugt werden.

In neuerer Zeit wird das Paraffin in den Raffinerien meistens als wertvolles Nebenprodukt aus den Ölen ausgeschieden; die meisten galizischen Treiböle arbeiten daher anstandslos, vorausgesetzt, daß mechanische Verunreinigungen vorher durch Filtrieren sorgfältig abgeschieden werden.

In Deutschland wird Erdöl bei Pechelbronn, Tegernsee, Oedesse und Wietze gefunden; doch ist die Ausbeute an Treibölen nur gering. Die deutschen Öle besitzen mehr Wasser, Asche und Asphalt als die galizischen und enthalten neben hochsiedenden Bestandteilen häufig auch niedrig siedende in größerer Menge, so daß unregelmäßige Verbrennung und Frühzündungen eintreten.

Manche Ölsorten sind sehr zähflüssig und müssen deshalb vor ihrer Verwendung in der Ölmaschine vorgewärmt werden. Die aus den deutschen Erdölen destillierten Gasöle sind aber als Treiböle gut brauchbar.

Die rumänischen Öle sind im allgemeinen weniger gut als die galizischen, schwerer verdampfbar, dickflüssiger und von geringerem Heizwert. Manche besitzen ziemlich viel Asphalt und mechanische

Beimengungen, die zu Verharzungen und Verstopfungen Anlaß geben können.

Das rumänische Treiböl ist daher vor Eintritt in die Zerstäuber sorgfältig zu filtrieren und vorzuwärmen, weil sonst leicht Betriebsstörungen vorkommen.

Die russischen Öle sind im allgemeinen gut geeignet, sie sind den galizischen ähnlich.

Das Gasöldestillat der nordamerikanischen Öle ist im allgemeinen gut als Treiböl brauchbar. Manche Erdöle, wie besonders die kalifornischen, enthalten aber oft mechanische Beimengungen und derartig viel Wasser und Asphalt, daß sie nur nach sorgfältigster Vorbehandlung als Treiböl verwendbar sind.

Auch die mexikanischen Öle enthalten häufig viel Asphalt, Wasser und mechanische Beimengungen, die sorgfältiges Filtrieren und Vorwärmung nötig machen. Außerdem enthalten sie meistens ziemlich viel Schwefel, und dadurch können die Auspuffrohre zerfressen werden.

Das mexikanische Gasöldestillat ist aber trotzdem als ein sehr brauchbares Treiböl zu bezeichnen.

Die südamerikanischen Öle sind durch hohe Zähflüssigkeit gekennzeichnet, die in der Regel von ihrem großen Asphaltgehalt herrührt. Sie enthalten manchmal auch, ähnlich wie die mexikanischen, viel Wasser, innig mit dem Öl vermischt; der Verbrennungsvorgang wird dadurch im allgemeinen wenig gestört.

In neuerer Zeit sind in Argentinien mächtige Öllager erbohrt worden, stark asphalthaltige Öle, die aber nach entsprechender Vorwärmung als Treiböle gut brauchbar sind.

Die indischen Öle haben hohes spezifisches Gewicht und großen Asphaltgehalt. Die japanischen enthalten wenig Asphalt und sind für Ölmaschinenbetrieb gut geeignet.

b) Braunkohlenteeröle.

Die Braunkohlenteeröle sind die schwerflüchtigeren Destillationsprodukte des Braunkohlenteers, der durch trockne Destillation aus einer besonderen Braunkohle, Schwelkohle, gewonnen wird.

Nur etwa $^1/_{10}$ der an und für sich geringen Gesamterzeugung von Braunkohlenteerölen in Deutschland ($\sim 60\,000$ t jährlich) wird zum Ölmaschinenbetrieb verwendet. Vornehmlich kommen dafür das Solaröl und verschiedene Paraffinöle in Betracht.

Das Solaröl ist das zwischen etwa 150° und 250° C. übergehende Destillationsprodukt, das aus ungefähr 85,5°/₀ C, 12,2°/₀ H, 0,8°/₀ S und 1,5°/₀ O und N besteht, ein spezifisches Gewicht von ∿ 0,82 und einen unteren Heizwert von ∿ 10 000 WE/kg besitzt. Es enthält meistens etwas Naphthalin, das sich in der Kälte ausscheidet; durch Vorwärmen kann damit aber anstandsloser Betrieb erreicht werden.

Die Paraffinöle, die je nach ihrer Farbe auch Gelböl, Rotöl, dunkles Paraffinöl (Gasöl) genannt werden, sind die

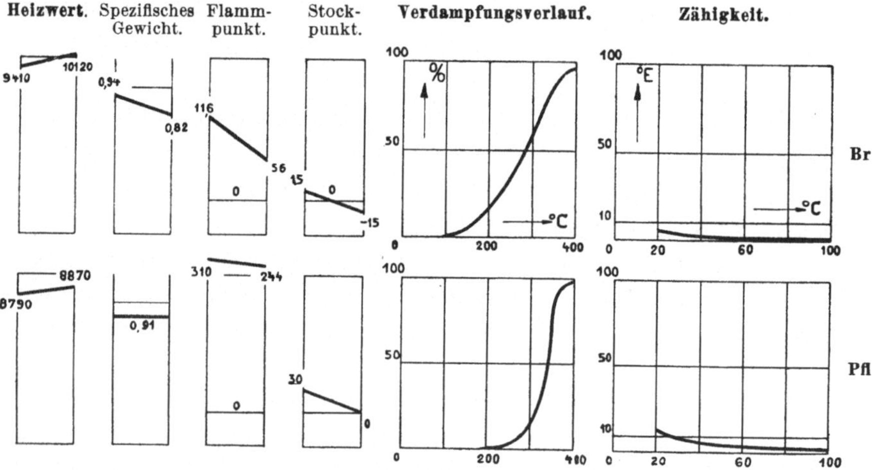

116. Kennzeichnende Eigenschaften von **Braunkohlenteer- und Pflanzenöl.**

zwischen ungefähr 200° und 300° C. übergehenden Destillationsprodukte des Braunkohlenteers. Sie bestehen im Mittel aus 85°/₀ C, 11,5°/₀ H, 1°/₀ S und 2,5°/₀ O und N, haben ein spezifisches Gewicht von 0,85 bis 0,95 und einen unteren Heizwert von etwa 9800 WE/kg.

Sie besitzen kein Naphthalin, aber etwas Paraffin und Kreosot und sind im allgemeinen brauchbare Ölmaschinentreiböle, die fast keine mechanischen Beimengungen und Wasser enthalten.

Ähnliche Eigenschaften wie die Braunkohlenteeröle besitzen

die Schieferöle, die besonders in Schottland und Australien durch Destillation der Bitumschiefer gewonnen werden. Auch in Deutschland, bei Darmstadt, wird aus bituminösem Schiefer Schwelteer und Schieferöl hergestellt.

In der graphischen Übersicht Bild **116** und **117** sind die wichtigsten Eigenschaften und Bestandteile von **Braunkohlenteerölen** angegeben.

c) Pflanzenöle.

In den Kolonien kommt die Verwendung von Pflanzenölen, wie Palmöl, Erdnußöl, in Betracht, deren Verbrennung im Dieselmotor ohne besondere Hilfsmittel anstandslos gelingt.

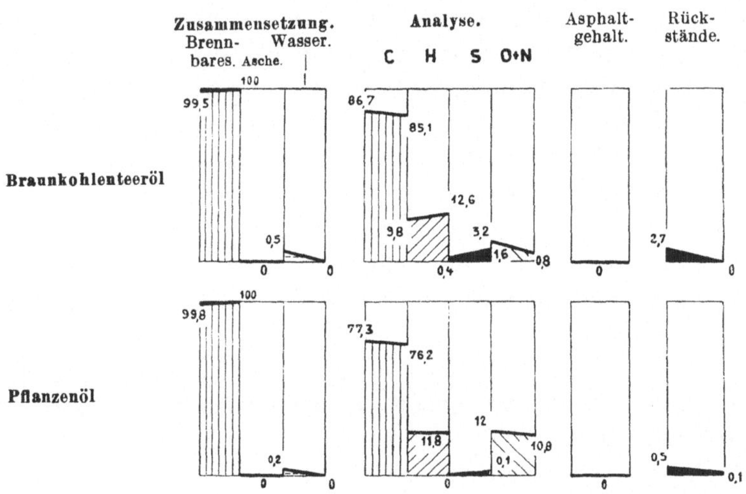

117. Bestandteile von **Braunkohlenteer- und Pflanzenöl.**

Die Übersicht Bild **117** zeigt, daß diese Öle weniger Kohlenstoff besitzen als Erdöle und Braunkohlenteeröle, und daß sie erst bei 250° C. unter gleichzeitiger Zersetzung zu sieden beginnen.

Trotz des hohen Flammpunktes entzünden sie sich im Ölmotor leicht und ohne daß Zündöl zu Hilfe genommen werden müßte. Dem geringeren Heizwert von im Mittel 8800 WE/kg entspricht ein größerer Brennstoffverbrauch von durchschnittlich 250 g für 1 PS_e und Stunde.

Der ständig steigende Preis dieser Öle läßt aber nicht erwarten, daß sie ausgedehntere Verwendung zum Motorbetriebe finden werden.

Treiböle der 3. Gruppe: Öldämpfe bildend (für Ölmaschinen).

a) Steinkohlenteeröle.

Das Steinkohlenteeröl ist für Deutschland eins der wichtigsten Öle, da es von allen Inlandsprodukten in größter Menge hergestellt wird und gegenwärtig noch das billigste Treiböl ist, das ausreichend sicheren Betrieb von Ölmaschinen ermöglicht.

Das zumeist von der **Deutschen Teerprodukten-Vereinigung in Essen** zum Verkauf gebrachte Teeröl ist in der Hauptsache ein Gemisch von Naphthalinöl und Anthrazenöl; der Anteil von höhermolekularem Anthrazen und von Phenolen darf nur ein sehr geringer sein.

Der Einfluß des Naphthalingehalts und der als Säuren wirkenden Phenole und Kresole ist bereits auf S. 167 besprochen, ebenso der eigenartige Verbrennungsvorgang, der durch die schwer zersetzliche ringförmige Bindung der Kohlenwasserstoffe des Teeröls bedingt ist (Vorwärmen und Voreinspritzen von Zündöl).

Durch zahlreiche Versuche sind die für einwandfreien Betrieb von Dieselmaschinen wesentlichen Eigenschaften von Steinkohlenteerölen bestimmt worden, und die genannte Vereinigung verpflichtet sich, Steinkohlenteeröle zu liefern, die folgenden Bedingungen entsprechen:

Die Teeröle enthalten nicht mehr als $0,2\%$ feste, in Xylol unlösliche Bestandteile; der Gehalt an unverbrennlichen Bestandteilen übersteigt nicht $0,05\%$.

Der Wassergehalt ist nicht größer als 1%.

Der Koksrückstand beträgt höchstens 3%.

Bei der Siedeanalyse sind bis 300^0 C. mindestens 60 Volumenprozent überdestilliert.

Der untere Heizwert ist nicht kleiner als 8800 WE/kg, der Flammpunkt nicht unter 65^0 C.

Das Öl ist bei 15^0 C. genügend flüssig, und bei Abkühlung auf 8^0 C. und ruhiger Lagerung bilden sich während einer halben Stunde keine Ausscheidungen.

Erfahrungen:

■ Teeröle, die diesen Bedingungen entsprachen, gestatteten in der Regel störungsfreien Ölmaschinenbetrieb, wenn die Maschine genügend gleichmäßig belastet war.

Es ließen sich jedoch auch Steinkohlenteeröle, die von den angegebenen Bedingungen etwas abwichen, durch geeignete Betriebsführung oder durch Mischung mit Treibölen der zweiten Gruppe zum Ölmaschinenbetrieb brauchbar machen.

Manchmal versagte der Betrieb mit Steinkohlenteeröl bei geringen Belastungen, im Leerlaufe und beim Anlassen der kalten Maschine. In diesen besonderen Fällen mußte ein anderer Brennstoff, ein Treiböl der zweiten Gruppe verwendet werden.

In neuerer Zeit ist versucht worden, nicht nur das Steinkohlenteeröl, sondern auch die Ausgangsprodukte der Teeröle, die Steinkohlenteere, in Ölmaschinen zu verbrennen. Dies ist nur in einzelnen Fällen ohne wesentliche Betriebsstörungen gelungen, und zwar nur dann, wenn der Steinkohlenteer in entsprechend gebauten Öfen hergestellt und vor der Verwendung in der Ölmaschine einer Vorbehandlung unterzogen wurde. ∎

b) Steinkohlenteere.

Durch mehrfache Versuche ist erwiesen, daß verschiedene Vertikalofenteere und Kammerofenteere zum Dieselmaschinenbetrieb geeignet sind, wenn die Maschine genügend gleichmäßig belastet ist. Bei stark wechselnder Belastung, sowie unter besonderen Betriebsverhältnissen (Anlassen, Leerlauf und geringen Belastungen) treten Schwierigkeiten und Störungen auf; doch gelingt es in der Regel durch zeitweise ausschließliche Verwendung eines Hilfsbrennstoffes (Öle der zweiten Gruppe) den Betrieb aufrecht zu erhalten. Selbstverständlich muß, wie meistens bei den Steinkohlenteerölen, zur Einleitung jeder Verbrennung mit Zündöl gearbeitet werden.

Vertikalofenteere haben von allen Teeren den größten Heizwert, den geringsten Wasser- und Aschegehalt und auch nur verhältnismäßig wenig freien Kohlenstoff und Koksrückstand.

Die Koksofenteere unterscheiden sich wesentlich von den beiden vorgenannten Teerarten. Sie sind schwerer verdampfbar, viel dickflüssiger und haben ein größeres spezifisches Gewicht.

Einzelne Koksofenteere sind nach richtiger Vorbehandlung, besonders Vorwärmung, ähnlich wie Vertikalofenteere brauchbar.

Schrägretortenteere sind nur in Ausnahmefällen für Öl-

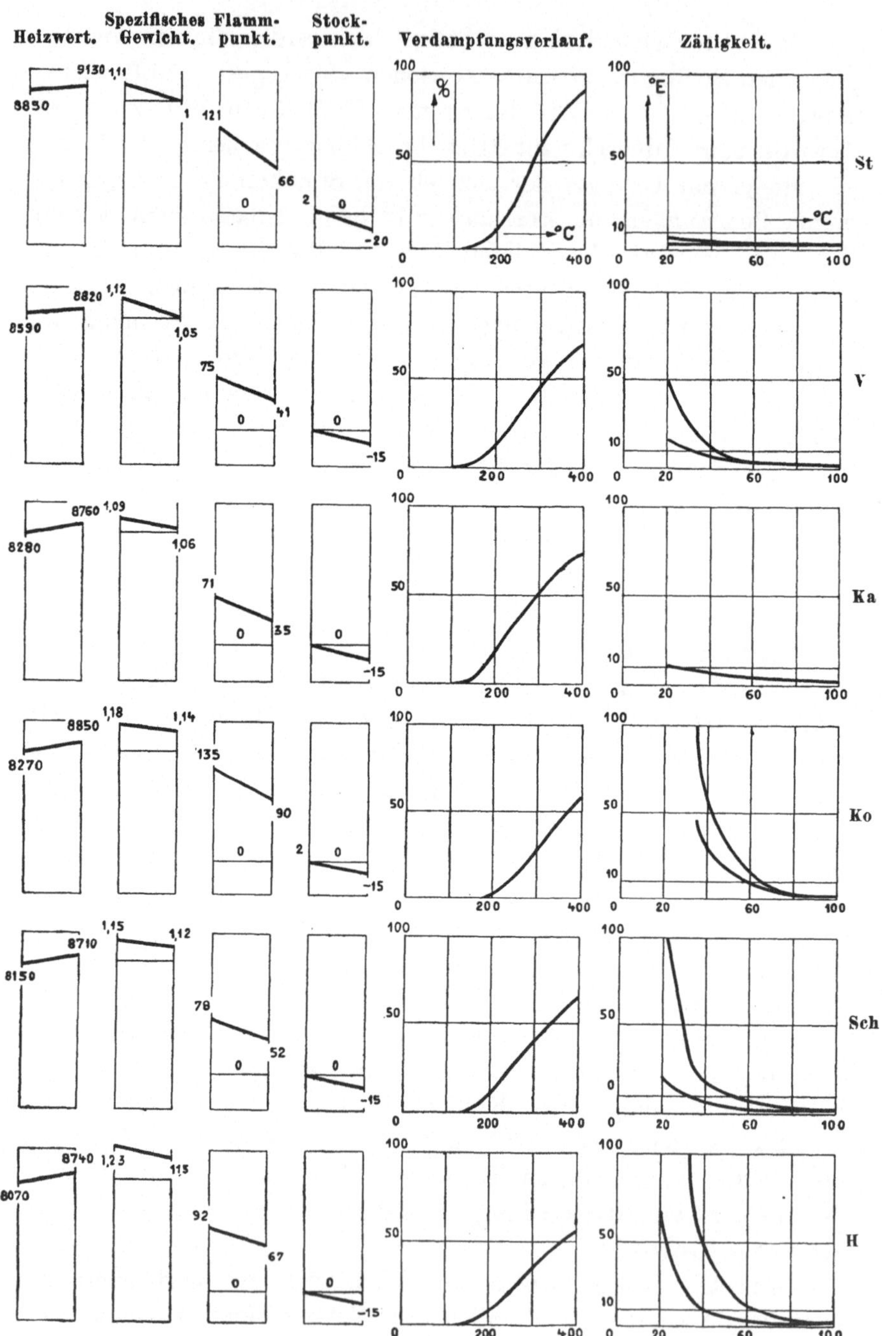

118. Kennzeichnende Eigenschaften von **Steinkohletreibölen.**

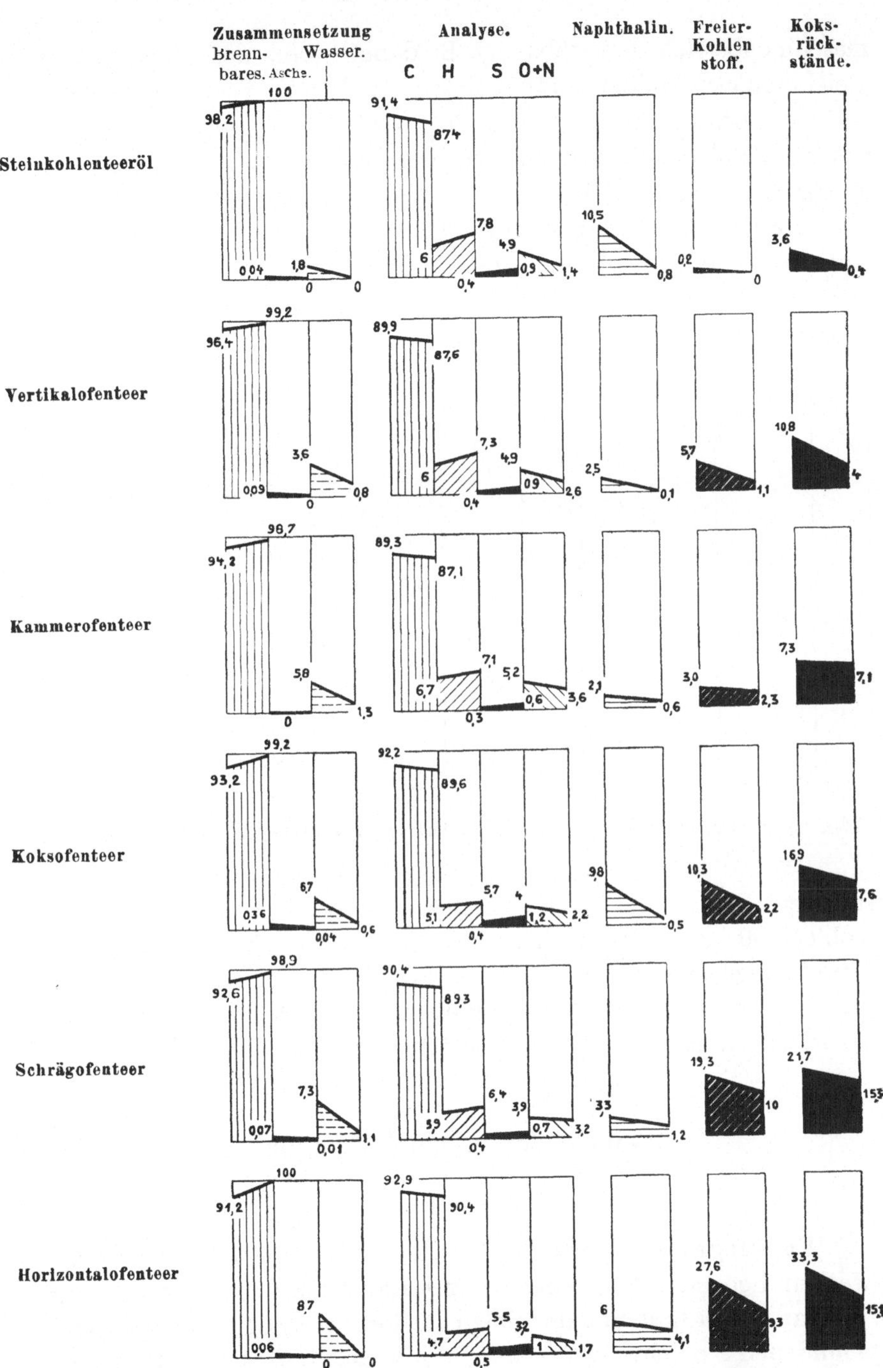

119. Bestandteile von **Steinkohletreibölen.**

maschinenbetrieb brauchbar, z. B. dann, wenn der Motor unter gleichmäßiger Vollbelastung arbeitet und nur Teer von gleichmäßiger Beschaffenheit verwendet wird. Der große Gehalt an freiem Kohlenstoff und damit der Koksrückstand ermöglicht keinen sicheren Betrieb.

Die Horizontalofenteere haben von allen Teeren den geringsten Gehalt an H und den größten an C, daher geringen

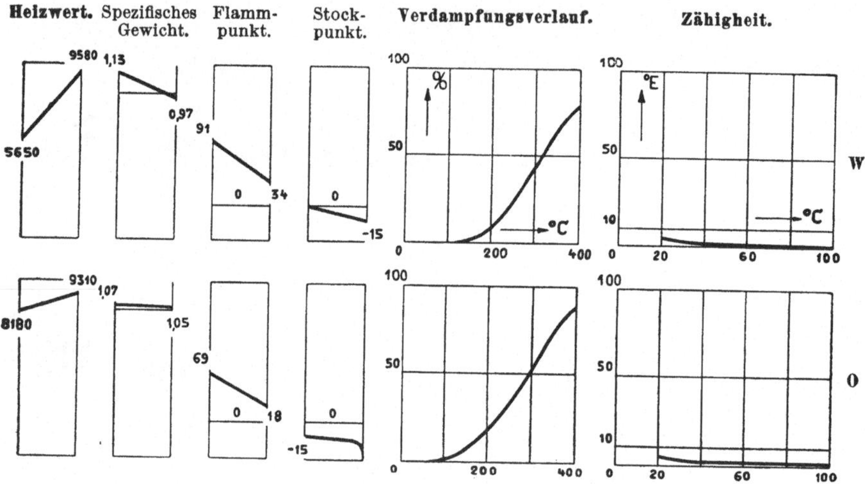

120. Kennzeichnende Eigenschaften von **Wassergas- und Ölgasteer.**

Heizwert, und sind ihres zumeist großen Gehaltes an freiem Kohlenstoff und des Koksrückstandes wegen für Ölmaschinenbetrieb ungeeignet. Sie sind auch in der Regel sehr dickflüssig, enthalten mechanische Beimengungen, die sich nur schwer entfernen lassen und die Dichtungsflächen beschädigen.

Treiböle der 2. und 3. Gruppe.

Teerprodukte.

Wassergasteer entsteht bei der Erzeugung des zu Leuchtzwecken dienenden Wassergases durch Einwirkung und Zersetzung von Gasöl. Er besteht demzufolge aus kettenförmig und ringförmig gebundenen Kohlenwasserstoffen (Paraffinen, Naphthenen, Benzolen,

Phenolen, Kresolen, Naphthalin usw.). Vielfach ist im Teer noch unzersetztes Gasöl enthalten.

Je nach der Herstellungsart ist die Beschaffenheit der Wassergasteere sehr verschieden. Manche enthalten sehr viel Wasser (über 30%), das sich aber bei der zumeist dünnflüssigen Beschaffenheit des Teers durch Zentrifugieren entfernen läßt. Auf diese Weise werden gleichzeitig auch die fremden Beimengungen größtenteils abgeschieden.

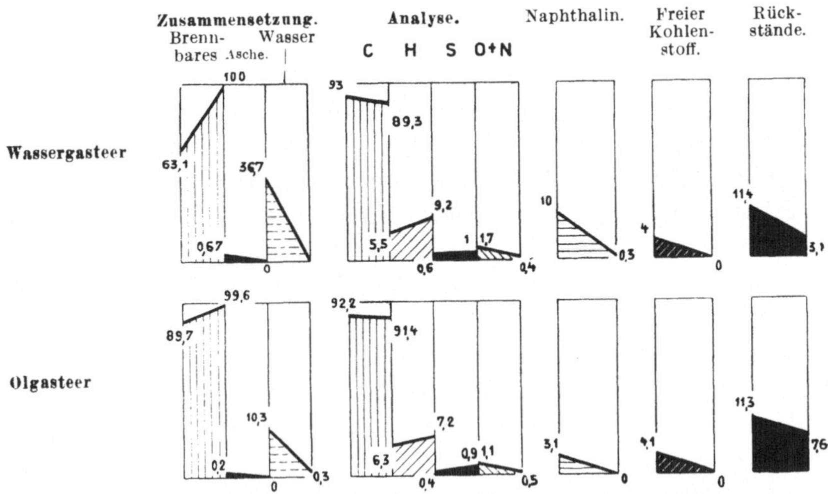

121. Bestandteile von **Wassergas-** und **Ölgasteer**.

Je mehr aliphatische Kohlenwasserstoffe ein Wassergasteer enthält, um so brauchbarer ist er im allgemeinen für Ölmaschinenbetrieb.

Die Ölgasteere entstehen bei der Erzeugung von Ölgas (Fettgas), wie es zur Beleuchtung von Eisenbahnwagen verwendet wird, durch Zersetzung von Braunkohle- und Schieferteerdestillaten.

Die Beschaffenheit und Zusammensetzung der Ölgasteere zeigt noch größere Unterschiede als die der Wassergasteere. Der Gehalt an Wasserstoff ist kleiner, der Kohlenstoffgehalt größer als bei den Wassergasteeren, die im allgemeinen für Ölmaschinenbetrieb besser geeignet sind als die Ölgasteere.

IV. Gemischbildung
und Regelung der Verbrennungsmaschinen.

Die Gemischbildung vor der Verbrennung und Arbeitsleistung ist das Wesentliche und Entscheidende für die motorische Verbrennung; sie ist das Unterscheidende der Verbrennungsmaschinen gegenüber Dampfmaschinen und ist selbst von Erfahrenen am schwierigsten zu beherrschen.

Die Gemischbildung ist in vielfacher Weise abhängig vom Brennstoff und seiner Eigenart und hängt mit den Aufgaben der Regelung der Maschinen aufs engste zusammen; sie kann daher auch unabhängig von der Regelung und von baulichen Einzelheiten nicht verstanden werden. Wegen dieser Abhängigkeiten sind einige Wiederholungen aus anderen Abschnitten an dieser Stelle angebracht.

Anfänger machen sich oft ein falsches oder unvollständiges, jedenfalls einseitiges Bild von Mischungsvorgängen und ihren Abhängigkeiten, und es schweben ihnen insbesondere Einzelheiten von Dampfmaschinenregelungen vor, die für die Mittel, die Gemischbildung zu beherrschen, durchaus nicht vorbildlich sein können. Es ist deshalb von Anfang an auf die gänzliche Verschiedenheit der Grundlagen, der Absichten und der Vorgänge bei Verbrennungsmaschinen und bei Dampfmaschinen durch kennzeichnende Beispiele hinzuweisen.

Im nachfolgenden ist die Gemischbildung zuerst in einer allgemeinen Übersicht behandelt, die nur einige wesentliche Grundlagen und Abhängigkeiten zeigen soll. Weiterhin ist sie ausführlich in allen Einzelheiten im Zusammenhang mit den wärmetechnischen Fragen und schließlich im Zusammenhange mit einigen wesentlichen baulichen Einzelheiten besprochen.

1. Übersicht über die Gemischbildung.

Allgemeine Grundsätze.

Es ist ein Gemisch von Brennstoff und Luft zu bilden, nach ausreichend hoher Verdichtung zu entzünden und zu verbrennen.

Die Güte der Verbrennung und der Wärmeausnutzug ist abhängig:

von der Güte der Gemischbildung, vom Verdichtungsdruck, von der Geschwindigkeit der Verbrennung, von den Wärme- und Strömungsverlusten usw.

Die Güte des Gemisches verlangt:

möglichst feine Zerteilung des Brennstoffs und gleichmäßige Verteilung im Verdichtungsraum,

gleichmäßig gestalteten Verdichtungs- und Verbrennungsraum ohne tote Räume u. dgl.,

Vermeidung von Wärmestauungen im Verbrennungsraum und

möglichst vollständiges Austreiben der Verbrennungsgase vor dem Laden des Gemisches.

Außerdem müssen Frühzündungen unbedingt vermieden werden. Ungewollte Frühzündungen können entstehen:

durch verspätete Verbrennung, durch Nachbrennen des Gemisches in toten Räumen und durch Nachbrennen infolge von Abgasresten,

durch starke Wärmestauung an den Stellen starker Verbrennung, z. B. in der Nähe der Zündstellen, an Materialanhäufungen, in der Nähe der Auslaßorgane, an schlecht gekühlten Maschinenteilen, an Glühstellen, die sich infolge von Krustenablagerung im Zylinder bilden.

Ungleichmäßige Wärmeverteilung im Verbrennungsraum verschlechtert das Gemisch, sowie die Verteilung des Gemisches im Verbrennungsraum.

Für die Gemischbildung ist ebenso wie für die Verbrennung ausreichende Zeit erforderlich.

Je größer die verfügbare Zeit, um so besseres Gemisch kann sich bilden. Raschlaufende Maschinen ergeben daher, wenn nicht besondere Vorkehrungen getroffen werden, schlechteres Gemisch als langsam laufende, Viertaktmaschinen besseres als Zweitaktmaschinen usw.

Je größer der Gemischraum ist, um so schwieriger wird im allgemeinen die Bildung eines gleichmäßigen Gemisches. Daher sind kleine Zylinderabmessungen in der Regel günstiger als große.

Große radiale Ausdehnung des Verbrennungsraumes ist ungünstig. Im allgemeinen werden daher langhubige Maschinen günstiger sein als kurzhubige.

Gasförmige Brennstoffe gestatten die feinste Zerteilung in der Verbrennungsluft.

Flüssige Brennstoffe müssen erst in den gasförmigen oder in einen gasähnlichen Zustand (Nebelform) übergeführt werden, bevor die Gemischbildung möglich ist. Je leichter die Vergasung vor sich geht, um so besser kann sich die Gemischbildung vollziehen.

Schweröle erfordern besondere Mittel zur Zerteilung und Zerstäubung, wenn gute Gemischbildung erreicht werden soll. Billige Kleinmaschinen arbeiten meist nur mit möglichst feiner Zerteilung des Öls, hochwertige Ölmaschinen mit Zerstäubung durch Druckluft.

Bei Schwerölen ist stets reichlicher Luftüberschuß für günstige Gemischbildung und Verbrennung nötig, insbesondere wenn die Einspritzung des Schweröls und die Gemischbildung zur Vermeidung von Frühzündungen erst kurz vor Beendigung des Verdichtungshubes erfolgt.

Verdampfung der Schweröle vor der Mischung mit Luft und vor Einführung in den Zylinder ist ungünstig. Leistungsfähiger und sicherer Betrieb wird dagegen erreicht, wenn die Verdampfung erst im Zylinder nach oder während der Gemischbildung vor sich geht.

Gemischbildung in Gasmaschinen.

a) Viertaktmaschinen.

Bei Viertaktmaschinen wird das Gemisch während der Saugzeit gebildet, die mehr als einen vollen Hub umfaßt. Die Mischung erfolgt zum Teil schon vor dem Zylinder, in der Regel im Mischraum unmittelbar vor der Einlaßsteuerung.

Dieser Mischraum darf wegen der Gefahr des Rückschlagens der Verbrennung in die Einlaßleitung nicht zu weit vom Einlaßventil entfernt sein, und es dürfen keine größeren Gemischmassen vor der Einlaßsteuerung lagern.

Erfolgt die Regelung durch Drosselung des einströmenden Gemisches (Füllungs- oder Mengenregelung), wobei zwecks Änderung der Leistung der Maschine oder der Drehzahl sowohl die Gasmenge, als auch die Luftmenge geändert wird, dann ist meist je eine Regelungsvorrichtung für Gas und für Luft vorhanden, von denen aber nur die für Gas, bei Betrieb mit reichen Gemischen meist ein Ventil, dichten Schluß haben muß.

Erfolgt die Regelung durch Änderung der Zusammensetzung des Gemisches (Gemischregelung), dann wird nur die Gasmenge geändert, und es ist nur eine Gassteuerung vorhanden.

Bei dieser Regelungsart ist somit das Gemisch bei verschiedenen Belastungen und Drehzahlen verschieden. Mit abnehmender Belastung wird das Gemisch immer ärmer.

Bei mittleren und kleinen Belastungen wird daher stets ein großer Luftüberschuß vorhanden sein, der bei reichen Gasen, die mit großen Luftmengen arbeiten müssen, die Zündfähigkeit beeinträchtigen kann.

Dann wird so verfahren, daß namentlich in der Nähe der Zündstellen ein verhältnismäßig reiches, gut zündfähiges Gemisch gelagert wird, und die Mischung wird so geregelt, daß sich sicherer Leerlauf ergibt, der besonders zum Parallelschalten von Gasmaschinen untereinander oder mit anderen Maschinen erforderlich ist.

Die Gemischregelung ist gegen Veränderungen in der Gasbeschaffenheit sehr feinfühlig. Bei mittleren und kleinen

Belastungen wird jede Vergrößerung des Heizwertes oder jede Druckerhöhung des Gases, die eine Anreicherung des Gemisches bewirkt, sofort eine Leistungserhöhung und damit eine Steigerung der Drehzahl zur Folge haben, auf die der Regler sofort einwirkt.

Der Luftüberschuß wird bei Vollbelastung der Maschine so bemessen, daß eine möglichst vollständige Verbrennung erreicht wird. Großer Luftüberschuß gibt große Zylinderabmessungen.

Steigt der Gasdruck oder der Heizwert des Gases, so wird unter Umständen der Luftvorrat zu knapp und die Verbrennung schlechter statt besser.

Dann fällt die Drehzahl, anstatt zu steigen, und der Regler stellt auf noch stärkeren Gaszufluß ein, wodurch ein Stillstand der Maschine herbeigeführt werden kann.

Es tritt also im Falle überschüssigen Kraftmittels gerade das Entgegengesetzte ein als bei Dampfmaschinen.

Bei Füllungsregelung muß daher bei starken Schwankungen des Gasdrucks oder Heizwerts mit reichlichem Luftüberschuß gearbeitet werden. Da die Zusammensetzung des Gemisches bei Füllungsregelung auf allen Belastungsstufen ungefähr gleich bleibt, so besitzt es auch im Leerlauf gute Zündfähigkeit.

Die Vor- und Nachteile der beiden Regelungsarten haben zur Ausbildung von zusammengesetzten Regelungen geführt, derart z. B., daß bei mittleren und großen Belastungen mit Gemischregelung gearbeitet wird, bei kleinen hingegen mit Füllungsregelung.

Geringfügige Änderungen in der Art der Gas- oder Luftzuströmung zur Mischstelle dürfen die Gemischbildung nicht empfindlich stören. Bei steigendem Gasdruck strömt zuerst eine größere Gasmenge zu, und das Gemisch wird um so mehr angereichert, je kleiner die Strömungsgeschwindigkeiten an der Mischstelle sind.

Daher ist mit großen Strömungsgeschwindigkeiten zu arbeiten, besonders bei reichem Gas, Koksgas, Leuchtgas usw.

Große Druckunterschiede von Gas und Luft an der Mischstelle sind zu vermeiden.

Bei der Anlage der Rohrleitungen für die Gas- und Luftzuführung ist auf die Massenwirkungen und die Schwingungen in den Leitungen Rücksicht zu nehmen.

b) Zweitaktmaschinen.

Gas und Luft werden vor Einführung in den Zylinder in besonderen Pumpen schwach verdichtet, und die Ladung wird vor Beginn der Verdichtungsperiode in den Zylinder gedrückt.

Das Gemisch wird, wie im Viertakt, im Augenblick des Ladebeginns gebildet, und zwar in möglichster Nähe der Einströmstelle, damit beim Rückschlagen der Verbrennung keine gefährlichen Drucksteigerungen im Mischraum und in der Leitung bis zu den Ladepumpen erfolgen können. Daher ist auch das Laden von Gemisch durch eine Gemischpumpe unzulässig.

Luft und Gas müssen durch getrennte Pumpen verdichtet werden.

Des Spülens wegen muß die Luftförderung stets vorangehen. Die Gaspumpe ist während der Luftzuführung durch eine Rückströmvorrichtung zwischen Druck- und Saugleitung kurzgeschlossen, fördert also nicht.

Das Spülen beginnt erst, nachdem durch Ausströmen der Verbrennungsgase schon eine entsprechend große Druckentlastung im Zylinder eingetreten ist.

Der Spülluftdruck muß für volle Belastung genügen. Bei Teilbelastungen wird mit großem Luftüberschuß gearbeitet. Der Spülluftdruck darf nicht zu hoch sein, damit die Verbrennungsgase richtig ausgeschoben und nicht etwa Spülluft und Verbrennungsgase durcheinander gewirbelt werden.

Das nachfolgende Laden von Luft und Gas muß mit ausreichend großem Überdruck erfolgen, damit das erforderliche Ladegewicht rechtzeitig in den Zylinder gelangt.

Je größer die Drehzahl der Maschine ist, um so schwieriger wird es, die Verbrennungsgase in genügender Weise auszutreiben und die neue Ladung rechtzeitig in den Zylinder zu drücken.

In Zweitaktmaschinen ist keine so günstige Gemischbildung erzielbar wie in Viertaktmaschinen. Wegen der Schwierigkeit der Gemischbildung und Regelung und wegen der hohen Kosten ihrer Bauart sind daher die Zweitaktmaschinen aus reinen Kraftwerken für Stromerzeugung fast vollständig verschwunden.

Gemischbildung in Ölmaschinen.

a) Leichtölmaschinen.

Leichtöle: Benzin, Benzol usw. verhalten sich ähnlich wie Gas, da ihre Verdampfung schon unter 100° C. vollständig gelingt.

Die Teile der Maschine, die sich in unmittelbarer Nähe der Einströmung am Zylinder befinden, haben im Mittel eine höhere Temperatur als etwa 50° C.; der einmal vergaste und mit Luft gemischte Brennstoff wird sich daher an ihnen meistens nicht „kondensieren".

An kälteren Wandstellen der Zuleitung kann sich, besonders bei Verwendung von Benzol oder Spiritus, der bei der Mischung gebildete Brennstoff-Nebel in Tropfen ausscheiden. Dann muß entsprechend vorgewärmt werden.

Die Gemischbildung wird in der Regel außerhalb des Zylinders, im sogenannten Vergaser, vorgenommen. Der Vergaser wird möglichst nahe an die Einlaßsteuerung gelegt, um ein Rückschlagen der Verbrennung ungefährlich zu machen und die Massenwirkungen und Schwingungen in der Zuströmungsleitung auf das Mindestmaß herabzusetzen.

Das Gemisch auf solche Weise zu bilden, ist bei kleinen, raschlaufenden Maschinen vorteilhaft, weil von der Mischung im Vergaser bis zur Verbrennung des Gemisches im Zylinder nur eine geringe Zeit verfügbar ist.

Mit wachsendem Hubvolumen des Zylinders wird gute Gemischbildung und Verteilung und auch gleichmäßige Wärmeverteilung im Zylinder immer schwieriger.

Große Zylinder und langsamer Lauf zwingen daher zu geringerem Verdichtungsdruck, der dann schlechtere Wärmeausnutzung und höheren Brennstoffverbrauch zur Folge hat.

Der Betrieb mit teuren Leichtölen wird deshalb für große Leistungen und Zylinder zu kostspielig und ist nur für kleine raschlaufende Maschinen genügend wirtschaftlich.

Bei diesen kleinen Raschläufern wird zu jedem Arbeitsspiel nur eine sehr kleine Menge Öl gebraucht, die durch die sogenannte Düse, d. i. ein Rohr mit sehr kleiner Bohrung, in den Mischraum des Vergasers ausspritzt und sich mit der vor der Düse mit großer Geschwindigkeit vorbeistreichenden Luft mischt.

Zur Erzielung guter Mischung ist Arbeiten mit hohen Strömungsgeschwindigkeiten an der Mischstelle notwendig.

Zur Regelung der Leistung und der Drehzahl wird die Gemischmenge durch eine „Drossel“ in der Gemischleitung zwischen Zylinder und Vergaser verändert.

Mit abnehmender Gemischmenge wird das in den Zylinder einströmende Ladegewicht, daher der Ladedruck und der Verdichtungsdruck immer kleiner; gleichzeitig ändern sich die Strömungsgeschwindigkeiten im Vergaser und beeinflussen die Gemischbildung.

Nimmt z. B. die Drehzahl der Maschine zu, so werden auch die Strömungsgeschwindigkeiten an der Mischstelle des Vergasers erhöht. Mit wachsender Strömungsgeschwindigkeit nehmen dann die Strömungswiderstände in der Luftzuführung stärker zu als in der Brennstoffzuführung, und das Gemisch wird angereichert.

Um eine zu weit gehende Anreicherung zu vermeiden, muß entweder die Brennstoffzufuhr zur Mischstelle gedrosselt oder das Gemisch durch Zufluß weiterer Luftmengen (Zusatzluft oder Nebenluft) verdünnt werden.

Die Gemischbildung wird bei den Vergasermaschinen in noch weitergehendem Maße als bei den Gasmaschinen durch die Massenwirkungen und durch die Schwingungen in der Saugleitung beeinflußt.

Hier können wieder Betriebszustände auftreten, die von den Verhältnissen bei Dampfmaschinen grundsätzlich verschieden sind.

Wenn z. B. durch Öffnen der Gemischdrossel die Drehzahl der Maschine gesteigert werden soll, so kann dies wegen der erwähnten Massenwirkungen mißlingen, weil sich alle Teile noch in dem der kleineren Drehzahl entsprechenden Bewegungszustande befinden und ihre Masse nicht rasch genug beschleunigt werden kann. Die Maschine wird in ihrer Leistung nachlassen.

Die Schwingungen sind daher nach Möglichkeit zu vermindern durch Verringerung der bewegten Massen und der Schwingungswege und durch Puffer, Flüssigkeitsbremsen usw. zu dämpfen.

b) Schwerölmaschinen.

Schweröle, wie Petroleum, Gasöl, Rohöl, Teeröl, werden in Verdampfermaschinen, Glühkopfmaschinen und Dieselmaschinen verwendet. Sie erfordern weitgehende Vorwärmung zu ihrer Verdampfung, die erst bei mehr als 300° beendigt ist.

Verdampfermaschinen, die ein Gemisch von heißem Brennstoffdampf und Luft ansaugen und verdichten, lassen wegen sonst eintretender Frühzündung nur niedrige Verdichtungsgrade zu, 2—4 Atm., ergeben daher schlechte Wärmeausnutzung und großen Ölverbrauch.

Die Gemischverteilung im Zylinder ist bei ungleichmäßiger Wärmeverteilung im Zylinder ungleichmäßig, selbst bei vollkommener Mischung von Brennstoffdampf und Luft vor Eintritt in den Zylinder.

Mit der Größe des Zylinders wachsen die Schwierigkeiten der Gemischbildung. Reine Verdampfermaschinen mit ausreichender Gemischbildung lassen sich daher nur bei kleiner Leistung bauen.

Aus denselben Gründen werden auch die Glühkopfmaschinen nur für kleine Zylinderleistungen ausgeführt.

Die Gemischbildung erfolgt erst im Zylinder der Maschine, in der sogenannten Verdampfungskammer oder dem Glühkopfraum, dessen Wände keine Wasserkühlung erhalten, daher glühend sind.

Bei diesen zumeist im Zweitakt arbeitenden Maschinen wird während des Ladens nur Luft in den Zylinder eingeführt; das Öl wird am Ende des Spülens und Ladens oder während des Verdichtens der Verbrennungsluft in den Glühkopf eingespritzt, wo es an den heißen Wandungen verdampft und sich mit der Luft mischt und entzündet.

Auf Grund der Erfahrungen mit Dieselmaschinen ist das Arbeitsverfahren der Glühkopfmaschinen verbessert worden.

Bei Dieselmaschinen werden so hohe Verdichtungsdrücke (30—40 Atm.) angewendet, daß das am Ende der Verdichtungs-

zeit in die hochverdichtete heiße Verbrennungsluft eingespritzte Öl sich selbsttätig entzündet, ohne Mitwirkung einer
Zündvorrichtung oder glühender Maschinenteile.

Die Gemischbildung muß aber in einer sehr kleinen
Zeit erfolgen und ist daher mangelhaft.

Leidliche Mischung wird dadurch erreicht, daß der Brennstoff
mit Druckluft unter hohem Überdruck eingespritzt und durch
besondere Zerstäubungsmittel fein zerteilt wird.

Nur Schweröle können in der Verbrennungsluft in genügender Weise verteilt werden.

Leichtöle verdampfen in Hochdrucktemperatur zu rasch und
schon an der Eintrittsstelle in den Zylinder. Der Öldampf verdrängt
dann die Verbrennungsluft und verhindert deren günstige Mischung
mit dem Brennstoff.

Die Wärmeausnutzung ist daher bei den Dieselmaschinen für
Leichtöle trotz der hohen Verdichtung nicht wesentlich besser, als
sie bei Vergasermaschinen mit wesentlich niedrigerer Verdichtung
erreichbar ist.

Niederdruck-Vergasermaschinen erfordern weniger hoch beanspruchte, daher billigere Maschinenteile als Dieselmaschinen.

Die Schwierigkeiten der Gemischbildung wachsen im allgemeinen mit der Drehzahl, weil die zur Gemischbildung verfügbare Zeit kleiner wird. Raschlaufende Dieselmaschinen haben
deshalb größeren Verbrauch als langsamlaufende.

Dieselschnelläufer nach dem Vorbilde der raschlaufenden
Automobilmotoren sind noch nicht gelungen, hauptsächlich wegen
der Schwierigkeiten der Gemischbildung in sehr kurzen Zeiten
und der Regelung der sehr kleinen Ölmengen bei Raschlauf.

Bei Dieselmaschinen ist die Art der Gemischbildung für
Viertakt und Zweitakt ungefähr gleich. Wesentlich für die Güte
des Gemisches ist dann nur die Verschiedenheit der Luftladung,
die Menge der Verbrennungsrückstände und der Wärmezustand
der Maschine.

Raschlaufende Dieselmaschinen sind im Viertakt stets sicherer
zu betreiben, und die Gemischbildung läßt sich bei ihnen im
Viertakt leichter beherrschen als im Zweitakt.

Allgemeine Bedingungen der Gemischbildung.

Vollkommene Verbrennung bei allen Belastungen verlangt vollkommene Gemischbildung, genügende Vorverdichtung, rechtzeitige, rasche Verbrennung mit möglichst geringen Wärme- und mechanischen Verlusten.

Die Gemischbildung wäre am vollkommensten, wenn im Verbrennungsraum im Augenblicke der Einleitung der Verbrennung an allen Stellen gleichmäßig jedem Brennstoffteilchen die zur vollständigen Verbrennung erforderliche Luftmenge zugeteilt wäre. Praktisch ist dies aus mehreren Gründen nicht durchführbar.

Notwendig wäre:

ein vollständig gleichmäßig ausgebildeter Verbrennungsraum mit geringsten Verbrennungswegen, ohne tote Räume usw., mit möglichst gleichmäßiger Wärmeverteilung,

vollständiges Austreiben der Verbrennungsrückstände bei jedem Arbeitsspiel vor Einführung der neuen Ladung, sowie Einführung eines möglichst großen Ladegewichtes an Brennstoffluftgemisch, somit Laden bei niedrigster Temperatur und mit geringsten Strömungsverlusten zur Erzielung größtmöglicher Leistung bei gegebenem Zylinderhubvolumen.

Werden diese Forderungen erfüllt, dann ist auch bei der Gemischverdichtung genügend hoher Verdichtungsenddruck und günstige Wärmeausnutzung erreichbar.

Die Höhe des Verdichtungsenddruckes ist stets von der Selbstentzündung abhängig.

Die ungewollte, unbeherrschbare, zu frühe Selbstentzündung muß verhütet werden. Daher muß der Verdichtungsenddruck und die durch ihn bedingte Endtemperatur unter der Grenze der Selbstentzündung bleiben.

Örtliche Wärmestauungen im Verbrennungsraum können nicht immer vermieden werden, weil sich die Verbrennungsrückstände nicht vollständig austreiben lassen, dann auch wegen der Lage der Auspuffsteuerung am Zylinder und wegen der unvermeidlich ungleichmäßigen Kühlung der heißen Wandungen des Verbrennungsraumes. Im Augenblicke der Verbrennung ist an den verschiedenen Stellen des Verbrennungsraumes mit verschiedenen Temperaturen zu rechnen. Hierdurch schon wird die Verbrennung stets ungleichmäßig. Das Durcheinanderwirbeln der Gemischfüllung kann unter Umständen die Verbrennung unterstützen.

Die Güte der Mischung ist im hohen Maße von der Art des Brennstoffs abhängig. Am leichtesten und vollkommensten lassen sich gasförmige Brennstoffe mischen, wesentlich schwieriger flüssige Brennstoffe. Diese verlangen zur vollkommnen Mischung eine Vorverdampfung, die aber, besonders bei schwerflüchtigen Brennstoffen, der vollkommnen Gemischbildung erhebliche Schwierigkeiten bereitet.

Die Vorverdampfung erfordert Vorwärmung, also auch Erhöhung der Temperatur des Gemisches, damit aber zugleich Verminderung des Ladegewichts und des Verdichtungsenddruckes. Hohe Vorverdichtung macht notwendig, daß Brennstoff und Luft sich möglichst spät mischen, unter Umständen erst im Augenblicke der Einleitung der Verbrennung. Hierdurch wird aber wieder die Bildung eines vollkommnen Gemisches erschwert, weil die erforderliche Zeit fehlt. Die zur Erzielung vollkommener Verbrennung mit bester Wärmeausnutzung zu stellenden Forderungen verlangen daher Maßnahmen, welche zum Teil einander entgegenarbeitende Wirkungen ergeben.

Bei wechselnden Belastungen stellen sich noch besondere Schwierigkeiten und Wirkungen ein, im Zusammenhang mit der Drehzahl, mit dem gewählten Arbeitsverfahren, mit der Regelungsart, Gemisch- oder Füllungsregelung usw.

Zur Bildung eines günstigen Gemisches ist außer gleichmäßiger Mischung, hoher Mischgeschwindigkeit und guter Mengung auch ausreichende Zeit erforderlich.

In der Regel wird das Gemisch um so besser, je größer die verfügbare Zeit ist. Dies gilt besonders von gasförmigen Brennstoffen. Bei flüssigen Brennstoffen spielt außerdem die Wiederverflüssigung des Nebels, die „Kondensation" des verdampften Brennstoffes, eine große Rolle; unter Umständen kann dadurch bei zu großer Mischzeit wieder eine Verschlechterung der Mischung herbeigeführt werden.

Im allgemeinen wird aber die Mischung um so ungünstiger

oder schwieriger werden, in je kürzerer Zeit sie erfolgen muß. Je größer die Drehzahl der Maschine, desto früher muß mit der Bildung des Gemisches begonnen werden. Arbeitsverfahren für flüssige Brennstoffe, bei denen die Gemischbildung erst im Augenblicke der Einleitung der Verbrennung erfolgt, eignen sich daher schlecht zur Ausbildung sehr raschlaufender Maschinen.

Wenn die Bildung des Gemisches oder die Zuführung des Brennstoffes zur Verbrennungsluft erst während der Verdichtungszeit oder gar erst bei Beginn der Verbrennung erfolgt, dann muß der Brennstoff mit entsprechend großem Überdruck zugeführt werden, wozu besondere Pumpen und bei flüssigen Brennstoffen außerdem noch entsprechende Zerstäubungs- und Verteilungseinrichtungen erforderlich sind.

Die Geschwindigkeit und Güte der Mischung kann durch Erwärmung, Strömungen, Massenwirkungen, Stoßwirkungen, Form des Mischraums usw. stark beeinflußt werden.

Die Bildung des Gemisches könnte in günstiger Weise unabhängig von den Arbeitsspielen der Maschine außerhalb des Zylinders mittels besonderer Mischeinrichtungen vorgenommen, und es könnte das fertige Gemisch in den Zylinder geladen werden. Dies würde besonders bei gasförmigen Brennstoffen sehr vollkommene Gemischbildung gestatten, läßt sich aber wegen verschiedener Betriebsschwierigkeiten und Gefahren praktisch nicht durchführen.

Es kann insbesondere nicht mit Sicherheit verhütet werden, daß bei Verbindung der Gemischleitung mit dem Zylinder durch Rückschlagen der Verbrennung nach dem Gemischraum dessen Inhalt frühzeitig entzündet wird, wodurch unter Umständen gefährliche Folgen, Überanstrengungen und Brüche, hervorgerufen werden können. Mit der Bildung des Brennstoff-Luft-Gemisches wird daher frühestens bei Öffnung der Einlaßsteuerung im Zylinder begonnen und die Mischstelle möglichst nahe an den Zylinder oder in den Zylinder gelegt.

Die Güte der Mischung wird auch durch die Art der Regelung wesentlich beeinflußt. Maßgebend hierbei ist, ob zum Zwecke der Regelung nur die Brennstoffmenge oder Brennstoff und Luft getrennt oder das fertige Gemisch beeinflußt wird, oder ob zusammengesetzte Regelungsarten angewendet werden.

2. Gemischbildung und Regelung von Viertakt-Gasmaschinen.

Bei Gasmaschinen, Verdampfer- und Vergasermaschinen wird das Gemisch von Brennstoff und Luft erst gebildet mit Beginn des Öffnens des Einlaßorgans am Zylinder, und zwar in möglichster Nähe dieses Organs, aber außerhalb des Zylinders.

Die Gemischbildung in Viertaktmaschinen ist im Wesen die gleiche, ob Gas oder ein gasähnlicher Brennstoff mit Luft zu mischen ist, und Verschiedenheiten ergeben sich nur aus besonderen Eigenschaften der Brennstoffe und aus besonderen Verwendungszwecken.

Bild **122** u. **123** zeigen die Arbeitsweise einer einfachwirkenden Viertaktmaschine. Für die Gemischbildung und Regelung kommt nur die Saugzeit, allenfalls noch das Ende des Auspuffs und der Beginn der Verdichtung in Betracht.

Einströmungsvorgang.

Der Gas- und Luftzutritt soll vor der Einlaßsteuerung durch einen Schieber geregelt werden (Bild **124**). Der Kolben des Zylinders beginnt gerade den Saughub. Das Auspuffventil ist noch etwas geöffnet, wenn das Einlaßventil zu öffnen beginnt.

Bild **125** zeigt das Spannungsdiagramm für das Ende der Auspuffzeit (4), die Saugzeit (1) und den Beginn der Verdichtungszeit (2). Die in Bewegung befindliche Auspuffsäule besitzt am Ende des Auspuffhubes noch eine große Bewegungsenergie, so daß die Gase auch nach Umkehr des Kolbens zu Beginn des Saughubs durch das noch geöffnete Auspuffventil ausströmen. Daher wird das Auspuffventil erst kurze Zeit, einige Kurbelgrade nach Kurbeltotpunkt, geschlossen.

Die in den Leitungen befindliche Brennstoff- und Luftmasse muß zu Beginn der Einlaßventilöffnung erst entsprechend beschleunigt werden. Wie später gezeigt werden wird, ist bei regelrechtem Gang der Maschine in den Zuleitungen für Brennstoff und

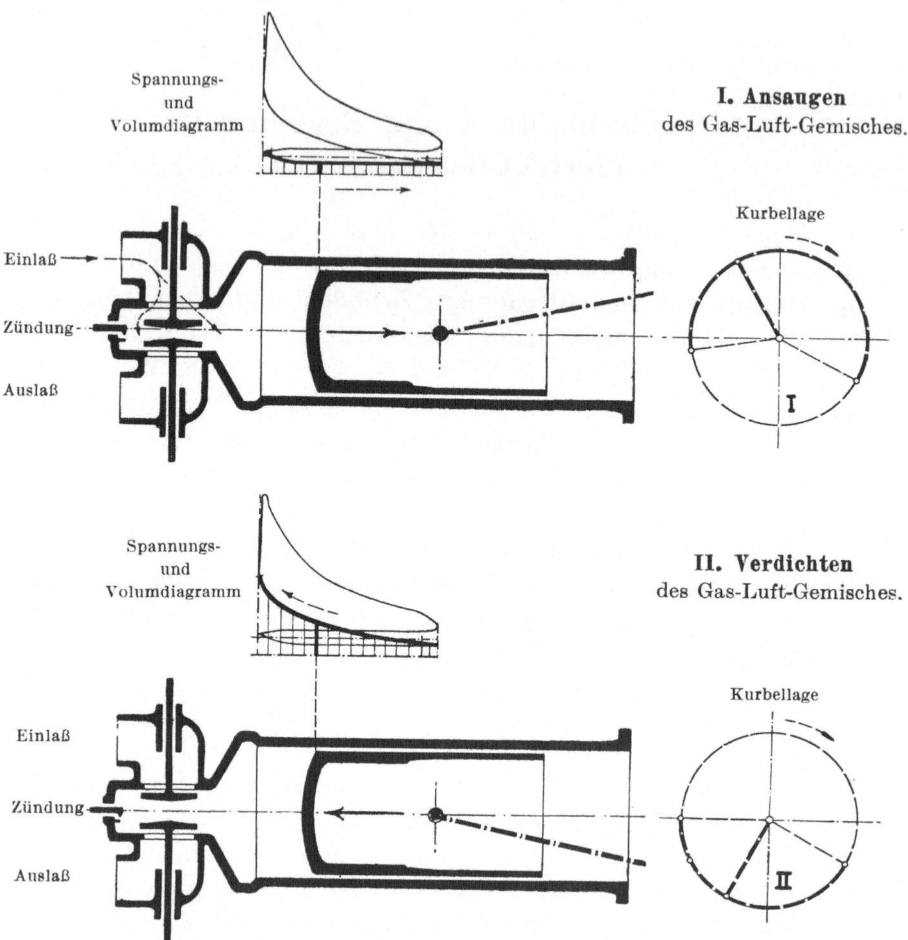

122. Saughub und Verdichtungshub der Viertaktmaschine.

Luft eine der Drehzahl der Maschine entsprechende regelmäßig verlaufende Massenschwingung vorhanden, die unter Umständen noch nicht vollständig zur Ruhe gekommen ist, wenn das Einlaßventil öffnet.

Die beim Öffnen des Ventils aufzuwendende Beschleunigungsenergie, die sich im Diagramm zusammen mit der zur Überwindung der sonstigen Strömungswiderstände: Reibung, Wirbel usw., aufzuwendenden Energie als Druckabfall ausdrückt, muß je nach

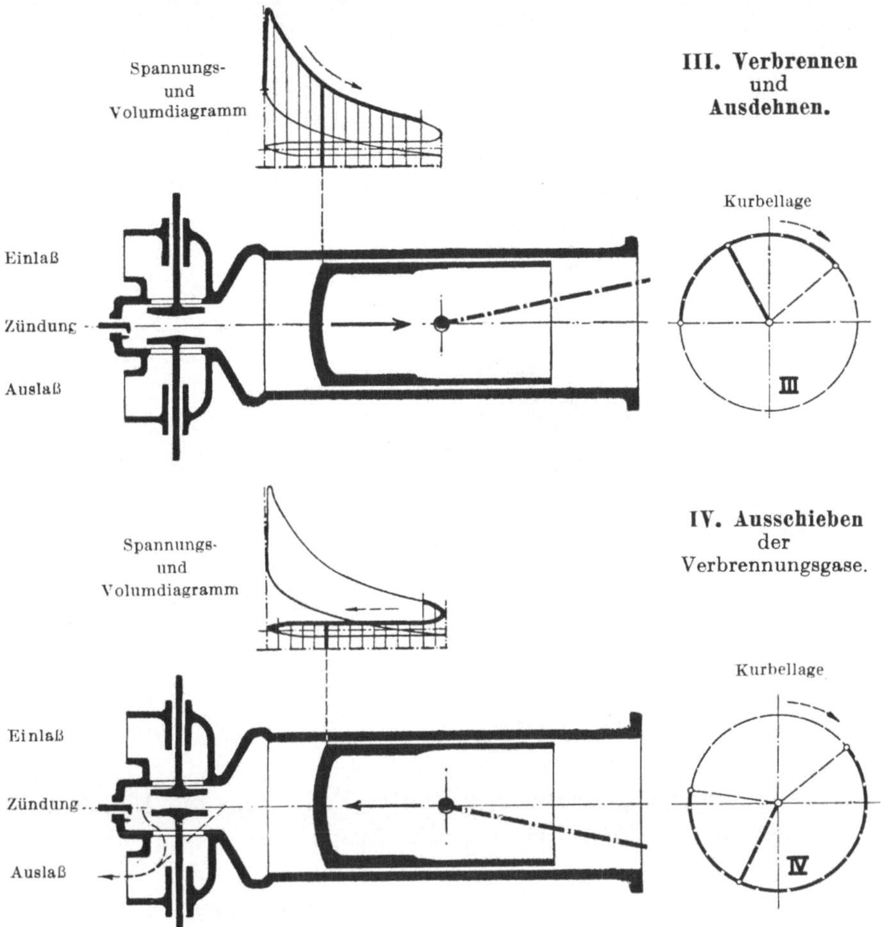

123. Verbrennungshub und Ausschubhub der Viertaktmaschine.

dem Massenzustand in Zylinder und Rohrleitungen verschieden groß sein.

Beim Öffnen des Einlaßventils (a) ist in der Regel der Auspuffdruck im Zylinder etwas größer als der Druck in der Mischkammer hinter dem Einlaßventil ($p_a > 1$ Atm. und $> p_1$). Die Verbrennungsgase strömen daher zunächst nach der Mischkammer hin.

Ist das Auslaßventil noch geöffnet und der Auspuffstrom nach diesem Ventil hin in starker Bewegung, so ist die Abströmung

von Verbrennungsrückständen nach dem sich öffnenden Einlaßventil hin unter Umständen schwächer, als wenn das Auslaßventil schon geschlossen wäre.

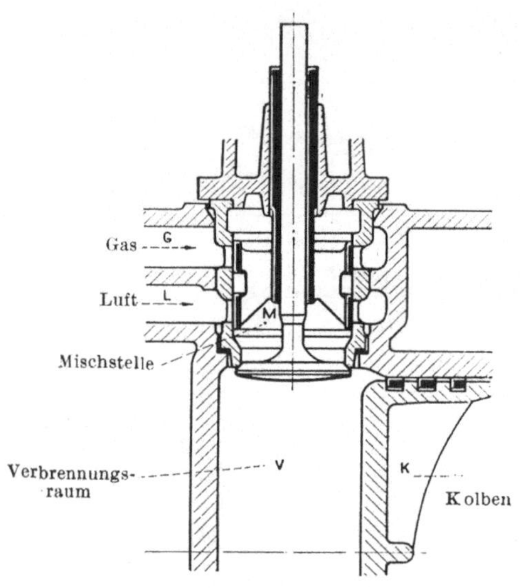

124. Einlaßsteuerung einer
Viertakt-Gasmaschine.

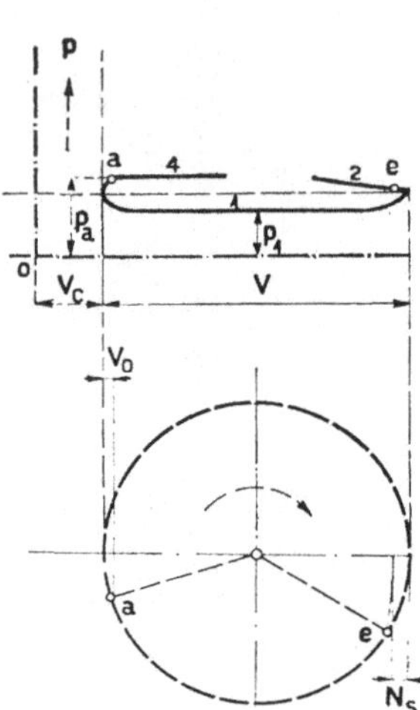

125. Ladezeit einer
Viertaktmaschine.

Das Entgegengesetzte aber ist der Fall, wenn die Einlaßvor-
richtung in der Stromrichtung der Auspuffgase liegt (Bild 126).

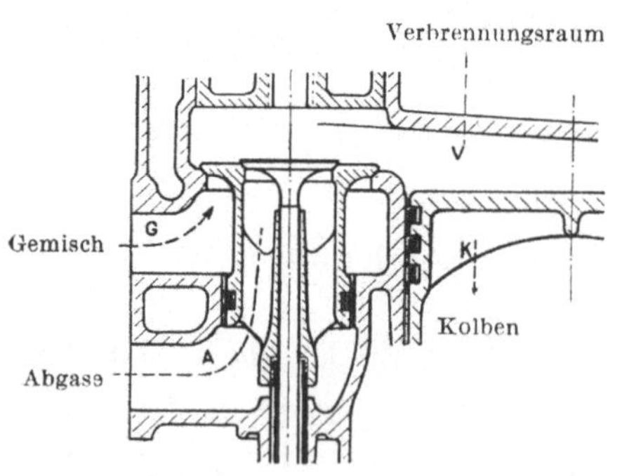

126. Vereinigte Ein- und Auslaßsteuerung
einer Viertaktmaschine.

Dann ist es mit Bezug auf
das Rückschlagen der Ver-
brennungsrückstände nach
dem Einlaßventil vorteilhafter, wenn das Einlaßventil
erst öffnet, nachdem sich
das Auslaßventil geschlossen
und die Restgase im Zylinder entsprechend stark ausgedehnt haben, so daß der
Druck im Zylinder kleiner
ist als der Druck in der
Gemischkammer.

Erfahrungen:

■ Bei Maschinen, die den Zutritt von Gas und Luft zur Mischkammer zwangläufig steuern, und bei denen sich die hierzu dienenden Steuerteile in unmittelbarer Nähe des Einlaßventils befinden, gelang es am Ende der Saugzeit nur noch Luft nach der Mischkammer strömen zu lassen. Infolgedessen lagerte beim nächsten Saughub nur Luft am Einlaßventil, und ein Rückschlagen der Restgase nach der Mischkammer war unschädlich.

Bei derartigen Maschinen war es zulässig, daß das Einlaßventil etwas früher öffnete, als das Auslaßventil geschlossen hatte. In der Regel öffnete dann das Einlaßventil einige Grade vor, und das Auslaßventil schloß einige Grade nach Totpunkt. Dadurch wurde nach Hubende, infolge der Auspuffströmung, ein besseres Austreiben der Restgase durch den noch offenen Auslaß erreicht, desgleichen rascher Druckabfall im Zylinder und Einströmen frischen Gemisches durch die frühzeitig sich öffnende Einlaßsteuerung.

Anders bei Maschinen, deren Mischkammer weiter vom Einlaßventil entfernt lag, und bei denen der Zutritt von Brennstoff und Luft zur Mischkammer nicht zwangläufig gesteuert wurde.

Bei derartigen Maschinen lagerte zu Beginn des Einströmens am Einlaßventil stets Gemisch, und es konnte nur deshalb kein Rückschlagen eintreten, weil das Einlaßventil erst öffnete, wenn das Auslaßventil geschlossen war und sich genügender Druckabfall im Zylinder eingestellt hatte. Das Auslaßventil schloß etwa im Totpunkt oder 2 bis 5° nach Totpunkt, das Einlaßventil öffnete erst 10 bis 20° nach Totpunkt.

Alle Erfahrungen haben gezeigt, daß es in Hinsicht auf die Gefahr des Rückschlagens der Verbrennung vorteilhaft war, die Mischkammer möglichst nahe an das Einlaßventil zu legen, so daß hinter der Einlaßsteuerung nur eine kleine Gemischmasse lagerte. Auch die Regelung war besser, da die hinter der Einlaßsteuerung bis zur Regelstelle hin lagernde Gemischmasse der Einwirkung der Regelung entzogen war und daher die Regelwirkung verzögerte.

Bei der Bildung neuen Gemisches zu Beginn des Einströmens mußte der Brennstoffzutritt am Schluß der Einströmung abgesperrt sein, und nach der Mischkammer durfte nur noch Luft strömen.

Sobald sich im Zylinder der Maschine durch die Ausdehnung der Gase der zur Überwindung der Strömungswiderstände (Massen-,

Reibungs-, Wirbelwiderstände u. dgl.) erforderliche Unterdruck eingestellt hatte, begann die regelmäßige Einströmung bei nahezu gleichbleibendem Druckunterschied. ■

Bei raschlaufenden Maschinen wird die Masse des Auspuffstromes wesentlich wirksamer beschleunigt. Es kann hierdurch am Ende des Auspuffhubes sogar ein Unterdruck $\varDelta p_a$ im Zylinder entstehen (Bild 127) und sich demzufolge sehr günstiges Austreiben der Verbrennungsrückstände ergeben und bessere Einströmung frischen Gemisches, ohne wesentliche Gefahr des Rückschlagens.

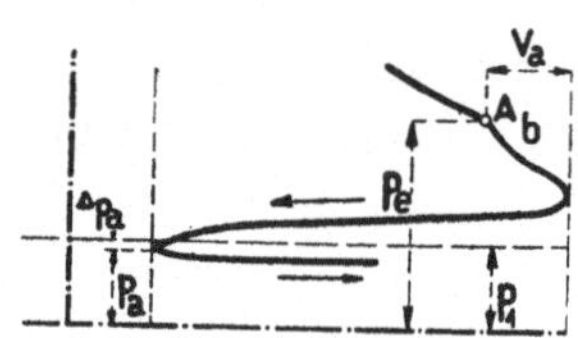

127. Ausströmvorgang raschlaufender Maschinen.

Das Austreiben der Verbrennungsrückstände setzt genügend wirksames Vorausströmen (v_a) voraus, dessen Größe von der Größe des Druckes p_e am Ende der Ausdehnung abhängt. Je größer dieser Druck ist, um so früher muß das Ausströmen beginnen, um wirksamen Druckabfall zu erhalten. Bei raschlaufenden Maschinen und bei Zweitaktmaschinen muß stets ausreichend großes Vorausströmen vorgesehen werden.

Im Betriebe hat die Gemischmasse am Ende des Saughubes noch eine große Massenenergie, so daß auch nach Kolbenumkehr Gemisch nachströmt, und zwar um so stärker, je rascher die Maschine läuft. Um möglichst große Füllung zu erreichen, ist daher ausreichend großes Nacheinströmen (6 bis 15 % des Kolbenhubes) zuzulassen (e in Bild 125).

Nacheinströmen ist namentlich bei raschlaufenden Maschinen wichtig, bei denen sich hierdurch noch beträchtliche Gemischmengen einführen lassen. Die durch die Massenenergie am Ende des Saughubs bewirkte Drucksteigerung reicht zur Überwindung des Gegendrucks der Verdichtung auf einem erheblichen Teile des Verdichtungshubes aus.

Nachfüllung verlangt die Verwendung gesteuerter Ventile: Selbsttätige Ventile haben verspätete Eröffnung, schließen andrerseits infolge der Verdichtungswirkung zu früh und mit heftigem Schlag. Neuerdings ist bei Viertakt-Großgasmaschinen zum Zwecke der Leistungssteigerung Austreiben der Verbrennungsgase durch Spülen mit Frischluft, sowie auch Laden und Nachfüllen frischen Gemisches unter Überdruck erfolgreich durchgeführt worden.

Untersuchung der Einströmungsvorgänge.

Die Vorgänge in den Zuströmungsleitungen einer Viertakt-maschine während der regelmäßigen Zuströmung des Gemisches sind in Bild **267** (Abschnitt VII S. 460) schematisch gekennzeichnet. Es ist angenommen, daß Gas bzw. Ölnebel oder Öldampf und die Verbrennungsluft durch besondere Ventile in den Mischraum ein-strömen, und daß in diesem Raume vor dem Zylinder noch eine Drosselklappe zur Handregelung vorhanden ist.

Bei Vollbelastung der Maschine sind alle Strömungsquerschnitte voll geöffnet, und die Strömung selbst wird durch kleine Druckunterschiede hervorgerufen. Je nach Länge, Querschnitt und Form der Zuführungsleitung und je nach den Strömungs-widerständen können etwa 0,1 bis 0,2 Atm. gesamter Druckunter-schied bei Vollast zur Unterhaltung des Strömens ausreichen.

Erst bei weitgehender Entlastung oder im Leerlauf waren die Druckunterschiede wesentlich größer (bis ungefähr 0,5 Atm.), doch ist eine Untersuchung der Vorgänge bei so kleinen Belastungen weniger wichtig.

Um über die Vorgänge bei Belastungsänderungen und anderen Einflüssen zunächst eine Übersicht zu gewinnen, sei angenom-men, daß regelmäßige Strömung ohne wesentliche Temperatur-schwankungen und bei geringen Druckunterschieden vorliege, so daß die einfachen für Wasser gültigen Strömungsgesetze anwend-bar sind.

Unter diesen Voraussetzungen lassen sich die Strömungsquer-schnitte und die Strömungsgeschwindigkeiten in einfache Bezie-hungen zueinander bringen und die erforderlichen Querschnitte vorausberechnen (Abschnitt VII S. 462).

Es ergibt sich der größte Einlaßventilquerschnitt

$$f_e^{max} = \frac{F c_{max}}{w_e},$$

wobei $w_e \sim 50$ bis 70 m/sec.

Der Luftquerschnitt an der Mischstelle wird meistens kleiner als der Einlaßquerschnitt:

$$f_l = \sim m_f f_e,$$

ausgeführt, mit m_f zwischen $^1/_2$ und 1.

Dann ist die Luftgeschwindigkeit an der Mischstelle:

$$w_l = \frac{F\,c_{max}}{f_e^{max}\left(1 + \dfrac{1}{\mu}\right)}.$$

und das Mischungsverhältnis $\mu = \dfrac{f_l\,w_l\,\gamma_l}{f_b\,w_b\,\gamma_b}$.

Hieraus ergibt sich der **Brennstoffquerschnitt an der Mischstelle:**

$$f_b = \frac{f_l\,w_l\,\gamma_l}{\mu\,w_b\,\gamma_b}$$

und mit dem Werte für die **Gasgeschwindigkeit an der Mischstelle:**

$$w_b = w_l\sqrt{\frac{\gamma_l}{\gamma_b}}$$

das Querschnittsverhältnis:

$$\varphi_f = \frac{f_l}{f_b} = \mu\sqrt{\frac{\gamma_b}{\gamma_l}}.$$

Einfluß der Regelungsart.

a) Gemischregelung.

Bei Gemischregelung wird nur der Brennstoffquerschnitt f_b von f_b^{min} bis f_b^{max} verändert (Bild 128). Der Luft-

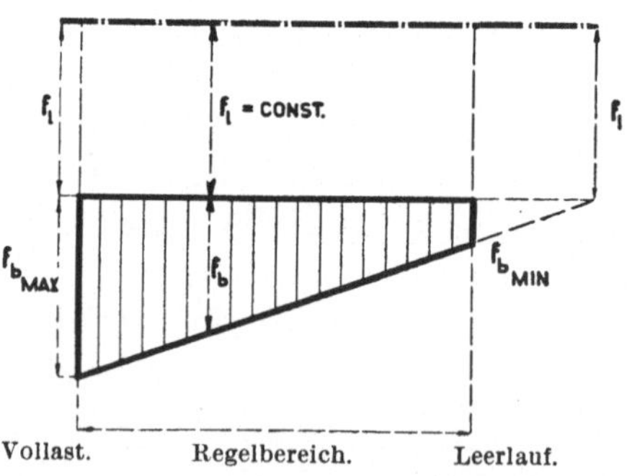

128. Änderung des Luft- und Brennstoffquerschnitts
bei Gemischregelung.

querschnitt f_l bleibt gleich, und der Verdichtungsdruck bleibt annähernd konstant bei allen Belastungen der Maschine.

Der Unterdruck Δp_z im Zylinder ändert sich nur in geringem Maße während des Einströmungsvorganges (Abschnitt VII S. 468), weshalb diese Regelungsart auch vielfach „Regelung bei gleichem Unterdruck" genannt wird.

Das Gemisch wird bei dieser Art der Regelung immer dünner und ärmer an Heizwert, weshalb auch seine Zündfähigkeit immer geringer wird.

Bei nicht vollständig gleichartiger Mischung kann es vorkommen, daß an der Zündstelle im Verbrennungsraume der Luft zu wenig Brennstoff beigemischt ist und daher die Zündung versagt. Es muß deshalb gerade an der Zündstelle genügend zündfähiges Gemisch gelagert werden.

Bei Maschinen mit gesteuertem Gaszutritt zur Mischkammer läßt sich dies dadurch erreichen, daß man bei kleinen Belastungen das Gas erst nach einem Teil des Saughubes zuströmen läßt, so daß sich am Kolben fast nur reine Luft befindet, in der Nähe der Zündstellen aber entsprechend reicheres Gemisch.

Die Zündstelle soll in die Nähe der Einlaßsteuerung gelegt werden; bei größeren Zylindern ist es von Vorteil, zwei oder mehrere günstig gelegene Zündstellen anzuordnen.

Erfahrungen:

■ Sichere Zündung konnte im Betrieb auch bei kleinen Belastungen und kleinsten Gasmengen erreicht werden, wenn das Gas erst im Zündbeginn oder kurz vorher an der Zündstelle selbst in den Zylinder eingeführt wurde. Die Verbrennung wurde aber bei größeren Belastungen, die größere Brennstoffmengen erforderten, wesentlich schlechter, weil die Zeit zu kurz war, um ausreichend gleichmäßiges Gemisch zu erzeugen. Der Brennstoff mußte durch eine besondere Pumpe eingeführt werden. ■

Die Gemischregelung hat außer den Vorteilen der baulichen Gestaltung allgemein den großen Vorzug, daß mit ihr bei allen Belastungsstufen infolge des annähernd gleich hoch bleibenden Verdichtungsdrucks bei richtigem Luftüberschuß günstige Verbrennung und guter spezifischer Brennstoffverbrauch erreicht werden kann.

b) Füllungs- oder Mengeregelung.

Bei dieser Regelungsart wird der Luft- und Gasquerschnitt oder der Gemischquerschnitt derart verändert, daß die Gemischmenge bei möglichst gleichbleibendem Mischungsverhältnis der Belastung angepaßt wird (Bild 129).

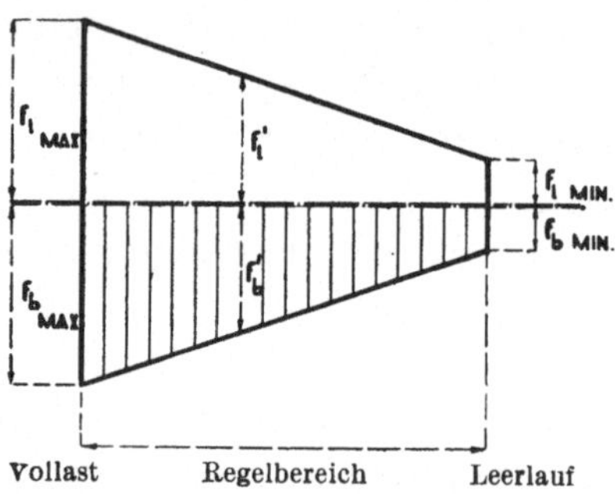

129. Änderung des Luft- und Brennstoffquerschnitts
bei Füllungsregelung.

Bei Füllungsregelung wird der Unterdruck im Zylinder mit abnehmender Belastung immer kleiner (Abschnitt VII S. 469); der Verdichtungsenddruck ist veränderlich und nimmt mit der Belastung ab.

Je nachdem bei abnehmender Belastung die Zuströmquerschnitte während des Saughubs gedrosselt werden, oder je nach der Zeit, in welcher der Gemischzutritt — wie die Dampfzuströmung bei der Dampfmaschinenregelung — unterbrochen wird, stellt sich die Ladespannung im Zylinder verschieden ein (Bild 130 und 131). Meistens wird aber der Gemischzutritt während des ganzen Saughubs beeinflußt.

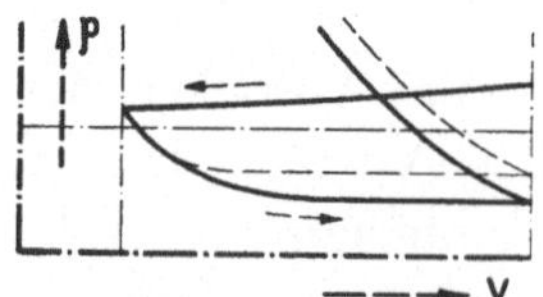

130. Drosselregelung.
Zuströmung während
des ganzen Saughubs.

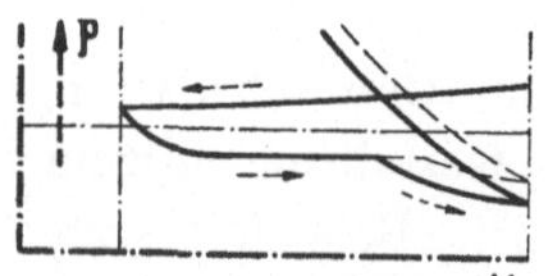

131. Mengeregelung
mit zeitlich
veränderlichem Gemischzutritt.

Die Geschwindigkeiten w und die Unterdrücke Δp_z wachsen dabei zunächst mit Verkleinerung der Durchströmungsquerschnitte.

Die Dauer der Strömung frischen Gemisches wird immer kleiner und schließlich Null, so daß auch die Strömungsgeschwindigkeit Null werden muß.

Der Verlauf der Größen:

$f_l =$ Querschnitt der Luftzuführung an der Mischstelle,

$f_b =$ Querschnitt der Gaszuführung an der Mischstelle,

$w_k =$ Geschwindigkeit in der Drosselvorrichtung,

$\Delta p_z =$ wirksamer Druckunterschied im Zylinder,

$\gamma_z =$ spezifisches Gewicht des Zylinderinhalts,

$G = f_l w_l \gamma_l + f_b w_b \gamma_b =$ Ladegewicht

in Funktion der Belastung ist in angenäherter Weise in Bild 132 dargestellt.

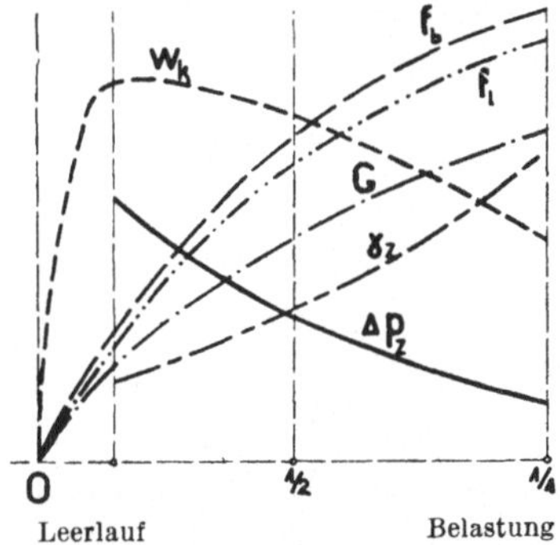

132. Änderung der Einströmverhältnisse
mit der Belastung
bei Füllungsregelung.

Bei der Füllungsregelung wird somit durch gleichmäßige Verkleinerung der Luft- und Brennstoffquerschnitte eine Erhöhung des Unterdrucks Δp_z im Zylinder, damit eine Verkleinerung der einströmenden Gemischmenge und eine wirksame Verringerung des Verdichtungsenddrucks und der Leistung erzielt.

Diese Regelung wird auch Spannungsregelung genannt, weil durch sie die Lade- und Verdichtungsspannung geändert wird.

In übersichtlicher Weise läßt sich die Wirkung der Drosselung des Zuströmungsquerschnittes durch ein Spannungsdiagramm (Bild 133) kenntlich machen, welches dem Bilde 267. S. 460. entspricht.

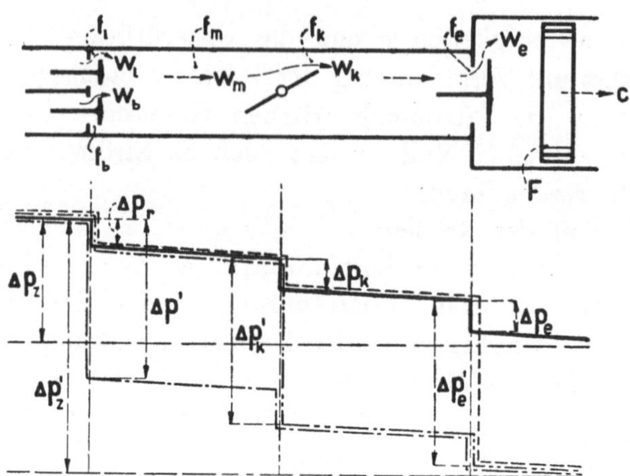

133. Strömungs- und Druckverhältnisse beim Laden
unter Füllungsregelung.

Im unteren Teile des Bildes sind zunächst die zur Überwindung
der Strömungswiderstände und zur Erzeugung der Endgeschwin-
digkeit erforderlichen Druckunterschiede $\varDelta p_r$, $\varDelta p_k$, $\varDelta p_e$ usw., sowie
der gesamte Druckunterschied $\varDelta p_z$ bei Vollbelastung durch die
voll ausgezogenen Linien dargestellt.

Wird zwecks Regelung der Luft- und Brennstoffquerschnitt
(f_l und f_b) verkleinert, dann ist zur Überwindung der größeren
Strömungswiderstände an der Drosselstelle ein größerer Druckunterschied $\varDelta p'$ erforderlich. Eine Strömung frischen Gemisches
nach dem Zylinder mit einer dem größeren Druckunterschiede
entsprechenden höheren Geschwindigkeit kann aber erst erfolgen,
nachdem sich im Zylinder der erforderliche größere Unterdruck
$\varDelta p_z{'}$ eingestellt hat.

Das gleiche ist ungefähr der Fall, wenn die Luft- und Brennstoffquerschnitte f_l und f_b unverändert gelassen werden und statt
dessen der Gemischquerschnitt entweder an der Klappenstelle
durch Erhöhung des Druckunterschiedes $\varDelta p_k$ auf $\varDelta p_k{'}$ (dargestellt
durch die doppelt punktierte Linie) oder am Einlaßventil durch
Erhöhung der Druckdifferenz $\varDelta p_e$ auf $\varDelta p_e{'}$ (dargestellt durch die
gestrichelte Linie) verkleinert wird.

Von der Drosselung des Gemisches durch eine Drosselklappe
oder am Einlaßventil wird besonders bei Leichtöl-Vergasermaschinen Gebrauch gemacht.

Einfluß der Druckverhältnisse an der Mischstelle.

Wenn Brennstoff und Luft nicht unter gleichem Druck zur Mischstelle strömen, sondern beispielsweise das Gas (oder der Brennstoffnebel) einen Überdruck von h mm Wassersäule besitzt (vgl. Bild **267**, S. 460), dem eine zusätzliche Strömungsgeschwindigkeit des Gases

$$w_h = \sqrt{\frac{2\,g}{\zeta\,\gamma_b}\,h}$$

entspricht, dann besteht die einfache Beziehung (Abschnitt VII S. 472):

$$(w_b\sqrt{\gamma_b})^2 = (w_l\sqrt{\gamma_l})^2 + (w_h\sqrt{\gamma_b})^2,$$

die in Bild **134** graphisch dargestellt ist.

Zur Vereinfachung der folgenden Übersicht sei Gichtgas als Brennstoff vorausgesetzt, wobei $\gamma_b = \sim \gamma_l$ ist und vorstehende Beziehung die einfache Form annimmt:

$$w_h{}^2 + w_l{}^2 = w_b{}^2.$$

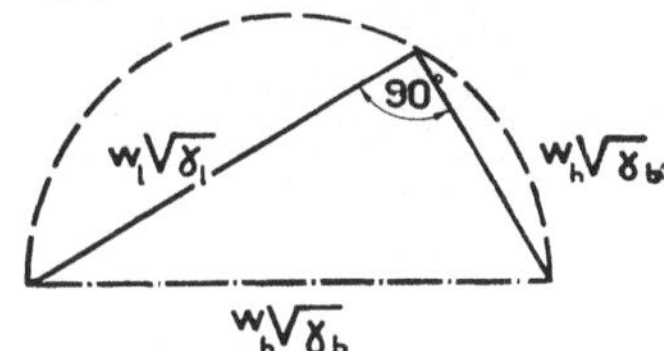

134. Strömungsgeschwindigkeiten an der Mischstelle bei Überdruck des Brennstoffs.

Der Gasüberdruck an der Mischstelle beeinflußt bei verschiedenen Geschwindigkeitszuständen stark die Güte der Mischung.

Aus Bild **135** ergibt sich, daß bei gleichbleibendem Gasüberdruck (h und w_h) und abnehmender Drehzahl der Maschine, also abnehmenden Strömungsgeschwindigkeiten w_l und w_b, die Gasgeschwindigkeit im Verhältnis zur Luftgeschwindigkeit stark überwiegt, somit das Gemisch bei unveränderten Strömungsquerschnitten f_l und f_b immer reicher wird.

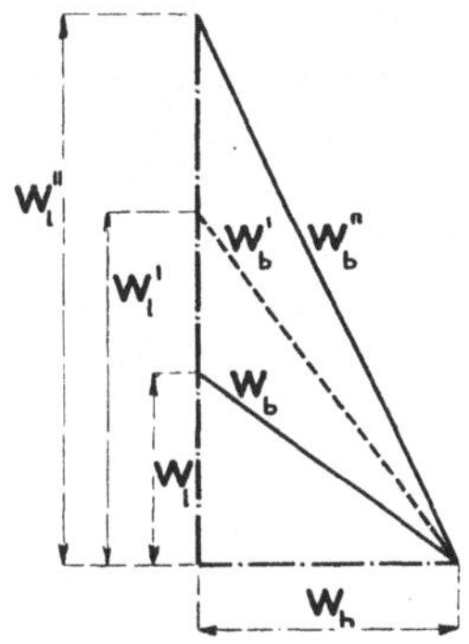

135. Geschwindigkeitsverhältnisse an der Mischstelle bei gleichbleibendem Gasüberdruck.

Um daher bei allen Belastungsstufen der Maschine gleiches Mischungsverhältnis zu erhalten, darf sich der Luftquerschnitt nicht bloß, wie der Gasquerschnitt, der wachsenden Belastung entsprechend vergrößern, sondern er muß rascher anwachsen. Ändert sich z. B. der Gasquerschnitt linear mit dem Reglerhub nach einem Rechteck (Bild 136), so muß sich der Luftquerschnitt nach einem Trapez vergrößern.

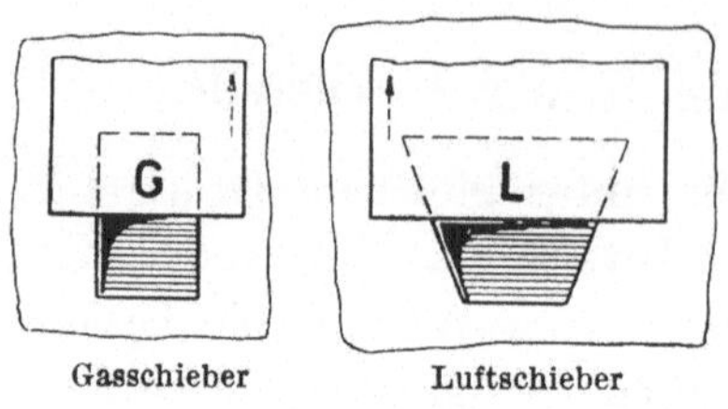

136. Gas- und Luftquerschnitte bei Gasüberdruck.

Die Querschnitte können sich auch nach Bild 137 so ändern, daß der Luftquerschnitt ein Rechteck ist und sich proportional mit dem Reglerhub ändert. Sind die Mischorgane für Gas und Luft einfache Schieber, so läßt sich die mit Rücksicht auf den Gasüberdruck erforderliche Formgebung der Gas- und Luftquerschnitte durch entsprechende Formung der Zuführungsschlitze erreichen.

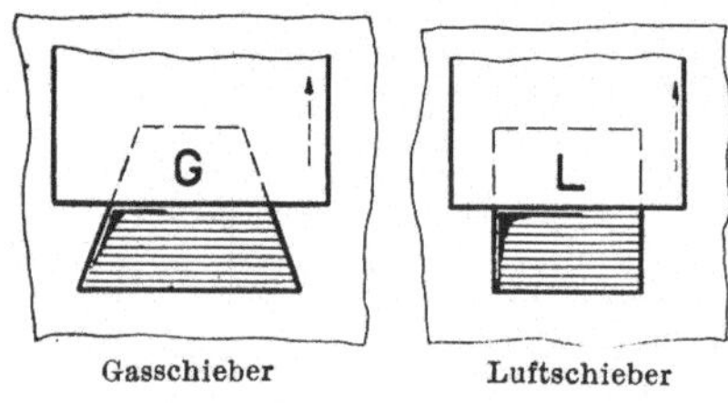

137. Gas- und Luftquerschnitte bei Gasüberdruck.

Aber auch bei Ausführung eines Doppelsitzventils als Mischorgan kann durch einfache bauliche Mittel erreicht werden, daß dem Einfluß des Gasüberdruckes Rechnung getragen wird.

Deutz wendet hier einen Kegelansatz k (Bild 138) an der

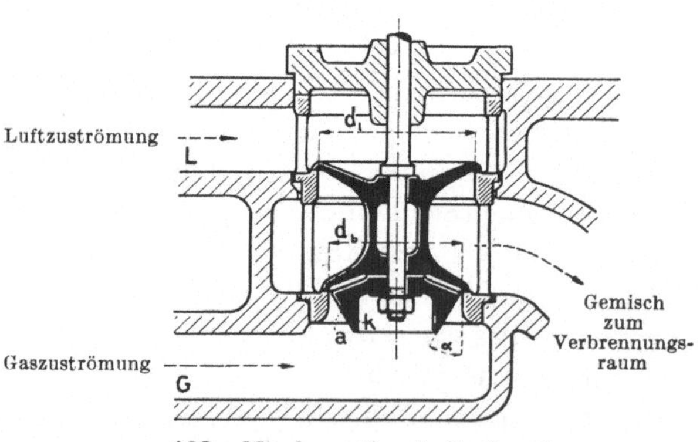

138. Mischventil mit Gaskegel.

Gaszutrittsstelle des Mischventils an, mittelst dessen der Gasregelungsquerschnitt nicht durch den Ventilsitz- bzw. Spaltquerschnitt, sondern durch die dem Winkel α zugehörige Ringfläche bei a gebildet wird.

Der Luftquerschnitt ändert sich proportional dem Ventilhub. Es ist, wenn h_v der Ventilhub ist:

$$f_l = \pi d_l h_v .$$

Der Brennstoffquerschnitt für den Hub h_v ist aber:

$$f_b = \frac{\pi}{4}\left[d_b{}^2 - (d_b - h_v \operatorname{tg}\alpha)^2\right]$$

oder

$$f_b = \frac{\operatorname{tg}\alpha}{2}\left(\pi d_b h_v - \frac{\pi h_v{}^2}{2}\operatorname{tg}\alpha\right).$$

Der Gasquerschnitt ändert sich somit **nicht proportional dem Hub**, sondern es ist eine zunehmende Verkleinerung des Anwachsens vorhanden. Die Veränderung des Gas- und Luftquerschnittes erfolgt also ungefähr entsprechend den in Bild **137** dargestellten Querschnitten von Luft und Gas. Durch Veränderung des Winkels α und durch entsprechende Formgebung der äußeren Begrenzungsfläche a des Kegels k kann der Querschnitt den Betriebsverhältnissen angepaßt werden.

Die gleiche Wirkung wird erreicht, wenn entsprechend Bild **136** der Gasquerschnitt f_b proportional dem Hub nach einem Rechteck geändert und der Luftquerschnitt nicht proportional dem wachsenden Hub, sondern stärker vergrößert wird, was durch einen Kegel k vom Steigungswinkel α am Lufteintritt des Mischventils erreichbar ist (Bild **139**). Durch entsprechende Form der Be-

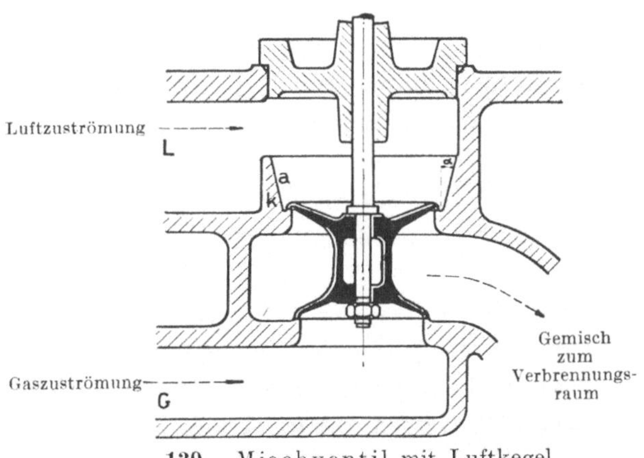

139. Mischventil mit Luftkegel.

grenzungsfläche a des Kegels ist Anpassung an alle Betriebsverhältnisse erreichbar. Auch die je nach dem wachsenden Ventil-
hube verschiedene Art des Anwachsens der Luftzutrittsfläche kann
erreicht werden, z. B. Begrenzung nicht durch eine Gerade, sondern
durch eine Kurve (Bild **140**). Es braucht dann nur die Begrenzungsfläche a des Kegels k entsprechend
geformt zu werden. Hat an der Mischstelle nicht das Gas, sondern die Luft
einen Überdruck, so sind die genannten
Beziehungen sinngemäß abzuändern.

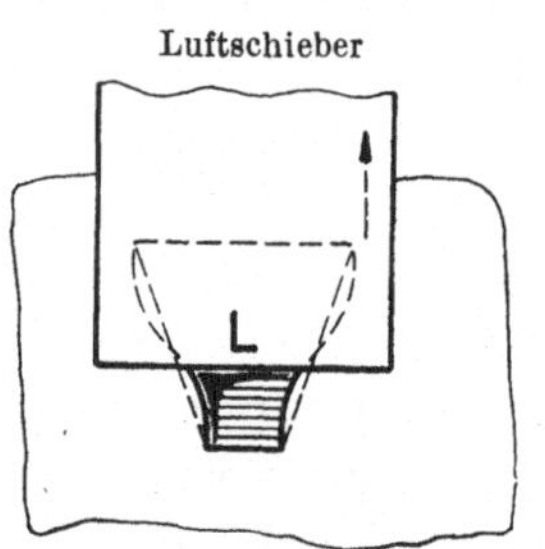

140. Beliebige Form des
Luftquerschnitts
an der Mischstelle.

Erfahrungen:

■ Bei Sauggasmaschinen wurde, wie
üblich, Luft und Gas durch den im Zylinder erzeugten Unterdruck vom Generator
aus angesaugt, und es waren bis zur Mischstelle wesentlich größere Strömungswider-
stände als in der Luftzuleitung zu überwinden. Die Luft hatte
daher an der Mischstelle gegenüber dem Gas einen Überdruck.
Mit wachsender Belastung und abnehmender Drehzahl der Maschine
entstand dann die Gefahr, daß zu wenig Gas zur Mischstelle strömte
und das Gemisch zu arm wurde.

Zur Erzielung möglichst gleichbleibenden Gemisches mußte
deshalb der Gasquerschnitt mit wachsendem Ventilhub und zunehmender Belastung stärker anwachsend ausgeführt werden als
der Luftquerschnitt.

Bei Sauggasmaschinen mit reiner Gemischregelung entstand
bei kleinen Belastungen die Gefahr, daß zu wenig Brennstoff zufloß; es ließ sich keine genügend fein abgestufte Regelung erzielen. Auch zur Erhaltung einer ausreichend sicheren Zündfähigkeit mußte der Luftzutritt entsprechend stark gedrosselt werden,
was schon Füllungsregelung bedeutet. ■

Es kann nicht behauptet, werden, daß Gemischregelung bei
Sauggasmaschinen überhaupt nicht anwendbar ist. Für mittlere
und große Belastungen läßt sie sich mit Vorteil ausführen.

Bei Gasmaschinen, die zum Antrieb elektrischer Maschinen
dienen, ändert sich die Drehzahl bei Belastungsänderungen von

Vollbelastung auf Leerlauf nur wenig (2—5 $^0/_0$ der normalen Drehzahl), die Unterschiede im Verhältnis des Luft- und Gasquerschnittes bei den verschiedenen Ventilhüben sind daher nur gering.

Es gibt aber auch Betriebsarten (wie z. B. Kompressor- und Fahrzeugbetrieb), die starke Drehzahländerungen verlangen. Für derartige Betriebe muß das Verhältnis der Luft- und Gasquerschnitte zu einander für alle Drehzahlen und Belastungen unter Berücksichtigung der Verschiedenartigkeit des Zuströmungsdruckes an der Mischstelle abgepaßt werden.

Gas- oder Luftüberdruck an der Mischstelle ruft um so geringere Verschiedenheit der Luft- und Gasgeschwindigkeit und damit um so geringere Empfindlichkeit gegen Veränderungen des Mischungsverhältnisses hervor, je höher die Geschwindigkeiten w_l und w_b an der Mischstelle sind.

Dies ist auch günstig im Hinblick auf den Einfluß einer Veränderung des Überdrucks. Ändert sich z. B. der Gasdruck an der Mischstelle, so wirkt dies auf die Veränderlichkeit der Luft- und Gasgeschwindigkeit und damit auf das Mischungsverhältnis um so weniger ein, mit je höheren Geschwindigkeiten gearbeitet wird (Bild **141**).

Unterschiede in den Druckverhältnissen von Luft und Brennstoff an der Mischstelle sind stets vorhanden und können sich während des Betriebes aus vielen Ursachen ändern. Deshalb ist es wesentlich und für gute Gemischbildung unerläßlich, bei allen Betrieben stets mit verhältnismäßig großen Mischgeschwindigkeiten zu arbeiten, um ungünstige Einwirkungen

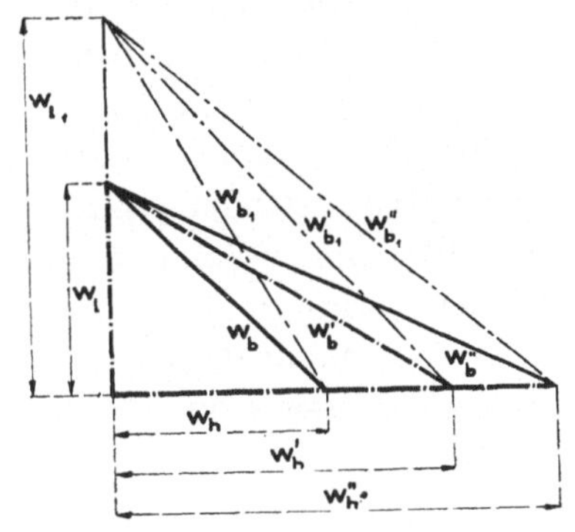

141. Geschwindigkeiten an der Mischstelle bei veränderlichem Gasüberdruck.

solcher Änderungen auf das einmal eingeregelte günstigste Mischungsverhältnis nach Möglichkeit zu verhüten und keinen gegen diese Druckänderungen zu empfindlichen Betrieb zu erhalten.

Mit den Druckänderungen sind auch Änderungen des Heizwertes des Gemisches verbunden.

Erfahrungen:

■ Besonders schwierig wurde die Regelung, wenn bei heizwertreichem Gas, das viel Wasserstoff enthielt, wie z. B. Koksofengas, mit der Drucksteigerung auch eine Steigerung des Wasserstoffgehaltes des Gemisches verbunden war. Dann ergaben sich unter Umständen schlagende, scharfe Entzündungen und Verbrennungen mit übermäßiger Beanspruchung des Triebwerkes und der Wandungen des Verbrennungsraums und schließlich Betriebsstörungen.

Waren die Strömungsquerschnitte groß und die Geschwindigkeiten klein, dann machten sich schon geringe Druckerhöhungen in unangenehmer Weise bemerkbar, indem sie das günstige Mischungsverhältnis rasch verschlechterten, und zwar derart, daß das Gemisch stark überreichert und damit der Wasserstoffgehalt unzulässig erhöht wurde. ■

Es ist daher in solchen Fällen besonders wichtig, mit hohen Mischgeschwindigkeiten von Luft und Brennstoff zu arbeiten.

Die erwähnten Einflüsse sind natürlich bei heizwertreichen Brennstoffen von größerer Bedeutung als bei heizwertarmen, weil bei reichen Brennstoffen schon geringe Druckänderungen größere Veränderungen im Heizwert des Gemisches herbeiführen.

Dies hängt damit zusammen, daß reiche Gase wegen des größeren Wasserstoffgehaltes ein kleineres spezifisches Gewicht haben als arme. Wenn daher bei einer Maschine nur der Gasüberdruck geändert wird, dann folgt daraus bei reichen Gasen eine der Wurzel aus dem spezifischen Gewicht entsprechend stärkere Zunahme der Gasgeschwindigkeit w_b und des Mischungsverhältnisses

$$\mu = \frac{f_l\, w_l\, \gamma_l}{f_b\, w_b\, \gamma_b}.$$

Für den Rechnungsvorgang ist es am vorteilhaftesten, bei Gasüberdruck die Luftgeschwindigkeit w_l zunächst bei angenommenem Luftquerschnitt f_l^{max} und Mischungsverhältnis μ aus der Beziehung zu rechnen:

$$F\, c_{max}\, \gamma_z = f_l^{max}\, w_l\, \gamma_l \left(1 + \frac{1}{\mu}\right).$$

Bei einem angenommenen Gasüberdruck von h in mm Wassersäule wird hierauf die Geschwindigkeit

$$w_h = \sqrt{\frac{2\,g}{\zeta}\,\frac{h}{\gamma_b}}$$

bestimmt, wobei $\zeta = \sim 0{,}8$ bis 1 gewählt werden kann. Aus Gl. 30 im Abschnitt VII S. 472 läßt sich dann die Gasgeschwindigkeit w_b berechnen, und der Gasquerschnitt f_b bestimmt sich schließlich aus der Beziehung:

$$\mu = \frac{f_l\,w_l\,\gamma_l}{f_b\,w_b\,\gamma_b}\,.$$

Die größte Luft- und Gasgeschwindigkeit an der Mischstelle ist jedenfalls größer zu wählen als die Geschwindigkeit w_e im Spaltquerschnitt des Einlaßventils.

Wenn $w_e = \sim 50$ bis 70 m/sec angenommen wird, dann sollen w_l und w_b etwa 60 bis 90 m/sec sein.

Zu große Geschwindigkeiten dürfen wegen der zu stark wachsenden Strömungswiderstände nicht zugelassen werden.

Je reicher ein Gas ist, um so kleiner muß der Gasüberdruck h an der Mischstelle sein, z. B.:

bei Leuchtgas . $h < 20$ mm Wassersäule,

„ Koksofengas $h < 40$ „ „

„ Gichtgas . . $h < 100$ „ „

Der Gasüberdruck äußert seinen Einfluß auf die Gemischbildung besonders beim Anlassen der Maschinen.

Beim Anlassen bewegt sich die Maschine zunächst nur mit kleiner Drehzahl, mithin sind die Strömungsgeschwindigkeiten w_l und w_b an der Mischstelle sehr klein. Der Gasüberdruck erzeugt daher eine verhältnismäßig zu große Gasgeschwindigkeit, also ein zu reiches Gemisch.

Obwohl der Luftquerschnitt bei tiefster Reglerstellung (größter Belastung) schon größer ist, als dem Mischungsverhältnis ohne Gasüberdruck entspricht, so reicht er wegen der geringen Strömungsgeschwindigkeiten beim Anlassen doch nicht aus. Es muß der Mischstelle entweder noch mehr Luft zugeführt oder besser der Gaszutritt vor der Mischstelle abgedrosselt werden. Hierzu dienen Handregelvorrichtungen in der Gas- und Luftleitung vor der Mischstelle, die an keiner Maschine fehlen dürfen.

Bei Betrieb von Sauggasmaschinen, bei denen die Luft der Mischstelle mit größerem Druck zuströmt, muß der Luftzutritt beim Anlassen entsprechend gedrosselt und der Brennstoffzufluß verstärkt werden.

Bei Gasmaschinen, bei denen der Gasquerschnitt im Leerlaufe bei größter Drehzahl auf einen Mindestwert verkleinert wird, kann selbst in den Fällen, wo das Gas der Mischstelle mit Überdruck zuströmt, ein zu armes Gemisch entstehen.

Der Einströmungsquerschnitt für Gas, der bei größtem Reglerausschlag entsteht, wird dann im Verhältnis zum Luftquerschnitt vergrößert, wie beispielsweise in Bild **142** für Schiebersteuerung dargestellt.

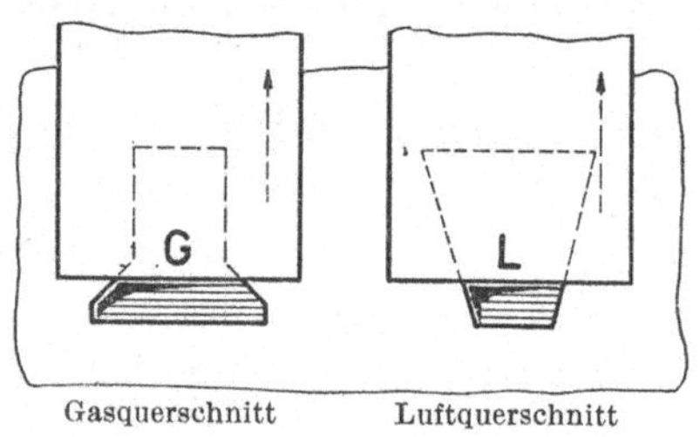

142. Gas- und Luftquerschnitt
an der Mischstelle
bei Leerlauf.

Das gleiche wird erreicht bei Ventilsteuerungen mit angesetztem Kegel k durch entsprechende Form der Begrenzungsfläche a (Bild **138**, S. 222). Hierdurch wird für kleine Ventilhübe ein größerer Gaszuströmungsquerschnitt eingestellt.

Für Gasmaschinen mit Gemischregelung, bei denen die Gasmenge allein durch Veränderung des Gaszuströmungsquerschnittes an der Mischstelle geregelt wird, sind die im vorhergehenden dargelegten Gründe für die Erhaltung eines möglichst gleichbleibenden Mischungsverhältnisses von geringerer Bedeutung, da sich bei dieser Regelung das Mischungsverhältnis doch fortwährend ändert.

Die Folgen einer plötzlichen Änderung des Heizwertes des Gemisches oder der Druckverhältnisse an der Mischstelle sind außerdem bei dieser Regelung nicht so schwerwiegend, wie sie es unter Umständen bei Füllungsregelung sein können.

Bei Vollbelastung sind die Verhältnisse an der Mischstelle für beide Regelungsarten gleich. Luft- und Gasquerschnitt müssen so bemessen werden, daß ein günstiges Mischungsverhältnis erreicht wird. Der zur Erzielung möglichst vollkommner Mischung zuzuführende Luftüberschuß darf nicht zu reichlich sein, weil sonst das Hubvolumen des Zylinders nur schlecht ausgenutzt wird und die Maschinen zu groß, zu schwer und auch zu teuer werden.

Erfahrungen:

■ Bei Gemischregelung war bei kleineren Belastungen stets reichlicher Luftüberschuß vorhanden, der mit abnehmender Belastung zunahm. Bei Betrieb mit andauernd geringer Belastung und plötzlicher Steigerung des Gasüberdrucks oder des Heizwertes des Gases war die größere Luftmenge, die dem neuen Gaszustande entsprach, zur Erzielung günstiger Mischung sicher vorhanden. Die Drehzahl der Maschine nahm dann zu, und der Regler konnte richtig wirken.

Bei Füllungsregelung ist es aber vorgekommen, daß die dem neuen Gaszustande entsprechende wesentlich größere Luftmenge nicht vorhanden war, das Gemisch sich daher plötzlich übersättigte und die Leistungsfähigkeit der Maschine infolgedessen abnahm, anstatt zuzunehmen. Die Drehzahl der Maschine nahm ab, und der Regler wirkte unrichtig, da er auf Vergrößerung der Gaszuströmung einstellte.

Gemischregelung war besonders für kleine Belastungen bei Änderungen des Gaszustandes an der Mischstelle wesentlich betriebssichrer als Füllungsregelung, namentlich wenn bei dieser mit geringem Luftüberschuß gearbeitet wurde.

Dafür nahm aber bei Gemischregelung die Zündfähigkeit des Gemisches mit der Belastung ab, und hierdurch konnte besonders bei reichen Gasen ein betriebssichrer Leerlauf unmöglich werden. Unter Umständen wurde das Parallelschalten von Gasmaschinen mit Gemischregelung unsicher oder war nur mit Schwierigkeiten erreichbar. ■

Die Nachteile der beiden Regelungsarten können durch Handregelungen in der Gas- und Luftleitung durch den Maschinenwärter ausgeglichen werden.

Handregelung sollte aber nach Möglichkeit vermieden werden. Daher sind zusammengesetzte Regelungsverfahren ausgebildet worden, derart, daß z. B. bei mittleren und großen Belastungen mit Gemischregelung, bei geringen Belastungen aber mit Füllungs- oder Drosselregelung gearbeitet wird, oder umgekehrt, je nachdem sich die Vorteile und Mängel der einen oder anderen Reglungsart besonders bemerkbar machten.

Beeinflussung der Gemischbildung durch besondere Hilfsmittel.

Bevor das frische Brennstoff-Luft-Gemisch in den Zylinder der Maschine eingeführt wird, müssen die Verbrennungsgase des vorhergehenden Arbeitsspiels erst möglichst vollständig ausgetrieben werden. Die hierfür maßgebenden allgemeinen Gesichtspunkte sind schon früher behandelt. Es sind nur noch besondere Maßregeln zu erwähnen, die das fast vollkommene Entleeren des Zylinders von Verbrennungsgasen ermöglichen, so daß der Zylinder bei günstigstem Lieferungsgrad mit frischem Gemisch gefüllt werden kann.

Es sind besondere Kolbentriebwerke ausführbar, die einen entsprechend längeren Ausschubhub bewirken, so daß die Verbrennungsgase nahezu vollständig durch den Kolben selbst aus dem Zylinder ausgeschoben werden.

Derartige Triebwerke sind aber umständlich und nur für kleine Leistungen betriebssicher herzustellen. Die erreichbaren Vorteile sind zudem nicht derartig groß, daß die erheblichen Mehrkosten, die solche Triebwerke erfordern, gerechtfertigt sind. Dauernde praktische Anwendung haben sie bisher nicht gefunden.

Aussichtsreicher, besonders bei Maschinen für große Leistungen, ist das Ausspülen der Verbrennungsgase am Ende des Auspuffhubes durch Spülluft. Hierdurch ist günstiges Austreiben der Verbrennungsgase, erhöhte Füllung und entsprechende Leistungssteigerung erreichbar.

Erfahrungen:

■ Für kleine Maschineneinheiten waren die erforderlichen Einrichtungen für das Ausspülen der Restgase zu teuer.

Bei großen Gasmaschinen jedoch ließ sich eine bis zu $30^0/_0$ größere Leistungsfähigkeit und bessere Wärmeausnutzung erreichen, so daß die für die Spülvorrichtung aufgewendeten Kosten in kurzer Zeit eingebracht wurden. Mit Vorteil bediente man sich zur Herstellung der Spülluft der Turbogebläse, besonders wenn für den Antrieb elektrische Energie oder Abdampfturbinen verfügbar waren.

Vollständigeres Entfernen der Verbrennungsgase und bessere Füllung durch Absaugevorrichtungen sind in kleinerem Maßstabe ausgeführt worden, doch ohne nachhaltigen praktischen Erfolg, weil die erforderlichen Absaugepumpen (Kolbenpumpen oder Ventilatoren) zum Arbeiten mit den heißen Auspuffgasen nicht ausreichend betriebssicher ausgeführt wurden. Man hat dann versucht, eine Saugwirkung und bessere Entfernung der Auspuffgase, sowie günstigere Füllung dadurch zu erzielen, daß das an die Auslaßsteuerung anschließende Auspuffrohr düsenförmig gestaltet wurde. Die auf diese Weise erreichten Vorteile waren aber nur gering. ∎

Für günstige Verbrennung und geringen Brennstoffverbrauch ist die Güte der Mischung zu Beginn und während des Verlaufs der Verbrennung besonders wichtig.

Der Zylinder wird mit gleichmäßigem Gemisch gefüllt, wenn ihm während des Saughubs stets das zur vollkommnen Verbrennung günstige Brennstoffluftgemisch zuströmt, so daß jedem Brennstoffteilchen die erforderliche Luftmenge zugeteilt wird. Es muß daher für möglichst gleichmäßige Verteilung des Brennstoffs in der Luft schon vor Eintritt des Gemisches in den Zylinder gesorgt werden. Hierzu können auch mechanische Hilfsmittel geeignet sein, wenn sie die Strömungswiderstände nicht in unzulässiger Weise erhöhen.

Bei Gasmaschinen genügen sehr einfache Hilfsmittel, z. B. Richtungsänderung der aufeinandertreffenden Ströme, bei hoher Strömungsgeschwindigkeit das Einschalten von Wänden und Prallflächen, die große Berührungsflächen für Gas und Luft schaffen und kräftiges Durcheinanderwirbeln bewirken. Das Einschalten von Sieben und Lochplatten oder dgl. verursacht zu große Strömungswiderstände.

Erfahrungen:

∎ Glatte zylindrische oder kugelige Verbrennungsräume erwiesen sich für gleichmäßige Gemischbildung am vorteilhaftesten.

Erfolgte die Entzündung einseitig von einer Zündstelle aus, dann konnte die Mischung durch die an dieser Stelle entstehenden Verbrennungsgase gestört und eine Verzögerung und Verschlechterung der Verbrennung herbeigeführt werden. Dies war besonders bei großen Verbrennungsräumen der Fall. Durch Anordnung mehrerer zweckentsprechend verteilter Zündstellen ließ sich der Übelstand verhüten.

Im Betriebe konnte die gleichmäßige Verteilung des Gemisches im Verbrennungsraum sogar unerwünscht sein. So bei Gasmaschinen mit Gemischregelung bei kleiner Belastung, wenn dadurch das Gemisch so arm wurde, daß seine Zündfähigkeit in Frage gestellt war. Es erwies sich dann zweckmäßiger, die geringe Gasmenge nicht gleichmäßig in der Verbrennungsluft zu verteilen, sondern zum größten Teil reine Luft in den Zylinder zu führen und den Brennstoff nur einem kleineren Teil der Luftladung beizumengen. Aufgabe der Regelung und Steuerung war es dann, das gebildete Gemisch derartig im Zylinder zu lagern, daß es sich vornehmlich an den Zündstellen befand. Hierdurch wurde selbst bei ärmsten Gemischen noch ausreichend sichere Zündung und Verbrennung erreicht. ■

Der Einfluß der Massenkräfte und die Schwingungswirkungen sind bei den Vergasermaschinen S. 260 und im Abschnitt VII S. 471 eingehender behandelt. Alles dort Gesagte gilt sinngemäß auch für Gasmaschinen. Im besonderen ist für Gasmaschinenbetrieb noch folgendes wichtig:

Durch plötzliche Volumvergrößerung, Richtungsänderung usw. muß eine Abdämpfung der Schwingungen und des Auspuffgeräusches angestrebt werden. Auch Einspritzen von Wasser in den Auspuffstrom ist günstig, weil durch den sich bildenden Dampf starke Volumvergrößerung, Verteilung der Schallenergie auf eine größere Masse und dadurch auch Geräuschdämpfung erzielt wird.

Bei schwefelhaltigen Brennstoffen muß die Wassereinspritzung unterbleiben oder doch mit Vorsicht durchgeführt werden, da sonst die Eisenteile durch die aus der schwefligen Säure entstehende Schwefelsäure angefressen werden.

Bei Mehrzylindermaschinen, welche gemeinsame Zuführungsleitungen für Gas und Luft und gemeinsame Auspuffleitungen haben, können durch die Schwingungen eigenartige Betriebszustände entstehen.

Der häufigst vorkommende Fall ist der, daß gleichmäßige

Verteilung der Belastung auf die einzelnen Zylinder nicht gelingt; aber selbst wenn sie anfangs erreicht sein sollte, so kann sie durch unvorhergesehene Veränderungen in den Leitungen, wie Ablagerungen, Verstopfungen, ja schon Veränderungen des Rauhigkeitsgrades der Wandungen wieder gestört werden.

Die Ausführung kurzer und weiter Zuführungsrohrleitungen ohne störende Krümmer und Ecken von der Verzweigungsstelle zu den einzelnen Zylindern hin, sowie die Einschaltung großer Ausgleichbehälter oder Druckregler an der Verzweigungsstelle ist sehr vorteilhaft.

Daher werden die Gaszuleitungen für mehrere Zylinder, besonders bei heizwertreichen Gasen, von einem gemeinsamen größeren Gasbehälter abgezweigt, die Auspuffrohre der einzelnen Zylinder möglichst getrennt geführt, zum mindesten bis zu dem gemeinsamen großen Auspuffbehälter, damit die gegenseitige Beeinflussung des Betriebes der verschiedenen Zylinder nach Möglichkeit vermieden wird.

Erfahrungen:

■ Bei Großgasmaschinen ist schon der Versuch, für beide Seiten eines doppeltwirkenden Zylinders eine gemeinschaftliche Mischstelle zu verwenden, an der gegenseitigen Beeinflussung der beiden Zylinderseiten gescheitert.

Die Güte der Regelung und die Sicherheit des Betriebes litt darunter, weil hinter den Einlaßventilen jeder Zylinderseite bis zur gemeinsamen Mischstelle zu große Gemischmassen lagern, die dem Einfluß des Reglers entzogen sind und bei Rückschlägen Betriebsstörungen verursachten.

Die gegenseitige Beeinflussung der Auspuffströme von Mehrzylindermaschinen machte sich besonders bei hohen Enddrücken der Ausdehnungsperiode zu Beginn des Auspuffes bemerkbar. ■

Die Ausströmung mit kritischer Geschwindigkeit bei den hohen Anfangsdrücken im Zylinder ruft starke Massenschwingungen in der Auspuffleitung hervor, die unter Umständen erhebliches Anstauen des Drucks der Auspuffsäule eines in die gleiche Leitung auspuffenden Zylinders und dadurch eine Erhöhung des Auslaßdrucks in diesem Zylinder selbst herbeiführen.

In Bild **143** ist dies durch die Diagrammlinien gekennzeichnet. Kolbenweg V_a entspricht ungefähr $V_a{}'$. Der Beginn des Druckanstiegs der Auspufflinie des einen Zylinders fällt mit dem Beginn des Auspuffs des in die gleiche Leitung auspuffenden anderen Zylinders zusammen.

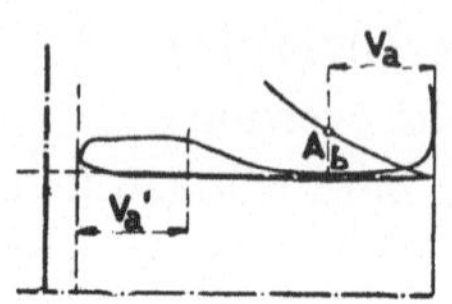

143. Druckverlauf beim Ausströmen bei gegenseitiger Beeinflussung mehrerer Zylinder.

Erfahrungen:

■ Die Massenwirkungen in den Zuführungsleitungen, besonders bei Großgasmaschinen, die für jedes Arbeitsspiel eine große Gasmasse brauchen, oder bei Ölbetrieben, ergaben sehr unangenehme Wirkungen, wenn der Brennstoff in langen Rohrleitungen bis zur Mischstelle allein durch den Unterdruck im Zylinder in Bewegung gesetzt werden mußte.

Es wurde in solchen Fällen schwierig, namentlich bei raschlaufenden Maschinen, die erforderliche Brennstoffmenge rechtzeitig zur Mischstelle zu schaffen. Besonders ungünstig gestalteten sich die Verhältnisse bei raschen Regelungsvorgängen, da die großen in Bewegung befindlichen Brennstoffmassen der Änderung ihrer Geschwindigkeit große Trägheitswiderstände entgegensetzten.

In solchen Fällen ist die Brennstoffmasse in zwei Teile zerlegt worden: einen kleineren von der Mischstelle zum Zylinder reichenden Teil, dessen Strömung hauptsächlich in Funktion der Kolbenbewegung vor sich ging, und einen größeren Teil, der unter ausreichend großem Überdruck der Mischstelle zufloß.

Hierdurch wurde erreicht, daß durch den im Zylinder erzeugten Unterdruck nur der kleinere Teil des zuströmenden Brennstoffes beschleunigt und bewegt zu werden brauchte, der größere Teil aber unter eigenem Überdruck zur Mischstelle floß. Dieser Überdruck wurde durch eine besondere Pumpe, einen Ventilator, erzeugt.

Dem Überdruck fiel die Aufgabe zu, die in der Leitung des Brennstoffs vorhandenen Strömungswiderstände zu überwinden und die erforderliche Brennstoffmenge sicher an die Mischstelle zu führen. ■

3. Gemischbildung und Regelung von Vergasermaschinen.

Bei Maschinen, die mit Leichtölen, Benzin, Benzol oder dgl. arbeiten sollen, wird das Brennstoff-Luft-Gemisch meistens in einer besonderen Mischvorrichtung, dem sog. Vergaser, gebildet und erst das fertige Gemisch zwecks Regelung entsprechend gedrosselt (Bild 144).

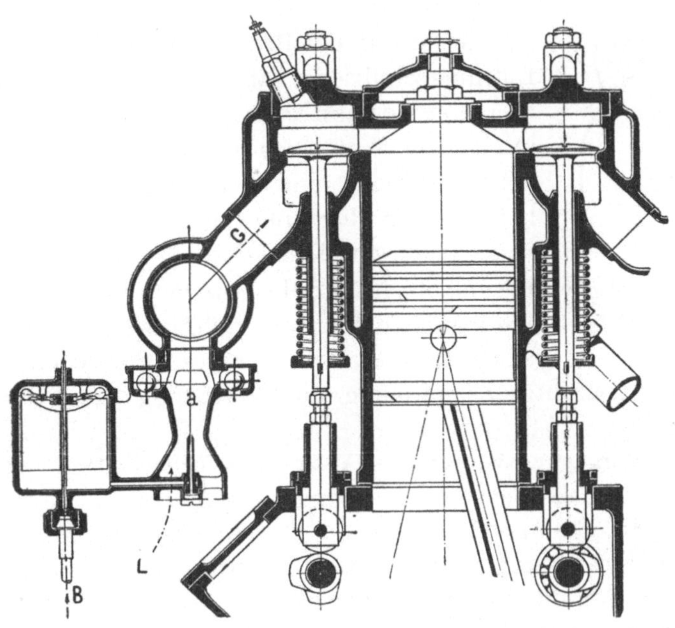

144. Einlaß- und Auslaßsteuerung einer Vergasermaschine.
B: Brennstoffzufuhr. L: Lufteinströmung.
a: Mischraum. G: Gemischzuströmung.

Der Brennstoff fließt durch Gefälle oder unter Abgasdruck zunächst bei B dem Schwimmergehäuse und von diesem durch ein Röhrchen mit einer oder mehreren feinen Bohrungen (Düsenrohr) dem Mischraum a des Vergasers zu, wo er sich mit der bei L zuströmenden Luft mischt. Von hier aus unterliegt das

Gemisch den vom Maschinenkolben herrührenden Kraftwirkungen. Zwecks Regelung wird das Gemisch entweder durch eine in der Gemischleitung zum Zylinder angeordnete Klappe oder am Einlaßventil selbst gedrosselt. Der Mischraum liegt bei diesen Maschinen in der Regel vom Einlaßventil ziemlich weit entfernt.

Die für ein Arbeitsspiel erforderliche Menge flüssigen Brennstoffs ist in der Regel sehr klein, so daß die Brennstoffzuleitung zur Mischkammer nur sehr geringen Querschnitt erhält. Aus der Düsenmündung spritzt der Brennstoff in die mit großer Geschwindigkeit vorbeistreichende Luft, wird dadurch zerstäubt und „vergast".

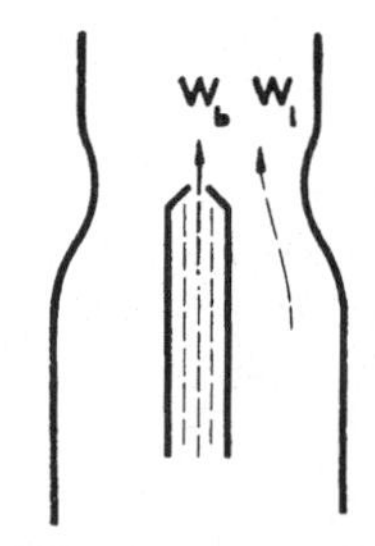

145. Mischstelle
im Vergaser.

Nicht nur der Brennstoff-, sondern auch der Luftquerschnitt ist an der Mischstelle der Vergaser düsenförmig zu verengen (Bild 145), um große Mischgeschwindigkeiten (w_i und w_b) zu erzielen und keine zu große Empfindlichkeit der Regelung gegen geringfügige Veränderungen der Druckverhältnisse von Luft und Brennstoff an der Mischstelle zu erhalten. Diese Verengung des Luftquerschnitts und die dadurch bewirkte große Strömungsgeschwindigkeit ist auch zur Erzielung guter Zerstäubung und Vergasung des Brennstoffs günstig.

Zum Vergasungsvorgang ist Wärme erforderlich, die zunächst der Gemischmasse entnommen wird. Damit der in Nebelform zerstäubte Brennstoff nicht etwa in geschlossenen Tropfen wieder niedergeschlagen, „kondensiert" wird, muß besonders im Winter die Mischkammer des Vergasers erwärmt werden. Dies geschieht entweder durch warmes Kühlwasser, das durch einen Heizmantel des Mischraumes fließt, oder durch besonderes Vorwärmen der Verbrennungsluft vor der Mischkammer. Die Vorwärmung muß aber möglichst beschränkt werden, damit keine zu große Verringerung des Ladegewichts herbeigeführt wird.

Für betriebssicheres Arbeiten der Maschine und günstige Wärmeausnutzung ist Art und Umfang der Vorwärmung von Wichtigkeit. Maßgebend ist die Beschaffenheit des Leichtöls, der Luftzustand, die Bauart und die Anordnung des Vergasers.

Je mäßiger die Vorwärmung zu sein braucht, um so besser wird das Hubvolumen der Maschine ausgenutzt, um so günstiger ist die Leistungsfähigkeit und der Brennstoffverbrauch.

Erfahrungen:

■ Benzin verhielt sich wegen seiner leichten Verdampfbarkeit und leicht lösbaren Bindung am vorteilhaftesten von allen Leichtölen. Geringe Vorwärmung war nur im Winter und fast nur bei Schwerbenzin erforderlich. Es genügte zumeist, einen kleinen Teil der Verbrennungsluft durch Vorbeiführen am heißen Auspuffrohr zu erwärmen.

War der Vergaser unmittelbar an der Maschine angebracht und wurden längere Gemischleitungen vermieden, an deren Wandungen sich der in der Verbrennungsluft als feiner Nebel verteilte Brennstoff wieder in Tropfenform abscheiden konnte, dann war besondere Vorwärmung bei Benzin nicht erforderlich, und auch das Andrehen der kalten Maschine bei Inbetriebsetzung des Motors gelang anstandslos, wenn das Benzin fein zerstäubt wurde.

Benzol verhielt sich weniger günstig wegen seiner geringeren Zersetzlichkeit. Mäßige Vorwärmung war selbst im Sommer vorteilhaft und war durch Umspülen des Vergasermischraumes mittels des warmen Zylinderkühlwassers gleichmäßiger erreichbar, als wenn ein Teil der Verbrennungsluft am heißen Auspuffrohr vorbeistrich. Letztere Art der Vorwärmung war aber beim Anlassen der kalten Maschine günstiger, weil das Kühlwasser wesentlich mehr Zeit zur Erwärmung brauchte als das Auspuffrohr. Bei besonders großer Kälte mußten die Kühlräume der Zylinder vor dem Anlassen mit heißem Wasser angefüllt werden, wenn sicheres Inbetriebsetzen gelingen sollte.

Bei Spiritusbetrieb war sowohl Luft- als auch Gemisch-Vorwärmung erforderlich, ebenso bei Betrieb mit Leichtpetroleum. Zum Anlassen der kalten Maschine mußte dann Benzin oder Benzol zu Hilfe genommen werden. ■

Die Verringerung der einströmenden Gemischmenge bei kleiner Belastung wird durch Drosselung des Gemischquerschnitts f_k der Klappe bewirkt (Bild **146**), da erst Einströmung frischen Gemisches erfolgt, bis sich der neue Druckzustand in der Zuströmungs-

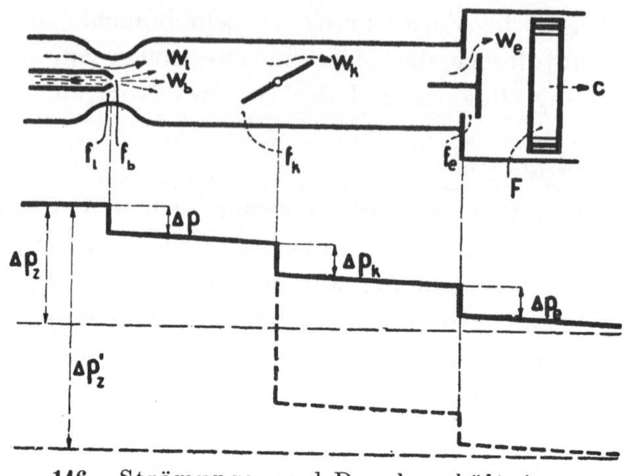

146. Strömungs- und Druckverhältnisse
beim
Laden von Vergasermaschinen.

leitung und im Zylinder entsprechend den größeren Strömungswiderständen eingestellt hat. Bei einem bestimmten Drossel-
zustand wird der maßgebende Druckunterschied erst am Ende
des Kolbenhubes erreicht, und frisches Gemisch kann überhaupt
nicht eintreten (vgl. Bild **271** S. 470). Praktisch ist dieser Zustand
nicht erreichbar, weil schon zum Leerlauf der Maschine eine
wenn auch geringe Gemischmenge erforderlich ist.

Zunächst sei eine einfachwirkende Einzylindermaschine von
mäßiger Drehzahl vorausgesetzt und ähnliche Saugverhältnisse wie
bei Gasmaschinen.

Bei derartigen Einzylindermaschinen wird im Gemischraum
zwischen Regelvorrichtung und Zylinder nach Abschluß des Einlaßventils der am Ende der Saugperiode herrschende Unterdruck
Δp_e verbleiben (Bild **147**), wenn mit dem Einlaßventil gleichzeitig auch das Regel- oder Mischorgan abgesperrt wird und ein
dichter Abschluß des Mischraumes vorhanden ist.

Beim folgenden Öffnen des Einlaßventiles wird zunächst ein
Druckausgleich zwischen dem Enddruck p_a im Zylinder und dem
Unterdruck Δp_e im Mischraum auf einen Unterdruck Δp_a eintreten, und erst dann erfolgt Ausdehnung bis auf den erforderlichen Unterdruck Δp_z im Zylinder.

Wird aber bei einer solchen Einzylindermaschine die Regelvorrichtung nicht gleichzeitig mit dem Einlaßventil des Zylinders abgesperrt, sondern wirkt sie nur als Drossel, dann kann nach Abschluß des Einlaßventils Gemisch in den Raum zwischen Drossel

und Zylinder nachströmen, und beim nachfolgenden Öffnen des Einlaßventils wird im Mischraum ein geringerer Unterdruck als $\varDelta p_e$ vorhanden sein. Der gleichmäßige Strömungsunterdruck $\varDelta p_z$ im Zylinder wird dann nicht so rasch erreicht.

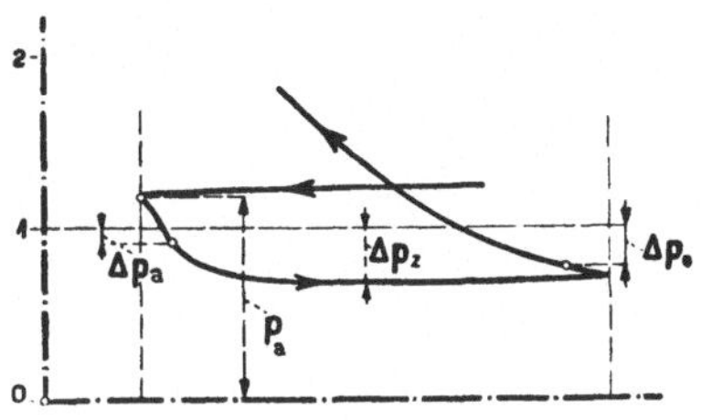

147. Druckausgleich während der Ladezeit einer
Viertakt-Verbrennungsmaschine.

Der Unterschied gegenüber der ersten Anordnung wird um so geringer sein, je höher die Drehzahl der Maschine und je größer der Mischraum zwischen Drossel und Zylinder ist, weil dann die verfügbare Zeit zwischen Abschluß und Öffnen des Einlaßventils für das Nachströmen nicht ausreicht.

Besonders bemerkenswert sind die Verhältnisse bei raschlaufenden Mehrzylinder-Vergasermaschinen, bei denen beispielsweise 4 Zylinder aus dem Mischraum zwischen Drossel und Zylinder saugen. Wenn am Ende der Saugzeit eines Zylinders im Mischraum der Saugleitung ein Unterdruck $\varDelta p_e$ bleibt, dann öffnet das Einlaßventil des 2. Zylinders, und rascher Druckausgleich zwischen dem Enddruck p_a der Auspuffzeit dieses Zylinders und des Unterdruckes $\varDelta p_e$ im Mischraum tritt ein. Je größer der Mischraum gegenüber dem Verdichtungsraum eines Zylinders ist, um so weniger unterscheidet sich der Ausgleichdruck $\varDelta p_a$ von dem Unterdruck $\varDelta p_e$, und um so rascher wird der gleichmäßige Strömungszustand mit dem Unterdruck $\varDelta p_z$ im Zylinder erreicht. Der Mischraum der Saugleitung wirkt dann als Ausgleichsraum für die Druckunterschiede, und während des unveränderten Betriebszustandes stellen sich darin gleichbleibende mittlere Druck- und Geschwindigkeitsverhältnisse ein. Wegen der Gefahr der Rückzündungen darf aber der Mischraum nicht groß sein, so daß in der Regel doch noch Massenschwingungen in der Saugleitung vorkommen werden.

Betriebszustände in Vergasermaschinen.

Bisher wurde angenommen, daß an der Mischstelle selbst die Durchflußquerschnitte von Luft und Brennstoff nicht verändert werden, so daß eigentlich für jeden Strömungszustand ein Gemisch von gleichem Mischungsverhältnis μ entstehen müßte. Dies ist aber in Wirklichkeit nicht der Fall.

Angenommen, die Vergasermaschine laufe mit geringer Belastung und geringer Drehzahl (Bild **148**, Zustand I). Nunmehr

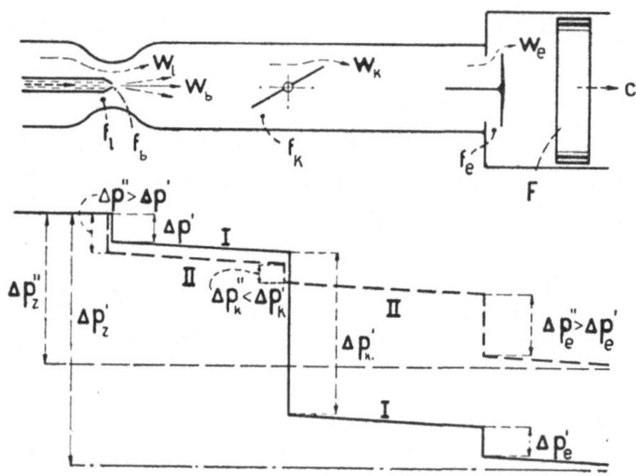

148. Strömungs- und Druckverhältnisse bei Regelung einer Vergasermaschine.

werde durch Vergrößerung des Drosselquerschnitts die Drehzahl der Maschine erhöht und dadurch auch die Strömungsgeschwindigkeit in allen Teilen der Zuleitung verändert. Der Druckunterschied Δp_k im Drosselquerschnitt nimmt hierbei von $\Delta p_k'$ auf $\Delta p_k''$ ab. Diesem verringerten Druckunterschied entspricht eine kleinere Durchflußgeschwindigkeit w_k'', obwohl die Drehzahl der Maschine und damit die Kolbengeschwindigkeit c sich vergrößert hat. Dies ist aus der Kontinuitätsbedingung der Strömung zu ersehen (Abschnitt VII S. 462):

$$F c \gamma_z = f_k w_k \gamma_k .$$

Ändert sich f_k von einem Werte f_k' z. B. auf einen Wert $f_k'' = \sim 3 f_k'$, so wird unter der Annahme, daß γ_z sich wenig von γ_k unterscheide,

$$w_k'' = \frac{F c''}{f_k''} = \frac{F c''}{3 f_k'}.$$

Im Vergleich mit $w_k' = \dfrac{F c'}{f_k'}$ wird w_k'' kleiner, wenn sich die Kolbengeschwindigkeit nicht gleichzeitig auf den 3 fachen Betrag $(c'' = \sim 3 c')$ erhöht.

In der Regel wird die durch die Querschnittsvergrößerung herbeigeführte Drehzahlsteigerung nicht so erheblich sein, daß sich dadurch an der Drosselstelle eine Erhöhung der Druckdifferenz Δp_k und eine Steigerung der Durchströmgeschwindigkeit w_k ergibt. Dies könnte nur beim Durchgehen der Maschine der Fall sein.

An allen anderen Strömungsquerschnitten wird sich aber der Drehzahlerhöhung entsprechend auch die Durchflußgeschwindigkeit und der zugehörige Druckunterschied erhöhen müssen, wie es die gestrichelte Drucklinie in Bild **148** darstellt.

Im ganzen wird sich ein kleinerer Unterdruck $(\Delta p_z'' < \Delta p_z')$ im Zylinder einstellen, dem die Drehzahlsteigerung der Maschine entspricht.

Wird gleichzeitig mit dem Öffnen der Drossel, also mit der Vergrößerung von f_k die Belastung des Motors derartig erhöht, daß die Drehzahl keine Steigerung erfährt, dann wird der Vergrößerung des Drosselquerschnitts eine noch stärkere Abnahme der Strömungsgeschwindigkeit w_k entsprechen. Der Unterdruck im Zylinder nimmt entsprechend ab, das spezifische Gewicht γ_z und damit das Ladegewicht $F c \gamma_z$ zu. Da wegen der Kontinuität der Strömung das gleiche Gemischgewicht auch an der Mischstelle zuströmt, so muß $f_l w_l \gamma_l + f_b w_b \gamma_b$ durch die Vergrößerung des Drosselquerschnittes zugenommen haben.

Wird an den Querschnitten f_l und f_b der Mischstelle nichts geändert, so müssen die Strömungsgeschwindigkeiten w_l und w_b und damit auch die wirksamen Druckunterschiede Δp an der Mischstelle größer geworden sein. Der größere Druckunterschied hat zur Folge, daß sich im Mischraum ein größerer Unterdruck oder ein kleinerer absoluter Druck einstellt.

Eine Vergrößerung des Drosselquerschnittes hat daher stets eine Abnahme des Druckunterschiedes an der Drosselstelle und des Unterdruckes im Zylinder, eine Zunahme des Ladegewichtes und demzufolge eine Erhöhung des Unterdruckes und des Druckunterschiedes an der Mischstelle, somit größere Strömungsgeschwindigkeiten des Brennstoffs und der Luft zum Mischraum zur Folge.

Umgekehrt wird durch eine Abdrosselung eine Erhöhung des Unterdruckes im Raum zwischen Drossel und Zylinder und eine Abnahme des Ladegewichtes infolge Verkleinerung des Druckunterschiedes und der Strömungsgeschwindigkeiten an der Mischstelle hervorgerufen.

Bei gleichbleibendem Drosselquerschnitt hat eine Erhöhung der Drehzahl wegen der Belastungsabnahme an allen Stellen der Strömung, also auch im Zylinder und an der Mischstelle, eine Vergrößerung des Druckunterschiedes und des Unterdruckes, sowie eine Erhöhung der Strömungsgeschwindigkeiten zur Folge.

Nach der Kontinunitätsbeziehung:

$$Fc\gamma_z = fw\gamma$$

müßte bei gleichbleibenden Querschnitten F, f usw. einer Zunahme der Drehzahl und damit der Geschwindigkeiten c, w usw. eine proportionale Zunahme des durchströmenden Gewichtes entsprechen, wenn sich die spezifischen Gewichte γ_z, γ usw. nicht ändern würden. In Wirklichkeit entspricht aber der größeren Geschwindigkeit w' ein größerer Druckunterschied

$$\Delta p' = \zeta \frac{w'^2}{2g} \gamma',$$

damit ein kleinerer Druck p' und ein der Zustandsgleichung:

$$\frac{p'}{\gamma'} = RT'$$

entsprechend kleineres spezifisches Gewicht γ'.

Es wird daher einer Drehzahlerhöhung von z. B. 300 auf 900 Umdrehungen in der Minute nicht eine 9fache Zunahme des Druckunterschiedes, sondern ein geringeres Δp entsprechen, weil das spezifische Gewicht γ abgenommen hat. Die Größe dieser Abnahme ergibt sich aus dem Gesetz der Zustandsänderung, wenn namentlich die Änderung der Temperatur T bekannt ist.

Je kleiner die Strömungsgeschwindigkeit w und der Druckunterschied

$$\Delta p = \zeta \frac{w^2}{2g} \gamma$$

an einer Strömungsstelle ist, eine um so geringere Abnahme des Druckes p und damit des spezifischen Gewichtes γ wird mit einer Geschwindigkeitsvergrößerung verbunden sein.

Ist z. B. der Druck $p = 10000$ kg/m² und hat die Durchströmung einer Rohrstrecke mit der Strömungsgeschwindigkeit w einen Druckverlust zur Überwindung der Strömungswiderstände von

$$\Delta p = 20 \text{ kg/m}^2$$

zur Folge (Bild 149), so wird der Druck an der 2. Endstelle der Rohrstrecke $p_2 = 9980$ kg/m² sein. Eine Verdopplung der Strömungsgeschwindigkeit würde einen Druckverlust von

$$\Delta p' = \zeta \frac{w^2}{2g} \gamma$$

149. **Druckabfall** durch Strömungswiderstände.

bewirken, der unter der Voraussetzung, daß sich das spezifische Gewicht γ und die Widerstandszahl ζ der Strömung nicht geändert habe, gleich dem 4fachen Wert von Δp ist, also:

$$\Delta p' = 80 \text{ kg/m}^2 .$$

Der neue Enddruck p_2' ergibt sich dann zu 9920 kg/m², also nur wenig kleiner als p_2, so daß sich keine nennenswerte Verkleinerung von γ ergeben kann. Die Änderung des Druckunterschiedes entspricht dann nahezu dem Quadrate der Geschwindigkeitsänderung, in vorliegendem Beispiel dem 4fachen Wert von Δp.

Wäre aber z. B. $p_1 = 9000$ kg/m², $p_2 = 8000$ kg/m² und $\Delta p = 1000$ kg/m², dann würde eine Verdopplung der Strömungsgeschwindigkeit w eine Erhöhung des Druckunterschiedes auf $\Delta p' = 4000$ kg/m² hervorrufen, wenn γ unverändert bliebe.

Dieser Druckänderung entspräche aber ein Enddruck $p_2' = 5000$ kg/m², also ein entsprechend großer Abfall des spezifischen Gewichtes γ. Es wird daher kein so großer Druckabfall $\Delta p'$ eintreten.

Ist somit an der Strömungsstelle gegenüber dem Atmosphärendruck $p_0 = 10000$ kg/m² ein Unterdruck von 1500 kg/m² vorhanden, dann wird durch Verdopplung der Drehzahl und damit der Strömungsgeschwindigkeit w der Unterdruck nicht auf den Betrag von 6000 kg/m², sondern auf einen wesentlich kleineren Betrag, etwa nur auf 3500 kg/m² ansteigen.

Diese wesentlich geringere Zunahme des Unterdruckes hängt auch damit zusammen, daß für größere Druckunterschiede Δp das einfache Strömungsgesetz:

$$\Delta p = \zeta \frac{w^2}{2\,g}\,\gamma$$

nicht mehr gilt und einer Geschwindigkeitszunahme keine quadratische, sondern eine geringere Zunahme des Druckunterschiedes Δp entspricht.

Bei gleichbleibenden Strömungsquerschnitten der Saugleitung einer Viertakt-Verbrennungsmaschine hat eine Entlastung stets eine Zunahme der Drehzahl, der Strömungsgeschwindigkeiten und der Unterdrücke an allen Stellen der Leitung zur Folge. Den größeren Strömungsgeschwindigkeiten an der Mischstelle entspricht eine Erhöhung des zufließenden Gemischgewichtes $f_l w_l \gamma_l + f_b w_b \gamma_b$ und damit eine Leistungssteigerung der Maschine, die eine weitergehende Drehzahlsteigerung usw. hervorruft. Wenn der Widerstand oder die Belastung des Motors nicht wieder entsprechend vergrößert wird, dann geht er schließlich durch.

Erfahrungen:

■ Abhilfe gegen das Durchgehen einer Maschine bei Entlastung war durch eine entsprechende Drosselung des Gemischzutrittes immer möglich. Die Verkleinerung des Drosselquerschnittes bewirkte sofort eine Erhöhung des Unterdruckes an allen Stellen der Zuströmungsleitung zwischen der Drosselstelle und dem Motorzylinder und eine Abnahme des Unterdruckes und der Strömungsgeschwindigkeit in der Zuleitung vor der Drosselstelle. Hierdurch wurde die Gemischmenge verringert, und die Leistungsfähigkeit der Maschine und ihre Drehzahl nahm ab, bis wieder Gleichgewicht mit der Widerstandsleistung vorhanden war.

Bei Kraftwagenbetrieb war vielfach eine Drosselung bei Drehzahlerhöhung nicht erforderlich, weil die dadurch herbeigeführte höhere Fahrgeschwindigkeit die Fahrwiderstände und damit die Belastung des Motors wieder so vergrößerte, daß sich von selbst ein neuer Gleichgewichtszustand einstellen konnte.

Wurde hingegen bei unveränderten Strömungsquerschnitten die Maschine zusätzlich belastet, so ergab sich Abnahme der Drehzahl und an allen Stellen der Saugleitung eine Abnahme des Unterdruckes und der Strömungsgeschwindigkeiten. Dies hatte die Bildung eines geringeren Gemischgewichtes und dadurch eine Abnahme der Leistungsfähigkeit und der Drehzahl zur Folge. Wenn keine Entlastung vorgenommen wurde, fiel die Drehzahl immer mehr ab, und die Maschine blieb schließlich stehen. ■

Bei gleichbleibender Belastung ist durch eine Vergrößerung des Durchflußquerschnittes an der Regel- oder Drosselstelle in einfacher Weise ein neuer Gleichgewichtszustand einstellbar. Der Vergrößerung des Drosselquerschnittes entspricht eine Verkleinerung des Unterdruckes an allen Stellen der Rohrleitung zwischen Drossel und Zylinder und eine Vergrößerung des Unterdruckes und der Strömungsgeschwindigkeit in der Saugleitung vor der Drosselstelle (vgl. auch Bild 148). Hierdurch wird eine größere Gemischmenge gebildet, die eine Leistungs- und Drehzahlsteigerung und dadurch den neuen Gleichgewichtszustand herbeiführt.

Bei den Vergasermaschinen für Kraftwagenbetrieb liegen die Verhältnisse besonders umständlich, weil sich die Einflüsse von Änderungen der Drehzahl und der Belastung, sowie die durch Betätigung der Drossel hervorgerufenen Änderungen in ihrer Wirkung vielfach stören oder summieren, so daß die einzelnen Ursachen von Veränderungen des Betriebszustandes nicht immer klar erkennbar sind und leicht zu unrichtigen Schlußfolgerungen und damit zu Anordnungen Anlaß geben, die im Betriebe versagen.

Selten sind von einem Maschinenteil so viele verschiedenartige Ausführungsformen erdacht und auf den Markt gebracht worden, als von den Vergasern der Automobilmaschinen. Fast jede Automobilfabrik hatte, besonders in der ersten Entwicklungszeit der Kraftwagen, ihren eigenen „erprobten" Vergaser, der naturgemäß den besonderen, aber zumeist sehr einseitig gewerteten Erfahrungen der betreffenden Fabrik entsprach.

Jetzt ist eine wesentliche Besserung dieses Zustandes eingetreten, obwohl immer noch viel probiert wird und es Hunderte verschiedener Vergaserbauarten gibt.

Erhaltung des Mischungsverhältnisses.

Die Veränderung des Strömungszustandes an der Mischstelle des Vergasers würde auch eine Änderung des Mischungsverhältnisses bewirken, wenn nicht besondere Mittel angewendet werden.

An der Mischstelle werde an den Strömungsquerschnitten f_l und f_b nichts geändert. Es müßte daher der Vergrößerung der Strömungsgeschwindigkeiten entsprechend eine größere Gemischmenge durchfließen. Dabei würde das Mischungsverhältnis gleich bleiben, wenn sich die Strömungsgeschwindigkeiten w_l und w_b in gleichem Maße vergrößern.

Allgemein ist (vgl. Abschnitt VII S. 462):

$$\Delta p = \zeta_l \frac{w_l^2}{2\,g}\,\gamma_l$$

$$\text{und}\quad \Delta p = \zeta_b \frac{w_b^2}{2\,g}\,\gamma_b .$$

In gleichem Maße können sich die Geschwindigkeiten w_l und w_b nur vergrößern, wenn sich die spezifischen Gewichte γ und die Widerstandszahlen ζ im selben Verhältnis ändern.

Mit wachsendem Druckunterschied wird aber die Widerstandszahl beim Durchtreten des flüssigen Brennstoffes relativ kleiner als die Widerstandszahl beim Durchströmen der Luft, so daß die Strömungsgeschwindigkeit des Brennstoffes entsprechend stärker gesteigert wird. In ähnlicher Weise wirkt die Veränderung der spezifischen Gewichte. Mit steigender Durchflußgeschwindigkeit und größer werdendem Druckunterschied an der Mischstelle wird daher das Gemisch immer reicher.

Eine derartige Anreicherung des Gemisches muß aber im Betrieb vermieden werden, weil sie unter Umständen Frühzündungen und Betriebsstörungen zur Folge hat.

Das Gemisch muß möglichst gleichartig erhalten werden, was in dem besprochenen Falle beispielsweise durch eine entsprechende Vergrößerung des Luftquerschnitts erreichbar ist. Statt dessen kann man auch durch einen besonderen Querschnitt Zusatzluft einströmen lassen.

Aus der Kontinuitätsbedingung:

$$F\,c\,\gamma_z = f_l\,w_l\,\gamma_l + f_b\,w_b\,\gamma_b$$

ist zu ersehen, daß das Brennstoffgewicht $f_b\,w_b\,\gamma_b$ sofort kleiner wird, wenn der Luftquerschnitt f_l vergrößert wird. Hierdurch wird somit einer Anreicherung des Gemisches entgegengewirkt.

Das gleiche erreicht man durch Zuführung von Zusatzluft (Nebenluft). In Bild 150 ist an der Mischstelle ein durch ein Ventil

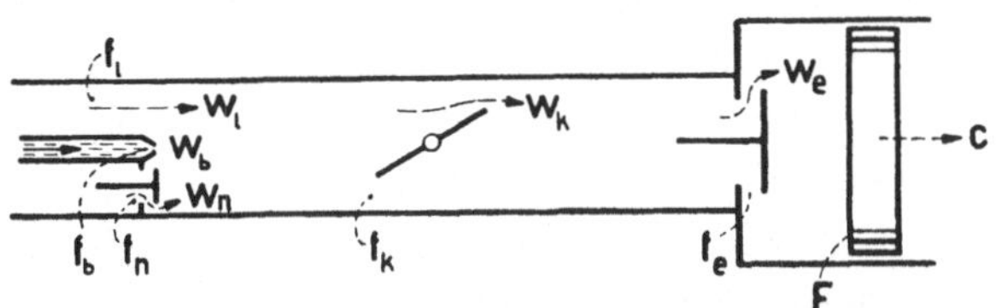

150. Regelung durch Nebenluft.
(Vergasermaschine.)

regelbarer Zusatzluftquerschnitt f_n angedeutet, durch den Luft mit der Geschwindigkeit w_n strömt.

Es muß die Beziehung bestehen:

$$F\,c\,\gamma_z = f_b\,w_b\,\gamma_b + f_l\,w_l\,\gamma_l + f_n\,w_n\,\gamma_l.$$

Wird bei wachsenden Strömungsgeschwindigkeiten der Zusatzluftquerschnitt f_n vergrößert, so wird auch hierdurch eine unzulässige Anreicherung des Gemisches verhindert.

Wird die Zusatzluft durch ein einfaches federbelastetes, selbsttätig wirkendes Organ zugeführt, oder wird, wie es bei neueren Vergasern in sehr einfacher Weise geschieht, die Zusatzluft durch eine besondere Düse dem Brennstoff schon in der Brennstoffdüse (Brennstoff-Mischdüse) beigemischt (siehe Pallas-Vergaser S. 267), dann wird die richtige Wirkung durch eine Teilströmung von Luft durch die Brennstoffmündung erreicht. Dem Brennstoff wird Luft vor Austritt aus der Düsenöffnung beigemengt und die aus der Düse austretende Brennstoffmenge entsprechend der mitströmenden Luftmenge vermindert. Der Zusatzluftquerschnitt kann aber auch zwangläufig verändert werden, dies verlangt jedoch sorgfältiges Erproben im Zusammenhang mit der Betätigung der Drossel für das Gemisch.

Die Bestimmung der erforderlichen Zusatzluftquerschnitte oder des überhaupt notwendigen Luftquerschnitts ist besonders bei den

Kraftwagenmaschinen schwierig, weil an ihre Regelfähigkeit außerordentliche Anforderungen gestellt werden. Während bei ortsfesten Maschinen in der Regel Belastungsänderung bei nahezu gleichbleibender Drehzahl genügt, müssen Automobilmaschinen bei den verschiedensten Drehzahlen und Belastungen arbeiten.

Um die maßgebenden Einflüsse bei Veränderung des Regelzustandes einer Vergasermaschine besser beurteilen zu können, sind die Druckverhältnisse in der Saugleitung einer sechszylindrigen Automobilmaschine, mit einem gemeinsamen Vergaser für alle Zylinder, bei verschiedenen Drehzahlen und verschieden großem Drossel- und Zusatzluftquerschnitt durch Versuche in der Prüfstelle für Verbrennungsmaschinen und Kraftfahrzeuge in der Technischen Hochschule zu Berlin ermittelt worden.

Bild 151 zeigt die Anordnung der Meßstellen. Der Unterdruck wurde an der Stelle I (Δp_I) des Hauptluftzutrittes h vor der Brennstoffdüse, an der Stelle II (Δp_{II}) hinter dem Austritt des Brennstoffes (a) im Mischraum vor dem Drosselschieber K und an der Stelle III (Δp_{III}) unmittelbar hinter dem Drosselschieber K der Gemischleitung gemessen. Der Zusatzluftzutritt bei b konnte durch einen Schieber Z zwangläufig mit der Drossel verstellt werden. Bei e verteilt sich die Luft nach den einzelnen Zylindern der Maschine.

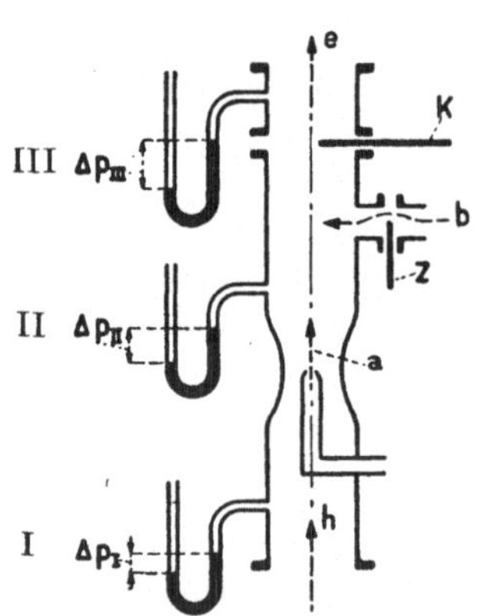

151. Bestimmung der Unterdrücke in der Saugleitung. Anordnung der Meßstellen.

Da eine Messung mit Brennstoffbetrieb bei verschiedenen Drehzahlen und Querschnitten am Drossel- und Zusatzluftschieber sehr schwierig war, wurde in der Hauptsache nur mit Luft gearbeitet, wobei die Automobilmaschine von einem Elektromotor bei den verschiedenen Versuchsdrehzahlen angetrieben und die angesaugte Luft nachher verdichtet wurde. Die sich einstellenden Unterdrücke Δp unterscheiden sich dann wohl von den im wirklichen Vergaserbetrieb vorhandenen, doch ist der Unterschied nur gering, so daß mit großer Annäherung aus dem aufgenommenen

Druckverlauf mit Luftbetrieb auch auf den wirklichen Druckverlauf bei Gemischbetrieb geschlossen werden kann.

Im Bild **152** sind die Unterdrücke Δp in Millimeter Wassersäule in Funktion der Drehzahl aufgetragen. Wenn der Drosselquerschnitt f_k vollständig geöffnet, ist der Zusatzluftquerschnitt f_n geschlossen.

Bild **153** zeigt die Änderung der Unterdrücke mit der Drehzahl bei vollständig offenem Drossel- und Zusatzluftquerschnitt. Der größte Zusatzluftquerschnitt f_n ist meistens nur ein kleiner Teil des größten Drosselquerschnittes f_k. Bei der Versuchsmaschine war: $f_k = 5330$ mm^2, $f_n = 615$ mm^2.

Der in Bild **153** dargestellte Versuch

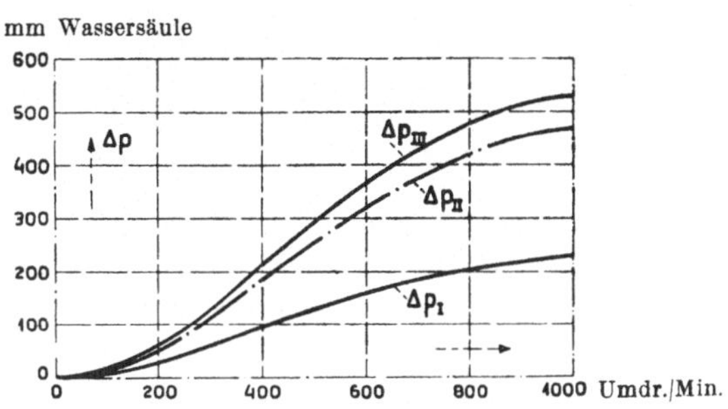

152. Unterdrücke in der Saugleitung bei vollständig offener Gemischdrossel und Betrieb ohne Zusatzluft.

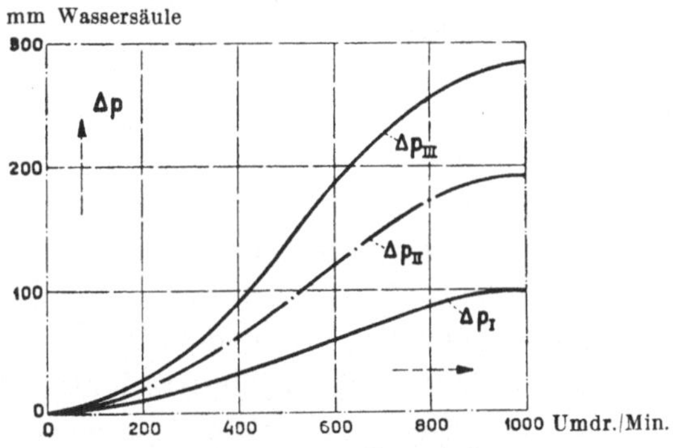

153. Unterdrücke in der Saugleitung bei vollständig offenem Gemisch- und Zusatzluftzutritt.

entspricht ungefähr Betrieb bei Vollbelastung einer Automobilmaschine. Der Unterdruck Δp nimmt mit der Drehzahl zu und beträgt an der Düse bei der normalen Betriebsdrehzahl von ~ 1000 i. d. Min. ungefähr 200 mm Wassersäule. Bei geschlossenem Zusatzluftorgan (Bild **152**) sind die Unterdrücke größer, weil dann das gesamte Luftgewicht $F c \gamma_z$ nur durch den Hauptluftquerschnitt f_l strömen muß, was erhöhte Strömungsgeschwindigkeiten und größere Unterdrücke bedingt.

Durch die Zusatzluft wird daher der Unterdruck herabgesetzt und damit der Zutritt von Brennstoff gedrosselt, so daß sich ein ärmeres Gemisch bilden muß, als ohne Zusatzluft.

Bild **154** zeigt die Unterdrücke Δp bei starker Drosselung. Der Drosselquerschnitt f_k ist 100 mm², also nur etwa $^1/_{50}$ des Größtwertes; der Zusatzluftquerschnitt $f_n = 185$ mm² war nur ungefähr $^1/_3$ des ganzen Durchgangsquerschnittes.

Der Unterdruck Δp_{III} hatte sich daher bei der Normaldrehzahl von 1000 i. d. Min. auf 4600 mm Wassersäule, also auf fast $^1/_2$ Atmosphäre erhöht, während

154. Unterdrücke in der Saugleitung bei stark gedrosseltem Gemischzutritt (kleine Belastung).

der Unterdruck Δp_{II} an der Austrittsstelle des Brennstoffes aus der Düse von 200 mm auf ungefähr 80 mm fiel. Der bei vollständig offener Drossel (Bild **153**) für das Strömen von I auf II wirksame Druckunterschied Δp war bei 1000 Umdrehungen min.

$$\Delta p = \Delta p_{II} - \Delta p_I = \sim 100 \text{ mm Wassersäule.}$$

Dieser Druckunterschied ist bei der starken Drosselung auf $^1/_{50}$ des ganzen Drosselquerschnittes (Bild **154**) auf ungefähr 40 mm Wassersäule gesunken. Es wird daher dementsprechend ein wesentlich geringeres Gemischgewicht dem Zylinder zuströmen, was durch die Drosselung auch bezweckt wurde.

Bei weitergehender Drosselung werden schließlich die Strömungswiderstände am Drosselquerschnitt so groß, daß im Zylinder der Maschine nicht mehr der zu ihrer Überwindung erforderliche Unterdruck Δp_z hergestellt werden kann. Beim Öffnen des Einlaßventils und fortschreitender Kolbenbewegung des Saughubes wird zunächst der Druckausgleich mit dem im Raum hinter der Drossel am Ende des vorhergehenden Saughubs zurückgebliebenen Unterdruck Δp_e (Bild **147**) auf Δp_a herbeigeführt. Dann dehnt sich das gemeinsame Volumen von Zylinder und Saugleitung bis zur Drossel aus, bis der zur Überwindung der Strömungswiderstände erforderliche Unterdruck Δp_z erzeugt ist. Wird der notwendige Druckabfall bis zu Ende des Kolbenhubs nicht erreicht (vgl. Bild **271**, S. 470), dann wird kein Gemisch durch Nachströmen in den Zylinder mehr eintreten können.

Dieser Grenzzustand wurde bei den Versuchen erreicht, als der Drosselquerschnitt f_k auf 50 mm², also ungefähr den 100. Teil des Gesamtquerschnittes, verkleinert wurde. Der Zusatzluftquerschnitt war dann $f_n = 50$ mm². Die in Bild **155** dargestellten Unterdrücke zeigen, daß von einer Drehzahl $n \sim 400$ in der Minute an sich keine nennenswerte Zunahme der Unterdrücke mehr ergab.

Es findet daher auch keine Veränderung des im Zylinder vorhandenen Gewichtes mehr statt. Die Maschine müßte dann stehen bleiben.

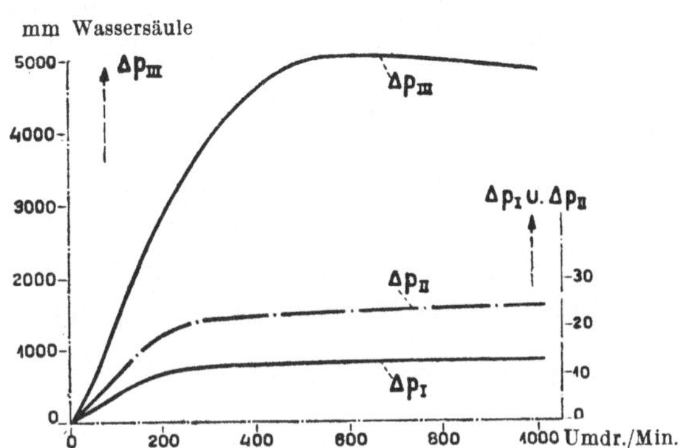

155. Unterdrücke in der Saugleitung bei fast geschlossener Gemischdrossel.

Wichtig sind besonders die Strömungsverhältnisse bei Vollbelastung (Bild **153**). Für die Strömung von der Stelle I zu Stelle II (Bild **151**) wird bei 1000 Umdrehungen i. d. Min. ein Druckunterschied von $\Delta p = \sim 100$ mm Wassersäule zur Überwindung der Strömungswiderstände aufgezehrt. Für eine mittlere Strömungsgeschwindigkeit w ist angenähert:

$$\Delta p = \zeta \frac{w^2}{2g} \gamma_l$$

und daraus

$$w = \sqrt{\frac{2g}{\zeta} \frac{\Delta p}{\gamma_l}}.$$

Mit $\zeta = \sim 0{,}6$, $\gamma_l = \sim 1{,}0$ kg/m³, $\Delta p = 100$ kg/m² ist

$$w = \sim 60 \text{ m/sec.}$$

Die berechnete Geschwindigkeit w stellt nur einen ungefähren Mittelwert aller Strömungsgeschwindigkeiten zwischen den Meßstellen I und II dar. Aus den Querschnittsunterschieden der Meßstrecke kann dann auf die mittlere Geschwindigkeit jedes

Querschnittes geschlossen werden. Wo der Querschnitt kleiner als der Mittelwert aller Querschnitte ist, also beispielsweise im düsenförmig eingeschnürten Querschnitt des Luftrohres, wird die Geschwindigkeit w_d größer als w sein müssen.

Genauer könnte die Geschwindigkeit an jeder Stelle durch Messung des sekundlich durchströmenden Gewichtes (Luftgewicht und Brennstoffgewicht) $fw\gamma$ bestimmt werden, wenn der Querschnitt f und das spezifische Gewicht γ gegeben ist. Dieses könnte aus dem statischen Drucke p und der Temperatur T an der Meßstelle berechnet werden, falls die Beschaffenheit des durchströmenden Gasgemisches (Gaskonstante R) bekannt wäre. — Es ist:

$$\gamma = \frac{p}{RT}.$$

Eine unmittelbare Bestimmung der Geschwindigkeit w durch Messung der Geschwindigkeitshöhe $\dfrac{w^2}{2g}$ mittels eines Staurohres bereitet wegen der stoßweisen Strömung große Schwierigkeiten.

Zur Beurteilung der Strömungsgeschwindigkeit w_b des Brennstoffes an der Austrittsstelle der Düse ist zu beachten, daß dem etwa 700 mal schwereren flüssigen Brennstoff nur ungefähr der

$$\sqrt{\frac{\gamma_b}{\gamma_l}} = \sqrt{\frac{700}{1}} = 27. \text{Teil der Strömungsgeschwindigkeit entsprechen}$$

kann.   Es müßte demnach $w_b \sim 2$ bis 3 m/sec sein.

Eine Prüfung dieses Wertes ermöglicht der Brennstoffverbrauch. Bei einer mehrzylindrigen Vergasermaschine kann angenommen werden, daß der Brennstoff in einem nahezu gleichmäßigen Strahl von einer mittleren Geschwindigkeit w_b ausspritzt. Eine Leistung der Maschine von 40 PS und einen spezifischen Brennstoffverbrauch von 300 g für die PS und Stunde vorausgesetzt, muß in der Sekunde an der Düse ein Brennstoffgewicht von

$$G_b = \frac{0,3 \cdot 40}{3600} = \sim 0,0033 \text{ kg}$$

ausfließen.   Bei einer Düsenbohrung von ungefähr 1,6 mm, also einem Düsenaustrittsquerschnitt von rund 2 mm², was praktischen Ausführungen entspricht, ergibt sich aus $G_b = f_b w_b \gamma_b$ eine Geschwindigkeit

$$w_b = \frac{G_b}{f_b \gamma_b} = \frac{0,0033}{0,000002 \cdot 700} = \sim 2,4 \text{ m/sec.}$$

Der mit der geringen Geschwindigkeit von 2 m/sec aus der Düse spritzende flüssige Brennstoff wird von der mit etwa 100 m/sec vorbeistreichenden Luft erfaßt. Der Zusammenprall bewirkt ein Zerreißen und Zerstäuben des Brennstoffes in kleine Tröpfchen und Nebel. Im weiteren Verlaufe der Strömung wird zwar die Geschwindigkeit entsprechend der Querschnittserweiterung der Leitung wieder etwas kleiner (30 bis 50 m/sec). doch führt dies bei ausreichend hoher Temperatur noch keinen wesentlichen Niederschlag herbei. Selbst wenn aber bei zu niedriger Temperatur wieder ein Zusammenziehen des in Nebelform zerstäubten Brennstoffes zu Tröpfchen eintreten sollte, würden diese durch die mit großer Geschwindigkeit strömende Luft mitgerissen werden, solange keine Strömungshindernisse (Siebe, Prallflächen, scharfe Richtungsänderungen usw.) dies verhindern und das Abscheiden des mitgerissenen Nebels aus der Luft bewirken.

Bei kleiner Belastung und stark gedrosselter Strömung ist die Zerstäubung keine so gute. Annähernd Leerlauf und eine Leistung von 10 PS vorausgesetzt, ist bei einem Brennstoffverbrauch von ungefähr 400 g für die PS und Stunde das sekundlich aus der Düse strömende Brennstoffgewicht

$$G_b' = \frac{0.4 \cdot 10}{3600} = 0{,}0011 \text{ kg},$$

also ungefähr $1/3$ des Brennstoffgewichtes bei Vollbelastung. Bei annähernd gleichem spezifischen Gewicht von 700 kg/m³ wird sich eine Strömungsgeschwindigkeit $w_b = \sim 0{,}8$ m/sec ergeben.

Die Luftgeschwindigkeit an der Hauptluftdüse ist ebenfalls auf etwa $1/3$ des früheren Wertes, also auf ungefähr 40 m/sec gesunken. Der Zusammenprall von Luft und Brennstoff wird daher kein so heftiger und die Zerstäubung nicht so fein sein wie bei großer Belastung. Beim Durchfluß durch den Drosselquerschnitt wird die Geschwindigkeit größer; doch hat dies keine Verbesserung der Zerstäubung und Mischung zur Folge. Es kann unter Umständen beim Hindurchtreten durch den engen Drosselquerschnitt sogar ein Abscheiden von Brennstofftröpfchen eintreten. Diese Gefahr besteht besonders im Leerlaufbetrieb bei kleiner Drehzahl, also auch entsprechend kleinen Strömungsgeschwindigkeiten. Dann müssen besondere Vorkehrungen für das Anlassen des Motors getroffen werden.

Bei der Bemessung der Düsenbohrung an der Austrittsstelle des Brennstoffs sind die Druckverhältnisse in der Einströmleitung und besonders im Mischraum des Vergasers bei größter Belastung der Maschine maßgebend.

Je enger der Hauptluftdurchgang am Düsenaustritt des Brennstoffs (Hauptluftdüse) ist, um so größer wird die Strömungsgeschwindigkeit der Luft und der Unterdruck an dieser Stelle sein, und um so kleiner muß die Bohrung der Brennstoffdüse ausgeführt werden.

Die Weite der Brennstoffdüse ist außerdem abhängig vom Heizwert des Brennstoffs, und die Bohrung wird um so kleiner gemacht werden müssen, je reicher der Brennstoff ist.

In der Regel werden alle Einzelheiten des Vergasers nach der Weite des engsten Hauptluftquerschnittes bemessen und die Größe der Brennstoffdüse erst durch den praktischen Versuch bestimmt.

Erfahrungen:

■ Beim Einstellen eines Vergasers sind „Knaller" eingetreten, d. h. die Verbrennung des in den Zylinder eingeführten Gemisches war zu langsam und so träge vor sich gegangen, daß sie beim Wiederöffnen des Einlaßventils noch nicht beendet war, und infolgedessen wurde das frische Gemisch schon im Einlaßrohr mit einem Knall verbrannt.

Dies ist meistens ein Zeichen dafür, daß zu wenig Brennstoff zuströmte. Nach entsprechender Erweiterung der Brennstoffdüse hörten die Vergaserknaller auf und wurde einwandfreier Betrieb erreicht.

Versuche, die in der Prüfstelle für Verbrennungsmaschinen und Kraftfahrzeuge an der Technischen Hochschule zu Berlin über die Eignung von Spiritus zum Betriebe von Automobilmaschinen ausgeführt wurden, haben gezeigt, daß jeder für Benzin oder Benzol gut brauchbare Vergaser auch günstigen Spiritusbetrieb zuläßt, wenn das Gemisch durch warmes Kühlwasser und der größte Teil der Verbrennungsluft am heißen Auspuffrohr entsprechend erwärmt, und wenn der Querschnitt der Brennstoffdüse gegen Benzinbetrieb ungefähr im Verhältnis der Heizwerte von Benzin und Spiritus vergrößert wird. Die günstigste Düsenbohrung für Spiritusbetrieb konnte durch einfache Versuche rasch festgestellt werden.

Im allgemeinen erwies sich bei Spiritusbetrieb große Strömungsgeschwindigkeit der Luft an der Austrittsstelle des Brennstoffs im Mischraume des Vergasers als sehr vorteilhaft, weil dadurch die Zerstäubung des Brennstoffs wesentlich besser wurde und keine starke Vorwärmung erforderlich war, was günstigere Füllung und größere Leistungsfähigkeit der Maschine zur Folge hatte.

Bei Benzinbetrieb war, im Vergleich mit Spiritusbetrieb, ein größerer Querschnitt der Hauptluftdüse günstig, weil besondere Vorwärmung meistens nicht erforderlich und gute Zerstäubung auch bei geringeren Strömungsgeschwindigkeiten erreichbar war. Die kleineren Strömungswiderstände ermöglichen dann bessere Füllung und größere Leistung der Maschine. ■

Beim **Anlassen** ortsfester Vergasermaschinen ist die Drehzahl der Maschine zunächst klein. Der Regler hat einen großen Strömungsquerschnitt an der Drosselstelle eingestellt, und alle Druckunterschiede und Strömungsgeschwindigkeiten sind gering. Es besteht daher bei gleichbleibendem Querschnitt der Brennstoffdüse die Gefahr, daß zu wenig Brennstoff zufließt und das Gemisch zu **arm**, daher nicht genügend **zündfähig** ist. Deshalb muß entweder der Brennstoffzufluß verstärkt oder der Luftquerschnitt durch Handverstellung abgedrosselt werden.

In ähnlicher Weise ist auch beim Anlassen raschlaufender **Automobilmaschinen** vorzugehen, selbst wenn ein Zusatzluftorgan vorhanden ist. Ist dieses mit der Drossel zwangläufig verbunden, so steht beim Anlassen sowohl der Drosselquerschnitt als auch der Zusatzluftquerschnitt offen, und es wird gerade die **entgegengesetzte** Wirkung erzielt.

Daher muß eine besondere Handregelung in der Luftleitung vorgesehen werden, um den Luftzutritt beim Anlassen ausreichend stark vermindern zu können, oder aber es muß durch reichlichere Zuführung von Brennstoff (Niederdrücken des Schwimmers oder Verwendung besonderer Zusatzdüsen für das Anlassen u. dgl.) das Gemisch **angereichert** werden.

Aber auch bei selbsttätig wirkender Zuführung von Zusatzluft wird sicheres Anlassen ohne besondere Hilfseinrichtung zur Anreicherung des Gemisches nicht erreicht. Zwar strömt beim Anlassen bei dem geringen Druckunterschied nicht sofort Zusatzluft zu, doch ist der vorhandene Hauptluftquerschnitt immer noch zu groß.

Dieser Luftquerschnitt ist in der Regel einer mittleren Strömungsgeschwindigkeit angepaßt, da ein selbsttätiges Zusatzluftorgan selbst bei geringster Federbelastung nicht so leicht und reibungsfrei ausgeführt werden kann, daß es schon bei kleineren Druckunterschieden und Strömungsgeschwindigkeiten öffnet. Auch bei Vergasern mit Brennstoffmischdüse kann bei kleinen Druckunterschieden infolge der Strömungswiderstände keine Zusatzmischluft eintreten.

Ist der Druckunterschied, bei der die Zusatzluft einzuströmen beginnt, etwa Δp, so fließt bei kleineren Druckunterschieden als Δp durch den Hauptluftquerschnitt, der der Druckdifferenz Δp angepaßt ist, stets verhältnismäßig zu viel Luft. Dies ist besonders beim Anlassen der Maschine der Fall, daher müssen Vorkehrungen zur Anreicherung des Gemisches ähnlich wie bei zwangläufig betätigten Zusatzluftorganen vorhanden sein.

Erfahrungen:

■ Beim Anlassen raschlaufender Vergasermaschinen mußte der Luftzutritt beim Anlassen entsprechend gedrosselt, die Luftgeschwindigkeit dadurch erhöht und der Brennstoffzufluß verstärkt werden, da bei kleinen Strömungsgeschwindigkeiten der Brennstoff viel zu träge aus dem Düsenrohr strömte.

Dann war Anreichern des Gemisches durch Niederdrücken des Schwimmers, durch Anordnung besonderer Zusatzdüsen oder dgl. notwendig. Selbsttätig wirkende Regelung der Zusatzluftmenge war auch in diesem Falle günstig, weil beim Anlassen keine Zusatzluft zugeführt wurde (die Zusatzluftsteuerung blieb geschlossen) und der Mischstelle daher weniger Luft und verhältnismäßig mehr Brennstoff zuströmte. ■

Die Zusatzluftquerschnitte sorgen dafür, daß bei großen Druckunterschieden an der Mischstelle, also auch bei Volleistung mit größter Drehzahl, der Mischstelle nicht zu viel Brennstoff durch den stets gleichbleibenden Querschnitt der Brennstoffdüse zufließt und kein zu reiches Gemisch entsteht.

Besonders zu beachten sind die Vorgänge beim Leerlauf, wenn der Motor mit geringer Drehzahl bei fast geschlossener Drosselklappe betrieben werden soll, wobei erwünscht ist, daß der Fahrer keine besondere Regelung zu betätigen hat.

Brauchbare Betriebsverhältnisse werden durch Anordnung einer besonderen Leerlaufleitung mit Leerlaufdüse *a* für den Brennstoff (Bild 156) erzielt. Sie führt vom Schwimmergefäß

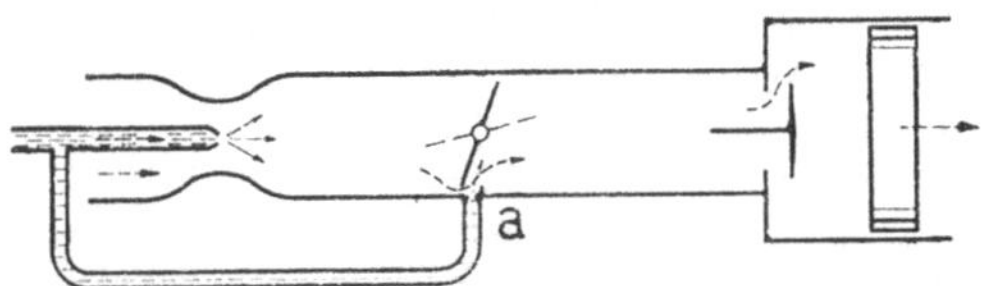

156. Düsenanordnung für Leerlauf
von Vergasermaschinen.

oder von der Hauptdüse zum Drosselquerschnitt der Gemischleitung.

Die Leerlaufdüse ist so zu bemessen, daß der geringe Druckunterschied bei größeren Belastungen nicht ausreicht, um dem Gemisch Brennstoff auch durch die Hilfsdüse zuzuführen. Erst wenn im Leerlauf bei nahezu geschlossener Drossel (ausgezogene Klappenstellung im Bild 156) der Druckunterschied genügend groß geworden ist, soll Brennstoff durch die Hilfsdüse zuströmen und das Gemisch anreichern. Es kann aber dabei leicht vorkommen, daß das Gemisch übersättigt wird und die Maschine in nicht zündfähigem Gas erstickt.

Soll die Leerlaufleitung auch beim Anlassen der Maschine zur Anreicherung des Gemisches dienen, dann wird nicht bei offener Drosselklappe angelassen, sondern es muß so stark gedrosselt werden, daß der Unterdruck ausreicht, um Brennstoff durch die Leerlaufdüse zuzuführen.

Wesentlich ist hierbei, daß die Austrittsstelle der Leerlaufdüse im engen Spaltquerschnitt der Drossel liegt, weil die dort infolge des stärkeren Unterdrucks mit größerer Geschwindigkeit durchströmende Luft gute Zerstäubung des Brennstoffs bewirkt und dadurch zuverlässigeres Inbetriebsetzen der Maschine erreicht wird.

Erfahrungen:

■ Sicheres Anlassen der kalten Maschine gelang stets dann, wenn der Brennstoff durch eine Hilfsdüse in die Gemischleitung hinter der Drossel eingeführt wurde.

Durch den großen Unterdruck in der Zuströmung bei nahezu geschlossener Drossel wurde ein reiches Gemisch angesaugt, und wenn außerdem dafür gesorgt wurde, daß unmittelbar an der Hilfsdüse eintretende Luft den Brennstoff [gut zerstäubte, dann konnte selbst mit Spiritus allein, ohne Zuhilfenahme von Benzin, angelassen werden. ■

Bei Vergasern ohne besondere Leerlauf- oder Anlaßdüse gelingt das Anlassen der kalten Maschine unter Umständen nur, wenn Benzin durch die Kompressionshähne unmittelbar in die Zylinder eingespritzt wird.

Je weniger Brennstoff hierbei eingespritzt wird, um so stärker muß der Luftzutritt beim Ansaugen [gedrosselt werden, um [ausreichend günstige Gemischbildung und [sichere Inbetriebsetzung der Maschine zu erreichen.

Selbsttätig arbeitende Zusatzluftorgane, besonders Brennstoff-Mischdüsen, haben den Vorzug, daß sie auch ohne Eingreifen des Maschinenwärters oder Kraftwagenführers bei Belastungsänderungen richtig zur Wirkung gelangen.

Wenn der Kraftwagen zunächst langsam fährt, aber im nächsten Augenblick durch Verringerung des Fahrwiderstandes alle Geschwindigkeiten steigen, so werden auch die Strömungsgeschwindigkeiten in der Gemischzuleitung zunehmen.

Ist diese Zunahme nicht so groß, daß sie den Fahrer zum Abdrosseln des Gemischzutrittes zur Maschine zwingt, so nimmt bei gleichgebliebener Stellung der Drosselsteuerung der Unterdruck entsprechend zu, und zwar an allen Stellen der Luft- und Gemischleitung, somit auch an der Mischstelle des Vergasers, und das Gemisch zeigt das Bestreben, sich anzureichern.

Dies wird durch das selbsttätig wirkende Zusatzluftorgan verhütet, das sich bei den größer werdenden Druckunterschieden entsprechend mehr öffnet und dem Gemisch eine größere Luftmenge zuströmen läßt.

Bei zwangläufigen, meistens mit der Gemischdrossel gekuppelten Zusatzluftorganen ist ein Eingreifen des Fahrers erforderlich, das aber stets eine Veränderung des augenblicklichen Fahrzustandes mit sich bringt.

Es ist daher viel schwieriger, zwangläufig betätigte, als selbsttätige Zusatzluftströmung bei allen Betriebsverhältnissen des Maschinenganges richtig zu bedienen.

Schon aus diesem Grunde werden von den meisten Fabriken Vergaser mit selbsttätig veränderlicher Zusatzluftmenge verwendet.

Derartige selbsttätig wirkende Hilfsvorrichtungen sind aber der Wirkung der Massenkräfte unterworfen und erforden auch Rücksichtnahme auf mechanische Einflüsse, Erschütterungen, Wirkung von Staub und Schmutz usw.

Der Anreicherung des Gemisches mit wachsender Strömungsgeschwindigkeit an der Mischstelle kann anstatt durch Zusatzluft auch durch Veränderung der Brennstoffzuführung entgegengewirkt werden.

Doch sind bei den außerordentlich kleinen Brennstoffmengen, die für das Arbeitsspiel erforderlich sind, hierbei größere praktische Schwierigkeiten zu überwinden. Gleichwohl sind verschiedene Vergaser auf dieser Grundlage gebaut.

Zu beachten ist, daß nicht nur die Größe, sondern auch die Form der Austrittsstelle des Brennstoffes an der Düse die austretende Brennstoffmenge stark beeinflußt.

Nicht immer ist der angenommene einfache Zusammenhang zwischen Druckunterschied und Strömungsgeschwindigkeit:

$$\varDelta p = \zeta_b \frac{w_b{}^2}{2\,g}\,\gamma_b$$

gültig; in den meisten praktischen Fällen gibt aber diese Beziehung über die wirklichen Vorgänge annähernd Aufschluß.

Sie wurde besonders auch aus dem Grunde für die Klarstellung der Vorgänge in Vergasern benutzt, weil dann alle wichtigen Betriebszustände der Gasmaschinen und der Vergasermaschinen gemeinsame Grundlage ergeben. Die Verschiedenheiten der Strömungsverhältnisse lassen sich durch den Wert der Widerstandszahl ζ berücksichtigen.

Einfluß der Massenkräfte.

(Schwingungswirkungen.)

Beim Öffnen der Einlaßsteuerung müssen nicht nur die zur Überwindung der Strömungswiderstände erforderlichen Druckunterschiede, sondern auch die zur Beschleunigung der Brennstoff-
und Luftmassen in den Zuführungsleitungen notwendigen Unterdrücke vorhanden sein.

Ist die zu beschleunigende Masse oder die der hohen Drehzahl entsprechende Beschleunigung groß, dann ist eine erhebliche Beschleunigungskraft aufzuwenden, was sich im Druckdiagramm des Zylinders unter Umständen durch ein auffälliges
Sinken des Druckes zu Beginn der Einströmung (Druck p_1 in
Bild 157) kennzeichnet. Nachdem die Gasmassen die große An-
fangsbeschleunigung erhalten haben, steigt der Druck wieder.

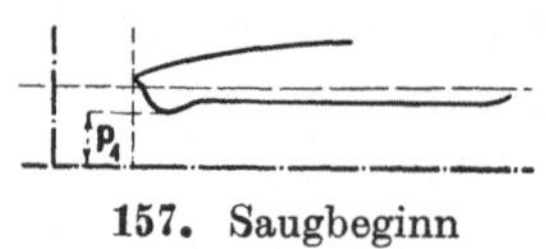

157. Saugbeginn
einer Viertaktmaschine.

In den Rohrleitungen schwingen
die strömenden Massen entsprechend den
Arbeitstakten der Maschine. Die rechnerische Untersuchung der hierbei in Betracht kommenden Vorgänge unter verein-
fachenden Annahmen ist im Abschnitt VII
S. 471 enthalten.

Die Art der entstehenden Schwingungen ist je nach der
Form und Länge der Rohrleitung sehr verschieden. Ihre Wirkung kann z. B. eine derartige sein, daß dem Wiederöffnen der
Einlaßsteuerung verstärkte Einströmung folgt; es kann aber auch
das Gegenteil eintreten.

Besonders bei raschlaufenden Maschinen können die Wirkungen der Massenschwingungen sehr unangenehm werden, weil
sich der Einfluß der Drehzahl quadratisch geltend macht.

An den Massenschwingungen nehmen außer der Gemischmasse alle von der Strömung bewegten Massen teil, z. B. bei
Vergasermaschinen der flüssige Brennstoff, der Schwimmer mit
den zugehörigen Regeleinrichtungen, die beweglichen Teile der
selbsttätigen Zusatzluftsteuerung.

Erfahrungen:

■ Die Massenwirkungen hatten bei sehr raschlaufenden Fahrzeugmaschinen zur Folge, daß der Brennstoff auch während der Zeit, in der das Einlaßventil geschlossen war, aus der Düse strömte, also stets Gemisch gebildet wurde. Bei normalem Betrieb hatte dies keinen schädlichen Einfluß, wohl aber bei raschen Belastungsänderungen. Lief z. B. die Maschine zunächst sehr rasch, und sollte im nächsten Augenblick eine starke Herabsetzung der Drehzahl und der Belastung durch Abdrosselung des Gemischzuflusses erfolgen, dann konnte durch die Massenwirkung des in Bewegung befindlichen Brennstoffstromes eine starke Verzögerung der Regelwirkung und unter Umständen sogar eine Betriebsstörung herbeigeführt werden, wenn infolge zu starker Anreicherung des Gemisches dessen Zündfähigkeit aufhörte.

Das Gegenteil trat ein, wenn der zunächst langsame Maschinenlauf plötzlich erheblich beschleunigt wurde. Dann strömte die erforderliche größere Gemischmenge, besonders die nötige Brennstoffmenge, beim Öffnen der Drossel infolge der Massenschwingung nicht rasch genug zu, und es konnte wiederum die Regelung verzögert werden oder der Betrieb unter Umständen infolge ungenügender Brennstoffzufuhr versagen. ■

Bei den Betriebsänderungen haben auch die Reibungswiderstände einen gewissen Einfluß. Wird die Drossel plötzlich geöffnet, dann stellt sich an der Mischstelle des Vergasers ein wesentlich größerer Unterdruck ein, der eine Vergrößerung der Geschwindigkeiten anstrebt. Diesen größeren Geschwindigkeiten entsprechen aber erheblich größere Strömungswiderstände, besonders zu Beginn der Geschwindigkeitsänderung. Dies ist mit ein Grund zur Verzögerung der Regelwirkung.

Es können auch noch andere Einflüsse vorhanden sein. Beispielsweise wird bei Vergasern mit Leerlaufdüse eine plötzliche starke Drosselung eine Überreicherung des Gemisches auch durch die zusätzliche Wirkung der Leerlaufdüse herbeiführen können.

Erfahrungen:

■ Bei Brennstoffen, wie Spiritus, die zu günstiger Gemischbildung reichlicher Vorwärmung bedürfen, haben plötzliche Ände-

rungen des Betriebszustandes Störungen verursacht. So wurde
bei plötzlichem Öffnen der Drossel, selbst wenn die der neuen
Drosselstellung entsprechenden, wesentlich größeren Massen von
Luft und Brennstoff rasch genug zuströmten, die erforderliche Erwärmung der größeren Gemischmasse unter Umständen nicht
rasch genug erreicht; die Gemischbildung verschlechterte sich infolgedessen wesentlich, und die Leistungsfähigkeit nahm so stark
ab, daß die Maschine schließlich
stehen blieb.

Um Betriebsstörungen zu vermeiden, mußte genügend langsam
gedrosselt werden. ■

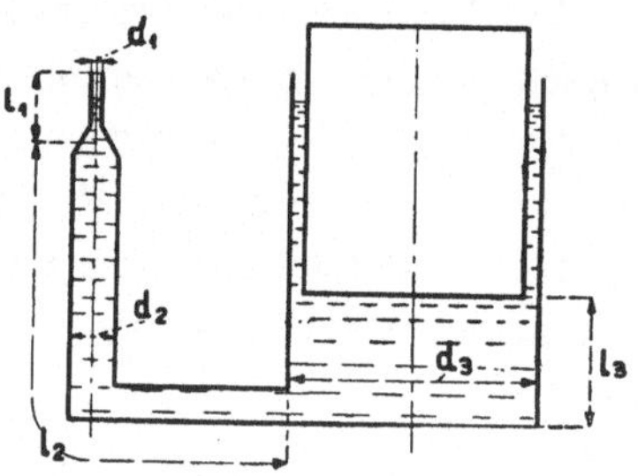

158. Schema der Brennstoffleitung
zur Düse eines Vergasers.

Großen Einfluß haben die
Massenkräfte, wie ein Rechnungsbeispiel zeigt. Es sei die in
Bild 158 schematisch dargestellte
einfache Brennstoffströmung angenommen. Sind q_1, q_2 und q_3 die Beschleunigungen oder Verzögerungen der Brennstoffmassen

$$M_1 = \frac{\pi}{4} d_1{}^2 l_1 \frac{\gamma}{g}, \quad M_2 = \frac{\pi}{4} d_2{}^2 l_2 \frac{\gamma}{g} \quad \text{und} \quad M_3 = \frac{\pi}{4} d_3{}^2 l_3 \frac{\gamma}{g},$$

dann ist die bei der vorgenommenen Geschwindigkeitsänderung
zu überwindende Massenkraft

$$P = P_1 + P_2 + P_3 = M_1 q_1 + M_2 q_2 + M_3 q_3,$$

und mit

$$P_2 = P_1 \frac{l_2}{l_1} \quad \text{und} \quad P_3 = P_1 \frac{l_3}{l_1}$$

$$P = P_1 \left(1 + \frac{l_2}{l_1} + \frac{l_3}{l_1} \right) = P_1 \frac{\Sigma(l)}{l_1}.$$

Vorausgesetzt, daß $d_1 = 1{,}5$ mm, $l_1 = 10$ mm, $\Sigma(l) = 300$ mm,
und daß innerhalb einer halben Sekunde, entsprechend etwa
10 Motor-Umdrehungen, eine Geschwindigkeitsänderung am Düsenaustritt des Brennstoffes von 2,3 auf 0,7 m/sec vorgenommen
werde, ist $q_1 = \sim 3{,}2$ m/sec, wenn der Einfachheit halber eine
gleichförmig beschleunigte oder verzögerte Bewegung angenommen
wird. Es ist dann:

$$P_1 = M_1 q_1 = \frac{\pi \, 0,0015^2 \cdot 0,01 \cdot 700 \cdot 3,2}{4 \cdot 9,81} = 0,000\,004 \text{ kg}$$

und

$$P = P_1 \frac{\Sigma(l)}{l_1} = \frac{0,000\,004 \cdot 300}{10} = 0,000\,12 \text{ kg}.$$

Zur Beurteilung der Größenordnung dieser Kraft muß beachtet werden, daß der Änderung des Drosselquerschnittes, welche die Geschwindigkeitsänderung bewirken sollte, eine größte Druckänderung von etwa 200 mm auf 30 mm Wassersäule an der Austrittsstelle des Brennstoffes, somit eine Kraftwirkung

$$P_d = \frac{\pi}{4} d_1{}^2 (200 - 30) = 0,0003 \text{ kg}$$

entspricht. Von dieser gesamten Kraft muß etwa $^1/_3$ bis $^1/_2$ zur Überwindung der Massenwiderstände dienen, was auf eine entsprechend große Verzögerung der Regelwirkung schließen läßt.

Im Zusammenhang damit ist die Wirkung der Zusatzluftsteuerung wichtig. Zwangläufig betätigte Zusatzluftorgane zeigen einen ungünstigen Einfluß, besonders wenn der Zusatzluftquerschnitt gleichzeitig mit dem Drosselquerschnitt geändert wird. Dann ist der Luftquerschnitt schon für den neuen Betriebszustand eingestellt, bevor die erforderliche Brennstoffmenge zufließt.

Beispielsweise wird bei plötzlicher Öffnung der Drossel auch der Zusatzluftquerschnitt ganz geöffnet; der Brennstoffstrom wird aber durch die Massenwirkung verzögert, und das Gemisch wird zu arm, auch aus dem Grunde, weil der zu große Luftquerschnitt sofort vorhanden ist. Ähnlich ungünstig ist die Wirkung der zwangläufig betätigten Zusatzluftsteuerungen beim plötzlichen Abdrosseln. In diesem Sinne wäre es eigentlich vorteilhaft, wenn selbsttätige Zusatzluftorgane nicht zu leicht gemacht würden, damit die den Geschwindigkeitsänderungen entsprechenden Querschnittsänderungen der Zusatzluftströmung nicht zu rasch erfolgen. Großes Gewicht würde aber die gesamte Regelwirkung durch zu großes Nachhinken des Zusatzluftorganes zu stark verzögern.

Unerwünschte Massenwirkungen sind daher nach Möglichkeit zu verhüten. Die Beziehung für die Drucksteigerung infolge der Massenschwingung nach Abschnitt VII S. 471:

$$\Delta p_{max} = \frac{F \, l}{g \, f_r} \gamma_z c_{max} \, \omega \quad \text{(vgl. Bild \textbf{272}, S. 471)}$$

zeigt, in welcher Weise dem Eintreten von Massenschwingungen in den Strömungsleitungen entgegengewirkt werden kann.

Je kleiner $\varDelta p_{max}$ ist, desto geringere Wirkung ergibt die entstehende Massenschwingung. Den Haupteinfluß übt die Drehzahl; je kleiner diese ist, um so geringer die Massenwirkung.

Die Schwingungen werden um so ungünstiger, je größer die schwingenden Massen und je größer die Schwingungswege sind. Besonders bei den Vergasern raschlaufender Maschinen müssen die bewegten Brennstoffmassen, der Schwimmer usw. kleine Masse erhalten.

Aus diesem Grunde wird auch, wie schon bei den Gasmaschinen hervorgehoben wurde (S. 234), die strömende Brennstoffmasse geteilt, und zwar in einen größeren Teil, der vom Brennstoffbehälter bis zum Schwimmergehäuse des Vergasers durch Gefälle oder Gasüberdruck (Auspuffgas) im Brennstoffbehälter beschleunigt und bewegt wird, und in die im Vergaser den Kolbenbewegungen der Maschine entsprechend bewegte und an den Regelvorgängen unmittelbar beteiligte Brennstoffmasse, welche möglichst klein zu halten ist.

Bei selbsttätiger Zusatzluftsteuerung ist der Gesamthub für den Regelbereich groß auszuführen, damit die Wirkung genügend abgestuft werden kann. Für einen bestimmten Regulierzustand werden aber die durch die Geschwindigkeitsänderungen innerhalb eines Arbeitsspiels vorhandenen Schwingungen um so kleiner sein, je größer der Durchmesser des Zusatzluftorgans ist.

Durch Dämpfungseinrichtungen kann günstig eingewirkt werden; z. B. durch größere Behälter, unmittelbar vor der Einlaßsteuerung, oder, wenn dies unzulässig ist, weil Gemisch vor der Einlaßsteuerung lagert, durch Behälter vor der Mischstelle. Bei Gasmaschinen ist die Anordnung großer Luft- und Gasbehälter (Töpfe) vor der Mischstelle vorteilhaft. Bei Vergasermaschinen werden Dämpfungseinrichtungen in Form von Flüssigkeitsbremsen oder dergl. am selbsttätigen Zusatzluftorgan, am Schwimmer usw. vorgesehen.

Bei Mehrzylindermaschinen mit gemeinsamer Gemischleitung für mehrere Zylinder kann die Ladung der einzelnen Zylinder durch Massenschwingungen verschieden beeinflußt und die gleichmäßige Belastungsverteilung gestört werden.

Erfahrungen:

■ Bei raschlaufenden Vergasermaschinen für Leichtöle wurden bei größerer Zylinderzahl mehrere Vergaser verwendet, da sich bei nur einem Vergaser die einzelnen Ströme der Zylinder gegenseitig zu stark beeinflußten. Selbst bei nur vier Zylindern mit gemeinsamem Vergaser ließ sich dies nicht vollständig verhindern, weil sich die Saugzeit jedes Zylinders, wegen des Voreinströmens des Gemisches und mehr noch wegen des Nachfüllens, auf etwa $1^1/_3$ Kolbenhub erstreckte, die Saugzeiten der einzelnen Zylinder sich somit teilweise überdeckten. Der störende Einfluß hiervon war aber bei kleinen Maschinen belanglos. ■

Günstige Füllung des Zylinders mit stets gleichbleibendem Gemisch wird auch durch die Massenwirkungen der ausströmenden Verbrennungsgase stark beeinflußt.

Besonders ist das Ende der Auspuffperiode für den Beginn des Einströmens frischen Gemisches von großer Bedeutung. Die in Bewegung befindliche Auspuffsäule besitzt am Ende des Auspuffhubes, besonders bei raschlaufenden Maschinen, hohe Geschwindigkeit, und selbst nach dem Hubwechsel strömen die Verbrennungsgase durch das noch offene Auspuffventil weiter aus. Hierdurch wird der für das Einströmen des frischen Gemisches erforderliche Unterdruck wesentlich rascher erzeugt, als wenn der Auspuff zu frühzeitig geschlossen wird.

Bei raschlaufenden Vergasermaschinen, Fahrzeugmaschinen, kann durch die starke Massenwirkung der ausströmenden Verbrennungsgase sich schon vor Hubende des Kolbens ein Unterdruck $\varDelta p_a$ im Zylinder einstellen (vgl. Bild **127**, S. 214). Dies ist für eine nachfolgende vollkommene Füllung mit frischem Gemisch und wegen der Gefahr der Rückzündungen nach dem sich öffnenden Einlaßorgan vorteilhaft.

Außerdem ist ein derartiger Druckverlauf der Ausströmungslinie ein Zeichen dafür, daß die Verbrennungsrückstände in günstiger Weise aus dem Maschinenzylinder ausgetrieben wurden. Der Auspuffbeginn muß frühzeitig, mit genügend großem Vorausströmen, erfolgen.

Nach Schluß des Auslasses wird, ähnlich wie in den Zuleitungen, eine Massenschwingung in der Auspuffleitung ausgelöst, die je nach der Länge und Form der Auspuffleitung verschiedene Wirkungen ergeben kann. Es ist möglich, daß bei Wiederöffnen des Auslasses die Auspuffsäule in der Nähe des Auslasses im Abschwingen begriffen ist, so daß in der Rohrleitung am Auslaß Unterdruck herrscht; es kann aber auch das Umgekehrte eintreten und beim Öffnen des Auslasses in der Rohrleitung ein entsprechend großer Überdruck vorhanden sein, was für rasches und günstiges Austreiben der Verbrennungsgase aus dem Zylinder unvorteilhaft ist.

Der tatsächliche Schwingungszustand läßt sich nicht sicher vorausberechnen; er wird bei verschiedenen Drehzahlen und bei verschiedenen Belastungen der Maschine verschieden sein; Ablagerungen in der Auspuffleitung können schon eine Veränderung des Schwingungszustandes herbeiführen.

Massenschwingungen in der Auspuffleitung sind daher nach Möglichkeit zu verhindern oder zu dämpfen.

Die Ausführung kurzer und weiter Auspuffrohre und die Anordnung möglichst großer Auspufftöpfe in der Nähe des Auslasses ist sehr günstig, auch wegen der Schalldämpfung, besonders zu Beginn des Ausströmens.

Der Druck der Verbrennungsgase im Zylinder zu Beginn des Ausströmens ist je nach der Belastung verschieden groß; er kann bis etwa 4 Atm. erreichen. Beim Öffnen des Auslasses (Druck p_e in Bild **127**, S. 214) wird die Verbindung mit der Atmosphäre hergestellt, und das Ausströmen erfolgt zunächst über dem kritischen Druckverhältnis $\left(\dfrac{p_1}{p_e} < 0{,}55\right)$, so daß an der engsten Stelle der Ausströmung, d. i. im Ventilspalt, die kritische (Schall-) Geschwindigkeit erreicht wird.

Hierdurch werden besonders heftige Schwingungen in den Auspuffleitungen der Maschinen ausgelöst, die mit starkem Geräusch verbunden sind.

Die Schwingungswirkungen müssen gedämpft werden und damit auch das Auspuffgeräusch: durch abgestufte Geschwindigkeitsvergrößerung, Richtungsänderungen, durch Auspufftöpfe, Schalldämpfer usw.

Hierzu ist unter „Gemischbildung und Regelung der Viertakt-Gasmaschinen" auf S. 232 Näheres angegeben.

Besondere Vergaserwirkungen.
(Vergaser mit Brennstoff-Mischdüse.)

Die Einzelheiten der Bauart von Vergasern werden bei den baulichen Einzelheiten der Verbrennungsmaschinen behandelt. Hier sind nur einige allgemeine Gesichtspunkte hervorzuheben.

In neuerer Zeit wird der Brennstoff schon in der Brennstoffleitung zum Düsenrohr mit etwas Luft gemischt, durch deren Austritt aus der Düsenmündung der Brennstoff gut zerstäubt wird. Hierdurch soll die Wirkung einer besonderen Zusatzluftsteuerung ersetzt werden, da mit wachsender Strömungsgeschwindigkeit mehr Luft und weniger Brennstoff zuströmt.

Diese Bestrebungen, einfache, ohne besondere Zusatzluftorgane arbeitende Vergaser auszubilden, sind sehr beachtenswert, und es sind schon ausgezeichnete Betriebserfahrungen mit solchen Vergasern gemacht worden.

Die Untersuchungen, die aus Anlaß des vom preußischen Kriegsministerium ausgeschriebenen Vergaser-Wettbewerbs in der Prüfstelle für Kraftfahrzeuge an der Königl. Technischen Hochschule zu Berlin durchgeführt wurden, sowie die sich daran anschließende Fahrtprüfung haben deutlich die großen Vorzüge der Vergaser mit Mischdüse gezeigt.

In Bild 159 ist der in dieser Bauart ausgeführte Pallas-Vergaser dargestellt, der die besten Ergebnisse lieferte.

Die Mischdüse, welche schräg in der Hauptluftdüse sitzt, ist in Bild 160 dargestellt. Sie besteht aus der Drosseldüse E, der der Brennstoff aus dem Schwimmerraum zufließt, und der Nebenluftdüse J, durch welche Außenluft eintreten kann. Beide Düsen, E und J, sind durch das Düsenrohr F verbunden, das einige feine Bohrungen zum Austritt des Brennstoffes nach der Hauptluftdüse enthält. Der ringförmige Schwimmer ist seitlich drehbar aufgehängt.

Bei geringer Drehzahl und kleinen Druckunterschieden wird nur der durch die Drosseldüse E in das Düsenrohr eingetretene

Brennstoff nach der Hauptluftdüse ausfließen. Erst wenn mit steigender Drehzahl der Druckunterschied zwischen Mischraum und Außenluft größer geworden ist, tritt durch die Düse J auch Luft bei L in das Düsenrohr ein und gelangt mit dem Brennstoff nach der Hauptluftdüse des Mischraums.

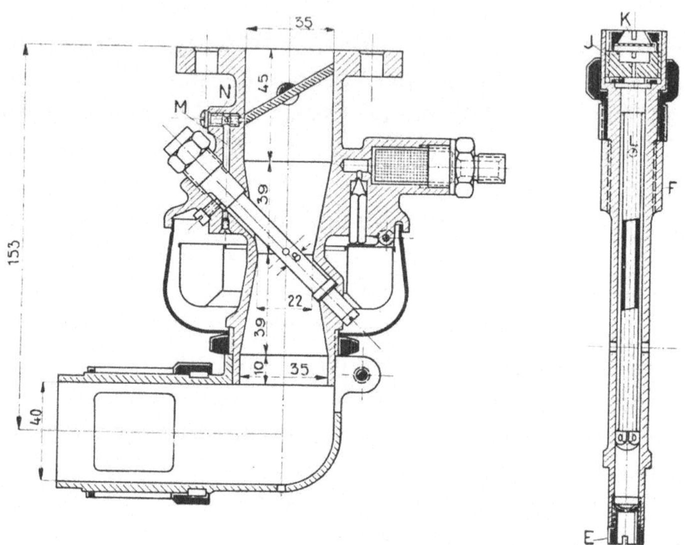

159. Pallas-Vergaser.   160. Brennstoffmischdüse.

Es tritt also nicht reiner Brennstoff, sondern ein Gemisch von Brennstoff und Luft aus der Mischdüse aus; das Brennstoffluftgemisch ist relativ ärmer geworden und somit das gleiche erzielt, was bei anderen Vergasern durch die besonderen Zusatzluftsteuerungen bewirkt wird.

Für den Leerlauf und das Anlassen ist eine Leerlaufdüse NM vorgesehen, deren Wirkung schon auf S. 257 beschrieben wurde.

Der Hauptvorzug der Vergaser mit Brennstoff-Mischdüse besteht in ihrer einfachen Bauart, die besondere Regelorgane, Zusatzluftventile, Federn u. dgl., entbehrlich macht, sowie in ihrer auch durch die geringeren Massen begünstigten rascheren Regelwirkung und größeren Betriebssicherheit.

Vergaser dieser Art lassen sich leicht den verschiedensten Betriebsverhältnissen und Brennstoffen anpassen. In der Regel ist

nur eine neue Drosseldüse E (Bild **160**) und eine andere Nebenluftdüse J einzusetzen, um den Vergaser für einen anderen Brennstoff einzuregeln. Die feinen Bohrungen der Mischdüse verlangen
jedoch sorgfältige Reinigung des Brennstoffs vor Eintritt in das
Schwimmergehäuse und in die Düsenräume. Daher sind Siebe
oder Filter in die Brennstoffleitung vor dem Schwimmer und
meistens auch vor der Nebenluftdüse J eingeschaltet (Luftfilter K).

Was Kraftfahrer als „Elastizität" des Vergaserbetriebes bezeichnen, ist die Fähigkeit eines Vergasers, sich allen Belastungs-
und Geschwindigkeitsänderungen des praktischen Fahrbetriebes
rasch und sicher anzupassen. Sie wird nur durch Vergaserbauarten erreicht, die möglichst geringe frei bewegte Massen besitzen
und gute Zerstäubung und Gemischbildung mit den einfachsten
Mitteln bewirken.

Erfahrungen:

■ Wenig vorteilhaft erwiesen sich Vergaser mit eingeschalteten
Sieben, Lochplatten usw., die früher viel angewendet wurden, in
der Annahme, daß der gegen solche Stauteile spritzende Brennstoff besser zerteilt und zerstäubt würde. Bewirkt wurde aber nur,
daß sich der in Form kleiner Bläschen in der Luft enthaltene
Brennstoff an den Sieben usw. wieder in Form von Tropfen abschied und hierdurch der Mischung mit der Luft entzogen wurde.

Auch Rührwerke, Flügelräder u. dgl., die im Gemischstrom
umlaufen, haben keine günstige Wirkung ergeben. Sie erhöhten
den Strömungswiderstand und boten dem vorbeistreichenden Gemisch die Möglichkeit, Brennstoffteile wieder abzuscheiden. ■

Am vorteilhaftesten ist es, den Brennstoff beim Austritt aus
der Düsenmündung in die mit großer Geschwindigkeit vorbeistreichende Luft einzuspritzen und dadurch kräftig zu zerstäuben. Das
entstehende Gemisch ist dann in weiten, kurzen Rohrleitungen mit
wenig Richtungs- und Querschnittsveränderungen und möglichst
geringen Widerständen dem Zylinder zuzuführen. Je feiner der
flüssige Brennstoff zerstäubt, und je besser und gleichmäßiger er
in der Luft verteilt wird, desto geringer kann die Gemischtempe-
ratur sein, ohne daß die Gefahr besteht, daß sich der vergaste
Brennstoff vor Eintritt in den Zylinder in Tropfen ausscheidet.

Die Güte und Gleichartigkeit der Mischung muß auch während der Verbrennung möglichst erhalten bleiben.

Die Güte der Verbrennung und geringer Brennstoffverbrauch darf aber nicht immer auf die Güte der Gemischbildung allein zurückgeführt werden. Es gibt Fälle, wo die beste Gemischbildung ungünstigen Brennstoffverbrauch nicht verhindern kann, weil andere Einflüsse, die für vollkommne Wärmeausnutzung maßgebend sind, nicht berücksichtigt wurden.

Mit dem besten Vergaser für Benzolbetrieb kann nicht gleich gute Wärmeausnutzung wie bei Benzinbetrieb erreicht werden, wenn für Benzolbetrieb der Verdichtungsenddruck zu niedrig bemessen ist.

Ein für Benzinbetrieb gebauter Motor kann nicht in gleich günstiger Weise für Benzolbetrieb verwendet werden. Hieran ist aber nicht der Vergaser, sondern der für Benzol unzureichende Verdichtungsenddruck schuld. Das Suchen nach dem bestgeeigneten Vergaser für Benzolbetrieb ist in solchem Falle einseitig. Bei ausreichend großem Verdichtungsdruck (8—10 Atm. gegenüber 4—5 Atm. bei Benzinbetrieb) ist jeder für Benzinbetrieb geeignete Vergaser mit einigen Änderungen auch für Benzolbetrieb brauchbar, insbesondere durch Änderung der Strömungsquerschnitte für Luft und Brennstoff und mäßige Gemischvorwärmung.

Hat eine Vergaser- oder Verdampfermaschine für flüssige Brennstoffe niedrigen Verdichtungsenddruck, und wird der Brennstoff nur in ungenügender Zerstäubung zur Mischung mit der Verbrennungsluft gebracht, dann ist die Leistungsfähigkeit der Maschine nur gering. Verbesserung kann durch entsprechend hohe Vorwärmung bei der Bildung des Brennstoffluftgemisches erreicht werden, weil hierdurch bessere Vergasung und Mischung erzielt wird.

Erfahrungen:

■ Bei genügend hohem Verdichtungsenddruck und ausreichend guter Zerstäubung und Mischung wurde durch weitgehende Vorwärmung des Gemisches das Ladegewicht für jedes Arbeitsspiel verringert und die Wärmeausnutzung verschlechtert. So lange bei der Gemischbildung ohne besondere Vorwärmung auszukommen war und durch sorgfältige Zerstäubung des flüssigen Brennstoffs ausreichend feine Zerteilung und gute Mischung mit Luft erreicht werden konnte, war dies am vorteilhaftesten; dann war höhere Verdichtungsspannung anwendbar, und es wurde höheres Ladegewicht und geringerer Brennstoffverbrauch erreicht.

Befriedigend gelang dies im Betriebe von kleinen, raschlaufenden Automobilmaschinen für Leichtöl.

Bei Verwendung von Benzol wurde schon zur Erzielung genügender Vergasung bei der Gemischbildung schwache Vorwärmung, auf etwa 30—50° C., notwendig. Benzol erforderte stets bessere Mischung mit Luft als Benzin. Eine wesentliche Verschlechterung der Leistungsfähigkeit und der Wärmeausnutzung fand durch die schwache Vorwärmung nicht statt, weil Benzolgemische hohen Verdichtungsenddruck, bis etwa 13 Atm., vertrugen und selbst bei der angegebenen Vorwärmung noch auf 8—10 Atm. verdichtet werden konnten, ohne daß Frühzündungen zu befürchten waren.

Bei noch schwerer flüchtigen Brennstoffen, wie z. B. Petroleum, war eine weitergehende Vorwärmung unerläßlich. Ungenügende Vorwärmung ließ selbst bei genügender Verdichtung keine günstige Wärmeausnutzung erreichen. „Niederschlagen" des Brennstoffs verminderte die Zündfähigkeit des Gemisches; die Mischung wurde ungleichmäßig, glühende Rückstände verursachten Frühzündungen, und die Verbrennung war schlecht, mit starkem Nachbrennen verbunden. ■

Die Güte und Gleichmäßigkeit der Mischung und Verteilung im Verdichtungsraum ist zur Erzielung eines ausreichend hohen Verdichtungsenddruckes, besonders bei großen Zylinderleistungen, sehr wichtig. Bei großen Zylindern kann es nicht mit Sicherheit verhütet werden, daß sich eine reichere Gemischpartie gerade an einer Stelle größerer Wärmestauung lagert und dadurch zu früh entzündet wird. Namentlich beim Betriebe mit flüssigen Brennstoffen muß geringerer Verdichtungsenddruck als bei kleinen Maschinen und großer Brennstoffverbrauch zugelassen werden. Der Betrieb größerer, langsamlaufender Maschinen mit Leichtölen wird daher teuer.

Das gleiche gilt von den Verdampfermaschinen für Schweröle, die zum Zwecke guter Gemischbildung außerhalb des Zylinders unter kräftiger Wärmezufuhr verdampft werden müssen. Hierdurch wird die Temperatur des Gemisches derartig erhöht, daß nur geringe Verdichtungsenddrücke (2—4 Atm.) zulässig sind. Vollkommne Verbrennung gelingt auf diese Weise, wenn auch mit großem Verbrauch, nur mit gleichmäßigeren und nicht zu schweren Ölen, wie Petroleum, nicht aber z. B. mit Rohöl oder Masut.

Erfahrungen:

■ Für Schweröle erwies sich Verdampferbetrieb ungeeignet, da vollständige Verdampfung nur unter Anwendung sehr starker Vorwärmung möglich war. Aber auch in diesem Falle waren Rückstände im Zylinder, Verkrustungen usw. nicht zu verhindern, und der Betrieb wurde selbst bei geringen Verdichtungsenddrücken (2—3 Atm.) wegen der Gefahr von Frühzündungen unsicher, denn es war dann schwierig, die Verbrennung des Gemisches vor Eintritt in den Zylinder sicher zu verhüten. Das Gemisch durfte erst bei Beginn der Einströmung gebildet, und Brennstoffzutritt mußte nach Abschluß des Einlaßorgans verhindert werden.

Petroleum war in kleinen, raschlaufenden Maschinen mit ähnlichen Vergasern wie für Benzin verwendbar, nur mußte der Mischraum stärker geheizt werden. Beim Anlassen mußte aus besonderer Wärmequelle vorgewärmt werden; anstandsloses Anlassen gelang in der Regel nicht, und meistens mußte Benzin oder Benzol benutzt werden, bis die nötige Betriebswärme vorhanden war.

Die Vergaser für Petroleum erhalten daher zwei Schwimmergehäuse, eins für Petroleum und ein zweites für Benzin, das nach dem Anlassen abgeschaltet werden kann. (Bild **14**, S. 27.)

Schweröle lassen sich durch Vorverdampfung außerhalb des Zylinders nicht mehr wirtschaftlich ausnutzen; die Vorwärmung des Gemisches ergibt schlechten Lieferungsgrad und hohen Brennstoffverbrauch. Diese Brennstoffe zwingen zu anderen Arbeitsverfahren, bei denen die Verdampfung im Zylinder selbst (Dieselmaschinen) oder in einem Vorraum erfolgt (Glühkopfmaschinen). ■

4. Gemischbildung und Regelung von Viertakt-Schwerölmaschinen.

Kennzeichnung der Entwicklung bis zur Dieselmaschine.

Die Schwerölmaschinen sollen den Betrieb mit Rohöl, Gasöl, Petroleum, Teeröl usw. ermöglichen.

Derartige Schweröle lassen sich durch mechanische Mittel allein nur schwer so fein zerstäuben, daß sie schon außerhalb des Zylinders ausreichend mit Luft gemischt werden können und die gleichmäßige und gute Mischung auch während der folgenden Saug- und Verdichtungsperiode erhalten bleibt. Der Brennstoff darf sich nicht wieder zu Tropfen verdichten und abscheiden, denn dies würde unsichere Zündung, mangelhafte Verbrennung mit starkem Nachbrennen und Rückständen und schlechte Wärmeausnutzung zur Folge haben.

Starke Vorwärmung, auf mehrere hundert Grade, würde zwar wesentlich bessere Mischung, dafür aber Nachteile ergeben, nämlich Verringerung des Ladegewichts, niedrigen Verdichtungsdruck und hohen Brennstoffverbrauch. Zu diesen Nachteilen käme noch die Gefahr der Frühzündung selbst bei den niedrigen Verdichtungsspannungen von 2—4 Atm., da die Bildung von Rückständen, Ruß- und Krustenabsätzen, die nachzundern und glühend werden, nicht verhindert werden kann.

Der erste Schritt zur Verbesserung der Schwerölmaschinen war, die Verdampfung und Gemischbildung in einem mit dem Zylinder stets in offener Verbindung stehenden Verdampfungsraume vorzunehmen.

Die Schwerölmaschine von Hornsby arbeitet in der Weise, daß der Brennstoff schon während der Saugperiode in die mit dem Zylinder verbundene Verdampfungskammer eingespritzt wird (Bilder **161a** und **b**), in der er an den heißen Wandungen verdampft. Die Luft wird durch ein besonderes Ventil unmittelbar in den Zylin-

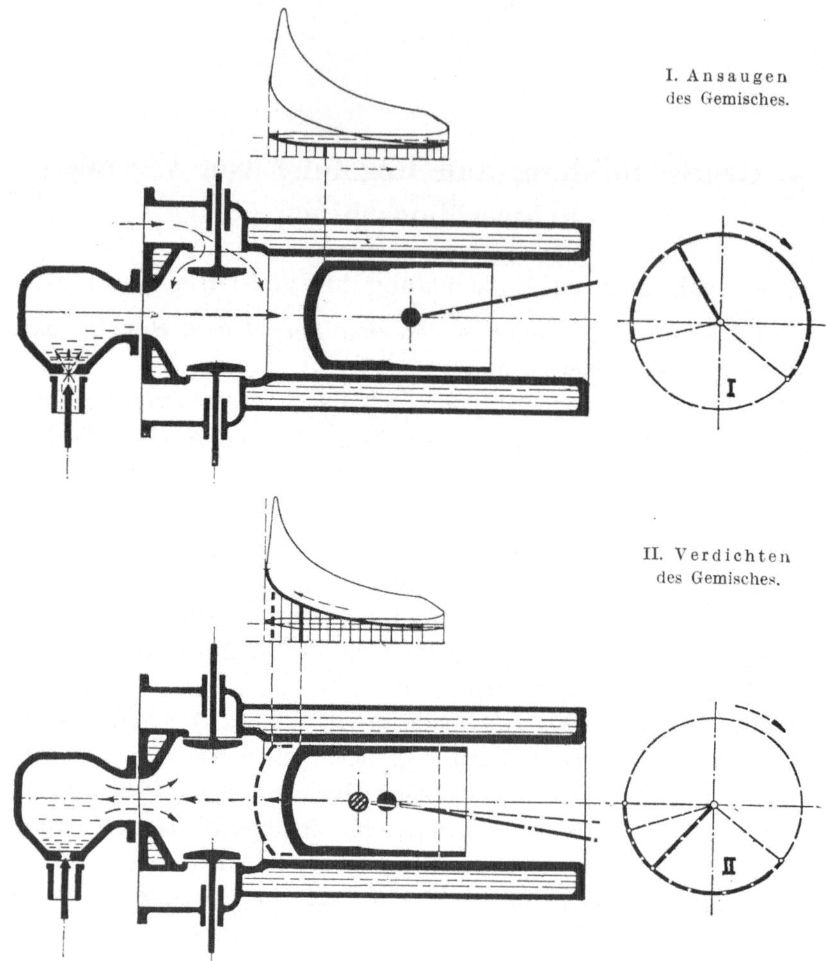

161a. Ansaugen und Verdichten bei Viertaktmaschinen
mit Verdampfungskammer.

der gesaugt und gelangt zum Teil, besonders in der darauf folgenden Verdichtungszeit, in die Verdampfungskammer.

Der Brennstoffdampf bleibt während der Saugzeit und auch während des größten Teiles des Verdichtungshubs in der Kammer. Damit während der Saugzeit nicht zuviel Brennstoffdampf nach dem Zylinderinnern gelangt, sich dort mit der eingesaugten Luft mischt und unter Umständen ungewollte Frühzündungen hervorruft, muß eine entsprechende Einschnürung des Verbindungs-

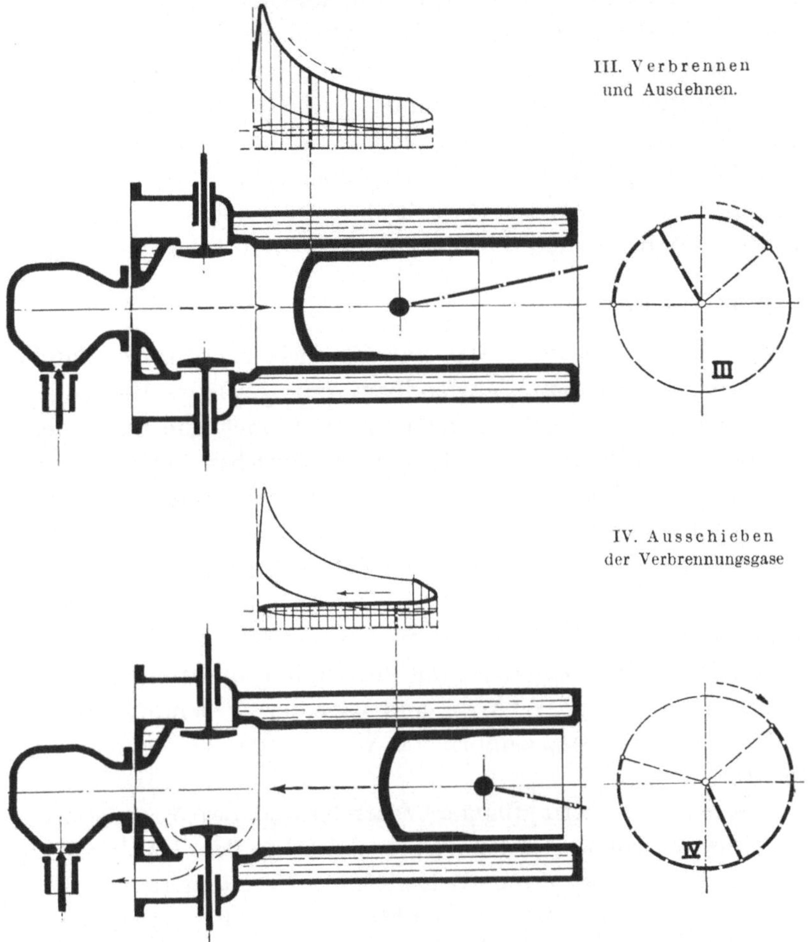

161b. Verbrennen und Auspuffen bei Viertaktmaschinen
mit Verdampfungskammer.

querschnitts zwischen Kammer und Zylinder vorgesehen und der
Einspritzzeitpunkt richtig gewählt werden.

Während des ersten Teils der Verdichtungszeit gelangt etwas
Luft auch in die Verdampfungskammer, mischt sich mit dem
Brennstoffdampf und ruft Teilverbrennungen hervor. Die dadurch in der Kammer bewirkte Drucksteigerung ist aber zunächst nur gering und vermag dem Verdampferinhalt keine so
große Geschwindigkeit zu erteilen, daß die vom Kolben ein-

gedrückte Luft zurückgedrängt wird, und zwar um so weniger, je rascher die Maschine läuft. Erst gegen Ende des Verdichtungshubs ist genügend viel Luft in die Kammer gelangt, um darin bei höherer Verdichtungsspannung wirksamere Vorverbrennung hervorzurufen. Dadurch wird schließlich der Kammerinhalt nach dem Zylinderinnern ausgetrieben, entgegen der am Ende des Hubs nur mit geringer Geschwindigkeit einströmenden Luft. Im Zylinder findet dann die endgültige Verbrennung und Arbeitsleistung statt.

Erfahrungen:

■ Solche Arbeitsweise war nur für raschlaufende Maschinen von kleiner Leistung anwendbar; nur geringe Verdichtung (2—4 Atm.) erwies sich als zulässig, und auch die Güte der Mischung und Verbrennung ließ sehr zu wünschen übrig. Je größer das Zylinderhubvolumen, um so schwieriger war die Verteilung und Mischung des aus der Verdampfungskammer tretenden Verbrennungsgemisches mit der noch im Zylinder enthaltenen Luft.

Selbst bei bester Berücksichtigung aller für die Mischung und Verbrennung maßgebenden Umstände, wie Wahl des Einspritzzeitpunktes, Bemessung des Verbindungsquerschnittes zwischen Kammer und Zylinder, Größe und Lage der Verdampfungskammer, Höhe des Verdichtungsenddruckes, war dauernd guter Betrieb nicht zu erreichen.

Schon bei geringfügiger Veränderung des Brennstoffs verschlechterte sich die Mischung: es bildeten sich Rückstände in der Kammer, die ihren Wärmezustand veränderten. Dadurch wurde die Verbrennung verschlechtert, und schließlich schieden sich auch in dem engen Verbindungskanal feste Verbrennungsrückstände ab, wodurch der Verbrennungsvorgang weitere Verschlechterung erfuhr.

Es war schwierig, günstige Verbrennung bei verschiedenen Belastungen und Drehzahlen zu erreichen. Bei niedriger Drehzahl bestand die Gefahr, daß der Brennstoffdampf zu früh aus der Kammer in den Zylinder gelangte und dort Frühzündungen hervorrief; bei kleinen Belastungen wiederum hat sich großer Brennstoffverbrauch und unvollkommene Verbrennung ergeben, gleichgültig, ob Gemisch- oder Füllungsregulierung angewendet wurde.

Schlechte Wärmeausnutzung und hoher Brennstoffverbrauch waren nicht zu vermeiden, obwohl die Gemischbildung bei normaler Vollbelastung gut sein konnte, da genügende Zeit und ausreichende Verdampfung vorhanden war.

Gegenüber den Verdampfermaschinen mit Gemischbildung außerhalb des Zylinders wurde kein wesentlicher Fortschritt erzielt. Bei ihnen war zur Verdampfung des Brennstoffs besondere Vorwärmung notwendig, für welche zumeist die in den Auspuffgasen enthaltene Wärme benutzt wurde.

Bei Maschinen mit Verdampfungskammer hingegen wurde die Verbrennungswärme selbst zur Warmhaltung der Verdampfungskammer und zur Verdampfung des Brennstoffes herangezogen.

Diese wesentlich größere Wärmemenge reichte auch zur Verdampfung von Schwerölen aus, während die Verdampfermaschinen in der Regel nur für Öle brauchbar waren, die gleichmäßig zusammengesetzt waren und keinen zu großen Wärmeaufwand zur vollständigen Verdampfung erforderten, wie Petroleum und Solaröl.

Sowohl Verdampfer- wie Verdampfungskammermaschinen verlangten beim Anlassen der Maschine das Anheizen des Verdampfungsraums durch eine besondere Heizflamme. Bei den geringen Drehzahlen während des Anlassens bestand bei den Verdampfungskammermaschinen die Gefahr, daß die Zündflamme zu früh nach dem Zylinder schlug und dort eine schädliche Frühzündung hervorrief. Daher mußte besonders beim Handandrehen solcher Maschinen die Vorsicht angewendet werden, daß der Brennstoff erst in die Kammer gespritzt wurde, nachdem durch kräftiges Drehen am Schwungrade der Maschine soviel Massenenergie aufgespeichert worden war, daß das nachfolgende Verdichten des Gemisches ohne weitere Betätigung von Hand bewirkt werden konnte. ■

Für die Entstehung von Frühzündungen beim Anlassen ist die durch die künstliche Heizung erzeugte Wärmestauung und Temperatur in der Verdampfungskammer von Bedeutung.

Je höher die Innentemperatur im Bereich der Heizung ist, um so leichter kann eine Frühzündung erfolgen; andrerseits besteht aber bei ungenügender Vorwärmung die Gefahr, daß die

Verdampfung und Gemischbildung zur Einleitung einer wirksamen Verbrennung nicht unter allen Umständen ausreicht.

Schon frühzeitig hatte man erkannt, daß Verbesserung der Wärmeausnutzung nur durch höhere Verdichtung möglich ist. Erst das Vorbild der Dieselmaschine hat den Fortschritt gebracht.

Um höhere Verdichtung unter Vermeidung der Frühzündung zu erreichen, mußte der Beginn der Gemischbildung verzögert werden, was dazu führte, daß der Brennstoff erst während der Verdichtungsperiode in die Verdampfungskammer eingespritzt wurde. Die Verdampfungskammer wurde als gußeiserne Glühhaube ausgebildet, deren Wandungen durch die Verbrennungswärme selbst geheizt werden (Bild 162).

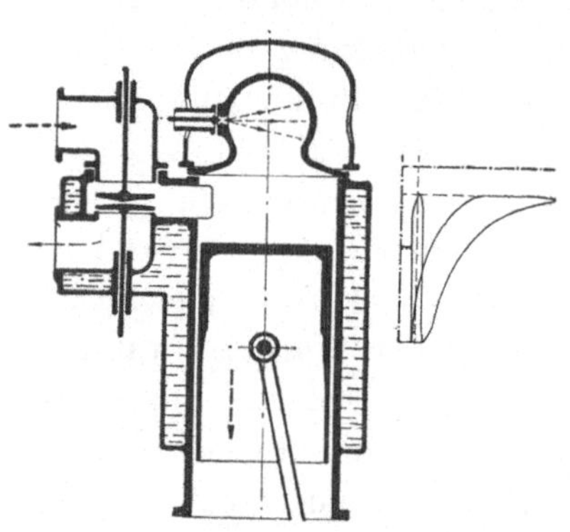

162. Viertakt-Glühkopfmaschine.

Erfahrungen:

■ Der Verdichtungsenddruck war bei den ersten Glühkopfmaschinen immer noch verhältnismäßig niedrig (3—5 Atm.), und wesentliche Verringerung des Brennstoffverbrauchs wurde daher mit ihnen nicht erzielt. Je später eingespritzt wurde, um so ungenügender wurde die Zeit zur Verdampfung des Brennstoffs und zur Bildung eines guten Gemisches. Um nun nicht zu spät einzuspritzen, konnte wiederum der Verdichtungsenddruck nicht ausreichend gesteigert werden. Dies war auch deshalb unzulässig, weil bei zu hoher Verdichtung die Glühkugel zu heiß wurde, was Frühzündungen und frühzeitige Zerstörung der Glühköpfe zur Folge hatte. ■

Erhebliche Verbesserung wurde im Betriebe von Glühkopfmaschinen erst auf Grund der Erfahrungen mit Dieselmaschinen erreicht, wenn auch einzelne Konstrukteure, wie Söhnlein und Capitaine, schon vor Diesel in erfolgreicher Weise Versuche zur Verbesserung des Arbeitsverfahrens der Glühkopfmaschinen ausgeführt hatten.

Gemischbildung bei Dieselmaschinen.

Das „Dieselverfahren" ist dadurch gekennzeichnet, daß nur Luft angesaugt und die Verdichtung dieser Luft soweit getrieben wird, daß die Verdichtungswärme ausreicht, um den am Ende des Verdichtungshubs eingespritzten flüssigen Brennstoff sicher zu entzünden und zu verbrennen (Bild 163a und b).

Streng genommen braucht die Verdichtungswärme und die dadurch bewirkte Steigerung der Lufttemperatur nur so groß zu sein, daß der zuerst eingespritzte kleine Teil des für das ganze Arbeitsspiel erforderlichen Brennstoffes sich beim Anlassen der kalten Maschine sicher entzündet und verbrennt. Die entstehende Verbrennungswärme erhöht die Temperatur des Zylinderinhalts so weit, daß die Entzündung und Verbrennung des weiterhin eingespritzten Brennstoffs meistens ohne Schwierigkeiten erreichbar ist.

Kennzeichnend für das Arbeitsverfahren ist somit der hohe Verdichtungsdruck der Luft im Augenblick der Einführung des Brennstoffs. Dieser Druck erreicht etwa 35 Atm. Die Einspritzung des Brennstoffs beginnt erst kurz (bei etwa $1/_2$ bis $1^0/_0$ des Kolbenwegs) vor Ende des Verdichtungshubs und ist bei etwa $10^0/_0$ des Kolbenwegs nach Totpunkt des Kolbens beendet.

Zur Einführung, Verdampfung, Mischung und Verbrennung des Brennstoffs steht somit nur eine sehr kleine Zeit ʹzur Verfügung, die bei gleicher Drehzahl nur einen Bruchteil der dazu bei normalen Viertaktmaschinen für Gasbetrieb gegebenen Zeit beträgt.

Art der Brennstoffeinspritzung.

Um in dieser kleinen Zeit den flüssigen Brennstoff in die hochverdichtete Luft des Zylinders einzuführen, muß er auf entsprechend höheren Überdruck gebracht werden. Dieser Überdruck soll aber möglichst während der ganzen Einspritzzeit wirken, nicht nur zu Beginn des Einspritzens, damit ständig gutes Eindringen des eingespritzten Brennstoffs in die Luftmasse des Zylinders und somit gute Mischung und Verbrennung erreicht wird.

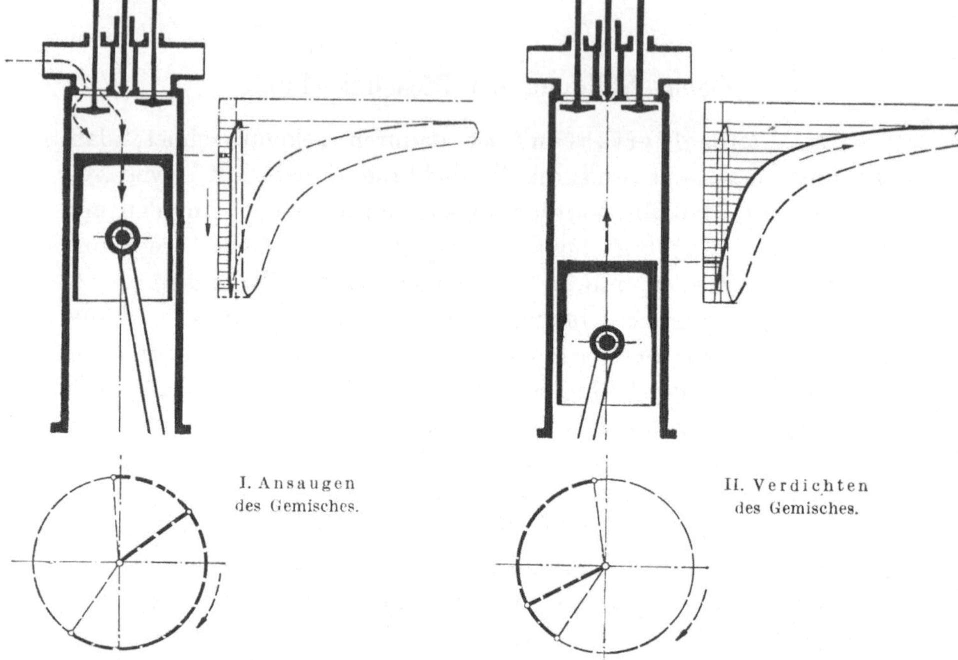

163a. Ansaugen und Verdichten bei Viertakt-Dieselmaschinen.

Erfahrungen:

■ Einfaches Einpressen des flüssigen Brennstoffs mittels einer Pumpe reichte nicht aus, um gute Verteilung des für das Arbeitsspiel erforderlichen Brennstoffs im Luftinhalt des Zylinders während der hierfür verfügbaren kurzen Zeit zu ermöglichen. Hierdurch ließ sich weder genügende Zerstäubung des Brennstoffs, noch auch genügend weitgehende Ausbreitung desselben über den Zylinderraum und daher keine gute Mischung erzielen. Ein Hauptnachteil war, daß der Überdruck beim unmittelbaren Einblasen durch die Pumpe nicht ausreichte, weil dieser Überdruck wesentlich nur eine Funktion des Gegendrucks im Zylinder und der Strömungswiderstände während des Einspritzvorgangs ist, sich somit in der Regel wenig von dem Druck im Zylinder unterscheidet.

Sollte mit einem beliebig großen Überdruck eingespritzt werden,

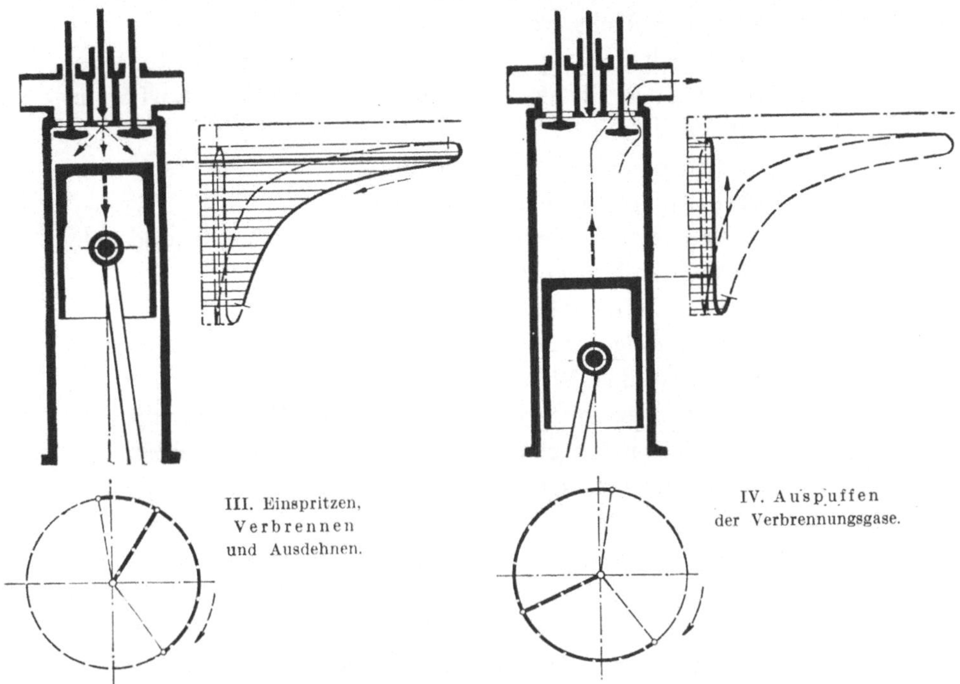

163b. Einspritzen, Verbrennen, Ausdehnen und Auspuff bei Viertakt-Dieselmaschinen.

dann mußte der für das Arbeitsspiel erforderliche Brennstoff **vor** Beginn des Einspritzens unter dem gewünschten Überdruck in einem Akkumulatorraum aufgespeichert werden, aus dem er durch Öffnen eines Einspritzventils in den Zylinder ausspritzte. Dann wurde aber die gesamte Brennstoffmenge meist auf einmal eingeführt und dadurch eine zu heftige, plötzliche Verbrennung und Drucksteigerung a (Bild **164**) hervorgerufen, durch die alle an der Verbrennung beteiligten Konstruktionsteile unzulässig überanstrengt wurden, ohne daß

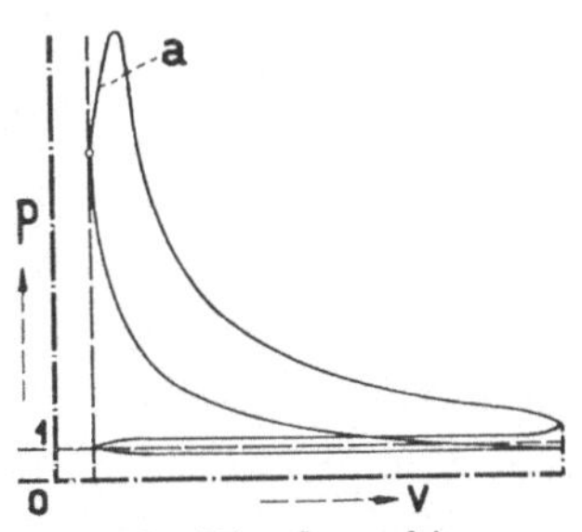

164. Dieselmaschine.
Plötzliche Brennstoffeinspritzung.

ausreichende Zerteilung, Zerstäubung und Vermischung des Brennstoffs in der gesamten Luftmasse des Zylinders erreicht wurde. ■

Der Einspritz- und Verbrennungsvorgang kann in mehrere Abschnitte geteilt gedacht werden:

1. Feinverteiltes Einspritzen eines **ersten** Brennstoffteils.
2. **Mischung** dieses Brennstoffteils mit der **Luft** im Zylinder.
3. **Verdampfung** des Brennstoffes.
4. **Zersetzung** des Brennstoffes.
5. **Verbrennung**, verbunden mit geringer Druck- und entsprechender Temperatursteigerung.
6. **Weitere Einspritzung** von Brennstoff.
7. Wiederholung der Abschnitte 2—6, bis der gesamte Brennstoff eingeführt ist.

Die einzelnen Abschnitte des Einspritz- und Verbrennungsvorganges wickeln sich nicht genau in der angegebenen Reihenfolge getrennt voneinander ab, sondern sie verschieben sich, überdecken oder überlagern einander. So kann z. B. Mischung, Verdampfung und Zersetzung gleichzeitig oder in verschiedener Reihenfolge vor sich gehen. Während der erste eingespritzte Brennstoffteil sich mit der Luft mischt und verdampft, kann schon der zweite Brennstoffteil nachgespritzt werden und unter Umständen die Güte der Verbrennung des ersten Teils beeinträchtigen; andrerseits aber kann durch die Verbrennung des ersten Teils der nachfolgende Brennstoffteil selbst in der Güte seiner Mischung mit der Luft und seiner Verbrennung geschädigt werden.

Hierfür ist die Art und chemische Zusammensetzung des Brennstoffes von großem Einfluß.

Einfluß des Brennstoffes.

Die für Verbrennungsmaschinen geeigneten flüssigen Brennstoffe sind chemische Verbindungen von Kohlenstoff und Wasserstoff, begleitet von geringfügigen Teilen anderer Elemente, wie Sauerstoff, Schwefel, oder von mechanischen Beimengungen.

Von größtem Einfluß auf die Brauchbarkeit zum Verbrennungsmaschinenbetrieb ist der Gehalt an **Wasserstoff**. Wird von dem geringen Prozentgehalt an anderen Bestandteilen abgesehen, so bestehen die meisten flüssigen Brennstoffe aus etwa 85—95 % Kohlenstoff und 15—5 % Wasserstoff in chemischer Bindung verschiedener Art. (Vgl. hierzu Abschnitt III.)

Der Wasserstoffgehalt hat großen Einfluß auf die Geschwindigkeit der Verbrennung. Je mehr Wasserstoff im Brennstoff enthalten ist, desto rascher geht die Verbrennung bei guter Mischung vor sich.

Für die Güte der Mischung ist auch die Verdampfungsfähigkeit des Brennstoffes und die Art des Brennstoffdampfes (Ölgasbildung) maßgebend, und hiervon besonders hängt die Art des zweckmäßigen Arbeitsverfahrens ab.

Man kann danach drei verschiedene Arten von flüssigen Brennstoffen unterscheiden:

1. Flüssige Brennstoffe, die schon bei mäßiger Erwärmung (bis etwa 150^0 C.) leicht brennbare Dämpfe (Zünddämpfe) bilden.

2. Flüssige Brennstoffe, die erst bei Erwärmung auf etwa 150^0 C. zu verdampfen beginnen und bis zu ungefähr 400^0 C. sogenannte Ölgase bilden, die aus leicht zersetzlichen, nur lose, „kettenförmig" gebundenen Kohlenwasserstoffen bestehen.

3. Flüssige Brennstoffe, die ungefähr zwischen den gleichen Temperaturgrenzen verdampfen wie die Brennstoffe der 2. Gruppe, aber sogenannte Öldämpfe bilden, die aus schwer zersetzlichen, „ringförmig" gebundenen Kohlenwasserstoffen bestehen.

Erfahrungen:

■ Für Hochdruckölmaschinen, Dieselmaschinen, Glühkopfmaschinen usw. eigneten sich am besten die Brennstoffe der 2. Gruppe, die zwischen 150 und 400^0 C. verdampfen und dabei sofort Ölgase bilden, die aus leicht zersetzlichen Kohlenwasserstoffverbindungen bestehen, deren verhältnismäßig großer Wasserstoffgehalt gute Durcheinanderwirbelung des Zylinderinhalts und rasche Verbrennung gestatteten.

Weniger günstig verhielten sich Brennstoffe der 3. Gruppe, die Öldämpfe bilden, die aus schwerer zersetzlichen Kohlenwasserstoffen bestehen. Unmittelbar auf die Dampfbildung folgende Zersetzung der Dämpfe, die großen Wärmeaufwand erfordert, mußte vermieden werden, weil der verhältnismäßig geringe Wasserstoffgehalt den Verbrennungsvorgang nicht ausreichend zu beschleunigen vermochte und deshalb die größeren Kohlenstoffmengen unter Umständen nicht vollständig und nicht rasch genug verbrannten. Die Folge war Abscheidung von freiem, unverbranntem Kohlenstoff, rauchender und rußender Auspuff und schließlich Verkrustung der Zylinderwände, Einspritzteile usw.

Es mußte vielmehr vor der Zersetzung erst eine Anreicherung der Öldämpfe mit Wasserstoff, also eine Aufspaltung und Reduktion der „ringförmig" gebundenen Kohlenwasserstoffe in wasserstoffreichere nur „kettenförmig" gebundene Kohlenwasserstoffe (Ölgasbildung) erfolgen. ■

In gewissem Sinne kann somit der Gehalt an Wasserstoff im flüssigen Brennstoff als Maßstab für die Brauchbarkeit eines Öls als Betriebsstoff für Hochdrucköľmaschinen dienen. Je mehr Wasserstoff im Verhältnis zum Kohlenstoff in einem flüssigen Brennstoffe enthalten ist, um so geeigneter wird er im allgemeinen zum Ölmaschinenbetriebe sein.

Guten Vergleich ermöglicht die sogenannte Wasserstoffzahl, die das Verhältnis der Molekülzahlen von Wasserstoff und Kohlenstoff für die Kohlenwasserstoffe angibt.

Brennstoffe der Gruppe 2 haben eine Wasserstoffzahl von etwa zwei, während sie bei den Brennstoffen der Gruppe 3 kleiner ist als eins.

Die Wasserstoffzahl allein ist aber kein unbedingt zuverlässiges Kennzeichen für die Dampfbildung und die Eignung eines Brennstoffs zum Ölmaschinenbetrieb. Jedenfalls können flüssige Brennstoffe, die relativ geringen Wasserstoffgehalt besitzen, wie z. B. Benzol, doch große Fähigkeit zur Zünddampfbildung aufweisen. Andrerseits sind allerdings die Dämpfe der Brennstoffe mit großem Wasserstoffgehalt stets verhältnismäßig leicht zersetzlich.

Die leicht siedenden und verdampfenden flüssigen Brennstoffe der Gruppe 1, wie Benzin und Benzol, eignen sich nicht für das Dieselverfahren, weil ihre Verdampfbarkeit zu groß und deshalb ihre Mischung mit der hochverdichteten Luft des Zylinderinhaltes mit den gewöhnlichen Einspritzvorrichtungen und Pressungen nur in unvollkommner Weise möglich ist.

Der Brennstoff verdampft sofort heftig beim Austritt aus dem Einspritzventil, bevor er sich noch genügend mit der Luft gemischt hat. Der entstehende Brennstoffdampf verdrängt die Luft an der Einspritzstelle, so daß der weiter eingespritzte Brennstoff zwar verdampfen, aber sich nur schlecht mit der Luft mischen kann. Verbrennung mit schädlichem Nachbrennen ist die Folge, und die Vorteile der hohen Vorverdichtung werden durch die unvollkommene Mischung gestört.

Außerdem ergibt der im ersten Augenblick eingespritzte Brennstoff heftige Vorverbrennung mit plötzlicher Drucksteigerung, die alle an der Verbrennung mitwirkenden Konstruktionsteile stark beansprucht.

Der Druckverlauf eines Arbeitsspiels entspricht ungefähr dem ausgezogenen Diagramm in Bild 165. Trotz des hohen Verdichtungsenddrucks wird somit keine bessere Verbrennung erreicht als bei dem Arbeitsverfahren der üblichen Vergasermaschinen, dessen Druckverlauf durch das strichpunktierte Diagramm dargestellt ist.

Die bezeichneten Vorgänge beim Einspritzen von Leichtölen in die hochverdichtete Luft des Arbeitszylinders sind bei Verwen-

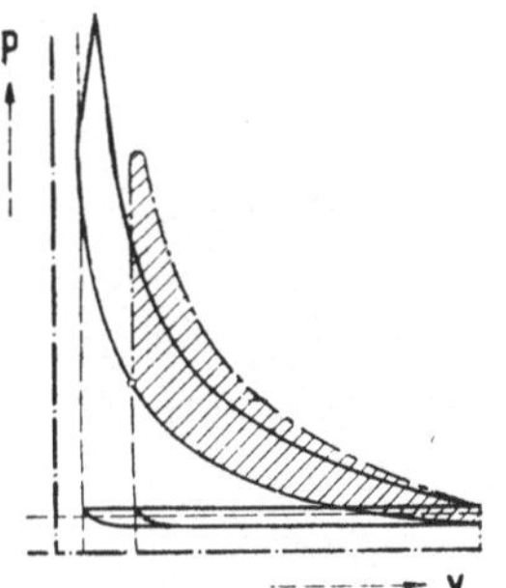

165. Verbrennung von Leichtöl.

dung von Benzin eher ungünstiger als bei Benzol, weil Benzin rascher verdampft und infolge seines höheren Wasserstoffgehaltes auch rascher und heftiger verbrennt. Dies wird durch den leichteren Zerfall des Benzins in seine Bestandteile, Kohlenstoff und Wasserstoff, noch beschleunigt. Das Benzin verdampft daher beim Einspritzen nicht nur sofort, sondern verbrennt sogleich heftig, und die entstehenden Verbrennungsgase lagern sich unmittelbar an der Einspritzstelle und verdrängen die Verbrennungsluft.

Benzol verdampft wohl auch sehr leicht, spaltet sich aber schwerer in seine Bestandteile. Die erste Verbrennung ist daher nicht so heftig. Allerdings verzögert der geringere Gehalt an Wasserstoff den weiteren Verlauf der Verbrennung verhältnismäßig mehr als bei Benzinbetrieb und ruft dadurch ebenfalls starkes Nachbrennen hervor.

Benzin hat stärkere Fähigkeit zur Gasbildung und höheren Wasserstoffgehalt und zersetzt sich auch leichter in seine Bestandteile als das Benzol. Die außerordentlich leichte und rasche

Zünddampfbildung von Benzin und Benzol ist für Dieselmaschinen, bei denen der Brennstoff in die hochverdichtete Luft des Zylinders einzuspritzen ist, ungünstig.

Benzol bildet nicht so leicht brennbare Dämpfe wie Benzin, ist schwerer zu zersetzen, und auch sein Wasserstoffgehalt ist geringer ($\sim 7^0/_0$ gegen $15^0/_0$ beim Benzin). Sowohl die Einleitung als auch die weitere Durchführung der Verbrennung geht weniger heftig vor sich als beim Benzin.

Diesem Verhalten der Leichtöle ist das der Schweröle gegenüber zu stellen, die ihrer Zersetzung großen Widerstand entgegensetzen (flüssige Brennstoffe der 3. Gruppe).

Steinkohlenteeröl besteht aus etwa $89^0/_0$ Kohlenstoff und nur $7^0/_0$ Wasserstoff, und seine Kohlenwasserstoffe sind wegen ihrer ringförmigen Bindung schwer zu zersetzen. Ihre Aufspaltung und Zersetzung gelingt ausreichend nur bei Aufwendung einer größeren Wärmemenge und nur bei sehr guter Zerteilung und Zerstäubung des Brennstoffs.

Einspritzen durch Druckluft.

Die erforderliche feine Zerteilung und Zerstäubung ist durch mechanische Mittel, wie Lochplatten, Siebe oder dgl., allein nicht zu erreichen. Es muß noch ein Druckmittel, und zwar am besten gepreßte Luft, die weit über den Verdichtungsenddruck der Luft im Zylinder verdichtet ist, angewendet werden.

Dies geschieht in der Regel in der Weise, daß der Brennstoff vor Einspritzbeginn in einen mit der Einspritzluft gefüllten Einspritzeinsatz, der durch ein gesteuertes „Nadelventil" vom Zylinderinnern abgesperrt ist, eingelagert, bei Öffnung des Nadelventils von der Einspritzluft mitgerissen und bei a in den Zylinder gespritzt wird (Bild 166).

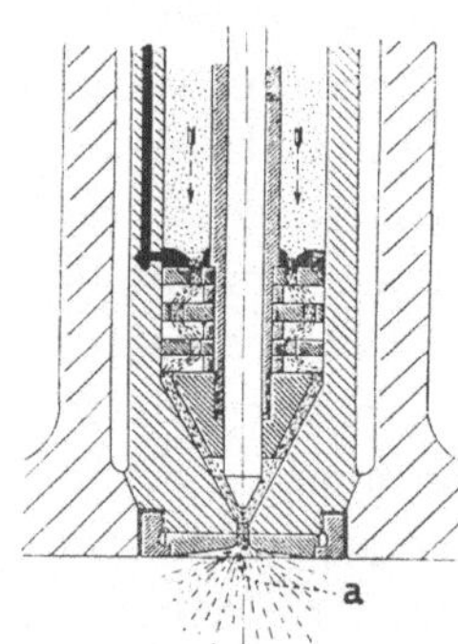

166. Einspritzvorrichtung mit Düsennadel.

Aus Gründen der Betriebssicherheit darf die Einspritzluft im Einspritzeinsatz nicht zu warm sein, und es muß außerdem der gesamte Luftinhalt des Einspritzeinsatzes möglichst klein gehalten werden, da selbst bei Steinkohlenteeröl Frühzündungen im Einsatz vorkommen können.

Die Einspritzluft von etwa 50—80 Atm. Pressung wird in Stufenkompressoren mit Zwischenkühlung hergestellt und vor ihrem Eintritt in den Einspritzeinsatz nochmals gekühlt, so daß Frühzündungen im Einsatz ausgeschlossen sind. Dafür wirkt diese kalte Luft, besonders bei schwer zersetzlichen Brennstoffen, ungünstig auf die Einleitung der Verbrennung ein.

Die in den Zylinder eintretende Preßluft zum Einspritzen des Brennstoffs dehnt sich aus, entsprechend dem wesentlich niedrigeren Verdichtungsenddruck der Luft im Zylinder, wodurch dem Wärmeinhalt der Zylinderladung eine bestimmte Wärmemenge entzogen wird.

Soll der eingespritzte Brennstoff entzündet werden, so muß stets eine Ölgasbildung vorangegangen sein, für die besonders bei Steinkohlenteeröl ein erheblicher Wärmeaufwand erforderlich ist, der ebenfalls dem Wärmeinhalt der Zylinderfüllung entnommen wird.

Brennstoffe der 2. Gruppe, die beim Sieden Ölgase bilden, erfordern wesentlich weniger Wärme zur Entzündung und verbrennen rascher als Brennstoffe der 3. Gruppe.

Zündtropfenwirkung.

Um übermäßig hohen Verdichtungsenddruck der Arbeitsluft im Zylinder, besonders bei Verwendung von Brennstoffen der 3. Gruppe, zu vermeiden, muß angestrebt werden, daß wenigstens ein kleiner Teil des Brennstoffs (Zündtropfen) vor der nachströmenden kalten Einspritzluft in den Zylinder gelangt, dort zersetzt, entzündet, verbrannt und hierdurch der Wärmeinhalt der Zylinderladung derartig erhöht wird, daß der weiter eingespritzte Brennstoff sicher entzündet und verbrannt wird.

Die Wirkung des als Zündtropfen dienenden Brennstoffs kann durch die Beschaffenheit des Zündöls auf mehrfache Weise erhöht werden, z. B.:

Der Zündtropfen besteht aus einem anderen Brennstoff, der bei der Einspritzung unmittelbar Ölgas zu bilden vermag und bei größerem Wasserstoffgehalt leichter zersetzlich ist als der Hauptbrennstoff für den Maschinenbetrieb.

Der Zündtropfen besteht aus einem kleinen Teil des Hauptbrennstoffes, der zur Erhöhung der Zündfähigkeit stärker vorgewärmt ist und, von der Einspritzluft abgetrennt, unmittelbar an der Düsennadel gelagert wird.

Offene Brennstoffdüse.

Bei Brennstoffeinsätzen mit offener Düse wird der schwerflüchtige Brennstoff in einem kleinen Vorraum des Zylinders gelagert, der mit dem Zylinder ständig in offener Verbindung steht (Bild 167). Die Lagerung kann schon während der Saugperiode erfolgen, da sich während dieser nur wenig Brennstoffdampf bildet, der nach dem Zylinderinnern geführt werden und dort zu Frühzündungen Anlaß geben könnte. Der Brennstoff wird während der Saug- und Verdichtungsperiode

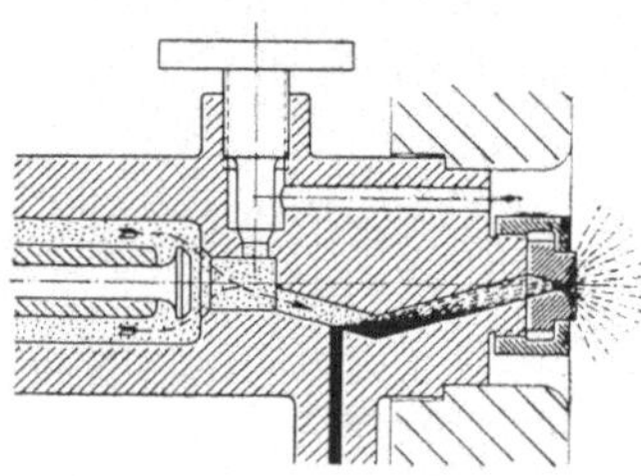

167. Einspritzvorrichtung mit offener Düse.

vorgewärmt und schon zum Teil verdampft und aufgespalten, so daß er, wenn er mittels hochgespannter Preßluft eingespritzt wird, sofort heftig und unter plötzlicher Drucksteigerung verbrennt. Je leichter flüchtig und zersetzlich der flüssige Brennstoff ist, und je mehr Wasserstoff er besitzt, um so weiter weg vom Zylinder oder um so später muß er vorgelagert werden.

Erfahrungen:

■ Bei sehr schwer flüchtigen und zersetzlichen Brennstoffen mit geringem Wasserstoffgehalt (Steinkohlenteeröl) mußte der Brennstoff möglichst nahe dem Zylinder und möglichst früh gelagert werden, damit weitgehende Vorwärmung erzielt wurde. Dann bestand aber die Gefahr, daß zuviel Brennstoff auf einmal eingespritzt wurde, wodurch sich eine anfänglich heftige Verbrennung mit starker Drucksteigerung, in der Folge jedoch ungenügende Mischung, starkes Nachbrennen und höherer Brennstoffverbrauch ergab. Bei offenen Düsen war ein allmähliches Einspritzen und die Vorlagerung nur eines kleinen Teils des Brennstoffs in möglichster Nähe des Zylinders (Zündtropfen) vorteilhaft, während der Hauptteil des Brennstoffs weiter vom Zylinder weg gelagert und erst nach dem Zündtropfen allmählich eingespritzt wurde.

Bei den **offenen Düsen** trifft aber die Einspritzdruckluft erst im Augenblicke des Einspritzbeginns auf den Brennstoff, und in der verfügbaren kurzen Zeit konnte sich dann die Einspritzluft nicht ausreichend mit dem Brennstoff mischen.

Eine zu innige Mischung der Einspritzluft mit dem Brennstoff vor Einspritzbeginn war nicht erwünscht, weil dabei Frühzündungen schon im Einspritzeinsatz eintraten oder die feinen Bohrungen und Kanäle innerhalb des Einspritzeinsatzes durch unvollständige Verbrennungen versetzt werden konnten. ■

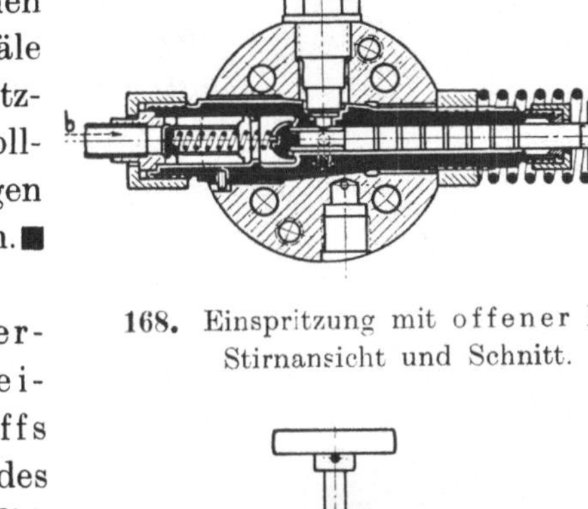

168. Einspritzung mit offener Düse.
Stirnansicht und Schnitt.

Ausreichende Verteilung und Ausbreitung des Brennstoffs in der Einspritzluft des Einsatzes ist notwendig, um bei Öffnung der Düsennadel oder eines Luftventils richtiges allmähliches Einspritzen und Zerstäuben des Brennstoffs zu erreichen.

Beim Arbeiten mit offner Düse trifft die Einspritzluft b erst zu Beginn des Einspritzens auf den bei a zugeführten und an einer Stelle zusammenhängend vorgelagerten Brennstoff, der erst nachträglich durch Lochplatten d und Düsen ausreichend zerteilt und mit

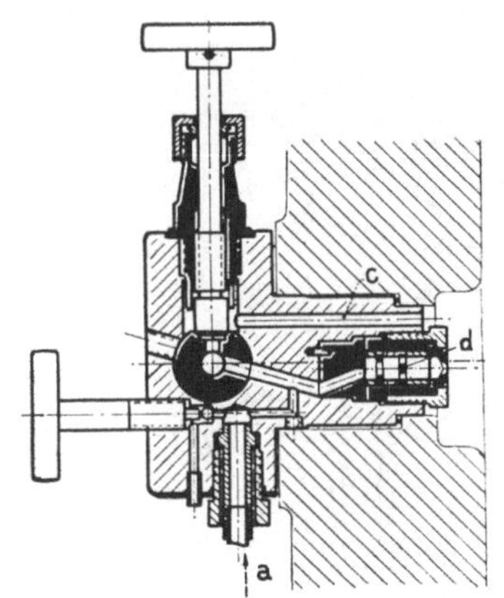

169. Offene Düse des Brennstoffeinsatzes.
Längsschnitt.

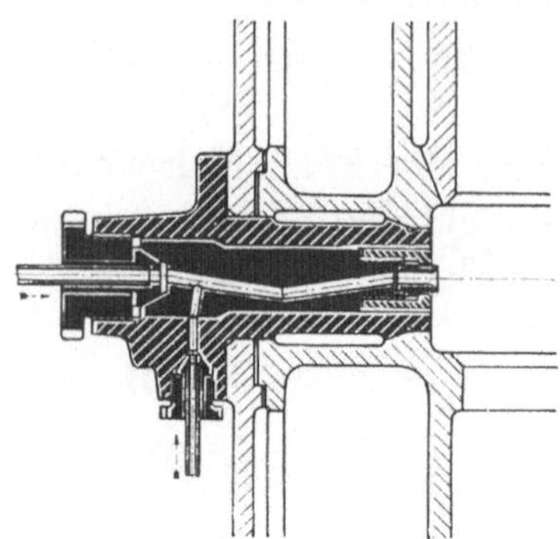

170. Offene Düse
einer liegenden
Hochdrucködmaschine.

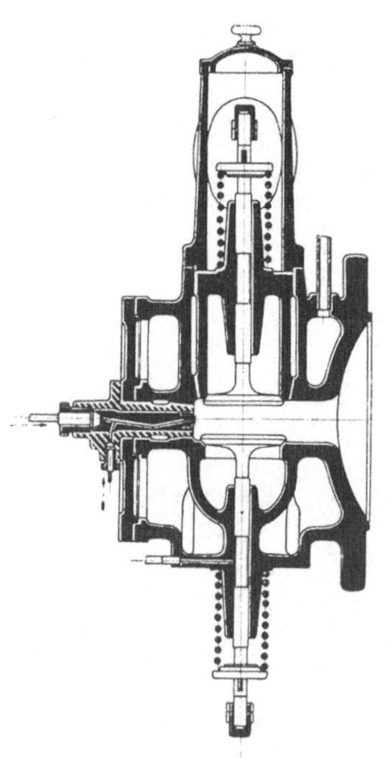

171. Hochdrucködmaschine (liegend)
mit
offener Düse.

der Einspritzluft gemischt wird (Bild **168** und **169**). Die Bohrung *c* dient zum Anlassen der Maschine.

Erfahrungen:

■ Lochplatten usw. innerhalb des Verbrennungsraums einzuschalten, erwies sich nicht so günstig, wie innerhalb des durch ein Nadelventil vom Verbrennungsraum abgesperrten Einspritzeinsatzes, weil sich die im Verbrennungsraum liegenden Zerteilungsvorrichtungen leicht versetzten und dadurch unwirksam wurden. Wenn andrerseits bei offenen Düsen Lochplatten oder dergleichen innerhalb des Verbrennungsraumes vermieden wurden, so bestand wieder die Gefahr, daß der Brennstoff auf einmal und plötzlich in den Zylinder eingespritzt und dadurch plötzliche, heftige Verbrennung mit starker Drucksteigerung hervorgerufen wurde, und daß sich des weiteren ungenügende Mischung des Brennstoffs mit der im Zylinder enthaltenen Luft und starkes Nachbrennen, somit ungünstigere Wärmeausnutzung ergab.

Dieselmaschinen mit offner Düse haben aus diesen Gründen unter sonst gleichen Umständen stets größeren Brennstoffverbrauch und ungünstigeren Druckverlauf (zu plötzliche Drucksteigerung bei Verbrennungsbeginn) ergeben als solche mit durch Nadelventil verschlossener Düse. ■

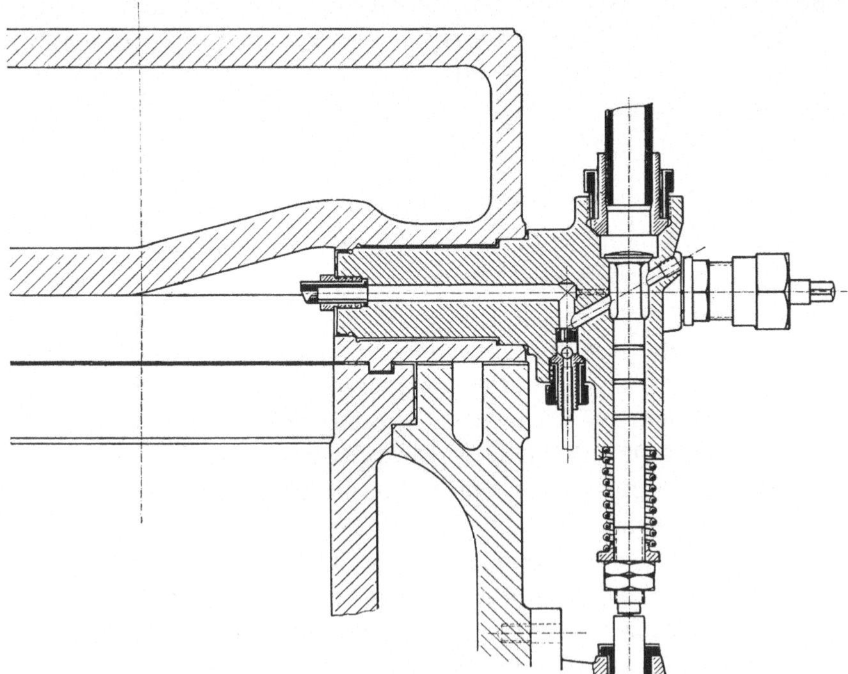

172. Offene Düse einer Hochdrucköllmaschine
stehender Bauart.

Hochdrucköllmaschi-
nen mit offner Düse wer-
den daher im allgemei-
nen nur für kleine Lei-
stungen und liegende
Anordnung der Zylin-
der ausgeführt. Bei lie-
genden Maschinen läßt
sich die Vorlagerung des
Brennstoffs wesentlich
leichter bewirken als bei
stehender Bauart (Bilder
170—173).

Bei Maschinen grö-
ßerer Leistung können
die mit der Anwendung

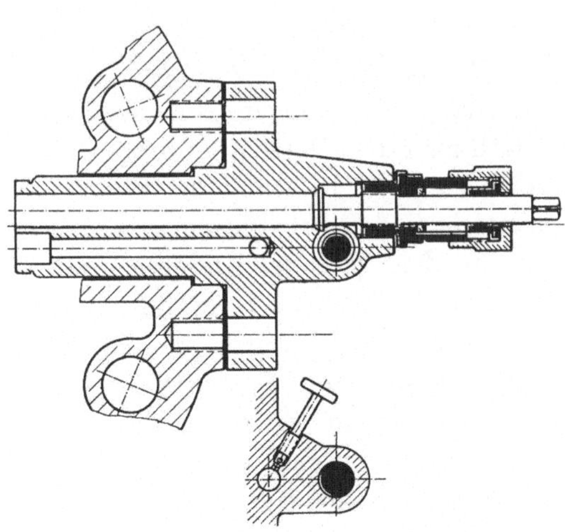

173. Schnitte durch den Düseneinsatz.

der offnen Düse verbundenen Vereinfachungen der Konstruktion,

Herstellung und Wartung den Mehrverbrauch an Brennstoff nicht aufwiegen; solche Maschinen werden deshalb stets mit gesteuerter Düsennadel gebaut werden, die außerdem im Betriebe genauere Einspritzung ohne plötzliche Drucksteigerung beim Verbrennungsbeginn ergibt.

Gesteuerte Düsenventile mit Lochplatten.

Die Zerstäubung und Verteilung des Brennstoffs erfolgt bei den üblichen Einspritzeinrichtungen mit gesteuerter Düsennadel in der Regel auf zweifache Weise:

der Brennstoff wird mittels Lochplatten, Sieben oder dergleichen in einzelne feine Teilstrahlen zerlegt, oder

der Brennstoff wird durch Düsenwirkung unter Zuhilfenahme eines Druckmittels (Einspritzdruckluft), das ihn auch durch seine Entspannung und Volumvergrößerung wirksam zerstäubt, im Zylinder ausgebreitet.

Bei Brennstoffeinspritzvorrichtungen mit gesteuerter Düsennadel (Bild **166**, S. 286) werden zumeist vor dem Sitz des Nadelventils Lochplatten angeordnet, deren Zahl und Abstand, Größe und Lage für den Einspritzvorgang von großer Bedeutung und für jeden Brennstoff durch Versuche festzulegen ist.

Erfahrungen:

■ Zu große Löcher haben keine wirksame Ausbreitung und Verteilung des Brennstoffs in der Einspritzluft hervorgebracht, verursachten große Verschwendung an Einspritzdruckluft, erforderten daher zu große Leistung des Einspritzkompressors, und es ist vorgekommen, daß bei Öffnung der Düsennadel zuviel kalte Einspritzluft in den Zylinder strömte und die Entzündung des eingespritzten Brennstoffs verhinderte.

In der Regel wurde der Brennstoff bei stehenden Zylindern über der obersten Lochplatte in den Einsatz eingeführt. Von dort aus lief er durch die Löcher über die einzelnen Platten hinab, verteilte sich dabei und bot der im Einsatz enthaltenen Einspritzdruckluft eine große Berührungsfläche.

Vorteilhaft war es, wenn schon vor Einspritzbeginn etwas Brennstoff am Sitz der Düsennadel angelangt war, damit beim Öffnen der Nadel zuerst dieser kleine Brennstoffteil eingespritzt wurde, um die Entzündung und Verbrennung wirksam einzuleiten. Je größer die Zahl der Lochplatten und je kleiner der Lochdurchmesser war, um so mehr Zeit war erforderlich, um den Brennstoffteil an den Sitz der Nadel gelangen zu lassen. ■

Die Zahl und Art der Lochplatten muß stets der Drehzahl der Maschine, des weiteren aber auch der Art des Brennstoffs und der Belastung der Maschine angepaßt werden. Die Größe der Löcher ist vor allem für den Luftverbrauch maßgebend. Da mit einem bestimmten Verbrauch von Einspritzluft gerechnet wird, so kann die Lochgröße danach bemessen werden. Zum Teil hängt der Lochdurchmesser auch von der Zähigkeit des Brennstoffs ab. Je dickflüssiger er ist, um so größer muß der Lochdurchmesser gewählt werden.

In der Regel kann man sich durch die Zahl und den Abstand der Lochplatten allen Anforderungen anpassen. Je größer die Drehzahl der Maschine ist, um so weniger Platten müssen bei gewähltem Kurbelwinkel für die Einspritzperiode vorgesehen werden, wenn ein Teil des Brennstoffs vor dem Einspritzbeginn an das Nadelventil gelangen soll. Je kleiner aber die Zahl der Platten, um so weniger fein wird der Brennstoff verteilt, und um so schlechter wird die Mischung. Noch ungünstiger ist es, anstatt die Plattenzahl zu verkleinern, den Lochdurchmesser zu vergrößern, weil damit der Luftverbrauch übermäßig zunimmt.

Man könnte der Ansicht sein, daß zu Ende der Einspritzperiode am Sitz des Nadelventils stets ein Brennstoffrest verbleibt, der beim nächsten Einspritzen zunächst in den Zylinder gelangt und sichere Einleitung der Verbrennung ermöglicht. Hierauf kann mit Sicherheit nicht gerechnet werden; besonders bei niedrigeren Belastungen und geringen Brennstoffmengen oder bei zu großem Überdruck der Einspritzluft besteht die Gefahr, daß der Einsatz bei jedem Arbeitsspiel leer von Brennstoff, sogar trocken geblasen wird. Andrerseits gelangt bei geringeren Belastungen der über der oberen Lochplatte eingeführte Brennstoff auch nicht zum kleinen Teil vor Beginn der Einspritzung bis an den Nadelsitz; es kommt daher, wie schon hervorgehoben, zuviel Einspritzluft vor dem Brennstoff in den Zylinder, so daß unter Umständen die Zündung des schließlich eingeführten Brennstoffs in Frage gestellt wird; außerdem wird eine unnütz große Einspritzluftmenge verbraucht.

Dies hat dazu geführt, daß ein kleiner Teil des Brennstoffs zwangsweise unmittelbar am Sitz des Nadelventils gelagert wird (Bild **174**); bei Beginn des Einspritzens gelangt dann bei allen Belastungen zunächst Brennstoff in den Zylinder, und die Einleitung der Verbrennung ist gesichert.

Insbesondere empfiehlt sich dies bei den schwerflüchtigen Steinkohlenteerölen, die nur geringen Wasserstoffgehalt haben und ihrer Zersetzung und der Ölgasbildung großen Widerstand entgegensetzen. Die kleine am Nadelsitz vorgelagerte Brennstoffmenge muß sichere Vorzündung beim Beginn des Einspritzens ermöglichen, weshalb dafür vielfach ein

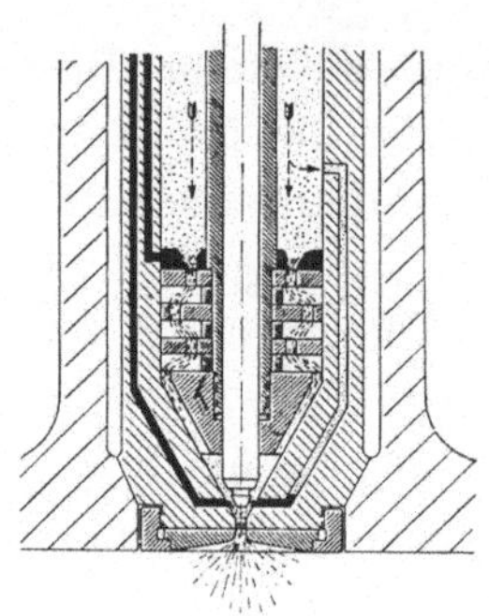

174. Einspritzvorrichtung
mit
Vorlagerung von
Zündöl.

leichter zersetzliches Schweröl (Zündöl) gewählt wird. Leichtöl würde sich, abgesehen von dem hohen Preise, wie schon früher erwähnt, als Zündöl nicht eignen, weil es zu heftige Einleitung der Entzündung, sofortige stürmische Dampfbildung unmittelbar am Einspritzventil, damit aber Verschlechterung der Gemischbildung und der Verbrennung des nachträglich eingespritzten Brennstoffs ergeben würde.

Schweröl kann nicht so stürmisch verdampfen; es wird daher von der Einspritzluft weiter in den Verbrennungsraum des Zylinders eingespritzt, durchdringt die im Zylinder enthaltene Verbrennungsluft besser und verdampft erst in größerer Entfernung vom Nadelventil, so daß der nachher eingespritzte Brennstoff nicht durch vorgelagerte Dämpfe und Verbrennungsgase in seiner Verbrennung geschädigt wird.

Als Zündöl kann auch ein kleiner Teil des gleichen Teeröls am Nadelsitz vorgelagert und hierdurch die Verbrennung sicher eingeleitet werden, wenn dieser Teil des Brennstoffs durch Vorwärmung ausreichend dünnflüssig gehalten und so für die nachfolgende Verdampfung, Ölgasbildung und Zersetzung gut vorbereitet wird. Geschieht dies nicht in genügender Weise, so sind besonders bei niedrigen Belastungen Zündungsversager möglich; bei höheren Belastungen ist anstandloser Betrieb nur mit Teeröl ohne besonderen Zündölbrennstoff erreichbar.

Bei niedrigen Belastungen ist es wichtig, daß namentlich zu Beginn des Einspritzens nicht zu viel Einspritzluft in den Zylinder gelangt. Für feinfühlige Regelung genügt daher die Veränderung der Brennstoffmenge allein nicht, sondern es muß auch die Einspritzluftmenge verändert werden. Dies wird durch Veränderung des Nadelhubes, der Einspritzzeit und des Einspritzluftdrucks erreicht.

Erfahrungen:

■ Lochplattenzerstäuber ergaben die Gefahr, daß sich die über der obersten Lochplatte eingeführte Brennstoffmenge, wenn die Einspritzzeit zu kurz war, vor Beginn des Einspritzens nicht genügend über alle Lochplatten ausbreitete und deshalb nicht die ganze Menge des Brennstoffs während der Einspritzzeit in den Zylinder der Maschine eingeführt wurde. Stellte der Regler hierauf auf größere Einspritzmenge ein, so wurde der Übelstand eher verschlimmert als behoben, auch wenn gleichzeitig größere Einspritzzeit oder größerer Nadelhub eingestellt wurde; denn nunmehr gelangte unter Umständen zuviel Brennstoff in den Zylinder. Günstig war es, wenn in solchen Fällen nur die Einspritzzeit geändert wurde. Der angedeutete Übelstand trat besonders bei zu klein gewähltem Lochdurchmesser ein; hierzu kam noch, daß dann beim Einspritzen die Lochplatten unter Umständen als Ölabscheider wirkten und das sichere Einführen des Brennstoffs verhinderten. ■

Die richtige Bemessung des Lochdurchmessers, der Anzahl und des Abstandes der Lochplatten usw. erfordert viel Erfahrung und sorgfältiges Ausprobieren. Schon Zehntelmillimeter Unterschied im Lochdurchmesser können sich im Betriebe empfindlich bemerkbar machen.

Bei raschlaufenden mehrzylindrigen Maschinen kleiner Leistung wird es sehr schwierig, die für jedes Arbeitsspiel namentlich bei geringen Belastungen erforderlichen sehr kleinen Brennstoffmengen allen Zylindern gleichmäßig zuzumessen, sie genügend zu zerteilen und zu zerstäuben und doch sicher in die Zylinder einzuführen. Bei Plattenzerstäubern, die kleine Löcher erhalten, besteht die Gefahr, daß der Brennstoff durch die Einspritzluft nicht bei allen Arbeitsspielen gleichmäßig von den Platten gerissen und in den Zylinder eingespritzt wird. Unsicherer Betrieb bei verhältnismäßig großem Brennstoffverbrauch ist die Folge, und namentlich der sichere Leerlaufbetrieb bereitet dann große Schwierigkeiten.

Bis jetzt ist es daher auch noch nicht gelungen, eine raschlaufende Dieselmaschine kleiner Leistung auszubilden, die für **Fahrzeugbetrieb** geeignet wäre.

Düsenspaltzerstäuber.

Man hat in neuerer Zeit versucht, die den Lochplattenzerstäubern anhaftenden Mängel durch **andere Zerstäubungsvorrichtungen** zu vermeiden, ohne die großen Vorteile aufzugeben, welche die Lochplatten bieten: die bequeme Anpassung an die verschiedensten Betriebszustände und Brennstoffe, die Möglichkeit, die Einführung des Brennstoffes in einfacher und beliebiger Weise zu verzögern usw.

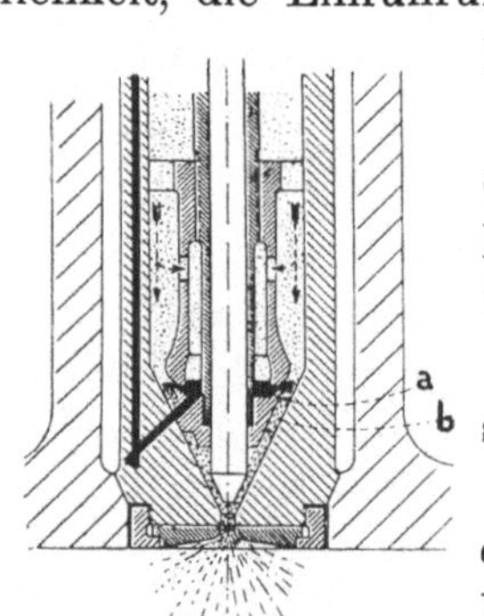

175. Düsenspaltzerstäuber
mit Düsennadel.

Dies ist durch **mehrfache Ausnutzung der Düsenwirkung** ohne Anwendung von Lochplatten nur in beschränktem Maße gelungen.

Bild **175** zeigt einen **Düsenspaltzerstäuber**.

Der Brennstoff wird gezwungen, durch einen engen Spalt *a* in einen düsenförmigen Kanal *b* auszutreten, wo er bei Öffnung des Nadelventils von der mit großer Geschwindigkeit vorbeistreichenden Einspritzluft erfaßt und mitgerissen wird. Die Güte der Brennstoffzerteilung und Zerstäubung hängt von der Feinheit des Brennstoffstrahles ab, der auch mit Rücksicht auf genügende Verzögerung des Einspritzvorganges zu bemessen ist. Ist der Spalt und Kanal zu weit, so wird der Brennstoff zu rasch eingeführt und nur ungenügend zerstäubt; bei zu engem Kanal besteht die

Gefahr, daß der Brennstoff nicht rechtzeitig eingeführt wird und verhältnismäßig zu viel Luft in den Zylinder eintritt.

Auch beim Düsenspaltzerstäuber ist es, namentlich bei den schwerzersetzlichen Teerölen, erforderlich, einen besonders vorbereiteten Teil des Brennstoffs oder eine geringe Menge leichter zersetzlichen Öls als Zündbrennstoff möglichst nahe beim Sitz der Düsennadel vorzulagern.

Düsenspaltzerstäuber haben den Mangel, daß vor Beginn des Einspritzens keine ausreichend große Berührungsfläche des Brennstoffs mit der Luft im Einspritzeinsatz vorhanden ist und die Zerteilung und Mischung des Brennstoffs mit der Einspritzluft erst während der Einspritzzeit erfolgt.

Gegenüber den Einspritzeinrichtungen, bei denen der Brennstoff vor einer offenen Düse eingelagert wird (Bild **167**, S. 288), besitzt aber der Düsenspaltzerstäuber den großen Vorzug, daß bei Beginn des Einspritzens die Einspritzpreßluft nicht auf den ganzen vorgelagerten Brennstoff auftrifft und ihn unter Umständen auf einmal plötzlich in den Zylinder spritzt, sondern daß der Brennstoff entsprechend dem eingestellten engen Brennstoffspalt allmählich zerteilt, fortwährend mit der Luft gemischt und im Düsenspalt mitgerissen wird, den die Einspritzluft mit großer Geschwindigkeit durchströmt.

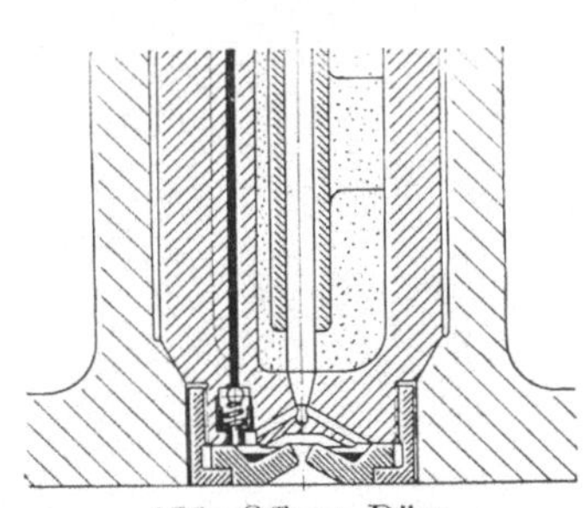

176. Offene Düse
stehender Anordnung.

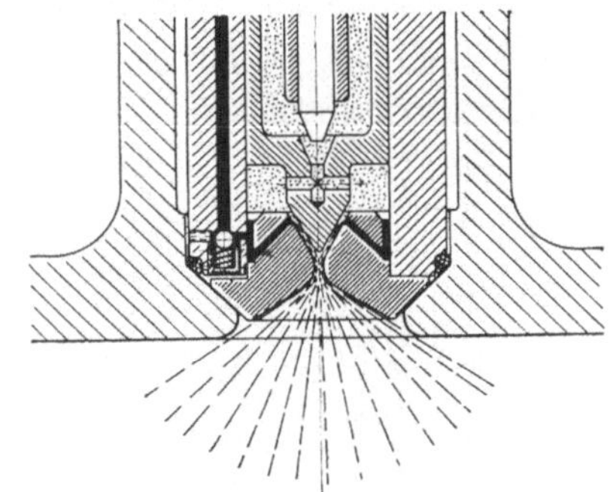

177. Offene Düse
mit Spaltzerstäuber.

Einspritzvorrichtungen mit offner Düse lassen sich nach diesen Vorbildern wesentlich verbessern (Bild **176** und **177**), so daß nur allmähliches Einspritzen und wesentlich besseres Zerstäuben erfolgt.

Besondere Zerstäuberwirkungen.

Die Einstellung und richtige Bemessung des Brennstoffspaltes beim Düsenspaltzerstäuber erfordert viel Erfahrung und sorgfältiges Ausprobieren: man kann sich nicht so leicht wie beim Plattenzerstäuber den verschiedenen Verhältnissen anpassen. Vielfach werden deshalb außer den Düsen auch noch Lochplatten zur besseren Zerteilung des Brennstoffs und zur leichteren Anpassung an die vielseitigen Betriebsverhältnisse verwendet (Bild 178 u. 179).

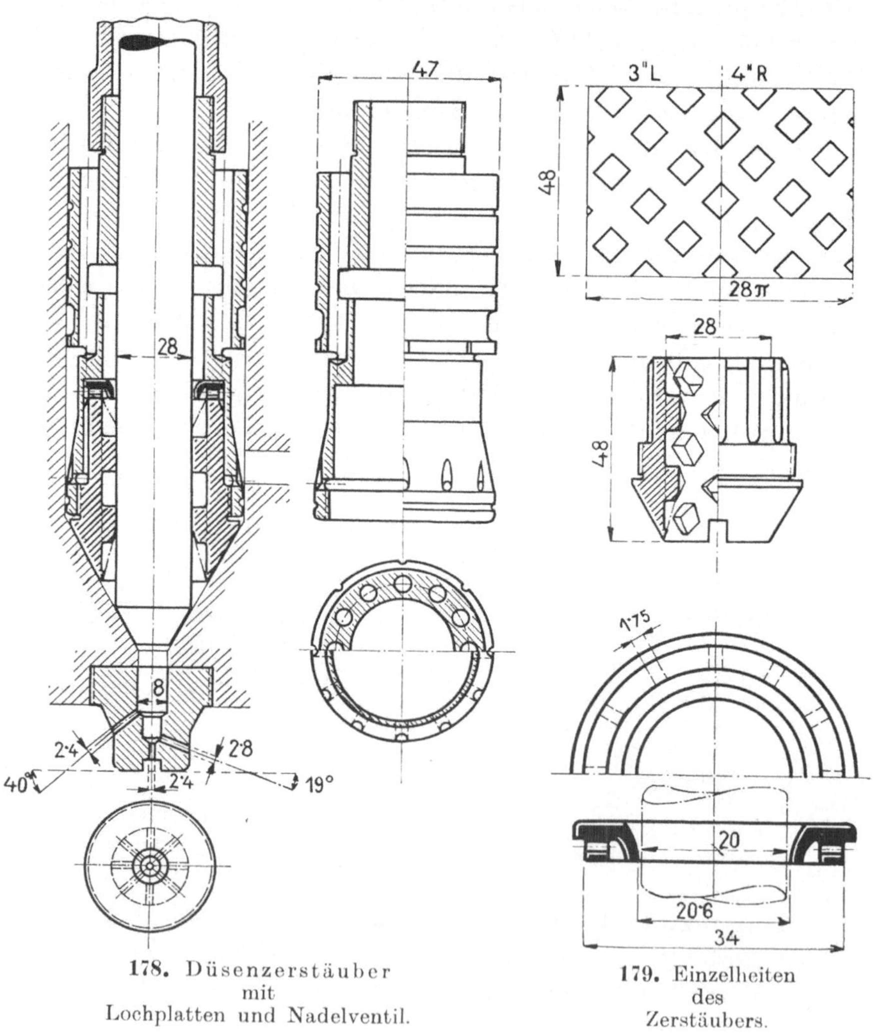

178. Düsenzerstäuber
mit
Lochplatten und Nadelventil.

179. Einzelheiten
des
Zerstäubers.

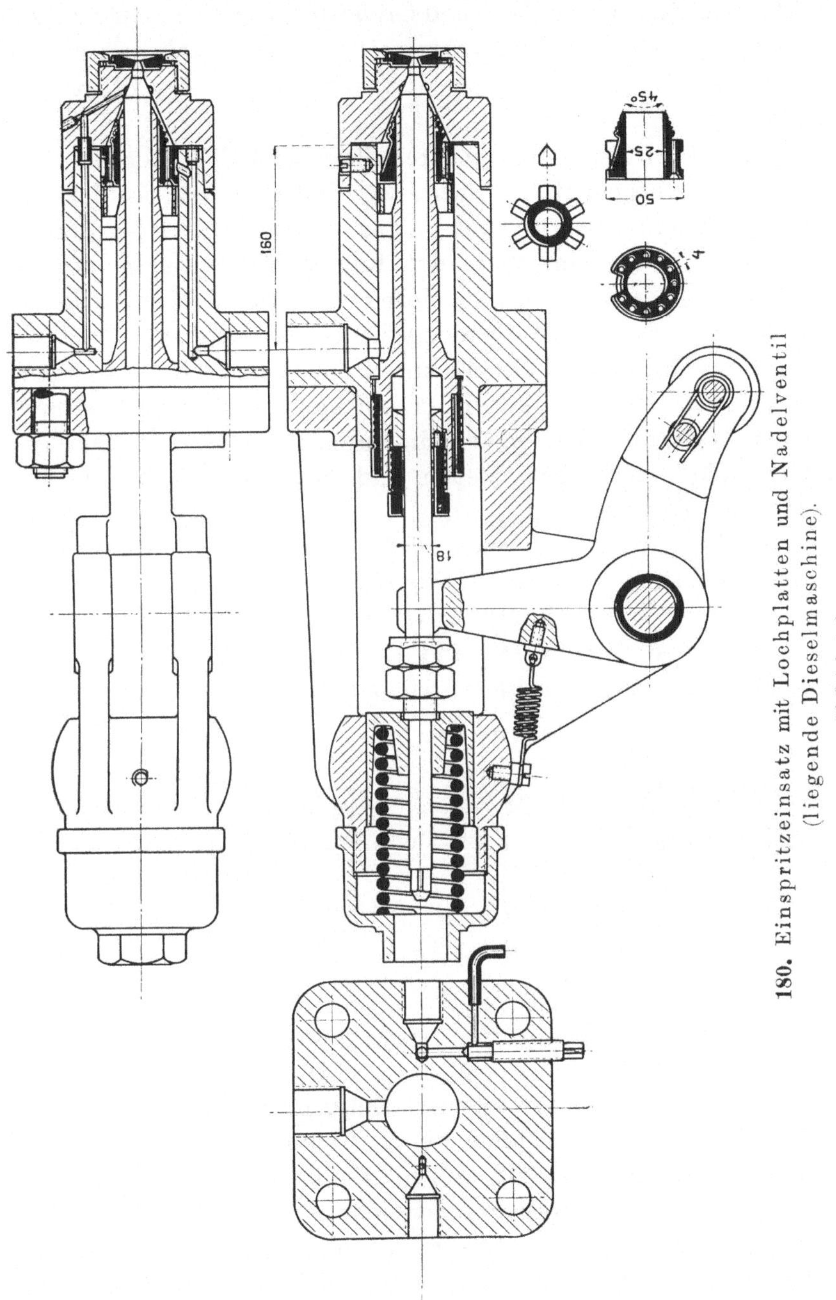

180. Einspritzeinsatz mit Lochplatten und Nadelventil (liegende Dieselmaschine). Maßstab 1:5.

Es ist oft einfacher, die Zahl und Größe der Löcher in einer Lochplatte zu verändern, als den Düsenspalt und Brennstoffspalt richtig einzustellen. Daher wird nach wie vor der einfache **Plattenzerstäuber** viel angewendet.

Nur bei horizontal eingebauten Brennstoff-Einsätzen, wie sie besonders bei liegenden Zylindern verwendet werden, ist der übliche Plattenzerstäuber weniger gut zu brauchen, weil der Brennstoff nach dem Einpumpen in den Einsatz sich nicht selbsttätig durch seine Schwere über die einzelnen Platten verteilen kann, sondern weil es dazu besonderer baulicher Mittel bedarf (Bild **180**).

Der Brennstoff bleibt sonst unten liegen und wird erst durch die Luft erfaßt und mitgerissen. Dann kann es aber vorkommen, daß der Brennstoff nicht vollständig durch die kleinen Löcher gelangt, sondern eher abgeschieden und daher kein sicheres Einspritzen erreicht wird.

Bei **liegenden** Maschinen wird deshalb ein reiner **Düsenspaltzerstäuber** oder ein Zerstäuber vorgezogen, der vor der Brennstoffnadel gar keine Lochplatten und Düsen besitzt.

Der in den Bildern **181** und **182** dargestellte Zerstäuber ist eine Mittelart zwischen dem mit gesteuerter Düsennadel und

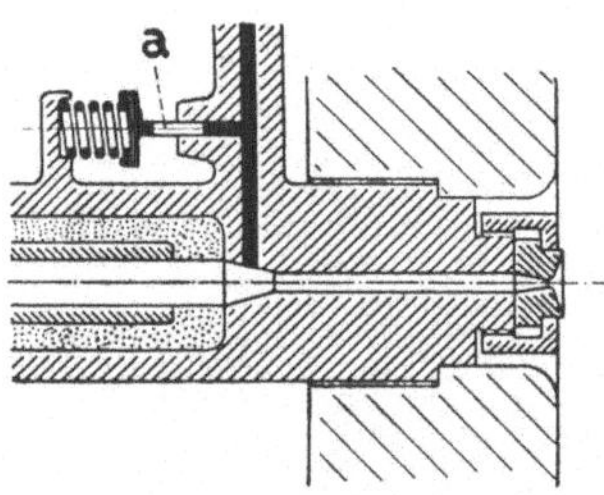

181. Brennstoff unter
Akkumulatordruck.

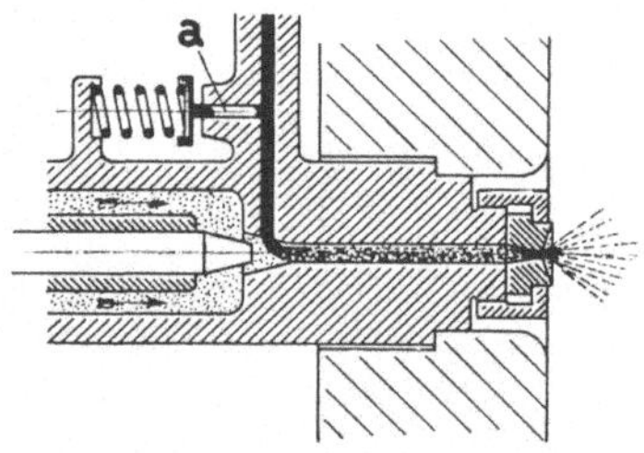

182. Brennstoffeinspritzung
unter Akkumulatordruck.

dem mit offner Düse versehenen Einspritzeinsatz. Der Brennstoff wird unter Akkumulatorspannung (a) unmittelbar am Sitz der Düsennadel gelagert, so daß er bei Öffnung der Nadel (Bild **182**) infolge der größeren Akkumulatorspannung zunächst durch den Ventilsitz stürzt und durch die nacheilende Einspritzluft erst unmittelbar vor Eintritt in den Zylinder erfaßt und zerstäubt wird. Bei dieser Einspritzeinrichtung tritt der Brennstoff plötzlicher in den Zylinder ein als bei einem Düsenspalt oder gar einem Lochplattenzerstäuber. Dies zeigt sich durch eine plötzliche starke Druckerhöhung zu Beginn der Verbrennung im Zylinder, ähnlich wie bei den Einspritzvorrichtungen mit offener Düse.

Bei Teerölbetrieb tritt die Ähnlichkeit mit der offenen Düse noch mehr hervor, weil dem Hauptbrennstoff eine geringe Menge Zündbrennstoff in einem engen und mit dem Zylinder stets in offner Verbindung stehenden Kanal vorgelagert wird, so daß bei Öffnung der Düsennadel zunächst der Zündbrennstoff eingespritzt wird (Bild **183**).

Auch bei den üblichen Plattenzerstäubern wird stets noch eine Zerstäubung durch Düsenwirkung angewendet. Nach Durchströmen des Nadelventilspaltquerschnittes gelangt die mit dem Brennstoff gemischte Einspritzluft erst nach Durchlaufen eines Düsenmundstückes *a* in den Verbrennungsraum (Bild **166**, S. 286). Den engsten Querschnitt des Düsenmundstücks durchströmt die Einspritzluft mit sehr

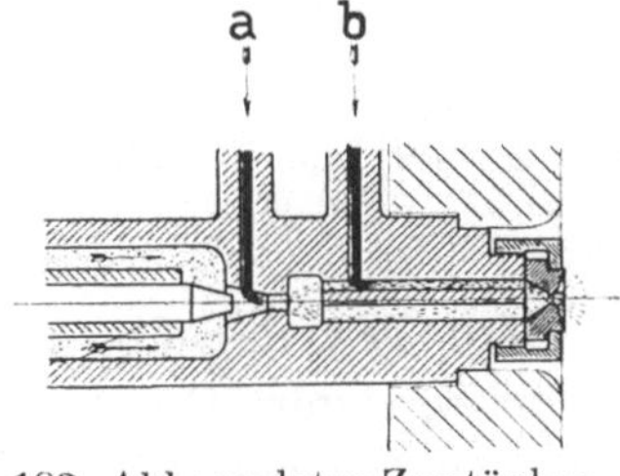

183. Akkumulator-Zerstäuber
mit
Zündöl-Vorlagerung.

a: Hauptbrennstoff.
b: Zündbrennstoff.

großer Geschwindigkeit, mehreren hundert Metern sekundlich, da nahezu das kritische Druckverhältnis erreicht ist, um unmittelbar darauf eine sehr starke Abnahme der Geschwindigkeit bei entsprechend starker Druckabnahme und Volumzunahme zu erfahren, die ein energisches Zerstäuben und Ausbreiten des Brennstoffes zur Folge hat.

Verbesserung der Gemischbildung durch weitgehen

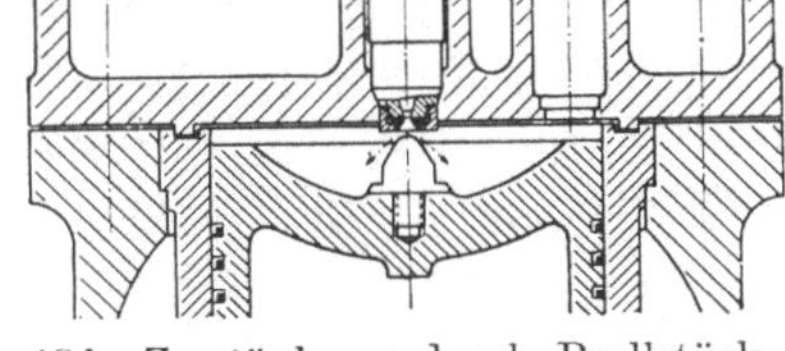

184. Zerstäubung durch Prallstück
am Kolben.

de Ausbreitung des Brennstoffes und feinere Zerstäubung wird ferner durch Aufprallen des Brennstoffstrahls auf den Kolbenboden bezweckt. Manchmal wird an der Aufprallstelle des Kolbenbodens ein besonderes Aufprallstück angebracht (Bild **184**), durch dessen zweckmäßige Form die Zerstäubung und Ausbreitung des Brennstoffes wirksam gefördert und andrerseits der Kolbenboden vor

Beschädigungen geschützt werden soll, die durch die Verbrennung hervorgerufen werden. Manchmal wird auch der vom Brennstoffstrahl unmittelbar getroffne Teil des Kolbenbodens durch eine auswechselbare Wand gebildet (Bild 185).

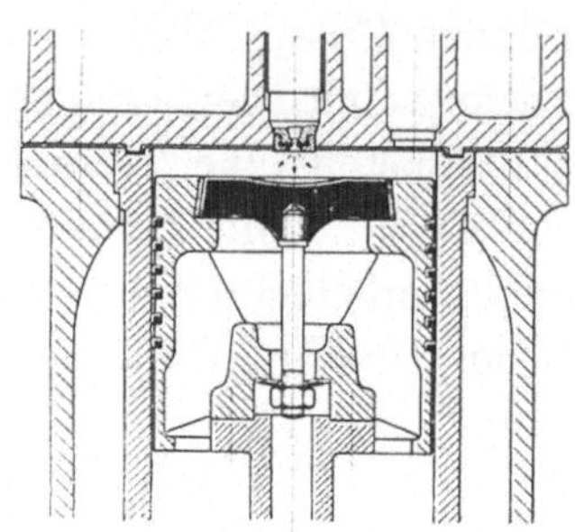

185. Auswechselbare Prallwand am Kolben.

Druck und Menge der Einspritzluft.

Trotz aller Vorkehrungen wird durch die im vorhergehenden beschriebenen Einrichtungen nur ungenügende Mischung des Brennstoffs mit der Luft erzielt, und es ist großer Luftüberschuß erforderlich, um ausreichend gute Verbrennung zu erreichen.

Ein Teil des Luftüberschusses wird durch die Einspritzluft beschafft, deren Druck von der Höhe des Verdichtungsdruckes und von der bei jedem Arbeitsspiel einzuspritzenden Brennstoffmenge abhängt. Bei den leichter zersetzlichen schwerflüchtigen Brennstoffen, wie Gasöl, Rohöl u. dgl., genügt ein Verdichtungsenddruck von etwa 30 Atm., um sichere Entzündung und Verbrennung zu erreichen, besonders wenn dafür gesorgt ist, daß gleich nach Öffnung des Einspritzventils nicht Luft, sondern zunächst nur ein Teil des Brennstoffes (Zündstoff) in den Zylinder eintritt und der Rest mit der Einspritzluft allmählich eingeführt wird. Zu langsam darf wiederum das Einspritzen des Brennstoffes auch nicht erfolgen, weil sonst zuviel Einspritzluft verbraucht wird und die Verbrennung mit zu großen Wärmeverlusten verbunden ist (vergl. S. 147).

Bei Schwerölen, Steinkohlenteeröl usw., reicht ein Verdichtungsenddruck von 30 Atm. nicht aus, um sichere Entzündung und Verbrennung zu gewährleisten, selbst wenn ein leichter zersetzlicher Zündbrennstoff verwendet wird. In diesem Falle wird in der Regel bis auf etwa 35 Atm. verdichtet. Soll aber kein besonderer Zündbrennstoff, sondern nur ein Teil des Hauptbrennstoffes auch zur Einleitung der Verbrennung dienen, dann ist zum sicheren Arbeiten ein noch höherer Verdichtungsenddruck, etwa 38—40 Atm., erforderlich. Dementsprechend muß auch der Druck der Einspritzluft bemessen werden.

Erfahrungen:

■ Bei 30 Atm. Verdichtungsenddruck in der Dieselmaschine erwies sich ein Einspritzluftdruck von mindestens 45—50 Atm. erforderlich, um ausreichend gute Zerstäubung und Mischung zu erreichen. Bei größeren einzuspritzenden Brennstoffmengen war der Einspritzluftdruck bis auf etwa 70 Atm. zu erhöhen. Wurde schwerzersetzlicher Brennstoff, der unter Umständen auch eine größere Zähigkeit besitzt, verwendet, dann mußte der Einspritzluftdruck für größere einzuspritzende Brennstoffmengen bis auf etwa 85 Atm. erhöht werden.

Der Druck der Einspritzluft mußte unter sonst gleichen Umständen bei raschlaufenden Maschinen höher sein als bei langsamlaufenden, weil die Einspritzzeit bei der raschlaufenden Maschine wesentlich kleiner ist. Raschlaufende Dieselmaschinen von verhältnismäßig großer Leistung (6 Zylinder, 800—1200 PS), für Unterseebootsbetrieb, erforderten bei Vollbelastung einen Einspritzluftdruck bis 90 Atm.

Für kleine Belastungen und im Leerlaufe konnte der Luftdruck verringert werden; für geringe Brennstoffmengen war sehr hoher Luftdruck unnötig, weil keine so weitgehende Verteilung des Brennstoffes in der Luft des Zylinders erforderlich war, wie für die größeren Brennstoffmengen bei Vollbelastung, und der erforderliche Luftüberschuß bei kleinen Belastungen war schon reichlich durch den Luftinhalt des Zylinders gedeckt. Die Verringerung des Luftdruckes durfte aber nur so weit gehen, daß noch sichere Zerstäubung, sowie im Zusammenhange damit gute Aufspaltung und Verbrennung möglich war. ■

Zur Verkleinerung des Einspritzluftbedarfs wird der Nadelhub und unter Umständen auch die Einspritzdauer gekürzt (Bild **186**).

Bei Lochplattenzerstäubern könnte auch durch die Veränderung der Lage der Einführungsstelle für den Brenn-

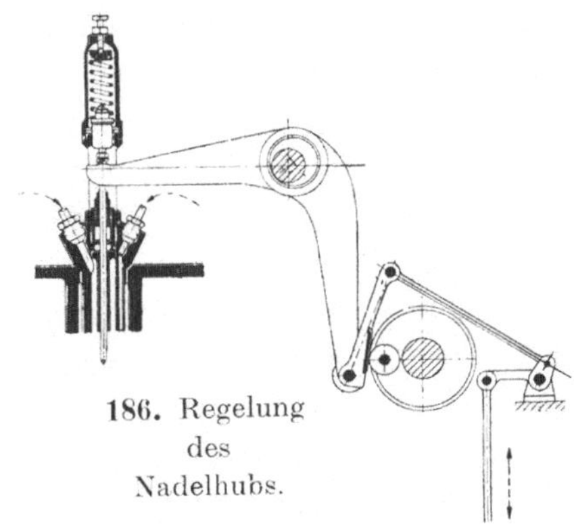

186. Regelung
des
Nadelhubs.

stoff in den Einspritzeinsatz eine der Veränderung der Belastung entsprechende Regelung bewirkt werden, derart, daß der Brennstoff mit kleiner werdender Belastung immer näher beim Sitz des Nadelventils (Bild 187) eingelagert wird, damit auch bei verringertem Einspritzluftdruck, verkleinertem Nadelhub usw. immer noch rechtzeitiges und vollständiges Einspritzen erreicht wird.

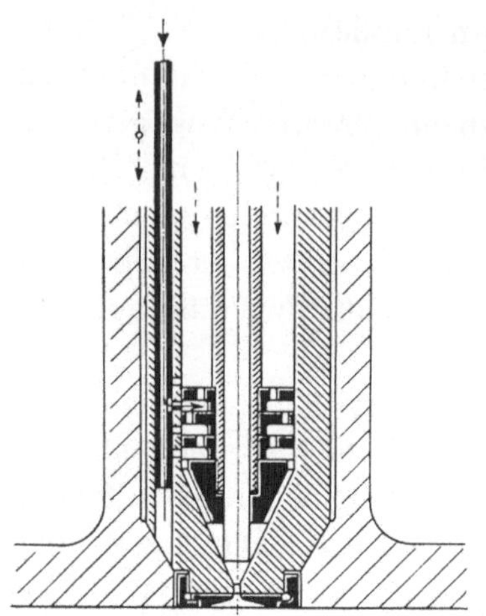

187. Lochplattenzerstäuber
mit Änderung
der Brennstoffeinführungsstelle.

Besondere Einflüsse.

Selbst bei sorgfältigster Ausbildung und Einregelung aller Einzelheiten der Einspritzvorrichtungen bleibt die Gemischbildung bei Dieselmaschinen wenig befriedigend. Dies hängt vor allem mit der Kürze der zur Gemischbildung verfügbaren Zeit zusammen. Wenn trotzdem gute Verbrennung und Wärmeausnutzung erreicht wird, so ist dies dem hohen Verdichtungsenddruck und dem großen Luftüberschuß, aber auch den in jedem Arbeitsspiel verbleibenden nur geringen Mengen von Verbrennungsgasen zuzuschreiben. Wegen des kleinen Verdichtungsraums bleiben wesentlich weniger Auspuffrückstände im Zylinder zurück als bei anderen Verbrennungsmaschinen, daher wird der Lieferungsgrad höher und die neue Ladung weniger ungünstig durch die Auspuffrückstände beeinflußt. Bei Viertakt-Dieselmaschinen nehmen die Auspuffrückstände nur einen Raum von etwa $^1/_{15}$ des Hubvolumens gegenüber $^1/_4$ bis $^1/_8$ bei anderen Verbrennungsmaschinen ein, so daß am Ende des Verdichtungshubes der Zylinderraum zum größten Teile mit Verbrennungsluft gefüllt ist.

Sehr wichtig ist der Umstand, daß infolge der Selbstzündung bei der Dieselmaschine die Verbrennung an zahlreichen Zündstellen zugleich eingeleitet wird; trotz der verhältnismäßig schlechten Mischung des Brennstoffes mit der Luft geht die Verbrennung daher rasch vor sich.

Nicht die Selbstzündung an sich ist vorteilhaft, sondern die Möglichkeit, daß bei der hohen Temperatur die Verbrennung an allen Stellen des Zylinders eingeleitet wird. Künstliche Zündung kann gleich gute Wirkung nicht haben; ebensowenig Selbstzündung durch örtliche Wärmestauung.

Die mit der Einführung, Zerstäubung und Verdampfung zusammenhängenden Vorgänge zeigen, daß trotz der Einfachheit der Einzelheiten doch zahlreiche Einflüsse zu berücksichtigen sind.

Erfahrungen:

■ Schon geringfügige Änderungen der Einspritzteile zeigten großen Einfluß auf die Güte der Verbrennung und der Wärmeausnutzung. Zu strammes Passen der Nadelventilspindel, ungenügende Führung dieser Spindel, nicht ausreichend vollkommnes Einschleifen des Ventilsitzes, geringfügige Verklemmung durch zu scharfes oder einseitiges Anziehen der Stopfbüchse u. a. konnte die Wirkung der Einspritzvorrichtung stören. Die Wahl der richtigen Materialien für alle Einzelheiten, die Vermeidung unzulässiger Abnutzungen sowie sorgfältigste Wartung waren stets von größtem Einfluß. ■

Daß die Kenntnis der Wirkungen des Einspritzvorganges bei Dieselmaschinen noch keineswegs allgemein verbreitet ist, zeigt die große Zahl der verschiedenartigen zur Verwendung kommenden Einspritzvorrichtungen, die sich meistens nur durch geringfügige Einzelheiten der Zerstäuber- und Mischungsvorrichtungen u. dergl. unterscheiden.

Es ist begreiflich, daß jede Fabrik ihre oft durch Aufwendung von viel Zeit und Kosten erworbenen besonderen Erfahrungen über die Ausbildung, die Herstellung und den Zusammenbau der verschiedenen Einzelheiten der Einspritzvorrichtungen für sich behält und nicht allgemein bekannt gibt. Die „Erfahrungen" sind aber vielfach auf Grund der ersten ursprünglichen Fehler gemacht worden, und die Grundlagen sind trotz der Erfahrungen und Verbesserungen vielfach noch unklar. Darum wird an den Einspritzvorrichtungen noch so viel herumprobiert, und Einheitsformen dafür fehlen noch.

Gemischbildung beim Anlassen.

Der Wärmezustand der **kalten** Dieselmaschine beim **An-lassen** ist maßgebend für die Bemessung des Verdichtungsend-drucks, bei dem noch sichere Selbstzündung des Brennstoffes in der Arbeitsluft des Zylinders erreicht werden soll. Der schon früher angegebene Verdichtungsdruck von 30—40 Atm. reicht in allen Fällen aus und ergibt gleichzeitig bei den üblichen Anfangs-drücken und Temperaturen der Luft günstige Wärmeausnutzung.

Weitergehende Verdichtung und Erhöhung des Arbeitsdruckes bringt keinen nennenswerten thermischen Gewinn und ist aus Herstellungs- und Betriebsrücksichten, sowie der großen Kosten wegen nicht zu empfehlen.

Bei einer Regelung, die bei allen Belastungsstufen mit nahezu gleichbleibender Drehzahl arbeitet, stellt der Federregler beim **Anlassen**, der kleinen Anlaßdrehzahl entsprechend, auf größte Brennstoffmenge ein.

Da die Pressung der Einspritzluft und der Nadelhub des Einspritzventils der großen Brennstoffmenge angepaßt ist, so besteht die Gefahr, daß **zuviel Brennstoff** in die kältere Luft des Zylinders gelangt. Die Luft ist jedenfalls kälter als im Beharrungszustand der längere Zeit im Betriebe befindlichen Maschine.

Unter diesen Umständen tritt unvollkommne Entzündung und Verbrennung des Gemisches, starkes Nachbrennen, Ruß- und Rauchbildung ein, und die Maschine läuft überhaupt nicht an. Dies ist besonders bei der Verwendung von Schwerölen, dick-flüssigen und schwer zersetzlichen Brennstoffen, wie Steinkohle-teerölen, zu befürchten.

Erfahrungen:

■ Wurde mit leichter zersetzlichem Zündöl gearbeitet, dann mußte während des Anlassens **nur Zündöl** verwendet werden, bis die Maschine genügend warm geworden war. Beim Betriebe ohne Zündöl mußte der schwer zersetzliche Brennstoff entsprechend stark **vorgewärmt**, außerdem mußte mit höherem Verdichtungsenddruck gearbeitet werden, um sichere Zündung auch bei kalter Maschine zu erreichen.

In allen Fällen mußte beim Anlassen die Förderung der Brennstoffpumpe, der Einspritzluftdruck und die Einspritzluftmenge entsprechend verringert werden.

Zuviel Einspritzluft verbrauchte zuviel Wärme beim Einspritzen, dann war nicht mehr genügend Wärme zur Ölgasbildung und zur Zersetzung vorhanden, und es gelang nicht sicher, den eingespritzten Brennstoff zu entzünden und verbrennen.

Die Brennstoffmenge mußte beim Anlassen gleichfalls verkleinert werden. Zu große Brennstoffmenge konnte bei verringertem Einspritzluftdruck nur unvollkommen in der Arbeitsluft des Zylinders verteilt und mit der Luft gemischt werden, so daß sich mangelhafte Verbrennung ergab. ∎

Beim Anlassen ist es besonders wichtig, daß ein Teil des Brennstoffs unmittelbar am Sitz des Einspritzventils gelagert wird, damit beim Beginn des Einspritzens zunächst nur Brennstoff, und zwar möglichst leicht zersetzlicher Brennstoff, in den Zylinder gelangt und die Verbrennung sicher einleitet.

Tritt beim Beginn des Einspritzens zunächst nur abgekühlte Einspritzluft ein, so wird der Zylinderinhalt und das Gemisch unter Umständen unzulässig stark abgekühlt; dadurch kann die Entzündung des nun folgenden Brennstoffes in Frage gestellt werden und das Anlassen in vielen Fällen mißlingen.

Um den normalen Betriebswärmezustand des Zylinders rascher zu erreichen und das Anlassen zu erleichtern, empfiehlt es sich, den Kühlwasserzufluß des Zylinders entweder erst zu öffnen, wenn schon sichere Zündung eingetreten ist, oder zum mindesten den Zufluß des Kühlwassers zunächst stark zu drosseln.

Selbstverständlich muß der Kühlwasserzufluß rasch genug wieder auf das normale Maß, auf den normalen Wärmezustand, eingestellt, und es darf damit nicht etwa gewartet werden, bis sich die Wandungen des Verbrennungsraums unzulässig erhitzen. Auch besondere Vorwärmung der Zylinderwandungen durch Dampf oder Warmwasser ist vorgesehen worden.

Einfluß von Belastungsänderungen, Massenwirkungen, Brennstoffänderungen.

Die Gemischbildung bei Dieselmaschinen kann plötzlichen und weitgehenden Belastungsänderungen sehr gut angepaßt werden, weil sich bei allen Belastungen die Wärmeverhältnisse des Zylinders wenig ändern und die Art der Einspritzung stets annähernd gleich bleibt. Die Regelung muß nur rasch genug folgen.

Massenwirkungen spielen beim Einspritzvorgang keine wesentliche Rolle, weil mit hohen Drücken und nur mit verhältnismäßig kleinen Massen gearbeitet wird. Maschinen mit sehr hohen Drehzahlen, über 600 minutlich, werden noch nicht gebaut, weil die Verteilung der sehr kleinen Brennstoffmengen zu schwierig ist.

Massenwirkungen verändern nur beim Auspuff- und Saughub das Ladegewicht an frischer Arbeitsluft. Doch ist dieser Einfluß geringer als bei Gas- und Vergasermaschinen.

Die Belastungsgröße von Dieselmaschinen findet eine obere Grenze, weil das Gemisch immer reicher wird und die Luftmenge zur Verbrennung schließlich nicht mehr ausreicht. Die Leistung der Maschine muß daher nach Erreichung eines Höchstwertes wieder abnehmen. Die größtmögliche Leistung N_{max} wird etwa 20 bis 25 $^0/_0$ höher gewählt als die normale Dauerleistung N_n

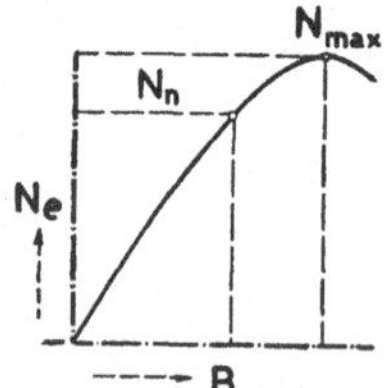

188. Leistungsverhältnisse bei wachsender Ölmenge.

(Bild 188). Nur bei besonderen Betriebsverhältnissen, wie z. B. Kriegsschiffbetrieb, ist manchmal höhere Überlastungsfähigkeit (bis etwa 50 $^0/_0$) erforderlich.

Auch mit wachsender Drehzahl muß die Leistungsfähigkeit bei einer und derselben Maschine schließlich abnehmen, weil die erforderliche Luftmenge nicht mehr geliefert werden kann. Die mit der Drehzahl quadratisch wachsenden Strömungswiderstände verringern nach Erreichung einer Höchstdrehzahl n_{max} (Bild 189) das Ladegewicht an Zylinderluft und Einspritzluft mit weiter wachsender

Drehzahl, so daß dann die Leistungsfähigkeit abnehmen muß. Dabei ist ein Betrieb vorausgesetzt, bei dem die jeder Drehzahl entsprechende größte Leistungsfähigkeit der Maschine einreguliert wird. Die Strömungsquerschnitte sind so bemessen, daß bei der gewählten Betriebsdrehzahl die Maschine voll ausgenutzt werden kann.

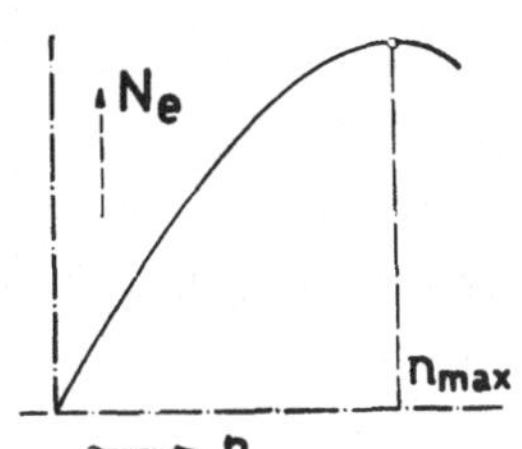

189. Leistungsverhältnisse bei wachsender Drehzahl.

Durch Erhöhung der Pressung und der Menge der Einspritzluft, sowie der Brennstoffmenge kann das Ladegewicht an Brennstoffluftgemisch und die Leistung erhöht werden.

Abgesehen davon, daß die Herstellung von Preßluft mit noch höherem Druck als etwa 80 Atm. und das Arbeiten mit solcher Preßluft schon erhebliche Schwierigkeiten und Kosten bereitet, wird die spezifische Leistungsfähigkeit der Maschine nur unwesentlich gesteigert, weil sich die Wärmeausnutzung infolge schlechterer Mischung des Brennstoffs mit der Arbeitsluft nur unwesentlich verbessern läßt. Die schlechtere Mischung rührt daher, daß der Brennstoff durch den großen Überdruck zu sehr gegen die Wandungen des Zylinders geschleudert und nicht genügend in der Arbeitsluft des Zylinders verteilt wird.

Weitergehende Erhöhung der Leistungsfähigkeit wäre erreichbar, wenn auch die Ladeluftmenge des Zylinders, z. B. durch Laden mit Luft von höherer als Atmosphärenspannung, vergrößert würde. Hierdurch würde aber der Verdichtungsenddruck und der Verbrennungsdruck und damit die Beanspruchung aller an der Verbrennung mitwirkenden Teile wesentlich stärker wachsen, als wenn nur der Einspritzluftdruck erhöht wird.

Erfahrungen:

■ In unerwünschter Weise beeinflußte das Schmieröl der Kolbenlauffläche die Gemischbildung. Es ließ sich nicht verhüten, daß ein Teil des Schmieröls in den Verbrennungsraum des Zylinders gelangte und dort mit dem Brennstoff verbrannte. Diese Schmierölmenge war bei dünnflüssigem Öl größer als bei dickflüssigem, bei schnellaufenden Maschinen größer als bei langsamlaufenden; auch die Art der Schmierung (Preßschmierung, Tauchschmierung, Schleuderschmierung usw.) war von Einfluß.

Das Schmieröl wurde während der Saugperiode in den Arbeitsraum des Zylinders gesaugt und mischte sich dort mit der Arbeitsluft; in besonders starkem Maße geschah dies, wenn die Verbrennungsluft durch den mit Ölstaub geschwängerten Kurbelkasten hindurch gesaugt wurde.

Etwas Schmieröl konnte auch durch die Einspritzluft in den Zylinder gelangen, die es im Kompressor aufgenommen hatte. Allerdings sollte das Schmieröl wegen der Gefahr der Selbstzündung möglichst sorgfältig von der aus dem Kompressor austretenden Druckluft abgeschieden werden.

Weitgehende Veränderung in der Art der Schmierung und der Beschaffenheit des Schmieröls kann die Gemischbildung ungünstig beeinflussen. Bei der Einregelung der die Gemischbildung beeinflussenden Bauteile der Maschine muß der Einfluß des Schmieröls berücksichtigt werden.

Auch die Art der Kühlung des Zylinders und der Wandungen des Verbrennungsraumes kann merkbaren Einfluß auf die Gemischbildung ausüben. Die Temperatur der Lauffläche des Zylinders beeinflußt den Flüssigkeitszustand des Schmieröls der Lauffläche und verändert damit die in den Arbeitsraum des Zylinders gelangende Schmierölmenge und die Gemischbildung.

Änderung der Kühlverhältnisse des Verbrennungsraumes hat Einfluß auf die Ölgasbildung, die Güte der Mischung und der Verbrennung. Während des normalen Betriebes sind nicht zu weitgehende Änderungen der Kühlungstemperatur von geringer Bedeutung. Deutlich merkbar werden sie aber z. B. während des Anlassens, wenn der kalte Zylinder gute Gemischbildung sowie die Einleitung und Durchführung der Verbrennung ohnehin erschwert.

In der Regel gestattet aber die Dieselmaschine, bei ausreichend hohem Verdichtungsenddruck und guter Regelung, sicheren, gleichmäßigen und wenig empfindlichen Betrieb bei allen Belastungsverhältnissen.

Gemischbildung bei Viertakt-Glühkopfmaschinen.

Die Glühkopfmaschinen sind aus der Verdampfungskammermaschine von Hornsby hervorgegangen, deren mit feuerfestem Material ausgekleideter Verdampfungsraum nur niedrige Drücke verträgt, leicht Risse bekommt und daher häufig zu Betriebsstörungen Anlaß gibt. Es wurden daher bald Glühkammern aus Gußeisen ohne Auskleidung mit feuerfestem Material verwendet, die Glühhaube oder Glühkopf genannt wurden.

Die Arbeitsweise einer Glühkopfmaschine unterscheidet sich nur wenig von der einer Maschine mit Verdampfungskammer (Bild **161,** S. 274 u. 275). Der Unterschied besteht nur darin, daß bei der Glühkopfmaschine, um ohne Gefahr von Frühzündungen mit etwas höheren Verdichtungsenddrücken arbeiten zu können, der Brennstoff später als bei der Verdampfungskammermaschine. nämlich gegen Ende der Saugperiode oder erst während des Verdichtungshubes in den Glühkopf gespritzt wird. Der Brennstoff wird auch nicht, wie bei den Maschinen mit Verdampfungskammer — um zu starke Ölgasbildung schon während des Saughubes zu vermeiden —, einfach in die Kammer eingelagert, sondern in den Glühkopf eingespritzt und dabei möglichst gut zerstäubt.

Erfahrungen:

■ Die alten Glühkopfmaschinen wurden für kleine Leistungen, bis etwa 20 PS in einem Zylinder, als billige Ölmaschinen gebaut, die sich in Wirkung und Betriebsweise von den Maschinen mit Verdampfungskammer nur wenig unterschieden. Der Verdichtungsenddruck durfte ungefähr 5 Atm. nicht übersteigen, wenn Frühzündungen ohne Anwendung besonderer Hilfsmittel, wie Wassereinspritzung, verhütet werden sollten. Auch die Drehzahl mußte aus den Gründen, die schon bei den Maschinen mit Verdampfungskammer angegeben wurden, verhältnismäßig hoch sein (300 bis 500 minutlich).

Der Brennstoffverbrauch solcher Ölmaschinen war daher immerhin sehr hoch (über 400 g für die PS_e und Stunde). und

lebensfähig waren sie nur durch ihre billige Herstellung, sowie die
Einfachheit ihrer Wartung und Betriebsweise. Daher durften für
die Einspritzung und Zerstäubung des Brennstoffes keine umständlichen und teuren Einspritzvorrichtungen mit Preßluftbetrieb,
sondern nur einfache mechanische Zerstäuber verwendet
werden, denen die Brennstoffmenge der jeweiligen Belastung entsprechend durch eine Pumpe zugedrückt würde. ∎

Hinsichtlich der Ausbildung der Zerstäuber ist zu beachten,
daß die gesamte für das Arbeitsspiel erforderliche Brennstoffmenge
in kleine Teilmengen zerlegt wird, die nacheinander eingespritzt und zerstäubt werden. Erreichbar ist dies dadurch,
daß der Austrittsquerschnitt a des Brennstoffs am Einspritz-
mundstück sehr klein bemessen wird, so daß nur kleine Teilmengen in der Zeiteinheit ausspritzen können (Bild 190).

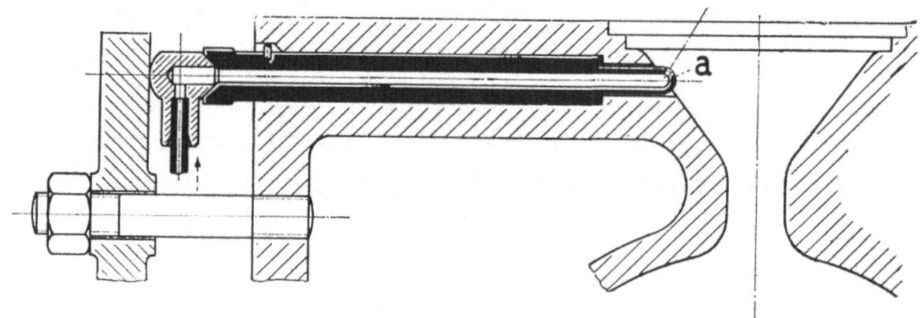

190. Einfache Brennstoffdüse für Glühkopfmaschinen.

Die Verbrenung kann daher nicht rasch genug erfolgen, sondern ist mit starkem Nachbrennen verbunden.

Der hohe Brennstoffverbrauch derartiger Viertakt-Glühkopfmaschinen ist aber vor allem auf den niedrigen Verdichtungsenddruck zurückzuführen, der allerdings die Maschine einfach und billig zu bauen ermöglicht, der aber großen Verdichtungsraum bedingt und auch verhältnismäßig großen Glühkopfraum, damit die wirksame Erwärmung des Glühkopfes und die
Selbstentzündung des Gemisches auch bei kleinen Belastungen
gesichert ist. Der große Glühkopfraum faßt aber eine große
Menge Verbrennungsgase, die sich während der Auspuffperiode
nicht vollständig entfernen lassen und dadurch schlechte Gemischbildung und Verbrennung zur Folge haben.

Verbesserung wäre z. B. dadurch möglich, daß die Auspuffrückstände ausgespült werden (Zweitakt-Glühkopfmaschinen).
Viertaktmaschinen erfordern zu besserer Wärmeausnutzung Erhöhung des Verdichtungsenddruckes.

Erfahrungen:

■ Nur starke Vergrößerung des Druckes hat die Viertakt-Glühkopfmaschinen in den Stand gesetzt, den Wettbewerb
mit den billigeren Zweitaktmaschinen auszuhalten.

Mäßige Erhöhung des Verdichtungsenddruckes, z. B. von 5
auf 10 Atm., hatte keine wesentliche Verkleinerung des Glühkopfraumes zur Folge, verlangte aber schon spätere Einspritzung
des Brennstoffes, um Frühzündungen zu vermeiden, und unter
Umständen Wassereinspritzung, um besonders bei hohen Belastungen zu starke Erhitzung des Glühkopfes und dessen frühzeitige Zerstörung zu verhindern. Die Gemischbildung wurde nicht
wesentlich verbessert, weil die verfügbare Zeit durch das spätere
Einspritzen kleiner geworden war, andrerseits immer noch eine
große Menge von Auspuffgasen im Glühkopfraume zurückblieb.

Eine wesentliche Verbesserung wurde erst erreicht, als der
Verdichtungsenddruck ganz beträchtlich, z. B. auf 20 Atm., gesteigert wurde, so daß ein erheblicher Teil der zur Entzündung und
Verbrennung erforderlichen Wärme dem Luftinhalt des Verdichtungsraums entnommen werden konnte. Dann brauchte der Glühkopf nur verhältnismäßig klein zu sein und nur als Zündvorrichtung zur Einleitung der Verbrennung zu dienen. Der kleine
Glühkopf enthielt dann auch nur wenig Abgasreste, und es wurde
bessere Gemischbildung, raschere Einleitung und Durchführung der
Verbrennung und somit bessere Wärmeausnutzung erreicht. ■

Zum Austrittsquerschnitt wird der Brennstoff vielfach durch
einen langen spiralförmigen Kanal geleitet, damit die austretenden Brennstoffteilchen nicht nur eine axiale, sondern auch
eine tangentiale Geschwindigkeitskomponente erhalten und dadurch
besser zerstäubt und im Glühkopfraum verteilt werden können. Der
Brennstoff darf keinesfalls zu spät in den Glühkopf eingeführt
werden, da sonst keine genügend wirksame Ölgasbildung erfolgt.

Sofortige Verbrennung des in den Glühkopf eingespritzten Brennstoffes tritt nicht ein, weil erst während der Verdichtungsperiode genügend viel Luft in den Glühkopf gelangen kann. Der Glühkopf bleibt nämlich am Ende des Auspuffs mit Verbrennungsgasen gefüllt, die im Viertakt nur ausgetrieben werden, wenn die Auslaßsteuerung am Glühkopf selbst sitzt. Dort würde sie aber zu heiß und wäre dauernd nicht dicht zu halten.

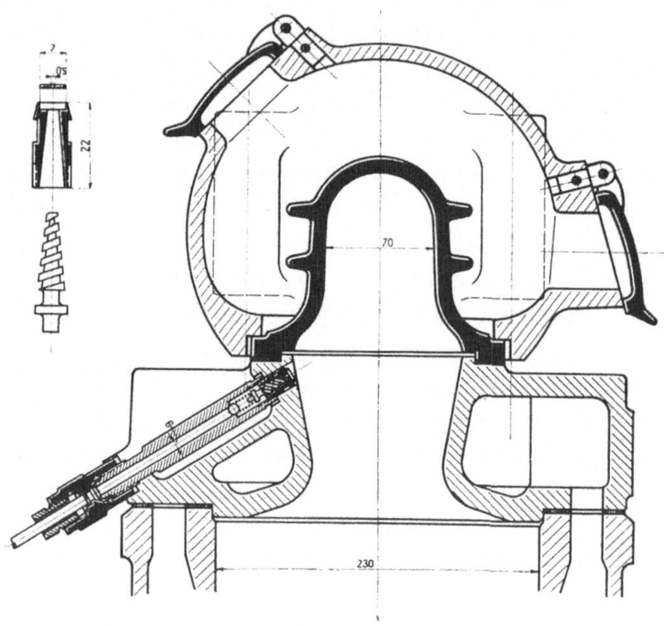

191. Glühkopf mit Einspritzvorrichtung (Deutz).

Der Glühkopf ist vielmehr so einfach wie möglich zu gestalten; er hat infolge der großen Wärmebeanspruchung nur beschränkte Lebensdauer und muß daher leicht auswechselbar sein. Am Glühkopf werden keine anderen Konstruktionsteile befestigt; selbst die Einspritzdüse wird meist an einem gekühlten Zylinderteil angebracht (Bild 191), damit nicht der Brennstoff schon vor der Einspritzung verdampft.

Der Glühkopf einer Viertakt-Glühkopfmaschine ist somit im Augenblicke des Einspritzens des Brennstoffs vornehmlich mit Auspuffrückständen gefüllt, die wohl ein Verdampfen des zum Teil auch an die glühenden Wandungen gelangenden Brennstoffes zulassen, seine sofortige Entzündung und Verbrennung aber verhindern. Erst wenn bei weiter fortschreitender Verdichtung immer mehr Luft in den Glühkopf gelangt, verbrennt ein Teil des Brennstoffs; dadurch wird ähnlich wie bei den Maschinen mit Verdampfungskammer der Brennstoffdampf gegen Hubende aus dem Glühkopf nach dem Zylinderraum getrieben und erst dann der Druck wirksam gesteigert. Derartige Viertakt-Glühkopfmaschinen können nur mangelhafte Wärmeausnutzung ergeben.

Die Gemischbildung ist trotz der Vorverdampfung des Brennstoffs innerhalb des Glühkopfes schlecht, weil der Brennstoff ohne gasförmiges Druckmittel nur ungenügend zerstäubt und verteilt wird, und weil die eigentliche Gemischbildung erst sehr spät. kurz vor der Verbrennung, beginnt.

Je höher der Verdichtungsenddruck gewählt wird, desto später muß man mit dem Einspritzen beginnen, um Frühzündungen sicher zu verhüten, und desto mehr wird man gezwungen sein. zu besonderen Einspritzvorrichtungen mit Preßluft usw. zu greifen, um bei der Kürze der verfügbaren Zeit und bei dem hohen Gegendruck im Zylinder gute Gemischbildung zu erzielen. Es ist klar, daß man sich auf diese Weise immer mehr dem Dieselverfahren nähert.

Glühkopfmaschinen mit kleinem Glühkopf ermöglichen es, mit geringeren Verdichtungsenddrücken als beim Dieselmotor zu arbeiten und daher auf etwas niedrigere Herstellungs- und Betriebskosten zu kommen. Sie verlangen aber beim Anlassen der kalten Maschine lästiges Anheizen des Glühkopfes.

Das Arbeitsverfahren der Viertakt-Glühkopfmaschine ist wenig aussichtsreich. Als einfache billige Niederdruckmaschine ist sie der Zweitakt-Glühkopfmaschine unterlegen, und mit höherem Verdichtungsenddruck bietet sie gegenüber dem Hochdrucköl-motor zu wenig Vorteile. Sie hat daher wenig Bedeutung erlangt.

5. Gemischbildung und Regelung
von
Zweitakt-Schwerölmaschinen.

Die im Zweitakt arbeitenden Schwerölmaschinen haben sowohl als Diesel-, wie auch als Glühkopfmaschinen wesentlich größere Bedeutung erlangt als die Zweitakt-Gas- und -Vergasermaschinen. Während bei den letzteren Arten von Zweitaktmaschinen Gemischverluste und Entzündungen beim Laden nur schwer verhütet werden können und die Gemischbildung wegen der geringen Mischzeit wesentlich ungünstiger ist als bei Viertaktmaschinen, haben die Zweitakt-Schwerölmaschinen diese Mängel nicht, weil bei ihnen nur Luft geladen und das Gemisch ebenso wie bei den Viertakt-Ölmaschinen erst während oder nach der Verdichtung gebildet wird.

Die einfachere Bauart der Zweitakt-Ölmaschinen hat ihnen daher, obwohl sie gegenüber Viertaktmaschinen manche Nachteile besitzen, wie schlechteres Austreiben der Verbrennungsgase und größere Wärmebeanspruchung aller Maschinenteile, verschiedene Anwendungsgebiete verschafft, während die Zweitakt-Gas- und -Vergasermaschinen durch die Viertaktmaschinen verdrängt worden sind.

Hier sollen dafür nur die Zweitakt-Dieselmaschinen und Glühkopfmaschinen näher behandelt werden.

Bei beiden Maschinenarten treten die Verbrennungsgase am Ende der Ausdehnungsperiode durch Schlitzöffnungen aus, und nach genügender Entspannung des Zylinderinhalts wird mit schwach verdichteter Luft gespült und geladen. Somit wird nur Luft zusammen mit den im Zylinder zurückgebliebenen Verbrennungsgasen verdichtet, und es besteht keine Gefahr der Frühzündung.

Der Brennstoff wird wie bei den Viertaktmaschinen eingespritzt; im allgemeinen treten daher hinsichtlich Gemischbildung, Verdampfung, Zersetzung und Verbrennung die gleichen Wirkungen ein wie bei den Viertaktmaschinen.

Die beiden Arbeitsverfahren unterscheiden sich bei den Ölmaschinen wesentlich nur durch das Auspuffen und Laden, das bei den Zweitaktmaschinen am Ende des Ausdehnungs- und zu Beginn des Verdichtungshubes vorzunehmen ist. Verbrennung findet bei jeder Umdrehung statt.

Hieraus sollte sich theoretisch doppelte Leistungsfähigkeit jeder Zylinderseite einer Zweitakt-Ölmaschine gegenüber einer Viertaktmaschine gleichen Hubvolumens und gleicher Drehzahl ergeben. In Wirklichkeit ist bei Zweitaktmaschinen wegen der geringeren Zeit, die zum Austreiben der Verbrennungsgase und zum Laden gegeben ist, gleich günstige Füllung des Zylinderhubvolumens wie bei Viertaktmaschinen nur durch Aufwendung besonderer Vorkehrungen und Mittel möglich, die in der Regel jedoch größeren Arbeitsverlust ergeben.

Die Leistungsfähigkeit von Zweitakt-Ölmaschinen entspricht daher praktisch nicht der doppelten Leistung von Viertaktmaschinen. Entweder muß im Vergleich mit Viertaktmaschinen die Drehzahl herabgesetzt werden, weil sonst die Zeit zum Austreiben der Verbrennungsgase und zum Laden zu gering wird. oder es muß der mittlere spezifische Arbeitsdruck niedriger gehalten werden, weil sonst die Wärmebeanspruchung aller Maschinenteile, die am Verbrennungsvorgang mitwirken, für Dauerbelastung unzulässig groß wird. In der Regel ist auch die Verbrennung ungünstiger und daher der Brennstoffverbrauch höher als bei Viertaktmaschinen.

Je größer die Nutzleistung der Maschine ist, umso niedriger muß der Massenwirkungen wegen auch bei Viertaktmaschinen die Drehzahl gewählt werden; die Nachteile der Zweitakt-Ölmaschinen gegenüber den Viertaktmaschinen fallen daher bei großer Leistung weniger ins Gewicht; um so mehr aber kommen in diesem Falle die baulichen Vorteile und die geringeren Herstellungskosten der Zweitaktmaschinen zur Geltung.

Zweitakt-Dieselmaschinen werden in der Regel nur für größere Zylinderleistungen gebaut. Bei Leistungen unter 100 PS in einer Zylinderseite haben Zweitakt-Dieselmaschinen höchstens für bestimmte Sonderzwecke Lebensberechtigung, z. B. für Schiffsbetrieb, der fast stets umsteuerbare Maschinen verlangt. Die einfachere Bauart und die Steuerung der Zweitaktmaschinen läßt meistens auch wesentlich einfachere Durchbildung der Umsteuerungsvorrichtung zu, als sie bei Viertaktmaschinen möglich ist.

In solchen Sonderfällen treten die wärmetechnischen Vorteile und der geringere Brennstoffverbrauch der Viertaktmaschinen gegenüber den unzweifelhaften baulichen Vorteilen der Zweitakt-Ölmaschinen in den Hintergrund.

Diese praktischen Vorteile sind auch der Hauptgrund für die Bevorzugung der Zweitakt-Glühkopfmaschinen. Solche Maschinen kommen nur für kleine Zylinderleistungen (meistens unter 50 PS) in Betracht, bei denen Betriebssicherheit, besonders aber geringer Herstellungspreis wesentlich wichtiger ist als günstiger Brennstoffverbrauch.

Austreiben der Verbrennungsgase und Laden.

Die Güte des Brennstoffluftgemisches und der Verbrennung ist bei Zweitakt-Ölmaschinen in hohem Maße davon abhängig, wie es gelingt, die Verbrennungsgase aus dem Zylinder zu entfernen und das Zylinderhubvolumen mit frischer Luft zu füllen, also bei jedem Arbeitsspiel ein möglichst großes Luftgewicht mit geringstem Arbeitsaufwand in den Zylinder zu laden.

Bei allen Zweitakt-Ölmaschinen strömen die Verbrennungsgase am Ende des Ausdehnungshubes unter dem eigenen Überdruck durch Schlitzöffnungen (Auspuffschlitze) und eine an sie angeschlossene Auspuffleitung ins Freie.

Mit dem Laden frischer Luft wird erst begonnen, wenn genügende Entspannung des Zylinderinhaltes durch das Abströmen der Verbrennungsgase eingetreten ist, damit beim Laden nur geringer Überdruck der Luft über den Atmosphärendruck erforderlich ist.

Von der eintretenden Ladeluft sollen zugleich die im Zylinder vorhandenen Restgase durch die noch offenen Auspufföffnungen hinausgedrängt werden, damit sich am Ende des Ladevorganges möglichst nur frische Luft im Zylinder befindet. Dies gelingt in ausreichender Weise nur, wenn die Ladeluft die Verbrennungsgase im Zylinder nach den Auslaßöffnungen vor sich herschieben kann und so das Durcheinanderwirbeln von Luft und Verbrennungsgasen im Zylinder vermieden wird (Spülvorgang).

Die eintretende Ladeluft (Spülluft) darf daher keinen großen Überdruck besitzen, weil sie sonst die Verbrennungsgase durchdringt und unter Umständen nutzlos durch die Auspuffschlitze entweicht, nachdem sie die Verbrennungsgase durcheinander gewirbelt, seitlich von den Auslaßöffnungen weggedrängt und am Austreten verhindert hat.

Im allgemeinen ist das Spülen und Laden umso wirksamer, je weiter entfernt von den Auslaßschlitzen die Eintrittsstelle der Luft im Zylinder angeordnet ist. Günstig ist demnach eine Ausführungsform, bei der an dem einen Hubende des Kolbenlaufs die Verbrennungsgase am ganzen Zylinderumfang durch Schlitzöffnungen austreten, während die frische Ladung am anderen Hubende durch Ventile oder Schlitzöffnungen eintritt.

Die verschiedenen Ausführungsformen der Zweitakt-Ölmaschinen unterscheiden sich im wesentlichen nur durch die Art der Ausführung und Anordnung der Auslaß- und Einlaßsteuerung.

In Bild **192** ist schematisch die vielfach ausgeführte Bauart einer stehenden Zweitakt-Dieselmaschine mit Ventilsteuerung für Spülen und Laden dargestellt. Die Auslaßschlitzöffnungen sind am unteren Hubende des Kolbens am ganzen Umfang des Zylinders angeordnet; dadurch lassen sich große Auslaßquerschnitte erzielen, die in der geringen Zeit, die für das Ausströmen gegeben ist, günstiges Entleeren des Zylinders von Verbrennungsgasen ermöglichen.

Durch Ventile läßt sich der erforderliche Ausströmquerschnitt nicht schaffen, zudem sind große Auslaßventile teuer in der Herstellung und Wartung und ergeben leicht Betriebsstörungen. Auslaßschlitzöffnungen mit Kolbensteuerung haben sich bei sachgemäßer Bauart, bei Kühlung zwischen den Schlitzöffnungen, bei sorgfältiger Kolbendichtung, Schmierung usw. gut bewährt.

Die Spül- und Ladeluft wird bei der Bauart nach Bild **192** durch Ventile zugeführt, die im Deckel der Maschine untergebracht sind. Um möglichst geringen Druck- und Arbeitsverlust durch das Spülen und Laden zu erhalten, müssen zumeist mehrere Ventile angeordnet werden,

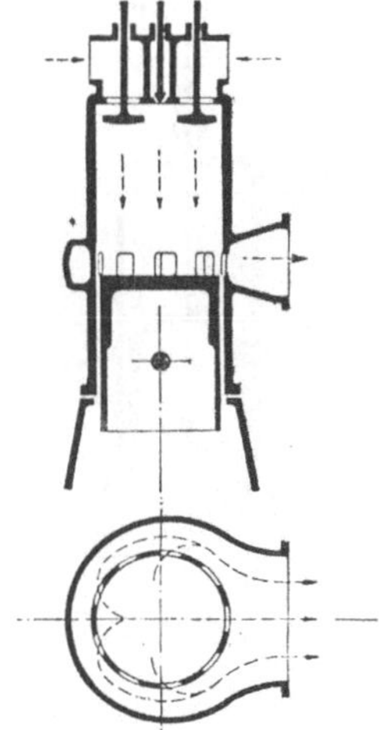

192. Zweitakt-Dieselmaschine mit Ventilspülung.

wodurch aber die Bauart der Zylinderdeckel schwierig und teuer wird.

Gesteuerte Ladeventile haben aber den Vorzug, daß der Beginn und der Schluß der Einströmung beliebig ausführbar ist. Man kann somit, wie dies auch im Steuerdiagramm Bild **193** angedeutet ist, die Spülluft erst dann einströmen lassen (S_v), wenn der Zylinderinhalt durch das Ausströmen (von A bis S_v) schon unter den Druck der Spülluft entspannt ist.

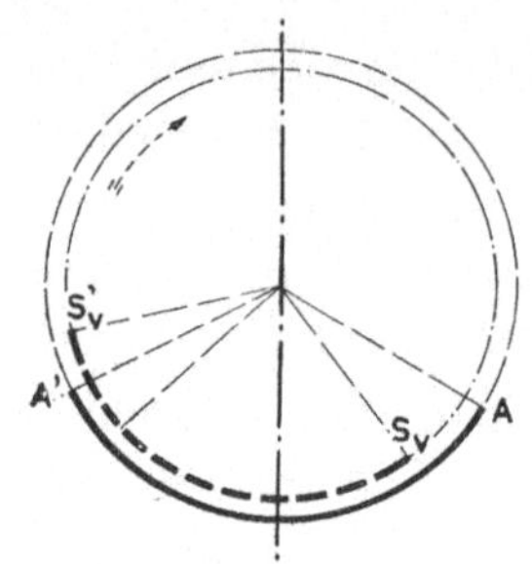

193. Auslaß und Laden bei Zweitakt-Dieselmaschinen mit Ventilspülung.

Nach Kolbenumkehr und Abschluß der Auslaßschlitzöffnungen (A') braucht aber das Laden noch nicht aufzuhören, sondern man läßt vielmehr vorteilhafterweise die Luft unter Ausnutzung des noch vorhandenes Überdruckes und ihrer Strömungsenergie weiter zuströmen (Nachfüllen) und schließt die Ventile erst (S_v'), wenn der durch das Vorschieben des Kolbens entstandene Verdichtungsdruck des Zylinderinhalts den Druck der Ladeluft erreicht hat. Würde der Querschnitt noch weiter offen bleiben, so könnte durch Rückströmen des Zylinderinhalts durch die Ventile ein Ladeverlust eintreten.

Die Spülung ist bei dieser Bauart ausreichend, denn es werden die Verbrennungsgase am ganzen Zylinderumfang von der Spülluft erfaßt und durch die Auslaßschlitzöffnungen genügend gleichmäßig nach allen Seiten hinausgeschoben.

Weniger günstig ist die Spülwirkung und auch der Ladevorgang bei der im Bild **194** schematisch angedeuteten stehenden Bauart, die besonders bei Zweitakt-Glühkopfmaschinen angewendet wird.

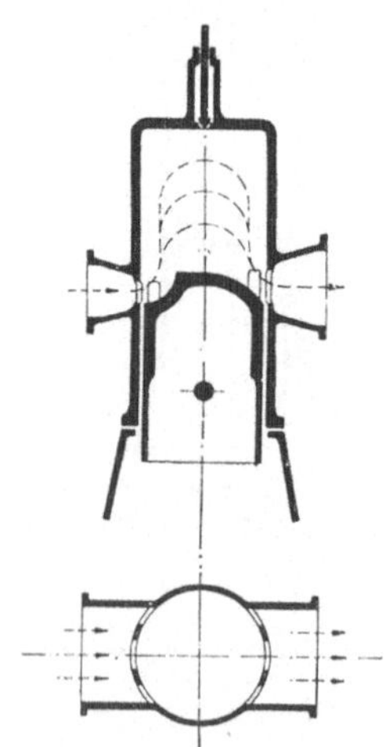

194. Einfache Schlitzspülung. Zweitakt-Dieselmaschinen.

Schlitzöffnungen sind sowohl für den Austritt der Verbrennungsgase als auch für den Eintritt der frischen Ladung am unteren Hubende des Zylinders angeordnet.

Es steht somit für die Auslaßöffnungen nur ungefähr der halbe Zylinderumfang zur Verfügung, so daß für gleich günstige Entspannung des Zylinderinhaltes wie bei der Bauart nach Bild **192** längere Schlitzöffnungen auszuführen sind und der Auspuff früher beginnen muß als bei Maschinen mit Ladeventilen.

195. Auslaß und Spülung mit
einfacher Schlitzsteuerung.

Wie auch aus dem Steuerdiagramm Bild **195** zu ersehen ist, muß bei dieser Bauart mit dem Laden vor Abschluß der Ausströmung (A') aufgehört werden (S'). Es fehlt das wirkungsvolle Nachfüllen der Zweitaktmaschinen mit Ladeventilen, daher ist unter sonst gleichen Umständen das Ladegewicht und damit die Leistungsfähigkeit der Maschine geringer.

Dadurch, daß die Einlaßöffnungen am gleichen Zylinderende angeordnet werden wie die Auslaßöffnungen, lassen sich Verluste an Ladeluft durch Abströmen nicht sicher verhüten. Man versucht zwar, die eintretende Luft durch besondere Form des Kolbenbodens nach Möglichkeit von den Auslaßöffnungen abzulenken, doch läßt es sich nicht verhindern, daß ein Teil der Luft mit den Verbrennungsgasen nutzlos durch die Auslaßschlitzöffnungen entweicht.

Versuche, die in der Prüfstelle für Verbrennungsmaschinen bei der Technischen Hochschule zu Berlin an einer 15 PS-Zweitakt-Glühkopfmaschine ausgeführt wurden, haben gezeigt, daß fast die Hälfte der in den Kurbelkasten eingeführten Einspritzwassermenge beim Eintritt der Ladeluft in den Zylinder, trotz der besonderen Kolbenform (vgl. Bild **223**, S. 351), durch die Auslaßöffnungen entweicht, woraus auf entsprechend große Verluste an Luftladung zu schließen ist.

Die Folge davon ist, daß bei dieser Bauart von Zweitakt-Ölmaschinen Spülen und Laden mit großem Luftüberschuß erfolgen muß, wenn zu schlechte Ausnutzung des Zylinderhubvolumens vermieden werden soll. Es müssen daher die zur Beschaffung der Spül- und Ladeluft erforderlichen Luftpumpen reichlicher bemessen werden als bei Zweitaktmaschinen mit Ladeventilen.

Dafür besitzen aber Zweitaktmaschinen mit Schlitzeintrittsöffnungen für die Luft große bauliche Vorzüge, wie einfache Steuerung, bessere Kühlung der Auslaßschlitzöffnungen, einfachere und betriebsichere Deckelbauart, und erfordern geringere Herstellungskosten. Deshalb wird diese Bauart für einfachere Betriebe und kleinere Leistungen oft ausgeführt.

Die baulichen Vorzüge der Zweitakt-Ölmaschinen mit Ladeschlitzöffnungen haben das Bestreben hervorgerufen, den Lieferungsgrad dieser Maschinen zu verbessern.

In den Bildern **196** und **197** ist die Bauart und das Steuerdiagramm der stehenden Zweitakt-Dieselmaschinen von Gebr. Sulzer

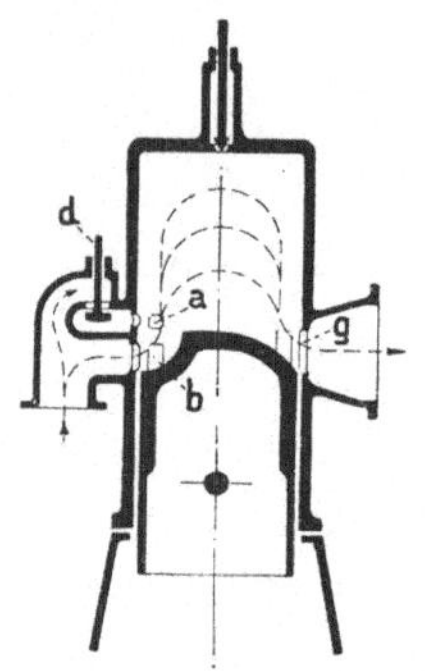

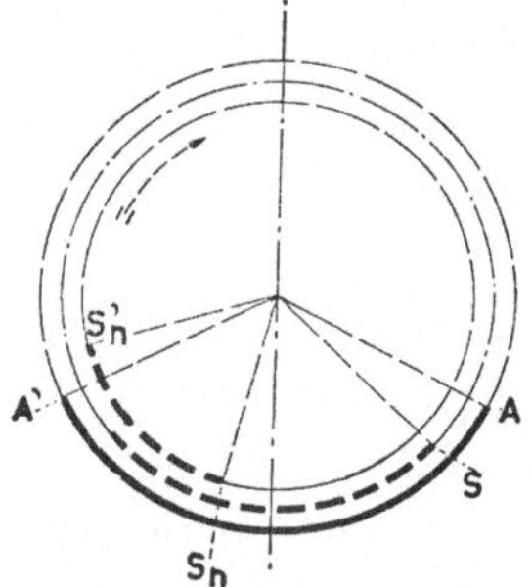

196. Zweitakt-Dieselmaschine mit Nachfüllschlitzen (Sulzer).

197. Auslaß und Spülung mit Nachfüllschlitzen.

in Winterthur schematisch angegeben. Die Schlitzöffnungen für den Zutritt der Spül- und Ladeluft sind in zwei übereinander liegenden Schlitzreihen a und b angeordnet.

Der Zutritt der Luft zur oberen Kanalreihe a wird durch ein Ventil d besonders gesteuert. Hierdurch wird es möglich, daß der Kolben beim Niedergang zuerst die Schlitzöffnungen a freigibt. Die Verbrennungsgase dringen in den Kanalraum bis zum geschlossenen Ventil d ein, wobei sie die vom vorigen Spiel in diesem Raum enthaltene Luft zurückdrängen und verdichten, bis ein Druckausgleich stattfindet. Hierauf erst werden die Auslaßschlitzöffnungen g geöffnet (A), durch welche die Verbrennungsgase abströmen.

Erst wenn hierdurch der Druck des Zylinderinhalts genügend gefallen ist, öffnet der Kolben beim weiteren Niedergang die Zutrittsöffnungen b für die Spül- und Ladeluft (S). Nun kann auch das Ventil d geöffnet werden (S_n) und Ladeluft auch durch die Schlitzöffnungen a zuströmen.

Durch diese Kanalöffnungen a strömt Luft auch noch zu, wenn der Kolben die Auslaßöffnungen g schon geschlossen hat (A'). Dadurch wird wirksames Nachfüllen erreicht. Die Lage der Oberkante der Schlitzöffnungen a (S_n') muß nach dem Überdruck der Ladeluft und dem Enddruck der Ausdehnung gewählt werden. Meistens genügt ein Überdruck der Luft von 0,1 bis 0,2 Atm. Die Schlitzöffnungen a werden am besten nur so hoch über die Auslaßöffnungen g gelegt, daß die mit dem Hochgehen des Kolbens verbundene Verdichtung des Zylinderinhalts noch das Zuströmen von Luft zuläßt und die Luft nicht etwa nach den Luftkanälen a zurückströmt.

Andrerseits hängt die Lage der Öffnungen a mit dem Enddruck der Ausdehnungsperiode und den Auslaßöffnungen g zusammen, die nicht zu früh geöffnet werden dürfen, weil sonst nicht nur größerer Arbeitsverlust, sondern auch zu heftiges und geräuschvolles Ausströmen der noch zu heißen Verbrennungsgase die Folge ist und hierdurch die Wandungen der Auslaßöffnungen zu stark beansprucht werden.

Anstatt des gesteuerten Ventils d kann auch eine selbsttätig wirkende Absperrsteuerung (Ventil oder Klappe) angeordnet werden (Körting). Ein solches Ventil muß durch den Überdruck der Verbrennungsgase geschlossen gehalten werden und öffnet sich erst, wenn sich der Zylinderinhalt durch das Abströmen dieser Gase genügend entspannt hat.

Selbsttätige Absperrsteuerungen haben sich nicht so bewährt wie zwangläufig bewegte. Sie geben durch Veränderung der Bewegungswiderstände und der Federbelastung wechselnden Steuerzustand, öffnen unter Umständen zu spät und in zu plötzlicher, geräuschvoller Weise oder schließen zu früh, so daß sich ungenügendes Nachfüllen ergibt. Schließlich können sie durch Hängenbleiben vollständig unwirksam werden und zu Betriebsstörungen Anlaß geben.

Auch ohne jede Absperrsteuerung im Teilkanal a könnte Nachfüllen erreicht werden, wenn, wie in Bild **198** angedeutet, durch geeignete, beispielsweise düsenartige Einbauten f dem Abströmen der Verbrennungsgase durch die Kanalöffnungen a so großer Widerstand entgegengesetzt wird, daß schon nach kurzem Wege der Verbrennungsgase der Druckausgleich mit der Ladeluft erfolgt ist. Inzwischen werden die Auslaßöffnungen g freigemacht, und der Zylinderinhalt mit dem Teilkanalraum a entspannt sich durch das Abströmen der Verbrennungsgase so stark, daß durch Öffnen der Schlitzkanäle b Luft zum Spülen und Laden eintreten kann. Nach Abschluß des Auslasses wird dann noch durch die Schlitz-

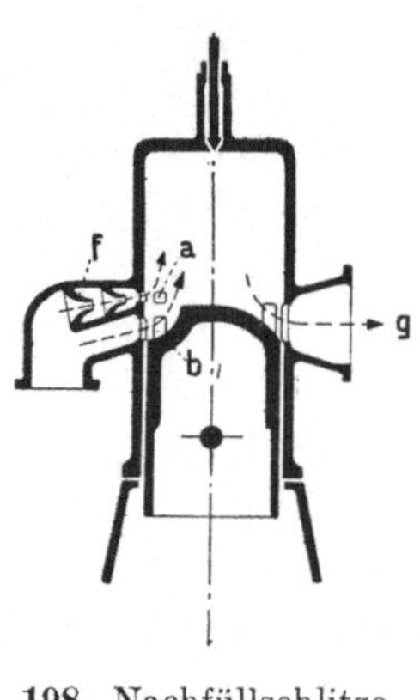

198. Nachfüllschlitze
ohne
Nachfüllsteuerung.

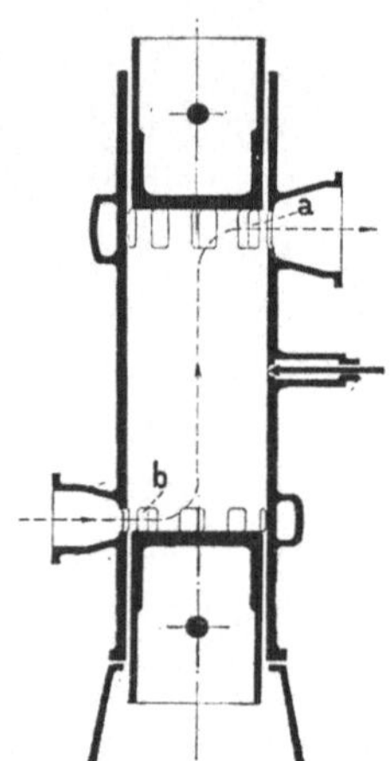

199. Zweitakt-Dieselmaschine
(Junkers).

öffnungen a nachgefüllt, wobei die düsenartigen Einbauten f dem Eintreten von Luft in den Zylinder möglichst geringen Widerstand bieten sollen.

Zweitakt-Dieselmaschinen mit Einlaßschlitzöffnungen am gleichen Hubende des Zylinders wie die Auslaßschlitze finden besonders mit Einrichtungen zum Nachfüllen immer steigendere Anwendung, auch bei großen Zylinderleistungen.

In Bild 199 ist die Bauart der stehenden Zweitakt-Dieselmaschine von Junkers schematisch dargestellt, die sehr wirkungsvolles Austreiben der Verbrennungsgase und Laden zuläßt. Die Auslaßöffnungen a befinden sich an dem einen Hubende, die Zutrittsöffnungen b für die Spül- und Ladeluft am anderen Hubende des Zylinders und sind auf den ganzen Umfang gleichmäßig verteilt. Durch zwei gegenläufige Kolben wird der Auslaß und der Einlaß gesteuert und in der Mitte des Zylinders der sehr einfache Verbrennungsraum gebildet, der in wärmetechnischer Hinsicht sehr günstig ist.

Meist liegen die Auslaßöffnungen bei stehenden Maschinen oben, wie in Bild **199** angegeben ist. Aus dem Steuerdiagramm (Bild **200** und **201**) ist zu ersehen, daß die Einlaßöffnungen erst durch den unteren Kolben freigegeben werden (S), wenn der Druck des Zylinderinhalts durch das Austreten der Verbrennungsgase kleiner geworden ist als der Druck der Spülluft.

200. Zweitakt-Dieselmaschine
ohne Nachfüllung
nach Bild **199** und **202**.
Diagramm für Auslaß und
Spülung.

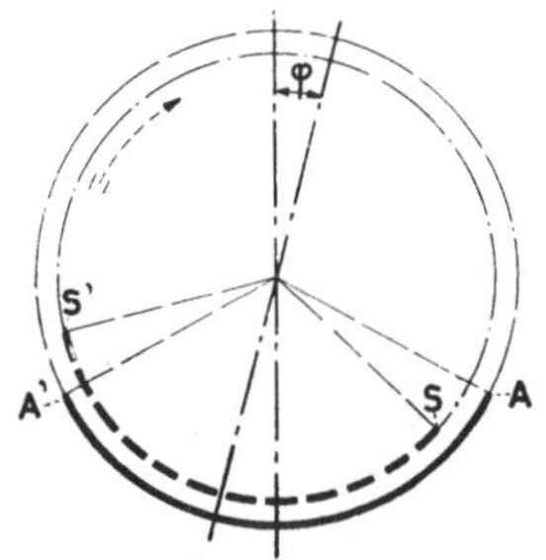

201. Zweitakt-Dieselmaschine
mit Nachfüllung
nach Bild **199** und **202**.
Diagramm für Auslaß und
Spülung.

Sind die Kurbelarme, welche die beiden Kolben antreiben, um 180^0 gegeneinander versetzt, wie dies bei dem Steuerdiagramm Bild **200** angenommen ist, dann werden die Einlaßöffnungen b vor dem Auslaß a geschlossen (S'), und es wird nicht nachgefüllt.

Durch geringe Versetzung des Kurbelantriebes der beiden Kolben um $\varphi = \sim 10$ bis 15^0 läßt sich aber in einfacher Weise ausreichend wirkungsvolles Nachfüllen erreichen. Das zugehörige Steuerdiagramm ist in Bild **201** dargestellt.

Bei praktischen Ausführungen wird stets mit Nachfüllen gearbeitet, weil dann bessere Füllung des Zylinders erreicht wird oder kleinere Spülpumpen angewendet werden können.

So einfach wie die Bauart von Junkers bei oberflächlicher Betrachtung erscheint, ist sie in Wirklichkeit nicht, da der Antrieb der gegenläufigen Kolben wesentlich umständlicheres Kurbeltriebwerk erfordert als die bisher besprochenen Maschinen. Trotzdem besitzt diese Bauart viele durch einfache Mittel erreichte Vorzüge, wie günstige Ausschub-, Spül- und Ladewirkung, sehr einfachen und für die Wärmeausnutzung des Brennstoffs günstigen Verbrennungsraum, bei gleichem Gesamthub wie andere Maschinen nur halb so große Kolbengeschwindigkeit usw. Der weitere Erfolg dieser Bauart ist davon abhängig, ob es gelingt, die mit ihr verbundenen baulichen und betriebstechnischen Schwierigkeiten, die namentlich in der Ausbildung des Kurbeltriebwerks, der Kolbenkühlung und Schmierung liegen, zu überwinden.

Die Bauart der stehenden Zweitakt-Ölmaschinen von Junkers ergibt große Raumbeanspruchung in der Höhe, die unzulässig ist, wenn kein genügend hoher Maschinenraum zur Verfügung steht. Bei hohen Maschinen wird auch die Zugänglichkeit und die Wartung sehr erschwert.

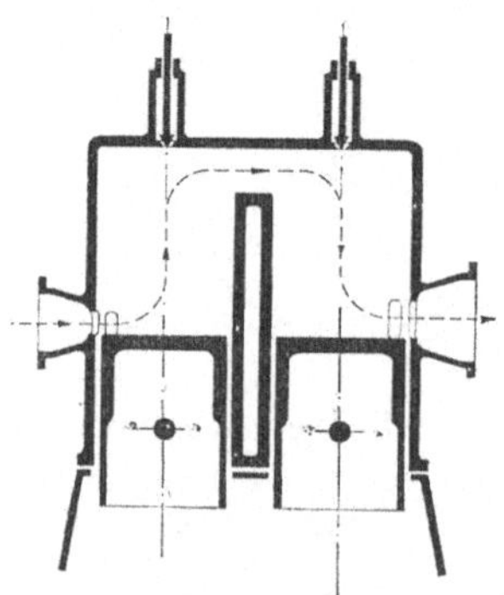

202. Zweitaktmaschine mit gleichläufigen Kolben.

Durch die in Bild **202** schematisch dargestellte Bauart einer Zweitakt-Dieselmaschine soll diesem Mangel dadurch abgeholfen werden, daß der Doppelzylinder in der Mitte geteilt wird und die beiden Teilzylinder mit ihren Kolben nebeneinander gesetzt werden. Im Prinzip ist die Arbeitsweise der so entstandenen Zweitaktmaschine mit gleichläufigen Kolben genau dieselbe wie bei der Maschine von Junkers. Es gelten die gleichen Steuerdiagramme (Bild **200** und **201**). Nachfüllen wird auch bei dieser Bauart durch geringe Veränderung des Kurbelantriebswinkels der beiden Kolben (um $\varphi = 10$ bis 15^0) erreicht.

Wesentliche Vorteile der Bauart von Junkers gehen aber verloren, denn sowohl der Verbrennungsraum als auch das Austreiben der Verbrennungsgase, das Laden und die Massenwirkungen sind bei ihr ungünstiger, und die Beherrschung des Wärmezustandes im Verbindungshals beider Zylinder ist ohne besondere Mittel nicht möglich.

Bei allen Zweitakt-Ölmaschinen muß darauf geachtet werden, daß mit möglichst geringem Überdruck der Luft gespült und geladen werden kann, und daß Luftverluste beim Laden nach Möglichkeit vermieden werden. Außerdem sollen die Verbrennungsgase möglichst vollständig aus dem Zylinder ausgetrieben werden.

Ein Umstand wird meist nicht genügend beachtet. Allgemein herrscht bei Zweitaktmaschinen das Bestreben, die im Zylinder zurückgebliebenen Verbrennungsgase durch die eintretende Spülluft auszuschieben. Dies gelingt ausreichend nur bei denjenigen Bauarten der Zweitakt-Ölmaschinen, bei denen die Einlaßöffnungen für die Luft am anderen Zylinderende als die Auslaßöffnungen angeordnet sind, nicht aber bei den Zweitaktmaschinen, die die Einlaß- und Auslaßschlitzöffnungen am selben Hubende des Zylinders haben.

Bei diesen Maschinen muß daher besonders dafür gesorgt werden, daß schon vor Eintritt der Luft ein großer Teil der Verbrennungsgase abgeströmt und im Zylinder ein möglichst starker Druckabfall eingetreten ist. Durch genügend große Auslaßquerschnitte und durch die Massenenergie der abströmenden Gase kann sogar ein Unterdruck im Zylinder erzeugt werden, was für das nachfolgende Laden sehr günstig ist.

In Bild **203** sind Teile von Arbeitsdiagrammen einer Zweitakt-Glühkopfmaschine von 15 PS Normalleistung (vgl. Bild **223**, S. 351) dargestellt, aus denen deutlich der Druckverlauf im Arbeitszylinder am Ende der Ausdehnungsperiode, während des Ausströmens (Schlitzlänge g_a) und Ladens (Schlitzlänge e), sowie zu Beginn der Verdichtung zu ersehen ist. Der Zylinderinhalt hat sich schon vor Öffnen der Spülkanäle bis unter die Atmosphäre entspannt, und die Massenenergie der abströmenden Verbrennungsgase hat bewirkt, daß sich auch nach Beginn der Einströmung von Luft aus dem Kurbelkastenraum des Motors der Unterdruck noch weiter, bis auf 0,15 bzw. 0,3 Atm., erhöhte.

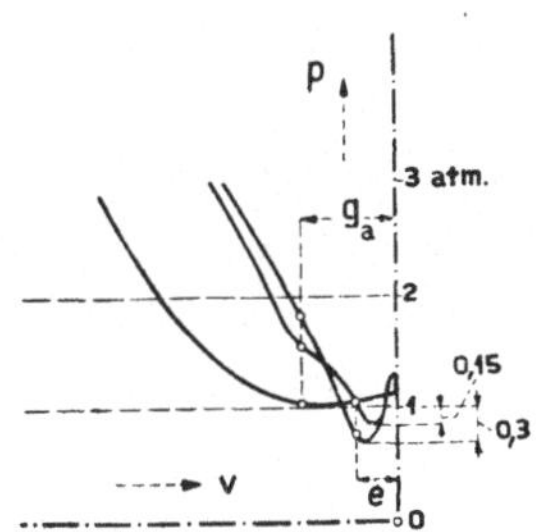

203. Druckverlauf am Ende der Ausdehnungsperiode (Glühkopfmaschine).

Bemerkenswert ist, daß dem höheren Enddruck der Ausdehnungsperiode der größere Unterdruck entspricht, was auf die den größeren Druckunterschieden entsprechenden höheren Strömungsgeschwindigkeiten und daher stärkeren Massenwirkungen zurückzuführen ist.

Der Unterdruck im Zylinder zu Beginn des Einströmens ergibt einen großen Druckunterschied gegenüber der schwach verdichteten Luft des Kurbelkastens, dadurch wird aber die einströmende Luftmasse stark beschleunigt und das Laden sehr wirkungsvoll gemacht. Infolge des heftigen Einströmens steigt der Druck im Zylinder rasch an und erreicht im Hubende ungefähr den Druck der Luft im Kurbelkasten.

Nach Kolbenumkehr fällt der Druck wieder, weil der Kolben nunmehr einen Teil des Zylinderinhalts zwangläufig durch den offenen Auslaß hinausschiebt. Der Druckabfall im Zylinder ist aber für das weitere Nachströmen von Luft aus dem Kurbelkastenraum günstig, und der bei Abschluß der Einlaßschlitzöffnungen nahezu bis auf die Atmosphäre abgefallene Druck läßt auf gute Entleerung des Kurbelkastenraumes schließen.

Nicht ohne weiteres kann daraus auch auf gute Füllung des Zylinders mit Luft geschlossen werden, weil ein erheblicher Teil der einströmenden Luft mit den Verbrennungsgasen durch die Auslaßschlitzöffnungen entweicht. Der Ladewirkungsgrad des Zylinders ist vielmehr in der Regel ungünstig und beträgt nur etwa 50 bis 70 $^0/_0$.

Die gute Entleerung des Kurbelkastenraumes hat aber einen günstigen Lieferungsgrad der Kurbelkastenspülpumpe zur Folge, wie durch Versuche mit der schon genannten 15 PS-Zweitakt-Glühkopfmaschine bestätigt worden ist. In Bild **204** ist das durch eine Luftuhr gemessene, von der Kurbelkastenspülpumpe wirklich angesaugte Luftgewicht L, das dem Hubvolumen entsprechende theoretisch mögliche Luftgewicht L_0 und außerdem der Lieferungsgrad der Kurbelkastenluftpumpe:

$$\lambda_l = \frac{L}{L_0}$$

in Funktion der minutlichen Drehzahl der Maschine aufgetragen. Man erkennt, daß λ_l bei der angegebenen normalen Drehzahl von 350 in der Minute ungefähr 74 $^0/_0$ erreicht, ein Wert, der bei dem großen schädlichen Raum der Kurbelkastenpumpe noch als günstig bezeichnet werden muß. Bei geringerer Drehzahl ist λ_l wesentlich größer, und die verlangte Leistung ergibt sich schon bei einer minutlichen Drehzahl von etwa 330, wie durch die Versuche bestätigt wurde.

Aus Bild **203** ist zu ersehen, daß der größte Teil der am

Ende der Ausdehnungsperiode im Zylinder enthaltenen Verbrennungsgase schon vor dem Beginn der Lufteinströmung ausgeströmt
ist. Der sich bis zum Hubende des Kolbens immer noch ver-

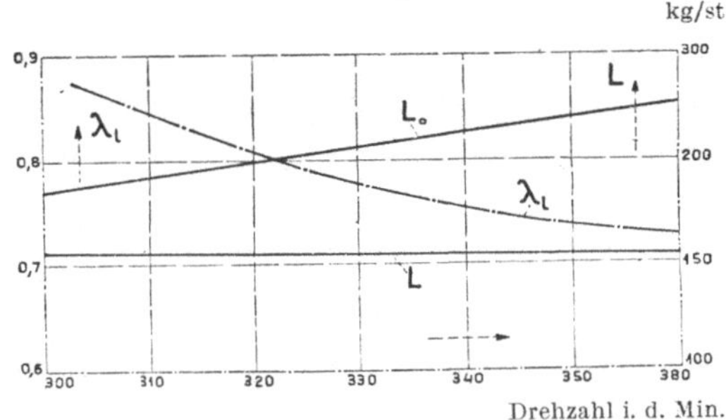

204. Lieferungsgrad der Kurbelkastenpumpe.　　**205.** Auslaß-Schlitzöffnungen
Zweitakt-Glühkopfmaschine.　　　　　　besonderer Art.

größernde Ausströmquerschnitt hat vor allem zur Folge, daß die einströmende Spülluft um so leichter wieder durch die Auslaßkanäle
abströmen kann.

Daher erscheint eine Ausführungsform der Auslaß- und Einlaßschlitzöffnungen nach Bild **205** günstig, bei der die Auslaßkanalöffnungen vom Augenblicke des Einströmbeginns der Luft
nicht mehr zunehmen. Die Luftverluste müssen bei dieser Ausführungsform der Auslaßöffnungen geringer werden, während die
Entleerung des Zylinders von Verbrennungsgasen sich nicht
nennenswert verschlechtert.

Bei Zweitakt-Ölmaschinen, deren Einströmöffnungen am entgegengesetzten Hubende als die Auslaßöffnungen angeordnet sind,
können keine so großen Luftverluste entstehen, daher empfiehlt es
sich bei solchen Maschinen, die Auslaßöffnungen bis zum Hubende des Kolbens zunehmen zu lassen. Dies ist besonders aus
dem Grunde vorteilhaft, weil die eintretende Luft bei ihrem Bestreben, nach den weiter entfernt liegenden Auslaßöffnungen zu
gelangen, die noch im Zylinder vorhandenen Verbrennungsgase
vor sich her und durch den Auslaß hinausschiebt, ohne selbst in
so erheblichem Maße mit auszuströmen, wie es bei den hier
beschriebenen Maschinen geschieht.

Einfluß von Änderungen des Luftüberdrucks
auf den Ausschub- und Ladevorgang.

Wird die Luft durch die zugehörige Luftpumpe zwangläufig in den Zylinder der Zweitaktmaschine hinübergeschoben, dann paßt sich der Luftüberdruck den Strömungswiderständen an, und dieser Druck ändert sich nur, wenn sich die Strömungswiderstände ändern. Die durch die Luftpumpe angesaugte Luftmenge wird dann sicher in den Zylinder der Maschine gefördert.

Zwischen den Steuerverhältnissen der Luftpumpe und denen der Zweitaktmaschine muß die in den Bildern **206** und **207** an-gedeutete Beziehung bestehen, daß der Kurbelwinkel α, der dem Ausschubteil des Druckhubes der Luftpumpe entspricht, mit dem der Ladeperiode von S bis S' entsprechen-den Kurbelwinkel α der Zweitaktmaschi-ne übereinstimmt. Damit ist zugleich die Kurbelverset-zung für die Luft-pumpe und Ma-

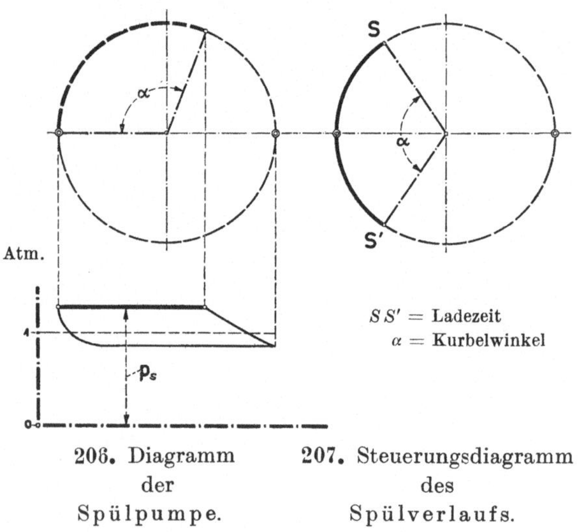

206. Diagramm der Spülpumpe.   **207.** Steuerungsdiagramm des Spülverlaufs.

schine gegeben. Sie beträgt $\dfrac{\alpha}{2}$, weil die Maschine um diesen Win-kel früher in die Totlage gelangt als die Luftpumpe.

Diese Art des Ladevorganges ergibt den zuverlässigsten Be-trieb, denn danach kann das Spülen und das Laden gleichartig durchgeführt und die erforderliche Luftmenge bei möglichst gleich-bleibendem Druck gefördert werden. Die praktische Ausführung verlangt aber für jede arbeitende Zylinderseite einer Zweitakt-maschine eine Luftpumpenseite, wodurch sich bei mehrzylindrigen Maschinen eine umständliche und teure Bauart ergibt.

In den weitaus meisten Fällen muß e i n e doppeltwirkende Spülpumpe für mehrere Zylinderseiten einer Zweitaktmaschine ausreichen. Es muß dann ein genügend großer Luftsammelbehälter zwischen der Luftpumpe und den Arbeitszylindern eingeschaltet werden, dessen Inhalt sich aus der Bedingung bestimmen läßt, daß durch das Spülen und Laden der einzelnen Zylinderseiten kein zu großer Druckabfall in ihm entstehen soll.

Ist der Luftbehälter zu klein, dann werden die Druckunterschiede zwischen den einzelnen Auffüllperioden durch die Luftpumpe zu groß. Es kann dann vorkommen, daß bei einem Zylinder der Höchstwert des Überdrucks zu Beginn des Spülens vorhanden ist, wo er der guten Spülwirkung wegen weniger notwendig ist, während zum nachfolgenden Laden ein zu geringer Druck zur Verfügung steht, so daß keine genügende Füllung des Zylinders erreicht wird. Bei einem anderen Zylinder kann gerade das Umgekehrte eintreten, und die Folge ist, daß die Leistungsfähigkeit und die Wärmeausnutzung der einzelnen Zylinder verschieden groß wird.

Nach Abschnitt VII S. 473 u. f. kann unter der ungünstigen Voraussetzung, daß die zum Spülen und Laden eines Zylinders einer mehrzylindrigen Zweitakt-Ölmaschine erforderliche Luftmenge dem Sammelbehälter entnommen wird, ohne daß die Spülpumpe während dieser Zeit frische Luft nachgefördert hat, der Inhalt J des Behälters aus der Beziehung:

$$J = \sim \frac{1.1\,V_h}{\delta}$$

bestimmt werden, wobei V_h das Hubvolumen des Zweitaktzylinders und $\delta = \dfrac{p_{max} - p_{min}}{p} = \dfrac{\varDelta p}{p}$ der Druck-Ungleichförmigkeitsgrad oder das Verhältnis des größtzulässigen Druckabfalles $\varDelta p$ zum mittleren Betriebsdruck p der Spülluft ist. Mit $\delta = \sim \frac{1}{10}$ bis $\frac{1}{25}$ erhält man praktisch brauchbare Konstruktions- und Betriebsverhältnisse.

Im allgemeinen wird angestrebt, mit möglichst geringem Überdruck der Luft zu spülen und zu laden, damit die aufzuwendende Ladearbeit nicht zu groß wird. Bei genügend großen Einströmquerschnitten genügt häufig schon ein Überdruck von 0,15 Atm., namentlich wenn mit Nachfüllung gearbeitet wird, um den Zylinder mit ausreichendem Ladegewicht an Frischluft zu füllen. Bei Dieselmaschinen wird meistens mit 0,15 bis 0,25 Atm. Überdruck der Spülluft gearbeitet (vgl. hierzu S. 318 u. f.).

Überlastungsfähigkeit der Zweitakt-Dieselmaschinen kann durch Drosselung des Auspuffstromes erreicht werden, da hierbei Luft von höherer Pressung wirksam zum Spülen verwendet werden kann und durch das Laden ein größeres Luftgewicht in den Zylinder der Maschine gefördert wird, das größere Brennstoffmengen zu verbrennen gestattet und daher größere Leistung ergibt.

Überlastungsfähigkeit läßt sich bei Zweitakt-Dieselmaschinen, die mit Nachfüllung arbeiten, auch in der Weise erreichen, daß ohne Auspuffdrosselung zum Spülen Luft von geringem Überdruck ($\sim$ 0,2 Atm.) und erst nach Abschluß der Auspuffschlitzöffnungen zum Nachfüllen Luft von höherem Überdruck genommen wird. Auf diese Weise sind mittlere spezifische Arbeitsdrücke von etwa 11 kg/qcm mit verhältnismäßig geringen Luftpressungen (1,3 bis 1,5 Atm.) erreicht worden.

Eine Grenze wird durch die bei der Überlastung hervorgerufene Überanstrengung der Maschinenteile gezogen. Die üblichen Maschinenbauarten lassen nur zeitweilige Überlastung von 10 bis $20\,^0/_0$ zu, die vor allem durch die größere Wärmebeanspruchung ungünstig wirkt. Nur durch entsprechende Verringerung der durch die erhöhte Wärmeumsetzung hervorgerufenen Beanspruchungen, besonders der Wandungen des Verbrennungsraumes von Zweitaktmaschinen, kann noch größere Überlastungsfähigkeit erreicht werden, wie sie für verschiedene Betriebe, zum Antrieb von Schiffen, Walzenstraßen usw. sehr erwünscht ist. Die Mittel hierzu sind Erhöhung der Kühlwirkung, Vereinfachung der Bauart des Verbrennungsraumes, wirksames Austreiben der Verbrennungsgase usw.

Güte des Ausström- und Ladevorganges im Vergleich zum Viertaktverfahren.

In Bild **208** ist der ungefähre Druckverlauf im Zylinder für den Ausström- und Ladevorgang einer Zweitaktmaschine (ausgezogene Linien) und einer Viertaktmaschine (strichpunktierte Linien) dargestellt.

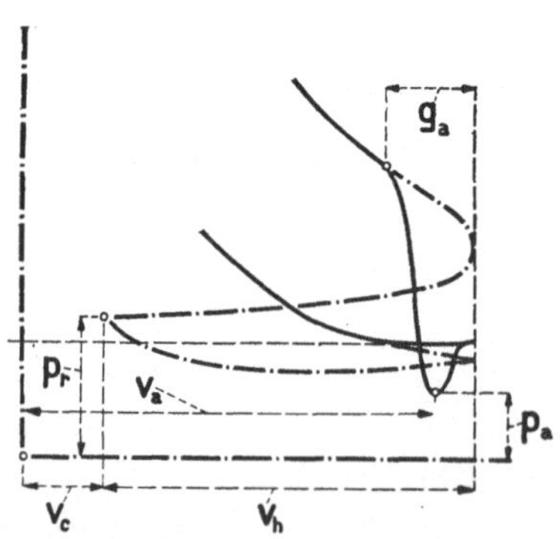

208. Druckverhältnisse beim Laden und Ausströmen (Viertakt- und Zweitaktmaschine).

Wird zunächst von dem zusätzlichen Hinausschieben der Verbrennungsgase durch die eintretende Spülluft abgesehen und nur der durch das Abströmen der Verbrennungsgase hervorgerufene Zustand des Zylinderinhaltes vom Drucke p_a, dem Volumen V_a und der absoluten Temperatur T_a berücksichtigt, so bleibt im Zylinder der Zweitaktmaschine ein Gewicht an Verbrennungsgasen von

$$G_z = \frac{p_a V_a}{R T_a}$$

zurück, worin R die Gaskonstante ist.

Mit genügender Annäherung an die wirklichen Verhältnisse kann vorausgesetzt werden, daß die Temperatur T_r der Verbrennungsgase, die am Ende des Ausdehnungshubs im Zylinder einer Viertaktmaschine zurückbleiben, sich von T_a wenig unterscheidet. Das Gewicht der Rückstände bei der Viertaktmaschine ist:

$$G_v = \frac{p_r V_c}{R T_r},$$

wobei die gleiche Gaskonstante R wie bei der Zweitaktmaschine angenommen wird.

Das Verhältnis der beiden Gewichte ist dann:

$$\frac{G_z}{G_v} = \frac{p_a V_a T_r}{p_r V_c T_a} = \sim \frac{p_a V_a}{p_r V_c},$$

und mit $\dfrac{V_a}{V_c} = \sim \varepsilon$ (Verdichtungsverhältnis) ist:

$$G_z = G_v \frac{p_a}{p_r} \varepsilon.$$

Wird beispielsweise $p_a = \sim 0{,}6$ Atm., $p_r = 1{,}2$ Atm. und $\varepsilon = 14$ angenommen, dann ergibt sich:

$$G_z = \sim 7\, G_v.$$

Selbst wenn vorausgesetzt würde, daß die Temperatur T_a erheblich höher ist als T_r, ergibt sich für die Zweitaktmaschine doch noch ein Vielfaches des Rückstandgewichtes der Viertaktmaschine.

Dem Ausspülen der im Zylinder zurückgebliebenen Verbrennungsgase durch die eintretende Frischluft kommt daher große Bedeutung zu, und bei Zweitaktmaschinen wird es selbst bei bester Spülwirkung kaum gelingen, eine gleich gute Ausströmwirkung zu erreichen wie bei Viertaktmaschinen.

Genügende Leistungsfähigkeit kann daher mit einer Zweitaktmaschine nur erreicht werden, wenn genügend großes Luftgewicht geladen wird. Bei der kurzen Ladezeit ist dies nur möglich, wenn entsprechend vorverdichtete Luft reichlich zugeführt wird. Je nach der Güte der Spülung und den Ladeverlusten muß das Hubvolumen der Ladepumpe etwa 1,3 bis 1,6 mal so groß sein als das des Arbeitszylinders der Ölmaschine, damit ähnlich gute Füllung mit Frischluft wie bei einer Viertaktmaschine erzielt wird.

Wegen der Strömungswiderstände beim Laden ist eine Vorverdichtung auf mindestens 0,1 Atm., in den meisten Fällen aber bis 0,2 Atm. notwendig, daher muß bei Zweitaktmaschinen eine wesentlich größere Ladearbeit aufgewendet werden als bei Viertaktmaschinen, und der Betriebswirkungsgrad sowie der Brennstoffverbrauch einer Zweitaktmaschiue wird bei gleicher Leistungsfähigkeit schlechter als der einer Viertaktmaschine.

Ist z. B. bei einer Zweitakt-Glühkopfmaschine mit Kurbelkastenladepumpe das Hubvolumen der Ladepumpe gleich dem Hubvolumen des Arbeitszylinders, dann kann kein so großes Ladegewicht an Frischluft wie bei Viertaktmaschinen in den Zylinder eingeführt werden, daher muß die Leistungsfähigkeit der Maschine während eines Arbeitsspiels entsprechend geringer sein. Eine solche Zweitaktmaschine kann dann nicht die doppelte Leistung einer Viertaktmaschine gleichen Hubvolumens und gleicher Drehzahl hergeben, vielmehr wird meistens kein großer Unterschied in der Leistungsfähigkeit beider vorhanden sein.

Die Viertakt-Dieselmaschine ist dann aber der Zweitakt-Dieselmaschine weit überlegen, weil bei ihr sowohl der Brennstoffverbrauch als auch die Wärmebeanspruchung der Maschinenteile wesentlich niedriger ist und sich somit geringere Betriebskosten und längere Lebensdauer ergeben.

Für hochwertigen Dieselmaschinenbetrieb können nur solche Zweitaktmaschinen mit Vorteil angewendet werden, die auch noch nach Abschluß der Auslaßöffnungen ausreichendes Nachladen mit Frischluft zulassen, weil sonst keine genügende Füllung des Zylinders möglich ist und die Leistungsfähigkeit, sowie der Brennstoffverbrauch gegenüber Viertaktbetrieb zu ungünstig wird.

Bei den Zweitakt-Glühkopfmaschinen liegen die Verhältnisse im Vergleich mit den Viertaktmaschinen nicht so ungünstig wie bei den Zweitakt-Dieselmaschinen. Aus der Beziehung:

$$G_z = G_v \frac{p_a}{p_r} \cdot \varepsilon$$

ergibt sich mit $p_a = \sim 0{,}6$ Atm., $p_r = \sim 1{,}2$ Atm. und $\varepsilon = \sim 6$, entsprechend einem Verdichtungsdruck von 8 bis 10 Atm.:

$$G_z = \sim 3\,G_v.$$

Das Ergebnis ist also günstiger als bei Zweitakt-Dieselmaschinen.

Bei Viertakt-Glühkopfmaschinen kann der Glühkopfraum nur unvollkommen von Abgasen befreit werden. Bei Zweitakt-Glühkopfmaschinen mit günstiger Spülwirkung erreicht man dagegen unter Umständen ebenso gute oder noch bessere Reinigung des Glühkopfraumes von Verbrennungsgasen, daher auch bessere Füllung dieses Raumes mit Luft und danach bessere Gemischbildung und Verbrennung als bei Viertaktmaschinen.

Günstig ist in dieser Beziehung, daß das Hubvolumen und der Glühkopfraum bei Zweitaktmaschinen kleiner wird als bei Viertaktmaschinen gleicher Leistung und Drehzahl. Soweit die Festigkeit und Haltbarkeit der Glühköpfe in Betracht kommt, können Zweitaktmaschinen höhere Verdichtungsdrücke zulassen und bessere Wärmeausnutzung erreichen. Da außerdem der Herstellungspreis und das Wartungsbedürfnis bei Zweitakt-Glühkopfmaschinen geringer ist als bei Viertaktmaschinen, so werden meist Zweitakt-Glühkopfmaschinen gebaut.

Die wärme- und betriebstechnischen Vorteile der Viertakt-Dieselmaschinen, infolge der besseren Austreibung der Verbrennungsgase und der geringeren Wärmebeanspruchung der Maschinenteile, würden sich in noch erheblicherem Maße geltend machen, wenn die Verbrennungsgase am Ende der Auspuffperiode, wie bei den Zweitaktmaschinen, durch schwach verdichtete Luft ausgespült würden. Dies geschieht bis jetzt nur bei den Viertakt-Großgasmaschinen (Hochleistungsbetrieb). Aber auch bei Dieselmaschinen würde sich dadurch eine wesentliche Leistungssteigerung erzielen lassen, ohne daß die Wärmebeanspruchung des Zylinders erheblich zunähme, weil die heißen Verbrennungsgase fast vollständig ausgetrieben werden können. Zudem sind die erforderlichen Mittel einfacher als bei Gasbetrieb, da nur mit Luft gearbeitet wird. Der hierzu notwendige Leistungsaufwand könnte durch die Abwärme der Auspuffgase, besonders bei großen Leistungseinheiten, in wirtschaftlich günstiger Weise gedeckt werden.

Nachrechnung der Auslaßquerschnitte
von Zweitakt-Ölmaschinen.

Oft ist versucht worden, die Abmessungen der Auslaß- und Einlaßöffnungen von Zweitaktmaschinen vorauszuberechnen. Doch ist keine ausreichende Übereinstimmung mit den praktischen Verhältnissen erreicht worden, weil zu viele, teilweise willkürliche Annahmen gemacht werden mußten, um die Lösung der maßgebenden Differentialgleichungen zu ermöglichen.

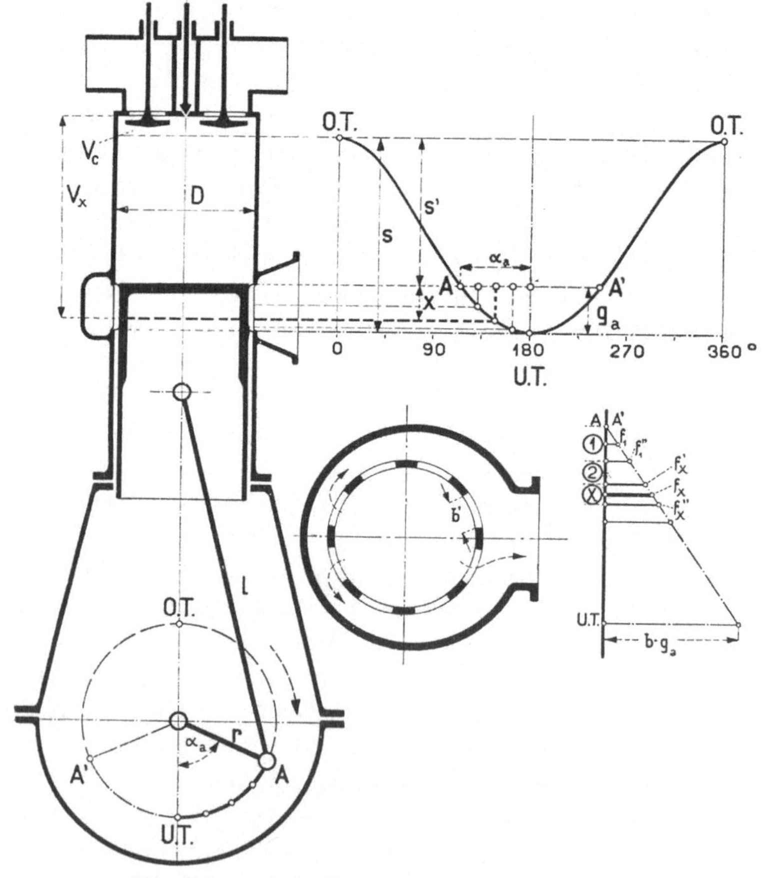

209. Schematische Darstellung des Kolbenlaufs
zur Nachprüfung der Ausströmungswerte.

Es soll daher hier keine Vorausberechnung, sondern nur eine Nachprüfung der erfahrungsgemäß bemessenen Aus- und Einlaßquerschnitte einer Zweitakt-Ölmaschine durchgeführt werden, wobei graphische und analytische Rechnung vereint Anwendung finden. Der Rechnungsgang wird dadurch übersichtlicher und klarer gestaltet, daß alle erforderlichen Zwischengrößen einzeln ermittelt und, wie die Rechnungsergebnisse, graphisch dargestellt werden.

Rechnungsgang.

(Hierzu die Bilder **209** und **210**.)

Gegeben sind für eine Leistung N_e bei i arbeitenden Zylinderseiten und n Umdrehungen in der Minute die Hauptgrößen s, D

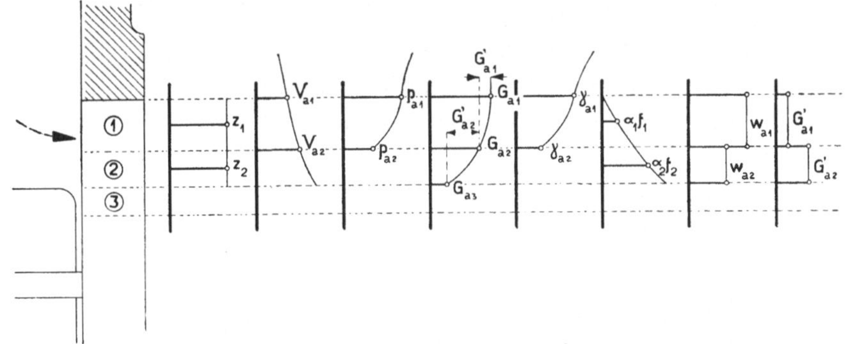

210. Schematische Darstellung des Rechnungsganges
zur
Nachprüfung der Ausströmungswerte.

und ε. Die Auslaßschlitzöffnungen werden der Erfahrung entsprechend folgendermaßen gewählt:

bei einfacher Schlitzspülung eine Schlitzlänge $g_a = (0{,}20 \text{ bis } 0{,}25)\, s$,

bei Ventilspülung . . . . $g_a = (0{,}12 \text{ bis } 0{,}18)\, s$.

Durch Annahme der Schubstangenlänge $l = \sim (4 - 6)\, r$ ist der Kurbelwinkel α_a von Beginn des Auslasses (A) bis zum unteren Totpunkt (U. T.) festgelegt. Dieser Winkel α_a findet sich auch in der Kolbenweglinie, die in Funktion des Kurbeldrehwinkels oder der Zeit aufgetragen ist.

Je nach der gewünschten Genauigkeit der Rechnung wird der Winkel α_a in eine größere oder kleinere Zahl ϱ gleicher Teile (Zeitabschnitte 1, 2 ... bis ϱ) geteilt, denen im Verlaufe der Kolbenbewegung eine immer größere Schlitzlänge x entspricht.

Die zum Durchlaufen der gesamten Schlitzlänge g_a erforderliche Zeit ist, in Sekunden ausgedrückt:

$$z = \frac{60\,\alpha_a}{n\,360}$$

und für einen Abschnitt:

$$z_1 = z_2 = \ldots z_\varrho = \frac{z}{\varrho} = \frac{60\,\alpha_a}{\varrho\,n\,360}.$$

Zu Beginn des Ausströmens (gezeichnete Kolbenstellung in Bild **209**) ist im Zylindervolumen $V_{a1} = \frac{\pi D^2}{4} s' + V_c$ ein Gewicht G_{a1} an Verbrennungsgasen von dem Drucke p_{a1} und dem spezifischen Gewichte $\gamma_{a1} = \frac{G_{a1}}{V_{a1}}$ enthalten. Der Druck p_{a1} ist der Enddruck der Ausdehnung und wird durch Aufzeichnen des Arbeitsdiagramms für die zu untersuchende Belastungsstufe ermittelt, die durch den mittleren spezifischen Arbeitsdruck p_i gegeben ist.

Das Gewicht der Verbrennungsgase G_{a1} ist bei Dieselmaschinen:

$$G_{a1} = G_1 + \frac{(B+E)\,N_e\,a}{i\,60\cdot 2\,n},$$

bei Glühkopfmaschinen mit Wassereinspritzung:

$$G_{a1} = G_1 + \frac{(B+w)\,N_e\,a}{i\,60\cdot 2\,n},$$

wobei E die spezifische Einspritzluftmenge und w die spezifische Einspritzwassermenge in kg für die Nutzpferdestärke und Stunde ist. Nach der Zeit z_1 ist eine Auslaßöffnung

$$f_1'' = \varSigma\,(b')\,x_1 = b\,x_1$$

freigelegt (Bild **209**). Für die Bestimmung des während der Zeit z_1 ausgeflossenen Gewichtes G_{a1}' ist aber die mittlere Fläche $f_1 = \frac{f_1''}{2}$ maßgebend. Ist α_1 die mittlere Kontraktionszahl für das Durchströmen des ersten Flächenabschnittes, dann ist

$$G_{a1}' = \alpha_1\,f_1\,w_{a1}\,\gamma_{a1}\,z_1.$$

Die Größe der Strömungsgeschwindigkeit w_{a1} ist abhängig vom Druck des Zylinderinhalts und dem Gegendruck im Auspuffrohr p, der bei genügend weiten und nicht zu langen Leitungen als konstant und ungefähr gleich 1 Atm. angenommen werden kann. Außerdem sollen die Zeitabschnitte so klein gewählt werden, daß der Druck des Zylinderinhalts während eines Zeitabschnittes stets gleich dem Druck p_a zu dessen Beginn, also beim ersten Abschnitt gleich p_{a1} vorausgesetzt werden kann.

Solange das Druckverhältnis $\dfrac{p}{p_a}$ kleiner ist als der kritische

Wert $\beta = \left(\dfrac{2}{m+1}\right)^{\frac{m}{m-1}}$ (vgl. „Hütte" 20. Auflage, Teil I, S. 358), berechnet sich die Ausflußgeschwindigkeit aus:

$$w_a = \sqrt{2\,g\,\frac{k}{k-1}\,\frac{p_a}{\gamma_a}\,\frac{m-1}{m+1}}.$$

Wird das Druckverhältnis $\dfrac{p}{p_a} > \beta$, dann ist:

$$w_a = \sqrt{2\,g\,\frac{k}{k-1}\cdot\frac{p_a}{\gamma_a}\left[1-\left(\frac{p}{p_a}\right)^{\frac{m-1}{m}}\right]},$$

worin m der Ausflußexponent ist, der von den Strömungswiderständen abhängt. Je größer die Stömungswiderstände sind, um so langsamer erfolgt der Druckabfall im Zylinder und desto kleiner ist m.

Die Zustandsänderung des Zylinderinhalts während eines Zeitabschnittes kann als eine polytropische nach der Beziehung $p\,v^m =$ konst. aufgefaßt werden, bei der die den Strömungswiderständen entsprechende Wärme dem Zylinderinhalt zugeführt wird (vgl. S. 443 u. f.). Bei widerstandsfreier Strömung wird weder Wärme zu- noch abgeführt, und die Zustandsänderung ist adiabatisch, mit dem Exponenten $m = k$.

Zu dem folgenden Rechnungsbeispiele wird ein gleichbleibender mittlerer Ausflußexponent $m = 1,2$ angenommen, der gute Annäherung an die wirklichen Verhältnisse ergibt.

Aus der Beziehung:

$$\frac{p_{a1}}{\gamma_{a1}^m} = \frac{p_{a2}}{\gamma_{a2}^m}$$

kann p_{a2} berechnet werden, wenn $\gamma_{a2} = \dfrac{G_{a2}}{V_{a2}}$ bestimmt worden ist.

Durch $G_{a1} - G_{a1}'$ ist G_{a2} und durch $V_{a1} + \dfrac{\pi}{4}\,D^2\,x_1$ das neue Volumen V_{a2} gegeben.

Damit sind alle Größen bekannt, die zur Nachrechnung der Ausflußverhältnisse während des zweiten Zeitabschnittes erforderlich sind. Zunächst wird wieder die Geschwindigkeit w_{a2} und dann das abströmende Gewicht

$$G_{a2}' = \alpha_2 f_2 w_{a2} \gamma_{a2} z_2$$

bestimmt. Dabei wird allgemein als Fläche f_x der Mittelwert aus der Flächengröße f_x' zu Beginn und von f_x'' am Ende des Zeitabschnitts der Berechnung von G_{ax}' zugrunde gelegt (Bild **209**).

Der Kontraktionswiderstand nimmt mit wachsender Auslaßöffnung ab, was durch entsprechende Zunahme der Kontraktionszahl α berücksichtigt werden kann. In Bild **210** ist die Reihenfolge der Rechnungen für die ersten beiden Zeitabschnitte schematisch dargestellt. Die Rechnung wird solange fortgesetzt, bis der Druck im Zylinder p_a fast auf den Gegendruck p abgefallen ist. Aus der gezeichneten Druckkurve kann dann leicht derjenige Zustand ermittelt werden, bei dem der Druck im Zylinder p_a tief genug unter den Druck p_s der Spülluft gefallen ist, daß die Spülluft beim Öffnen der Zuströmquerschnitte in den Zylinder eintreten kann.

Bei raschlaufenden Maschinen kann durch die Massenwirkung des Auspuffstromes, namentlich bei größeren Belastungen und entsprechend höheren Drücken, zu Beginn der Ausströmung ein beträchtlicher Unterdruck (bis ungefähr 0,4 Atm.) entstehen, der den Spül- und Ladevorgang günstig beeinflußt (vgl. Bild **203**). Derartige Massenwirkungen lassen sich ohne zahlreiche Annahmen und umständliche Rechnungen nicht auswerten. Schon geringfügige Veränderungen der Form und Länge der Auspuffleitung und der Stömungswiderstände können auf die Strömungsvorgänge großen Einfluß ausüben, der sich aber einer genügend sicheren Vorausberechnung entzieht.

Richtiger ist es daher, wesentliche Massenwirkungen des Auspuffstromes zu unterdrücken durch weite kurze Auslaßleitungen, reichlich bemessene Auslaß-Schlitzöffnungen und Anordnung möglichst großer Auspuffbehälter in der Nähe der Auslaßschlitze. Letzteres ist namentlich bei einfacher Schlitzspülung erforderlich, bei der für die Auslaßöffnungen nur der halbe Zylinderumfang verfügbar ist (Bild **211**).

Beispiele:

Nachrechnung der Ausströmgrößen einer Zweitakt-Dieselmaschine mit einfacher Schlitzspülung.

Die Bauart der Maschine und die Anordnung der Schlitzspülung zeigt Bild **211**. Bei a tritt die Luft zu, bei b strömen die Verbrennungsgase ab, c ist die Einspritzstelle für den Brennstoff.

Die Leistung soll 400 PS$_e$ in 4 Zylindern bei Normalbelastung und 200 Umdrehungen in der Minute betragen. Die Abmessungen sind nach dem Rechnungsbeispiel S. 423:

Zylinderdurchmesser
$$D = 370 \text{ mm},$$
Kolbenhub $s = 510$ mm.

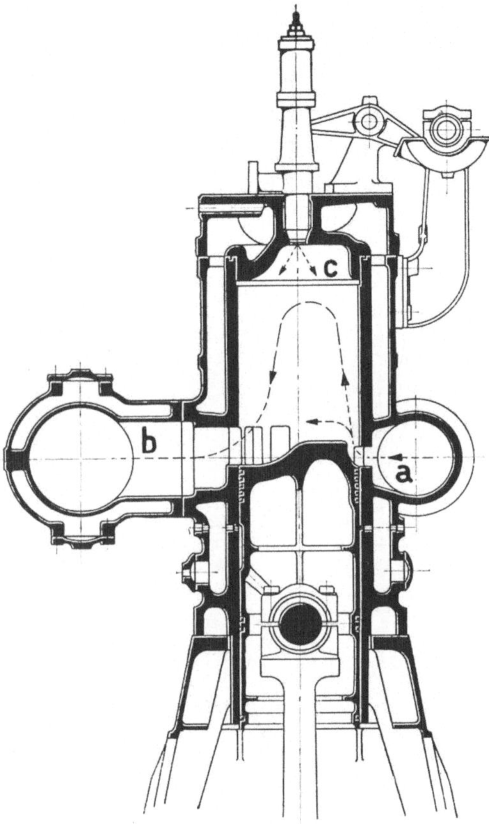

211. Zweitakt-Dieselmaschine mit einfacher Schlitzspülung.

Angenommen wird:

Länge der Auslaßschlitze . . . . $g_a = \sim 0{,}225\, s = 115$ mm,

Gesamtbreite der Auslaßöffnungen $b = 420$ mm,

Schubstangenlänge . . . . $l = \sim 4{,}5\, r = 1140$ mm.

Danach ergibt sich der Kurbelwinkel $\alpha_a = 62^0$. Dieser Kurbelwinkel wurde in $\varrho = 20$ gleiche Teile geteilt, so daß die Zeit zum Durchlaufen eines Abschnittes

$$z_1 = z_2 = \ldots z_\varrho = \frac{60\,\alpha_a}{\varrho\, n\, 360} = \frac{60 \cdot 62}{20 \cdot 200 \cdot 360} = 0{,}00258 \text{ Sekunden}$$

beträgt.

Es sollen drei Belastungsstufen für drei verschiedene Anfangsdrücke p_{a1} untersucht werden. Die zugehörigen Arbeitsdiagramme I, II, III sind in Bild **212** dargestellt. Die gemeinsame Verdichtungslinie und die Ausdehnungslinien sind als Polytropen $p\,v^{1,35} = $ konst. angenommen. Danach erhält man folgende Drücke:

für Diagramm   I: $p_{a1} = 3{,}5$ Atm., $p_i = 6{,}4$ Atm.,

für Diagramm   II: $p_{a1} = 3$ Atm., $p_i = 5{,}3$ Atm.,

für Diagramm III: $p_{a1} = 2$ Atm., $p_i = 3{,}1$ Atm.

Enddruck der Verdichtung ist in allen Fällen $p_c = 35$ Atm.

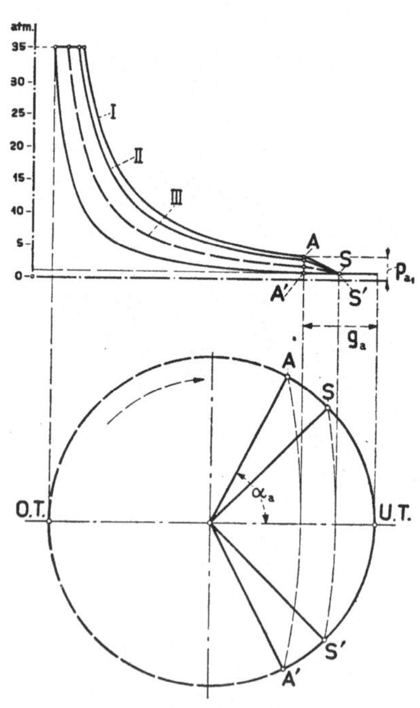

212. Arbeitsdiagramme
zur Nachrechnung
der Ausströmung bei einfacher
Schlitzspülung.
(Zweitakt-Dieselmaschine.)

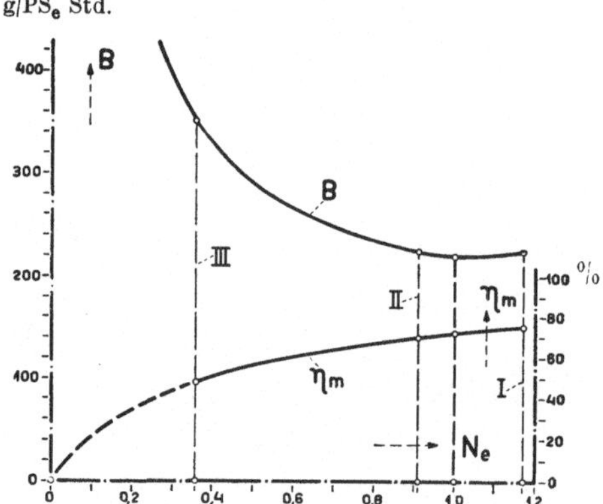

213. Betriebswirkungsgrad und
spezifischer Brennstoffverbrauch
zur Nachrechnung der Ausströmung
bei einfacher Schlitzspülung.
(Zweitakt-Dieselmaschine.)

In Bild **213** ist der Betriebswirkungsgrad η_m und der spezifische Brennstoffverbrauch B in kg/PS$_e$ und Std. in Funktion der Belastung N_e nach Erfahrungswerten aufgetragen. Die den Arbeitsdiagrammen I, II und III und der Normalbelastung entsprechenden Größen sind hervorgehoben. Danach ergeben sich bei der gleichen Drehzahl von 200 in der Minute folgende Leistungen:

für   I: $N_i = 156$ PS, $N_e = 117$ PS,

$$\text{für II:} \quad N_i = 130 \text{ PS}, \quad N_e = 91 \text{ PS},$$
$$\text{für III:} \quad N_i = 75 \text{ PS}, \quad N_e = 36 \text{ PS}.$$

In Bild **214** sind die Teilgewichte von G_{a1}, und zwar G_r: das

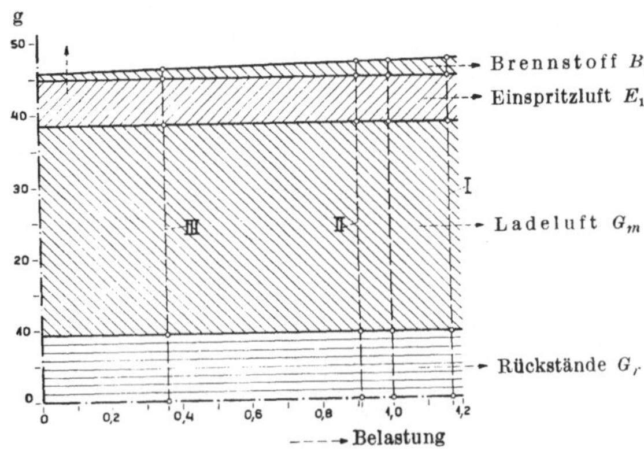

214. Teilgewichte des Zylinderinhaltes
zur Nachrechnung
der Ausströmungsgrößen bei
einfacher Schlitzspülung.

Gewicht der Rückstände, G_m: das Gewicht der Ladeluft, $E_1 = \dfrac{E N_e a}{60 \cdot 2 n i}$:

das Gewicht der Einspritzluft und $B_1 = \dfrac{B N_e a}{60 \cdot 2 n i}$: das Gewicht des

Brennstoffs, in Funktion der Belastung N_e aufgetragen. Diese Größen

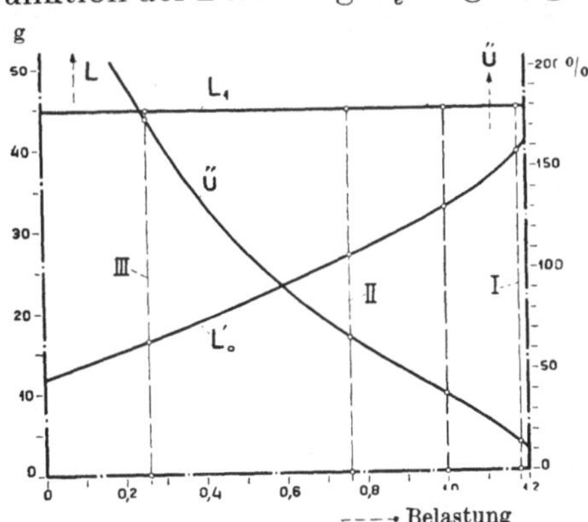

215. Luftgewichte für ein Arbeitsspiel
zur Nachrechnung der Ausströmungsgrößen
einer Zweitakt-Dieselmaschine
mit einfacher Schlitzspülung.

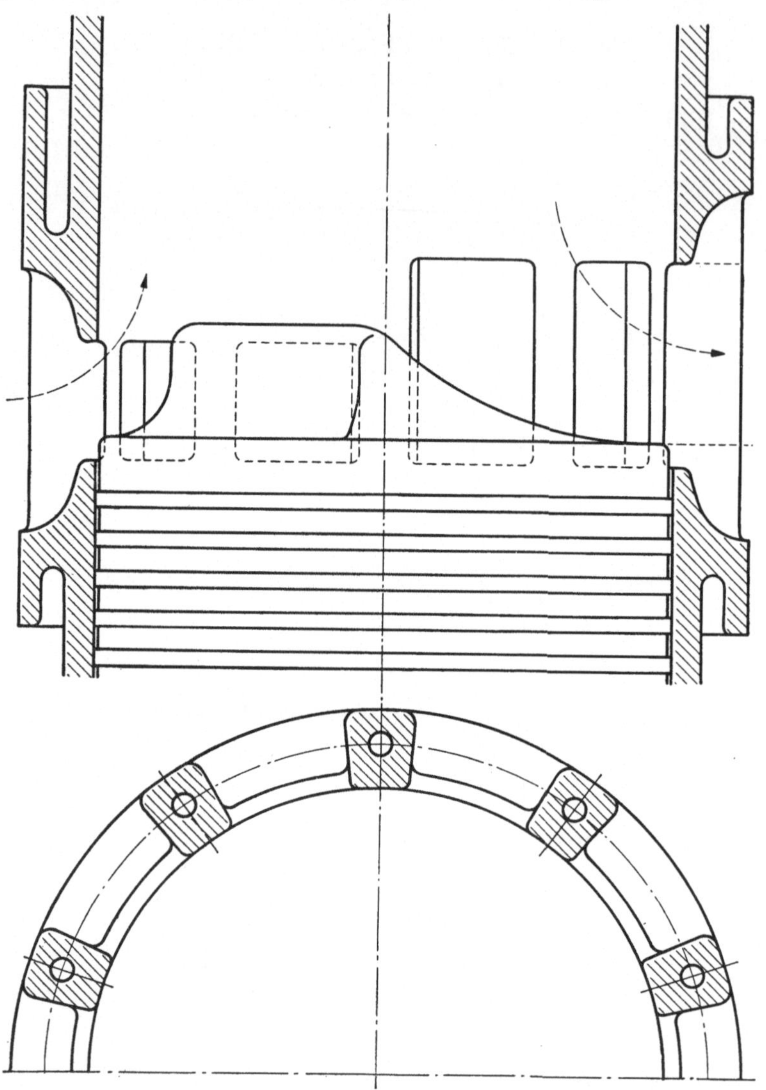

216a. Zweitakt-Dieselmaschine mit einfacher Schlitzspülung.
Maßstab 1:5.

sind nach den späteren Ausführungen auf S. 410 u. f. unter folgenden Voraussetzungen bestimmt:

Brennstoff: amerikanisches Gasöl von $H_u = 10000$ WE/kg,
theoretischer Luftbedarf für 1 kg Brennstoff: $L_0 = 14{,}2$ kg,
Gewicht der Einspritzluft für Normallast:
$$E = 0{,}78 \text{ kg/PS}_e \text{ und Std.}$$

Das Einspritzluftgewicht E_1 soll bei allen Belastungen gleich sein.
Zur Bestimmung des Rückstandsgewichts G_r wurde $\dfrac{G_r}{G_1} = 0{,}24$, $p_1 = 1$ Atm., $R = 30$ und $T_1 = 400^0$ angenommen. Das Ver-

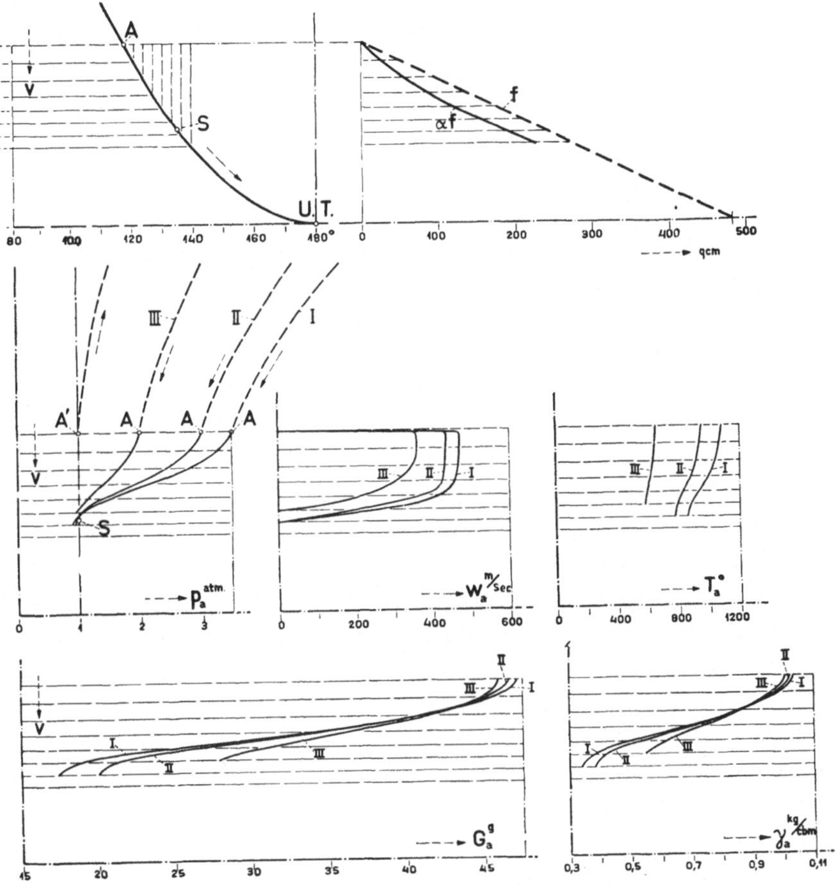

216 b. Ausströmungsgrößen bei einfacher Schlitzspülung.
(Zweitakt-Dieselmaschine.)

dichtungsverhältnis ist $\varepsilon = \dfrac{V_1}{V_c} = \left(\dfrac{p_c}{p_1}\right)^{\frac{1}{1,35}} = \left(\dfrac{35}{1}\right)^{0,74} = 13{,}9.$

Die hieraus bestimmten wirklichen Luftgewichte $L_1 = G_m + E_1$, die dem Brennstoffverbrauch B_1 entsprechenden theoretischen Luftgewichte $L_0{}' = L_0 B_1$, sowie der aus $L_1 = L_0{}'\left(1 + \dfrac{\ddot{u}}{100}\right)$ ermittelte

Luftüberschuß $\ddot{u}\,^0/_0$ sind in Bild **215** in Abhängigkeit von der Belastung dargestellt. (Vergl. hierzu und zu den folgenden Beispielen S. 410 u. f.)

Die Ergebnisse der Nachrechnung sind in Bild **216a** u. **b** in Abhängigkeit vom Zylindervolumen V aufgetragen. In der ersten Bilderreihe sind die Abschnitte der Kolbenbewegung und die zugehörigen Querschnitte f und αf, entsprechend Bild **209**, angegeben, wobei die Kontraktionszahl α zwischen 0,5 und 0,8 abgestuft ist. Die zweite Bilderreihe zeigt die Ausströmdrücke p_a, die mittleren Strömungsgeschwindigkeiten w_a und die absoluten Temperaturen

$$T_a = \frac{p_a V_x}{R G_a},$$ worin R ungefähr gleich 31 gesetzt wurde. In der untersten Bilderreihe sind die Gewichte G_a des Zylinderinhalts und die spezifischen Gewichte γ_a dargestellt.

Schon nach dem 5. Zeitabschnitt ist der Druck im Zylinder bei allen Belastungsstufen auf den Gegendruck $p = 1$ Atm. im Auspuffrohr gesunken, so daß in S die Einlaßschlitze geöffnet werden können.

Bemerkenswert ist der Verlauf der G_a-Linien, welche zeigen, daß mit zunehmender Belastung das Rückstandsgewicht G_r abnimmt. Dies ergibt besonders bei großen Belastungen günstige Betriebsverhältnisse.

Die Kurven der Ausströmungsgeschwindigkeit w_a zeigen, daß zu Beginn der Ausströmung bei Vollbelastung I eine Geschwindigkeit von nahezu 500 m/sec erreicht wird. Bei ungenügender Dämpfung würde daher ein großer Teil der Auspuffenergie in Schallenergie umgewandelt werden, und starke Schallschwingungen und geräuschvoller Auspuff wären die Folge. Durch Verengung der Schlitze zu Beginn der Ausströmung läßt sich, allerdings unter Vergrößerung der Schlitzlänge, wirksame Abhilfe schaffen.

Die Temperatur der Auspuffgase erreicht bei Vollbelastung ungefähr 900° C. Im Zusammenhang mit der hohen Ausströmgeschwindigkeit würden daher die Stege zwischen den Auslaßschlitzöffnungen bald Schaden leiden, wenn keine Wasserkühlung vorgesehen würde. In die Stege sind daher Stahlrohre eingegossen, oder die Stege werden durchgebohrt (Bild **216a**) und damit wirksamer Wasserdurchfluss. sowie genügende Abkühlung hergestellt.

Nachrechnung der Ausströmgrößen einer Zweitakt-Dieselmaschine mit Ventilspülung.

Aus Bild **217** ist die Bauart der Maschine zu ersehen: a Eintritt der Spülluft, b Ausströmkanal, c Einspritzeinsatz.

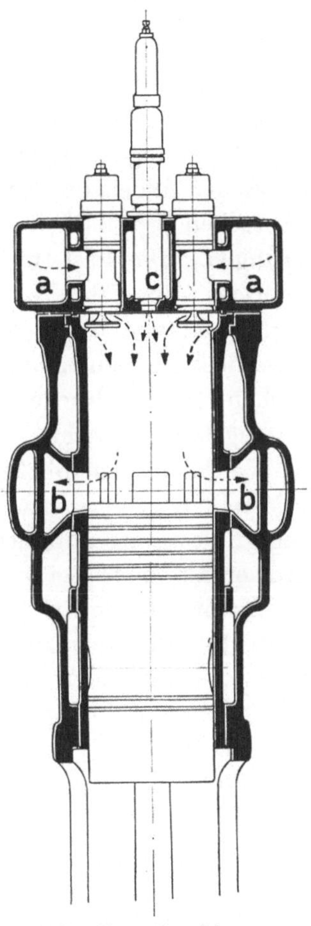

217. Ventilspülung.
(Zweitakt-Dieselmaschine.)

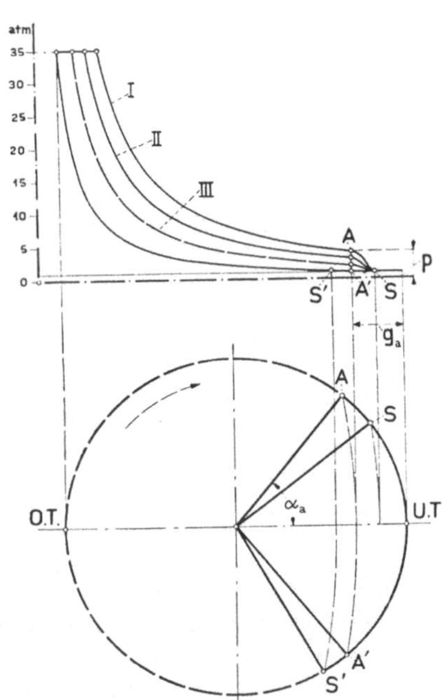

218. Arbeitsdiagramme
zur Nachrechnung
der Ausströmgrößen
bei Ventilspülung.

Abmessungen wie im vorigen Beispiel: $D = 370$, $s = 510$.

Auslaßschlitzlänge $g_a = \sim 0.15\,s = 75\,\text{mm}$,

Spülventilschluß $105\,\text{mm}$ nach Totpunkt,

Gesamtbreite der Auslaßöffnungen $b = 840\,\text{mm}$,

Schubstangenlänge $l = \sim 4.5\,r = 1140\,\text{mm}$,

$$\text{Ausströmkurbelwinkel} \quad \alpha_a = 50^0,$$
$$\text{Zahl der Zeitabschnitte} \quad \varrho = 20.$$

In Bild **218** sind die drei Arbeitsdiagramme mit $pv^{1,35} = \text{konst.}$ dargestellt, denen folgende Drücke entsprechen:

$$\text{für I:}\ p_{a1} = 4\ \text{Atm.,} \qquad p_i = 8,1\ \text{Atm.,}$$
$$\text{„ II:}\ p_{a1} = 3 \quad \text{„} \qquad p_i = 5,9 \quad \text{„}$$
$$\text{„ III:}\ p_{a1} = 2 \quad \text{„} \qquad p_i = 3,3 \quad \text{„}$$
$$\text{Verdichtungsenddruck}\ p_c = 35 \quad \text{„}$$

Der besseren Spülwirkung und dem größeren Zylindervolumen V_{a1} entsprechend, wird ein größeres Luftgewicht G_m geladen, so daß höhere Leistungen erreicht werden als nach dem vorhergehenden Beispiel. Die angenommenen spezifischen Arbeitsdrücke p_i entsprechen praktischen Erfahrungen. Die Laststufe I entspricht ungefähr einer Überlastung von $18^0/_0$ der Normallast und einem spezifischen Arbeitsdrucke p_i von ungefähr 8,1 Atm.

Werden die im Bild **219** dargestellten Betriebswirkungsgrade η_m angenommen, dann erhält man bei $n = 200$ Umdrehungen in der Minute für alle Belastungsstufen die folgenden Leistungen eines Zylinders:

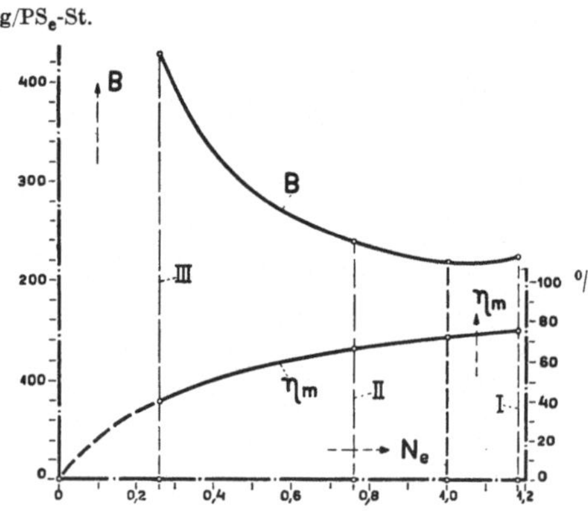

219. Betriebswirkungsgrad und spezifischer Brennstoffverbrauch zur Nachrechnung der Ausströmungsgrößen einer Zweitakt-Dieselmaschine mit Ventilspülung.

$$\text{für I:}\ N_i = 197\ \text{PS,} \qquad N_e = 148\ \text{PS,}$$
$$\text{„ II:}\ N_i = 144 \quad \text{„} \qquad N_e = 95 \quad \text{„}$$
$$\text{„ III:}\ N_i = 81 \quad \text{„} \qquad N_e = 32 \quad \text{„}$$

Der Normalbelastung entsprechen $N_i = 174$ und $N_e = 125\ \text{PS}$; normal leistet daher die Maschine mit 4 Zylindern $500\ \text{PS}_e$.

Mit den Werten des spez. Brennstoffverbrauchs B nach Bild **219**,

$$\text{mit}\ \frac{G_r}{G_1} = \sim 0,17, \quad p_1 = 1,1\ \text{Atm.,} \quad R_1 = 30, \quad T_1 = 400^0,$$

$$\varepsilon = \frac{V_1}{V_c} = \left(\frac{p_c}{p_1}\right)^{\frac{1}{1,35}} = \left(\frac{35}{1,1}\right)^{0,74} = 13$$

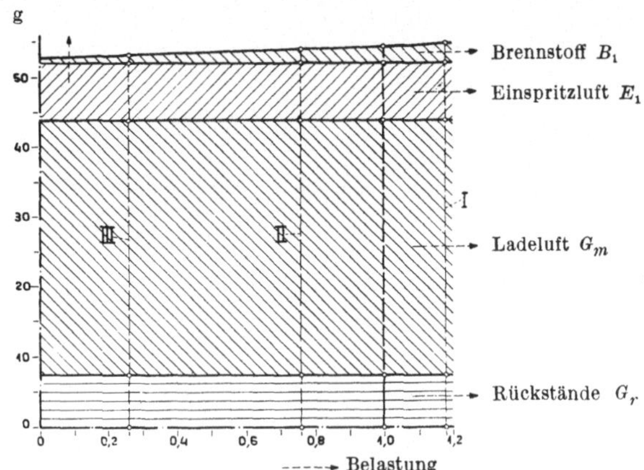

220. Teilgewichte des Zylinderinhalts.
(Ventilspülung.)

und unter den beim vorhergehenden Beispiel gemachten Annahmen über Art des Brennstoffs, Luftbedarf usw. ergeben sich die in

Bild **220** aufgetragenen Teilgewichte an Rückständen (G_r), Ladeluft (G_m), Einspritzluft (E_1) und Brennstoff (B_1), sowie die in Bild **221** angegebenen Werte für die Luftgewichte L_0' und L_1 und der Luftüberschuß $ü\,^0/_0$.

In Bild **222** sind die Rechnungsergebnisse aufgetragen.

Hierzu sind die gleichen Bemerkungen zu machen wie zu Bild **216**. Trotz der größeren Gewichte des

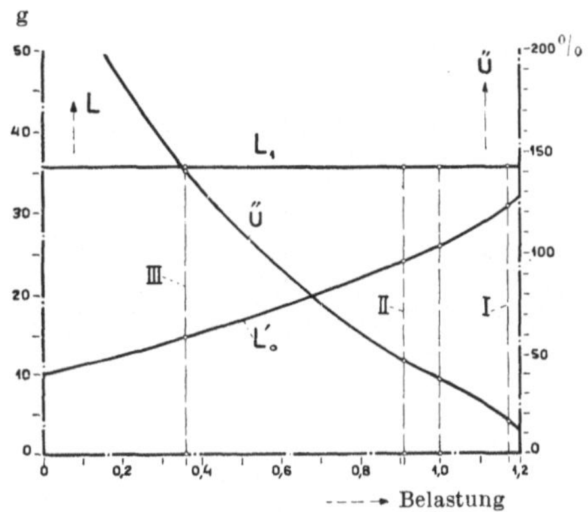

221. Luftgewichte für ein Arbeitsspiel.
(Ventilspülung.)

Zylinderinhalts und der kleineren Zeitabschnitte $(\varrho = 20)$ von

$$z_1 = z_2 = \ldots z_\varrho = 0{,}00208 \text{ Sekunden}$$

wird auch hier nach dem 5. Zeitabschnitt der Gegendruck p erreicht. Der Grund davon sind die größeren Ausströmquerschnitte, die größeren Drücke zu Beginn der Ausströmung und die größeren Strömungsgeschwindigkeiten w_a.

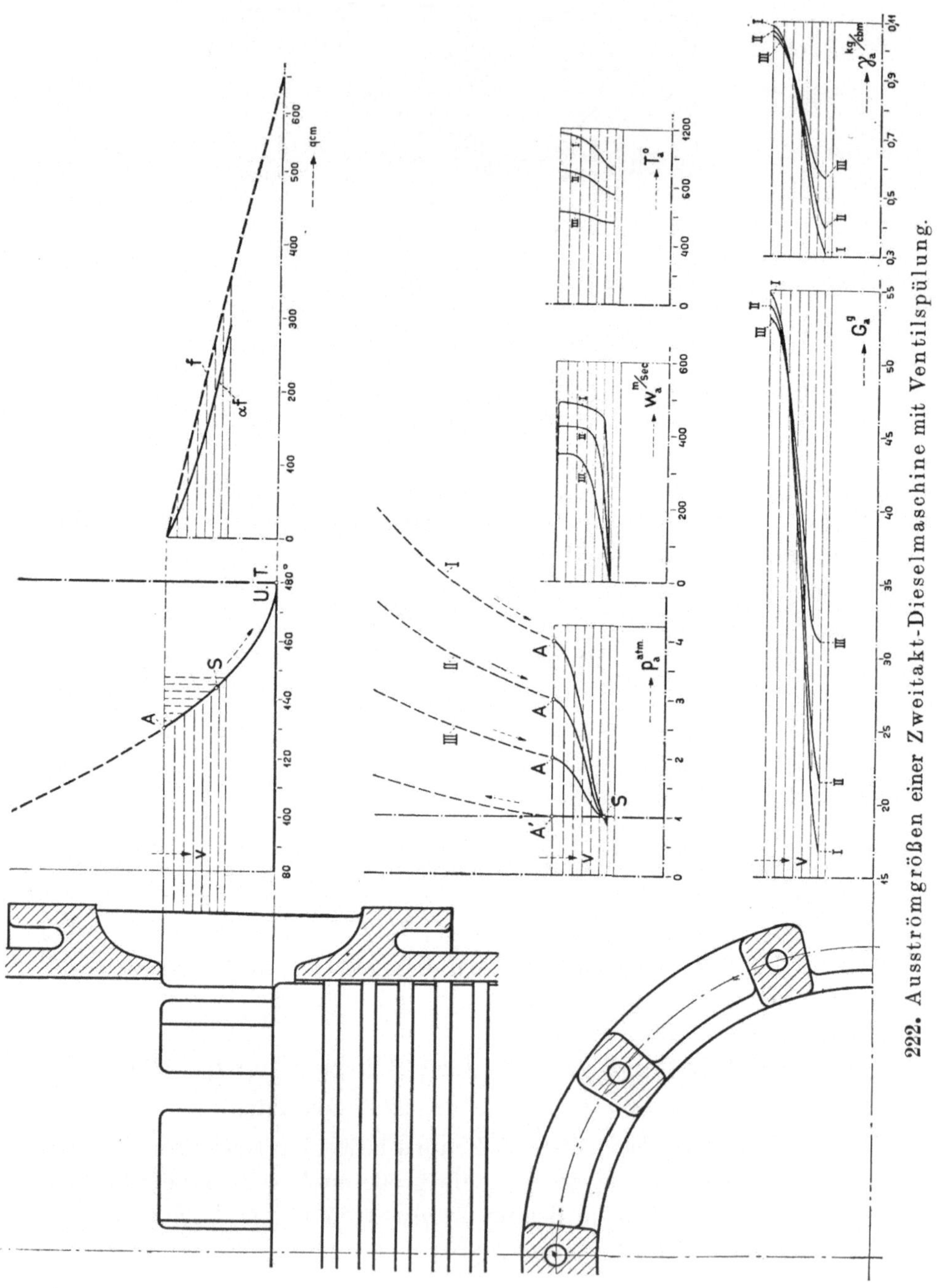

222. Ausströmgrößen einer Zweitakt-Dieselmaschine mit Ventilspülung.

Nachrechnung der Ausströmgrößen einer 15 PS_e-Zweitakt-Glühkopfmaschine.

Bei a (Bild **223**) wird die Luft angesaugt, auf ungefähr 0,15 Atm. Überdruck verdichtet und bei e in den Zylinder geführt, während die Verbrennungsgase bei g abströmen. Bei b ist der Brennstoffeintritt, c ist das Tropfventil für die Wassereinspritzung.

Länge der Auslaßschlitze $g_a = \sim 0{,}26\,s = 70$ mm, Gesamtbreite der Auslaßöffnungen $b = 130$ mm, Schubstangenlänge $l = \sim 4\,r = 540$ mm, Ausströmkurbelwinkel $\alpha_a = 68^0$.

Es sind zwei Belastungsstufen, aber drei verschiedene Arbeitsdiagramme (I, I' und II, Bild **224**) angenommen. Das Diagramm I entspricht der Normalbelastung, Diagramm I' gleicher Belastung, aber starkem Nachbrennen, Diagramm II $^1/_3$ der Normalbelastung. Die Drücke sind:

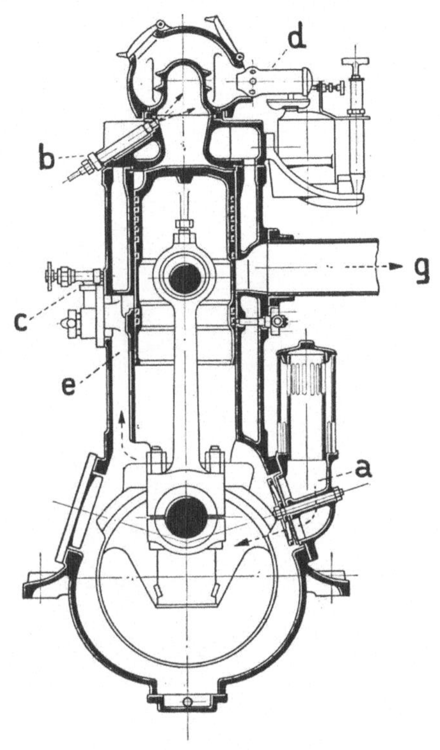

223. Zweitakt-Glühkopfmaschine (Deutz). $D = 230.\ s = 270.\ n = 350/\text{min}.$

$$\text{für I:}\quad p_{a1} = 2 \text{ Atm.,}\quad p_i = 2{,}4 \text{ Atm.,}$$
$$\text{„ I':}\quad p_{a1} = 2{,}5 \text{ „}\quad p_i = 2{,}6 \text{ „}$$
$$\text{„ II:}\quad p_{a1} = 1{,}8 \text{ „}\quad p_i = 1{,}4 \text{ „}$$

Verdichtungsenddruck $p_c = \sim 11{,}2$ Atm., entsprechend $p_1 = 1$ Atm., $V_c = 0{,}0017$ cbm und einer Verdichtungspolytrope $pv^{1,35} = $ konst. Der Betriebswirkungsgrad η_m sei für I $= 0{,}73$ und für I' $= 0{,}68$. In Bild **225** ist ein gemeinsamer Mittelwert eingetragen. Für den Belastungsfall II, der $^1/_3$ der Normalleistung entsprechen soll, ergibt sich der Wert $\eta_m = 0{,}41$. Die Leistungen sind:

$$\text{für I: } N_i = 20{,}4 \text{ PS}, \quad N_e = 15 \text{ PS},$$
$$\text{„ I': } N_i = 22{,}1 \text{ „} \quad N_e = 15 \text{ „}$$
$$\text{„ II: } N_i = 12{,}1 \text{ „} \quad N_e = 5 \text{ „}$$

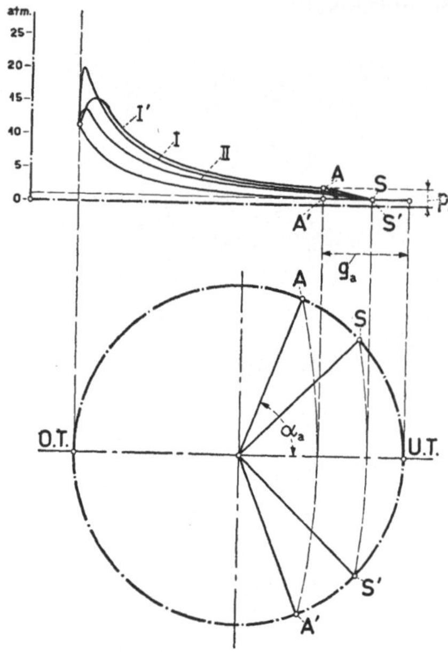

224. Zweitakt-Glühkopfmaschine.

Bild **225** zeigt den Brennstoffverbrauch B und das Gewicht w' des in den Kurbelkasten gespritzten Wassers in kg/PS_e und Std. Von dieser Wassermenge gelangt nur ungefähr die Hälfte zur Wirkung, während der Rest nutzlos durch die Ausströmöffnungen entweicht.

Daher ist nur mit einem Wassergewicht $w = \sim B\,kg/PS_e$ und Std. zu rechnen.

Wird $\dfrac{G_r}{G_1} = \sim 0{,}39$, $p_1 = 1$ Atm.,

$$T_1 = 450^0, \quad R = \sim 32{,}3,$$

$$\varepsilon = \frac{V_1}{V_c} = \left(\frac{p_c}{p_1}\right)^{\tfrac{1}{1,35}} = 6$$

angenommen und werden hinsichtlich Brennstoffart und Luftbedarf die gleichen Voraussetzungen wie bei den vorhergegangenen Beispielen gemacht, dann ergeben sich die in Bild **226** dargestellten Teilgewichte von G_1, und zwar das Rückstandsgewicht G_r, das Gewicht der Ladeluft G_m, des Brennstoffs B_1 und des Wassers w_1, ferner die in Bild **227** angegebenen Luftgewichte L_0' und L_1, sowie der Luftüberschuß $\ddot{u}\,^0/_0$ in Abhängigkeit von der Belastung.

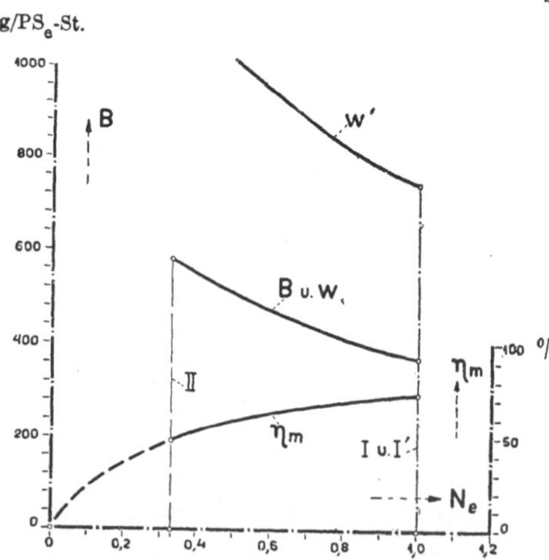

225. Betriebswirkungsgrad, spezifischer Brennstoff- und Einspritzwasserverbrauch.

In Bild **228** sind die Rechnungsergebnisse zusammengefaßt. Das Gewicht des Zylinderinhalts G_a nimmt mit zunehmender Belastung

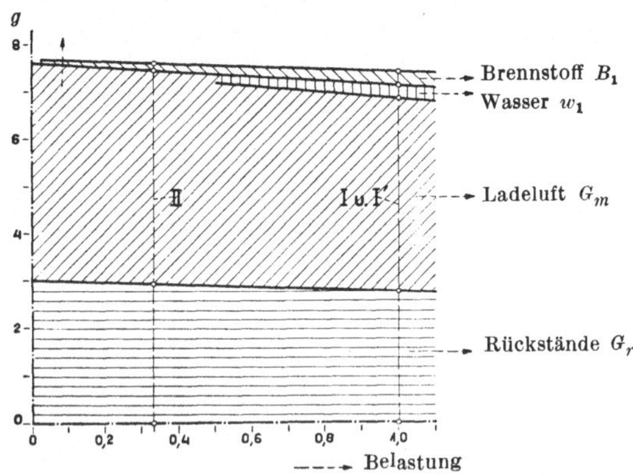

226. Teilgewichte des Zylinderinhalts.

ab (vgl. Bild **226**), da bei der Teilbelastung II kein Wasser mehr eingespritzt wird und deshalb die Gaskonstante R nur ungefähr 30 ist, während sie bei Wassereinspritzung auf über 32 ansteigt.

Es sind wieder $\varrho = 20$ Zeitabschnitte angenommen, so daß die Zeit zur Zurücklegung eines Kurbelwinkelteils $z_1 = z_2 = \ldots z_\varrho = 0{,}00167$ Sekunden ist. Nach 7 Zeitabschnitten ist der Druck in allen Belastungsfällen auf den Gegendruck p im Auslaßrohr gesunken; nunmehr kann der Spülkanal geöffnet und mit Frischluft aus dem Kurbelkasten gespült und geladen werden.

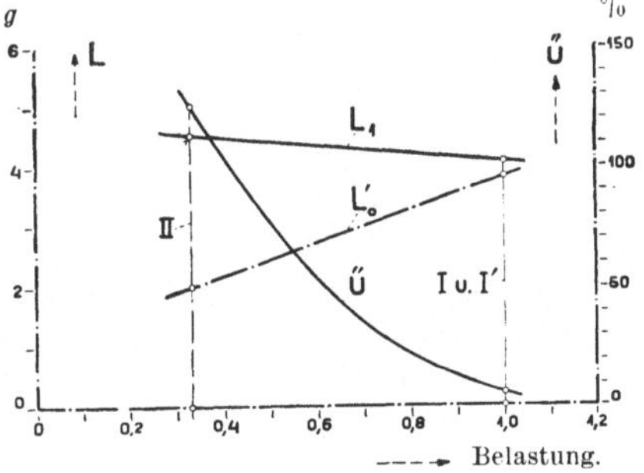

227. Luftgewichte für ein Arbeitsspiel.

Die Temperatur des Zylinderinhalts ist am Ende der Ausströmung im Mittel 500° C., also ungefähr so groß wie bei den vorangegangenen Beispielen. Auffällig sind die höheren Ausströmtemperaturen beim Arbeiten mit Nachbrennen, die auf größere Wärmeverluste und ungünstigere Wärmebeanspruchung des Zylinders schließen lassen.

Die Rechnungsergebnisse stimmen mit den aus den Versuchen an dieser Zweitakt-Glühkopfmaschine gewonnenen Ergebnissen gut überein.

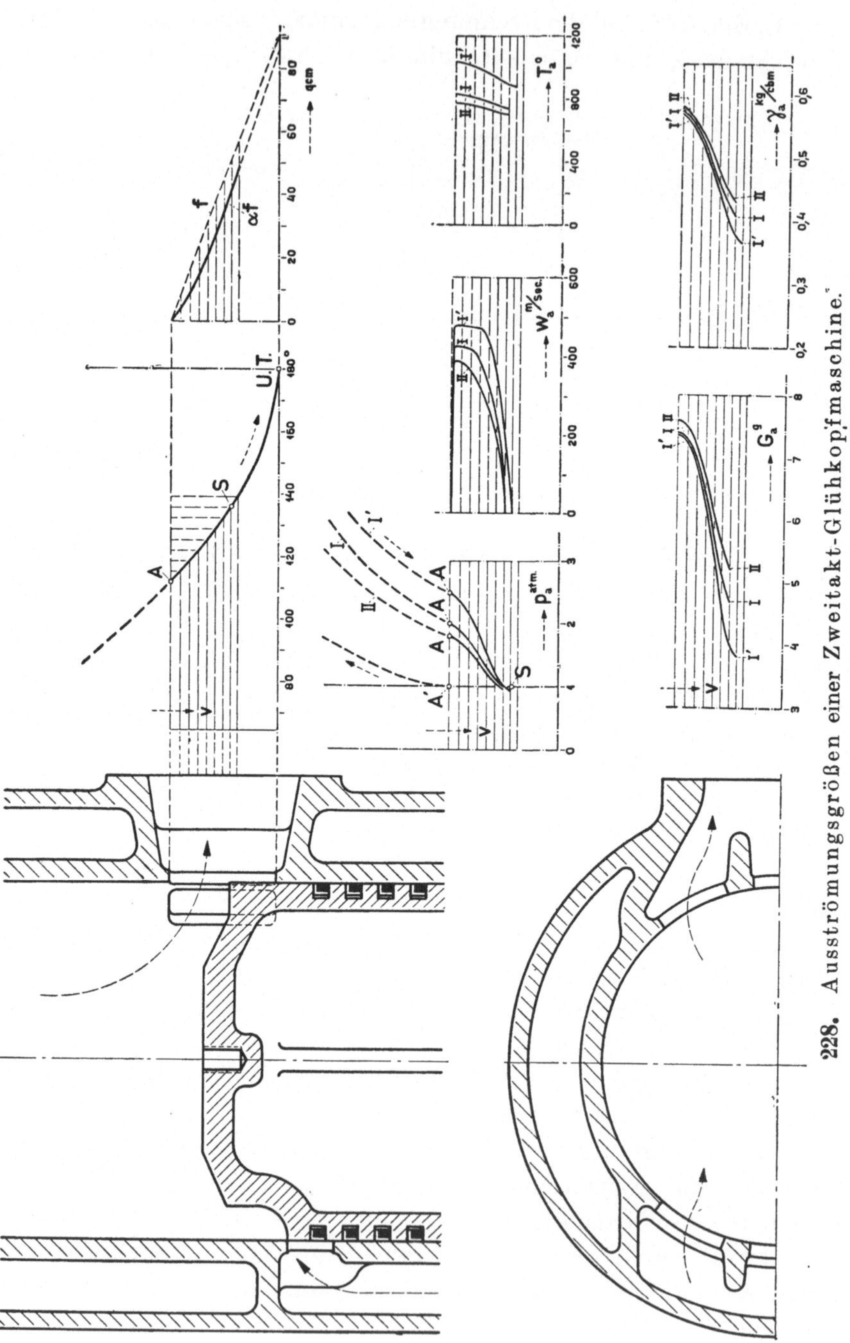

228. Ausströmungsgrößen einer Zweitakt-Glühkopfmaschine.

Nachrechnung der Einlaßquerschnitte von Zweitakt-Ölmaschinen.

Bei genügend großem Vorratsbehälter für die Spül- und Ladeluft oder bei unmittelbarem Hinüberschieben der Luft durch die Spülpumpe nach dem Zylinder kann mit gleichbleibendem Spülluftdruck p_s (vgl. S. 330 und Abschnitt VII S. 473) gerechnet werden. Vorausgesetzt sei ferner, daß auch der Gegendruck p im Zylinder während des Spülens und Ladens ungefähr gleich 1 Atm. ist. Diese Annahmen sind für die meisten praktischen Fälle zulässig.

Das wirksame Druckgefälle für das Einströmen der Luft bleibt daher stets gleich. Bei dem geringen Druckunterschiede $\Delta p_s = p_s - p = \sim 0{,}15$ bis $0{,}25$ Atm. kann die Strömungsgeschwindigkeit w_s mit genügender Annäherung aus der Beziehung:

$$\Delta p_s = (1 + \zeta)\frac{w_s^2}{2g}\gamma_s$$

berechnet werden, wobei angenommen wird, daß der gesamte Druck zur Erzeugung der Einströmungsgeschwindigkeit w_s und zur Überwindung der Strömungswiderstände in den Einlaßquerschnitten aufgezehrt wird und γ_s das spezifische Gewicht der einströmenden Spülluft bedeutet.

Die Widerstandszahl kann nach den vorliegenden Erfahrungen zu $\zeta = \sim 0{,}5$ bis $0{,}8$ angenommen werden.

Durch die Einlaßöffnungen muß der auf einen Zylinder entfallende Teil des von der Spülpumpe insgesamt gelieferten Luftgewichtes strömen. In der Regel wird bei Dieselmaschinen wegen der Luftverluste das Spülluftgewicht eines Zylinders

$$G_s = (1{,}3 \text{ bis } 1{,}6)\, V_h \gamma_l$$

gewählt, wobei V_h das Hubvolumen eines Maschinenzylinders und γ_l das spezifische Gewicht der angesaugten Luft bedeutet.

Bei Glühkopfmaschinen mit Kurbelkastenspülpumpe ist das zu liefernde Luftgewicht

$$G_s = \lambda_l\, V_h \gamma_l,$$

worin nach durchschnittlicher Erfahrung

$$\lambda_l = \sim 0{.}7 - 0{,}8$$

(vgl. Bild **204**, S. 329) gesetzt wird.

Unter günstigen Umständen, bei großen Strömungsquerschnitten oder wenn durch die Massenwirkungen beim Ausströmen ein wirksamer Unterdruck im Arbeitszylinder erzeugt wird (S. 327), kann λ_l noch größer werden. Doch ist der Sicherheit halber besser mit den angegebenen Werten zu rechnen.

Aus der Beziehung:

$$G_s = \alpha \int f_s \, dz \, w_s \, \gamma_s = \alpha \, F_s w_s \, \gamma_s$$

kann der für das Einströmen erforderliche **Zeitquerschnitt**

$$F_s = \int f_s \, dz$$

berechnet werden, wobei α eine mittlere Kontraktionszahl ($\sim 0{,}75$) bedeutet.

Bestimmung des Zeitquerschnittes.

a) Schlitzspülung.

Für das Spülen und Laden steht ein Kurbelwinkel $2\,\alpha_s$ zur Verfügung, der durch die vorhergehende Bestimmung der Ausströmgrößen festgelegt ist (Bild **229**).

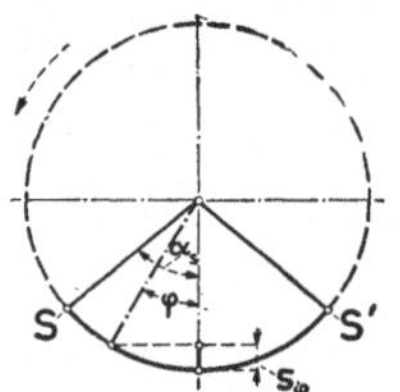

229. Bestimmung des Zeitquerschnitts bei Schlitzspülung.

Nach Verlauf der Zeit z ist der Einströmungsquerschnitt f_s, entsprechend dem Kurbelwinkel φ und der gesamten gleichbleibenden Breite b_s der Spülöffnungen:

$$f_s = b_s s_\varphi = b_s r (1 - \cos \varphi).$$

Werden die Werte von f_s in Funktion der Zeit aufgetragen (Bild **230**), dann ist die schraffierte Fläche $F_s = \int f_s \, dz$.

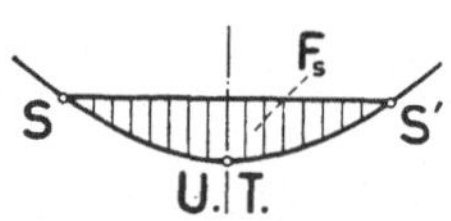

230. Zeitquerschnitt bei Schlitzspülung.

Wird unendlich lange Schubstange vorausgesetzt, dann kann F_s auch analytisch bestimmt werden.

Mit $\varphi = \omega z$, worin $\omega = \dfrac{\pi\,n}{30}$ die Winkelgeschwindigkeit ist, ergibt sich:

$$F_s = \int\limits_0^{z_s} f_s \, dz = 2 \int\limits_0^{z_s} b_s \, r \,[1 - \cos(\omega z)] \; dz,$$

worin $z_s = \dfrac{60\,\alpha_s}{360\,n}$ Sekunden ist.

Somit ist

$$F_s = 2\,b_s\,r\left[\,z_s - \frac{1}{\omega}\sin(\omega\,z_s)\right].$$

b) Ventilspülung.

Sind i_v Spülventile vom mittleren Spaltdurchmesser d_v vorhanden (Bild **231**), dann kann der jeweilige Spaltquerschnitt

$$f_s = \pi\,d_v\,h_v\,i_v$$

in Funktion der Öffnungszeit aufgetragen werden (Bild **232**), und

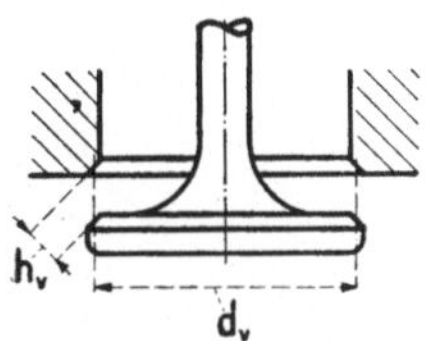

231. Einströmungsquerschnitt bei Ventilspülung.

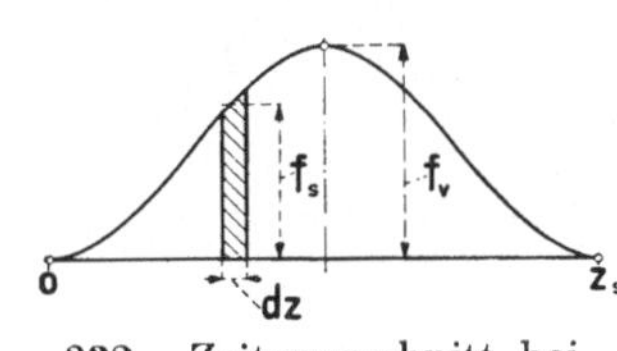

232. Zeitquerschnitt bei Ventilspülung.

233. Kurbelwinkel bei Ventilspülung.

die gesamte Fläche der Ventilquerschnittskurve ist der Zeitquerschnitt:

$$F_s = \int\limits_0^{z_s} f_s\,dz\,,$$

wobei $z_s = \dfrac{60\,\alpha_s'}{360\,n}$ ist (Bild **233**).

Für überschlägige Rechnungen kann eine Änderung des Ventilquerschnittes nach der Beziehung:

$$f_s = i_v\,f_v\,\sin\varphi = i_v\,f_v\,\sin(\omega\,z)$$

angenommen werden, wobei f_v der dem größten Ventilhub h_v' entsprechende Durchgangsquerschnitt $f_v = \pi\,d_v\,h_v'$ ist.

Dann ergibt sich:

$$F_s = i_v\int\limits_0^{z_s} f_s\,dz = i_v\int\limits_0^{z_s} f_v\,\sin(\omega z)\,dz = \frac{f_v\,i_v}{\omega}\left[1 - \cos(\omega\,z_s)\right]$$

oder

$$F_s = \frac{i_v\,f_v}{\omega}\left[1 - \cos\alpha_s'\right].$$

Beispiele:

Zweitakt-Dieselmaschine mit einfacher Schlitzspülung.

Es sollen die Einlaßschlitzquerschnitte der 4zylindrigen Zweitakt-Dieselmaschine von $N_e = 400$ PS; bei 200 Umdrehungen in der Minute, nachgeprüft werden.

Die Ausströmgrößen dieser Maschine sind auf S. 341 u. f. (vgl. Bilder **211** bis **216**) bestimmt worden. Der Beginn der Spülung ist durch den Punkt S (Bild **216**) festgelegt. Der halbe Kurbelwinkel für die Einströmung ergibt sich danach zu $\alpha_s = 45^0$.

Das Gewicht G_s der durchströmenden Luft sei zu

$$G_s = 1{,}4\ V_h \gamma_l = 1{,}4 \frac{\pi}{4} D^2 s \gamma_l$$

angenommen.

Mit $\gamma_l = \sim 1{,}2$, $D = 370$ mm, $s = 510$ mm ist

$$G_s = \sim 0{,}092 \text{ kg.}$$

Die Strömungsgeschwindigkeit w_s bestimmt sich aus:

$$w_s = \sqrt{\frac{2\,g}{1+\zeta} \frac{\varDelta p_s}{\gamma_s}}\,.$$

Mit $p_s = 1{,}2$ Atm., $p = 1$ Atm., somit $\varDelta p_s = 0{,}2$ Atm., sowie $\zeta = \sim 0{,}65$ und $\gamma_s = \sim \gamma_l \dfrac{p_s}{p} = 1{,}2 \cdot 1{,}2 = \sim 1{,}4$, wobei für das Verdichten der Luft in der Spülpumpe annähernd isothermische Zustandsänderung vorausgesetzt wird, ergibt sich:

$$w_s = \sqrt{\frac{20 \cdot 2000}{1{,}65 \cdot 1{,}4}} = \sim 132 \text{ m/sec.}$$

Der notwendige Zeitquerschnitt ist daher:

$$F_s = \frac{G_s}{\alpha\,w_s\,\gamma_s}\,.$$

Mit $\alpha = 0{,}75$ ist

$$F_s = \frac{0{,}092}{0{,}75 \cdot 132 \cdot 1{,}4} = 0{,}000\,665 \text{ m}^2 \cdot \text{sec.}$$

Der verfügbare Zeitquerschnitt berechnet sich mit genügender Annäherung ($l = \infty$) aus:

$$F_s = 2\,b_s\,r \left[z_s - \frac{1}{\omega} \sin\left(\omega\,z_s\right) \right].$$

Mit $b_s = 420$ mm, $r = 255$ mm,

$$\omega = \frac{\pi\,n}{30} = \frac{\pi \cdot 200}{30} = 20{,}9, \quad \omega\,z_s = \alpha_s = 45^0,$$

$$z_s = \frac{60 \cdot \alpha_s}{360\,n} = \frac{60 \cdot 45}{360 \cdot 200} = 0{,}0375 \text{ Sekunden}$$

ergibt sich:

$$F_s = 2 \cdot 0{,}42 \cdot 0{,}255 \left[0{,}0375 - \frac{1}{20{,}9} \sin(45^0) \right]$$

oder $\qquad F_s = 0{,}000\,795 \; m^2 \cdot \text{sec}.$

Der vorhandene Zeitquerschnit ist somit reichlich genug, und es könnte mit noch geringerem Spüldruck oder mit größerem Luftgewicht gearbeitet werden. Wäre der verfügbare Zeitquerschnitt kleiner als der notwendige, dann könnte man sich bei geringen Unterschieden durch Erhöhung des Spüldrucks helfen, was aber schlechteren Betriebswirkungsgrad zur Folge hat; bei größeren Unterschieden müßte die Gesamtschlitzlänge g_a und unter Umständen Hub oder Zylinderdurchmesser vergrößert werden.

Zweitakt-Dieselmaschine mit Ventilspülung.

Der Berechnung soll die durch die Bilder **217** bis **222** gekennzeichnete Maschine zugrunde gelegt werden. Wieder sei

$$G_s = 0{,}092 \text{ kg}, \quad \alpha = 0{,}75, \quad w_s = 132 \text{ m/sec und } \gamma_s = 1{.}4 \text{ kg/m}^3,$$

so daß auch in diesem Falle ein Zeitquerschnitt von

$$F_s = 0{,}000\,665 \text{ m}^2 \cdot \text{sec}$$

erforderlich ist.

Der ganze Kurbelwinkel für das Spülen und Laden sei $\alpha_s' = 97^0$, und zwar 37^0 vor Totpunkt und 60^0 nach Totpunkt. Ausgeführt seien $i_v = 4$ Spülventile von $d_v = 100$ mm und $h_v' = 12$ mm. Der verfügbare Zeitquerschnitt ist dann annähernd:

$$F_s = \frac{i_v f_v}{\omega} [1 - \cos \alpha_s'].$$

Mit $i_v = 4$, $\omega = 20{,}9$, $f_v = \pi d_v h_v' = \pi \cdot 0{,}1 \cdot 0{,}012 = 0{.}0037$ m² ist:

$$F_s = \frac{0{.}0037 \cdot 4}{20{.}9} [1 - \cos 97^0] = 0{,}00079 \text{ m}^2 \cdot \text{sec}.$$

Somit ist ausreichend großer Zeitquerschnitt vorhanden.

Zweitakt-Glühkopfmaschine.

Die Berechnung soll für die Glühkopfmaschine durchgeführt werden, die durch die Bilder **223** bis **228** bestimmt ist.

Mit $\lambda_l = 0{,}74$ und $\gamma_l = 1{,}2$ ist:

$$G_s = \lambda_l\, V_h\, \gamma_l = 0{,}74\, \frac{\pi}{4}\, D^2\, s\, 1{,}2$$

$$= 0{,}74\, \frac{\pi}{4}\, 0{,}23^2 \cdot 0{,}27 \cdot 1{,}2 = \sim 0{,}01\ \mathrm{kg}.$$

Wird mit einem Druckunterschied $\Delta p_s = 0{,}2$ Atm. gerechnet und wie in den vorangegangenen Beispielen $\varphi = 0{,}65$ und $\gamma_s = 1{,}4\ \mathrm{kg/m^3}$ angenommen, dann ist auch hier $w_s = 132\ \mathrm{m/sec}$. Der erforderliche Zeitquerschnitt ist daher:

$$F_s = \frac{G_s}{\alpha\, w_s\, \gamma_s} = \frac{0{,}01}{0{,}75 \cdot 132 \cdot 1{,}4} = 0{,}000\,072\ \mathrm{m^2 \cdot sec}.$$

Verfügbar ist ein Zeitquerschnitt von annähernd:

$$F_s = 2\, b_s\, r\left[z_s - \frac{1}{\omega}\, \sin(\omega\, z_s) \right].$$

Mit $b_s = 130\ \mathrm{mm}$, $r = 135\ \mathrm{mm}$,

$$\omega = \frac{\pi n}{30} = \frac{\pi\, 350}{30} = 36{,}6, \qquad \alpha_s = 44^{\,0}\ \text{(nach Bild 228)},$$

$$z_s = \frac{60\, \alpha_s}{360\, n} = \frac{60 \cdot 44}{360 \cdot 350} = 0{,}0209\ \mathrm{sec}$$

ist $F_s = 2 \cdot 0{,}13 \cdot 0{,}135 \left[0{,}0209 - \dfrac{1}{36{,}6} \cdot \sin 44^{\,0} \right] = 0{,}000\,067\ \mathrm{m^2 \cdot sec}.$

Der verfügbare Zeitquerschnitt ist daher etwas zu klein. Dies entspricht den tatsächlichen Verhältnissen. Die Versuche haben gezeigt, daß die Maschine bei einer Drehzahl von minutlich etwa 330 günstiger arbeitete als bei 350 Umdrehungen und die verlangte Leistung von 15 PS ergab.

Für $n = 330$ min. ist

$$\omega = 34{,}6, \quad z_s = 0{,}0222\ \mathrm{sec}$$

und $F_s = 0{,}000\,077\ \mathrm{m^2 \cdot sec},$

also größer als erforderlich. Schon bei 340 Umdrehungen in der Minute reicht der verfügbare Zeitquerschnitt aus.

Einspritzvorgang und Verbrennung bei Zweitakt-Schwerölmaschinen.

a) Zweitakt-Dieselmaschinen.

Wie schon hervorgehoben wurde, unterscheiden sich der Einspritz- und der Verbrennungsvorgang bei Zweitakt-Dieselmaschinen in den Einzelheiten gar nicht von diesen Vorgängen bei den Viertakt-Dieselmaschinen (vgl. S. 279 u. f.). Bei gleicher Drehzahl ist zum Einspritzen, Verdampfen, Mischen, Zersetzen und Verbrennen die gleiche Zeit vorhanden.

Unterschiede in der Wirkung werden zumeist nur durch die ungünstigeren Ausström- und Ladeverhältnisse der Zweitakt-Dieselmaschinen bedingt, die in der Regel höheren Brennstoffverbrauch zur Folge haben.

Der erforderliche Luftüberschuß muß durch reichliche Bemessung der Spül- und Ladepumpe, sowie des Einspritzkompressors erreicht werden, was aber den Leistungsaufwand erhöht und damit den Betriebswirkungsgrad der Maschine verschlechtert.

Infolge ihrer günstigeren Ausström- und Ladeverhältnisse bieten die Viertakt-Dieselmaschinen in den meisten praktischen Verwendungsfällen, besonders bei kleinen und mittleren Leistungen, vorteilhaftere Betriebsbedingungen als die Zweitaktmaschinen, die nicht so rasch laufend gebaut werden können wie Viertaktmaschinen, weil auch die Wärme- und Reibungsbeanspruchung der Maschinenteile wesentlich höher ist. Der Bau rasch laufender Zweitakt-Klein-Dieselmaschinen hat nach den bisherigen Erfahrungen keine Aussichten auf Erfolg.

Bei großen Leistungen jedoch machen sich, wie schon hervorgehoben, die baulichen Vorzüge der Zweitakt-Dieselmaschinen so wesentlich geltend, daß in vielen Verwendungsfällen Zweitaktmaschinen vorteilhafter sind. Doch ist auch die Viertaktmaschine in baulicher Beziehung noch entwicklungsfähig, und erst die Zukunft wird entscheiden, ob die Zweitaktmaschine auf diesem Gebiete den Vorrang behaupten oder ob nicht doch, wie im Gasmaschinenbau, schließlich die Viertaktmaschine für große Leistungen obsiegen wird.

b) Zweitakt-Glühkopfmaschinen.

Die Einspritzvorgänge und die dabei in Betracht kommenden
Einspritzeinrichtungen sind ungefähr die gleichen wie bei den
Viertakt-Glühkopfmaschinen (vgl. S. 286). Einige wichtige Einzelheiten, die bei den Viertakt-Glühkopfmaschinen nicht ausführlich
genug behandelt wurden, müssen hier näher untersucht werden.

Zeitpunkt der Brennstoffeinspritzung.

Der Brennstoff wird in der Regel während der Verdichtung
eingespritzt, aber je nach der Weite des Verbindungsquerschnittes
zwischen Glühkopf und Zylinder und je nach der Größe des Verdichtungsenddruckes zu verschiedenen Zeiten. Je höher der Verdichtungsenddruck und je größer der Verbindungsquerschnitt
zwischen Zylinder und Glühkopf ist, um so später muß der Brennstoff eingespritzt werden, wenn Frühzündungen verhütet werden
sollen.

Wegen der zur Entzündung erforderlichen Zeit muß auch bei
abnehmender Drehzahl später eingespritzt werden, sonst tritt der
größte Verbrennungsdruck schon vor Hubende ein, und der Kolbenlauf wird dadurch gebremst.

Je enger der Verbindungshals zwischen Zylinder und Glühkopf ist, um so schlechter lassen sich die Verbrennungsgase aus
dem Glühkopfraum entfernen. Soll daher genügend gute Mischung
des eingespritzten und zerstäubten Brennstoffes mit der in den
Glühkopfraum hineingedrückten Luft und günstige Verbrennung
erreicht werden, so muß früh genug eingespritzt werden. Frühzündung ist nicht zu befürchten, weil der enge Verbindungsquerschnitt sowohl dem Eindringen frischer Luft in den Glühkopfraum,
als auch dem zu frühen Herausschlagen einer etwa eingeleiteten
Verbrennung nach dem Zylinderraum großen Widerstand ent-
gegensetzt. Erst gegen Hubende ist genügend Luft in den Glühkopfraum gelangt, um wirksame Verbrennung hervorzurufen. Bei
engem Verbindungsquerschnitt bleibt aber im allgemeinen der
Glühkopf heißer als bei weitem Verbindungshals.

Ist der Glühkopfraum verhältnismäßig groß, was bei den

praktisch gebräuchlichen Verdichtungsenddrücken von 8 bis 12 Atm. meistens der Fall ist, dann bleiben viel Verbrennungsgase bei jedem Arbeitsspiel zurück, die Wände des Glühkopfes werden hoch beansprucht und die Haltbarkeit des Kopfes daher stark beeinträchtigt. Die meisten Ausführungsformen von Zweitakt-Glühkopfmaschinen werden infolge dieser ungünstigen Einflüsse am Übergang vom Glühkopf zum Zylinder mit ziemlich weitem Verbindungsquerschnitt ausgeführt, der spätes Einspritzen des Brennstoffs verlangt.

Bei der Deutzer Zweitakt-Glühkopfmaschine (Bild **223**, S. 351) wird erst ungefähr 25° vor dem oberen Kolbentotpunkt mit dem Einspritzen des Brennstoffs begonnen (Punkt E im Steuerdiagramm Bild **234**) und ebensoviel Grad (E') nach dem Totpunkt aufgehört. A und A' sind Auslaßbeginn und Ende, S und S' Spülbeginn und Ende des Ladens.

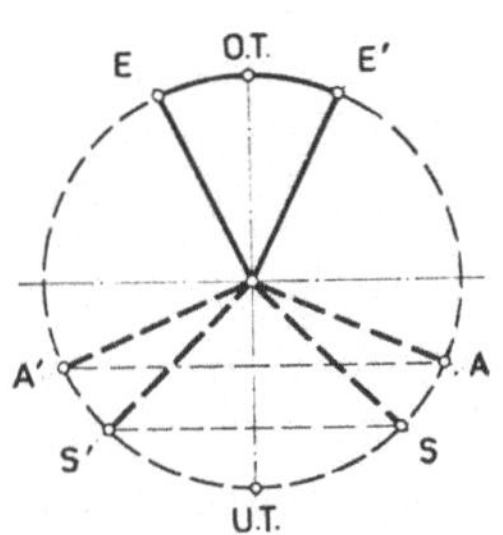

234. Steuerungsdiagramm einer Zweitakt-Glühkopfmaschine.

Der Verdichtungsdruck beträgt ungefähr $p_c = 10$ Atm., der Verdichtungsraum entspricht einem Verdichtungsverhältnis von rund $\varepsilon = 6$, und der Glühkopfraum ist etwas größer als $^1/_3$ des Verdichtungsraumes. Diesen Werten entsprechen mit genügender Annäherung viele sonst verschiedenartige Ausführungen von Zweitakt-Glühkopfmaschinen.

Beim Zweitakt-Glühkopfmotor von Bolinder ist der Glühkopf durch zwei weite Kanäle (Bild **235**), die durch einen wassergekühlten Steg voneinander getrennt sind, mit dem Zylinder verbunden. Dadurch sollte anscheinend bewirkt werden, daß der Spülluftstrom in der durch die gestrichelten Pfeile angedeuteten Richtung durch den Glühkopfraum streicht und die Verbrennungsgase daraus verdrängt.

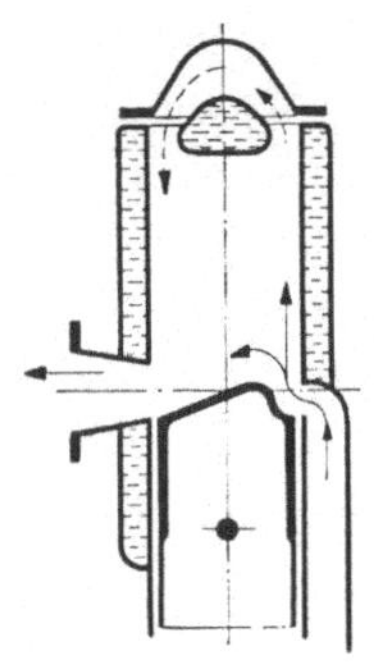

235. Zweitakt-Glühkopfmaschine (Bolinder).

Die auf diese Weise beabsichtigte Ausspülung des Glühkopfraums wird aber in Wirklichkeit gar nicht oder nur sehr unvollkommen erreicht, weil der Spülluftüberdruck bei den einfachen Kurbelkastenpumpen nur gering ist. und weil sich der

Spülluftstrom sogleich nach dem Eintritt in den Zylinder teilt, wie in Bild **235** durch die ausgezogenen Pfeile angedeutet.

Auch beim Bolinder-Motor wird ungefähr bis auf 10 Atm. verdichtet, und wie beim Deutzer Motor muß daher spät eingespritzt werden, um Frühzündungen und das Rückschlagen des Kolbens zu verhüten.

Bei niedrigeren Verdichtungsenddrücken und bei engem Verbindungshals zwischen Glühkopf und Zylinder kann der Brennstoff wesentlich früher eingespritzt werden. Vielfach liegt der Einspritzbeginn E 80 bis 100° vor dem oberen Totpunkt (Bild **236**), daher ist genügend viel Zeit zur Gemischbildung vorhanden, ohne daß Gefahr der Frühzündung besteht.

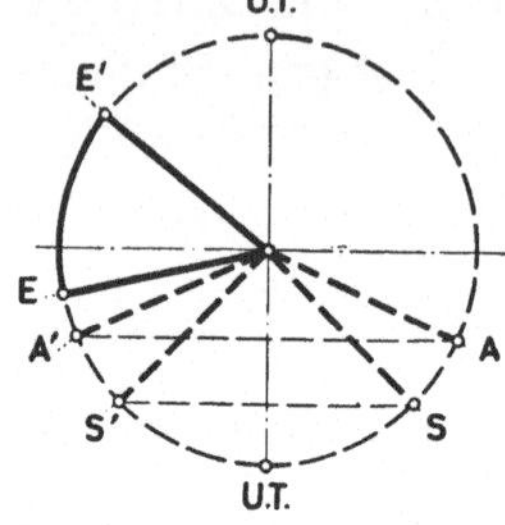

236. Zweitakt-Glühkopf-maschine mit engem Verbindungshals.

Neue Bestrebungen gehen dahin, einfache Ölmaschinen auszubilden, die keinen nennenswert höheren Brennstoffverbrauch als die Dieselmaschinen ergeben und die Zweitakt-Glühkopfmaschinen in der Wärmeausnutzung erheblich übertreffen, ohne doch wesentlich größere Herstellungskosten als diese Maschinen zu erfordern.

Ein eigenartiges Beispiel dieser Bestrebungen ist der Ölmotor von Brons, der zwar im Viertakt arbeitet, aber hinsichtlich des Einspritzens des Brennstoffs, der Gemischbildung und der Verbrennung keinen wesentlichen Unterschied gegenüber Zweitakt zeigt. Kennzeichnend für diese Maschine ist der Umstand, daß bei ihr wie bei fast allen Maschinen ähnlicher Bauart ebenfalls ein Glühkopf verwendet wird, der sehr kleinen Inhalt besitzt und mit dem Zylinder durch einige Bohrungen von nur etwa 1 bis 2 mm Weite verbunden ist. Bei anderen Maschinen wird die Verbindung mit dem Zylinder durch einen sehr engen Verbindungshals hergestellt.

In Bild **237** ist c die Brennstoffkapsel, welcher der Brennstoff durch das Ventil a zufließt; bei b wird der Brennstoff zugeleitet, der sehr früh, schon während der Ladeperiode oder zu Beginn der Verdichtung, in den kleinen Glühkopf oder die Glühkapsel eingelagert oder eingespritzt werden kann, ohne daß, selbst bei Verdichtungsenddrücken von der Höhe, wie sie bei Dieselmaschinen gebräuchlich sind, Frühzündung eintritt.

Es ist jedoch nicht zu verhüten, daß sich mit der Zeit
die in den engen Bohrungen
der Brennstoffkapsel oder in
dem engen Verbindungshals
Verbrennungsrückstände und
Krusten ansetzen, wodurch die
Verbrennung schlechter wird
und Betriebsstörungen entstehen können. Die kleinen
Glühköpfe oder Kapseln müssen daher so einfach gestaltet

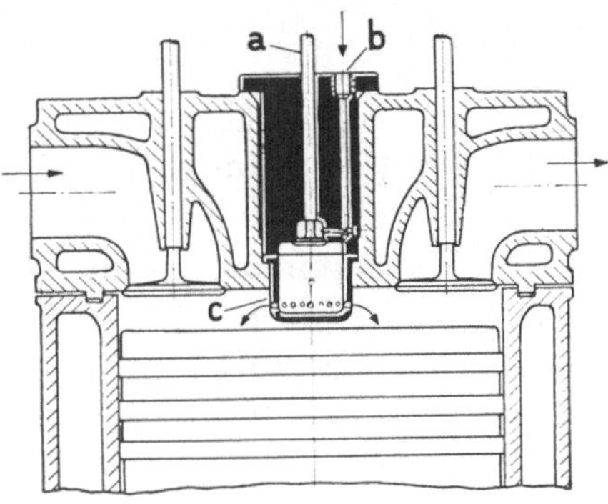

237. Ölmaschine von Brons.

und angeordnet sein, daß ihre Auswechslung rasch und ohne
nennenswerte Kosten möglich ist.

Beherrschung des Glühkopf-Wärmezustandes.

Der Glühkopf muß stets so heiß sein, daß die Verbrennung
sicher eingeleitet werden kann. Zu große Wärmestauung in den
Glühkopfwänden ergibt zu starke Wärmebeanspruchungen, die die
Lebensdauer des Kopfes verringern.

Der Wärmezustand des Glühkopfes kann annähernd durch
die Wärmemenge

$$Q_g = \alpha \, F_g \, \varDelta t$$

gewertet werden, worin F_g die Oberfläche des Glühkopfes, $\varDelta t$ der
mittlere Unterschied zwischen der Innen- und Außentemperatur
des Glühkopfes und α eine Wärmeübergangszahl ist, die außer
von der Beschaffenheit der Glühkopfwände von der Geschwindigkeit abhängt, mit der die Gase innen und außen an den Wänden
des Glühkopfes vorbeistreichen.

Im allgemeinen wird der Kopf nur während der Verbrennung
geheizt und während der anderen Abschnitte des Arbeitsvorganges
abgekühlt. Infolge der Trägheit der Vorgänge stellt sich aber ein
Beharrungszustand ein, so daß bei gleichbleibender Belastung und
Drehzahl die Zeit ohne wesentlichen Einfluß auf den durchschnittlichen Wärmezustand ist.

Mit steigender Belastung der Maschine nimmt im allgemeinen
die verfügbare Wärmemenge Q_g zu, daher wächst auch

$$\Delta t = \frac{Q_g}{\alpha\, F_g},$$

und damit wächst zugleich die Temperatur t_g des Glühkopfes.

Ist der Verdichtungsenddruck gering, also der Verdichtungsraum und die Fläche F_g groß, dann kann unter Umständen übermäßige Wärmestauung in den Glühkopfwänden ohne zusätzliche innere Kühlung verhütet werden. In der Regel gelingt dies aber nur bei Zylinderleistungen unter 10 PS.

Bei geringer Belastung oder im Leerlaufe von Glühkopfmaschinen kann sogar der Zustand eintreten, daß die verfügbare Wärmemenge Q_g zu klein ist, um den Glühkopf auf die zur Einleitung der Verbrennung erforderliche Temperatur zu bringen, und daß infolgedessen die Selbstzündung versagt. Dann muß, wie beim Anlassen des kalten Motors, die Heizlampe zu Hilfe genommen werden.

Bei größeren Leistungen wird Q_g zu groß und damit die Glühkopftemperatur zu hoch, und es muß zu zusätzlicher innerer Kühlung gegriffen werden. Auf S. 376 bis 397 ist näher dargelegt, auf welche Weise solche innere Kühlung bewirkt werden kann, und gezeigt, daß mit der zumeist angewendeten inneren Kühlung durch Wassereinspritzung eigenartige Betriebszustände herbeigeführt werden können, die den Wärmezustand der Glühkopfwände in einer nicht immer sicher vorausbestimmbaren Weise beeinflussen.

Streng gültige Gesetze über den Einfluß der Wassereinspritzung bei Zweitakt-Glühkopfmaschinen lassen sich nicht aufstellen, vielmehr muß von Fall zu Fall erst durch Versuche der Zusammenhang zwischen Einspritzwassermenge, äußerer Kühlung, Belastung, Drehzahl, Glühkopftemperatur usw. ermittelt werden. Die Ergebnisse von Versuchen an einer bestimmten Glühkopfmaschine dürfen nicht ohne weiteres verallgemeinert werden, weil zahlreiche Einflüsse, wie Höhe des Verdichtungsenddrucks, Form und Größe des Verdichtungs- und des Glühkopfraumes, Art der Wassereinspritzung, Weite des Verbindungsquerschnittes zwischen Glühkopf und Zylinder, Zeitpunkt und Art der Brennstoffeinspritzung, maßgebend sind.

Besondere Einflüsse des Betriebszustandes.

Der Betriebszustand von Zweitakt-Glühkopfmaschinen kann auch von der Wirkung der Kurbelkastenpumpe in Zusammenhang mit den Ausströmungs- und Spülvorgängen beeinflußt werden. In Bild **203**, S. 327, sind die Druckverhältnisse während des Ausström-, Spül- und Ladevorganges zweier aufeinanderfolgenden Arbeitsprozesse dargestellt.

Ein Arbeitsvorgang mit starkem Nachbrennen und damit hohem Druck zu Beginn der Verdichtung hat heftiges Ausströmen mit stärkerem Unterdruck, günstigen Lieferungsgrad der Kurbelkastenpumpe und damit gute Füllung des Zylinders mit Frischluft beim nächsten Arbeitsspiel ergeben. Das höhere Luftgewicht der neuen Ladung bewirkte bessere Verbrennung, ohne starkes Nachbrennen, ergab somit kleineren Druck zu Beginn der Ausströmung, geringeren Unterdruck im Verlaufe des Auspuffvorganges und damit ungünstigeren Lieferungsgrad des folgenden Arbeitsspiels der Kurbelkastenpumpe. Daher gelangte ein geringeres Luftgewicht in den Zylinder, die Verbrennung wurde, bei starkem Nachbrennen, schlechter, und es wiederholten sich die geschilderten Vorgänge.

Der Betriebszustand war daher kein gleichmäßiger, sondern ein periodisch sich ändernder, indem einem Arbeitsverlauf mit günstiger Verbrennung ein Arbeitsspiel mit starkem Nachbrennen folgte. Dadurch wurde der Wärmeverbrauch und die Regelbarkeit der Maschine ungünstig beeinflußt.

Von großer Bedeutung für den Betrieb von Zweitakt-Glühkopfmaschinen ist die Art des Brennstoffs. Im allgemeinen lassen sich in Glühkopfmaschinen die gleichen Brennstoffe verwenden wie in Dieselmaschinen. Hier soll nur kurz auf die Verwertung von Steinkohlenteeröl eingegangen werden, weil der Arbeitsvorgang in Glühkopfmaschinen für die Verwendung von Teeröl besonders geeignet ist.

Erfahrungen:

■ Bei Betrieb mit Teeröl konnten wesentlich höhere Verdichtungsenddrücke mit Vorteil zugelassen werden, und der Wärmezustand des Glühkopfes war bei diesem Betriebe ohne Wassereinspritzung bis zu wesentlich höheren Belastungen beherrschbar als bei Verwendung von Gasöl. Gerade durch die Wassereinspritzung im Zusammenhang mit höherer Verdichtung konnte aber die Verbrennung des Teeröls günstig beeinflußt werden. Auch Einspritzen und Zerstäuben des Brennstoffs durch Druckluft war vorteilhaft. ■

Regelung der Glühkopfmaschinen.

Erfahrungen:

■ Bei Zweitakt-Glühkopfmaschinen mußte sowohl die Brennstoffmenge als auch das Einspritzwasser der Belastung entsprechend geändert werden. Wurde vom Einfluß der äußeren Kühlung abgesehen und stabiler Betriebszustand vorausgesetzt, so mußte mit abnehmender Belastung Brennstoff- und Einspritzwassermenge abnehmen, mit größer werdender Belastung zunehmen.

Die Änderung der Einspritzwassermenge konnte, ähnlich wie es bei der Brennstoffzuführung geschieht, dem Regler überlassen oder von Hand aus bewirkt werden. Letzteres war, selbst unter der Voraussetzung stabilen Betriebszustandes, vorzuziehen, weil der Regler in bestimmten Fällen der Belastungsänderung zu rasch einwirkte und dadurch Betriebsstörungen hervorgerufen wurden.

Ist die Glühkopfmaschine lange Zeit mit schwacher Belastung gelaufen, der eine niedrige, ohne Wassereinspritzung erreichte Glühkopftemperatur entsprach, dann hat der Regler bei plötzlicher starker Belastungssteigerung sowohl größere Brennstoffmenge als auch entsprechend große Einspritzwassermenge eingestellt. Diese konnte aber den Glühkopf plötzlich derart abkühlen, daß keine sichere Entzündung des Brennstoffluftgemisches mehr möglich war und die Maschine stehen blieb.

Bei Handregelung der Wassereinspritzung ließ sich die Änderung der Wassermenge ausreichend lange verzögern und brauchte die Einspritzwassermenge erst vergrößert zu werden, wenn die der größeren Belastung entsprechende Wärmemenge Q_g zur Erhöhung der Glühkopftemperatur wirksam geworden war.

Handregulierung der Wassereinspritzung ermöglichte es auch, den Gang der Maschine in genügend sicherer Weise allen Betriebszuständen anzupassen, z. B. auch im Zusammenhang mit der Veränderung der äußeren Kühlwirkung, was bei Einwirkung mittels eines Reglers nur durch umständliche Einrichtungen oder überhaupt nicht erreichbar wäre. ▪

Die vielseitigen, schwer vorausbestimmbaren und zum Teil sehr unangenehmen Einflüsse der Wassereinspritzung haben Bestrebungen gezeitigt, Zweitakt-Glühkopfmaschinen ohne Wassereinspritzung zu bauen und zu betreiben. Dies ist aber mit den gewöhnlichen Ausführungsarten dieser Maschinen nur bei kleinen Leistungen und unter Erhöhung des Brennstoffverbrauchs gelungen. Man muß niedrigeren Vedichtungsenddruck anwenden und mit übermäßiger Brennstoffzufuhr arbeiten, so daß unvollkommne Mischung und unvollständige Verbrennung die Folge ist. Ein Teil des Brennstoffs darf nur verdampfen und sich vollständig zersetzen, aber nicht verbrennen, damit eine zusätzliche innere Kühlung erreicht wird. Derartige Maschinen arbeiten deshalb sehr unwirtschaftlich. Darum wird in den meisten Fällen die Anwendung der Wassereinspritzung vorgezogen; bei genügender Kenntnis ihrer Wirkung ist auch günstiger Betrieb mit ihr erreichbar.

Mehr Aussicht auf Erfolg in der Entbehrlichmachung der Wassereinspritzung bietet sich nur bei vollständiger baulicher Änderung der Glühkopfmaschinen, und zwar in der schon angedeuteten Richtung, daß der Glühkopfraum und der Verbindungsquerschnitt zwischen Glühkopf und Zylinder so stark verkleinert wird, daß auch bei sehr hohem Verdichtungsenddruck keine Gefahr von Frühzündungen besteht und die Wände des Glühkopfraums, wie beim Bronsmotor (Bild **237**), selbst bei größtem Drucke nur schwach beansprucht sind. Auch wenn der Glühkopf nicht, wie beim Bronsmotor, fast völlig vom Druck entlastet ist, wird er doch keine Wassereinspritzung erfordern, wenn er genügend klein, also keine erhebliche Wärmestauung möglich ist. Dann ist aber hoher Verdichtungsenddruck erforderlich, um durch die hohe Verdichtungswärme im Verein mit der im Glühkopf aufgestauten Wärme die Einleitung der Verbrennung zu sichern.

Maschinen dieser Art mit Verdichtungsenddrücken von 20 bis 35 Atm. werden aber wesentlich teurer in der Herstellung. Sie ähneln in ihrer Arbeitsweise und Wirkung den Dieselmaschinen, nur daß der Brennstoff bei ihnen in der Regel ohne Druckluft eingespritzt wird. Dies hat praktische Nachteile, wie schlechtere Zerstäubung und Mischung, und damit höheren Brennstoffverbrauch zur Folge. Sie sind deshalb, wie die gewöhnlichen Glühkopfmaschinen, mit Vorteil nur für kleine Leistungen ausführbar. Die Leistungsgrenze läßt sich aber durch die Verwendung von Einspritzdruckluft erweitern.

Anlassen der Glühkopfmaschinen.

Die Arbeitsweise der Glühkopfmaschinen verlangt besondere Vorkehrungen zur Inbetriebsetzung der kalten Maschine. Zunächst muß der Glühkopf durch eine Heizlampe so weit vorgewärmt werden, daß der durch Handbetätigung der Brennstoffpumpe probeweise eingespritzte Brennstoff rasch verdampft, was durch einen Probierhahn am Verbrennungsraum nachgeprüft werden kann. Dann erst kann die Maschine angelassen werden.

Bei der kleinen Anlaßdrehzahl tritt der größte Verbrennungsdruck in der Regel vor dem oberen Totpunkt ein, und die Maschine beginnt daher sofort in umgekehrter Drehrichtung zu laufen. Deshalb dreht man die Maschine zunächst bei offenem Probierhahn einige Male, bis günstiges Gemisch entsteht, wie durch Anzünden am Probierhahn festgestellt werden kann, und hierauf bei geschlossenem Probierhahn in umgekehrter Richtung rasch nach dem oberen Totpunkt zu. Dann wird die Entzündung frühzeitig erfolgen und der Kolben zurückgeschleudert werden, somit in der gewünschten Drehrichtung weiterlaufen.

In ähnlicher Weise wird auch die Umkehrung der Drehrichtung herbeigeführt: Man spritzt den Brennstoff nach Entlastung der Maschine und Herabminderung der Drehzahl wesentlich früher ein als beim normalen Betriebe und verursacht dadurch eine Vorverbrennung; der größte Verbrennungsdruck entsteht dann vor Hubende, wodurch der Kolbenlauf zunächst gebremst und dann die Drehrichtung umgekehrt wird.

Bei größeren Maschinen wird Druckluft zum Anlassen zu Hilfe genommen. Die Heizlampe muß meistens nach dem Anlassen noch solange brennen bleiben, bis nach Belastung des Motors die zur Aufrechterhaltung des Wärmezustandes erforderliche Wärmemenge durch den Arbeitsprozeß selbst zur Verfügung gestellt wird.

V. Beherrschung des Wärmezustandes in Verbrennungsmaschinen.

In Verbrennungsmaschinen würde die Wärme, die bei der Verbrennung entwickelt wird, in kurzer Zeit die Wandungen des Verbrennungsraumes unzulässig hoch erhitzen und die Reibungs- und Dichtungsflächen zerstören, wenn keine Kühlung vorgesehen würde. Wirksame Kühlung ist Voraussetzung des Betriebs.

Über den Einfluß der Kühlung enthält das Vorangegangene schon vieles Wesentliche. Notwendig ist noch, zusammenfassend auf die Bedingungen der Beherrschung des Wärmezustandes einzugehen, weil die grundlegenden Forderungen auf zahlreiche eigenartige Abhängigkeiten, Schwierigkeiten und Widersprüche führen.

Soll eine Verbrennungsmaschine größte Leistung bei bester Wärmeausnutzung ergeben, dann müßte streng genommen ihr Wärmezustand während der verschiedenen Abschnitte eines Maschinenspiels ein wechselnder sein:

Beim Laden z. B. soll ein möglichst großes Ladegewicht von Gemisch oder Luft in den Maschinenzylinder eingeführt werden. Hierzu wäre möglichst niedrige Temperatur der Ladung und derjenigen Maschinenteile notwendig, an denen die Ladung vorbeistreicht. Dies setzt wirksame Kühlung voraus.

Bei Vergasermaschinen für Leichtöle ergibt sich aber eine untere Grenze für die Ladetemperatur, ebenso bei solchen Verdampfermaschinen, bei denen die Verdampfung und Gemischbildung vor dem Eintritt der Ladung in den Zylinder erfolgt.

Bei Dieselmaschinen darf die Ladetemperatur nicht zu tief liegen, damit der Verdichtungsdruck zur Erreichung der Selbstzündungstemperatur des Brennstoffs nicht übermäßig hoch zu sein braucht.

Bei Gasmaschinen hingegen ist keine untere Grenze für die Temperatur der Ladung einzuhalten; das einströmende Gemisch kann vielmehr kräftig abgekühlt werden, soweit dies einfach und wirtschaftlich durchführbar ist.

Während der Verdichtung ist zusätzliche Erwärmung durch heiße Maschinenteile nur bei Gemisch verdichtenden Maschinen schädlich, weil unter Umständen die Selbstzündungsgrenze früher erreicht wird.

Bei Dieselmaschinen dagegen ist zusätzliche Erwärmung der Verbrennungsluft während der Verdichtung günstig, besonders bei Verwendung schwer zersetzbarer Öle, denn Frühzündung ist bei diesen mit brennstofffreier Verdichtung arbeitenden Maschinen ausgeschlossen.

Während der Verbrennung und der darauffolgenden Ausdehnung der Verbrennungsgase sollen Wärmeverluste verhütet werden, um günstige Wärmeausbeute und hohe Leistung zu erzielen. Trotzdem muß gekühlt und großer Wärmeverlust absichtlich herbeigeführt werden, um die Maschinenteile im Bereiche des Verbrennungsraums in betriebsfähigem Zustande zu erhalten.

Für gute Mischung und rasche Verbrennung ist kräftige Durcheinanderwirblung des Zylinderinhalts vor und während der Verbrennung häufig vorteilhaft. Andrerseits wird aber hierdurch der Wärmeübergang an das Kühlwasser beschleunigt und die Kühlverluste erhöht.

Je günstiger der Arbeitsvorgang durchgeführt wird, also je besser die Gemischbildung ist, je höher innerhalb der zulässigen Grenzen die Verdichtung, je rechtzeitiger und vollständiger die Verbrennung erfolgt, umso größer ist der Teil der Brennstoffwärme, der in Nutzarbeit umgesetzt wird, desto weniger Wärme bleibt zur Erhöhung der Wandungstemperaturen verfügbar, und desto weniger Wärme braucht durch die Kühlung abgeleitet zu werden.

Die Wärmeableitung durch rechtzeitige Beseitigung der Verbrennungsgase während des Auspuffs ist von größter Wichtigkeit.

Je vollständiger die heißen Abgase aus dem Zylinder geschafft werden, um so mehr frisches Gemisch oder Luft kann in den Arbeitszylinder geladen werden, und um so höher kann der Verdichtungsenddruck sein.

Erfahrungen:

■ Die Reinigung der Arbeitszylinder von heißen Abgasen ist bei Viertaktmaschinen praktisch weitgehender erreicht worden als bei Zweitaktmaschinen.

Das Zweitaktverfahren erforderte schon aus diesem Grunde wirksamere Kühlung des Verbrennungsraumes als der Viertakt.

Bei Zweitakt erwies sich meistens die Kühlung des Zylinders allein als unzureichend; schon bei verhältnismäßig geringen Zylinderleistungen, unter 100 PS, mußte wirksame Kolbenkühlung hinzugefügt werden.

Dies zeigte sich besonders bei Zweitaktmaschinen mit einfachen zylindrischen Verbrennungsräumen, die für eine rasche und wärmetechnisch günstige Verbrennung sehr vorteilhaft sind. Die Oberfläche solcher Verbrennungsräume war aber zu klein, um die der Haltbarkeit der Wandungen schädliche Wärme rasch genug abzuführen. Erst wenn es bei fortschreitender Technik gelänge, die dicken gußeisernen Wände durch dünne, z. B. geschweißte Wände zu ersetzen, wäre wirksame Abhilfe erreichbar, und manche jetzt verlassene Zweitaktbauart könnte dann wieder brauchbar werden.

Die Leistungsfähigkeit von Viertaktmaschinen konnte in neuerer Zeit wesentlich erhöht werden durch bessere Austreibung der Verbrennungsgase mittels Luftspülung vor dem Saughub. Die Wärme- und Festigkeitsbeanspruchungen der Maschinenteile wurden dadurch aber erhöht. ■

Äußere und innere Kühlung.

Die Wärmeableitung kann im allgemeinen auf zweierlei Art erreicht werden:

durch äußere Kühlung mittels Luft, Wasser, Öl usw., wobei die Kühlmittel nicht mit den Verbrennungsgasen in unmittelbare Berührung kommen, und

durch innere Kühlung mittels Wassereinspritzung, Überschmierung oder mittels entsprechender Beeinflussung des Arbeitsvorganges selbst.

Ohne wirksame Kühlung ist die praktisch zulässige Zylinderleistung nur eine sehr beschränkte, wenn Betriebsstörungen sicher vermieden werden sollen.

Erfahrungen:

■ Alle Bestrebungen sind gescheitert, gute Wärmeausbeute dadurch zu erreichen, daß die Zylinder ungekühlt betrieben wurden oder zur Vermeidung von Kühlverlusten Wärmeschutz erhielten.

Diesel mußte bei den ersten Versuchen, die in der M.-F. Augsburg zur Ausbildung des nach ihm benannten Hochdruckmotors durchgeführt wurden, die Aussichtslosigkeit dieser Bestrebungen mit großen Kosten erfahren. Seine Versuche scheiterten an der unzureichenden Leistung des Motors im ungekühlten Zylinder; erst als ausreichende Mantel- und Deckelkühlung ausgeführt wurde, konnte angemessene Leistung erzielt werden. —

Bei Verbrennungsmaschinen mit geringer Belastung konnte die Wärmeausnutzung erhöht werden durch Drosseln des Kühlwasserflusses, also durch Verminderung der Kühlwirkung. Die Verringerung der Kühlwirkung durfte aber nicht zu weit getrieben werden; auch wenn noch keine Gefährdung der Maschinenteile zu befürchten war, mußte zu starke Erhitzung der Zylinderwände und der anschließenden Saugleitungen verhütet werden, um nicht das Ladegewicht unzulässig zu verringern. ■

Die Kühlung hat notwendigerweise Wärmeverluste und unter Umständen schlechtere Wärmeausnutzung zur Folge.

Es ist also nur so viel Wärme durch die Kühlung abzuleiten, als zur Erhaltung der Maschinenteile und zur Beherrschung des Wärme- und Betriebszustands erforderlich ist. Die Wirkung der Kühlung muß deshalb entsprechend dem jeweiligen Betriebszustand regelbar sein.

Wirksame äußere Kühlung ist nur durch einen Flüssigkeitsstrom zu erreichen, der an den zu kühlenden Teilen vorbeifließt. In den meisten Fällen wird Wasserkühlung angewendet, mit der den meisten Betriebsfällen am besten entsprochen werden kann.

Erfahrungen:

■ In besonderen Fällen ist aus betriebstechnischen Rücksichten Ölkühlung verwendet worden, u. a. zur Durchführung der Kolbenkühlung bei Raschläufern mit eingekapseltem Triebwerk, weil bei Verwendung von Wasserkühlung infolge Undichtheit der Leitungen ein Vermischen von Wasser und Schmieröl und damit Betriebsstörungen schwer zu verhindern waren.

Ölkühlung erwies sich jedoch wegen der geringeren spezifischen Wärme des Öls weniger wirksam als Wasserkühlung. Es waren größere Ölmengen erforderlich, und diese mußten mit größerem Überdruck durch die Kühlräume geführt werden, schon um das Haften des Öls an den heißen Wandungen, oder um Zersetzung des Öls und Krustenbildung zu verhüten. ■

Äußere Luftkühlung wird angewendet bei Maschinen mit kleiner Zylinderleistung und bei Flugmotoren.

Luftkühlung allein ist aber in den meisten Fällen zur Erreichung eines sicheren Wärmezustandes unzureichend, und die äußere Kühlung muß vielfach mit innerer Kühlung verbunden werden.

Zweitaktmaschinen bedürfen infolge der starken Wärmebeanspruchung schon bei kleineren Zylinderleistungen besondere Öl- oder Wasserkühlung der Kolben. Bei Viertaktmaschinen ist unter sonst gleichen Umständen mehr Zeit und in der Regel auch größere Oberfläche für die Wärmeableitung vorhanden.

Erfahrungen:

■ Besonders kennzeichnend waren die Erfahrungen mit der Luftkühlung der Kolben von Verbrennungsmaschinen.

Die äußere Luftkühlung der Kolben, der Kolbenböden insbesondere, erwies sich schon bei verhältnismäßig kleinen Leistungen und Zylinderdurchmessern als unzureichend, wenn nicht zusätzliche Wärmeableitung mitwirkte, derart, daß die Wärme nach der Kolbenlauffläche des Zylinders, nach den Zylinderwandungen und dem Mantelkühlwasser geleitet oder mit Hilfe des Schmieröls weggeführt wurde.

Hierüber geben insbesondere die Wärmeleitungsversuche mit verschieden geölten Flächen von Schiebersteuerungen Aufschluß[1]).

---

[1]) A. Riedler, Wissenschaftliche Automobil-Wertung, Bericht IX der Versuchsanstalt für Kraftfahrzeuge an der Kgl. Techn. Hochschule zu Berlin.

Luftkühlung der Kolben hat sich bei größerer Maschinenleistung nur als brauchbar erwiesen, wenn große Luftmengen gezwungen wurden an den heißen Kolbenflächen vorbeizustreichen, oder wenn wirksame Öl- oder Wasserkühlung für den Kolben hinzugefügt wurde. Letzteres machte aber wegen der Wechselbewegung des Kolbens besondere, für Bau und Betrieb unbequeme Zu- und Ableitungen des Kühlwassers erforderlich.

Die Versuche mit Schiebersteuerung für Automobilmaschinen[1]) haben gezeigt, daß die Kolbenböden glühend wurden, und daß Brüche und Betriebsstörungen eintraten, wenn nicht ausgiebige zusätzliche Kühlung durch Überschmierung der Motoren durchgeführt wurde.

Bei manchen Zweitakt-Ölmaschinen mußte besondere Kolbenkühlung durch Öl oder Wasser schon bei etwa 60 PS Zylinderleistung ausgeführt werden, sonst trat Wärmestauung infolge unzureichender Luftkühlung der Kolben ein, und die Kolbenböden wurden zu heiß. ∎

Zusätzliche innere Kühlung.

Bei besonderer Bauart der Maschinen oder unter besonderen Betriebsverhältnissen kann die äußere Wasserkühlung unzureichend und zusätzliche innere Kühlung notwendig werden.

Erfahrungen:

∎ Bei großen Verbrennungsmaschinen haben große Wandstärken der Zylinder insbesondere an den Durchdringungen mit den Ventilkammern schädliche Materialanhäufungen verursacht, an diesen verdickten Stellen entstanden unzulässige Wärmestauungen, und die gewöhnliche Wasserkühlung wurde unzureichend.

Gründliche Abhilfe konnte in solchen Fällen nur geschafft werden, wenn die Ursache der Wärmestauung, die Materialhäufung, vermieden wurde. Verstärkte Wasserkühlung konnte die Mängel allein nicht beseitigen. —

Die eingehende Untersuchung der Knight-Schiebermotoren durch die Prüfstelle für Kraftfahrzeuge zu Charlottenburg hat

---

[1]) A. Riedler, Wissenschaftliche Automobil-Wertung, Bericht X der Versuchsanstalt für Kraftfahrzeuge.

ergeben, daß die zwischen Kolben und Zylinderwänden angebrachten Doppelschieber dieser Motoren ungenügenden Wärmeabfluß zum Kühlwasser ergaben, wodurch unzulässige Wärmestauung in den Kolben und Zylinderwänden verursacht wurde. Betriebsstörungen konnten nur durch Hinzufügung zusätzlicher innerer Kühlung vermieden werden. Diese Zusatzkühlung bestand in der übermäßigen Zuführung von Schmieröl[1]). ■

Innere Zusatzkühlung durch Überschmierung ist eines der häufigst angewendeten Mittel, Wärmestauungen zu bekämpfen. Es gibt hierzu auch besondere Ölsorten, wie „Caloricit" u. dgl., mit denen wärmekranke Maschinen behandelt werden. Durch reichliche Ölverdampfung soll die gefährliche überschüssige Wärme abgeleitet werden. Diese Hilfsmittel treffen aber nicht die Quelle der Störungen und können die schädlichen Folgen der mangelhaften Bauart nur etwas mildern.

Bei solcher Überschmierung wird ein Teil der Wärme durch das überschüssige Schmieröl abgeleitet; in der Weise, daß dieses Öl verdampft und zersetzt wird. Diese Wirkung der Überschmierung hat aber eine Verschlechterung der Verbrennung zur Folge, weil das Schmieröl nicht so rasch wie der eigentliche Brennstoff verbrennt, sondern meist erst während der Ausdehnung der Verbrennungsgase und während des Auspuffs. Es tritt stets unvollständige Verbrennung und schädliches Nachbrennen ein, und es bilden sich zudem schädliche Rückstände im Verbrennungsraum.

Überspeisung, übermäßige Brennstoffzuführung ist auch ein manchmal angewendetes ungeeignetes Mittel, zusätzliche innere Kühlung zu erzielen und auf den Wärmefluß einzuwirken. Erhöhte Brennstoffzuführung erhöht den Wärmezustand und die mittlere Temperatur infolge langsamer Verbrennung; die Erniedrigung der Temperatur tritt erst bei sehr starker Verschlechterung des Gemisches und der Verbrennung ein.

Der Verbrennungsvorgang müßte dann so eingerichtet werden, daß der Brennstoff unvollständig verbrennt und ein Teil desselben nur verdampft und zersetzt wird. Die für diese Zustandsänderung

---

[1]) A. Riedler, Wissenschaftliche Automobil-Wertung, Bericht X: Stoffwechsel und Pathologie der Schiebermotoren.

erforderliche Wärme wird durch den Auspuff abgeleitet und dadurch innere Kühlung der Maschine bewirkt.

Verschlechterung der Verbrennung wirkt kühlend im gleichen Sinne wie die Überschmierung.

Erfahrungen:

■ Bei Knight-Schiebermotoren wurde die innere Kühlung statt durch Überschmieren auch durch Gemischverschlechterung und Nachbrennen erreicht, durchgeführt mit Luftdrosselung in der Zuströmung. Solche Gemischverschlechterung ist auch dadurch herbeigeführt worden, daß diese Motoren Schmieröldämpfe aus dem Kurbelkasten der Maschine ansaugten. ■

Die Verbrennungstemperatur wird bei Dieselmaschinen trotz der wesentlich höheren Verdichtungsenddrücke nicht höher als bei Gasmaschinen (siehe S. 77), weil der Brennstoff allmählich eingespritzt wird und die Verbrennungswärme zum Teil zur Verdampfung und Zersetzung des Brennstoffs dient.

Der Verbrennungsvorgang kann aber so geleitet werden, daß mehr Wärme gebunden wird, um die erwünschte zusätzliche innere Kühlung zu erreichen. —

Alle diese Mittel zum Zwecke zusätzlicher innerer Kühlung: Überschmierung, Verschlechterung des Gemisches oder der Verbrennung usw., sind verwerflich. Sie verursachen stets große Erhöhung der Betriebskosten und dienen nur dazu, die Folgen der Wärmestauungen zu bekämpfen, nicht aber ihre Ursache zu beseitigen. Sie reichen auch allein zur Kühlwirkung nicht aus, sondern erfordern stets die Mitwirkung äußerer Kühlung.

Innere Kühlung durch Wassereinspritzung.

Innere Kühlung durch Wassereinspritzung ist hingegen ein Mittel, mit dem der Wärmefluß weitgehend beeinflußt werden kann. Von diesem Mittel wird namentlich bei Glühkopfmaschinen Gebrauch gemacht.

Zweitakt-Glühkopfmaschinen von größerer Leistung, über 10 PS, bedürfen bei Volleistung und auch schon bei mittlerer Leistung einer zusätzlichen innern Kühlung des Glühkopfraumes, um unzulässige Wärmestauung und Temperaturerhöhung im Glühkopfe zu verhüten.

Das in den Zylinder eingespritzte Kühlwasser übt während der Verbrennung, je nach seiner Menge und der Art der Zuführung, verschiedenartige Wirkungen aus.

Die Verbrennungstemperaturen sind in der Regel nicht genügend, um das Wasser vollständig zu zersetzen. Das Wasser verdampft zumeist nur und bindet dadurch einen Teil der Wärme des Zylinderinhalts.

Erfahrungen:

■ Wenn das Wasser fein zerteilt unmittelbar gegen die Wände des Verbrennungsraums gespritzt wurde, dann konnte es durch den Wärmeübergang und durch Verdampfung die Wandungen unmittelbar abkühlen.

Es ist aber nicht gelungen, diese Art der Kühlung so vollkommen auszubilden, daß jede äußere Kühlung der Wandungen und der Kühlmantel erspart werden konnte.

Es ist bisher nur gelungen, kleine Versuchsgasmaschinen, von etwa 50 PS, mit nur innerer Kühlung durch Wassereinspritzung betriebsfähig herzustellen. Solche Kühlung setzt voraus, daß reines Wasser verwendet wird, eine Bedingung, die sich praktisch nicht erfüllen ließ. Das Wasser hat oft durch Abscheidung von Salzen und von Wasserstein an den Verdampfungsstellen Störungen verursacht, besonders bei stehendgebauten Maschinen. Abbröckelnde Ablagerungen fielen in den Zylinder und verursachten starke Abnutzung und Zerstörung der Lauf- und Dichtungsflächen. ■

Es läßt sich nicht vermeiden, daß auch Stellen mit größerer Materialanhäufung oder besonders heiße Stellen des Verbrennungsraums, an denen sich die Wärme staut, von dem eingespritzten Kühlwasser getroffen werden. Dann überzieht sich die überhitzte Stelle mit einer isolierenden Dampfschicht (Leidenfrostsche Erscheinung), die Kühlungswirkung wird verschlechtert und Wärmerisse können die Folge sein.

Erfahrungen:

■ Wärmerisse entstanden dann sehr leicht, wenn kaltes Wasser gegen glühende Wände gespritzt wurde. Bei neueren Glühkopfmaschinen wurde daher das Aufspritzen von Wasser auf die oft rotglühenden Glühkopfwände vermieden, um Bruch des Glühkopfes zu verhindern.

Um zusätzliche innere Kühlung durch Wassereinspritzung zu erreichen, war es auch nicht notwendig, das Wasser unmittelbar an die Wandungen zu spritzen. Es erwies sich als vorteilhaft, das Wasser entweder schon vor der Verbrennung dem Zylinderinhalt möglichst fein verteilt beizumischen, oder es nur während der Verdichtung oder Verbrennung unter Druck derart einzuspritzen, daß es unmittelbar an der Einspritzstelle fein zerteilt wurde.

Bei Glühkopfmaschinen wurde das Einspritzwasser entweder schon der Ladeluft beigemischt oder mit dem Brennstoff unmittelbar in den Glühkopfraum eingeblasen und fein verteilt. ■

Katalytische Wirkung des Einspritzwassers.

Das Wasser übt nicht nur eine abkühlende, sondern, wie im Abschnitt III Seite 148 näher begründet ist, auch eine katalytische Wirkung aus, die besonders für die Zersetzung und Verbrennung der schweren Treiböle sehr wichtig ist.

Die glühenden Wandungen des Verbrennungsraums können Zersetzung des Wasserdampfes bewirken. Durch den freiwerdenden Wasserstoff werden die schweren Kohlenwasserstoffe des Brennstoffs angereichert und zu leichter zersetzlichen Kohlenwasserstoffen reduziert, damit aber wesentlich günstigere Verbrennung und Ausnutzung der schwer zersetzlichen Treiböle erreicht.

Erfahrungen:

■ Diese günstige Wirkung des Wasserdampfes blieb aus, wenn zuviel Wasser eingespritzt wurde, wenn dem Zylinderinhalt schon zur Verdampfung des Wassers zuviel Wärme entzogen wurde, so daß zur Zersetzung der Kohlenwasserstoffe nicht genug Wärme mehr übrig blieb.

Bei überschüssiger Wassereinspritzung wurde die Verbrennung unvollständig, es trat schädliches Nachbrennen auf, und die Wärmeabgabe an die Wandungen nahm zu. —

Starke Wassereinspritzung konnte sogar die Temperatur des Glühkopfes erhöhen. Schließlich nahm die Leistung der Maschine ab, und bei noch weiterer Wassereinspritzung blieb sie stehen.

Bei voller Belastung der Maschine ergab sich die günstigste Verbrennung stets bei der überhaupt zulässigen niedrigsten Temperatur der Glühkopfwände, derjenigen Temperatur also, die gerade noch zur sichern Einleitung der Verbrennung ausreichte.

Bei Überschuß von Einspritzwasser verschlechterte sich die Verbrennung und der Brennstoffverbrauch sofort und wesentlich, es trat starkes Nachbrennen auf und damit Erhöhung der Temperatur der Glühkopfwände. ■

Katalytischer Grenzzustand.

Es darf nicht allgemein angenommen werden, daß bei einer Glühkopfmaschine, die zusätzliche innere Kühlung durch Wassereinspritzung erhält, die Glühkopftemperatur mit zunehmender Wassermenge abnimmt und umgekehrt. Dies wird in der Regel nur innerhalb eines bestimmten Grenzzustandes der Fall sein, der eintritt, wenn die eingespritzte Wassermenge keine Verbesserung der Verbrennung durch ihre katalytische Einwirkung mehr hervorzurufen vermag.

Erfahrungen:

■ Solange dieser katalytische Grenzzustand noch nicht erreicht war, wurde die Temperatur des Glühkopfes durch Vergrößerung der spezifischen Einspritzwassermenge erniedrigt, durch Verringerung der Wassermenge erhöht.

Nach Überschreiten des katalytischen Grenzzustandes trat das Umgekehrte ein, und eine Vergrößerung der Einspritzwassermenge hatte beispielsweise Erhöhung der Glühkopftemperatur zusammen mit Verschlechterung der Verbrennung (Nachbrennen) zur Folge.

Es war damit aber nicht immer eine Abnahme der Leistung der Maschine verbunden. Wenn der Luftinhalt des Zylinders groß genug war, um die überschüssige Brennstoffmenge zu verbrennen, wenn auch mit Nachbrennen, so ergab sich stets eine Leistungssteigerung, allerdings mit schlechterem spezifischen Brennstoffverbrauch. Erst wenn der Luftvorrat im Zylinder zu vollständiger

Verbrennung nicht mehr ausreichte, nahm auch die Leistung der Maschine ab. ▪

Es sind auch die Ladevorgänge von großem Einfluß, besonders bei Zweitaktmaschinen.

Wie im Abschnitt „Zweitakt-Glühkopfmaschinen" S. 327 gezeigt ist, ergibt sich bei höherem Enddruck der Ausdehnung raschere und bessere Entleerung des Zylinders als bei niedrigem Enddruck, was besonders bei Kurbelkasten-Spül- und Ladepumpen von günstigem Einfluß auf den Lieferungsgrad der Ladung ist (vgl. Bild **203,** S. 327).

Bei einem Verbrennungsvorgang mit Nachbrennen, bei dem der Enddruck des Verbrennungs- und Ausdehnungshubes hoch ist, wird daher der Zylinder größeren Luftinhalt besitzen und kann Erhöhung der Leistung bei entsprechend größerem Brennstoffverbrauch die Folge sein.

Zusammenwirken von äußerer und innerer Kühlung.

Sehr wichtig ist der Zusammenhang der äußeren und inneren Kühlung des Motors, die thermische Gesamtwirkung.

Die angeführten Teilwirkungen der Einspritzwassermenge beziehen sich auf gleichbleibende äußere Kühlwirkung, also auf stets gleiche, durch die äußere Wasserkühlung des Motors abgeführte spezifische Kühlwasserwärme.

Erfahrungen:

▪ War die äußere Kühlung sehr schwach und die spezifische Kühlwasserwärme daher nur gering, dann wurde die Temperatur der Zylinderwandungen infolge der ungenügenden Wärmeabführung verhältnismäßig hoch und der Ladeluft-Lieferungsgrad niedrig.

Die Temperatur der unvollkommenen Verbrennung reichte dann nicht aus, um günstige katalytische Wirkung des Einspritzwassers herbeizuführen, daher wurden die schwerflüchtigen Kohlenwasserstoffe ungenügend zersetzt, und hoher spezifischer Brennstoffverbrauch war die Folge. Dabei zeigte sich kein wesentlicher Einfluß, ob wenig oder viel Wasser eingespritzt wurde. Schließlich hörte die Betriebsfähigkeit ganz auf.

Ähnlich lagen die Verhältnisse bei zu starker äußerer Kühlung, wenn also die abgeführte spezifische Kühlwasserwärme zu groß war.

Dann wurde wohl der Lieferungsgrad der Luftladung günstig, aber die Temperatur der Verbrennung wegen der übermäßig starken äußeren Kühlung für ausreichende katalytische Wirkung des Einspritzwassers zu gering. Die Folge war wieder ungünstige Verbrennung und hoher spezifischer Brennstoffverbrauch. ■

Auch die Belastung der Maschine hat großen Einfluß auf die Kühlverhältnisse und den Wärmezustand.

Wird bei einer Glühkopfmaschine die Belastung durch Veränderung der eingespritzten Brennstoffmenge geregelt, dann wird mit abnehmender Belastung der Luftüberschuß, bei der fast gleichmäßigen Luftspülung und Ladung aus dem Kurbelkastenraum, immer größer, die Verbrennungsgeschwindigkeit infolgedessen kleiner, besonders aber nimmt die Verbrennungswärme entsprechend der abnehmenden Belastung ab, daher wird auch die Verbrennung ungünstiger und erfolgt meistens mit Nachbrennen.

Der spezifische Brennstoffverbrauch nimmt mit abnehmender Belastung stark zu. Von einer bestimmten Belastung an ist schließlich nicht mehr genug Wärme zur Erhitzung des Glühkopfes vorhanden. Daher muß rechtzeitig mit dem Einspritzen von Wasser aufgehört werden, sonst entflammt das Gemisch nicht mehr sicher.

Erfahrungen:

■ Durch die mit abnehmender Belastung eintretende starke Nachverbrennung wurde die Kolbenlauffläche des Zylinders immer heißer, und im Zusammenhange mit der kleiner werdenden Einspritzwassermenge war deshalb um so mehr Wärme durch die äußere Kühlung abzuführen.

Die spezifische Kühlwasserwärme nahm mit abnehmender Belastung zu. Schließlich durfte, um die zur Einleitung der Verbrennung erforderliche Glühkopftemperatur aufrecht zu erhalten, gar nicht mehr durch Einspritzwasser gekühlt werden und nur äußere Kühlung wirken.

Durch die Abnahme der Einspritzwassermenge bei Verringerung der Belastung wurde die katalytische Wirkung schwächer und die Verbrennung und Wärmeausnutzung auch aus diesem Grunde bei geringer Belastung ungünstiger.

Glühkopfmaschinen zeigten bei großer Belastung stärkere Empfindlichkeit des Betriebs gegen Änderung der Einspritzwassermenge als gegen Veränderung der äußeren Kühlwasserwärme. Bei großer Belastung wurde die Kühlung zum großen Teil durch Wassereinspritzung bewirkt, die zugleich die Güte der Verbrennung durch Katalyse stark beeinflußte.

Schon geringe Änderungen der Einspritzwassermenge waren dann geeignet, den Betriebszustand der Maschine, seine Verbrennung, die Glühkopftemperatur und den Brennstoffverbrauch wesentlich zu verändern. ■

In Bild **238** ist das Verhalten einer Zweitakt-Glühkopfmaschine bei Vollbelastung (15 PS) gekennzeichnet.

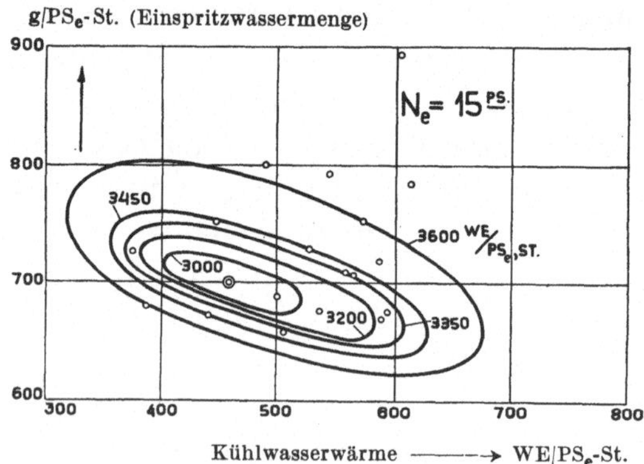

238. Einfluß der Einspritzwassermenge und äußeren Kühlwasserwärme auf den Brennstoffverbrauch bei Vollbelastung. (Zweitakt-Glühkopfmaschine.)

Es sind Kurven gleichen spezifischen Brennstoffverbrauchs in WE für 1 PS$_e$-Std. in ein Koordinatensystem eingetragen, dessen Abszissen die durch äußere Kühlung abgeführte spezifische Kühlwasserwärme in WE für 1 PS$_e$-Std. und dessen Ordinaten die spezifische Einspritzwassermenge in Gramm für die PS$_e$-Std. darstellen.

Die Kurven gleichen Brennstoffverbrauchs sind ellipsenähnliche und in Richtung der Abszissenachse langgestreckte Kurven. Bei gleichbleibender Einspritzwassermenge kann verhältnismäßig weitgehende Änderung der Kühlwasserwärme zugelassen werden, ehe eine merkbare Veränderung des Betriebszustandes eintritt. Andrerseits hat schon geringe Änderung der Einspritzwassermenge bei gleichbleibender Kühlwasserwärme eine

empfindliche Änderung der Verbrennung und des Brennstoffverbrauchs zur Folge.

Im Gegensatz dazu zeigt Bild **239** die Betriebsverhältnisse
derselben Maschine bei nur halber Belastung. Dies ist ungefähr
die untere Grenzbe-
lastung, bei der Ein-
spritzung von Wasser
noch zulässig ist. Un-
terhalb dieser Belas-
tungsstufe darf kein
Wasser mehr einge-
spritzt werden, weil
sonst die Glühkopf-
temperatur zu stark
sinkt.

Die Verbrennungs-
wärme reicht dann
nicht mehr aus, um die
dem Glühkopf durch
die Luftladung und
durch die Verdamp-
fung des Brennstoffs
entzogene Wärme wie-
der rechtzeitig zuzu-
führen, und ohne äu-
ßere zusätzliche Hei-
zung des Glühkopfes ist
unter Umständen Be-
trieb mit geringer Be-
lastung und besonders im Leerlauf nicht möglich.

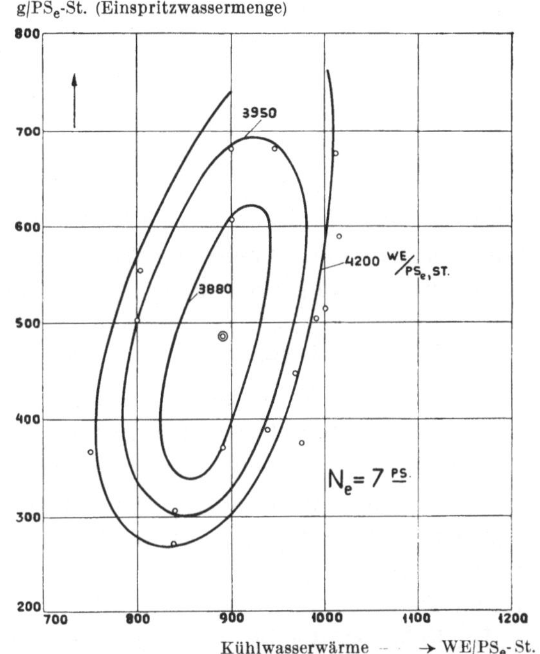

239. Einfluß der Einspritzwassermenge
und äußeren Kühlwasserwärme
auf den Brennstoffverbrauch bei halber
Belastung.
(Zweitakt-Glühkopfmaschine.)

Aus Bild **239** ist deutlich zu erkennen, daß die äußere
Kühlung das Wesentliche ist, und daß schon geringe Änderungen derselben eine empfindliche Veränderung des Betriebszustandes herbeiführen.

Die Einspritzwassermenge kann ziemlich weitgehend verändert
werden, ehe sich eine merkbare Änderung des Betriebszustandes
ergibt. Dies hängt mit der wesentlich geringeren katalytischen

Wirkung des eingespritzten Wassers zusammen, das nur durch seine Verdampfung abkühlend einwirkt.

Der spezifische Brennstoffverbrauch ist im günstigsten Betriebsbereich bei verminderter Leistung, wesentlich höher als unter den günstigsten Betriebsverhältnissen bei voller Belastung der Maschine (Diagramm Bild **238**).

Den bisherigen Betrachtungen sind stets die spezifischen Werte der Kühlwasserwärme, der Brennstoffverbrauchswärme und der Einspritzwassermenge zugrunde gelegt.

Die absoluten Werte der genannten Größen ändern sich mit der Belastung in der Regel derart, daß der gesamte Brennstoffverbrauch und die gesamte durch die äußere Kühlung abzuführende Wassermenge, ebenso die für die ganze Leistung notwendige Einspritzwassermenge mit kleiner werdender Belastung abnimmt.

Labiler Betriebszustand von Verbrennungsmaschinen.

Sicherer Betrieb außerhalb des katalytischen Grenzzustandes ist mit Glühkopfmaschinen dauernd nicht zu erreichen.

Wenn der katalytische Grenzzustand durch zu große Wassereinspritzung überschritten ist, dann verschlechtert sich die Verbrennung; Drehzahl und Leistung der Maschine fallen ab, und die Glühkopftemperatur wie auch die anderen Wandungstemperaturen nehmen zu.

Die Folge ist, daß ein geringeres Luftgewicht geladen wird, das zur Verbrennung der durch den Regler eingestellten größeren Brennstoffmenge nicht mehr ausreicht; dadurch wird die Verbrennung noch mehr verschlechtert und die Leistung noch weiter herabgesetzt.

Die Maschine befindet sich in diesem Falle somit in einem labilen Betriebszustande und kann in den stabilen Betriebszustand nur durch entsprechend starke Entlastung zurückgeführt werden.

Erfahrungen:

■ Verringerung der Einspritzwassermenge hat nicht zu diesem Ziele geführt, weil die Glühkopftemperatur dadurch nicht erniedrigt werden konnte. Darauf kam es aber gerade an.

Es mußte daher die Ursache der hohen Glühkopftemperatur

beseitigt, somit die infolge der hohen Belastung und schlechten Verbrennung den Wandungen zugeführte große Wärmemenge entsprechend verringert werden.

Dies konnte durch Verbesserung der Verbrennung geschehen, die aber praktisch nur durch geringere Zufuhr von Brennstoff, also nur durch eine Entlastung der Maschine erreichbar war.

Der Übergang vom stabilen in den labilen Betriebszustand der Zweitakt-Glühkopfmaschine machte sich sofort bemerkbar durch die Abnahme der Drehzahl und der Leistung des Motors bei gleichbleibender Nutzbelastung und dadurch, daß sich trotz vermehrter Einspritzwassermenge die äußere Kühlwasserwärme und die Glühkopftemperatur erhöhte. ■

Bei den Versuchen wurde die Glühkopftemperatur zunächst bei stabilem Betriebszustande und bei einer Leistung der Maschine von 13,5 PS eine halbe Stunde lang alle 5 Minuten abgelesen. Sie betrug, wie in Bild **240** aufgetragen, nahezu gleichbleibend 404 ⁰ C., bei einer Einspritzwassermenge von 785 g/PS$_e$-Std. und einer durch die äußere Wasserkühlung abgeführten Wärme von rund 520 WE/PS$_e$-Std. Auch diese Versuchsgrößen änderten sich nicht nennenswert.

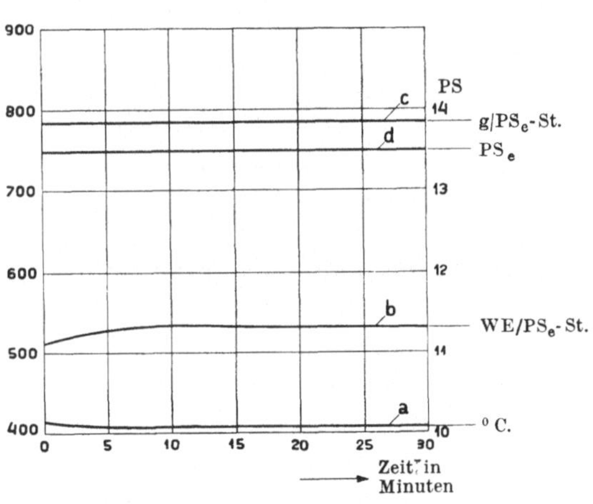

240. Stabiler Betriebszustand einer 15 PS-Zweitakt-Glühkopfmaschine.

a: Glühkopftemperatur.
b: spezif. Kühlwasserwärme.
c: spezif. Einspritzwassermenge.
d: Nutzleistung.

Durch Vergrößerung der Einspritzwassermenge wurde der labile Betriebszustand herbeigeführt. In Bild **241** ist der Verlauf der Versuchsgrößen (Leistung *d*, Glühkopftemperatur *a*, Einspritzwassermenge *c* und Kühlwasserwärme *b*) während einer halben Stunde vom Beginn dieses Betriebszustandes an dargestellt.

Die Leistung fiel beständig; der Regler stellte auf vermehrte Brennstoffzuführung ein, und dadurch ergab sich immer schlechtere Verbrennung mit starkem Nachbrennen, zunehmende Wärmeabgabe an das Kühlwasser und trotz steigender Einspritzwassermenge beträchtliche Erhöhung der Glühkopftemperatur.

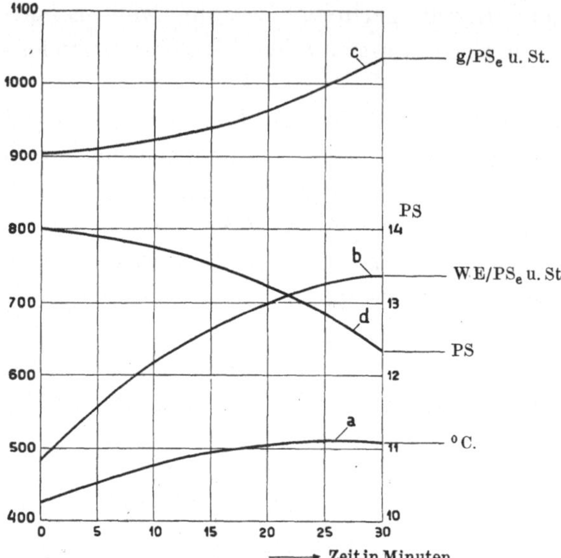

241. Labiler Betriebszustand einer 15 PS-Zweitakt-Glühkopfmaschine.

Der labile Betriebszustand tritt auch bei manchen anderen Verbrennungsmaschinen ein, wenn bei wachsender Brennstoffzufuhr der Luftvorrat des Zylinders zu vollständiger Verbrennung des Brennstoffs nicht mehr ausreicht. Dann läßt die Drehzahl und die Leistung des Motors nach, und der Regler stellt auf immer größere Brennstoffmengen ein, während die Leistung der Maschine weiter abfällt. Wird die Maschine nicht ausgiebig entlastet, so bleibt sie schließlich stehen. Bei Glühkopfmaschinen mit Wassereinspritzung kann der labile Betriebszustand durch die eingespritzte Wassermenge fast auf jeder Belastungsstufe herbeigeführt werden.

Auch bei anderen Verbrennungsmaschinen kann der labile Betriebszustand infolge der Kühlung eintreten, nämlich dann, wenn zu wenig Wärme durch die äußere Kühlung abgeführt wird, die Temperatur aller Zylinderteile daher zu hoch steigt und das Ladegewicht zu gering wird. Betriebsstörungen durch starkes Ausdehnen und Fressen des Kolbens, durch Wärmerisse usw. können die Folge sein.

Durch schlechte Gemischbildung, Wärmestauung, Überschmierung usw. wird der Beginn des labilen Grenzzustandes in der Regel beschleunigt. Auch Feuchtigkeitsgehalt und Temperatur der Luft, die in den Zylinder geladen wird, ist von Einfluß.

Es ergab sich bei zahlreichen Versuchen, daß zwischen Glühkopfmaschinen mit Wassereinspritzung und anderen Verbrennungsmaschinen hinsichtlich der Beherrschung des Wärme- und Betriebszustandes kein wesentlicher Unterschied besteht. Diese Beherrschung wurde jedoch bei Glühkopfmaschinen mit Wassereinspritzung besonders erschwert durch die zahlreichen Umstände, die bei ihnen den Wärmezustand gleichzeitig beeinflussen:

äußere und innere Kühlwirkung, Belastung, Gemischbildung, Glühkopftemperatur, Güte der Entflammung und Verbrennung des Gemisches, Drehzahl, Verdichtungsenddruck usw. Diese vielen gleichzeitigen Einflüsse richtig gegeneinander abzuwägen und dauernd im richtigen Verhältnis zueinander zu erhalten, erfordert viel Sachkenntnis, die Maschinenführer selten besitzen.

Aus dem labilen Betriebszustand ist mit Sicherheit nur durch entsprechend große Entlastung der Maschine herauszukommen.

Am sichersten wäre der Betrieb, wenn die Maschine beim Abfallen der Drehzahl infolge des labilen Betriebszustandes selbsttätig, ohne Einwirkung des Maschinisten, ausreichend entlastet würde. Dies gilt besonders für die Verbrennungsmaschinen, bei denen der labile Betriebszustand nicht nur bei Vollbelastung oder Überlast, sondern fast auf jeder Belastungsstufe eintreten kann; für Glühkopfmaschinen stets dann, wenn mit Wassereinspritzung gearbeitet wird.

Grundbedingung für ordnungsmäßigen Betrieb einer Kraftmaschine ist, daß ihre Leistungsfähigkeit bei einer bestimmten Drehzahl größer ist als die Widerstandsleistung oder die Belastung.

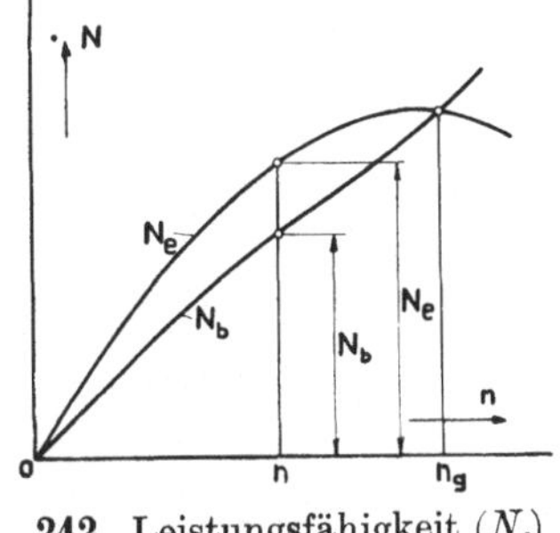

242. Leistungsfähigkeit (N_e) und Widerstandsleistung (N_b).

In Bild **242** ist die Nutzleistung N_e, die eine Verbrennungsmaschine bei den verschiedenen Drehzahlen n abzugeben vermag, und die Veränderung der Widerstandsleistung oder der Belastung N_b der Maschine in Funktion der minutlichen Drehzahl n dargestellt.

N_e muß stets größer sein als N_b. In den meisten praktischen Betriebsfällen ist der Unterschied zwischen N_e und N_b beträchtlich, die Leistungsfähigkeit der Maschine muß daher erst entsprechend stark abgedrosselt werden, damit die gedrosselte Leistung $N_e' = N_b$ wird und der Betrieb bei der betreffenden Drehzahl n richtig einreguliert ist.

In dem Belastungsfalle, der in Bild **242** dargestellt ist, wird bei $n = n_g$ ein Grenzzustand erreicht, bei dem $N_e = N_b$ ist. Die Drehlzahl kann über diesen Grenzwert n_g nicht gesteigert werden, weil sonst die Widerstandsleistung N_b größer würde als die verfügbare Leistung N_e der Maschine.

Tritt nun z. B. bei Zweitakt-Glühkopfmaschinen im Bereiche der zulässigen Drehzahlen, die kleiner als n_g sind, der labile

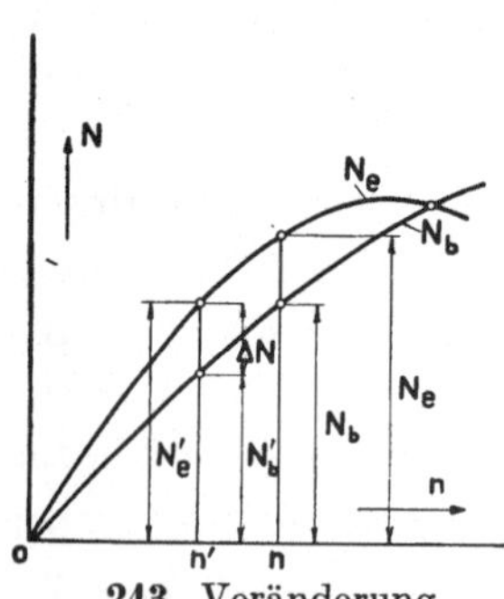

243. Veränderung der Leistungsfähigkeit (N_e) bei Belastungsänderung (N_b).

Betriebszustand ein, dann fällt die Drehzahl n auf einen Wert n' (Bild **243**) und die Leistung der Maschine von N_e auf N_e'. Ist damit gleichzeitig ein genügend großer Abfall der Widerstandsleistung N_b auf N_b' verbunden, dann kann trotz der dem labilen Betriebszustand entsprechenden ungünstigen Verbrennung doch noch ein so großer Leistungsüberschuß $\varDelta N$ über die Widerstandsleistung N_b der Maschine vorhanden sein, daß die Drehzahl wieder steigt, die Brennstoffzufuhr verringert und die Verbrennung wieder verbessert wird.

Die Maschine kann sich somit wieder vollständig erholen, oder sie wird bei nicht zu weitgehenden Änderungen der Betriebsweise, bei nicht zu großer Veränderung der Einspritzwassermenge, der äußeren Kühlung usw. überhaupt nicht so leicht in den labilen Betriebszustand geraten.

Verbrennungsmaschinen, deren Betriebsart den Übergang vom stabilen zum labilen Betriebszustand leicht zuläßt, wie z. B. Glühkopfmaschinen, werden somit am besten mit solcher Belastung betrieben, daß die Widerstandsleistung beim Abfallen der normalen Drehzahl weit mehr abnimmt als die Leistungsfähigkeit der Maschine, und daß bei jeder zulässigen Drehzahl ein großer Leistungsüberschuß ΔN (Bild **244**) vorhanden ist.

Günstig ist danach der Betrieb von Wasser- oder Luftschrauben, wie sie bei Schiffen oder Luftfahrzeugen angewendet werden. Während sich die Widerstandsleistung bei dieser Belastungsweise der Maschine ungefähr mit der dritten Potenz der Drehzahl ändert, nimmt die Leistungsfähigkeit der Maschine nur ungefähr mit der Wurzel aus der Drehzahl zu, weil unter sonst gleichen Umständen besonders die Strömungswiderstände beim Ladevorgang mit dem Quadrate der Drehzahl zunehmen.

In Bild **244** ist der ungefähre Verlauf von N_e und N_b mit der Drehzahl bei Schraubenantrieb durch eine Verbrennungsmaschine dargestellt. Für die

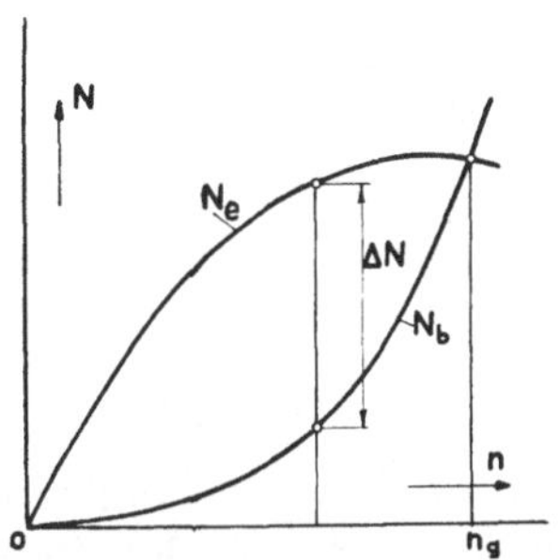

244. Widerstandsleistung bei Schraubenantrieb. (Schiffsmaschinen, Flugmaschinen.)

meisten Drehzahlen innerhalb des praktischen Betriebsbereichs $(n < n_g)$ ist danach ein großer Leistungsüberschuß vorhanden, und dem Drehzahlabfall, besonders von der Normaldrehzahl, die in der Regel in der Nähe der Grenzdrehzahl n_g liegt, entspricht ein Abfall der Widerstandsleistung N_b, der wesentlich größer ist als der Abfall der Nutzleistung N_e der Maschine.

Erfahrungen:

■ Glühkopfmaschinen haben in der Praxis günstigste Wirkung bei Schiffsbetrieb gezeigt, der für ihre Eigenart die beste Belastungsweise ergibt. —

Luftgekühlte Vergasermaschinen, die sonst nur für sehr kleine Zylinderleistungen, unter 5 PS, sicheren Betrieb ergaben, zeigten bei Verwendung zum Antrieb von Luftschrauben viel günstigere Wirkung, selbst bei dauernder Vollast, so daß Zylinderleistungen über 10 PS zugelassen werden konnten. —

Verbrennungsmaschinen, die leicht in den labilen Betriebszustand verfallen, ergaben Schwierigkeiten und schließlich Betriebsstörungen bei mehrzylindriger Ausführung, weil die gleichmäßige Verteilung der Belastung, besonders bei Volleistung, schwer gelang. ∎

Genügend gleichmäßige Lastverteilung ist bei allen Ölmaschinen, namentlich aber bei Maschinen kleiner Leistung sehr schwierig. Die für ein Arbeitsspiel erforderlichen kleinen Brennstoffmengen können durch die vorhandenen Verteilungsorgane, Pumpen usw., nicht jedem Zylinder genau genug zugemessen werden.

Erfahrungen:

∎ Die Verwendung einer einzigen Brennstoffpumpe für mehrere Zylinder, denen der Brennstoff durch einen besonderen Verteiler zugemessen wird, hat versagt. Geringe Widerstandsänderungen in den Brennstoffleitungen zu den Zylindern haben die zu fördernde Brennstoffmenge beeinflußt und die gleichmäßige Verteilung gestört.

Aber auch die Verwendung einer Brennstoffpumpe für jede arbeitende Zylinderseite oder für jede Einspritzstelle einer Ölmaschine führte nicht immer zum Ziele, weil selbst bei genau gleicher Herstellung und Einregelung aller Brennstoffpumpen im Verlaufe des Betriebes durch ungleiche Abnutzung, durch Undichtheiten an den Kolbenabdichtungen usw. sich Ungleichheiten in der Lieferung der einzelnen Pumpen ergaben.

Bei ganz geringen Leistungen, besonders bei Dieselmaschinen, kam noch die Schwierigkeit hinzu, den Brennstoff durch die Einspritzdruckluft genügend gleichmäßig aus dem Einspritzeinsatz herauszublasen. Immer waren die Schwierigkeiten der Brennstoffverteilung und Regelung ein Haupthindernis beim Betriebe mehrzylindriger Dieselmaschinen kleiner Leistung.

Bei Vergaserbetrieb mit Leichtölen gelang die Lastverteilung noch am besten, weil der Brennstoff vor der Verteilung verdampft und mit Luft gemischt wurde. Das große Gemischvolumen ließ sich wesentlich leichter genau verteilen als die kleinen Mengen flüssigen Brennstoffes.

Bei mehrzylindrigen Glühkopfmaschinen konnten durch ungleiche Lastverteilung einzelne Zylinder in den labilen Betriebszustand geraten, wodurch meistens ein Nachlassen der Leistungsfähigkeit der ganzen Maschine und Betriebsstörungen hervorgerufen wurden. ■

Die Mehrzylinderbauart ist für Glühkopfmaschinen mit Vorteil nur bei Betrieben anzuwenden, deren Belastungsart für solche Maschinen geeignet und für dauernden stabilen Betriebszustand günstig ist.

Glühkopfmaschinen, sowie überhaupt Verbrennungsmaschinen, die leicht in den labilen Betriebszustand verfallen, sind nicht für jeden Betrieb geeignet. Vor der Wahl der Maschine ist erst sachlich zu prüfen, ob die dem gegebenen Betriebsfall entsprechende Belastungsweise günstigen stabilen Betriebszustand zuläßt.

Für Schiffsantrieb sind Glühkopfmaschinen geeigneter als beispielsweise zur Erzeugung elektrischen Stromes, zumal diese Betriebsart große Anforderungen an die Regelung der Maschinen stellt, denen in vielen Fällen die Bauart der billigen Glühkopfmaschinen nicht genügt.

Die vielen Schwierigkeiten im praktischen Betriebe von Glühkopfmaschinen können zum großen Teil darauf zurückgeführt werden, daß diese Art von Verbrennungsmaschinen für die betreffenden Betriebsfälle überhaupt nicht oder wenig geeignet war, und daß bei der Anschaffung und dem Betriebe der Maschinen den Beteiligten genügende Sachkenntnis fehlte.

Einfluß der Wassereinspritzung.

Die Wirkung der Wassereinspritzung ist auch von der Zeit der Einspritzung abhängig. Mit Bezug hierauf sind besonders die Betriebsverhältnisse der Zweitakt-Glühkopfmaschinen zu besprechen, weil diese gegenwärtig wohl die einzigen Verbrennungsmaschinen sind, die im praktischen Betriebe mit Wassereinspritzung arbeiten.

Es haben sich bei Glühkopfmaschinen namentlich zwei Arten der Wassereinspritzung eingeführt:

Einspritzung während des Ansaugens der Lademenge durch die Kurbelkastenladepumpe und

Einspritzung während der Verdichtung und kurz nach Einleitung der Verbrennung.

Die erste Art ist baulich sehr einfach. Es genügt ein Tropf-apparat, der das Wasser in entsprechend geregelter Menge der Ladung zuführt. Eine Wasserpumpe ist unnötig.

Erfahrungen:

■ Möglichst feine Zerteilung des Wassers war vorteilhaft; da das Wasser zunächst nur wenig verdampfte, in Tropfen- und Nebelform in der Ladung verteilt blieb und sie wirksam kühlte.

Das Wesentliche dieser Art der Wassereinspritzung zeigte sich in ihrer überwiegenden Wirkung als inneres Kühlmittel. Die Verdichtungstemperaturen des Zylinderinhalts wurden wirksam herabgedrückt, indem ein Teil der Verdichtungswärme bei Verdampfung des eingespritzten Wassers gebunden wird.

Das Gewicht der Luftladung wurde durch das in den Kurbel-kasten eingespritzte Wasser etwas verringert; der durch die Einspritzung verursachte Temperaturabfall der Kurbelkastenladung war nur gering und verbesserte den Lieferungsgrad unwesentlich. ■

Der Kurbelkastenraum von Zweitakt-Glühkopfmaschinen (vgl. Bild **223**, S. 351) ist meist ausreichend gekühlt, so daß die Temperatur der Ladung durch die Wandungswärme nicht wesentlich erhöht wird.

Bei Viertakt-Verbrennungsmaschinen wird die Ladung unmittelbar in den Zylinderraum gesaugt, dessen heißere Wände und Verbrennungsrückstände die frische Ladung stark erwärmen, wodurch der Lieferungsgrad verschlechtert wird. Hier würde Wassereinspritzung die Ladefähigkeit und damit das Ladegewicht erhöhen.

Daß trotzdem bisher bei Viertaktmaschinen während des Ladens oder Verdichtens kein Wasser eingespritzt wird, hat seinen Grund darin, daß die Umständlichkeiten der Hochdruckeinspritzung und feinen Wasserzerteilung und die hiervon abhängige umständliche Betriebsführung gescheut werden, und daß die Verluste durch den Arbeitsaufwand zur Verdampfung des Wassers während der Verdichtungs- und Verbrennungsperiode vermieden werden sollen.

Allerdings ergibt die durch die Wassereinspritzung in den Zylinder hervorgerufene innere Kühlung die Möglichkeit, Brennstoffluftgemisch wesentlich höher zu verdichten, als es sonst der Selbstentzündungsgefahr gegenüber möglich wäre.

Bei den billigen Glühkopfmaschinen, die nur Luft laden und daher mit beliebig hohem Verdichtungsenddruck arbeiten können, hat die Wassereinspritzung einen anderen Zweck, nämlich den, die übermäßige Erhöhung der Temperatur des Glühkopfes zu verhindern und durch die katalytische Wirkung die Verbrennung günstig zu beeinflussen.

Hohe Verdichtung wird nicht angestrebt, weil hierdurch die Herstellungskosten der Maschine zu groß werden; man will billige Maschinen haben, bei denen auch etwaige schädliche Einflüsse der Wassereinspritzung keine so kostspieligen Folgen haben wie bei den teuren Dieselmaschinen.

Bei Dieselmaschinen hat man deshalb bisher, trotz der durch die katalytische Wirkung zu erwartenden Vorteile, keine Wassereinspritzung angewendet.

Erfahrungen:

■ Die von Banki mit Wassereinspritzung gebauten Viertakt-Gasmaschinen haben sehr günstigen Wärmeverbrauch ergeben, sich aber trotzdem auf die Dauer nicht bewährt, weil Verunreinigungen des Wassers leicht Betriebsstörungen herbeiführten, die bei diesen Maschinen nicht in den Kauf genommen werden konnten, und weil die Hochdruckeinspritzung zu umständlich war.

Durch die unmittelbare Einspritzung des Wassers in den Glühkopfraum von Zweitakt-Glühkopfmaschinen am Ende der Verdichtung oder erst zu Beginn der Verbrennung konnte wirksamere katalytische Beeinflussung erreicht werden, als dadurch, daß das Wasser schon während der Ladung in den Kurbelkastenraum eingetropft wurde. Man brauchte dabei auch weniger Wasser als beim Einspritzen in den Kurbelkasten, weil in letzterem Falle beim nachfolgenden Laden ein Teil des Wassers mit Ladeluft durch die Auslaßschlitze abgeführt wurde und somit nicht zur katalytischen Einwirkung gelangte.

Wurde das Wasser erst zu Beginn der Verbrennung in den Glühkopf eingespritzt, so wurde die Verdichtungstemperatur nicht nennenswert erniedrigt, diese war daher bei gleichem Verdichtungsenddruck höher, als wenn das Wasser schon während des Ladens eingeführt wurde. Hierdurch konnte auch die Verbrennung und Zersetzung des Brennstoffes wirksamer eingeleitet werden.

Durch das unmittelbar in den Glühkopfraum der Maschine eingespritzte Wasser wurde der Glühkopf selbst kräftiger gekühlt, als wenn das Wasser schon beim Laden in den Kurbelkasten eingeführt wurde, wobei es mehr als inneres Kühlmittel für die ganze Maschine wirkte.

Andrerseits konnte der Glühkopf bei Einspritzung des Wassers in den Glühkopfraum und bei guter Verbrennung wesentlich kühler laufen, ohne daß die Entzündung versagte, weil die Verdichtungstemperatur des Glühkopfinhalts durch die Wassereinspritzung, die erst bei Beginn der Verbrennung erfolgte, nicht wesentlich herabgesetzt wurde. ■

In Bild **245** sind mehrere Ergebnisse von Versuchen mit der Zweitakt-Glühkopfmaschine graphisch zusammengefaßt.

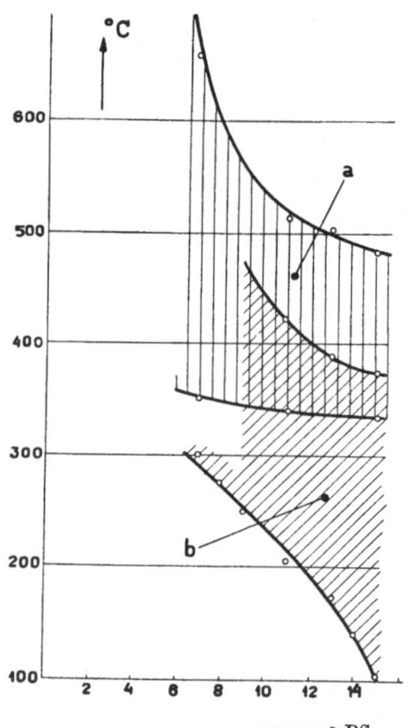

245. Einfluß der Wassereinspritzung (Zweitakt-Glühkopfmaschine).

Im allgemeinen traten beim Einspritzen des Wassers in den Kurbelkasten (*a*) wesentlich höhere Glühkopftemperaturen bei den verschiedenen Belastungen auf als dann, wenn das Wasser unmittelbar in den Glühkopf (*b*) gespritzt wurde. Das war während des ganzen Betriebs mit Wassereinspritzung der Fall.

Bemerkenswert ist, daß bei Vollbelastung durch das Einspritzen des Wassers in den Glühkopf während der Verbrennung günstiger und sicherer Betrieb noch bei einer Glühkopftemperatur von etwa 100° C. zu erzielen war.

Allerdings muß hervorgehoben werden, daß die Temperatur des Glühkopfes durch ein Thermoelement in der Nähe der Außenfläche der Glühkopfwand gemessen wurde, daß somit die Innentemperatur der Wand, besonders zu Beginn der Verbrennung, entsprechend höher war.

Der Glühkopf wurde nicht heißer, weil die entstehende überschüssige Wärme sofort bei Verdampfung des eingespritzten Wassers gebunden wurde, gleichwohl konnte die Verbrennung noch sicher eingeleitet werden, weil die Verdichtungstemperatur des Zylinderinhalts hoch genug war.

Dies ist bei Einspritzung des Wassers in den Kurbelkasten nicht der Fall, weil dann die Verdichtungstemperatur der Ladung stark herabgesetzt wird und sichere Entzündung nur bei höherer Glühkopftemperatur gelingt. Das Wasser hat dann auch, wie schon bemerkt wurde, geringere katalytische Wirkung, und schlechtere Verbrennung mit Nachbrennen ist die Folge. Es gehen bei diesem Betriebszustande größere Wärmemengen an die Wandungen über, und dadurch wird der Glühkopf entsprechend heißer. Es steigt dann auch der Brennstoffverbrauch der Maschine.

Erfahrungen:

■ Die Einspritzung des Wassers in den Glühkopfraum zu Beginn der Verbrennung erforderte besondere Einspritzvorrichtungen, sowie eine Pumpe, um den nötigen Überdruck zu erzeugen.

Bei solchem Betrieb erwies sich die Maschine auch gegen eine Veränderung der Einspritzwassermenge wesentlich empfindlicher, als wenn das Wasser schon während des Ladens in den Kurbelkastenraum der Maschine gespritzt wurde.

Dies war im wesentlichen Folge der stärkeren katalytischen Wirkung des während der Verbrennung unmittelbar in den Glühkopfraum eingespritzten Kühlwassers.

Schon geringe Änderungen der eingespritzten Wassermenge haben den Betriebszustand wesentlich beeinflußt.

Bei Belastungsschwankungen hat die Einspritzwassermenge, leicht Betriebsstörungen verursacht, indem sie einen zu empfindlichen Einfluß ausübte. Genügend rasche Einregelung auf die richtige Menge war praktisch nicht immer möglich. ■

Aus diesen Gründen wird für einfache Betriebe, bei denen die Glühkopfmaschine nicht ständig beaufsichtigt und gewartet werden kann, Wassereinspritzung in den Kurbelkasten vorgezogen.

VI. Berechnung der Verbrennungs-maschinen.

1. Vorausberechnung der Hauptabmessungen aus dem Indikator-Diagramm.

Für die dem mittleren spezifischen Druck p_i entsprechende „innere" Leistung, die „Kolbenleistung" N_i, gilt die Beziehung (siehe Abschnitt VII, S. 477 u. f.):

$$N_i = \frac{F\,s\,2\,n}{a\,60 \cdot 75}\,p_i,$$

als Leistung einer arbeitenden Zylinderseite einer a-Taktmaschine. Für i Zylinderseiten gilt somit:

$$N_i = \frac{i\,F\,2\,s\,n\,p_i}{a\,60 \cdot 75}.$$

Wird $\dfrac{2\,s\,n}{60} = c_m$ (mittlere Kolbengeschwindigkeit) gesetzt und die Nutzleistung $N_e = N_i\,\eta_m$ eingeführt, so ist die Kolbenfläche:

$$F = \frac{a\,75\,N_e}{i\,\eta_m\,p_i\,c_m},$$

mit c_m in m/sec, N_e in PS, p_i in kg/qcm und F in qcm.

Um die Kolbenfläche berechnen zu können, müssen daher eine Reihe von Annahmen gemacht werden.

In der Regel ist die Aufgabe gestellt, für einen bestimmten Zweck, z. B. für Schiffsantrieb, für ein Kraftwerk oder einen Wellenantrieb, eine Maschine bestimmter Nutzleistung N_e zu bauen. Es müssen nun alle anderen Größen den betreffenden Betriebsverhältnissen entsprechend gewählt werden.

Wahl der Drehzahl n.

Die minutliche Drehzahl n der Maschine ist meistens wegen der Massenwirkungen und Schwingungswirkungen begrenzt. Da mit der Zylinderleistung die bewegten Massen, sowohl die Triebwerks- als auch die Gemischmassen, zunehmen und die Massenwiderstände wachsen, so nimmt die erreichbare Betriebsdrehzahl der Maschine mit der Größe der Zylinderleistung ab.

Auch die Art des Betriebes hat auf die Wahl der Drehzahl großen, oft entscheidenden Einfluß.

Bei ortsfesten Anlagen wird die Drehzahl in der Regel kleiner gewählt als bei ortsveränderlichen, fahrbaren Maschinen, weil bei letzteren in der Regel möglichste Gewichts- und Raumbeschränkung in Betracht kommt, während bei ortsfesten diese Rücksichten von untergeordneterer Bedeutung sind. Maschinen für Fahrzeuge werden daher für Mindestgewicht unter Verwendung besonderer hochwertiger Materialien hergestellt.

Ortsfeste Maschinen werden nur in besonderen Fällen als Schnelläufer gebaut, z. B. für den Antrieb von elektrischen Maschinen oder Zentrifugalpumpen. Sonst sind sie stets Maschinen mit mäßiger Drehzahl.

Die Wahl der Drehzahl hängt insbesondere auch von der Leistungsfähigkeit der herstellenden Maschinenfabrik ab. Eine mit den besten Hilfsmitteln und mit großen Erfahrungen arbeitende Fabrik wird bei den von ihr hergestellten Maschinen höhere Drehzahlen wählen und für den Betrieb gewährleisten können als andere.

Auch das Arbeitsverfahren und die Art des Brennstoffs ist von großem Einfluß. Vergasermaschinen, die mit Leichtölen arbeiten, können wesentlich rascher laufen als z. B. Dieselmaschinen, bei denen zur Bildung des Brennstoffluftgemisches und zu seiner Verdampfung und Verbrennung nur sehr geringe Zeit zur Verfügung steht.

Viertaktmaschinen können mit größerer Drehzahl ausgeführt werden als Zweitaktmaschinen. Schon aus dem Grunde, weil bei ersteren sowohl die Wärme- als auch die Triebwerksbeanspruchungen, ferner die Reibungsarbeiten der Zapfen und damit die Reibungsverluste geringer sind als bei Zweitaktmaschinen.

Leichtölmaschinen kleiner Leistung können mit den höchsten Drehzahlen arbeiten, Vergasermaschinen für Kraftfahrzeuge bis 3000 minutlich, im Mittel mit etwa 1500 Umdrehungen in der Minute.

Flugzeugmaschinen dürfen wegen der anzutreibenden Luftschraube, die bei zu hohen Drehzahlen ungünstigen Wirkungsgrad ergibt, nicht so rasch laufen; im Mittel mit 1100 bis 1400 Umdrehungen in der Minute.

Bei Vergasermaschinen für Lastfahrzeuge wird die Drehzahl noch niedriger gewählt, um große Übersetzungen für die mäßigen Fahrgeschwindigkeiten zu vermeiden; in der Regel begnügt man sich bei ihnen mit Drehzahlen von 700 bis 1100 in der Minute.

Bei Vergasermaschinen für Schiffsbetrieb von kleiner Leistung wird wegen des Wirkungsgrades der anzutreibenden Schiffsschrauben in der Regel noch tiefer gegangen, auf 500 bis 900 Umdrehungen in der Minute.

Dieselmaschinen können, wie schon hervorgehoben wurde, nicht mit so hohen Drehzahlen betrieben werden wie Vergasermaschinen.

Bei hochwertigen Schiffsmaschinen, z. B. für Unterseebootsbetrieb, werden zur Gewichtsverminderung hohe Drehzahlen für relativ große Zylinderleistung zugelassen: bei 6 zylindrigen Dieselmaschinen bis 200 PS Zylinderleistung zumeist 400 bis 500 Umdrehungen minutlich; für kleine Leistungen sind bis 600 Umdrehungen i. d. Min. zugelassen worden.

Schiffsmaschinen größerer Leistung bleiben weit unter dieser Drehzahl; sie laufen mit minutlich 150 bis 300 Umdrehungen, mit der kleineren Zahl bei größeren Leistungen.

Ortsfeste Anlagen haben in der Regel Maschinen, die mit Drehzahlen von 150 bis 250 minutlich betrieben werden, selten Maschinen von höherer Drehzahl.

Glühkopfmaschinen müssen rascher laufen, sie werden meistens für kleinere Leistungen (bis höchstens 50 PS auf den Zylinder) ausgeführt und mit 200 bis 500 Umdrehungen minutlich betrieben.

Die richtige Wahl der Drehzahl ist eine der wichtigsten Voraussetzungen für die zweckmäßige Konstruktion und für die Betriebsfähigkeit der Maschinen.

Wahl der Kolbengeschwindigkeit.

Die Größe der Kolbengeschwindigkeit darf aus den gleichen Gründen wie die Drehzahl nicht zu hoch gewählt werden und steht im Zusammenhange mit der Drehzahl.

Die mittlere Kolbengeschwindigkeit $c_m = \dfrac{2\,s\,n}{60}$ muß der Drehzahl entsprechend gewählt werden und schwankt in der Regel zwischen 3 und 6 m/sec.

Nur bei den raschlaufenden Maschinen der Kraftfahrzeuge und namentlich solchen für Sonderzwecke, z. B. Rennwagen, werden Werte selbst über 10 m/sec erreicht.

Bei Schiffs-Dieselmaschinen mittlerer Leistung beträgt die mittlere Kolbengeschwindigkeit 4 bis 6 m/sec, bei ortsfesten Betrieben nur 2 bis 5 m/sec.

Für viele technische Rechnungen ist jedoch die Höchstkolbengeschwindigkeit maßgebend. Dieser Wert ist:

$$c_{max} = u = \frac{\pi\,s\,n}{60} = \frac{\pi}{2}\,c_m,$$

wobei u die Geschwindigkeit des Kurbelzapfens ist.

Je größere Kolbengeschwindigkeit zugelassen wird, um so mehr Sorgfalt muß auf die Ausbildung der Schmierung und aller Bauteile der Maschine aufgewendet werden, die mit bewegten Massen zusammenhängen.

Wahl der Zylinderzahl.

Die obere Grenze der für die Zylinderseite einer Maschine ausführbaren Leistung ist durch praktische Rücksichten: Zylinderguß, Herstellungsschwierigkeiten, Beherrschung der Triebwerks- und Wärmebeanspruchungen, Ausbildung der Schmierung usw., sowie durch die Art des Arbeitsverfahrens bestimmt.

Die Zylinderleistung von Viertakt-Dieselmaschinen hat schon etwa 1500 PS erreicht, die bis jetzt ausgeführte Grenzleistung für die Zylinderseite von Zweitakt-Dieselmaschinen beträgt etwa 2000 PS.

Es ist aber nicht ausgeschlossen, daß schließlich doch mit Viertakt-Dieselmaschinen größere Leistungseinheiten erreicht werden können als mit Zweitaktmaschinen, vor allem wegen der bei Zweitaktmaschinen wesentlich größeren Wärmebeanspruchung aller Teile des Verbrennungsraumes, die schon bei verhältnismäßig kleiner Zylinderleistung zur Kolbenkühlung zwingt, dann auch wegen der größeren Triebwerksbeanspruchungen und Reibungsverluste. Bei Schiffsbetrieb ist wegen der erheblich einfacheren Umsteuerung die Zweitaktmaschine bisher vorherrschend.

Die Verteilung großer Leistungen auf mehrere Zylinder ist namentlich bei Dieselmaschinen notwendig wegen der Massenwirkungen und Schwingungen, insbesondere bei Schiffsmaschinen. Aber auch bei Landmaschinen sind die Massenwirkungen und Schwingungen, verbunden mit Resonanzwirkungen, oft schädlicher Art.

Bei Dieselmaschinen haben die Kolbendrücke, die wesentlich höher sind, als bei Vergasermaschinen, größere hin- und hergehende Massen des Triebwerks zur Folge, deren Ausgleichung Schwierigkeiten bereitet. Daher wird bei raschlaufenden Schiffs-Dieselmaschinen die sechszylindrige Bauart immer mehr ausgeführt.

Der Massenausgleich, und zwar sowohl bezüglich der freien Massenkräfte, als auch der freien Momente, und der Zusammenhang mit der Zylinderzahl und der Kurbelversetzung ist in Bild **246** dargestellt. Eine bestimmte Leistung (20 PS) ist einmal einer Einzylinder-, dann einer Zwei-, Drei-, Vier- und Sechszylindermaschine zugrunde gelegt. Die sich dabei ergebenden freien Massenkräfte und Momente sind abhängig vom Kurbelweg aufgetragen. Die Sechszylindermaschine ergibt vollständigen Ausgleich, wenn die bewegten Massen der einzelnen Triebwerke gleich sind. Diese Maschinenanordnung ist daher im Bild **246** nicht dargestellt.

Gleichheit der Massen ist praktisch nicht vollständig erreichbar, und es werden, ähnlich wie bei Dampfturbinen, auch bei Sechszylindermaschinenn doch noch Schwingungen und Erschütterungen auftreten können.

Die schwerwiegendsten Folgen können eintreten, wenn die Schwingungszahl der Maschine synchron derjenigen des Fundamentes oder der damit zusammenhängenden Gebäude und Erdmassen ist. Es treten dann die bekannten störenden Resonanzerscheinungen auf.

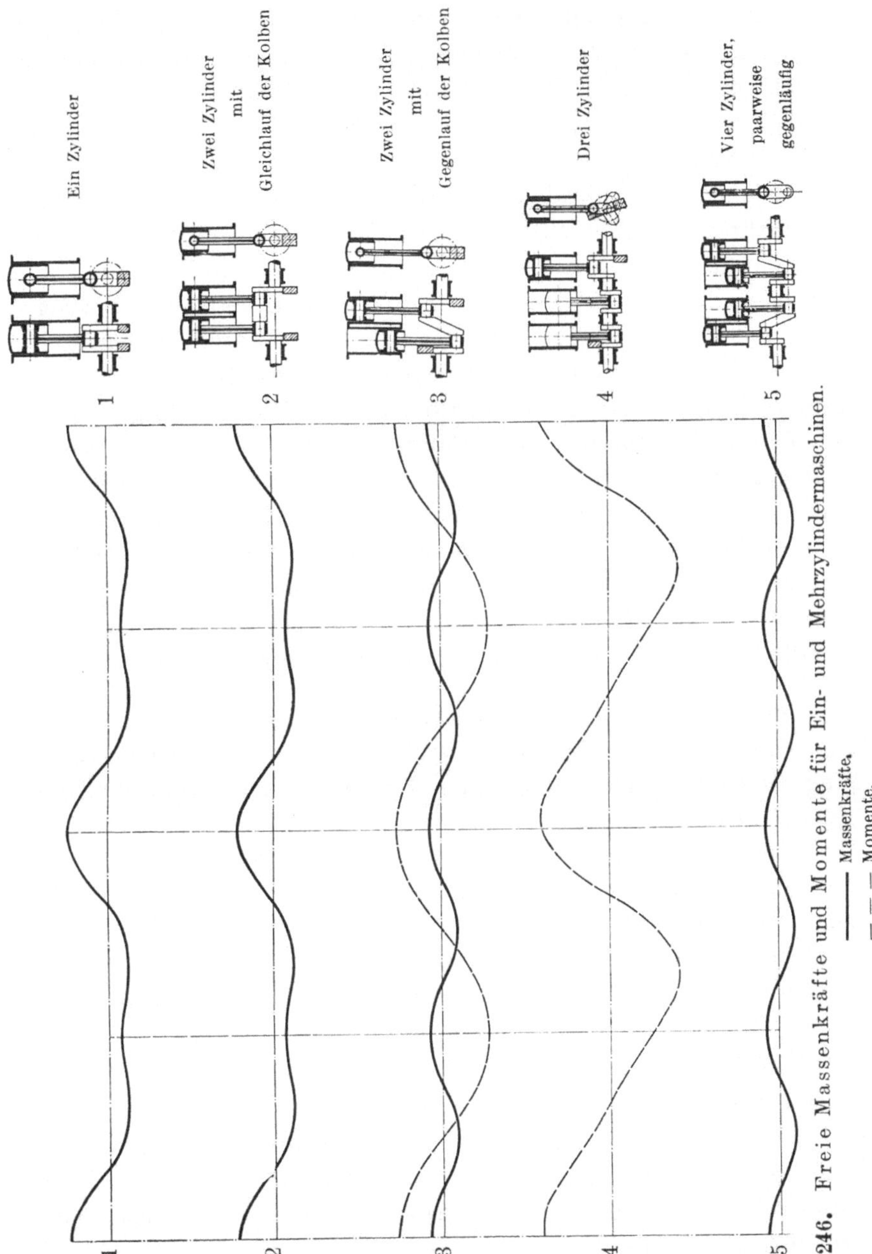

246. Freie Massenkräfte und Momente für Ein- und Mehrzylindermaschinen.

Erfahrungen:

■ Die Maschinenhausmasse und eine im Hause aufgestellte Dieselmaschine ergaben synchrone Schwingungen. Das Maschinenfundament hing mit dem Gebäude fest zusammen. Abhilfe war möglich durch vollständige Trennung des Maschinenfundamentes von den Gebäudefundamenten und Mauern.

Bei einer 200 pferdigen Maschine konnte der Übelstand auf umgekehrte Weise beseitigt werden. Das Maschinenfundament war zu leicht und geriet in heftige Schwingungen. Abhilfe wurde zunächst erreicht durch Dämpfen der Schwingungen mittels Zwischenlagen von Filz und Kork, die aber nicht genügend widerstandsfähig und auch zu teuer waren. Auch lag die Gefahr eines einseitigen Senkens des Fundamentblocks der Maschine vor.

Durch Beschweren des Fundamentblocks mittels eiserner Einlagen und durch Verbindung des Maschinenfundamentes mit den Gebäudefundamenten wurde dauernde Besserung erzielt.

Bei 300 PS-Maschinen wurde zur Verringerung der Schwingungswirkungen versucht, mehrere Maschinenfundamente miteinander zu vereinigen, dadurch wurde aber ein vorher nicht vorhandenes schädliches Schwingen bei benachbarten Maschinen bewirkt. ■

Wirksam ist im Falle starken schädlichen Schwingens eine Veränderung der Drehzahl, und zwar meistens eine Verringerung derselben; aber auch eine Erhöhung der Drehzahl kann unter Umständen günstig wirken.

Ebenso ist eine Änderung der Kurbelversetzung bei den einzelnen Zylindern der Maschine ein brauchbares Hilfsmittel zur Verringerung der Schwingungen.

Die Schwingungen können unter Mitwirkung besonderer Umstände sehr eigenartige Folgen ergeben.

Erfahrungen:

■ Durch die Fortpflanzung der Maschinenschwingungen im Erdboden sind weit von der Maschine entfernte Gegenstände zum synchronen Mitschwingen gebracht worden, so daß sich z. B. in entferntstehenden Häusern Lampen, Geschirr, Türen usw. nach dem Takte der Maschine zu bewegen begannen.

Durch Verminderung der Drehzahl wurde der Übelstand in

einigen Fällen behoben, doch ist es auch vorgekommen, daß an seiner Stelle in anderen, näher oder entfernter gelegenen Häusern unangenehme Resonanzwirkungen auftraten. Hiergegen konnte wieder in einigen Fällen eine geringe Drehzahländerung ausreichende Abhilfe schaffen. ▉

Weder Erhöhung noch Verminderung der Drehzahl ist aber ohne weiteres möglich, schon wegen der davon abhängigen Betriebe, z. B. bei Drehstrombetrieb und allgemein, weil dadurch entweder die Triebwerksbeanspruchungen erhöht oder die Leistungen herabgesetzt werden. Auch können solche Änderungen die Betriebssicherheit und damit die Lebensdauer der Maschine vermindern.

Erfahrungen:

▉ Zahlreiche Rechtsstreitigkeiten sind durch störende Schwingungswirkungen veranlaßt worden.

Bei Erstkonstruktionen von Dieselmaschinen mußten die Abmessungen so reichlich und vorsichtig gewählt werden, daß bei notwendig werdender Verkleinerung der Drehzahl die Leistung nicht zu stark abfiel oder bei entsprechender Drehzahlerhöhung die Triebwerksbeanspruchungen und die Abnutzungen nicht zu groß wurden. Erst auf Grund gewonnener Erfahrungen konnte knapper und billiger gebaut werden.

Massenschwingungen zweiter Ordnung haben sich besonders unangenehm bemerkbar gemacht. Abhilfe war durch zusätzliche umlaufende Massen möglich, die sich entsprechend rasch entgegengesetzt drehen. Solche Zusatzmassen sind meistens erst nach der Inbetriebsetzung einer Maschine angebracht worden. Richtig ist es, schon beim Maschinenentwurf auf solche Zusatzkonstruktionen Rücksicht zu nehmen. ▉

Dies ist um so wichtiger, als eine sichere Vorausberechnung von Massenwirkungen und Schwingungen wegen der zumeist ungenügenden Kenntnis der Größe und Anordnung der mit den Maschinenmassen mitschwingenden fremden Massen unmöglich ist.

Das gleiche gilt auch für die sog. kritische Geschwindigkeit der Maschine, bei welcher infolge der umlaufenden Massen eine übermäßige Durchbiegung und Beanspruchung der Maschinenwelle und schließlich Wellenbrüche eintreten können.

Hohe Drehzahlen verlangen in der Regel mehrzylindrige Maschinen. Bei langsamer laufenden Maschinen ist mit kleiner Zylinderzahl und sogar mit Einzylinderanordnung auszukommen.

Mittlerer Arbeitsdruck.

Der mittlere innere Druck p_i eines Arbeitsspieles ist für alle Arten von Ölmaschinen durch zahlreiche Indizierversuche festgelegt worden, so daß seine zweckentsprechende Wahl nicht schwierig ist.

Zulässige Werte des mittleren Arbeitsdruckes sind:

für Dieselmaschinen: $p_i = \sim 4 - 8 \,\mathrm{kg/qcm}$,

für Glühkopfmaschinen: $p_i = \sim 2 - 4 \,\mathrm{kg/qcm}$,

für Vergasermaschinen: $p_i = \sim 3 - 8 \,\mathrm{kg/qcm}$,

für Verdampfermaschinen: $p_i = \sim 1{,}5 - 3 \,\mathrm{kg/qcm}$,

wobei die unteren Werte für größere ortsfeste Maschinen, die oberen Werte für kleinere Leistungen und raschlaufende Maschinen gelten.

Im allgemeinen kann p_i bei Viertaktmaschinen etwas größer angenommen werden als bei Zweitaktmaschinen gleicher Drehzahl, weil die Wärmebeanspruchung bei Viertaktmaschinen geringer ist.

Die angegebenen Mittelwerte sind einer großen Zahl von Ausführungen entnommen. Es wäre zwecklos und sachwidrig, dafür weitere Unterteilung und Einzelzahlen anzugeben.

Die Wahl der maßgebenden Wertzahl, die im Betriebe verantwortlich erreicht werden soll, ist nicht zu trennen von den Erfordernissen des besonderen Falls und durchaus nicht zu trennen von der Intelligenz und Erfahrung, mit der gearbeitet wird; ebensowenig kann sie unabhängig von den Mitteln der Ausführung, des Betriebs usw. getroffen werden. Alle diese Faktoren lassen sich ohne Willkür nicht in bequeme, Nachdenken und Erfahrung sparende Einzelzahlen zusammenfassen. Dasselbe gilt für die andern Wertzahlen, für Wirkungsgrade usw.

Betriebswirkungsgrad.

Der Betriebswirkungsgrad ist von der Lade- und Formänderungsarbeit, von der Güte der Herstellung der Maschine, sowie von der Schmierung, Wartung und Instandhaltung abhängig. Er ist gleichfalls für die verschiedenen Maschinenarten durch zahlreiche Versuche bestimmt.

Bei Dieselmaschinen ist:

$$\eta_m = \sim 0{,}65\text{—}0{,}85.$$

Die kleineren Werte gelten für einfachere Ausführung, z. B. für billige Viertaktmaschinen, für Zweitakt- und Kleinmaschinen, die höheren Werte für sorgfältig ausgeführte Viertaktmaschinen.

Bei Glühkopfmaschinen:

$$\eta_m = \sim 0{,}6\text{—}0{,}75.$$

Auch hier gelten die kleineren Werte für die billigen Zweitaktmaschinen, die am meisten verwendet werden. Die höheren Werte kommen bei Viertaktbetrieb in Betracht.

Bei Vergasermaschinen und Verdampfermaschinen:

$$\eta_m = \sim 0{,}6\text{—}0{,}8.$$

Die höheren Werte gelten für sorgfältig ausgeführte Viertakt-Vergasermaschinen, die mit leichtflüchtigen flüssigen Brennstoffen arbeiten, die kleineren Werte für die billigeren Verdampfermaschinen kleinerer Leistung.

Bei schlechter Verbrennung und starkem Nachbrennen wird, besonders bei Überschmierung, auch das Schmieröl der Kolbenlauffläche mitverbrannt, so daß größere Reibungsverluste entstehen; dann wird η_m wesentlich kleiner.

Der angenommene Wert von η_m muß durch Nachrechnung oder Schätzung der Einzelverluste, aus denen der Betriebswirkungsgrad hervorgeht, geprüft werden. Beispielsweise sind bei Zweitakt-Dieselmaschinen, wenn die Hilfsmaschinen von der Hauptmaschine angetrieben werden, die Leistungen des Einspritzkompressors, der Spülpumpe, der Kühlwasserpumpe usw. zu bestimmen, die reinen Reibungs- und Formänderungsverluste zu schätzen und danach der Wert des Betriebswirkungsgrades nachzuprüfen.

Hubverhältnis.

Vielfach ist außer der Kolbengeschwindigkeit c und der Drehzahl n noch das Verhältnis des Kolbenwegs s zum Kolbendurchmesser D von großem Einflusse auf die Wärmeausnutzung, sowie auf die Triebwerksbeanspruchung der Maschine, und es muß die errechnete Kolbenfläche bzw. der Zylinderdurchmesser D stets daraufhin geprüft werden, ob das Hubverhältnis $\dfrac{s}{D}$ keinen ungünstigen, unzulässigen Wert annimmt.

Das hinsichtlich geringer Kühlverluste günstigste Hubverhältnis läßt sich annähernd vorausbestimmen (Abschnitt VII S. 479, Bild 279).

Es sei angenommen, daß die Abführung der Wärme an das Kühlwasser nur während eines Teils h des Kolbenhubes s erfolgt, dem ein Zylindervolumen V_k entspricht. Bei Dieselmaschinen z. B. wird hauptsächlich während der Einspritzperiode abgekühlt, daher $V_k = \sim V_e$.

Wird weiter angenommen, daß für die Wärmeabführung an das Kühlwasser, außer der diesem Hubteil h entsprechenden Mantelfläche des Zylinders $\pi D h$, noch ein Teil τ der Zylinderdeckel- und Kolbenbodenfläche in Betracht kommt, so ergibt sich:

$$\frac{s}{D} = \sim \frac{\tau}{2\,x},$$

wobei
$$x = \frac{V_k}{V} = \frac{h}{s}.$$

Für stehende Dieselmaschinen mittlerer Größe ist $\tau = \sim \frac{1}{2}$ und $x = \sim \frac{1}{6}$, daher:

$$\frac{s}{D} = \sim 1{,}5.$$

Je größer τ ist, also ein je größerer Teil der quadratisch mit dem Durchmesser wachsenden Deckel- und Kolbenoberfläche an der Wärmeabführung teilnimmt, um so größer muß bei dem angenommenen Abkühlungsvolumen V_k das Hubverhältnis gewählt werden, um günstige Kühlwirkung mit geringen Wärmeverlusten zu erhalten.

Maschinen mit wassergekühlten Kolben müssen aus diesem Grunde langhubiger ausgeführt werden als Maschinen mit nur luftgekühlten Kolben.

Je größer das Abkühlungsvolumen V_k bei gegebenem τ wird, um so kleiner kann das Hubverhältnis angenommen werden. Das Abkühlungsvolumen V_k muß aber mit Rücksicht auf den thermischen Wirkungsgrad (Raschheit und Güte der Verbrennung) möglichst klein gehalten werden, damit der berechnete Wert von

$$\frac{s}{D} = \sim 1{,}5$$

als Mittelwert gelten kann.

Der angenommene Wert von $x = \sim \frac{1}{6}$ entspricht den meisten mit leichtflüchtigen flüssigen Brennstoffen oder mit Gasen betriebenen Verbrennungsmaschinen.

Bei praktischen Ausführungen wird in der Regel das Hubverhältnis kleiner als 1,6, im Mittel zwischen 1 und 1,6 gewählt.

Bei Dieselmaschinen darf der Zylinderdurchmesser nicht zu klein werden, weil im Deckel die Ventile unterzubringen sind.

Mit wachsendem Hubverhältnis nimmt nun der Wert des Kolbenhubes s und damit die Kolbengeschwindigkeit c zu. Die Ventile erhalten dann mit Rücksicht auf die Strömungswiderstände, die ungefähr mit dem Quadrate der Geschwindigkeit wachsen, verhältnismäßig große Durchmesser, und es wird schwierig, sie bei kleinem Zylinderdurchmesser D im Deckel unterzubringen.

Je größer die Drehzahlen der Maschinen sind, um so kleiner ist daher das Hubverhältnis zu wählen. Bei Unterseebootsmaschinen z. B. wird mit dem Hubverhältnis bis 1 herabgegangen.

Zu kleine Werte von $\dfrac{s}{D}$ sind aber mit Rücksicht auf das Anwachsen der Triebwerksdrücke bei größeren Zylinderdurchmessern ungünstig. Es muß daher im allgemeinen versucht werden, das Hubverhältnis größer als 1 zu halten.

In besonderen Fällen, so namentlich bei Zweitaktmaschinen, bei denen die Schlitze zur Spülung und Einführung der frischen Ladung am gleichen Hubende wie die Auspuffschlitze angeordnet werden, darf das Hubverhältnis $\dfrac{s}{D}$, um ausreichend wirksame Ausspülung auch der weitabliegenden Zylinderteile zu erreichen, nicht zu groß (meistens $\sim$ 1 bis 1,2) gewählt werden.

Vielfach wird jedoch, besonders bei Glühkopfmaschinen, auf das unmittelbare Ausschieben der Verbrennungsgase durch Spülluft verzichtet und vor allem angestrebt, vor Eintritt der Spülluft durch Öffnen großer Auspuffschlitze eine starke Druckentlastung im Zylinderinnern und damit ein wirksames Entfernen der Rückstände zu erreichen. Dann kann auch bei Zweitaktmaschinen mit Steuerung durch Spülschlitze am Hubende ein größeres Hubverhältnis ($\sim$ 1,2 — 1,5) zugelassen werden.

2. Nachprüfung des berechneten Hubvolumens
durch Bestimmung des Zylinderinhalts bei Verdichtungsbeginn.

a) Viertaktmaschinen.

Gewicht der Restgase.

Bei Viertaktmaschinen läßt sich das Gewicht G_v der am Ende des Auspuffhubs im Zylinder zurückgebliebenen Verbrennungsgase aus Erfahrungswerten des Druckes p_r (Bild **208**, S. 332) und der Temperatur T_r bestimmen, wenn die Hauptabmessungen des Zylinders (s, D, ε usw.) bekannt sind. Es ist:

$$G_v = \frac{p_r V_c}{R_r T_r}.$$

Mit $p_r = \sim 1{,}2$ Atm., $T_r = \sim 600^0$, $R_r = \sim 31$ wird genügend sicher gerechnet; dann ergibt sich:

$$G_v = \frac{12\,000}{31 \cdot 600} V_c = 0{,}65\, \frac{V_h}{\varepsilon - 1}\ \text{kg}.$$

Sind die Auslaßventile reichlich bemessen oder führt die Massenwirkung des Auspuffstromes eine gute Entleerung des Zylinders herbei, dann wird G_v kleiner. Wird am Ende der Auspuffperiode durch schwachverdichtete Luft gespült, wie z. B. bei Hochleistungsbetrieb in Großgasmaschinen, dann kann sogar $G_v = 0$ werden.

Füllung zu Beginn des Verdichtungshubs.

Das Gewicht G_1 der Ladung zu Beginn des Verdichtungshubs kann ebenfalls mit genügender Annäherung berechnet werden, wenn Erfahrungswerte für den Druck p_1, die Temperatur T_1 und die Gaskonstante R_1 angenommen werden. Dann ist:

$$G_1 = \frac{p_1 V_1}{R_1 T_1} = \frac{\varepsilon}{\varepsilon - 1}\, \frac{p_1 V_h}{R_1 T_1} = V_1 \gamma_1.$$

Die Temperatur T_1 hängt von der Erwärmung ab, die das mit der Temperatur T_s in den Zylinder einströmende Gemisch (oder nur die Luft) durch die heißen Zylinderwandungen und die Restgase G_v erfährt.

Je kleiner G_v, um so niedriger ist T_1, um so größer das Ladegewicht G_1, und die Ladung kann entsprechend höher verdichtet werden. Viertaktmaschinen mit hohem Verdichtungsverhältnis ε, also kleinem Verdichtungsraum V_c, wie Dieselmaschinen und Gasmaschinen für arme Gase (Gichtgas und Generatorgas), sind daher besonders günstig. Für Vorausberechnungen kann angenommen werden:

$$T_1 = {\sim}\,340 \text{ bis } 400^0\,\text{C.},$$

und zwar die kleineren Werte bei großem ε und guter Kühlung, die größeren für kleines ε und heißere Wandungen.

Der Druck p_1 hängt von den Strömungswiderständen ab. Je größer diese sind, um so kleiner wird p_1. Mit genügender Annäherung an die wirklichen Verhältnisse kann für Nachrechnungen

$$p_1 = {\sim}\,0{,}9 - 1 \text{ Atm.}$$

gewählt werden. Durch Ausnutzung der Massenwirkungen zum reichlichen Nacheinströmen bei Beginn des Verdichtungshubes kann günstigere Füllung erreicht und dann mit $p_1 = {\sim}\,1$ Atm. gerechnet werden.

Die Gaskonstante R_1 ist meist nur wenig von der Luftkonstanten $R = 29{,}26$ verschieden, in der Regel

$$R_1 = {\sim}\,29{,}5 \text{ bis } 30.$$

Lieferungsgrad.

Im günstigsten Falle könnte das Hubvolumen V_h des Zylinders mit einem Gewicht G_s des frischen Gemisches oder der Luft von dem Drucke p_s und der Temperatur T_s, außerhalb des Zylinders, gefüllt werden, da der Verdichtungsraum V_c Restgase enthält. Die günstigste Füllung besteht somit aus:

$$G_0 = G_v + G_s = \frac{p_r\,V_c}{R_r\,T_r} + \frac{p_s\,V_h}{R_s\,T_s}.$$

In Wirklichkeit wird aber nur ein Gewicht

$$G_1 = \frac{p_1\,V_1}{R_1\,T_1}$$

geladen.

Das Verhältnis $\lambda = \dfrac{G_1}{G_0}$ kann als **Lieferungsgrad** des Ladevorganges bezeichnet werden. Mit den Werten für G_1 und G_0 und durch Einführung des Verdichtungsverhältnisses ε ergibt sich:

$$\lambda = \frac{p_1 \varepsilon}{R_1 T_1 \left[\dfrac{p_s(\varepsilon - 1)}{R_s T_s} + \dfrac{p_r}{R_r T_r} \right]}.$$

Für überschlägige Rechnungen kann gesetzt werden:

$$R_s = R_r = R_1 \quad \text{und} \quad p_s = p_r = p_1.$$

Dann ist:

$$\lambda = \sim \frac{\varepsilon}{T_1 \left(\dfrac{\varepsilon - 1}{T_s} + \dfrac{1}{T_r} \right)}.$$

Beispiel: Bei einer Dieselmaschine ist hiernach, mit

$$\varepsilon = 14, \qquad T_s = 300^0, \qquad T_r = 600^0, \qquad T_1 = 360^0:$$

$$\lambda = \frac{14}{360 \left(\dfrac{13}{300} + \dfrac{1}{600} \right)} = \sim 0,86.$$

Die genauere Beziehung:

$$\lambda = \frac{p_1 \varepsilon}{R_1 T_1 \left[\dfrac{p_s(\varepsilon - 1)}{R_s T_s} + \dfrac{p_r}{R_r T_r} \right]}$$

ergibt mit $R_s = 29,3$, $R_1 = 30$, $R_r = 31$, $p_s = 10\,000 \text{ kg/m}^2$, $p_1 = 9500 \text{ kg/m}^2$ und $p_r = 12\,000 \text{ kg/m}^2$:

$$\lambda = \sim 0,80.$$

Es läßt sich für Vorausberechnungen noch ein einfacherer Lieferungsgrad λ' bestimmen, der das wirkliche Ladegewicht G_1 mit einem günstigsten Gewicht G_0' vergleicht, das bei vollständigem Austreiben der Restgase geladen werden könnte. Dann ist:

$$G_0' = \frac{p_s V_1}{R_s T_s} \quad \text{und} \quad \lambda' = \frac{G_1}{G_0'} = \frac{p_1 R_s T_s}{p_s R_1 T_1}.$$

Für das vorhergehende Rechnungsbeispiel wäre

$$\lambda' = \frac{9500 \cdot 29,3 \cdot 300}{10\,000 \cdot 30 \cdot 360} = 0,77.$$

Dieser Lieferungsgrad λ' gibt auch an, in welchem Verhältnis sich das spezifische Gewicht γ_s des Gemisches oder der Luft außerhalb des Zylinders durch die Strömungswiderstände und die Erwärmung infolge des Mischens mit den Rückständen und durch die heißen Wandungen verkleinert hat. Denn es ist:

$$\lambda' = \frac{V_1 \gamma_1}{V_1 \gamma_s} = \frac{\gamma_1}{\gamma_s},$$

somit

$$\gamma_1 = \lambda' \gamma_s.$$

Bei dem Rechnungsbeispiel ist das spezifische Gewicht der Luft von $p_s = 10\,000$ kg/m², $T_s = 300^0$ und $R_s = 29{,}30$ ungefähr:

$$\gamma_s = \frac{p_s}{R_s T_s} = 1{,}13 \text{ kg/m}^3.$$

Das spezifische Gewicht der Ladung ist dann nur

$$\gamma_1 = \lambda' \gamma_s = 0{,}77 \cdot 1{,}13 = \sim 0{,}87 \text{ kg/m}^3.$$

Bei Gasmaschinen ist γ_s das spezifische Gewicht des Gemisches von Brennstoff und Luft außerhalb des Zylinders. Ist G_l das Gewicht der Luft vom spezifischen Gewicht γ_l und G_b das Gewicht des Brennstoffs vom spezifischen Gewicht γ_b, dann ist:

$$\gamma_s = \frac{G_l \gamma_l + G_b \gamma_b}{G_l + G_b}$$

und mit $\mu = \dfrac{G_l}{G_b}$ (Mischungsverhältnis): $\gamma_s = \dfrac{\gamma_b \left(1 + \mu \dfrac{\gamma_l}{\gamma_b}\right)}{1 + \mu}.$

Für Gichtgas ist $\gamma_b = \sim \gamma_l$, somit $\gamma_s = \sim \gamma_l$,

für Leuchtgas $\gamma_b = \sim 0{,}5$, daher mit $\gamma_l = \sim 1{,}13$ und $\mu = 6$: $\gamma_s = \sim 1{,}04.$

In allen Fällen unterscheidet sich γ_s nur wenig von γ_l, so daß für überschlägige Rechnungen $\gamma_s = \sim \gamma_l$ gesetzt werden kann.

Etwaige Undichtigkeitsverluste lassen sich durch entsprechende Verkleinerung (1 bis $3^0/_0$) von λ oder λ' werten.

In der Literatur wird vielfach mit einem „volumetrischen Wirkungsgrad" gerechnet. Bei Beurteilung der Güte der Füllung eines Zylinders kann es sich jedoch nicht um den Vergleich zweier Volumen, sondern nur um den Vergleich von Ladegewichten handeln. Das Volumen ist in allen Fällen gleich dem Zylindervolumen V_1; nur das spezifische Gewicht ändert sich, und damit das Ladegewicht durch Drosselung und andere Strömungswiderstände, sowie durch Erwärmung.

Bestandteile des Zylinderinhalts.

Zu Beginn der Verdichtung enthält der Zylinder Restgase vom Gewicht G_v und Gemisch (oder nur Luft) vom Gewichte

$$G_m = G_1 - G_v = \frac{p_1 V_1}{R_1 T_1} - \frac{p_r V_c}{R_r T_r}.$$

Mit $V_c = \frac{V_h}{\varepsilon - 1}$ und $V_1 = \frac{\varepsilon}{\varepsilon - 1} V_h$ ist:

$$G_m = \frac{\varepsilon}{\varepsilon - 1} V_h \left[\frac{p_1}{R_1 T_1} - \frac{p_r}{\varepsilon R_r T_r} \right].$$

Ist B der spezifische Brennstoffverbrauch in kg/PS$_e$ und Std.,

L der praktische Luftbedarf in kg für 1 kg Brennstoff,

N_e die Nutzleistung von i Zylinderseiten,

dann muß bei einer a-Takt-Gasmaschine, bei der Gemisch geladen wird, das Gemischgewicht für ein Arbeitsspiel

$$G_m = \frac{B(1 + L) N_e a}{i\,60 \cdot 2\,n}$$

sein. Das aus dem mittleren spezifischen Arbeitsdruck p_i berechnete Hubvolumen $V_h = F s$ kann somit durch die Beziehung

$$\frac{B(1 + L) N_e a}{i\,60 \cdot 2\,n} = \frac{\varepsilon}{\varepsilon - 1} V_h \left[\frac{p_1}{R_1 T_1} - \frac{p_r}{\varepsilon R_r T_r} \right]$$

daraufhin nachgeprüft werden, ob das nach der Erfahrung erforderliche Gemischgewicht G_m in dem vorausberechneten Hubvolumen Platz findet. Am einfachsten ist es, die Kolbenfläche F auszurechnen und mit dem aus dem mittleren spezifischen Drucke p_i bestimmten Werte zu vergleichen. Es ergibt sich:

$$F\,(\text{in cm}^2) = \sim \frac{2{,}8\,(\varepsilon - 1)\,a\,B\,(1 + L)\,N_e}{\varepsilon\,i\,c_m \left[\dfrac{p_1}{R_1 T_1} - \dfrac{p_r}{\varepsilon R_r T_r} \right]}.$$

Bei Dieselmaschinen läßt sich aus dem Gewicht der Luftladung G_m und dem Gewicht der Einspritzluft E kg/PS$_e$ und Std. nachrechnen, ob genügend Luft zum Verbrennen von B kg Brennstoff für die Pferdestärken-Stunde vorhanden ist.

Das gesamte Luftgewicht für ein Arbeitsspiel ist:

$$L_1 = G_m + E_1 = G_m + \frac{E N_e a}{i\,60 \cdot 2\,n}$$

oder

$$L_1 = \frac{\varepsilon}{\varepsilon - 1} V_h \left[\frac{p_1}{R_1 T_1} - \frac{p_r}{\varepsilon R_r T_r} \right] + \frac{E N_e a}{i\, 60 \cdot 2\, n}.$$

Dieses Luftgewicht muß ausreichen, um

$$B_1 = \frac{B N_e a}{i\, 60 \cdot 2\, n}$$

kg Brennstoff vollständig zu verbrennen. Der praktische Luftbedarf für 1 kg Brennstoff ist aber:

$$L = \frac{L_1}{B_1},$$

und aus $L = L_0 \left(1 + \frac{\ddot{u}}{100} \right)$ kann der Luftüberschuß $\ddot{u}\,^0/_0$ über den theoretischen Luftbedarf L_0 bestimmt werden. Reicht der Luftüberschuß nicht aus, dann muß entweder mehr Einspritzluft genommen oder das Hubvolumen V_h des Zylinders vergrößert werden. Das letztere muß bei Glühkopfmaschinen geschehen, die ohne Einspritzluft arbeiten.

b) Zweitaktmaschinen.

Bei Zweitaktmaschinen läßt sich der Zylinderinhalt zu Beginn der Verdichtung nicht zuverlässig ermitteln. Namentlich das Gewicht der Restgase G_r kann nur geschätzt werden.

Der Vergleich der Viertakt- und Zweitaktmaschinen (S. 332, Bild **208**) zeigt, daß zu Beginn des Spülens und Ladens noch Verbrennungsgase im Zylinder vorhanden sind vom Gewicht G_z, das unter günstigsten Ausströmverhältnissen ein Vielfaches (etwa das 3 bis 8 fache) des Gewichts G_v der Restgase einer Viertaktmaschine beträgt. Erst durch das nachfolgende Spülen kann dieses Gewicht wesentlich bis auf den Betrag G_r zu Beginn der Verdichtung verkleinert werden.

Je nach der Güte des Spülvorgangs ist dann das Gewicht G_r zu schätzen. Am ungünstigsten ist in dieser Hinsicht die einfache Schlitzspülung (Bild **194**, S. 320), die bei den Glühkopfmaschinen und einfacheren Dieselmaschinen häufig angewendet wird. Wesentlich günstiger ist Schlitzspülung mit Nachfüllen (Bild **196**, S. 322) und Spülen durch Einlaßöffnungen, die am anderen Hubende als die Auslaßöffnungen angeordnet sind (Bild **192**, S. 319).

Im wesentlichen kommt es darauf an, daß zu Beginn der Verdichtung (Zylindervolumen V_1) ein möglichst großes Gewicht G_m von Gemisch (oder nur Luft) und ein möglichst geringes Gewicht G_r von Abgasen vorhanden ist. Bei Dieselmaschinen können die Nachteile der einfachen Schlitzspülung wesentlich verringert werden, wenn durch Nachfüllöffnungen ein zusätzliches Luftgewicht eingeführt wird.

Diesel- und Glühkopf-Zweitaktmaschinen.

Das gesamte Ladegewicht G_1 zu Beginn der Verdichtung ist wie bei Viertaktmaschinen bestimmbar aus:

$$G_1 = \frac{p_1 \, V_1}{R_1 \, T_1}.$$

p_1, R_1 und T_1 sind der Erfahrung entsprechend anzunehmen.

Die Temperatur T_1 ist meistens höher als bei Viertaktmaschinen, weil mehr Restgase zurückbleiben und auch die Wandtemperaturen infolge der doppelten Zahl der Arbeitsspiele wesentlich höher sind. Für überschlägige Rechnungen kann gewählt werden

> bei Dieselmaschinen: $T_1 = \sim 380$ bis 450^0 (die kleineren Werte bei wirksamer Spülung),
>
> bei Glühkopfmaschinen: $T_1 = \sim 400$ bis 550^0 (die niedrigeren Werte bei Wassereinspritzung während des Ladens).

Der Druck p_1 ist vom Überdruck der Spül- und Ladeluft und von der Art der Spülung abhängig. Wird ein Überdruck der Luft von ungefähr 0,15 bis 0,25 Atm. vorausgesetzt, dann kann im Mittel angenommen werden

> bei einfacher Schlitzspülung: $p_1 = \sim 1$ Atm.,
>
> bei Spülung mit Nachfüllen: $p_1 = \sim 1{,}1$ Atm.

Die Gaskonstante R_1 richtet sich nach der Zusammensetzung des Zylinderinhalts. Besteht dieser, wie bei Dieselmaschinen, nur aus Luft und Restgasen, dann kann $R_1 = \sim 30$ angenommen werden. Wird aber, wie bei Glühkopfmaschinen, schon während des Ladens Wasser eingespritzt, dann ist die Konstante größer, da der Wasserdampf ein $R_w = \sim 47$ besitzt. Mit genügender Annäherung an die Wirklichkeit ergibt sich R_1 wie folgt: Werden der Ladung w kg/PS$_e$ und Std. Wasser zugeführt, dann ist

$$w_1 = \frac{w\,N_e\,a}{i\,60 \cdot 2\,n}$$

das Wasserdampfgewicht eines Arbeitsspiels. Angenommen, das Gewicht der Ladung von Luft und Abgasen sei:

$$G_a = \frac{p_1\,V_1}{R_a\,T_1} \quad \text{und daraus} \quad G_a\,R_a = \frac{p_1\,V_1}{T_1},$$

wobei für p_1 und T_1 die angegebenen Endwerte eingesetzt werden, dann ist:

$$R_1 = \frac{G_a\,R_a + w_1\,R_w}{G_a + w_1}.$$

Das Wassergewicht w_1 ist in der Regel nur gering, etwa gleich dem Brennstoffgewicht, daher ist die angegebene Näherungsrechnung zulässig, und R_1 unterscheidet sich nur wenig von dem Werte $R_a = \sim 31$. Bei Glühkopfmaschinen mit Wassereinspritzung kann meist $R_1 = 32$ bis 33 angenommen werden.

Der Vergleich mit einer Viertaktmaschine gestattet nunmehr eine für überschlägige Rechnungen genügend sichere Schätzung des Rückstandsgewichtes G_r (vgl. S. 333).

Zu Beginn der Spülung sind im Zylinder noch Verbrennungsgase vom Gewicht G_z vorhanden, das bei Dieselmaschinen ungefähr das 7fache, bei Glühkopfmaschinen günstigenfalls das 3fache des Rückstandsgewichtes einer Viertaktmaschine gleicher Hauptabmessungen (D, s und ε) beträgt. Im Hinblick auf die zusätzliche Wirkung der Spülung kann daher angenommen werden

bei Dieselmaschinen mit einfacher Schlitzspülung:

$$G_r = \sim (3 \text{ bis } 5)\,G_v,$$

bei Ventilspülung oder Spülung nach Junkers:

$$G_r = \sim (2 \text{ bis } 4)\,G_v,$$

bei Glühkopfmaschinen:

$$G_r = \sim (2 \text{ bis } 4)\,G_v.$$

Wird allgemein

$$G_r = \sim \sigma\,G_v = \frac{\sigma\,p_r\,V_c}{R_r\,T_r}$$

gesetzt, dann ist:

$$\frac{G_r}{G_1} = \sim \frac{\sigma\,R_1\,T_1\,p_r\,V_c}{R_r\,T_r\,p_1\,V_1} = \sim \frac{\sigma\,p_r\,T_1}{\varepsilon\,p_1\,T_r},$$

und es ergibt sich angenähert:

bei Dieselmaschinen mit einfacher Schlitzspülung

$$G_r = \sim (0{,}2 \text{ bis } 0{,}25)\, G_1,$$

mit Ventilspülung oder Spülung nach Junkers

$$G_r = \sim (0{,}15 \text{ bis } 0{,}20)\, G_1,$$

bei Glühkopfmaschinen

$$G_r = \sim (0{,}3 \text{ bis } 0{,}5)\, G_1.$$

Diese Werte müssen jedoch durch zuverlässige Versuche noch genauer ermittelt werden.

Nun kann auch der Luftinhalt der Zylinderladung zu Beginn der Verdichtung bestimmt werden. Bei Dieselmaschinen ist

$$G_m = G_1 - G_r,$$

bei Glühkopfmaschinen mit Einspritzung von w_1 kg Wasser in die Ladung

$$G_m = G_1 - G_r - w_1.$$

Der sich ergebende Luftüberschuß kann sodann in der gleichen Weise wie bei Viertakt-Dieselmaschinen (S. 414) nachgeprüft werden.

Hierbei ist noch zu beachten, daß in der Beziehung für $G_1 = \dfrac{p_1 V_1}{R_1 T_1}$ nicht, wie bei Viertaktmaschinen, für V_1 der Wert $\dfrac{\varepsilon V_h}{\varepsilon - 1}$ gesetzt werden kann, sondern daß mit

$$V_1 = V_h \left(1 - \frac{g_a}{s}\right) + V_c$$

gerechnet werden muß, wobei g_a die Auslaßschlitzlänge ist. Wird aber der Wert $\varepsilon = \dfrac{V_1}{V_c}$ eingeführt, dann ist:

$$V_1 = V_h \frac{\varepsilon}{\varepsilon - 1} \left(1 - \frac{g_a}{s}\right)$$

und

$$G_1 = \frac{\varepsilon}{\varepsilon - 1} \left(1 - \frac{g_a}{s}\right) \frac{p_1 V_h}{R_1 T_1}.$$

3. Rechnungs-Beispiele.

a) Zweitakt-Dieselmaschine mit einfacher Schlitzspülung
(Bild **211**, S. 341).

$$N_e = 400 \text{ PS.} \qquad i = 4 \text{ (einfachwirkend)}.$$

Die Drehzahl n wird nach dem Verwendungszwecke gewählt. Es sei hier Betrieb für Stromerzeugung und $n = 200$ minutlich angenommen.

Bestimmung des Zylinderdurchmessers und des Kolbenhubs
nach dem pv-Diagramm.

Das Bild **212**, S. 342, zeigt Arbeitsdiagramme für drei verschiedene Belastungen, entsprechend:

$$p_i = 6,4 \text{ kg/cm}^2 \ (17\,^0/_0 \text{ Überlast}),$$
$$p_i = 5,3 \quad \text{„} \qquad (\sim 91\,^0/_0 \text{ Belastung}),$$
$$p_i = 3,1 \quad \text{„} \qquad (\sim 36\,^0/_0 \qquad \text{„} \qquad).$$

Diese Diagramme wurden der Untersuchung der Ausström- und Ladevorgänge zugrunde gelegt. Für die Berechnung der Hauptabmessungen wird angenommen, daß bei normaler Vollbelastung:

$$p_i = 5,7 \text{ kg/cm}^2.$$

Dieser Wert entspricht praktischen Erfahrungen mit derartigen Zweitakt-Dieselmaschinen.

Der Betriebswirkungsgrad sei nach Bild **213**:

$$\eta_m = 0,72.$$

Nach Abschnitt VII S. 478 ist

$$N_e = \frac{F s\, 2\, n\, p_i\, \eta_m\, i}{60 \cdot 75\, a},$$

daher das Hubvolumen:

$$V_h = F \cdot s = \frac{60 \cdot 75 \cdot 2 \cdot 400}{2 \cdot 200 \cdot 5,7 \cdot 0,72 \cdot 4} = 54\,800 \text{ cm}^3.$$

Nachprüfung von η_m.

In η_m sind alle Formänderungsverluste und die zum Antriebe der Hilfsmaschinen (Spül- und Ladepumpe, Einspritzkompressor, Kühlwasser-, Brennstoff- und Schmierpumpen usw.) aufzuwendende Leistung berücksichtigt.

Leistung der Spül- und Ladepumpe:

In der Regel pflegt man die Spül- und Ladepumpe im Verhältnis zum Hubraum V_h der Maschine zu bemessen und wegen der beim Spülen unvermeidlichen Verluste infolge nutzlosen Abströmens durch die Auslaßschlitzöffnungen einen reichlichen Zuschlag zu geben. Nach praktischen Erfahrungen ist die angesaugte Luftmenge oder auch annähernd das gesamte Hubvolumen der Spülpumpe

$$V_h' = i\,(1{,}2 \text{ bis } 1{,}6)\,V_h,$$

wobei i die Zahl der arbeitenden Zylinderseiten der Hauptmaschine ist.

Der Überdruck der Spülluft über die Atmosphäre muß wegen der Strömungswiderstände zu

$$\varDelta p = \sim 0{,}15 \text{ bis } 0{,}25 \text{ Atm.}$$

angenommen werden.

In dem vorliegenden Beispiel soll die von der Hauptmaschine angetriebene Pumpe eine Luftmenge vom 1,4fachen Hubvolumen V_h der 4 Dieselzylinder ansaugen und auf 0,2 Atm. Überdruck pressen.

Es ist:

$$N_e' = \frac{F's'n\,p_i'}{60 \cdot 75\,\eta_m'} = \frac{V_h'\,n\,p_i'}{60 \cdot 75\,\eta_m'}.$$

Mit

$$V_h' = 1{,}4\,V_h \cdot 4,$$

$$p_i' = \sim 0{,}2 \text{ Atm.}$$

(p_i' kann durch ein Arbeitsdiagramm genauer bestimmt werden, vgl. Bild **204**, S. 329) und

$$\eta_m' = \sim 0{,}8$$

ist:

$$N_e' = \frac{4 \cdot 1{,}4 \cdot 0{,}0548 \cdot 200 \cdot 0{,}2 \cdot 10000}{60 \cdot 75 \cdot 0{,}8} = \sim 34 \text{ PS.}$$

Leistung des Einspritzkompressors.

Der Einspritzluftkompressor muß die Luftmenge mit dem notwendigen Luftüberschuß liefern; deren Pressung muß dem Verdichtungsenddruck, der Art des Brennstoffes, der Drehzahl usw. angepaßt sein (vgl. S. 302). Soll die durch den Einspritzkompressor erzeugte Preßluft auch zum Anlassen oder, wie bei Schiffsbetrieb, zum Umsteuern und anderen Nebenbetrieben dienen, dann ist die Ansaugemenge entsprechend zu vergrößern. Meistens ist:

$$E = 0,4 \text{ bis } 0,7 \text{ m}^3/\text{PS}_e \text{ u. Std.}$$

oder

$$E = 0,5 \text{ bis } 0,9 \text{ kg/PS}_e \text{ u. Std.}$$

Bei umsteuerbaren Maschinen werden je nach den Nebenforderungen um 10 bis $40^0/_0$ größere Werte gewählt.

Die Pressung schwankt zwischen 50 bis 90 Atm.

Im vorliegenden Falle sollen vom Kompressor für die Nutzpferdekraft und Stunde 0,6 m³ Luft von Normalzustand angesaugt und auf 60 Atm. gepreßt werden.

Zur genaueren Nachrechnung des Leistungsbedarfs müßten die Arbeitsdiagramme für die einzelnen einfachwirkenden Stufen des Kompressionsvorganges (meistens zwei- oder dreistufige Verdichtung) aufgezeichnet und aus den mittleren Drücken p_1'', p_2'' usw. die Leistung:

$$N_e'' = \frac{F_1'' s'' p_1'' n}{60 \cdot 75 \cdot \eta} + \frac{F_2'' s'' p_2'' n}{60 \cdot 75 \cdot \eta} + \dots$$

ermittelt werden.

Die Gesamtarbeit wird meistens so geteilt, daß jede Stufe ungefähr den gleichen Arbeitsaufwand erfordert. Dann ist beispielsweise bei zwei Stufen:

$$N_e'' = 2 \cdot \frac{V_h'' p_1'' n}{60 \cdot 75 \cdot \eta}.$$

Mit

$$V_h'' = \frac{0,6 \, N_e}{60 \, n}$$

ist

$$N_e'' = 2 \cdot \frac{0,6 \, N_e \, p_1''}{60 \cdot 60 \cdot 75 \, \eta}.$$

Für überschlägige Rechnungen kann angenommen werden, daß die bei adiabatischer Verdichtung auf den vollen Enddruck von $p_2 = 60$ Atm. aufzuwendende Kompressionsarbeit für 1 m³ Luft:

$$L_a = \int_{p_1}^{p_2} v\,dp = \frac{c_p}{A}\,(T_2 - T_1)$$

mit der wirklichen, alle mechanischen Verluste einschließenden Kompressorarbeit nahezu übereinstimmt:

Mit $p_1 = 1$ Atm., $p_2 = 60$ Atm.   und $T_1 = 295^0$
ist

$$T_2 = T_1 \left(\frac{p_2}{p_1}\right)^{\frac{k-1}{k}} = \sim 945^0$$

und mit $c_p = 0{,}307$ WE/m³ ist:

$$L_a = \frac{c_p}{A}\,(T_2 - T_1) = 0{,}307 \cdot 427\,(945 - 295) = 85\,000 \text{ mkg},$$

bezogen auf 1 m³ angesaugte Luftmenge.

Ist p_e'' der mittlere spezifische Arbeitsdruck in kg/m², so ist:

$$L_a V_h'' = p_e'' V_h''$$

und

$$p_e'' = 85\,000 \text{ kg/m}^2 = 8{,}5 \text{ Atm.}$$

Die aufzuwendende Leistung ergibt sich dann zu:

$$N_e'' = \frac{V_h'' p_e'' n}{60 \cdot 75} = \frac{0{,}6\,N_e p_e''}{60 \cdot 60 \cdot 75} = \frac{0{,}6 \cdot 400 \cdot 85\,000}{3600 \cdot 75} = \sim 75 \text{ PS.}$$

Da eine innere Leistung der Maschine von

$$N_i = \frac{N_e}{\eta_m} = \frac{400}{0{,}72} = 555 \text{ PS}_\text{i}$$

verfügbar ist, so bleiben noch

$$N_r = N_i - N_e - N_e' - N_e'' = 555 - 400 - 34 - 75 = 46 \text{ PS,}$$

das sind ungefähr $8{,}5\,^0/_0$ der inneren Leistung zum Betriebe der Kühlwasser-, Brennstoff- und Schmierpumpen, sowie zur Überwindung der Formänderungswiderstände der Dieselmaschine übrig. Dieser knappe Wert setzt ausgezeichnete Herstellung, sorgfältige Wartung und besonders gute Schmierung voraus.

Bestimmung der Hauptabmessungen s und D:

Aus $V_h = F s = 54\,800 \text{ cm}^3$
können durch Wahl der mittleren Kolbengeschwindigkeit c_m oder des Hubverhältnisses $\frac{s}{D}$ die Hauptabmessungen berechnet werden.

Mit

$$c_m = \frac{sn}{30} = 3,4 \text{ m/sec} \quad \text{ist} \quad s = \frac{30 \cdot 3,4}{200} = 0,510 \text{ m,}$$

$$F = \frac{54\,800}{51} = 1075 \text{ cm}^2, \quad D = 370 \text{ mm}$$

und das Hubverhältnis

$$\frac{s}{D} = 1,38,$$

ein praktischen Ausführungen von Zweitakt-Dieselmaschinen entsprechender Wert, der noch günstiges Unterbringen der Schlitzöffnungen für Ein- und Auslaß zuläßt.

Nachrechnung der Teilgewichte der Ladung und des Luftüberschusses (vgl. hierzu S. 410 u. f.).

Das Ladegewicht zu Beginn der Verdichtung ist:

$$G_1 = \frac{\varepsilon}{\varepsilon - 1} \left(1 - \frac{g_a}{s}\right) \frac{p_1 V_h}{R_1 T_1}.$$

Mit

$$\varepsilon = 13,9, \qquad g_a = 0,225\, s,$$

$$p_1 = 1 \text{ Atm.,} \quad R_1 = 30, \quad T_1 = 400^{\circ}.$$

$$V_h = \frac{\pi}{4} D^2 s = 0,0548 \text{ m}^3$$

ergibt sich:

$$G_1 = \frac{13,9}{12,9}(1 - 0,225)\frac{10\,000 \cdot 0,0548}{30 \cdot 400} = 0,0385 \text{ kg.}$$

Wird nach S. 418 $\frac{G_r}{G_1} = \sim 0,24$ angenommen, so ist das Gewicht der Restgase:

$$G_r = 0,24\, G_1 = 0,24 \cdot 0,0385 = 0,0092 \text{ kg}$$

und das Gewicht der Ladeluft

$$G_m = G_1 - G_r = 0,0385 - 0,0092 = 0,0293 \text{ kg.}$$

Bei einem Brennstoffverbrauch von

$$B = 0,220 \text{ kg/PS}_e \text{ u. Std.}$$

und einem Gewicht der Einspritzluft von

$$E = 0,78 \text{ kg/PS}_e \text{ u. Std.}$$

ergibt sich für ein Arbeitsspiel das Brennstoffgewicht

$$B_1 = \frac{B\,N_e\,a}{i\,60 \cdot 2\,n} = \frac{0{,}22 \cdot 400 \cdot 2}{4 \cdot 60 \cdot 2 \cdot 200} = 0{,}00183 \text{ kg}$$

und das Einspritzluftgewicht

$$E_1 = \frac{E\,N_e\,a}{i\,60 \cdot 2\,n} = \frac{0{,}78 \cdot 400 \cdot 2}{4 \cdot 60 \cdot 2 \cdot 200} = 0{,}0065 \text{ kg}.$$

Das gesamte arbeitende Luftgewicht eines Arbeitsspiels ist daher

$$L_1 = G_m + E_1 = 0{,}0293 + 0{,}0065 = 0{,}0358 \text{ kg}.$$

Wird der theoretische Luftbedarf für 1 kg Brennstoff $L_0 = 14{,}2$ kg gesetzt, so ist

$$L_0' = B_1\,L_0 = 0{,}00183 \cdot 14{,}2 = 0{,}0260 \text{ kg}$$

und der Luftüberschuß

$$\ddot{u} = \left(\frac{L_1}{L_0'} - 1\right) 100 = 38\,\%$$

(vgl. hierzu Bild **215**, S. 343).

Dieser Luftüberschuß kann als ausreichend erachtet werden und ergibt günstige Verbrennung. Das aus dem mittleren spezifischen Arbeitsdruck p_i bestimmte Hubvolumen ist daher groß genug, um das erforderliche Gemischgewicht aufzunehmen.

b) Viertakt-Dieselmaschine. (Bild **163**, S. 280 u. 281).

$$N_e = 400 \text{ PS.} \qquad i = 4. \qquad n = 200 \text{ min.}$$

Bestimmung von s und D nach dem $p\,v$-Diagramm (Bild **247**).

Für normale Vollbelastung sei angenommen:

$$p_i = 7 \text{ Atm.}$$

und ein Betriebswirkungsgrad $\eta_m = 0{,}78$, dann ist:

$$V_h = F\,s = \frac{60 \cdot 75\,a\,N_e}{2\,n\,p_i\,i\,\eta_m} =$$

$$\frac{4500 \cdot 4 \cdot 400}{2 \cdot 200 \cdot 7 \cdot 4 \cdot 0{,}78} = 82\,300 \text{ cm}^3$$

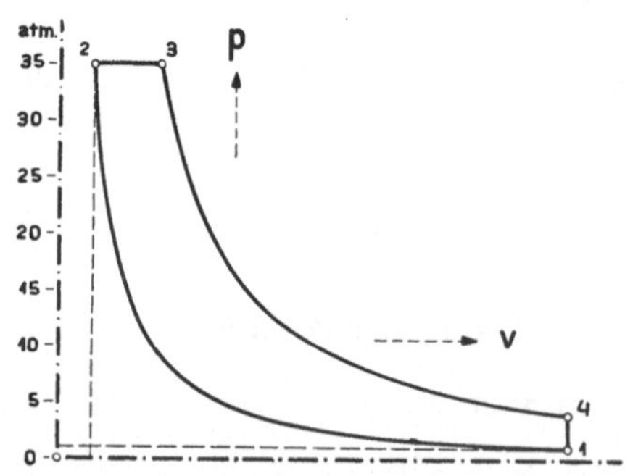

247. Arbeitsdiagramm für Vorausberechnung einer Viertakt-Dieselmaschine.

Nachprüfung von η_m.

Die Leistung des Einspritzkompressors sei wie beim vorhergehenden Beispiel $N_e'' = 75\ \mathrm{PS_e}$. Für Viertakt ist der Einspritzkompressor damit reichlich bemessen.

Die innere Leistung der Maschine ist:

$$N_i = \frac{N_e}{\eta_m} = \frac{400}{0{,}78} = 512\ \mathrm{PS},$$

somit bleiben nach Abzug von N_e'' noch 37 PS oder $7{,}3\,^0/_0$ der inneren Leistung zum Betriebe der Kühlwasser-, Brennstoff- und Schmierölpumpen, sowie zur Überwindung der Formänderungswiderstände.

Dieser Teil der Leistung reicht bei vorzüglicher Werkstattausführung und Wartung zum Betriebe der Pumpen aus.

Wird eine mittlere Kolbengeschwindigkeit von $c_m = 4\ \mathrm{m/sec}$ angenommen, so ist:

$$s = \frac{30\,c_m}{n} = \frac{30 \cdot 4}{200} = 0{,}6\ \mathrm{m}.$$

Aus $F\,s = 82\,300\ \mathrm{cm^3}$ ergibt sich:

$$F = \frac{82\,300}{60} = 1370\ \mathrm{cm^2}$$

und

$$D = \sim 420\ \mathrm{mm}.$$

Also ist das Hubverhältnis

$$\frac{s}{D} = \frac{600}{420} = 1{,}43\ \text{(zulässig)}.$$

Nachrechnung der Teilgewichte der Ladung und des Luftüberschusses (vgl. S. 414).

Das Gewicht der Ladung zu Beginn der Verdichtung ist:

$$G_1 = \frac{p_1 V_1}{R_1 T_1}.$$

Mit

$$p_1 = 0{,}95\ \mathrm{Atm.}, \qquad p_c = 35\ \mathrm{Atm.}, \qquad R_1 = 30, \qquad T_1 = 360^0,$$

$$\varepsilon = \left(\frac{p_c}{p_1}\right)^{\frac{1}{1{,}35}} = \left(\frac{35}{0{,}95}\right)^{0{,}74} = 14{,}5,$$

$$V_1 = V_h \frac{\varepsilon}{\varepsilon - 1} = 0{,}0823 \cdot \frac{14{,}5}{13{,}5} = 0{,}0885\ \mathrm{m^3}$$

wird

$$G_1 = \frac{9500 \cdot 0{,}0885}{30 \cdot 360} = 0{,}0778 \text{ kg}.$$

Das Gewicht der Restgase ergibt sich aus:

mit
$$G_v = \frac{p_r V_c}{R_r T_r}$$

$$V_c = V_1 - V_h = 0{,}0885 - 0{,}083 = 0{,}0055 \text{ m}^3,$$

$$p_r = 1{,}2 \text{ Atm.}, \quad R_r = 31, \quad T_r = 600^0$$

zu:
$$G_v = \frac{12000 \cdot 0{,}0055}{31 \cdot 600} = 0{,}0036 \text{ kg}$$

und das Luftgewicht der Ladung

$$G_m = G_1 - G_v = 0{,}0778 - 0{,}0036 = 0{,}0742 \text{ kg}.$$

Wird angenommen:

$$B = 0{,}200 \text{ kg/PS}_e \text{ u. Std.}$$
$$E = 0{,}600 \quad \text{„} \quad \text{„} \quad \text{„} \quad \text{(kleiner als bei Zweitakt),}$$

dann ist

$$B_1 = \frac{B N_e a}{i\, 60 \cdot 2\, n} = \frac{0{,}2 \cdot 400 \cdot 4}{4 \cdot 60 \cdot 2 \cdot 200} = 0{,}0033 \text{ kg,}$$

$$E_1 = \frac{E N_e a}{i\, 60 \cdot 2\, n} = \frac{0{,}60 \cdot 400 \cdot 4}{4 \cdot 60 \cdot 2 \cdot 200} = 0{,}0100 \text{ kg.}$$

Das gesamte Luftgewicht eines Arbeitsspiels ist daher:

$$L_1 = G_m + E_1 = 0{,}0742 + 0{,}0100 = 0{,}0842 \text{ kg.}$$

Bei einem theoretischen Luftbedarf von $L_0 = 14{,}2$ kg für 1 kg Brennstoff ist das theoretisch nötige Luftgewicht für ein Arbeitsspiel:

$$L_0' = L_0 B_1 = 14{,}2 \cdot 0{,}0033 = 0{,}0473 \text{ kg.}$$

Der Luftüberschuß ergibt sich daher zu:

$$\ddot{u} = \left(\frac{L_1}{L_0'} - 1\right) 100 = \left(\frac{0{,}0842}{0{,}0473} - 1\right) 100 = 78\,^0/_0,$$

also für eine günstige Verbrennung reichlich groß.

Das aus dem mittleren spezifischen Arbeitsdruck p_i berechnete Hubvolumen des Zylinders genügt somit zur Aufnahme des erforderlichen Gemischgewichtes.

---

4. Wertung der Wärmevorgänge nach dem Entropie-Diagramm.

Der Wertbegriff „Entropie", durch Clausius eingeführt, hat sich bei der Berechnung und Untersuchung von Dampfturbinen außerordentlich bewährt; bei diesen Maschinen ergibt das Entropiediagramm ein sehr anschauliches Bild der Wärmevorgänge und gleichzeitig eine sehr einfache, übersichtliche und doch genaue Berechnungsweise.

Die Druck- und Volumverhältnisse bei starker Expansion des Dampfes, z. B. von 15 Atm. Überdruck auf den geringen Druck weitgehender Luftleere, also bei mehrhundertfacher Gesamtexpansion, könnten in einem pv-Diagramm in brauchbarem Maßstab überhaupt nicht dargestellt werden.

Auch bei Verbrennungsmaschinen kann durch Aufzeichnung eines Entropie-Diagramms eine wesentlich bessere Übersicht über die Wärmevorgänge während eines Arbeitspiels erhalten werden als durch das übliche pv-Diagramm. Doch ist es verfehlt, auch die Berechnung und Untersuchung von Verbrennungsmaschinen auf Grund der Entropieänderungen und des Entropie-Diagramms vorzunehmen, weil ausreichend genaue Vorausberechnung der Entropiewerte sehr viele Annahmen verlangt, für welche genügende Versuchsgrundlagen nicht vorhanden sind und auch nur sehr schwer geschaffen werden können.

In der Literatur wird eine weitgehende Anwendung des Entropie-Diagramms empfohlen und dadurch, besonders bei Studierenden, eine Überschätzung der Anwendbarkeit des Entropie-Diagramms hervorgerufen. Es ist deshalb notwendig, die maßgebenden Verhältnisse unter Berücksichtigung des praktischen Betriebes näher zu untersuchen und Klarheit darüber zu schaffen, wie weit bei Verbrennungsmaschinen eine Wertung der Wärmevorgänge nach dem Entropie-Diagramm möglich und empfehlenswert ist.

Im Abschnitt VII S. 482 ist Näheres über den Begriff „Entropie", über Entropie-Diagramme, Berechnung der Wärmeänderungen und der Entropieänderungen angegeben.

Verhältnismäßig einfach gestaltet sich die Berechnung der Entropieänderungen von Arbeitsprozessen, bei denen stets die gleiche Gewichtsmenge des Gases arbeitet und keine nennenswerte Änderung der Gasbeschaffenheit während der Zustandsänderung eintritt, wie z. B. bei Gaspumpen und Dampfturbinen.

Wesentlich schwieriger liegen die Verhältnisse bei den Arbeitsvorgängen der Verbrennungsmaschinen. Bei diesen verlangt besonders die Bestimmung der Entropieänderungen des Verbrennungsvorganges mehrfache Annahmen, die die Richtigkeit des Ergebnisses sehr beeinträchtigen.

Als Beispiel soll die Verbrennung in einer Dieselmaschine näher untersucht werden.

Meist wird angenommen, daß sich das arbeitende Gewicht G während eines Arbeitsvorganges nicht ändert, also auch nicht während der Verbrennung, daß die während der Verbrennung dem Zylinderinhalt zugeführte Wärme eine Zustandsänderung bei konstantem Druck bewirkt, und daß die Beschaffenheit des Zylinderinhalts während des Arbeitsvorganges stets gleich bleibt.

In Wirklichkeit ändert sich das Gewicht des Zylinderinhalts und seine Zusammensetzung beständig, besonders während der Verbrennung. Der Übergang vom Zustand 2 auf den Zustand 3 (Bild **248**) erfolgt meistens nicht bei konstantem Druck, sondern je nach der Art der Brennstoffeinspritzung, der Verbrennung, der Kühlverhältnisse usw. z. B. nach der ausgezogenen oder der gestrichelten Drucklinie.

Wird der Brennstoff durch eine offene Düse zu rasch eingespritzt, dann steigt der Druck bekanntlich zu Beginn der Verbrennung stark an, dagegen verzögert sich das Ende der Verbrennung häufig stark, und es tritt Nachbrennen ein.

Bei verspätetem Einspritzen des Brennstoffs kann dem Ende der Verdichtung zunächst ein Druckabfall folgen und erst nachher der Druck der Verbrennung ansteigen. Auch in diesem Falle tritt meistens starkes Nachbrennen auf.

Jedenfalls läßt sich das Ende des Verbrennungsvorganges

(Zustand 3 in Bild **248**) mit Sicherheit nicht vorher feststellen. Auch die Größe der spezifischen Wärmen und der Gaskonstanten ist nur durch Annahmen über den Verlauf der Verbrennung und den Zustand des Zylinderinhalts zu bestimmen.

Die Veränderlichkeit der spezifischen Wärmen mit der Temperatur zu berücksichtigen, wäre unter diesen Umständen nicht nur zwecklos, sondern geradezu unmöglich, weil auch der Temperaturverlauf während des Verbrennungsvorganges unbekannt ist.

Ähnlich vollzieht sich der Verbrennungsvorgang bei anderen Verbrennungsmaschinen. Bei Gasmaschinen, die Gemisch laden, ist zwar das arbeitende Gewicht des Zylinderinhalts während der Verbrennung stets gleich und bekannt, nicht aber die Zusammensetzung des Zylinderinhalts und nicht der Temperaturverlauf.

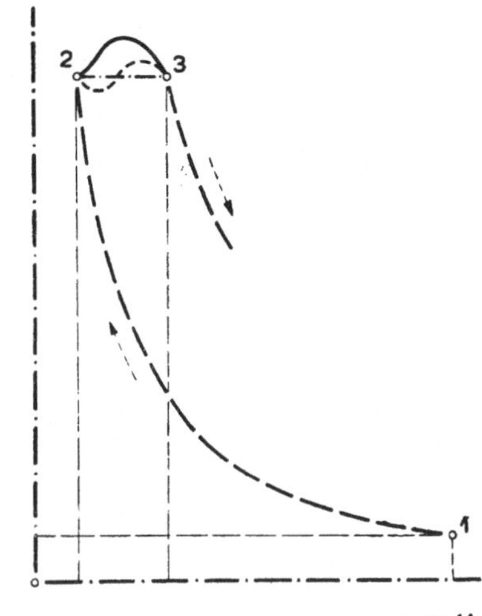

248. Zustandsänderung während des Verbrennungsvorganges einer Dieselmaschine.

Die Kühlverhältnisse führen auch während des Lade-, Verdichtungs-, Ausdehnungs- und Ausschubvorgangs Zustandsänderungen herbei, deren Verlauf nicht sicher vorher bestimmt werden kann. Auch bei diesen Teilen des Arbeitsprozesses der Verbrennungsmaschinen ist man auf Annahmen angewiesen, die bei der Bestimmung der Entropieänderungen weit größere Rechnungsfehler ergeben können als die Vernachlässigung der Veränderlichkeit der spezifischen Wärmen.

Vorausberechnung der Hauptabmessungen mit Hilfe des Entropie-Diagramms.

Es soll das Hubvolumen einer a-Takt-Dieselmaschine bestimmt werden, die mit i Zylinderseiten bei minutlich n Umdrehungen N_e Pferdestärken leistet.

Annahmen zur Bestimmung des Entropie-Diagramms.

1. Unveränderter Zylinderinhalt vom Gewichte G während des ganzen Arbeitsspiels.

2. Anfangszustand des arbeitenden Gewichts G, bestimmt durch den Druck p_1, die Temperatur T_1, die Gaskonstante R und die spezifische Wärme c_v des Zylinderinhalts.

3. Polytropische Verdichtung nach der Beziehung $p v^m =$ konst. bis zum Enddruck der Verdichtung p_2.

4. Verbrennung bei gleichbleibendem Druck p_2.

5. Ausdehnung nach der Polytrope $p v^m =$ konst. bis zum Anfangsvolumen v_1.

6. Zustandsänderung unter gleichbleibendem Volumen bis zum Anfangszustand.

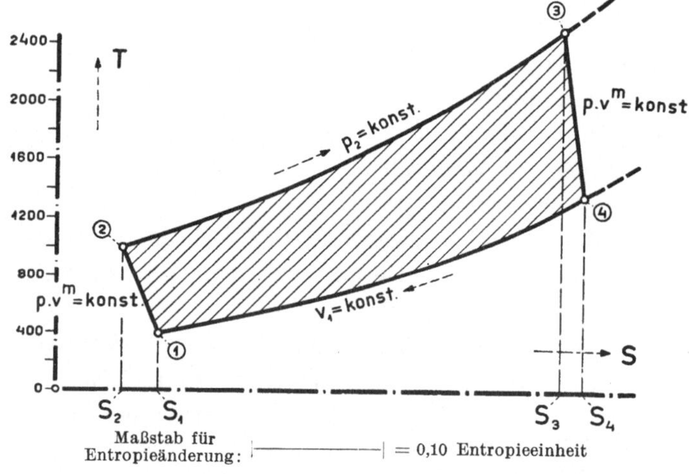

249. Entropie-Diagramm für 1 kg Zylinderinhalt
zur Vorausberechnung der Hauptabmessungen
einer Dieselmaschine.

Rechnungsgang.

In Bild **249** ist das den vorhergehenden Annahmen entsprechende Entropie-Diagramm für 1 kg Zylinderinhalt dargestellt. Zunächst ist der Zustand zu Beginn der Verdichtung eingetragen. Damit ist der Temperaturmaßstab festgelegt. Aus der Beziehung:

$$\frac{T_2}{T_1} = \left(\frac{p_2}{p_1}\right)^{\frac{m-1}{m}}$$

kann die Endtemperatur T_2 der Verdichtung, hierauf aus:

$$dQ = c_z\, dT$$

mit der spezifischen Wärme des Zylinderinhalts

$$c_z = c_v \frac{m-k}{m-1}$$

die Entropieänderung für die polytropische Verdichtung

$$S_2 - S_1 = \int_1^2 \frac{dQ}{T} = c_z \ln \frac{T_2}{T_1}$$

bestimmt werden (vgl. Abschnitt VII S. 492).

Durch Annahme eines Maßstabes für die Entropieänderung ist somit der Zustand 2 zu Beginn der Verbrennung gegeben.

Nunmehr läßt sich durch die beiden Zustandspunkte 1 und 2, den Annahmen entsprechend, eine Linie gleichbleibenden Volumens v_1 bzw. gleichbleibenden Druckes p_2 zeichnen. Der inneren Arbeit von G kg Zylinderinhalt entspricht während eines Arbeitsspiels die Wärmemenge:

$$Q_i = \frac{N_e\, 75 \cdot 60\, a}{\eta_m\, i\, 2\, n\, 427}\ \text{WE.}$$

Als arbeitendes Gewicht G kann ein ungefährer Mittelwert aus den arbeitenden Gewichten während der einzelnen Zustandsänderungen angenommen werden. Arbeiten somit G_1 kg vor und G_2 kg nach der Verbrennung, dann ist G etwas kleiner als $\dfrac{G_1 + G_2}{2}$ einzusetzen, weil das Gewicht während der Verbrennung allmählich von G_1 auf G_2 ansteigt und während des Ausströmens zunächst eine starke Gewichtsverminderung bis weit unter das Anfangsgewicht G_1 eintritt. Erst durch das Laden wird das Gewicht G_2 wieder erreicht.

Einem kg arbeitenden Gewichts entspricht dann eine Wärmemenge $\dfrac{Q_i}{G}$, die durch die schraffierte Fläche des Entropie-Diagramms gegeben sein muß. Aus dieser Bedingung können mit Hilfe der gemachten Annahmen die Zustände 3 und 4 zu Beginn und Ende der Ausdehnung bestimmt werden.

Es wird beispielsweise der Zustand 3 willkürlich gewählt, die Zustandslinie für die polytropische Ausdehnung (3 bis 4) eingezeichnet und untersucht, ob die Fläche des so gefundenen Entropie-

Diagramms (1, 2, 3, 4) der Wärmemenge $\dfrac{Q_i}{G}$ entspricht. Ist dies nicht der Fall, dann muß eine neue Annahme gemacht werden, so lange, bis ausreichende Übereinstimmung erreicht wird.

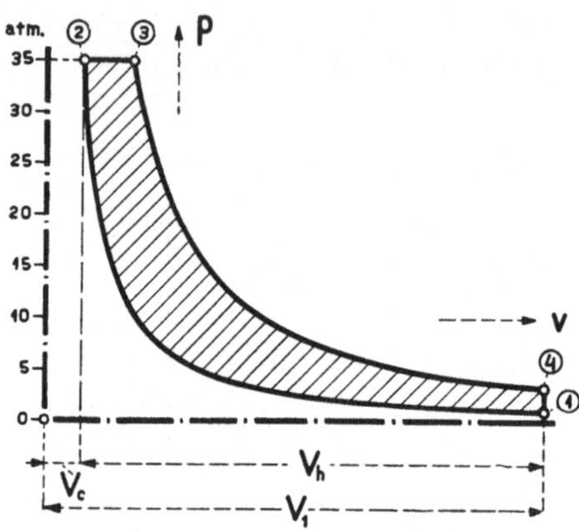

250. pv-Diagramm zur Vorausberechnung der Hauptabmessungen einer Dieselmaschine.

Damit sind die charakteristischen Zustände eines Arbeitsspiels in ähnlicher Weise festgelegt, wie es durch das pv-Diagramm (Bild 250) geschehen kann. Während durch das pv-Diagramm die den einzelnen Zustandsänderungen entsprechenden Arbeiten unmittelbar zu bestimmen sind, gibt das Entropie-Diagramm die während der Zustandsänderungen zu- oder abgeführten Wärmemengen an.

Aus den Beziehungen:

$$p_1 V_1 = G R T_1$$

und

$$p_2 V_2 = G R T_2$$

ergibt sich das Hubvolumen

$$V_h = V_1 - V_2 = G R \left(\frac{T_1}{p_1} - \frac{T_2}{p_2} \right).$$

Beispiel: Die durch Bild 217—222, S. 347 u. f., gekennzeichnete vierzylindrige einfachwirkende Zweitakt-Dieselmaschine von $N_e = 500$ PS Normalleistung bei $n = 200$ min. soll bei einer Überlast von $12\,^0/_0$, also bei $N_e = 560$ PS, mit folgenden Teilgewichten während eines Arbeitsspiels arbeiten (vgl. Bild 220):

$$\begin{aligned}
\text{Ladeluft} \quad & L_1 = 0{,}0358 \text{ kg,} \\
\text{Rückstände} \quad & G_r = 0{,}0084 \text{ „} \\
\text{Einspritzluft} \quad & E_1 = 0{,}0081 \text{ „} \\
\text{Brennstoff} \quad & B_1 = 0{,}0027 \text{ „}
\end{aligned}$$

Vor der Verbrennung arbeitet ein Gewicht

$$G_1 = L_1 + G_r = 0{,}0442 \text{ kg,}$$

nach der Verbrennung ein Gewicht

$$G_2 = L_1 + G_r + E_1 + B_1 = 0{,}055 \text{ kg.}$$

Damit ist

$$G \lessgtr \frac{G_1 + G_2}{2} = \sim 0{,}048 \text{ kg.}$$

Wird ein mittleres $R = 30{,}5$, der Exponent der Polytrope $m = \sim 1{,}35$,

$$T_1 = 400^0, \quad p_1 = \sim 1 \text{ Atm. und } p_2 = 35 \text{ Atm.}$$

angenommen, dann ist

$$T_2 = T_1 \left(\frac{p_2}{p_1}\right)^{\frac{1{,}35-1}{1{,}35}} = \sim 1000^0$$

und das Hubvolumen

$$V_h = G R \left(\frac{T_1}{p_1} - \frac{T_2}{p_2}\right) = 0{,}048 \cdot 30{,}5 \left(\frac{400}{10\,000} - \frac{1000}{350\,000}\right) = 0{,}0543 \text{ m}^3.$$

Sollen auch die charakteristischen Zustände im Entropie-Diagramm festgelegt werden, dann ist die mittlere spezifische Wärme des Zylinderinhalts bei konstantem Volumen anzunehmen:

$$c_v = \sim 0{,}180 \text{ WE/kg.}$$

Hieraus bestimmt sich

$$c_n = c_v + A R = \sim 0{,}251 \text{ WE/kg,}$$

$$k = \frac{c_p}{c_v} = \sim 1{,}39 \, ,$$

$$c_z = c_v \frac{m-k}{m-1} = -0{,}0206 \text{ WE/kg,}$$

und es können nunmehr die Entropieänderungen berechnet werden (Bild **249**).

Vergleicht man diese Berechnungsweise mit der auf der Grundlage des pv-Diagramms durchgeführten (S. 419), so erkennt man, daß hier eine wesentlich größere Zahl von Annahmen zu machen ist als dort, weil hier für die Rechnungsgrößen noch keine ausreichenden Versuchswerte vorliegen.

Bei der Berechnung des Hubvolumens auf Grund des pv-Diagramms ist wesentlich nur der mittlere spezifische Arbeitsdruck p_i zu wählen, für den durch zahlreiche Versuche ausreichend zuverlässige Erfahrungswerte für alle Arten von Verbrennungmaschinen und Betriebszuständen ermittelt sind. Diese Berechnungsweise ist daher für die Vorausberechnung vorzuziehen (Bild **250**).

Die hier im Zusammenhang mit dem Entropiediagramm durchgeführte Berechnung ist eigentlich nur eine etwas andere Form der auf S. 410 u. f. ausgeführten Nachrechnung des Hubvolumens unter Berücksichtigung des arbeitenden Gewichts des Zylinderinhaltes zu Beginn der Verdichtung.

Untersuchung der Wärmevorgänge mit Hilfe des Entropie-Diagramms.

Die Aufzeichnung des Entropie-Diagramms hat nur dann Zweck, wenn die Wärmevorgänge während eines Arbeitsspiels näher untersucht werden sollen. Zur genauen Festlegung eines Wärmediagramms müßte der Zustand des Zylinderinhalts (Zusammensetzung, Gewicht, Volumen, sowie Druck oder Temperatur) in jedem Augenblicke des Arbeitsspiels gegeben sein. Bisher sind aber noch keine Versuche bekannt geworden, durch die der augenblickliche Zustand des Zylinderinhalts einwandfrei festgestellt worden wäre. Derartige Versuche bereiten jedenfalls große Schwierigkeiten, und zunächst ist man noch auf die annähernde Bestimmung des Zylinderinhalts und seines Zustandes angewiesen.

Für eine gegebene Maschine ist durch das Indikator-Diagramm der Druck in Abhängigkeit vom Volumen gegeben. Als Beispiel sei hier ein Indikator-Diagramm (Bild **251**) der schon mehrfach behandelten Zweitakt-

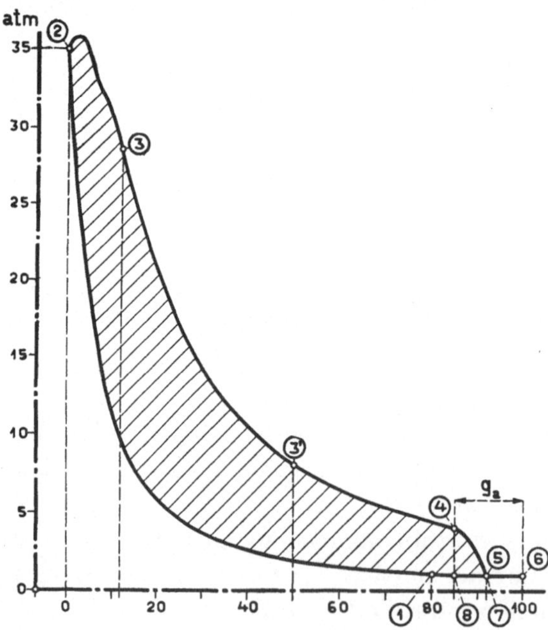

251. Indikator-Diagramm einer Zweitakt-Dieselmaschine mit Ventilspülung.

Dieselmaschine mit Ventilspülung (Bild **217**) der Untersuchung zugrunde gelegt, die, dem vorliegenden Indikator-Diagramm mit $p_i = 7{,}7$ Atm. entsprechend, in vier Zylindern von 370 mm Durchmesser und 510 mm Kolbenhub bei $n = 200$ Umdrehungen minutlich $N_e = 560$ PS leistet.

Verdichtung.

Zu Beginn der Verdichtung ist der Zylinderinhalt durch folgende Angaben gekennzeichnet (vgl. S. 410 u. f.): Druck $p_1 = 1{,}1$ Atm., Temperatur $T_1 = 400^0$, $R = 30$, $V_1 = 0{,}0476$ m³ und $\dfrac{G_r}{G_1} = 0{,}17$.

Daraus ergibt sich das Luftgewicht G_m, das Gewicht der Restgase G_r und das Ladegewicht G_1. Diese Werte sind im oberen Diagramm des Bildes **252** in dem Raume vom Zustand 1 bis zum Zustand 2 am Ende der Verdichtung aufgetragen. Im unteren Diagramm ist der entsprechende Druckverlauf dargestellt.

Wird das Hubvolumen in eine genügende Anzahl kleiner Teile zerlegt, so kann die Zustandsänderung während eines Teilabschnittes als eine polytropische mit gleichbleibendem Exponenten m an genommen werden.

Sind p_a und p_e die Drücke, $\gamma_a = \dfrac{G_1}{V_a}$ und $\gamma_e = \dfrac{G_1}{V_e}$ die spezifischen Gewichte am Anfang und Ende eines Volumenabschnittes $V_e - V_a$, dann gilt die Beziehung:

$$\frac{p_a}{\gamma_a{}^m} = \frac{p_e}{\gamma_e{}^m},$$

aus der m bestimmt werden kann.

In Bild **253** sind die so ermittelten Exponenten m für die Verdichtung vom Zustand 1 bis zum Zustand 2 aufgetragen. Wird für den Zylinderinhalt während der Verdichtung als spezifische Wärme bei konstantem Volumen $c_v = \sim 0{,}175$ WE/kg angenommen (reiner Luft würde $c_v = \sim 0{,}17$ WE/kg entsprechen), dann ist

$$c_p = c_v + A R$$

und

$$k = \frac{c_p}{c_v} = \sim 1{,}4 .$$

Man erkennt hieraus, daß für den durch das Indikator-Diagramm gegebenen Betriebszustand am Anfang der Verdichtung m kleiner ist als k, somit Wärme an das Kühlwasser abgeführt wird, daß im weiteren Verlaufe der Verdichtung m wieder zunimmt, also dem Zylinderinhalt Wärme zugeführt wird, daß dann m eine Zeitlang nahezu gleich k bleibt, was annähernd adiabatischer Zustandsänderung entspricht, daß aber gegen Ende der Verdichtung m wieder kleiner als k wird, somit dem Zylinderinhalt Wärme entzogen wird.

Diese Wärmeänderungen sind im Entropie-Diagramm wesentlich übersichtlicher veranschaulicht.

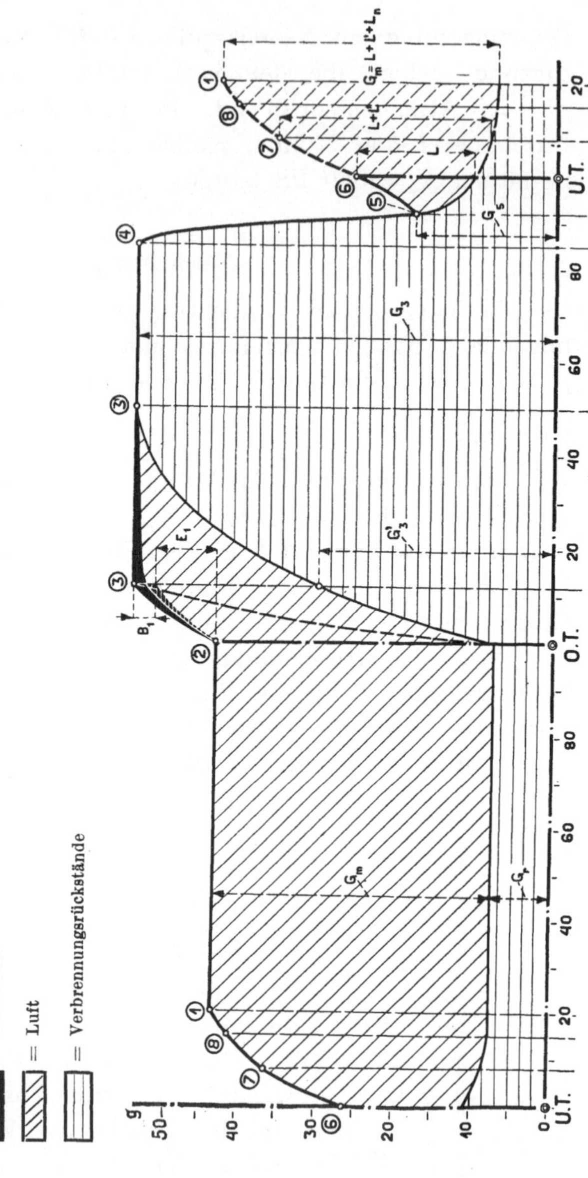

Aus der Beziehung: $dQ = G_1 c_z dT$ ist für einen Volumenabschnitt mit den Exponenten m und dem Werte von

$$c_z = c_v \frac{m - k}{m - 1}$$

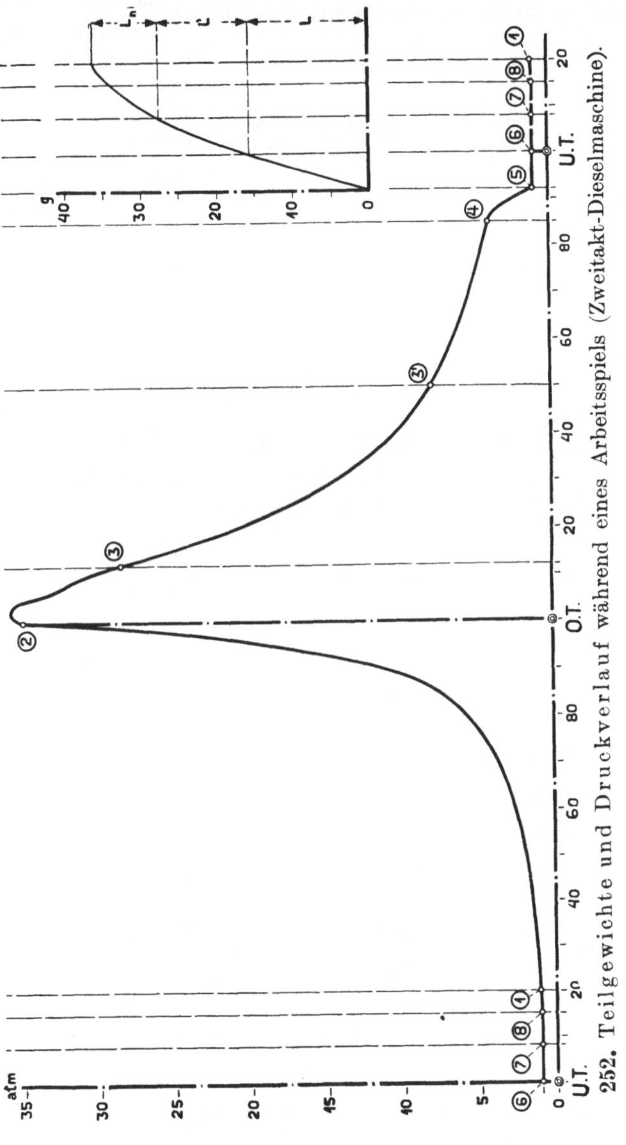

die Entropieänderung $S_e - S_a =$

$$\int_a^e \frac{dQ}{T} = G_1\, c_z\, \ln \frac{T_e}{T_a},$$

wobei die Temperaturen am einfachsten aus der Zustandsgleichung:

$$p\,V = G_1\,RT$$

bestimmt werden können.

In Bild **254** sind die Entropieänderungen für die einzelnen Volumenabschnitte, ausgehend von dem angenommenen Anfangszustand, aufgetragen, wobei der angegebene Maßstab für die Entropieänderung benutzt wurde. Aus der Zustandslinie im Entropie-Diagramm ist die Wärmeänderung des Zylinderinhalts als Zu- und Abnahme der Entropie sehr deutlich zu erkennen.

Einspritzung und Verbrennung.

Am Ende der Verdichtung wird mit dem Einspritzen von Brennstoff begonnen und bis zum Zustand 3 fortgefahren, wo ein Gewicht Brennstoff von:

$$B_1 = \frac{B N_e a}{i\,2\,n \cdot 60}$$ und ein Gewicht Einspritzluft von $$E_1 = \frac{E N_e a}{i\,2\,n\,60}$$

zugeführt ist.

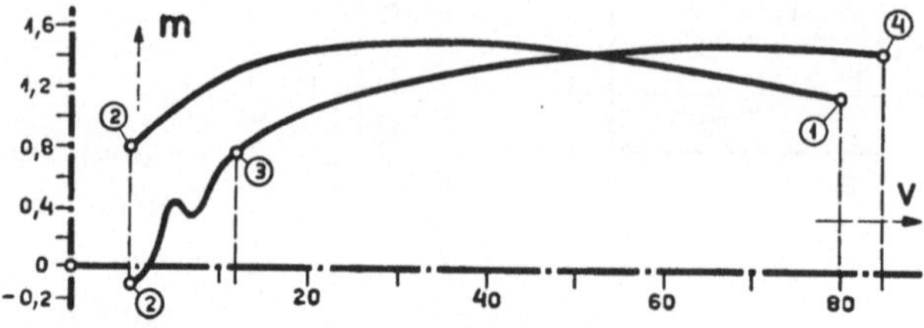

253. Exponenten m für Verdichtung, Verbrennung
und Ausdehnung
(entsprechend dem Druckdiagramm Bild 251).

Die Art der Zuführung von Brennstoff und Einspritzluft vom Zustand 2 bis 3 muß ungefähr aus dem durch das Indikator-

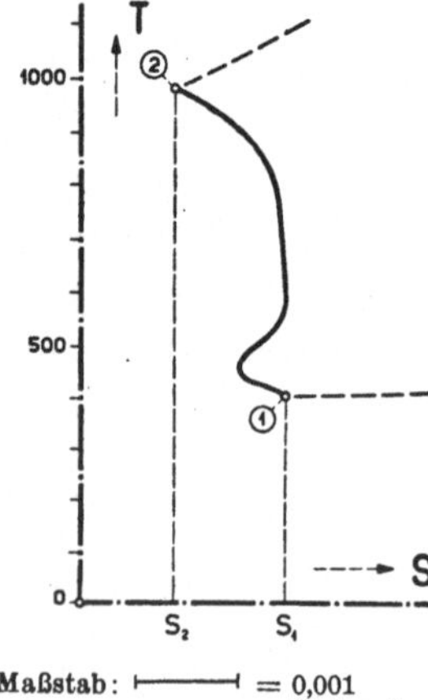

Maßstab: ⊢——⊣ = 0,001 Entropie-einheit.

254. Entropieänderung während der Verdichtung (entsprechend dem Druck-diagramm Bild 251).

Diagramm (Bild 251) gegebenen Druckverlauf bestimmt werden. Da der Druck zu Beginn des Einspritzens ziemlich stark ansteigt, so kann angenommen werden, daß ein größeres Brennstoff- und Einspritzluftgewicht an der Verbrennung teilgenommen hat. Dies entspricht auch den zumeist verwendeten Einspritzvorrichtungen, bei denen der Brennstoff der Einspritzluft vorgelagert wird.

Nach diesen Überlegungen sind die in den Zylinder eingeführten Teilgewichte von Einspritzluft ($E_1{}'$) und Brennstoff ($B_1{}'$) und damit der Verlauf der Gewichtsänderung des Zylinderinhaltes vom Zustand 3 bis 4 in Bild 255 aufgetragen.

Es läßt sich nachweisen, daß im vorliegenden Falle in jedem Augenblicke nur ein Teil des zugeführten Brennstoffs, der Rest aber erst später verbrennt (Nachbrennen).

Die der Zustandsänderung eines Volumabschnittes entsprechende Wärmeänderung ist aus: $dQ = G c_z\, dT$ mit $c_z = c_v \dfrac{m-k}{m-1}$ bestimmbar, wenn, wie früher gezeigt wurde, der Exponent m aus

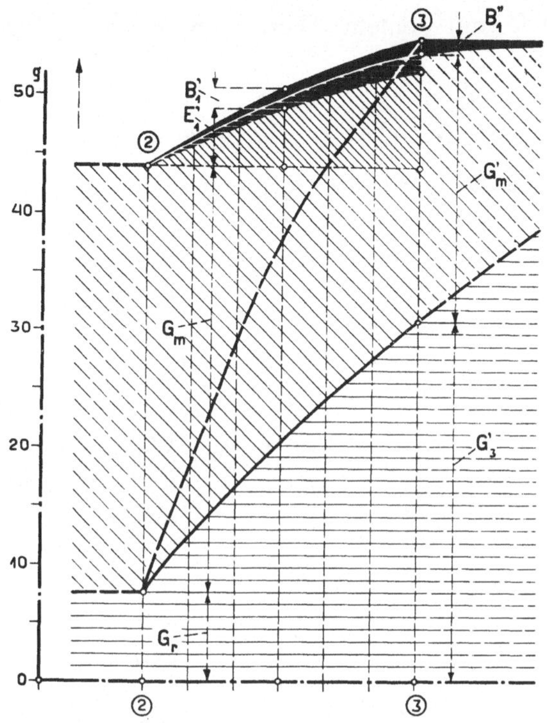

255. Teilgewichte während der Einspritzung
(entsprechend dem Druckdiagramm Bild 251).

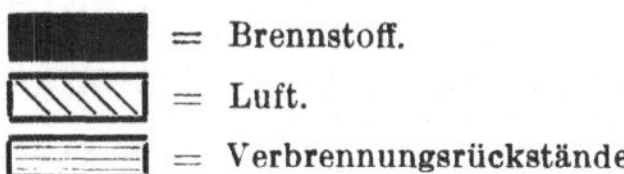

= Brennstoff.
= Luft.
= Verbrennungsrückstände.

der Beziehung:

$$\frac{p_a}{\gamma_a{}^m} = \frac{p_e}{\gamma_e{}^m}$$

mit $\gamma_a = \dfrac{G_a}{V_a}$ und $\gamma_e = \dfrac{G_e}{V_e}$ berechnet wird. Das Gewicht G_e unterscheidet sich von G_a durch das während des Volumabschnittes zugeführte Gewicht des Brennstoffs und der Einspritzluft. Die spezifische Wärme c_v kann im Mittel zu 0,18 WE/kg angenommen werden.

Die auf diese Weise bestimmten Werte von m sind in Bild 253 zwischen den Zustandspunkten 2 und 3 aufgetragen. Der Exponent $k = \dfrac{c_p}{c_v}$ ergibt sich für den Einspritzvorgang zu ungefähr 1,39, also etwas kleiner als bei der Verdichtung, wobei für

$c_p = c_v + AR$ mit einem Wert von $R = \sim 30{,}5$ gerechnet werden kann.

Die Wärmeänderung ist dann

$$\varDelta Q = Q_e - Q_a = G_e\, c_z\,(T_e - T_a),$$

wobei mit dem Endgewicht G_e gerechnet wird, weil am Ende der Zustandsänderung des Volumabschnittes die gesamte Wärmeänderung $\varDelta Q$ dem Endgewicht G_e entspricht.

Die während dieser Teilzustandsänderung im Brennstoffgewicht $B_e' - B_a'$ verfügbare Wärmemenge ist

$$\varDelta Q_1 = (B_e' - B_a')\,H_u .$$

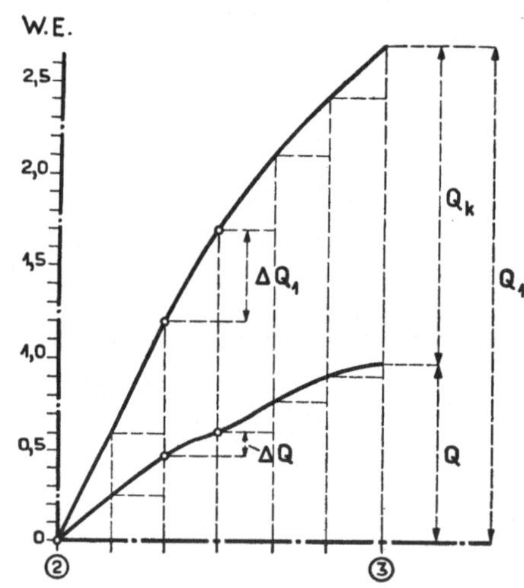

256. Wärmeverlauf während der Einspritzung
(entsprechend dem Druckdiagramm Bild **251**).

In Bild **256** sind die Wärmeänderungen $\varDelta Q$ und $\varDelta Q_1$ vom Zustand 2 aus fortlaufend aneinander gereiht, so daß sich für den Zustand 3 die während der Zustandsänderung von 2 bis 3 im ganzen durch das zugeführte Brennstoffgewicht B_1 verfügbare Wärme Q_1 und die tatsächlich während dieser Zustandsänderung dem Zylinderinhalt zugeführte Wärme Q ergibt.

Der Unterschied dieser beiden Wärmen

$$Q_k = Q_1 - Q$$

müßte bei vollständiger Verbrennung des zugeführten Brennstoffs in das Kühlwasser abgeführt worden sein.

Wie aus dem Bild **256** zu ersehen ist, beträgt Q_k mehr als die Hälfte von Q_1. Nach den bisherigen Erfahrungen werden aber bei Dieselmaschinen im ganzen höchstens etwa $30\,^0/_0$ der im Brennstoff enthaltenen Wärme mit dem Kühlwasser abgeführt. Dann ist die Annahme berechtigt, daß Nachbrennen eintreten muß, weil nicht vorausgesetzt werden kann, daß der große Unterschied zwischen dem berechneten Werte von Q_k und dem Erfahrungswert als Wärmestauung in den Wandungen verbleibt.

Um den wirklichen Verhältnissen Rechnung zu tragen, wurde daher in Bild **255** das eingespritzte Brennstoffgewicht durch eine Linie in zwei Teile zerlegt, von denen der obere dem unverbrannten Brennstoffgewicht entspricht.

Würde der Brennstoff stets vollständig verbrannt, dann erhielte man im Zustand 3 Verbrennungsprodukte vom Gewicht

$$G_3 = G_1 + B_1 + E_1,$$

und der Verlauf der Zunahme des Gewichts der Verbrennungsgase von G_r im Zustand 2 bis G_3 im Zustand 3 wäre etwa durch die gestrichelte Linie gegeben.

Als Verbrennungsgase sind hierbei nicht nur die reinen Verbrennungsprodukte, sondern auch die restliche, nicht zur Verbrennung verbrauchte Luft gerechnet.

In Wirklichkeit ist im Zustand 3 noch ein Teil B_1'' unverbrannten Brennstoffs vorhanden, so daß sich ein geringeres Gewicht G_3' der Verbrennungsgase ergibt, während der Rest G_m' die dem Brennstoffgewicht B_1'' entsprechende Verbrennungsluft ist, die mit dem Brennstoffrest B_1'' erst in der nachfolgenden Ausdehnungsperiode verbrennt.

Die Änderung des Gewichts der Verbrennungsgase vom Zu-

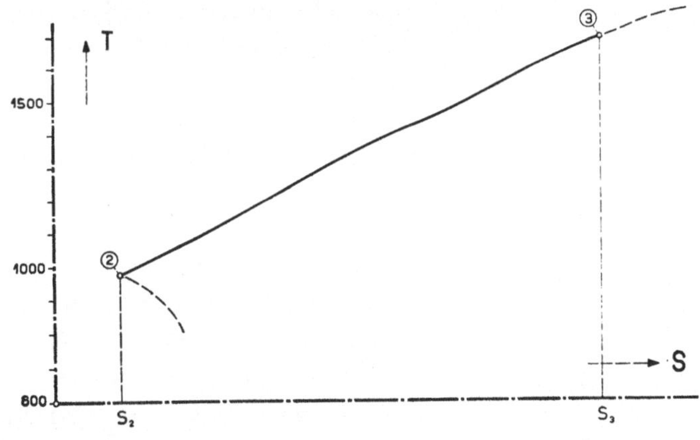

257. Entropieverlauf während der Einspritzung
(entsprechend dem Druckdiagramm Bild **251**).

stand 2 bis zum Zustand 3 ist in ungefährer Weise im vorstehenden Bild **255** eingetragen.

Die Wärmeänderung des Zylinderinhalts während der Einspritzung ist aus dem Entropiediagramm Bild **257** zu ersehen.

Aus der Beziehung:

$$dQ = G_e \, c_z \, dT$$

ergibt sich für die Zustandsänderung eines Volumenabschnittes die Entropieänderung

$$S_e - S_a = \int\limits_a^e \frac{dQ}{T} = G_e \, c_z \ln \frac{T_e}{T_a}.$$

Auch hier wird stets mit dem Endgewicht G_e jedes Volumenabschnittes gerechnet, weil ja die Entropieänderung des Endzustandes gegenüber dem Anfangszustand zu bestimmen ist.

Die so bestimmten Teiländerungen der Entropie sind vom Zustand 2 aus aneinandergereiht, woraus sich die gesamte Entropieänderung $S_3 - S_2$ für den Einspritzvorgang ergibt.

Ausdehnung und Nachbrennen.

In Bild **258** sind die Entropieänderungen während der Ausdehnungsperiode vom Zustand 3 bis zum Zustand 4 aufgetragen.

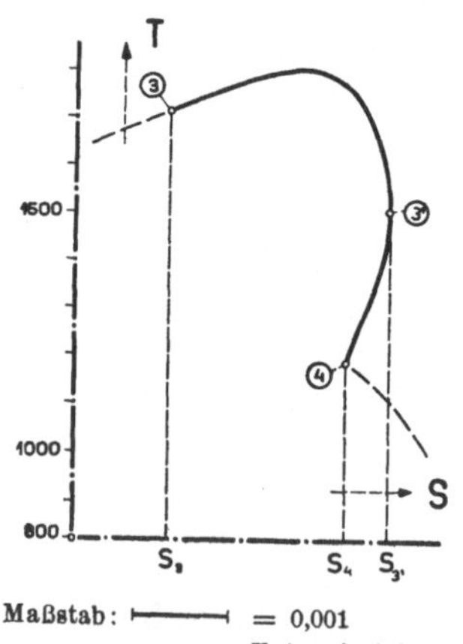

Maßstab: ⊢————⊣ = 0,001 Entropieeinheit.

258. Entropieverlauf der Ausdehnung (entsprechend dem Druckdiagramm Bild **251**).

Das arbeitende Gewicht ist während dieser Zustandsänderung unverändert gleich G_3; dagegen ändert sich durch das Nachbrennen die Zusammensetzung der Zylinderinhalts.

Es kann aber ohne großen Fehler mit einer mittleren gleichbleibenden Gaskonstanten $R = \sim 31$ gerechnet werden,

Der Rechnungsgang für die Bestimmung der Entropieänderungen der einzelnen Volumenabschnitte der Ausdehnungsperiode ist genau der gleiche wie bei der Verdichtungsperiode.

Die berechneten Werte für den Exponenten m der einzelnen Teilpolytropen sind aus Bild **253** zu ersehen.

Aus Bild **258** ist zu erkennen, daß die Entropie bis zum Zustand 3′ zunimmt; dem entspricht eine Wärmezunahme des Zylinderinhalts.

Da mit dieser Zustandsänderung eine starke Volumenzunahme verbunden ist, so ist zu folgern, daß die Wärmezunahme durch das Nachbrennen des im Zustand 3 noch unverbrannten Brennstoffs vom Gewicht B_1'' entsteht.

Daher ist im Bild **252** dieser Zustand 3′ als Endzustand der Verbrennung eingetragen. In diesem Augenblick besteht das ganze Gewicht G_3 des Zylinderinhalts nur aus Verbrennungsgasen.

Vom Zustand 3′ an nimmt die Entropie bis zum Zustand 4 wieder ab (Bild **258**), wobei Wärme an das Kühlwasser abgeführt wird.

Ausström- und Ladevorgang.

Im Zustand 4 öffnen sich die Auslaßschlitze am Zylinder, und es beginnt ein Teil des Zylinderinhalts unter rascher Druckabnahme auszuströmen.

Der im Indikator-Diagramm, Bild **251**, angenommene Druckverlauf für die Zustandsänderung vom Zustand 4 bis zum Zustand 5, der dem Beginn des Öffnens der Spülventile entspricht,

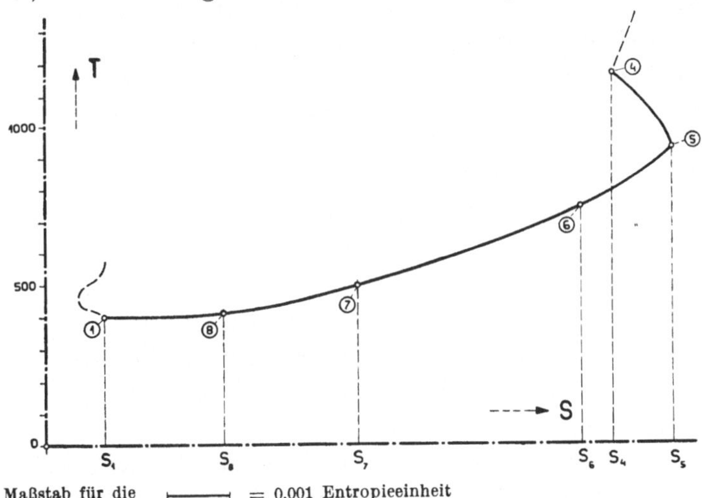

259. Entropieverlauf während der Ausströmung und Ladung
(entsprechend dem Druckdiagramm Bild **251**).

ist der auf S. 347 u. f. (vgl. Bild **222**) enthaltenen Berechnung der Ausströmgrößen entnommen. Hierbei war für die einzelnen Zeitabschnitte (Volumenabschnitte) mit gleichbleibender Zustandsänderung nach der Beziehung:

$$p\,v^{1,2} = \text{konst.}$$

gerechnet worden.

Der Exponent $m = 1,2$ ist ein Maß für die während der Ausströmung zu leistende Arbeit zur Überwindung der Strömungswiderstände, die sich in Wärme umsetzt, welche dem Zylinderinhalt zugeführt wird.

Diese Wärmezunahme kennzeichnet sich im Entropie-Diagramm durch eine entsprechende Entropiezunahme, wie aus Bild **259** zu ersehen ist.

Das Gewicht des Zylinderinhalts für die einzelnen Volumenabschnitte der Zustandsänderung während des Ausströmvorganges ist den Rechnungsgrößen von Bild **222**, S. 350, entnommen und auf Bild **252** übertragen worden.

Damit sind die Gewichte G_e für die Volumenabschnitte gegeben, und es können die Teiländerungen der Entropie in gleicher Weise wie für die vorangegangenen Zustandsänderungen in der Maschine bestimmt werden.

Im Augenblicke des Zustandes 5 öffnen sich die Spülventile, und es strömt Spülluft zu, während gleichzeitig noch Verbrennungsgase abströmen.

Das Gewicht der Verbrennungsgase muß während des Kolbenlaufs bis zum Hubende (Zustand 6), sowie auf dem Rückwege des Kolbens über den Zustand 7, welcher der Kolbenstellung S (Bild **222**) entspricht, bis zum Schluß der Auslaßöffnungen im Zustand 8 vom Werte G_5 im Zustand 5 auf den Anfangswert G_r zurückgehen.

Die Gewichtsabnahme kann nur geschätzt werden, wobei angenommen werden kann, daß während der Zustandsänderung von 5 bis 6 mehr abströmt als nachher bei der Umkehrbewegung des Kolbens.

Unter dieser Voraussetzung sind die in Bild **252** eingetragenen Teilgewichte der Verbrennungsgase des Zylinderinhalts festgelegt worden.

Vom Zustand 5 bis Zustand 1, in dem sich die Spülventile

schließen, muß ein Luftgewicht G_m in den Zylinder einströmen. Die Teilgewichte L, L' und L_n von G_m (vgl. die mittlere Figur des Bildes **252**) sind aus der Überlegung gewählt worden, daß auf dem Kolbenweg vom Zustand 5 bis zum Zustand 6 (Hubende) ein etwas größeres Gewicht L einströmen wird, als auf dem gleichen

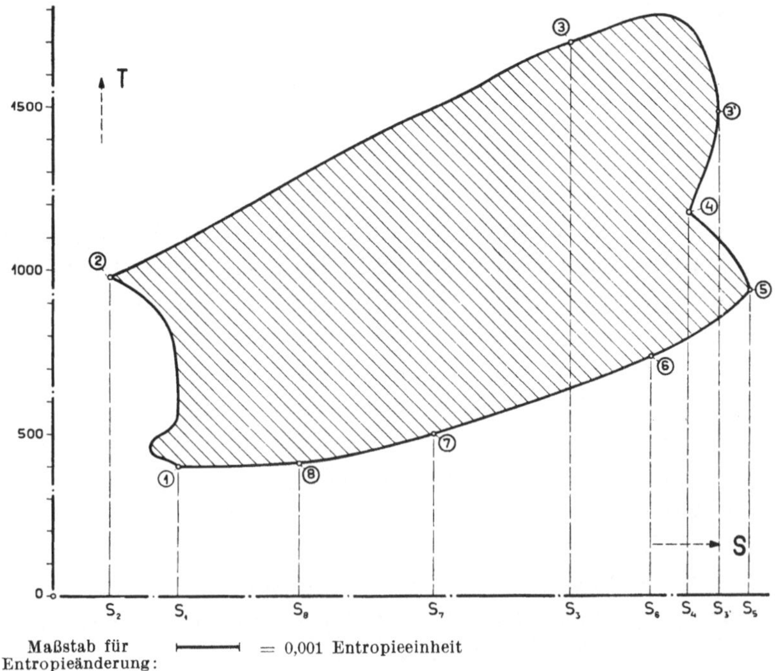

Maßstab für Entropieänderung: ⊢————⊣ = 0,001 Entropieeinheit

260. Entropieverlauf für ein Arbeitsspiel
(entsprechend dem Druckdiagramm Bild **251**).

Rückweg des Kolbens vom Zustand 6 bis 7 (L'), und daß der Rest L_n während der Nachfüllperiode nach Abschluß der Auslaß-öffnungen in den Zylinder gelangt.

Dieses Restgewicht L_n, das zu etwa $25\,^0/_0$ des gesamten Ladegewichts G_m angenommen werden kann, ist ein Maß für die größere Leistungsfähigkeit einer Zweitaktmaschine mit Ventil-spülung gegenüber einer gleichen Zweitaktmaschine, aber mit ein-facher Schlitzspülung.

Bei den Rechnungsbeispielen auf S. 347 und S. 341 war mit 500 PS Normalleistung der Zweitaktmaschine mit Ventilspülung und mit 400 PS Normalleistung der Zweitaktmaschine mit einfacher Schlitzspülung gerechnet worden.

Damit sind die Gewichte des Zylinderinhalts in jedem Augenblicke der Zustandsänderung von 5 bis 1 festgelegt, und es können mit dem durch das Indikator-Diagramm Bild 251 gegebenen Druckverlauf die Entropieänderungen, wie früher gezeigt, bestimmt werden (Bild 259).

Vom Zustand 5 aus nimmt die Entropie bis auf den Wert im Zustand 1 ab.

In Bild 260 ist der Entropieverlauf für das ganze Arbeitspiel, entsprechend den Bildern 254, 257, 258 und 259, dargestellt.

Unter der Voraussetzung, daß sämtliche Annahmen, die zur Besprechung der Entropieänderungen erforderlich waren, dem durch das Indikator-Diagramm (Bild 251) gegebenen Druckverlauf und allen übrigen Betriebsverhältnissen in jeder Hinsicht entsprechen, müßte sich das Entropie-Diagramm (Bild 260) im Zustand 1 schließen und die eingeschlossene Fläche gleich sein der während eines Arbeitsspiels in Wärme umgesetzten inneren Arbeit. Bei der großen Zahl von Annahmen, die für die Durchführung der Rechnung gemacht werden müssen, würde dies aber selten erreicht werden. —

Diese Beispiele zeigen deutlich, daß bei Verbrennungsmaschinen das Entropie-Diagramm wohl zur Darstellung ihrer Wärmevorgänge, nicht aber zur Vorausberechnung ihrer Hauptabmessungen geeignet ist.

VII. Wissenschaftliche Ergänzungen.

1. Theoretischer Luftbedarf und Verbrennungsprodukte.

Ein Brennstoff bestehe aus C kg Kohlenstoff, H kg Wasserstoff, S kg Schwefel und werde durch Beimischung von Luft verbrannt. Der Verbrennungsvorgang entspricht den chemischen Grundgleichungen der Verbindung jedes Elementes mit Sauerstoff, aus dessen Menge sich der Luftbedarf ergibt.

Verbrennung von Kohlenstoff (C):

$C_2 + 2O_2 = 2CO_2$ (auf Moleküle bezogen) oder: 24 Gewichtsteile $C + 64$ Gewichtsteile $O = 88$ Gewichtsteile CO_2; denn die Molekulargewichte sind:

$$\text{von } C_2 = 24, \quad O_2 = 32, \quad CO_2 = 44.$$

Zur Verbrennung von 1 kg C sind daher $\frac{64}{24} = \frac{8}{3}$ kg Sauerstoff erforderlich.

1 kg Luft besteht aus 0,236 kg O und 0,764 kg N, daher entspricht 1 kg O einer Luftmenge von $\dfrac{1}{0,236} = 4,25$ kg.

Für 1 kg C ist somit eine Luftmenge von $\frac{8}{3} \cdot 4,25$ kg und für C kg Kohlenstoff $\frac{8}{3} \cdot 4,25 \cdot C$ kg Luft notwendig, und es entsteht

$$(1 + \tfrac{8}{3}) \cdot C \text{ kg } CO_2.$$

Im ganzen verbrennen C kg Kohlenstoff und $\frac{8}{3} \cdot 4,25 \cdot C$ kg Luft; daraus entstehen $(1 + \frac{8}{3} \cdot 4,25) \cdot C$ kg Verbrennungsprodukte.

Hiervon sind $(1 + \frac{8}{3}) \cdot C$ kg Kohlensäure (CO_2). Der Rest von $\frac{8}{3} \cdot 3,25 \cdot C$ kg ist daher Stickstoff (N).

Verbrennung von Wasserstoff (H):

$$2H_2 + O_2 = 2H_2O \text{ (bezogen auf Moleküle).}$$

Die Molekulargewichte sind:

$$H_2 = 2, \quad O_2 = 32, \quad H_2O = 18.$$

Daher verbrennen 4 kg H mit 32 kg O zu 36 kg H_2O, oder 1 kg H braucht 8 kg O zur vollständigen Verbrennung und gibt $(1+8)$ kg H_2O.

Sind in einem Brennstoff H kg Wasserstoff vorhanden, so brauchen diese zur vollständigen Verbrennung $8 \cdot H$ kg Sauerstoff oder $8 \cdot 4{,}25 \cdot H$ kg Luft. Hierbei entstehen $(1+8) \cdot H$ kg Wasserdampf.

Im ganzen ergeben H kg Wasserstoff bei vollständiger Verbrennung mit $8 \cdot 4{,}25 \cdot H$ kg Luft $= (1 + 8 \cdot 4{,}25) \cdot H$ kg Verbrennungsprodukte. Hiervon sind $(1 + 8) \cdot H$ kg Wasserdampf und der Rest von $8 \cdot 3{,}25 \cdot H$ kg daher N.

Verbrennung von Schwefel (S):

$$S_2 + 2\,O_2 = 2\,SO_2 \quad \text{(bezogen auf Moleküle)}.$$

Die Molekulargewichte sind:

$$S_2 = 64, \quad O_2 = 32, \quad SO_2 = 64.$$

Es verbrennen daher 64 kg S mit 64 kg O zu 128 kg SO_2, oder 1 kg S braucht zur vollständigen Verbrennung 1 kg O und gibt $(1 + 1)$ kg SO_2.

Enthält ein Brennstoff S kg Schwefel, so braucht er zur vollständigen Verbrennung S kg Sauerstoff oder $4{,}25 \cdot S$ kg Luft.

Hierbei entstehen $(1 + 1) \cdot S$ kg SO_2.

Für S kg Schwefel ist ein theoretischer Luftbedarf von $4{,}25 \cdot S$ kg vorhanden.

Hierbei entstehen $(1 + 4{,}25) \cdot S$ kg Verbrennungsprodukte, und zwar: $(1 + 1) \cdot S$ kg SO_2 und der Rest $3{,}25 \cdot S$ kg N.

Zusammenstellung:

Brennbare Bestandteile	kg	Theoretischer Luftbedarf in kg	Verbrennungsprodukte in kg		
			im ganzen	Oxyd	Stickstoff
Kohlenstoff	C	$\frac{8}{3} \cdot 4{,}25 \cdot C$	$(1 + \frac{8}{3} \cdot 4{,}25) \cdot C$	$(1 + \frac{8}{3}) \cdot C$	$\frac{8}{3} \cdot 3{,}25 \cdot C$
Wasserstoff	H	$8 \cdot 4{,}25 \cdot H$	$(1 + 8 \cdot 4{,}25) \cdot H$	$(1 + 8) \cdot H$	$8 \cdot 3{,}25 \cdot H$
Schwefel	S	$4{,}25 \cdot S$	$(1 + 4{,}25) \cdot S$	$(1 + 1) \cdot S$	$3{,}25 \cdot S$

Z. B. für 1 kg amerikanisches Gasöl von folgender Zusammensetzung: $C = 0{,}86$ kg, $H = 0{,}12$ kg, $S = 0{,}005$ kg, $N = 0{,}005$ kg, $H_2O = 0{,}01$ kg ergibt sich:

Theoretischer Luftbedarf:

$$L_0 = \tfrac{8}{3} \cdot 4{,}25 \cdot C + 8 \cdot 4{,}25 \cdot H + 4{,}25 \cdot S = (\tfrac{8}{3} \cdot 0{,}86 + 8 \cdot 0{,}12 + 0{,}005) \cdot 4{,}25 = 13{,}85 \ \text{kg.}$$

Verbrennungsrückstände:

$$CO_2: \quad (1 + \tfrac{8}{3}) \cdot C = (1 + \tfrac{8}{3}) \cdot 0{,}86 = 3{,}16 \ \text{kg,}$$

$$H_2O: \quad (1 + 8) \cdot H = (1 + 8) \cdot 0{,}12 = 1{,}08 \ \text{„}$$

Hierzu: im Brennstoff vorhanden $\quad 0{,}01$ „

zusammen: $\quad 1{,}09$ kg.

$$SO_2: \quad (1 + 1) \cdot S = (1 + 1) \cdot 0{,}005 = 0{,}01 \ \text{„}$$

$$N: \quad \tfrac{8}{3} \cdot 3{,}25 \cdot C + 8 \cdot 3{,}25 \cdot H + 3{,}25 \cdot S$$
$$= (\tfrac{8}{3} \cdot 0{,}86 + 8 \cdot 0{,}12 + 0{,}005) \cdot 3{,}25 = 10{,}6 \ \text{„}$$

Hierzu: im Brennstoff vorhanden $\quad 0{,}005$ „

zusammen: 10,605 kg.

Im ganzen erhält man: 14,85 kg Verbrennungsrückstände aus 1 kg Gasöl und 13,85 kg Luft.

Im praktischen Betriebe ist mit einem entsprechend großen Luftüberschuß, bis $100^0/_0$, zu rechnen. Beträgt dieser $\ddot{u}^0/_0$, so ist der praktische Luftbedarf

$$L = L_0 \left(1 + \frac{\ddot{u}}{100}\right).$$

Beispiel: Beim Betriebe mit dem amerikanischen Gasöl sei der Luftüberschuß $70^0/_0$, dann sind insgesamt für 1 kg Gasöl $13{,}85 + 13{,}85 \cdot 0{,}7 = 23{,}55$ kg Luft notwendig.

In den Verbrennungsrückständen werden daher außer den bereits bestimmten Elementen noch 9,7 kg Luft oder $9{,}7 \cdot 0{,}236 = 2{,}29$ kg O und 7,41 kg N enthalten sein.

Im ganzen verbrennt somit 1 kg des angegebenen amerikanischen Gasöls mit 23,55 kg Luft zu 3,16 kg CO_2, 1,09 kg H_2O, 0,01 kg SO_2, 18,015 kg N und 2,29 kg O.

---

2. Heizwert.

Als Wertmaßstab für die bei der Verbrennung entwickelte Wärmemenge dient der Heizwert: die Wärmemenge, die bei vollkommner Verbrennung von 1 kg oder 1 cbm eines Brennstoffs entsteht. Zur Bestimmung des Heizwertes dienen Kalorimeter.

Die genauesten Ergebnisse liefert die kalorimetrische Bombe (Bild **261**). Sie dient besonders zur Bestimmung des Heizwertes von festen und flüssigen Brennstoffen.

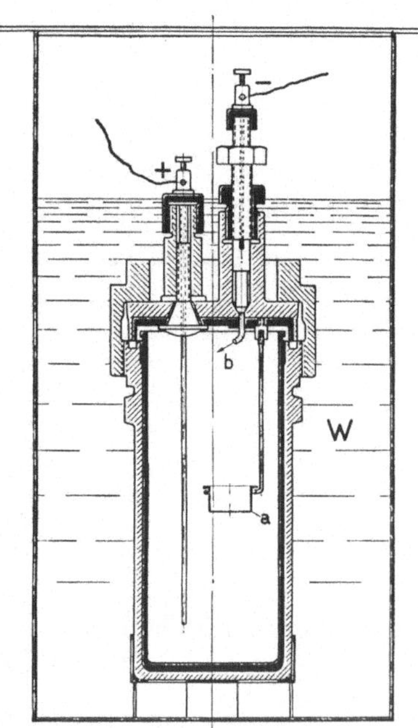

261. Kalorimeter-Bombe.

In die Schale a der Bombe wird eine bestimmte Brennstoffmenge B gebracht, hierauf bei b Sauerstoff eingeleitet und durch elektrischen Funken gezündet. Die entstehende Wärmemenge wird in ein Wasserbad abgeführt und die Wassermenge W um Δt^0 erhitzt. Wärmeverluste müssen durch Wärmeschutzmittel verhütet werden.

Dann ist der Heizwert $H_0 = \dfrac{W \Delta t}{B}$ (bezogen auf 1 kg Brennstoff).

Auf diese Weise erhält man den sogenannten oberen Heizwert des Brennstoffes.

Die meisten technischen Brennstoffe bilden bei der Verbrennung eine bestimmte Menge (w kg) Wasserdampf, der bei den Verbrennungsmaschinen mit den Auspuffgasen ins Freie entweicht. Daher kommt die Dampfwärme der w kg Wasser dem Arbeitsvorgange nicht zugute, und nur ein Teil der im oberen Heizwert enthaltenen Wärme wird wirksam verwertet. Diese Wärmemenge ergibt sich zu:

$$H_u = H_0 - w\,600\ \text{WE/kg},$$

die Dampfwärme des Wassers zu 600 WE/kg angenommen.

H_u wird **unterer Heizwert** genannt. Dieser kommt für technische Wärmeprozesse in Verbrennungsmaschinen allein in Betracht.

Die w kg Wasser, welche bei der Verbrennung entstehen, bleiben innerhalb der Bombe zurück und können nach ihrer Abkühlung abgelassen und gewogen werden.

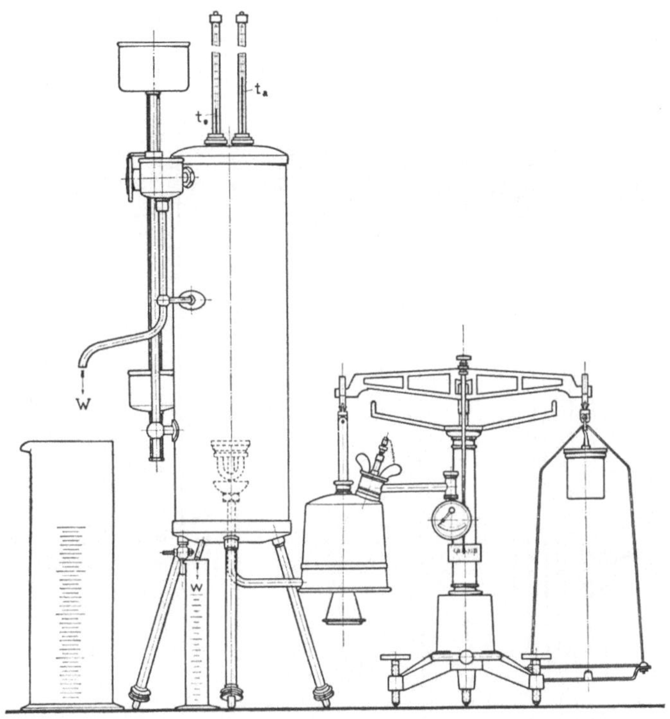

262. Junkers-Kalorimeter zur Heizwertbestimmung flüssiger Brennstoffe.

Für technische Messungen genügt auch das namentlich für gasförmige Brennstoffe viel verwendete **Kalorimeter von Junkers** (Bild **262—264**):

Ein Röhrenkessel A wird unter konstantem Gefälle von Wasser durchflossen. Das Gas oder die Dämpfe flüssiger Brennstoffe werden in einem Bunsen- oder ähnlichen Brenner B entzündet und die bei der Verbrennung erzeugte Wärme zur Erhöhung der Wassertemperatur im Kessel benutzt. Die dem Brenner zuströmende

Gasmenge wird durch eine Gasuhr gemessen, die Wassermenge W aufgefangen und gewogen und die Differenz ihrer Temperatur an der Eintritts- und Austrittsstelle bestimmt.

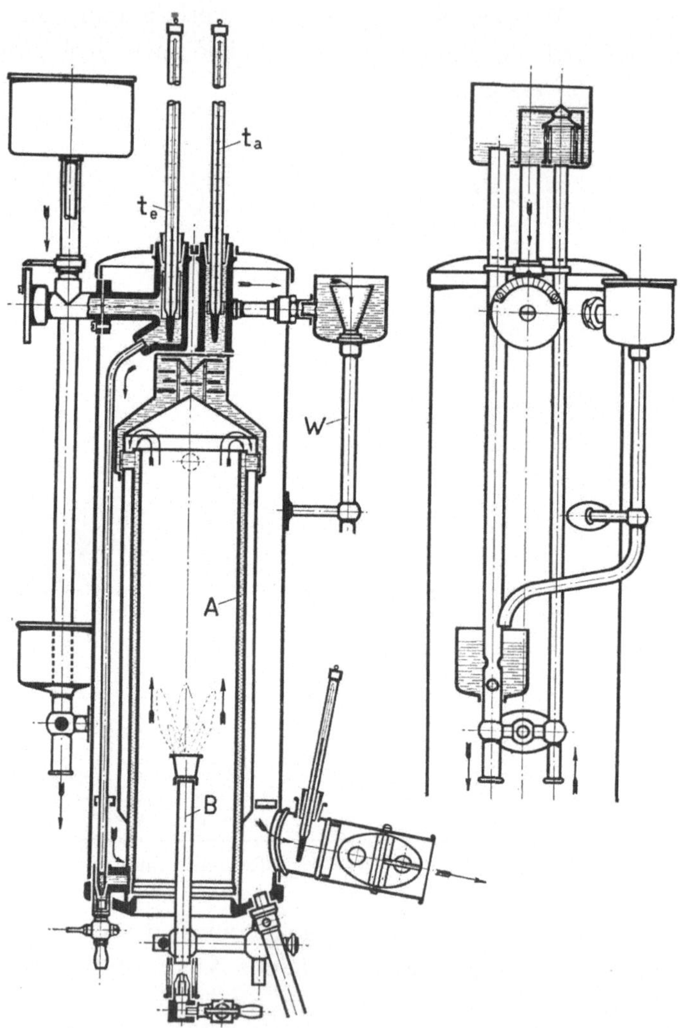

263. Junkers-Kalorimeter.

Mit der Messung wird erst begonnen, wenn sich nach genügend langer Brennzeit der Beharrungszustand eingestellt hat.

Bei flüssigen Brennstoffen wird ein besonderer Brenner C verwendet, dem der Brennstoff unter Luftüberdruck aus einem geschlossenen Behälter D zuströmt (Bild **264**), an den bei E eine Handluftpumpe und ein Manometer F zur Messung des Luftdrucks angeschlossen ist. Die verbrannte Ölmenge wird durch Abwiegen bestimmt. Zu diesem Zwecke wird der Brenner mit seinem Behälter an eine Wage gehängt (Bild **262**).

Der aus dem Brenner ausströmende Brennstoffdampf wird entzündet, und es wird so lange gewartet, bis Beharrungszustand eingetreten ist. Hierauf wird ein kleines Gewicht von der Wagschale genommen und mit den Ablesungen erst begonnen, wenn Gleichgewicht an der Wage vorhanden ist. Dann wird ein größeres Gewicht entfernt, das der zu verbrennenden Ölmenge entspricht. Nachdem die Wage in der neuen Gleichgewichtslage eingespielt hat, wird mit den Ablesungen aufgehört.

Ist W kg die durchgeflossene Wassermenge, B die verbrannte Ölmenge, $\varDelta t$ die Temperaturdifferenz gleich $t_a - t_e$, wobei t_a die Austrittstemperatur und t_e die Eintrittstemperatur des Wassers, so ergibt sich:

$$H_0 = \frac{W\,\varDelta t}{B}\ \text{WE/kg.}$$

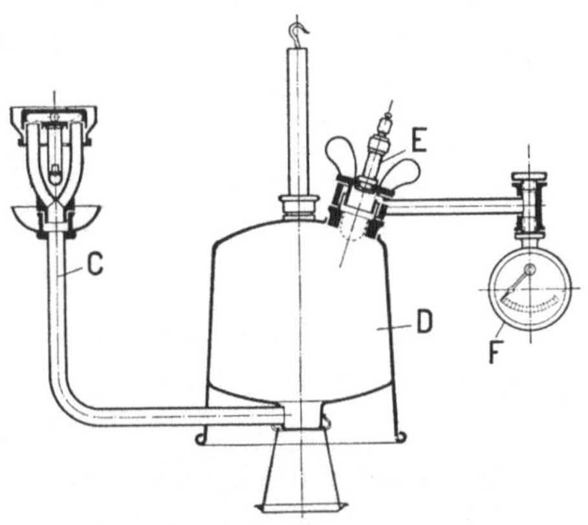

264. Brennstoffbehälter und Brenner zur Heizwertbestimmung von Ölen.

Die dem freiwerdenden Wasserdampf entsprechende Wassermenge (w kg) wird an den Wänden des Kalorimeters kondensiert und kann abgelassen und gewogen werden. Daraus bestimmt sich der untere Heizwert $H_u = H_0 - w\ 600$ WE/kg.

Unzulässig ist es, den Heizwert eines Brennstoffes aus der Summe der Heizwerte seiner Elemente zu berechnen.

Beispiel: Methan (CH_4) hat ein Molekulargewicht von 16.

12 kg C und 4 kg H geben 16 kg CH_4. Der Heizwert von C ist 8080 WE/kg. Der obere Heizwert von H ist 33900 WE/kg. Daraus ergibt sich der obere Heizwert von CH_4:

$$H_0 = \frac{12 \cdot 8080 + 4 \cdot 33900}{16} = 14540 \text{ WE/kg}.$$

Bei der Verbrennung entsteht Wasser, dessen Menge aus der Verbrennungsgleichung bestimmt werden kann:

$$CH_4 + 2\,O_2 = CO_2 + 2\,H_2O.$$

$$16\,\text{kg}\,CH_4 + 64\,\text{kg}\,O = 44\,\text{kg}\,CO_2 + 36\,\text{kg}\,H_2O.$$

$1\,\text{kg}\,CH_4$ ergibt daher $\frac{36}{16} = 2{,}25\,\text{kg}\,H_2O$.

Daher ist der untere Heizwert

$$H_u = 14540 - 2{,}25 \cdot 600 = 13190 \text{ WE/kg}.$$

Der untere Heizwert des Methans könnte noch auf kürzere Weise bestimmt werden, wenn sofort mit den unteren Heizwerten der Elemente gerechnet würde.

Der untere Heizwert von H ist 28500 WE/kg, weil bei der Verbrennung von 2 kg H und 16 kg O 18 kg Wasser entstehen. Somit ist der untere Heizwert von $H = 33900 - 9 \cdot 600 = 28500$ WE/kg und der untere Heizwert von Methan

$$H_u = \frac{12 \cdot 8080 + 4 \cdot 28500}{16} = 13190 \text{ WE/kg}.$$

In Wirklichkeit ist aber der durch das Kalorimeter gemessene untere Heizwert des Methans

$$H_u = 11850 \text{ WE/kg}.$$

Der große Unterschied zwischen dem aus den Einzelwerten der Elemente berechneten und dem gemessenen unteren Heizwert des Brennstoffs Methan ist folgendermaßen zu erklären: Der Heizwert des Methans wurde so berechnet, als wenn C und H in dem Gase nicht chemisch miteinander verbunden wären, sondern nur nebeneinander lagerten oder nur miteinander vermischt wären. Damit aber das Methan verbrannt werden kann, muß erst die chemische Verbindung von C und H zersetzt werden. Hierzu ist eine bestimmte Zersetzungswärme erforderlich, um deren Wert der verfügbare Heizwert des Brennstoffs kleiner ist als die Summe der Heizwerte seiner Elemente. Bei Methan beträgt diese Zersetzungswärme ungefähr 1340 WE/kg.

Für technische Rechnungen darf daher nicht der aus den Elementen berechnete Heizwert, sondern muß stets der durch Messung bestimmte untere Heizwert eines Brennstoffs benutzt werden.

Am genauesten ist die Messung mittels der kalorimetrischen Bombe. Die Angaben des Kalorimeters von Junkers sind gegen die der Bombe etwas zu klein, weil geringe Wärmeverluste, insbesondere durch die Abgase, bei der Messung nicht vermieden werden können.

Für die meisten technischen Rechnungen und für Abnahmeversuche genügt aber die mit dem Junkersschen Kalorimeter erreichbare Genauigkeit. Gegenüber der Unsicherheit, die durch die Ungleichartigkeit der Brennstoffe, besonders der flüssigen, in den Rechnungsgang hineingebracht wird, können die Fehler der Kalorimetermessung vernachlässigt werden.

. Für die Verbrennung im Motor kommt es auf den Wärmewert des Brennstoff-Luft-Gemisches an.

Wenn 1 kg Brennstoff von H_u WE Heizwert mit l kg Luft verbrennt, so ist auch der Wärmewert von $(1 + l)$ kg Gemisch gleich H_u WE. Daher ist der Wärmewert von 1 kg Gemisch oder der untere Heizwert des Gemisches:

$$H_m = \frac{H_u}{1 + l} \text{ WE/kg.}$$

Soll anstatt mit Gewichtseinheiten mit Raumeinheiten gerechnet und der Wärmewert eines Gemisches von 1 kg flüssigem Brennstoff und l cbm Luft bestimmt werden, so ist zu beachten, daß der flüssige Brennstoff bei seiner Verdampfung eine etwa 300 fache Volumvergrößerung erfährt. Aus 1 kg flüssigem Brennstoff entstehen somit ungefähr 0,3 cbm Brennstoffdampf, der mit l cbm Luft gemischt und verbrannt wird.

Der Wärmewert von 0,3 cbm Brennstoffdampf ist dann gleich dem unteren Heizwert H_u von 1 kg des flüssigen Brennstoffes. Daher ist auch der Wärmewert von $(0,3 + l)$ cbm Gemisch gleich H_u WE.

Der untere Heizwert des Gemisches ist somit:

$$H_m = \frac{H_u}{0,3 + l} \text{ WE/cbm.}$$

3. Thermischer Wirkungsgrad.

Verbrennung bei konstantem Volumen.

(Gas-, Vergaser-, Glühkopf- und Verdampfermaschinen.)

Bild **265** zeigt das Arbeitsdiagramm eines theoretischen Prozesses für Verbrennung bei konstantem Volumen $v_2 = v_3 = v_c$.

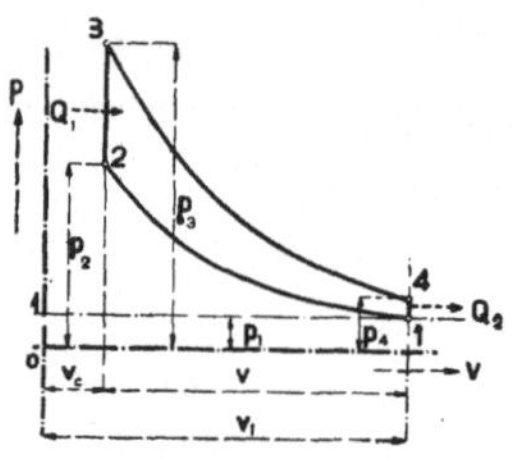

265. Theoretisches Arbeitsdiagramm für
Verbrennung bei konstantem Volumen.

Während der Verbrennung wird dem Prozesse die im Brennstoff enthaltene Wärmemenge Q_1 zugeführt, die die Temperatur von T_2 auf T_3 steigert, beim Austreiben der Verbrennungsgase eine Wärmemenge Q_2 abgeführt, wobei die Temperatur des Zylinderinhaltes von T_4 auf die Anfangstemperatur T_1 sinkt. Die Verdichtung von p_1 auf p_2 und die Ausdehnung von p_3 auf p_4 erfolgt adiabatisch.

Ist c_v die spezifische Wärme bei konstantem Volumen, so ergibt die Verbrennung von G kg Gemisch

$$Q_1 = G c_v (T_3 - T_2) \text{ WE.}$$

Die Wärmemenge Q_2 wird ebenfalls bei konstantem Volumen abgeführt. Wird nun angenommen, daß die spezifische Wärme der Verbrennungsgase bei konstantem Volumen ungefähr gleich c_v, der spezifischen Wärme des Gemisches ist, so ist:

$$Q_2 = G c_v (T_4 - T_1) \text{ WE.}$$

Der thermische Wirkungsgrad ist:

$$\eta_t = \frac{Q_1 - Q_2}{Q_1},$$

d. h. das Verhältnis der in Nutzarbeit umsetzbaren Wärmemenge $Q_1 - Q_2$ zu der im Brennstoff enthaltenen Wärme Q_1.

Durch Einsetzen der für Q_1 und Q_2 bestimmten Werte ergibt sich: $\quad \eta_t = 1 - \dfrac{Q_2}{Q_1} = 1 - \dfrac{T_4 - T_1}{T_3 - T_2} = 1 - \dfrac{T_1\left(\dfrac{T_4}{T_1} - 1\right)}{T_2\left(\dfrac{T_3}{T_2} - 1\right)}.$

Für jeden Zustand eines Gases oder Gasgemisches gilt die allgemeine Zustandsgleichung:

$$p\,v = RT,$$

worin R die Gaskonstante oder die Gemischkonstante ist.

Für adiabatische Zustandsänderung gilt außerdem die Beziehung: $p\,v^k = \text{konst.}$, worin $k = \dfrac{c_p}{c_v}$ ist.

Die Beziehung $p\,v^k = \text{konst.}$ gilt aber nur unter der Voraussetzung, daß c_v und c_p nur von der Gasart, nicht aber von Druck und Temperatur des Gases abhängig sind. Die Abhängigkeit der spezifischen Wärme von der Temperatur wird später berücksichtigt.

Wird der Einfachheit halber angenommen, daß k für beide Adiabaten des Kreisprozesses ungefähr gleich ist, so gilt:

$$p_1 v_1{}^k = p_2 v_2{}^k,$$
$$p_3 v_3{}^k = p_4 v_4{}^k.$$

Da $v_2 = v_3 = v_c$ und $v_4 = v_1$ ist, so ist auch

$$\frac{p_1 v_1{}^k}{p_2 v_c{}^k} = \frac{p_4 v_1{}^k}{p_3 v_c{}^k}.$$

Daraus ergibt sich: $\qquad \dfrac{p_1}{p_2} = \dfrac{p_4}{p_3}.$

Außerdem ist $p_1 v_1 = RT_1$ und $p_2 v_2 = RT_2$,

daher: $\qquad \dfrac{p_1}{p_2} = \dfrac{T_1 v_c}{T_2 v_1}.$

Ebenso ist: $\qquad p_3 v_3 = p_3 v_c = RT_3,$
$$p_4 v_4 = p_4 v_1 = RT_4,$$

daher: $\qquad \dfrac{p_4}{p_3} = \dfrac{T_4 v_c}{T_3 v_1} \quad$ und $\quad \dfrac{T_1}{T_2} = \dfrac{T_4}{T_3}.$

In den abgeleiteten Beziehungen $\dfrac{p_1}{p_2} = \dfrac{p_4}{p_3}$ und $\dfrac{T_1}{T_2} = \dfrac{T_3}{T_4}$ ist das Gesetz von Poisson enthalten:

Werden in einem Kreisprozesse zwei Adiabaten von Linien konstanten Volumens geschnitten, so verhalten sich die Drücke und die absoluten Temperaturen in den Schnittpunkten mit der einen Adiabate wie die Drücke und Temperaturen in den Schnittpunkten mit der zweiten Adiabate.

Mit Hilfe dieses Gesetzes kann der thermische Wirkungsgrad in folgende Form gebracht werden:

$$\eta_t = 1 - \frac{T_1}{T_2}.$$

Anstelle der Temperaturen können auch die Drücke oder die Volumen eingeführt werden.

Aus den Zustandsgleichungen:

$$\left.\begin{aligned} p_1 v_1 &= RT_1 \\ p_2 v_2 &= RT_2 \end{aligned}\right\} \text{ergibt sich:} \quad \frac{T_1}{T_2} = \frac{p_1 v_1}{p_2 v_2}.$$

Außerdem ist: $\quad\quad p_1 v_1{}^k = p_2 v_2{}^k,$

woraus $\quad\quad \dfrac{p_1}{p_2} = \left(\dfrac{v_2}{v_1}\right)^k \quad$ und $\quad \dfrac{v_1}{v_2} = \left(\dfrac{p_2}{p_1}\right)^{\frac{1}{k}}.$

Werden diese Beziehungen in den vorher gefundenen Wert von $\dfrac{T_1}{T_2}$ eingesetzt, so ergibt sich:

$$\frac{T_1}{T_2} = \frac{p_1}{p_2}\left(\frac{p_2}{p_1}\right)^{\frac{1}{k}} = \left(\frac{p_1}{p_2}\right)^{1-\frac{1}{k}} = \left(\frac{p_1}{p_2}\right)^{\frac{k-1}{k}} \quad \text{und}$$

$$\frac{T_1}{T_2} = \frac{v_1}{v_2}\left(\frac{v_2}{v_1}\right)^k = \left(\frac{v_1}{v_2}\right)^{1-k} = \left(\frac{v+v_c}{v_c}\right)^{1-k} = \varepsilon^{1-k},$$

wobei mit ε das **Verdichtungsverhältnis** bezeichnet wird.

Der thermische Wirkungsgrad kann daher durch die folgenden Beziehungen ausgedrückt werden:

$$\eta_t = 1 - \frac{T_1}{T_2} = 1 - \left(\frac{p_1}{p_2}\right)^{\frac{k-1}{k}} = 1 - \varepsilon^{1-k}.$$

Verbrennung unter konstantem Druck.
(Dieselmaschinen.)

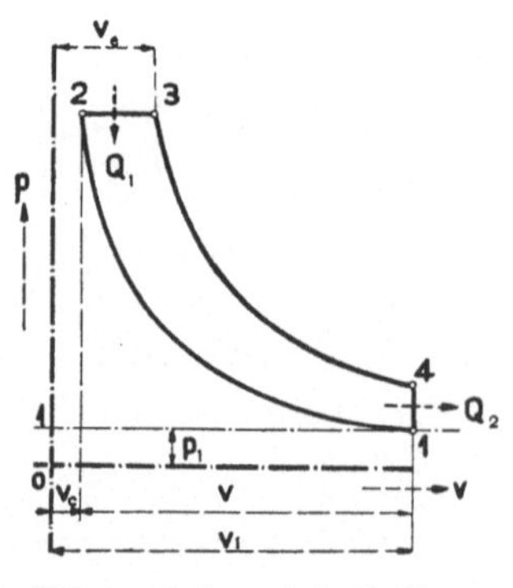

266. Theoretisches Arbeitsdiagramm bei Verbrennung unter konstantem Druck.

In Bild **266** ist das Arbeits-Diagramm eines theoretischen Arbeitsprozesses bei Verbrennung unter konstantem Druck

$$p_2 = p_3$$

dargestellt.

Auch hier sei adiabatische Verdichtung und Ausdehnung vorausgesetzt.

Der Ausdruck η_t für den thermischen Wirkungsgrad erhält eine etwas andere Form als bei Verbrennung bei konstantem Volumen.

Die Wärmemenge Q_1, welche bei der Verbrennung unter konstantem Druck (theoretischer Dieselprozeß) erzeugt und dem Zylinderinhalt zugeführt wird, ist:

$$Q_1 = G\,c_p\,(T_3 - T_2) = G\,c_v\,k\,(T_3 - T_2).$$

Die mit den Auspuffgasen bei konstantem Volumen abgeführte Wärme ist:

$$Q_2 = G\,c_v\,(T_4 - T_1).$$

Der thermische Wirkungsgrad ist dann:

$$\eta_t = \frac{Q_1 - Q_2}{Q_1} = 1 - \frac{Q_2}{Q_1} = 1 - \frac{T_4 - T_1)}{k\,(T_3 - T_2)} = 1 - \frac{T_1}{T_2}\,\frac{1}{k}\,\frac{\dfrac{T_4}{T_1} - 1}{\dfrac{T_3}{T_2} - 1}.$$

Bei konstantem Drucke $p_2 = p_3$ ist: $\dfrac{T_3}{T_2} = \dfrac{v_3}{v_2} = e$, wobei mit

$e = \dfrac{v_3}{v_2} = \dfrac{v_e}{v_c}$ das Einspritzverhältnis bezeichnet wird.

Weiter ist:

$$\left.\begin{array}{l} p_1\,v_1{}^k = p_2\,v_2{}^k \\ p_4\,v_1{}^k = p_2\,v_3{}^k \end{array}\right\} \quad \text{daher:} \quad \frac{p_4}{p_1} = \left(\frac{v_3}{v_2}\right)^k = e^k.$$

Bei konstantem Volumen $v_4 = v_1$ ist $\dfrac{p_4}{p_1} = \dfrac{T_4}{T_1} = e^k$.

Daher ist der theoretische thermische Wirkungsgrad:

$$\eta_t = 1 - \frac{T_1}{T_2}\,\frac{1}{k}\,\frac{e^k - 1}{e - 1}.$$

Anstatt der absoluten Temperaturen können auch die Drücke oder die Volumina eingeführt werden. Für den theoretischen thermischen Wirkungsgrad des Dieselprozesses lassen sich dann folgende Beziehungen aufstellen:

$$\eta_t = 1 - \frac{T_1}{T_2}\,\delta = 1 - \left(\frac{p_1}{p_2}\right)^{\frac{k-1}{k}} \delta = 1 - \varepsilon^{1-k}\,\delta,$$

worin
$$\delta = \frac{1}{k}\,\frac{e^k - 1}{e - 1}.$$

4. Einströmungsvorgänge bei Viertakt-Gasmaschinen.

Eine genaue rechnerische Untersuchung der Geschwindigkeits- und Druckverhältnisse während der Einströmungsvorgänge bei Viertakt-Gasmaschinen ist wegen der an den einzelnen Stellen der Strömung herrschenden Temperaturen und wegen der ungenügenden Kenntnis der Strömungswiderstände, der Stoß- und Wirbelwiderstände, der Massenschwingungen usw. unmöglich. Für die praktische Beurteilung der Strömungs- und Regulierverhältnisse und für die damit zusammenhängende Vorausberechnung der Strömungsquerschnitte genügt aber eine angenäherte Untersuchung, die sich bei den geringen Druck- und Temperaturunterschieden, die in Betracht kommen, in einfacher Weise auf Grund der Gesetze für das Strömen von tropfbaren Flüssigkeiten ausführen läßt.

In Bild **267** sind die Strömungs- und Druckverhältnisse beim Laden einer Viertakt-Gasmaschine schematisch dargestellt.

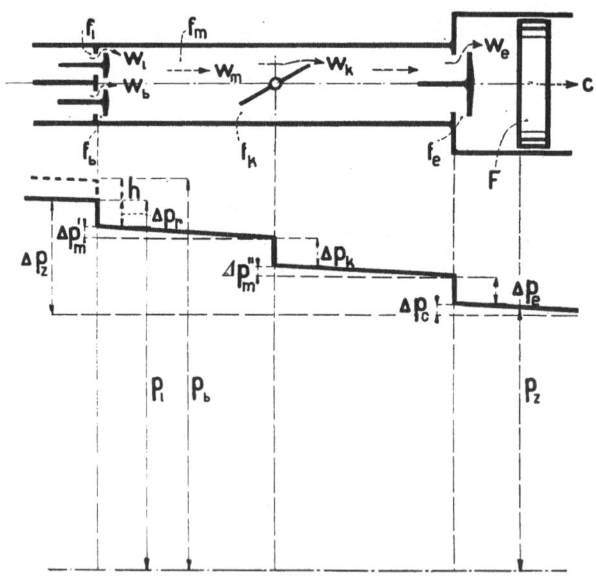

267. Strömungs- und Druckverhältnisse beim Laden einer Viertaktmaschine.

Ist

$p_l =$ Druck der Luft vor der Mischstelle,

$p_b =$ Druck des Brennstoffs vor der Mischstelle,

$p_z =$ Enddruck im Zylinder,

$\Delta p_r =$ Druckabfall durch Widerstand im Mischventil,

$\Delta p_m = \Delta p_m' + \Delta p_m'' =$ Druckabfall durch Reibung in der Gemischleitung,

$\Delta p_k =$ Druckabfall durch Widerstand des Drosselorgans,

$\Delta p_e =$ „ „ „ im Einlaßventil,

$\Delta p_c =$ „ „ „ im Arbeitszylinder,

$\Delta p_s =$ gesamte Druckdifferenz zwischen p_l und p_z,

$f =$ Querschnitt allgemein,

$f_l =$ „ der Luftzuführung,

$f_b =$ „ der Brennstoffzuführung,

$f_m =$ „ der Gemischleitung,

$f_k =$ „ im Drosselorgan,

$f_e =$ „ im Einlaßventil,

$f_l^{max}, f_e^{max}, f_k^{max}$ usw. $=$ maximale Querschnitte,

$F =$ Kolbenfläche,

$w =$ Strömungsgeschwindigkeit allgemein,

$w_l =$ „ in der Luftzuführung an der
Mischstelle,

$w_b =$ „ in der Brennstoffzuführung an
der Mischstelle,

$w_m =$ „ in der Gemischleitung,

$w_k =$ „ im Drosselorgan,

$w_e =$ „ im Einlaßventil,

$c =$ Kolbengeschwindigkeit allgemein,

$c_{max} =$ maximale Kolbengeschwindigkeit,

$\gamma =$ spezifisches Gewicht allgemein,

$\gamma_l =$ „ „ der Verbrennungsluft,

$\gamma_b =$ „ „ des Brennstoffes,

$\gamma_m =$ „ „ des Gemisches,

$\gamma_z =$ „ „ des Zylinderinhalts,

$\zeta, \zeta_l, \zeta_b, \zeta_m$ usw. die entsprechenden Widerstandszahlen,

$g =$ Erdbeschleunigung,

dann läßt sich folgende Gleichung aufstellen:

$$p_l - p_z = \Delta p_z = \Delta p_r + \Delta p_m + \Delta p_k + \Delta p_e + \Delta p_c \quad . \quad . \quad (1)$$

Diese Beziehung besagt, daß die gesamte Druckdifferenz $\varDelta p_z$, die zur Überwindung der Strömungs- und anderen Widerstände aufgezehrt wird, sich entsprechend unterteilt. Da die einzelnen Widerstände nach bisherigen Erfahrungen dem Quadrat der Strömungsgeschwindigkeiten proportional sind, und da außer den Strömungswiderständen auch noch die der Endgeschwindigkeit c entsprechende Geschwindigkeitshöhe $\dfrac{c^2}{2g}$ erzeugt werden muß, so gilt auch:

$$\varDelta p_z = \sum \left(\zeta \frac{w^2}{2g} \gamma \right) + \frac{c^2}{2g} \quad \ldots \ldots \ldots \quad (2)$$

Ferner gilt die für kontinuierliche Strömung maßgebende Kontinuitätsbedingung:

$$f w \gamma = \text{konst.} \quad \ldots \ldots \ldots \ldots \quad (3)$$

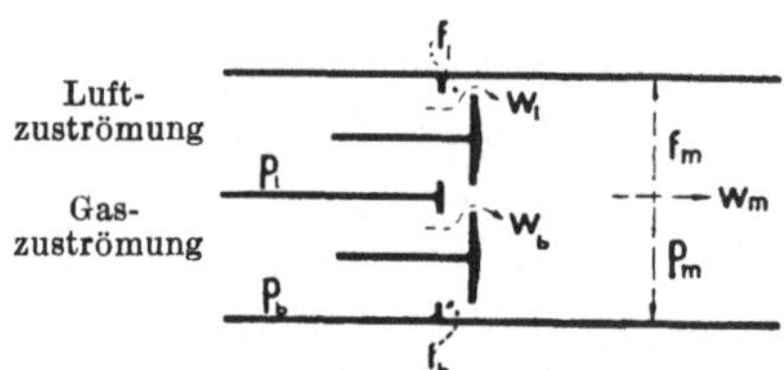

268. Strömungsverhältnisse
an der Mischstelle.

Besonders wichtig sind die Vorgänge an der Mischstelle. Hierfür lassen sich, mit den in Bild **268** gewählten Bezeichnungen, folgende besondere Beziehungen angeben:

$$p_l - p_m = \zeta_l \frac{w_l^{\,2}}{2g} \gamma_l \quad \ldots \ldots \ldots \ldots \quad (4)$$

$$p_b - p_m = \zeta_b \frac{w_b^{\,2}}{2g} \gamma_b \quad \ldots \ldots \ldots \ldots \quad (5)$$

$$F c \gamma_z = f_m w_m \gamma_m = f_l w_l \gamma_l + f_b w_b \gamma_b \quad \ldots \quad (6)$$

Zunächst sei der Einfachheit halber angenommen, daß der Gasdruck p_b vor der Mischstelle gleich sei dem Luftdruck p_l. Es soll somit das Gas ohne Überdruck zuströmen. Bei Gasmaschinen wird allerdings in vielen Fällen mit einem Gasüberdruck h von 20 bis 100 mm Wassersäule gearbeitet. Die hierdurch bedingten Einflüsse sollen später behandelt werden.

Mischung bei gleichem Druck für Luft und Brennstoff.

Zunächst sei vorausgesetzt, daß die Druckunterschiede

$$p_l - p_m = p_b - p_m \quad \dots \dots \dots \quad (7)$$

und außerdem die Widerstandszahlen

$$\zeta_l = \zeta_b = \zeta \quad \dots \dots \dots \dots \quad (8)$$

einander gleich sind.

Aus den Gleichungen 4 und 5 ergibt sich dann:

$$w_l^2 \gamma_l = w_b^2 \gamma_b$$

und

$$\frac{w_l}{w_b} = \sqrt{\frac{\gamma_b}{\gamma_l}} \quad \dots \dots \dots \quad (9)$$

d. h. die Strömungsgeschwindigkeiten in der Gas- und Luftzuleitung sind den Wurzeln aus den spezifischen Gewichten umgekehrt proportional. Aus der Kontinuitätsbedingung Gl. 6 kann abgeleitet werden:

$$F\, c\, \gamma_z = f_l w_l \gamma_l \left(1 + \frac{f_b w_b \gamma_b}{f_l w_l \gamma_l} \right) \quad \dots \dots \quad (10)$$

Für jeden Brennstoff ist die für gute Verbrennung praktisch erforderliche Luftmenge bekannt, also auch das Mischungsverhältnis μ von Luft- und Brennstoffgewicht. Die Luft- und Gasströmungsquerschnitte an der Mischstelle müssen dann derart bemessen werden, daß das notwendige Mischungsverhältnis μ erzielt wird.

Ist L_0 kg der theoretische Luftbedarf für 1 kg Brennstoff und wird mit $\ddot{u}\,^0/_0$ Luftüberschuß gearbeitet, so ist der wirkliche Luftbedarf für 1 kg Brennstoff und zugleich das Mischungsverhältnis

$$L = L_0 \left(1 + \frac{\ddot{u}}{100} \right) \mathrm{kg} = \mu \quad \dots \dots \quad (11)$$

Aus (10) folgt mit

$$\mu = \frac{\text{Luftgewicht}}{\text{Brennstoffgewicht}} = \frac{f_l w_l \gamma_l}{f_b w_b \gamma_b} \quad \dots \dots \quad (12)$$

$$F\, c\, \gamma_z = f_l w_l \gamma_l \left(1 + \frac{1}{\mu} \right) \quad \dots \dots \quad (13)$$

Der größte Luftzuströmungsquerschnitt f_l^{max}, der entweder durch ein im Mischraum liegendes Absperrorgan (Ventil oder Schieber) gesteuert wird oder, ungesteuert, stets gleich bleibt, wird meistens kleiner als der größte Durchströmungsquerschnitt f_e^{max} des Haupteinlaßventils angenommen.

f_e^{max} bestimmt sich aus der Beziehung:

$$F\,c_{max}\,\gamma_z = f_e^{max}\,w_e\,\gamma_e \quad \cdots\cdots\cdots \quad (14)$$

Da sich γ_z von γ_e nur wenig unterscheidet, kann f_e^{max} bestimmt werden, wenn die Geschwindigkeit w_e angenommen wird.

Allgemein gilt für irgendeinen Strömungsaugenblick während des Einlasses:

$$F\,c\,\gamma_z = f_e\,w_e\,\gamma_e,$$

mit

$$c = \sim u\sin\varphi = c_{max}\sin\varphi\ . \quad (15)$$
$$\gamma_z = \sim\gamma_e$$

und

$$f_e = \sim f_e^{max}\sin\varphi \quad \cdots \quad (16)$$

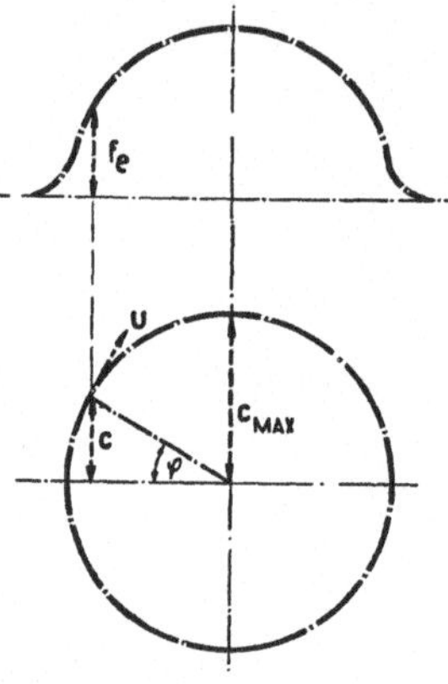

269. Änderung des Einlaßquerschnitts mit der Kurbeldrehung.

wobei φ der Kurbeldrehwinkel, u die Geschwindigkeit des Kurbelzapfens, f_e der dem Winkel φ entsprechende Durchgangsquerschnitt des Ventils ist (Bild 269). Sowohl bei Steuerung durch Nocken wie durch Exzenter kann die Bedingung der Gl. 16 mit genügender Annäherung erfüllt werden. Dann ist

$$F\,u\sin\varphi = f_e^{max}\,w_e\sin\varphi$$

und

$$w_e = \frac{F\,u}{f_e^{max}} \quad \cdots\cdots\cdots \quad (17)$$

konstant über den ganzen Ventilhub.

In Wirklichkeit wird die Geschwindigkeit w_e vom Werte Null rasch zu dem durch Gl. 17 gegebenen Werte ansteigen und am Ende des Ventilhubes in ähnlich rascher Weise bis Null abnehmen. Während des größten Teils des Ventilhubes bleibt aber $w_e \sim$ konst. (Bild 270).

Der größte Einlaßventilquerschnitt ist dann:

$$f_e^{max} = \frac{F\,c_{max}}{w_e} \quad \cdots\cdots\cdots \quad (18)$$

270. Spaltgeschwindigkeit im Einlaßventil.

wobei für praktische Ausführungen angenommen wird:

$$w_e = \sim 50 \text{ bis } 70 \text{ m/sec.}$$

Der größte Luftdurchgangsquerschnitt f_l^{max} wird in der Regel kleiner als f_e^{max} ausgeführt.

Für unsere Untersuchung sei

$$f_l^{max} = m_f f_e^{max} \dots \dots \dots (19)$$

wobei m_f zwischen $^1/_2$ und 1 gewählt wird.

Mit $\gamma_z \sim \gamma_l$ bestimmt sich aus Gl. 13:

$$w_l = \frac{F\,c_{max}}{m_f f_e^{max}\left(1+\dfrac{1}{\mu}\right)} \dots \dots \dots (20)$$

Auch hier ist, wie in Gl. 18, c_{max} einzuführen, weil in der Regel ähnliche Rücksichten wie beim Haupteinlaßventil maßgebend sind. Dies gilt auch, wenn der Luftquerschnitt f_l stets gleich bleibt, nur ist dann w_l die größte Strömungsgeschwindigkeit im Luftquerschnitt der Mischkammer.

Die Verhältnisse liegen in letzterem Falle ähnlich wie beim Durchströmen des Mischraumes vom gleichbleibenden Querschnitt f_m (Bild **268**).

Hierfür gilt:

$$F c \gamma_z = f_m w_m \gamma_m.$$

Mit $\gamma_z = \sim \gamma_m$ ist:

$$w_m = \frac{F\,c_{max}\sin\varphi}{f_m} \dots \dots \dots (21)$$

Die Geschwindigkeit w_m im stets gleichbleibenden Strömungsquerschnitt verändert sich in ähnlicher Weise wie die Kolbengeschwindigkeit nach einer Sinusfunktion. Die **größte Geschwindigkeit** ist dann:

$$w_m^{max} = \frac{F\,c_{max}}{f_m} \dots \dots \dots \dots (22)$$

Dieser Beziehung entspricht auch Gl. 20 für w_l.

Aus Gl. 20, 19 und 18 ergibt sich:

$$w_l = \frac{w_e}{m_f\left(1+\dfrac{1}{\mu}\right)} = \sim \frac{w_e}{1+\dfrac{1}{\mu}}.$$

Z. B. für $w_e = \sim 60\ \text{m/sec}$ und $\mu = \sim 1$ für **Gichtgas** ist

$$w_l = \sim \frac{w_e}{2} = \sim 30\ \text{m/sec},$$

für $\mu = \sim 6$ bei **Leuchtgas** ist

$$w_l = \sim \frac{w_e}{1,2} = \sim 50 \text{ m/sec.}$$

Es wäre auch noch eine genauere Berechnungsweise unter Berücksichtigung der verschiedenen spezifischen Gewichte γ_z, γ_e, γ_m usw. möglich. Wird z. B. angenommen, daß innerhalb der Zuströmungsrohrleitung annähernd gleiche Temperatur T_e herrscht, das Gemisch beim Eintritt in den Zylinder aber auf die Temperatur T_1 gebracht wird, die der Einfachheit der Rechnung wegen ebenfalls als vollständig gleichbleibend angenommen wird, dann ist bei gleichbleibendem Einströmungsdruck:

$$\gamma_z = \gamma_m \frac{T_e}{T_1}.$$

Für mittlere Verhältnisse ist

$$T_e = \sim 273 + 30^0 = 303^0,$$
$$T_1 = \sim 273 + 100^0 = 373^0,$$
$$\frac{T_e}{T_1} = \sim \frac{303}{373} = \sim 0,8.$$

An den bisherigen Ergebnissen wird aber hierdurch nichts Wesentliches geändert.

Aus Gl. 9 ergibt sich:

$$w_b = w_l \sqrt{\frac{\gamma_l}{\gamma_b}} \quad \ldots \ldots \ldots \quad (24)$$

z. B. für Gichtgas $(\gamma_b = \sim \gamma_l)$:

$$w_b = \sim w_l,$$

für Leuchtgas $(\gamma_b = \sim 0,4\,\gamma_l)$:

$$w_b = \sim 1,5\, w_l.$$

Nunmehr kann aus der Beziehung:

$$F\,c\,\gamma_z = f_e\,w_e\,\gamma_e = f_l\,w_l\,\gamma_l + f_b\,w_b\,\gamma_b$$
$$f_b = \frac{f_e\,w_e\,\gamma_e - f_l\,w_l\,\gamma_l}{w_b\,\gamma_b} \quad \ldots \ldots \ldots \quad (25)$$

bestimmt werden.

. Einfacher kann der Gasquerschnitt auch aus der Beziehung für das Mischungsverhältnis gerechnet werden:

Es ist:

$$\mu = \frac{f_l\,w_l\,\gamma_l}{f_b\,w_b\,\gamma_b}.$$

Mit

$$w_b = w_l \sqrt{\frac{\gamma_l}{\gamma_b}}$$

ist

$$f_b = f_l \frac{1}{\mu} \sqrt{\frac{\gamma_l}{\gamma_b}} \quad \ldots \ldots \ldots \quad (26)$$

Das Querschnittverhältnis $\varphi_f = \dfrac{f_l}{f_b}$ ist dann

$$\varphi_f = \mu \sqrt{\frac{\gamma_b}{\gamma_l}} \quad \ldots \ldots \ldots \quad (27)$$

z. B. für **Gichtgas** mit $\gamma_b = \sim \gamma_l$ ist

$$\varphi_f = \sim \mu .$$

Für **Leuchtgas** mit $\gamma_b = \sim 0{,}4\, \gamma_l$ ist

$$\varphi_f = \sim 0{,}65\, \mu .$$

Auf diese Weise sind alle Querschnitte und Geschwindigkeiten mit ausreichender Genauigkeit bestimmbar.

Einfluß der Regelungsart.
Gemisch-Regelung.

Luft strömt ungesteuert stets durch den gleichen Querschnitt f_l der Mischkammer zu, während der Brennstoffquerschnitt f_b zwecks Regelung schließlich bis auf $f_b = 0$ verkleinert werden kann (vgl. Bild **128**, S. 216).

Nach Gl. 20 ist allgemein:

$$w_l = \frac{F\,c}{f_l\left(1 + \dfrac{1}{\mu}\right)} .$$

Um einfache Rechnungen zu erhalten, sei für **Gichtgas** $\mu = \sim 1$ bei **voller Belastung** angenommen. Dann ist

$$w_l = \frac{F\,c}{2\,f_l} .$$

Bei Belastungsverkleinerung wird schließlich $f_b = 0$, also:

$$F\,c = \sim f_l w_l' ,$$

somit

$$w_l' = \frac{F\,c}{f_l} = \sim 2\,w_l .$$

Die Luftgeschwindigkeit wird an der Grenze bei Gichtgas ungefähr doppelt so groß als bei Vollbelastung.

Bei spezifisch leichteren bzw. heizwertreicheren Gasen mit $\mu > 1$ wird der Unterschied der Luftgeschwindigkeiten bei Vollbelastung und Leerlauf noch geringer.

Z. B. bei Leuchtgas mit $\mu = {\sim}\,6$ wäre w_l' nur ${\sim}\,1{,}2\,w_l$.

Wenn bei Vollbelastung zur Herbeiführung der Strömung zur Mischkammer ein Druckunterschied von $\varDelta p = {\sim}\,100$ mm Wassersäule erforderlich ist und die Summe aller Strömungswiderstände im Zylinder eine Druckdifferenz von

$$\varDelta p_z = {\sim}\,0{,}15\ \text{Atm.} = {\sim}\,1500\ \text{mm}$$

Wassersäule ergibt, $\varDelta p$ aber annähernd dem Quadrate der Strömungsgeschwindigkeit proportional ist, so wird bei Gichtgas im Leerlaufe im ungünstigsten Falle ein Druckunterschied von $\varDelta p' = {\sim}\,4\,\varDelta p = {\sim}\,400$ mm Wassersäule erforderlich sein, und im Zylinder wird sich ein Unterdruck von $\varDelta p_z' = {\sim}\,1800$ mm Wassersäule einstellen.

Da dieser Unterdruck $\varDelta p_z'$ sich nur unwesentlich von dem bei Vollbelastung vorhandenen $\varDelta p_z$ unterscheidet (im gewöhnlichen Indikator-Diagramm ist der Unterschied nicht erkennbar), so spricht man von einer Regelung bei konstantem Unterdruck und dementsprechend gleichbleibender Verdichtung, was aber, streng genommen, nicht richtig ist.

Füllungs- oder Menge-Regelung.

Sowohl der Brennstoffquerschnitt als auch der Luftquerschnitt oder aber der Gemischdurchgang wird bei möglichst gleichbleibendem Mischungsverhältnis zum Zwecke der Regelung geändert.

Entsprechend Bild **129** müßte daher entweder f_l und f_b oder z. B. der Klappenquerschnitt f_k verändert werden (vgl. hierzu Bild **133**, S. 220).

Es sei zunächst wieder Gichtgas mit $\mu = {\sim}\,1$ vorausgesetzt; dann ist aus:

$$F c = f_l w_l \left(1 + \frac{1}{\mu}\right)$$

für Vollbelastung:

$$w_l = \frac{F c}{2 f_l}.$$

Für kleine Belastung sei bei gleichem μ z. B.

$$f_l' = \sim \tfrac{1}{5} f_l,$$

dann ist

$$w_l' = \frac{F\,c}{\tfrac{2}{5}\,f_l} = 5\,w_l.$$

Es würde somit der zur Strömung durch das Mischorgan erforderliche Unterdruck $\varDelta p$ quadratisch mit der Geschwindigkeit (hier 25 mal) größer werden.

War bei Vollbelastung $\varDelta p = \sim 100$ mm Wassersäule, so wird bei 5facher Verkleinerung der Durchströmungsquerschnitt

$$\varDelta p' = \sim 2500 \text{ mm}$$

sein. Der gesamte zur Strömung erforderliche Unterdruck $\varDelta p_z$ wird daher z. B. von einem Werte von 1500 mm Wassersäule bei Vollast auf einen Wert $\varDelta p_z' = \sim 3900$ mm Wassersäule bei der kleineren Belastung ansteigen. Dem erheblich größeren Unterdruck von $\varDelta p_z' = \sim 0{,}39$ Atm. entspricht ein wesentlich kleineres Ladegewicht an frischem Gemisch und ein wesentlich geringerer Verdichtungsenddruck.

Bei noch stärkerer Verkleinerung der Gemischquerschnitte würde der Unterdruck entsprechend den scheinbar stark wachsenden Strömungsgeschwindigkeiten nach den Beziehungen S. 462 in einer unmöglich starken Weise zunehmen. Hierbei ist aber zu beachten, daß die aufgestellten Gleichungen nur für kleine Druckunterschiede gültig sind. Bei größeren Druckunterschieden hat die Änderung der Temperaturen und der spezifischen Gewichte wesentlichen Einfluß (vgl. S. 466). Mit wachsender Verkleinerung der Querschnitte nehmen die Strömungswiderstände zu, und die in der Zuleitung und im Zylinder enthaltenen Gase müssen sich bei Fortschreiten des Kolbens erst soweit ausdehnen, bis der zur Überwindung der Strömungswiderstände erforderliche Unterdruck im Zylinder erreicht ist.

Aus der Beziehung:

$$G = f\,w\,\gamma$$

folgt, daß selbst wenn auch w umgekehrt proportional der Flächenverkleinerung wächst, so daß das Produkt $f\,w$ nahezu gleich bleibt, das durchströmende Gewicht G abnehmen muß, weil γ mit wachsendem Unterdruck abnimmt.

In Wirklichkeit nimmt aber auch die Geschwindigkeit w_l bei Verkleinerung der Fläche f_l nicht in dem Maße zu, wie sich dies aus Gl. 20 ergab.

Gl. 20 lautet nämlich in allgemeiner Form:

$$F c \gamma_z = f_l w_l \gamma_l \left(1 + \frac{1}{\mu}\right).$$

Für Vollbelastung und Gichtgas ($\mu = 1$) ist

$$w_l = \frac{F c \gamma_z}{2 f_l \gamma_l}.$$

Für kleine Belastung ist bei $f_l' = \sim \frac{1}{5} f_l$

$$w_l' = 5 \frac{F c \gamma_z'}{2 f_l \gamma_l}.$$

w_l' ist daher nicht 5 mal so groß als w_l, sondern es wächst wegen des abnehmenden $\gamma_z (\gamma_z' < \gamma_z)$ langsamer an.

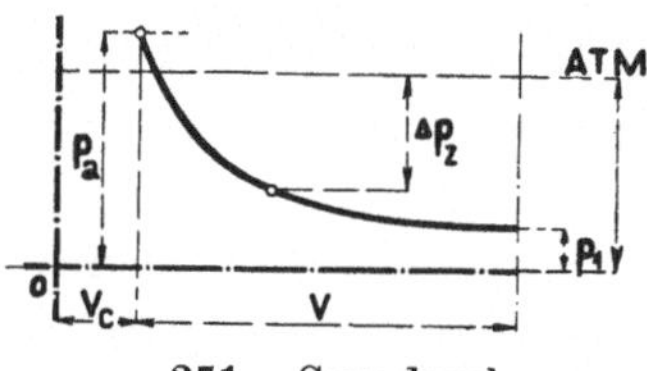

271. Saugdruck bei Füllungsregelung.

Auch ist zu beachten, daß bei Vergrößerung der Strömungswiderstände mit kleiner werdendem f_l und f_b der für das Einströmen erforderliche Unterdruck $\varDelta p_z$ zu spät erreicht wird, so daß sich nur die Verbrennungsrückstände ausgedehnt haben, aber kein frisches Gemisch mehr einströmt. Bei $p_1 = \sim 0{,}3$ Atm. dürfte in der Regel diese Grenze erreicht sein. Ein kleinerer Druck p_1 ist daher selbst bei vollständigem Abschluß der Zuströmungsquerschnitte nicht zu erreichen (Bild 271).

Schwingungswirkungen.

Bei Verbrennungsmaschinen, deren Kolben durch einen Kurbeltrieb bewegt werden, lassen sich Massenwirkungen und Schwingungen beim Ein- und Ausströmvorgang nicht vermeiden. Die rechnerische Untersuchung dieser Vorgänge ist wegen der ungenügenden Kenntnis der Strömungswiderstände, wie auch der Temperatur- und Druckverhältnisse, nur annähernd möglich.

Im nachfolgenden sind die schon früher gemachten Annahmen: kleine Druckunterschiede, gleichbleibende Temperatur usw., beibehalten.

In Bild **272** ist eine einfache Rohrleitung von der Länge l vorausgesetzt, durch deren Querschnitt f_r Gemisch zum Einlaßventil nach dem Zylinder strömt.

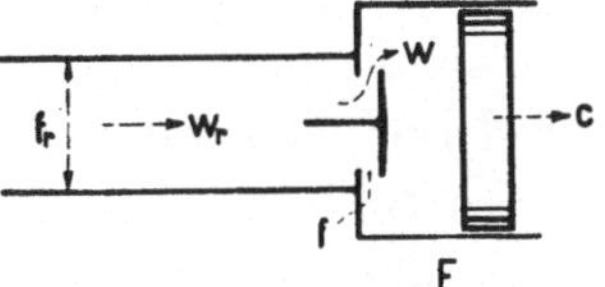

272. Einströmungsschema.

Mit Rücksicht auf die Kontinuität der Strömung muß die Beziehung bestehen:

$$F c \gamma_z = f_r w_r \gamma_r.$$

Mit $c = c_{max} \sin(\omega t)$, wobei ω die Winkelgeschwindigkeit der Kurbeldrehung ist, ergibt sich:

$$w_r = \frac{F c_{max}}{f_r} \frac{\gamma_z}{\gamma_r} \sin(\omega t).$$

Die Geschwindigkeit der Strömung im Rohr ändert sich daher ähnlich wie die Kolbengeschwindigkeit c nach einer Sinusfunktion. Die bewegten Massen müssen dieser veränderlichen Geschwindigkeit entsprechend beschleunigt und verzögert werden.

Die Beschleunigung oder Verzögerung ist

$$k_r = \frac{d w_r}{d t} = \frac{F c_{max}}{f_r} \frac{\gamma_z}{\gamma_r} \omega \cos(\omega t).$$

Der Wert von k_r erreicht einen Höchstwert, wenn $\cos(\omega t) = 1$ ist, also wenn

$$\omega t = 0 \quad \text{oder} \quad = \pi$$

ist. Ein Höchstwert von k_r wird somit am Hubende erreicht, wenn das Einlaßorgan am Zylinder schließt.

Die in Bewegung befindliche Masse prallt an das geschlossene Einlaßorgan, wodurch eine Stauung und Drucksteigerung $\varDelta p$ hervorgerufen wird, die annähernd aus der Größe der erzeugten Massenkraft $M k_r$ berechnet werden kann. Es muß annähernd

$$M k_r = f_r \varDelta p$$

sein. Mit

$$M = f_r l \frac{\gamma_r}{g}$$

ist

$$\varDelta p = \frac{l \gamma_r}{g} k_r = \frac{l \gamma_r}{g} \frac{F c_{max}}{f_r} \frac{\gamma_z}{\gamma_r} \omega \cos(\omega t)$$

und

$$\varDelta p_{max} = \frac{F l}{g f_r} \gamma_z c_{max} \omega.$$

Die gegen das Einlaßorgan geschleuderte Masse wird zurückschwingen, und die hierdurch ausgelöste Massenschwingung wird um so heftiger sein, je größer die Drucksteigerung $\varDelta p_{max}$ ist. (Vgl. S. 232 u. f.)

Einfluß der Druckverhältnisse an der Mischstelle.

Vorausgesetzt sei eine Gasmaschine, bei der das Gas an der Mischstelle noch einen Überdruck von h mm Wassersäule über den Druck der Luft an der Mischstelle besitzt.

In Bild **267**, S. 460, ist der Strömungs- und Druckzustand in der Zuführungsleitung dargestellt. Es gelten auch bei Vorhandensein eines Überdrucks h die auf S. 462 aufgestellten Beziehungen 4 bis 6 für die Strömungsverhältnisse an der Mischstelle, wobei kleine Druckunterschiede vorausgesetzt werden.

Wird Gl. 4 von Gl. 5 abgezogen, so ist

$$p_b - p_l = h = \zeta_b \frac{w_b{}^2}{2\,g}\,\gamma_b - \zeta_l \frac{w_l{}^2}{2\,g}\,\gamma_l.$$

Unter der Annahme, daß

$$\zeta_l = \sim \zeta_b = \zeta,$$

ist

$$\frac{2\,g\,h}{\zeta} = w_b^2\,\gamma_b - w_l^2\,\gamma_l \quad\dots\dots\quad (28)$$

Setzt man

$$\frac{2\,g\,h}{\zeta} = w_h^2\,\gamma_b \quad\dots\dots\dots\quad (29)$$

wobei w_h diejenige Geschwindigkeit ist, welche dem Brennstoff an der Mischstelle durch den vorhandenen Überdruck h allein erteilt werden würde, so ist:

$$(w_h \sqrt{\gamma_b})^2 + (w_l \sqrt{\gamma_l})^2 = (w_b \sqrt{\gamma_b})^2 \quad\dots\dots\quad (30)$$

Gl. 30 besagt, daß die mit der Wurzel aus dem spezifischen Gewichte des Gases multiplizierte Gasgeschwindigkeit die Resultierende aus der mit der Wurzel aus dem spezifischen Gewicht der Luft multiplizierten Luftgeschwindigkeit und der mit der Wurzel aus dem spezifischen Gewicht des Brennstoffes multiplizierten Überdruckgeschwindigkeit des Gases ist.

Ist der Gasüberdruck h und die diesem Druck entsprechende Geschwindigkeit w_h Null, dann ergibt sich die Beziehung:

$$\frac{w_l}{w_b} = \sqrt{\frac{\gamma_b}{\gamma_l}},$$

die schon früher als Gl. 9 abgeleitet wurde.

5. Bemessung der Sammelbehälter für die Spül- und Ladeluft bei Zweitaktmaschinen.

Bei mehrzylindrigen Zweitaktölmaschinen wird häufig nur eine Ladepumpe für die Spül- und Ladeluft verwendet. Es muß dann zwischen der Luftpumpe und den Maschinenzylindern ein Sammelbehälter eingeschaltet werden, der genügend groß ist, damit keine zu starken Druckschwankungen während des Betriebes auftreten (vgl. S. 330).

Angenommen z. B., daß die Fördermenge einer Luftpumpenseite zum Spülen und Laden dreier einfachwirkenden Zweitaktzylinder dienen soll, daß somit eine doppeltwirkende Spülpumpe zum Betriebe von 6 einfachwirkenden Zylindern vorhanden ist, so geht das Laden etwa auf die in Bild **273** und **274** veranschaulichte Art vor sich.

Der Einfachheit halber ist im Bild **273** rechts das Arbeitsdiagramm einer Zylinderseite der doppeltwirkenden Spülpumpe

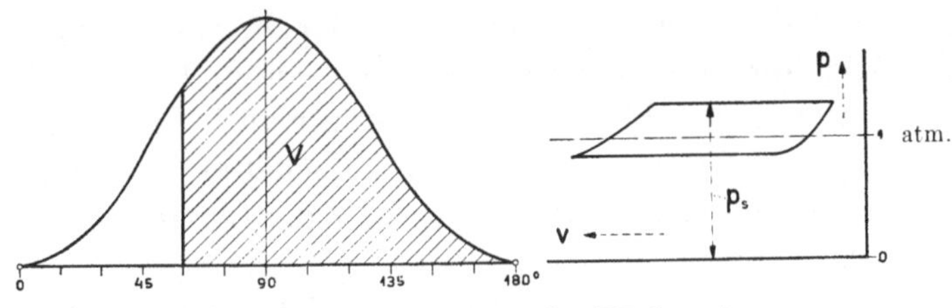

273. Schematische Darstellung des Fördervolumens
und des
Arbeitsdiagramms der Spülpumpe.

und links die Kolbengeschwindigkeit in Funktion des Kurbeldrehwinkels dargestellt, so daß die schraffierte Fläche *V* ein Maß für das Fördervolumen einer Spülpumpenseite bildet.

In Bild **274** sind rechts die Kurbelstellungen einer 6zylindrigen einfachwirkenden Zweitakt-Dieselmaschine und links davon

die entsprechenden Kolbenwege der Zylinder, die während einer
halben Umdrehung der Kurbelwelle spülen und laden, zur besseren Übersicht abwechselnd nach oben und unten, in Funktion des
Kurbeldrehwinkels dargestellt. Die schraffierten Flächen $\varDelta V$ in
Bild **274** geben daher ein Maß für das in die Zweitaktzylinder
eingeführte Volumen der Spül- und Ladeluft.

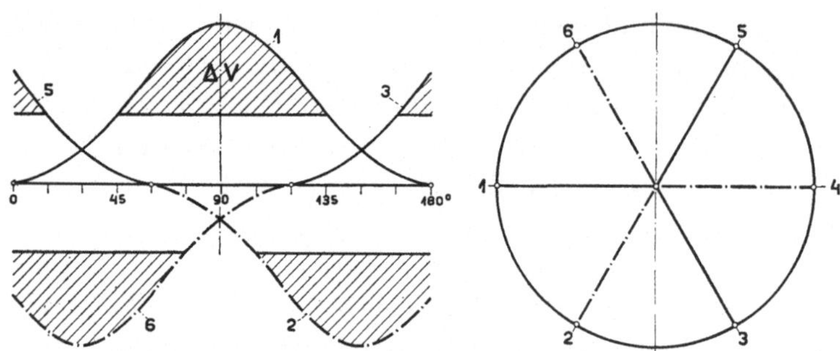

274. Schematische Darstellung des Spülluftvolumens
und der
Kurbelstellungen einer sechszylindrigen Zweitakt-Dieselmaschine.

Während einer halben Drehung der Kurbelwelle fördert die
Luftpumpe das Luftvolumen V in den Sammelbehälter vom Raum-
inhalt J. In der gleichen Drehzeit der Kurbel wird aus dem
Sammelbehälter die erforderliche Spül- und Ladeluft für drei
Zylinder der Zweitaktmaschine entnommen. Im ungünstigsten
Falle wird ein Zylinder dem Sammelbehälter das erforderliche
Ladevolumen $\varDelta V$ entnehmen, ohne daß die Luftpumpe inzwischen
nachgefördert hat.

Ist der dem normalen mittleren Betriebszustand entsprechende
Druck im Sammelbehälter $= p_s$, das zugehörige Luftgewicht $= G_s$,
der dem größten Luftgewicht G_{max} entsprechende Druck p_{max} und
der dem kleinsten Luftgewicht G_{min} entsprechende Druck p_{min},
dann bestehen unter der Voraussetzung gleichbleibender Temperatur die folgenden Beziehungen:

$$p_{max} : p_s = G_{max} : G_s$$

und

$$p_{min} : p_s = G_{min} : G_s.$$

Hieraus ergibt sich:

$$\frac{p_{max} - p_{min}}{p_s} = \frac{\Delta p}{p_s} = \delta = \frac{G_{max} - G_{min}}{G_s} = \frac{\Delta G}{G_s}$$

und mit $\Delta G = \Delta V \gamma$ und $G_s = J \gamma$:

$$\frac{\Delta G}{G_s} = \frac{\Delta V}{J},$$

$$J = \frac{\Delta V}{\delta}.$$

Ist V_h das Hubvolumen eines Zylinders der Zweitaktmaschine, dann ist:

$$\frac{J}{V_h} = \frac{1}{\delta} \frac{\Delta V}{V_h}.$$

Das Fördervolumen V der Ladepumpe verteilt sich allgemein auf z Zylinder der Zweitaktmaschine.

Daher ist $\frac{\Delta V}{V} = \sim \frac{1}{z}$, und da bei einer mittleren Verdichtung von $p_1 = 0,9$ Atm. auf $p_2 = p_s = 1,2$ Atm. (vgl. auch Bild **206**) $V = \sim \frac{3}{4} V_l$, so ist:

$$\frac{\Delta V}{V_l} = \sim \frac{3}{4} \cdot \frac{1}{z}.$$

Wird wegen der Ladeverluste das Hubvolumen V_l der Ladepumpe im Mittel gleich dem 1,5fachen Hubvolumen der z Zylinder angenommen, die sie zu laden hat, dann muß die Beziehung bestehen:

$$V_l = 1,5 \, z \, V_h,$$

und es ist:

$$\frac{\Delta V}{V_h} = 1,5 \cdot \frac{3}{4} = \sim 1,1.$$

Der Sammelbehälter muß daher einen ungefähren Rauminhalt

$$J = \frac{1,1}{\delta} V_h$$

erhalten, wenn $\delta = \frac{p_{max} - p_{min}}{p_s}$ der **Ungleichförmigkeitsgrad** der Druckänderung im Luftbehälter ist.

Die abgeleitete Beziehung für den Rauminhalt J des Sammelbehälters gilt aber nur für den Fall, daß ihm die für das Spülen und Laden eines Zylinders erforderliche Luftmenge entnommen wird, ohne daß inzwischen die Luftpumpe eine entsprechende Luftmenge nachgefördert hat.

Soll z. B. $\delta = \frac{1}{20}$ sein, dann muß ein Sammelbehälter vom Inhalt $J = 22\,V_h$ ausgeführt werden. Bei einem größten Überdruck der Ladeluft von 0,2 Atm. würde einem Ungleichförmigkeitsgrade von $\delta = \frac{1}{20}$ eine größte Druckschwankung von 0,19 bis 0,2 Atm. entsprechen, die praktisch ohne weiteres zulässig ist.

Meistens genügt ein Ungleichförmigkeitsgrad $\delta = \frac{1}{10}$ und noch weniger, um genügend gleichmäßige Spülung zu erhalten. Die abgeleitete Beziehung für den Spülbehälterinhalt ist zudem unter sehr ungünstigen Voraussetzungen für die Entnahme der Spülluft bestimmt werden, so daß in ihr schon ein großer Sicherheitsgrad enthalten ist.

Eine Zweitaktmaschine, die Zylinder von etwa 370 mm Durchmesser und 510 mm Hub besitzt, würde bei 200 Umdrehungen in der Minute ungefähr 100 PS_e mit einem Zylinder leisten. Bei einem Druckungleichförmigkeitsgrade von $\delta = \frac{1}{20}$ müßte die Maschine einen Spülluftbehälter von

$$J = 22\,V_h = 22 \cdot 0{,}055 = 1{,}2 \text{ m}^3$$

erhalten. Das gäbe einen zylindrischen Behälter von etwa 0,5 m Durchmesser und 6 m Länge. Aber auch mit einem halb so großen Behälter wäre noch günstiger Betrieb zu erzielen.

Sammelbehälter für die Spülluft sollen nahe an der Eintrittsstelle am Zylinder liegen, in der Nähe der Spülventile oder der Einlaßschlitze.

Für einen bestimmten Ungleichförmigkeitsgrad δ wird bei beschränkter Baulänge der Durchmesser des zylindrischen Sammelbehälters um so größer sein müssen, je größer das Hubverhältnis $\frac{s}{D}$ des Zylinders und je kleiner die Zylinderzahl i ist.

Die so bestimmten Sammelbehälter entsprechen praktisch bewährten Ausführungen guter Zweitaktölmaschinen.

6. Vorausberechnung der Hauptabmessungen.

Zusammenhang der Hauptabmessungen
(Kolbendurchmesser und Hub)
mit dem mittleren spezifischen Arbeitsdruck.

Bei den meisten Verbrennungsmaschinen ist der mittlere spezifische Arbeitsdruck p_i aus zahlreichen Indizierungen bekannt, so daß er für den besonderen Fall ausreichend genau geschätzt werden kann. Bei sehr raschlaufenden Maschinen muß dieser Wert jedoch oft noch auf andere Weise, aus der Nutzleistung und aus den Einzelverlusten ermittelt werden[1]).

Unter der Voraussetzung, daß der zur Aufzeichnung des Indikatordiagramms dienende Indikatorkolben seine · Bewegung auf eine genau proportional der Bewegung des Maschinenkolbens angetriebene Trommel überträgt, ergibt jeder Flächenstreifen $p\,dv$ des Diagramms (Bild 275) eine Elementararbeit, die der im gleichen Augenblicke vom Maschinenkolben geleisteten Elementararbeit proportional ist.

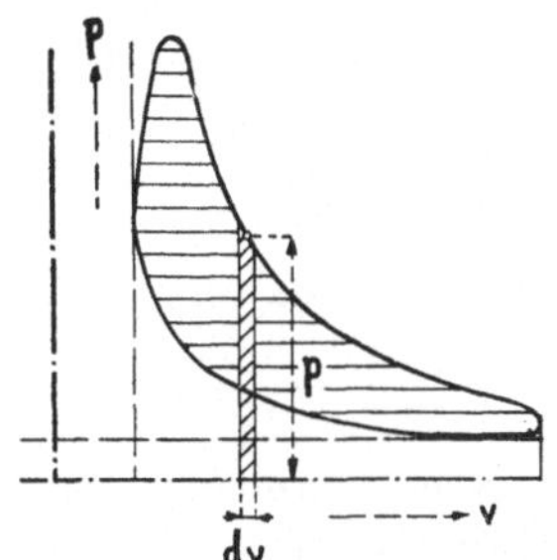

275. Spezifischer mittlerer Arbeitsdruck (Ermittlung).

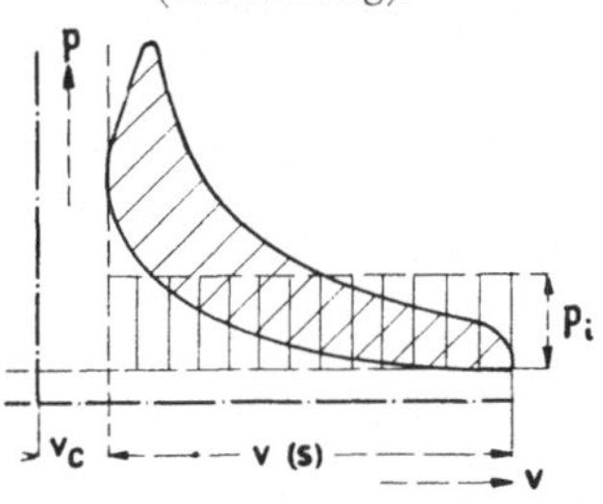

276. Mittlerer konstanter Arbeitsdruck.

Wird mit F die Kolbenfläche und mit s der Kolbenhub der Maschine bezeichnet, dann ist:

$$d L_i = p\,dv = F\,p\,ds$$

und die Arbeit eines Arbeitsspieles

$$L_i = F \int p\,ds.$$

Das $\int p\,ds$ ist gleich der Fläche des Indikatordiagramms, die man

---

[1]) A. Riedler, Wissenschaftliche Automobil-Wertung, Bericht I.

in ein flächengleiches Rechteck von der Höhe p_i, mittlerer spezifischer Druck genannt, und der Länge gleich dem Kolbenhub s der Maschine verwandelt (Bild **276**), so daß

$$L_i = F\,p_i\,s = p_i\,v = \int p\,dv$$

die Arbeit eines Arbeitsspieles ist.

Läuft die Kurbelwelle der Maschine mit n Umdrehungen in der Minute, so werden bei einer Zweitaktmaschine $\dfrac{2\,n}{2}$, bei einer Viertaktmaschine $\dfrac{2\,n}{4}$, allgemein bei einer a-Taktmaschine $\dfrac{2\,n}{a}$ Arbeitsspiele in der Minute ausgeführt. Als indizierte Leistung in PS ergibt sich dann:

$$N_i = \frac{F\,s\,p_i\,2\,n}{60\cdot 75\,a}\,,$$

oder wenn mit $c_m = \dfrac{2\,s\,n}{60}$ die mittlere Kolbengeschwindigkeit bezeichnet wird:

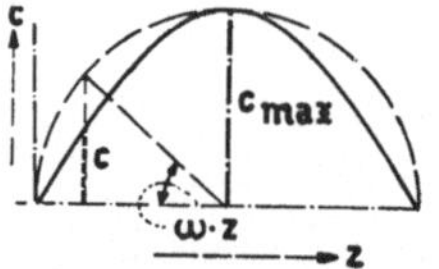
277. Kolbengeschwindigkeits-
Diagramm.

$$N_i = \frac{F\,c_m\,p_i}{a\,75} = m_z\,p_i\,,$$

wobei $\dfrac{F\,c_m}{a\,75} = m_z$ gesetzt ist.

c_m ist der Mittelwert der Kolbengeschwindigkeiten, bezogen auf die Zeit (Bild **277**), also

$$c_m = \frac{1}{z}\int_0^z c\,dz = \frac{1}{z}\int_0^z c_{max}\sin(\omega z)\,dz\,.$$

Mit $z = \dfrac{\pi}{\omega}$ und $c_{max} = \dfrac{s\,\pi\,n}{60}$ erhält man

$$c_m = \frac{2\,s\,n}{60}\,,$$

Der mittlere spezifische Druck p_i ist aber kein Mittelwert, bezogen auf die Zeit, sondern auf den Kolbenweg s; es ist:

$$p_i = \frac{1}{s}\int_0^s p\,ds\,.$$

In p_i ist somit schon die Veränderlichkeit der Kolbenarbeit in Funktion des Kolbenwegs s berücksichtigt.

Es werden daher zwei Maschinen von gleichem Hubvolumen und gleicher Drehzahl dieselbe indizierte Leistung N_i ergeben, gleichgültig wie der Verlauf des Kolbendruckes ist, wenn nur die mittleren spezifischen Arbeitsdrücke p_i oder die Flächen der Indikatordiagramme einander gleich sind (Bild **278**).

Sind die mittleren spezifischen Drücke p_i verschieden, dann ist die indizierte Leistung den Werten von p_i proportional.

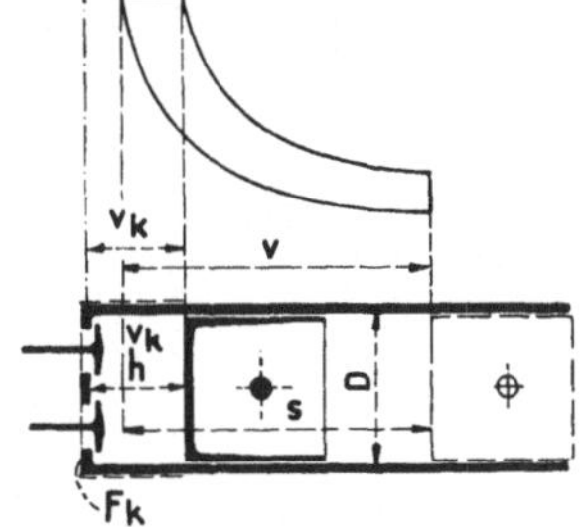

278. Gleiche mittlere Drücke für verschiedenen Arbeitsverlauf.

Wird an Stelle des mittleren indizierten Arbeitsdruckes p_i der mittlere Nutzarbeitsdruck $p_e = p_i \eta_m$ eingeführt, dann ergibt sich die Nutzleistung

$$N_e = N_i \eta_m = \frac{F c_m p_e}{a\,75} = m_z p_e.$$

Hubverhältnis.

Bei der Vorausberechnung einer Verbrennungsmaschine wird der Kolbendurchmesser und der Hub bestimmt, die aus verschiedenen Gründen in einem bestimmten Hubverhältnis $\frac{s}{D}$ zueinander stehen sollen.

Außer der Größe der Kolbenkraft und der damit zusammenhängenden Triebwerksbeanspruchung, sowie der Größe der Kolbengeschwindigkeit und der Massenwirkungen ist auch die Gemischbildung und besonders der Abkühlungsverlust für die Wahl des Hubverhältnisses maßgebend.

279. Hubverhältnis in Abhängigkeit von der Kühlung.

Unter Berücksichtigung der Größe dieses Verlustes kann $\frac{s}{D}$ annähernd vorausberechnet werden.

Bei einer Dieselmaschine (Bild **279**) stehe zur Abführung der Wärme an das Kühlwasser während der Verbrennung insgesamt eine Oberfläche von F_k, entsprechend dem Zylinderteilvolumen V_k, zur Verfügung. Als Volumen V_k muß zum mindesten das der ganzen Einspritzdauer des Brennstoffs entsprechende Volumen angenommen werden, so daß:

$$x = \frac{V_k}{V} = \sim {}^1/_4 \text{ bis } {}^1/_8$$

zu rechnen ist.

Als Abkühlungsoberfläche F_k wird hauptsächlich die wasserbespülte Fläche des Volumens V_k zu rechnen sein, weil während der Verbrennung die Temperaturunterschiede zwischen Zylinderinhalt und Kühlwasser am größten sind und daher die größten Wärmeverluste entstehen. Bei einer stehenden Dieselmaschine kommt mit Rücksicht auf die im Deckel eingebauten Ventile nur etwa die halbe Deckelfläche und die ganze Zylindermantelfläche von der Höhe h in Betracht. Die Kolbenbodenfläche ist meistens nur luftgekühlt, kann daher als Abkühlungsfläche vernachlässigt werden. Nur bei wassergekühltem Kolben ist die ganze Kolbenbodenfläche mit zu berücksichtigen.

Allgemein ist somit:

$$F_k = \pi D h + \tau \frac{\pi}{4} D^2,$$

worin τ zwischen $\frac{1}{2}$ und 2 schwankt.

Das dieser Oberfläche F_k entsprechende Volumen ist:

$$V_k = \frac{\pi}{4} D^2 h.$$

Setzt man den Wert von $h = \dfrac{4 V_k}{\pi D^2}$ in die Beziehung für F_k ein, so wird:

$$F_k = \frac{4 V_k}{D} + \tau \frac{\pi}{4} D^2.$$

Bei bestimmtem Werte von V_k läßt sich daraus ein Minimum der Abkühlungsoberfläche F_k in Funktion des Zylinderdurchmessers D bestimmen. Es gilt hierfür:

$$\frac{\partial F_k}{\partial D} = -\frac{4 V_k}{D^2} + \frac{\tau}{2} \pi D = 0.$$

Da $V_k = \dfrac{\pi}{4} D^2 h$, so ist:

$$\pi\,h = \frac{\pi}{2}\,\tau\,D$$

und somit

$$\frac{h}{D} = \frac{\tau}{2}.$$

Es ist nun $\dfrac{h}{s} = \dfrac{V_k}{V} = x$ und daraus $h = s\,x$. Mit Hilfe dieser Beziehung ergibt sich:

$$\frac{s}{D} = \frac{\tau}{2\,x}.$$

Bei den meisten Verbrennungsmaschinen kann

$$\tau = \sim \tfrac{1}{2},$$
$$x = \sim \tfrac{1}{6}$$

angenommen werden, so daß sich ein Mittelwert von

$$\frac{s}{D} = \sim 1,5$$

ergibt, der aus verschiedenen Gründen günstig ist.

Bei praktischen Ausführungen sind vielfach bauliche Einzelheiten von großem Einfluß auf die Größe des Hubverhältnisses.

So verlangt beispielsweise die Unterbringung mehrerer Spülventile im Deckel einer Zweitakt-Dieselmaschine die Wahl eines kleineren Hubverhältnisses, als es mit Rücksicht auf geringe Abkühlungsverluste vorteilhaft wäre.

Auch bei Viertaktmaschinen kann die Unterbringung der Ventile im Deckel Schwierigkeiten bereiten, wenn das Hubverhältnis groß, aber der Zylinderdurchmesser klein ist.

Besonders bei raschlaufenden Maschinen zwingt die Begrenzung der Kolbengeschwindigkeit zu verhältnismäßig kleinen Hüben und damit vielfach zu einem kleineren Hubverhältnis als dem oben bestimmten günstigen Mittelwert von 1,5 (vgl. S. 408).

7. Entropie-Diagramm.

Für den thermischen Wirkungsgrad eines Arbeitsvorganges, der nach dem durch Bild **265**, S. 456, gegebenen Kreisprozeß vor sich geht, gilt die einfache Beziehung:

$$\eta_t = \frac{Q_1 - Q_2}{Q_1} = 1 - \frac{Q_2}{Q_1} = 1 - \frac{T_1}{T_2}.$$

Auf dieser Grundlage läßt sich auch für den thermischen Wirkungsgrad eines beliebigen Kreisprozesses (Bild **280**) eine Beziehung

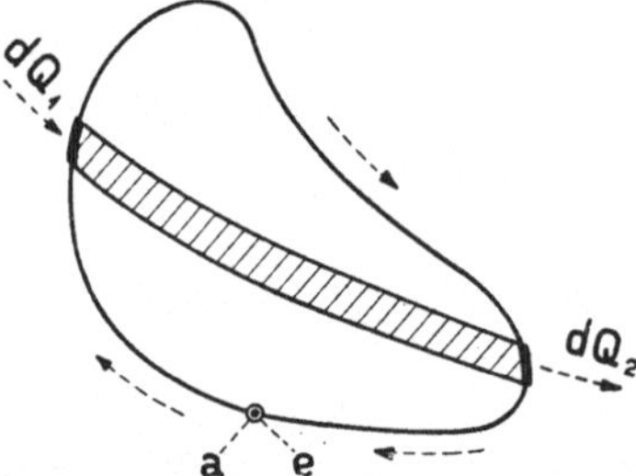

280. Allgemeiner Kreisprozeß.

ableiten, wenn dieser allgemeine Arbeitsvorgang aus einzelnen theoretischen Teilprozessen zusammengesetzt gedacht wird, derart, daß sich an die adiabatische Verdichtung eines Teilgewichtes dG eine Verbrennung bei konstantem Volumen unter Wärmezufuhr von dQ_1 und eine adiabatische Ausdehnung der Verbrennungsgase anschließt, und daß hierauf das Teilgewicht dG durch Abführung einer Wärmemenge dQ_2 bei konstantem Volumen auf den Anfangszustand zurückgeführt wird.

Ist hier T_1 die Temperatur, bei der die Zuführung der Wärme dQ_1 und T_2 die Temperatur, bei der die Abführung der Wärmemenge dQ_2 erfolgt, dann ist der thermische Wirkungsgrad des Elementarprozesses:

$$\eta_t = \frac{dQ_1 - dQ_2}{dQ_1} = 1 - \frac{dQ_2}{dQ_1} = 1 - \frac{T_2}{T_1}.$$

Es muß dann auch sein:

$$\frac{dQ_2}{dQ_1} = \frac{T_2}{T_1}$$

oder

$$\frac{dQ_1}{T_1} = \frac{dQ_2}{T_2}.$$

Da dQ_2 eine abgeführte Wärme bedeutet, so muß das Vorzeichen von dQ_2 im Gegensatz zu dQ_1 negativ sein, für den Elementarkreisprozeß muß daher die Beziehung bestehen:

$$\frac{dQ_1}{T_1} = -\frac{dQ_2}{T_2}$$

oder

$$\frac{dQ_1}{T_1} + \frac{dQ_2}{T_2} = 0.$$

Für den gesamten Kreisprozeß gilt dann:

$$S_e - S_a = \int_a^e \frac{dQ}{T} = 0.$$

Die Größe $\int \frac{dQ}{T}$ wird nach Clausius „Entropie" genannt.

Für einen geschlossenen Kreisprozeß ist die Summe der Entropiewerte gleich Null, weil der Anfangs- und Endzustand (a und e in Bild **280**) bei einem geschlossenen Kreisprozeß zusammenfällt.

Bei irgendeiner Zustandsänderung läßt sich die Änderung der Entropie des Endzustandes gegenüber dem Anfangszustand ermitteln, wenn die Wärmeänderung in Abhängigkeit von der Temperatur für die angenommene Zustandsänderung bekannt ist.

Absolute Werte der Entropie können nicht bestimmt werden, sondern nur Entropieänderungen. Es muß somit stets ein Anfangszustand und ein Maßstab für die Größe der Entropieänderung angenommen werden, um ein „Entropie-Diagramm" zeichnen zu können.

Wird in einem Koordinatensystem die Entropie in Form von Entropieänderungen als Abszisse, die absolute Temperatur als Ordinate aufgetragen (Bild **281**), dann erhält man durch Verbindung aller Zustandspunkte von a bis e eine Kurve der Temperaturänderungen in Abhängigkeit von den Entropieänderungen, und die von dieser Kurve, der Abszissenachse und den Endordinaten eingeschlossene Fläche ergibt die bei der Zustandsänderung insgesamt zu- oder abgeführte Wärmemenge.

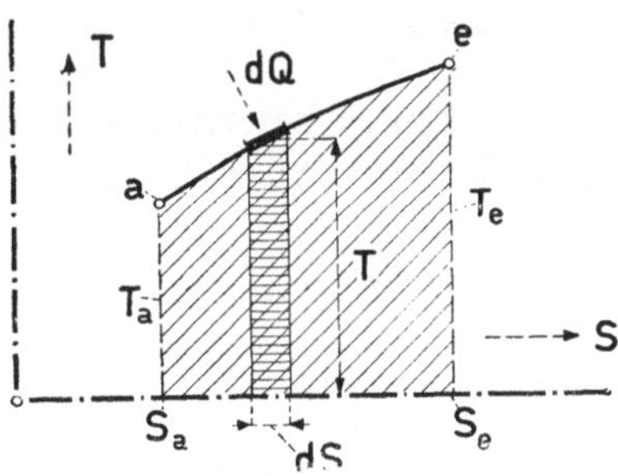

281. Entropie-Diagramm einer allgemeinen Zustandsänderung.

Denn für ein Flächenelement ist:

$$T\,dS = dQ.$$

daher muß die ganze Fläche

$$\int\limits_a^e T\,dS = \int\limits_a^e dQ = Q_e - Q_a$$

sein.

Aus dem Entropie-Diagramm kann somit für jede Zustandsänderung der Wärmezuwachs oder die Wärmeabnahme entnommen werden. Aus diesem Grunde wird auch von einem „Wärme-Diagramm" gesprochen.

Erfolgt die Zustandsänderung von a bis e isothermisch (Bild **282**), dann ist das Wärme-Diagramm ein Rechteck und die umgesetzte Wärmemenge ist:

$$Q_e - Q_a = T\,(S_e - S_a).$$

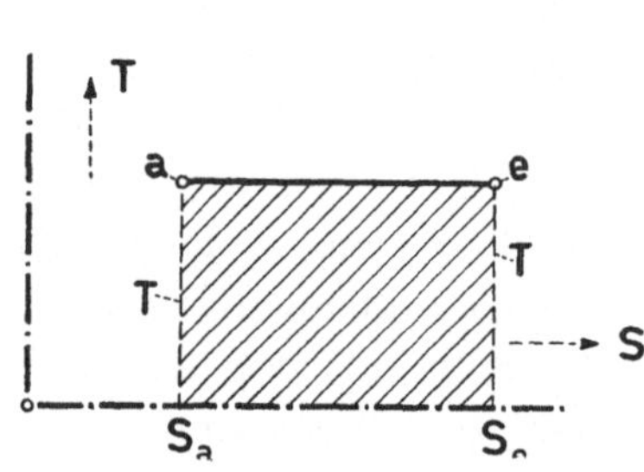

282. Entropie-Diagramm
für
isothermische Zustandsänderung.

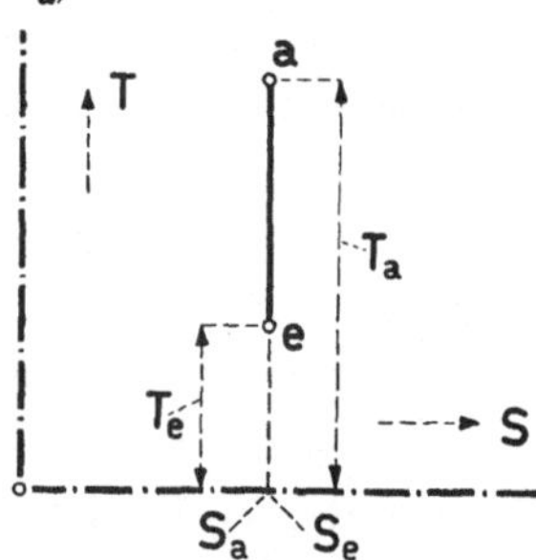

283. Entropie-Diagramm
für adiabatische
Zustandsänderung.

Die Linien konstanter Temperatur sind im Entropie-Diagramm Parallelen zur Abszissenachse.

Bei einer adiabatischen Zustandsänderung (Bild **283**) wird weder Wärme zu- noch abgeführt. Daher ist:

$$\int\limits_a^e T\,dS = Q_e - Q_a = 0$$

oder $\qquad Q_e = Q_a = \text{konst.}$, also $dQ = 0$.

Dann ist auch

$$\int\limits_a^e \frac{dQ}{T} = S_e - S_a = 0 \ \text{ oder } \ S_e = S_a = \text{konst.}$$

Die Linien gleichbleibender Entropie (Adiabaten) sind im Entropie-Diagramm Parallelen zur Ordinatenachse.

Alle anderen Zustandsänderungen werden im Entropie-Diagramm durch Kurven dargestellt, deren Gleichung und Form für besondere Fälle (konstantes Volumen und konstanter Druck) später bestimmt werden soll.

Es ist vielfach versucht worden, für den Begriff „Entropie“ eine mechanische Erklärung zu finden, ohne daß dies bisher in einwandfreier Weise gelungen wäre.

Es lassen sich viele Beziehungen angeben, z. B. der Zusammenhang von Arbeit, spezifischem Gasdruck und spezifischem Volumen ($dL = p\,dv$) oder von Weg, Geschwindigkeit und Zeit ($ds = v\,dz$), die der Beziehung zwischen Wärme, Temperatur und Entropie ($dQ = T\,dS$) ähnlich sind; doch kann daraus nicht ohne weiteres auf eine Ähnlichkeit der Begriffe Volumen, Zeit und Entropie geschlossen werden.

Die „Entropie“ ist auch keine Körpereigenschaft, wie die spezifische Wärme oder das spezifische Gewicht. Man könnte höchstens sagen, daß ebenso, wie mit einer Änderung des spezifischen Gasvolumens stets eine Arbeitsänderung verbunden ist, oder eine Wegänderung stets eine Zeitänderung voraussetzt, eine Entropieänderung stets mit einer Wärmeänderung verknüpft ist.

Ein Entropiegefälle setzt somit ein Wärmegefälle voraus, und eine Entropiezunahme ist stets mit einer Wärmezunahme, eine Entropieabnahme mit einer Wärmeabnahme verbunden.

Berechnung der Wärmeänderung.

Ist mit einer Wärmeänderung dQ eine Temperaturänderung dT verbunden, dann gilt als allgemeine Beziehung:

$$dQ = c_z\,dT.$$

wenn c_z die spezifische Wärme des Körpers (z. B. des Zylinderinhalts) ist.

Da im folgenden besonders gasförmige Körper behandelt werden sollen, so kann für irgendeine Zustandsänderung, die mit einer Wärmeänderung dQ verknüpft ist, die allgemeine Beziehung angegeben werden:

$$dQ = c_v\,dT + A\,p\,dv.$$

Die Vorgänge, welche die Zustandsänderung bewirken, lassen sich in zwei Teile zerlegen:

a) Änderung von Druck und Temperatur bei gleichbleibendem Volumen. Die Wärmeänderung ist dann:

$$dQ_1 = c_v\, dT\,,$$

wenn c_v die spezifische Wärme bei konstantem Volumen ist.

b) Änderung von Druck und Volumen auf den Endzustand bei gleichbleibender Temperatur. Die mit dieser Zustandsänderung verbundene Wärmeänderung ist:

$$dQ_2 = A\,p\,dv\,,$$

worin $A = \dfrac{1}{427}$ WE/mkg das mechanische Wärmeäquivalent ist.

Für die gesamte Zustandsänderung ergibt sich:

$$dQ = dQ_1 + dQ_2 = c_v\,dT + A\,p\,dv\,.$$

Erfolgt die Zustandsänderung bei gleichbleibendem Druck, dann gilt die einfache Beziehung:

$$dQ = c_p\,dT\,,$$

wenn c_p die spezifische Wärme bei konstantem Drucke ist.

Diese besondere Zustandsänderung kann, wie die allgemeine Zustandsänderung, in zwei Teiländerungen zerlegt gedacht werden. Daher muß auch die Beziehung gelten:

$$dQ = c_p\,dT = c_v\,dT + A\,p\,dv$$

und

$$(c_p - c_v)\,dT = A\,p\,dv\,.$$

Aus der Zustandsgleichung:

$$p\,v = R\,T$$

ist für konstanten Druck p:

$$p\,dv = R\,dT\,,$$

daher:

$$c_p - c_v = A\,R\,.$$

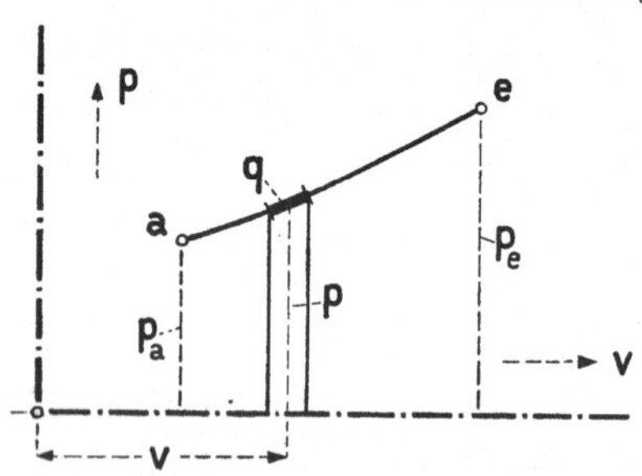

284. Allgemeine Zustandsänderung.

Jede Zustandsänderung a bis e eines Gases (Bild **284**), die mit einer Temperaturänderung verbunden ist, kann aus einer Summe kleiner polytropischer Teilprozesse (q) entstanden gedacht werden, für welche die Beziehung gilt:

$$p\,v^m = \text{konst.}$$

Für jeden der unendlich kleinen Teilprozesse kann eine Wärmegleichung $dQ = c_z\,dT$ angenommen werden, wenn c_z als spezifische Wärme des Gases für den betreffenden Teilprozeß aufgefaßt wird.

Es muß aber auch die allgemeine Wärmegleichung gelten:

$$dQ = c_v\,dT + A\,p\,dv\,.$$

Daher ist:

$$c_z = c_v + A\,p\,\frac{dv}{dT}.$$

Aus der für den polytropischen Teilprozeß maßgebenden Beziehung $p\,v^m = $ konst. ergibt sich:

$$m\,p\,v^{m-1}\,dv + v^m\,dp = 0$$

und

$$p\,\frac{dv}{dT} = -\frac{v}{m}\,\frac{dp}{dT}.$$

Außerdem ergibt sich aus der Zustandsgleichung:

$$p\,v = R\,T$$

$$p\,\frac{dv}{dT} = R - v\,\frac{dp}{dT}.$$

Werden die so bestimmten Werte für $p\,\dfrac{dv}{dT}$ in die Gleichung für c_z eingesetzt, dann ist:

$$c_z = c_v - \frac{A}{m}\,v\,\frac{dp}{dT}$$

und

$$c_z = c_v + A\,R - A\,v\,\frac{dp}{dT}.$$

Mit $c_v + A\,R = c_p$ folgt aus diesen beiden Beziehungen

$$c_z\,(m-1) = c_v\,m - c_p$$

und mit $\dfrac{c_p}{c_v} = k$:

$$c_z = c_v\,\frac{m-k}{m-1}.$$

Für adiabatische Zustandsänderung wird $m = k$, somit $c_z = 0$ und $dQ = c_z\,dT = 0$.

Die spezifischen Wärmen sind nach neueren Versuchen keine gleichbleibenden Größen, sondern sie nehmen mit der Temperatur t des Gases zu.

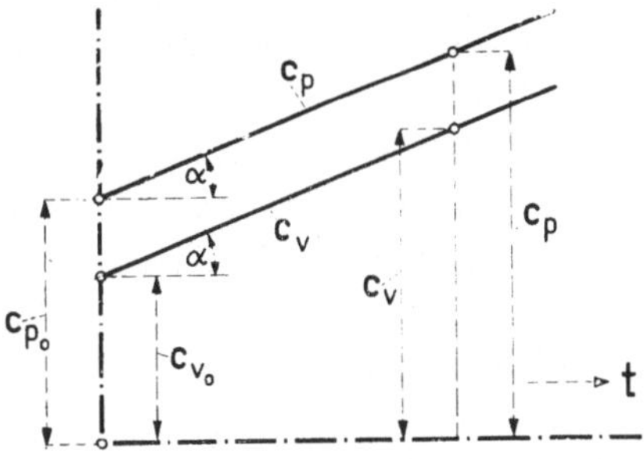

285. Änderung der spezifischen Wärme mit der Temperatur.

Mit genügender Annäherung an die Wirklichkeit kann angenommen werden, daß sich die spezifischen Wärmen linear mit der Temperatur ändern (Bild **285**):

$$c_v = c_{v0} + bt,$$
$$c_p = c_{p0} + bt.$$

Beispielsweise ist für Luft:

$$c_v = 0,168 + 0,000\,036\,6\,t,$$
$$c_p = 0,237 + 0,000\,036\,6\,t.$$

Auch für andere Gase ist der Faktor $b = \operatorname{tg}\alpha$ (Bild **285**) nur eine sehr kleine Größe. Bei Zustandsänderungen ohne große Temperaturänderung (unter 1000^{0} C.) kann daher für das Temperaturintervall von t_a bis t_e mit einem gleichbleibenden Wert der spezifischen Wärmen:

$$c_v = \sim c_{v0},$$
$$c_p = \sim c_{p0}$$

gerechnet werden.

Der Quotient $\dfrac{c_p}{c_v} = k$ nimmt, wie aus Bild **285** zu ersehen ist, mit wachsender Temperatur ab. Doch kann für die bei Verbrennungsmaschinen vorkommenden Zustandsänderungen meistens mit einem Mittelwert von k gerechnet werden.

Der Fehler, den man bei Berechnungen über Zustandsänderungen von Verbrennungsmaschinen durch Annahme gleichbleibender Werte von c , c_v und k begehen kann, ist in der Regel nur gering und ohne Bedeutung gegenüber der Unsicherheit in der Kenntnis der zur Berechnung der spezifischen Wärmen und der Wärmeänderungen erforderlichen Größen, der Kühlverluste des Verbrennungsvorganges, des arbeitenden Gemischgewichtes, der Zusammensetzung des Zylinderinhalts.

In Verbrennungsmaschinen arbeiten Gasgemische, die während eines Arbeitsspiels ihre Zusammensetzung ändern. Besonders in Ölmaschinen ist die Zusammensetzung des Zylinderinhalts oft sehr verschiedenartig.

Bei Dieselmaschinen wird z. B. zunächst nur ein bestimmtes Luftgewicht G_m geladen, das sich mit den vom vorhergehenden Arbeitsspiel im Zylinder enthaltenen Verbrennungsgasen vom Gewicht G_r mischt. Beide Teile $G_m + G_r = G_1$ werden verdichtet, und am Ende der Verdichtungsperiode wird ein bestimmtes Brennstoffgewicht B_1 nicht auf einmal, sondern allmählich eingespritzt.

Meistens ist das Gesetz, nach dem das in den Zylinder einzuführende Brennstoffgewicht zu bemessen ist, unbekannt. Man ist hierbei. ebenso wie hinsichtlich des Verlaufs der Verbrennung und der darauffolgenden Arbeitsperioden, auf Annahmen angewiesen, die sich zumeist nur auf Indikatorversuche stützen. Deren Ergebnissen kommt aber. besonders bei raschlaufenden Maschinen, nur eine beschränkte Genauigkeit zu.

Sind für ein Gasgemisch c_1. c_2, c_3 usf. die spezifischen Wärmen der Bestandteile von den Molekulargewichten m_1. m_2. m_3 usf., dann ist die spezifische Wärme des Gemisches:

$$c_z = \frac{m_1 c_1 - m_2 c_2 + m_3 c_3 + \cdots}{m_1 + m_2 + m_3 + \cdots}.$$

Da sich nun während des Verbrennungsvorganges die Zusammensetzung des Gasgemisches beständig ändert, ohne daß das Gesetz dieser Änderung mit ausreichender Genauigkeit bekannt ist, so ist der dadurch entstehenden Ungenauigkeit gegenüber die Abhängigkeit der spezifischen Wärmen von der Temperatur von geringer Bedeutung.

Hinzu kommt noch. daß die Art der Abhängigkeit der spezifischen Wärmen von der Temperatur noch nicht durch Versuche einwandfrei festgestellt ist. Die Unterschiede, die die Größen c_{v0}, c_{p0} und b nach den Versuchen der verschiedenen Forscher zeigen, sind noch zu groß. um die Erschwerung der Berechnungen für die Praxis zu rechtfertigen. zu der die Berücksichtigung der Abhängigkeit der spezifischen Wärmen von der Temperatur führt.

Noch weniger braucht auf die Abhängigkeit der spezifischen Wärmen vom Druck Rücksicht genommen zu werden. Bei vollkommnen Gasen besteht eine solche Abhängigkeit überhaupt nicht. und bei Dämpfen hat sich nur eine unbedeutende Abhängigkeit feststellen lassen. Zuverlässige Versuchswerte sind über die Beziehungen zwischen spezifischer Wärme und Druck bisher nicht bekannt geworden.

Im nachfolgenden sollen daher die Entropieänderungen für die verschiedenen Zustandsänderungen des Arbeitsprozesses von Verbrennungsmaschinen nur unter der Annahme gleichbleibender Mittelwerte der spezifischen Wärmen bei konstantem Volumen und konstantem Druck bestimmt werden.

Selbst wenn diese Annahme gemacht wird, sind viele Schwierigkeiten zu überwinden. um ein Wärme-Diagramm zu erhalten, das die Wärmevorgänge während eines Arbeitsspiels der Verbrennungsmaschine mit genügender Annäherung an die Wirklichkeit darstellt.

Berechnung der Entropieänderung.

Aus der Beziehung für die Wärmeänderung:

$$dQ = c_v\, dT + A\, p\, dv$$

ergibt sich:

$$\frac{dQ}{T} = c_v \frac{dT}{T} + A \frac{p\, dv}{T}$$

und mit $\dfrac{p}{T} = \dfrac{R}{v}$:

$$S_e - S_a = \int_a^e \frac{dQ}{T} = c_v \ln \frac{T_e}{T_a} + A\,R \ln \frac{v_e}{v_a}.$$

Wird aus $pv = RT$ der Wert

$$p\, dv = R\, dT - v\, dp$$

in die Beziehung für dQ eingesetzt, dann ist:

$$dQ = c_v\, dT + A\,R\, dT - A\,v\, dp.$$

$$\frac{dQ}{T} = (c_v + A\,R) \frac{dT}{T} - A \frac{v}{T}\, dp.$$

Mit $c_v + AR = c_p$ und $\dfrac{v}{T} = \dfrac{R}{p}$ ist dann:

$$S_e - S_a = \int_a^e \frac{dQ}{T} = c_p \ln \frac{T_e}{T_a} - A\,R \ln \frac{p_e}{p_a}.$$

Es kann noch ein Wert für die Entropieänderung einer Zustandsänderung abgeleitet werden, der außer den spezifischen Wärmen nur die Drucke und Volumen enthält.

Wird in die Beziehung:

$$\frac{dQ}{T} = c_v \frac{dT}{T} + A \frac{p}{T}\, dv$$

aus der Zustandsgleichung

$$pv = RT$$

und

$$p\, dv + v\, dp = R\, dT$$

der Wert

$$\frac{dT}{T} = \frac{p}{RT}\, dv + \frac{v}{RT}\, dp = \frac{dv}{v} + \frac{dp}{p}$$

eingesetzt, dann ist:

$$\frac{dQ}{T} = c_v \left(\frac{dv}{v} + \frac{dp}{p} \right) + A\,R \frac{dv}{v}.$$

Mit $c_v + AR = c_p$ ergibt sich:

$$S_e - S_a = \int\limits_a^e \frac{dQ}{T} = c_p \ln \frac{v_e}{v_a} + c_v \ln \frac{p_e}{p_a}.$$

Für die Zustandsänderung von a bis e in Bild **286** bei konstantem Volumen ($v =$ konst.) nimmt die Wärmegleichung die einfache Form an:

$$dQ = c_v\, dT.$$

und es ist:

$$S_e - S_a = \int\limits_a^e \frac{dQ}{T} = c_v \ln \frac{T_e}{T_a}.$$

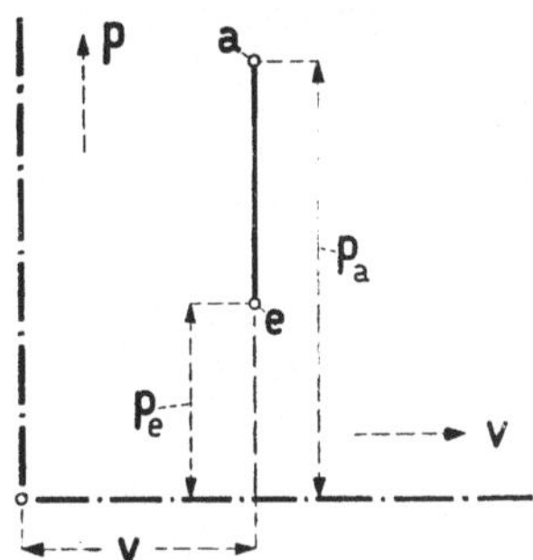

286. $p\,v$-Diagramm
einer Zustandsänderung
bei konstantem Volumen.

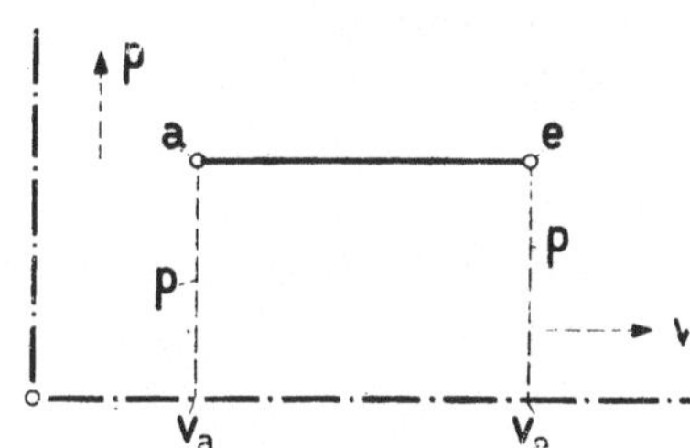

287. $p\,v$-Diagramm
einer Zustandsänderung
bei konstantem Druck.

Gleich einfach ist die Bestimmung der Entropieänderung für die Zustandsänderung von a bis e (Bild **287**) bei konstantem Druck ($p =$ konst.). Es ist dann

$$dQ = c_p\, dT$$

und

$$S_e - S_a = \int\limits_a^e \frac{dQ}{T} = c_p \ln \frac{T_e}{T_a}.$$

Im Wärme-Diagramm muß die Zustandslinie für konstanten Druck flacher verlaufen als die Zustandslinie für konstantes Volumen, weil für gleiche Temperaturgrenzen T_a und T_e die Entropieänderung für $v =$ konst.:

$$S_e - S_a = c_v \ln \frac{T_e}{T_a}$$

und für $p = $ konst.:

$$S_e' - S_a = c_p \ln \frac{T_e}{T_a}$$

ist. Die Entropieänderung für konstanten Druck ist daher

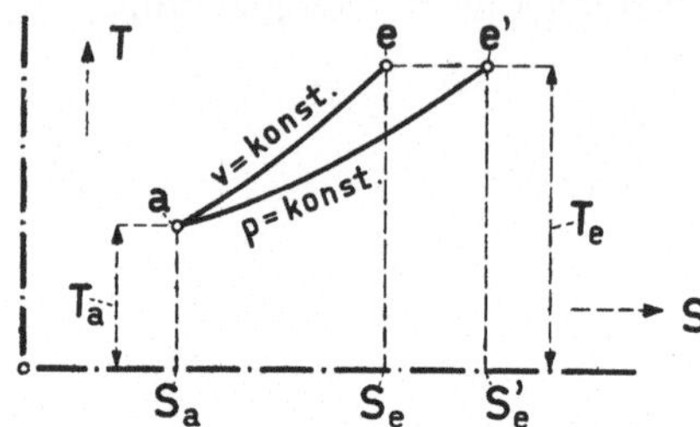

288. Entropie-Diagramm
für eine Zustandsänderung
bei konstantem Volumen
und konstantem Druck.

$\dfrac{c_p}{c_v} = k$ mal so groß als die Entropieänderung bei konstantem Volumen (Bild 288).

Für irgendeine polytropische Zustandsänderung gilt die Wärmegleichung:

$$dQ = c_z \, dT.$$

Hieraus folgt:

$$S_e - S_a = \int_a^e \frac{dQ}{T} = c_z \ln \frac{T_e}{T_a}.$$

Die spezifische Wärme c_z kann aus der Beziehung:

$$c_z = c_v \frac{m - k}{m - 1}$$

berechnet werden, wenn der Exponent m der Polytrope gegeben ist.

Alle bisher angegebenen Beziehungen gelten unter der Voraussetzung, daß entweder 1 cbm oder besser 1 kg Gas an der Zustandsänderung teilnimmt. Arbeiten G kg Gas, so ist mit G zu multiplizieren. Dann ist beispielsweise:

$$dQ = G c_z \, dT$$

oder

$$S_e - S_a = \int_a^e \frac{dQ}{T} = G c_z \int_a^e \frac{dT}{T} = G c_z \ln \frac{T_e}{T_a}.$$

VIII. Rückschau und Ausblick.

Die Entwicklung von Maschinen wird einseitig gekennzeichnet. wenn nur die jeweiligen wissenschaftlichen Einsichten und Absichten und die darauf fußenden baulichen Gestaltungen dargestellt werden. Solche Kennzeichnung wird sogar irreführend, wenn nur vereinzelte wissenschaftliche Grundsätze als Richtlinien benutzt werden, wie z. B. nur die einseitig fortschreitende thermische Vervollkommnung von Wärmekraftmaschinen durch Erhöhung des Druckgefälles.

Maschinen sind nur Mittel zum Zweck, und der maßgebende Zweck ist immer der wirtschaftliche, der über die Brauchbarkeit der Maschinen entscheidet, oft entgegen vielversprechenden wissenschaftlichen und baulichen Absichten.

Rückschau und Ausblick, die aus viel Bekanntem und wenig Neuem die Entwicklung in großen Zügen erfassen sollen, müssen daher auch den wirtschaftlichen Gesichtspunkt berücksichtigen. Die eingehende Darstellung der wirtschaftlichen Forderungen soll zwar einem späteren Buche vorbehalten bleiben, die wesentlichen wirtschaftlichen Tatsachen müssen aber schon für diesen Überblick bestimmend sein und damit zugleich auf das folgende Buch hinüberleiten. —

Die Entwicklung der Verbrennungsmaschinen ist weniger als die der Dampfmaschinen durch bauliche Willkürlichkeiten gestört worden, die nur die unvergleichlich geduldige Dampfmaschine erlauben konnte. Die Verbrennungsmaschine hat Zufallbestrebungen nicht bis zur Öffentlichkeit der praktischen Betriebe vordringen lassen, wo sicherer Tod allem Unrichtigen und Untauglichen droht. Das Gebiet der Verbrennungsmaschinen ist auch für Erfahrene das Land der „unbegrenzten Enttäuschungen".

Gasmaschinen.

Der Fortschritt der Verbrennungsmaschinen beginnt mit dem Ansaugen und Vorverdichten des Gemisches im Kraftzylinder, mit dem Viertaktverfahren, und war bisher fast ausschließlich gekennzeichnet durch Steigerung des Druck- und Temperaturgefälles. Zu diesem Zwecke war erforderlich: Ersatz der unbrauchbaren Schiebersteuerung durch Ventilsteuerung, Beherrschung der Triebwerkskräfte, Vervollkommnung der Einzelheiten usw.

Abirrungen vom geraden Fortschrittswege sind durch einseitige bauliche Absichten verursacht worden, die den Beteiligten schweren Schaden gebracht haben. So der Versuch der „Motorspezialisten", mit Hilfe ihrer Erfahrungen aus ihren Kleinmotoren Großgasmaschinen zu schaffen, und auch manche Zweitaktverirrungen, dem unpassenden Vorbilde der doppeltwirkenden Dampfmaschinen entsprungen, der unerfüllbaren Hoffnung, durch bloße Änderung der Ladevorrichtung den Arbeitswert von zwei Maschinenhüben zu gewinnen. Wertvoll waren nur die Bestrebungen, einen einfachen günstigen Verbrennungsraum und gute Spülung zu schaffen. Dieser vorteilhafte Verbrennungsraum ist aber nur verwirklicht worden durch gegenläufige Kolben und umständliche Triebwerke.

Wesentlich waren nur die wenigen wissenschaftlichen Grundlagen, die auch den Fortschritt der Dampfmaschinen kennzeichnen, nämlich: Erhöhung von Druck und Temperatur des Arbeitsmittels und Raschlauf, um Zeit und Gelegenheit für Verluste zu vermindern.

Die bisherige Entwicklung der Verbrennungsmaschinen, wie sie in den meisten Veröffentlichungen dargestellt ist, klärt nicht ausreichend das Wesentliche und gibt insbesondere keinen Ausblick auf Fortschrittsmöglichkeiten. Ganze Gruppen von Maschinen, einst mit großen Erwartungen eingeführt, sind wieder verschwunden oder in ihrer Verbreitung zurückgegangen, ohne daß die wesentlichen Gründe dafür allgemein bekannt geworden wären.

Selbst bei Kraftgasbetrieben, bei Sauggasanlagen, die in vielen Fällen die richtigste und einfachste Betriebsart gewähren, sind die Hauptursachen vieler Enttäuschungen nicht ausreichend gewürdigt worden. Hier kommt z. B. in Frage die Überschätzung der Betriebsdauer und der Maschinenbelastungen in den Voranschlägen, die Unterschätzung der Verluste und der Brennstoffkosten überhaupt, unrichtige Schätzung der wirtschaftlichen Verhältnisse bei Kleinbetrieben, deren Überlegungen nicht auf die Zukunft gerichtet sind, sondern fast nur auf die nächste Gegenwart, die an den Anlagekosten sparen und sie aus dem Betriebsgewinn rasch bezahlen wollen.

Der Zusammenhang mit dem Wettbewerbe der übrigen Kraftmaschinen ist entscheidend. so insbesondere der große Einfluß der Verbilligung der Stromkosten in großen Kraftwerken und Überlandwerken und die Monopolmittel, welche die großen Unternehmungen für Energielieferung, nicht auf dem Papier. aber tatsächlich, wirksam zur Hand haben. Vielfach siegt die teuere elektrische Kraft über die billig arbeitenden Verbrennungsmaschinen nur wegen einfacher. bequemer Betriebsführung.

Immer größeren Einfluß erlangt die Brennstoffrage.

Teures Leuchtgas ist für Dauerbetriebe selbst bei kleinen Leistungen unverwendbar geworden. Kraftgas muß. um Belästigungen zu vermeiden, mit einfachen Mitteln erzeugt werden. Dies ist nur möglich. wenn die Krafterzeugung auf erlesene Brennstoffe beschränkt wird.

Die Großgasmaschinen sind rasch und mit Erfolg zustandegekommen. weil sie großzügig für die Ausnutzung der billigen Abgase von Hochöfen und Koksöfen in großen Kraftwerken ausgebildet wurden. Ihre Entwicklung ist belastet durch die Zweitaktverirrungen, aber auch durch die Überschätzung des industriellen Bedarfs an solchen Maschinen und die Unterschätzung der zu überwindenden Schwierigkeiten. Die große Zahl der Fabriken, die den Bau solcher Maschinen aufgenommen haben, ist nach großen Verlusten bei uns bis auf drei zurückgegangen; diese haben die jetzigen Großanlagen geschaffen.

Weitgehende Wärmeausnutzung ist bisher nicht verwirklicht. Die Maschinen arbeiten durchschnittlich mit einem hohen Wärmeverbrauch, häufig von über 2500 Wärmeeinheiten für die Nutzpferdekraft und Stunde. Die maßgebenden wissenschaftlichen Grundlagen sind nur einseitig angewendet. Auch die Beherrschung des Wärmezustandes ist nicht erreicht, insbesondere nicht in den dicken Wandungen der Kraftzylinder.

Es wird nur privatwirtschaftlich gerechnet, nur mit Kosten und Ertrag, höchste Wärmeausnutzung und Kohlenersparnis an sich, also volkswirtschaftliche Rücksichten sind nicht maßgebend.

Der Geschäftsstandpunkt wertet Energie nur nach den durchschnittlichen Kosten, nach den wirklichen Belastungen und Leistungen der Maschinen, entsprechend dem Jahresdurchschnitt. Hierbei kann der Dampfbetrieb, obwohl für ihn Kohle gekauft und verbrannt werden muß, billiger werden als selbst der Gasmaschinenbetrieb mit billigen Abgasen.

Wir gehen eben mit den Brennstoffen, mit unersetzlichen Naturschätzen, verschwenderisch um. Der volkswirtschaftliche Gesichtspunkt wird erst Geltung erlangen, wenn die jetzt benutzten Wärmequellen selten und teuer geworden sind und der Zwang zu größter Sparsamkeit besteht.

Ölmaschinen.

Das vielseitige Gebiet der Ölmaschinen ist besonders geeignet, die Fortschrittsmöglichkeiten der Verbrennungsmaschinen zu erkennen.

Petroleummaschinen sind gleichzeitig mit den Leuchtgasmaschinen gebaut worden; zahlreiche Fabriken haben den Bau solcher Maschinen aufgenommen, aber nach vielen Verlusten wieder aufgegeben. Die meisten dieser Maschinen sind schon an schlechter Gemischbildung und Verbrennung gescheitert. Der Betriebsdruck konnte bei größeren Maschinen nicht gesteigert, sondern mußte vermindert werden, weil Vorwärmung des Gemisches erforderlich wurde und Frühzündungen auftraten, die zu ganz niedrigem Arbeitdruck zwangen. Nachträgliches Niederschlagen von Petroleum aus dem Brennstoff-Luft-Nebel und schlechte Verbrennung waren die Ursache vieler Störungen, rauchenden Gangs der Maschinen und Verschmutzens der Zylinder.

Wirtschaftlich konnten diese Maschinen schon aus diesen technischen Gründen nicht entsprechen. Auch konnte nur Petroleum verwendet werden, nicht billige Öle. Schwerölbetrieb ist nicht gelungen; schon hier mußte die Brennstoffrage die Entwicklung aufhalten. Petroleum- wie Leuchtgasmaschinen sind an unzulässig hohen Brennstoffkosten gescheitert.

Es ist auch versucht worden, billige, aber minderwertige Petroleummaschinen, besonders solche amerikanischer Ausführung, in entfernt liegende, angeblich weniger wichtige Betriebe einzuführen, insbesondere in der Landwirtschaft. Dort sind sie aber noch weniger geeignet, weil in entlegenen Gegenden, fern von allen Hilfsmitteln und unter ungeübten Händen, nur gute, völlig betriebssichere Maschinen brauchbar sind, nicht aber minderwertige.

Die Brennstoffrage ist wieder entscheidend.

Diese einfachen Petroleummaschinen könnten, auch wenn sie betriebstechnisch brauchbar wären, nur mit auserlesenen Brennstoffen betrieben werden, mit hochwertigen Destillaten des Rohöls oder der Kohlendestillation. Dadurch ist die Entwicklung von Anfang an eingeengt und der Weg zu den Hochdruckmaschinen gewiesen worden.

Die Leichtölmaschinen sind das Wertvollste, was aus der ersten rohen Entwicklung der Petroleummaschinen hervorgegangen ist.

Die raschlaufenden Vergasermaschinen für Benzin- und Benzolbetrieb ergeben die einfachste Gemischbildung und Betriebsführung, bei weitgehender Regelbarkeit.

Erreicht sind: einfache gut regelbare Vergaser, einfache Kleinmaschinen als Raschläufer von geringstem Gewicht, gutem Wärmezustande und deshalb geringem Verbrauch. Alle Schwierigkeiten, die der Raschlauf brachte, sind durch sorgfältige Ausbildung der Einzelheiten vollständig überwunden, auch für Dauerbetrieb. Bei günstigem mittleren Wärmezustande der Wandungen scheidet Leichtölgemisch nachträglich keine Tropfen aus; die Gemischbildung bleibt gut, erfordert keine oder nur unbedeutende Vorwärmung, der Verbrauch ist auch bei niedrigem Arbeitsdruck gering. Die Maschinen sind deshalb auch als ortsfeste Maschinen verwendbar. Die Entwicklungsmöglichkeit dieser Maschinen ist unabsehbar, aber an Leichtöle gebunden.

Der große Erfolg der Vergasermaschinen ermöglichte die Entwicklung der Kraftwagen.

Das Wesentliche liegt bei den Kraftfahrzeugmaschinen in der Gewichtsfrage, in der Möglichkeit, Brennstoffvorrat für lange Fahrt mitzuführen. Dadurch konnten alle Mitbewerber, wie Dampfmaschinen und Elektromotoren, von der Leichtölmaschine über-

legen verdrängt werden. Alle Kraftwagen für lange Fahrt werden
mit Leichtöl-Vergasermaschinen betrieben, von geringem Gewicht,
geringem Raumbedarf und störungsfreiem Lauf, auch bei sehr
hohen Geschwindigkeiten. Der Erfolg setzt aber die Verwendung
hochwertiger Materialien in den Triebwerken voraus.

Die große Bedeutung des Kraftfahrwesens beruht durchaus
auf der vollkommen ausgebildeten Leichtöl-Vergasermaschine.

Die Brennstoffrage hat auch hier wiederholt hemmend
eingegriffen. Die steigenden Brennstoffkosten setzen der wirtschaftlichen Verwendbarkeit eine Grenze, insbesondere bei Lastwagen.
Wird die Brennstoffrage günstig gelöst, dann steht den raschlaufenden Leichtölmaschinen ein unabsehbar großes Feld offen.

Flugmaschinen sind erst durch die Fortschritte der Kraftwagenmaschinen, durch vervollkommnete Leichtmotoren möglich
geworden.

Technisch waren zu verwirklichen: noch weitergehende Ge-
wichtsersparnis, ausreichende Betriebssicherheit, trotz Dauerbean-
spruchung unter Volleistung, richtige Benutzung höchstwertiger
Materialien und sorgfältigste Einzelausbildung, außerdem beste
Brennstoffausnutzung zur Erhöhung der Flugdauer.

Die wirtschaftliche Seite kommt bei den Flugzeugen noch nicht
in Frage. Ihre Anwendung war bisher auf Sport und Krieg beschränkt. Als Kriegsmittel haben sie größte Bedeutung erlangt.

HochdrucköImaschinen.

In den Hochdruckölmaschinen ist wissenschaftlich und
praktisch verwirklicht:

sehr hohes Druck- und Temperaturgefälle, allseitige Zündung
des Gemisches, beste thermische Ausnutzung. Aber die Maschinen
sind teuer und ergeben wegen der großen Triebwerkskräfte große
bewegte Massen und hohen Eigenwiderstand.

Die Vorteile der Hochdruckmaschinen müssen erkauft werden
durch schlechte Gemischbildung, weil Frühzündungen vermieden werden müssen und das Gemisch erst nach dem Verdich-
tungshubwechsel in äußerst kleiner Zeit zu bilden ist. Daher
kann auch nur mit großem Luftüberschuß gearbeitet werden. Die
Hochdrucktemperatur und die allseitige Zündung müssen diese
Nachteile ausgleichen.

Der **wirtschaftliche** Erfolg war sehr groß wegen des geringen Verbrauchs, wegen der Betriebsbequemlichkeiten und der Betriebsbereitschaft. Aber erst seitdem billige Schweröle verbrannt werden konnten, ist das Anwendungsgebiet gewachsen.

Dieselmaschinen und Glühkopfmaschinen sind ausgeführt worden für die verschiedensten Kraftwerke, für Einzelbetriebe usw. in unmittelbarem Wettbewerb mit Elektrizitätswerken. Sie waren bisher siegreich durch geringe Betriebskosten, Unabhängigkeit von Kesselvorschriften, günstige Betriebseigenschaften usw.

Gegenwärtig macht sich wieder die **Brennstoffrage** entscheidend geltend.

Die Bauart der Hochdruckmaschinen wird besonderen Brennstoffen angepaßt; neue Arbeitsverfahren und bauliche Einzelheiten werden geschaffen, um brauchbare Betriebsführung für Schweröle, auch Abfallteere, zu ermöglichen, die noch billig zu haben sind.

Der erreichbare wirtschaftliche Erfolg ist aber beschränkt, ähnlich wie bei Dampfmaschinen. Viel Mühe und Erfahrung ist aufzuwenden, um Bruchteile von Prozenten Minderverbrauch zu erzielen oder um neue, billigere Öle verbrennen zu können. Die Brennstofferparnis ist gering, und nur die Möglichkeit, neue, billige Brennstoffe zu verwenden, ist von Bedeutung, aber auch beschränkt, weil die Preise mit der Nachfrage doch wieder steigen.

Die Versuche, die Treiböle einer Vorbehandlung zu unterziehen, um die Gemischbildung zu verbessern, ebenso die Anwendung von Hilfsbrennstoffen, um die Zündfähigkeit zu erhöhen und die Verbrennung zu verbessern, haben Erfolg gehabt, aber bisher wesentlich nur bei dauernd starker Belastung der Maschinen.

Weitere Bestrebungen zielen darauf hin, den Wärmezustand in der Maschine zu beeinflussen durch katalytische Wirkungen, um die richtige Verbrennung von Schwerölen bei allen Belastungen, auch geringen und schwankenden, zu ermöglichen.

Das Feld aller dieser schwierigen, mühevollen und kostspieligen Bestrebungen ist aber eng begrenzt. Überall hemmt die ausschlaggebende **Brennstoffrage**, die im Bereiche der Hochdruckmaschinen besonders lehrreich ist.

Die Dieselmaschinen wurden anfangs mit teurem Lampenpetroleum betrieben; sie wurden erst wirtschaftlich brauchbar, als billige Schweröle störungsfrei verbrannt werden konnten. Mit dem steigenden Bedarf ist aber der Ölpreis mächtig gestiegen, und bei stark schwankenden Preisen sind Vorausberechnungen ganz unsicher. Der Preis des Auslandsöls wird willkürlich von wenigen Großunternehmungen bestimmt, jede größere Preissteigerung aber bewirkt einen Rückschlag in der Anwendung dieser Maschinen.

Die Maschinenfabrik Augsburg hat seinerzeit den Bezug genügender Mengen brauchbarer Treiböle für ihre Maschinenabnehmer sichergestellt. Diese Fürsorge war für die erste Entwicklungszeit wesentlich und ein großes Verdienst dieser Fabrik. Bei der steigenden Verbreitung der Hochdruckmaschinen war solches Eingreifen aber nicht mehr ausreichend.

Die Entwicklung kam erst wieder in Fluß, als Inlandöl aus Steinkohlenteer verwendbar wurde, allerdings unter Erschwerung des Betriebs. Mit der wachsenden Zahl der Betriebe wurde aber die verfügbare Brennstoffmenge überall zu klein, und die Kohlendestillation konnte oder wollte nicht nachkommen, jedenfalls nicht bei gleichbleibenden Preisen.

Immer wird die Brennstoffrage zur Lebensfrage und ist entscheidend für den Betrieb und für die Entwicklung.

Jetzt stehen die Hochdruckmaschinen wieder an einem kritischen Punkte. Wenn genügend billiger Brennstoff in brauchbarer Güte nicht überall erhältlich ist, muß das Verwendungsgebiet dieser Maschinen abnehmen.

Technische Aushilfen sind in ihrer Wirkung beschränkt, wie z. B. die erwähnten Bestrebungen der Anpassung der Maschinen an einige noch billige Öle. Wenig Erfolg hat auch das Streben nach Verbilligung der Hochdruckmaschinen durch Vereinfachung, durch Massenherstellung, durch Verminderung der Anlagekosten.

Unwirksam ist vollends die Herstellung von billigen, minderwertigen Maschinen von unzureichender Betriebssicherheit. Solche Maschinen haben stets schweren wirtschaftlichen Schaden gebracht, und die Fabriken, die sie bauen oder anbieten, wirken dadurch noch besonders schädlich, daß sie die Preise auf unwirtschaftliche Tiefe herabdrücken. Nur die Glühkopfmaschinen sind nach den Erfahrungen mit Dieselmaschinen als brauchbare billige Maschinen erstanden.

Nachteilig für die Entwicklung ist es, daß zu viele Fabriken den Bau von Hochdrucködlmaschinen betreiben wollen, wodurch ein wilder Wettbewerb aller gegen alle, das Hauptübel des deutschen Maschinenbaus, heraufbeschworen wird, zum Schaden der Fabriken und auch der Abnehmer. Die allgemeine Preisdrückerei hat zur Folge, daß nur wenige, die einen geringen Vorsprung haben, lohnend leben können. Jeder Rückschlag aber nützt dem Mitbewerb anderer Kraftmaschinen und wird selbstverständlich ausgebeutet.

Schiffsmaschinen.

Im Schiffsbetriebe wurden Hochdrucköldmaschinen zuerst für Unterseebote verwendet, dann aber wurden sie für große Schiffsmaschinenleistungen gebaut, ohne daß ausreichende Betriebserfahrungen vorlagen. Die schrittweise Entwicklung wurde unterlassen, viele Fabriken hatten deshalb schweres Lehrgeld zu zahlen.

Technisch handelt es sich bei den Vorteilen der Verbrennungs-Schiffsmaschine um den größeren Fahrbereich, leichtere Aufspeicherung der notwendigen Brennstoffvorräte, um bessere Wärmeausnutzung, um bequemere Brennstoffleitung, um Steigerung der Schiffsleistung im Verhältnis zur Maschinenanlage und zum Brennstoffverbrauch, um größere Unabhängigkeit von Brennstofflagern, und für Kriegszwecke noch insbesondere um größere Betriebssicherheit in der Leitung des Kraftmittels.

Die „Sicherheit“ ist für alle Ingenieurwerke maßgebend und wird zahlenmäßig ausgedrückt durch das Verhältnis der Bruches zur Betriebsgrenze. Bei Dampfleitungen aber, diesem wichtigen Gliede der Energiewirtschaft von Dampfbetrieben, ist die Sicherheit in manchen Fällen gering, sie kann bei Verbrennungsmaschinen auch in der Energieleitung erhöht werden.

Die Brennstoffrage entscheidet auch im Schiffsbetriebe. Der Betrieb mit Auslandsöl würde großen Verwendungsbereich ausschließen und könnte insbesondere nicht für die Kriegsmarine in Betracht kommen, obwohl geeignete Treiböle in allen Hafenplätzen verfügbar sind, und obwohl Ölvorrat für sehr lange Fahrt ohne wesentliche Änderung der Schiffe mitgeführt werden kann.

Ölfundstätten sind auf der Erde viel zahlreicher vorhanden und gleichmäßiger verteilt als Kohlenlager, und die Aufspeicherung und Verladung von Ölvorräten ist einfach. Aber die Abhängigkeit vom Auslande ist für jeden Schiffahrtszweck erschwerend, für Kriegszwecke unzulässig.

Gegenwärtig ist an eine ausgedehnte Verwendung von Verbrennungsmaschinen für Schiffsbetriebe wegen der Brennstoffrage ernsthaft nicht zu denken. Leichtöl und Gasöl sind nicht zu bezahlen, sind Auslandsprodukte; Steinkohlenteeröle sind zu selten, nicht in genügenden Mengen für Großschiffahrtsbetriebe verfügbar, auch nicht von genügend gleichartiger Beschaffenheit und verursachen zu viel Störungen im Betriebe, die jetzt meist den Maschinen zur Last gelegt werden, während ihre Ursache oft nur im Brennstoff zu suchen ist. Aus dem Bereiche der Versuche sind die Verbrennungsmaschinen auf diesem Gebiete jedenfalls noch nicht herausgekommen. —

Hier wird nur eine großzügige Lösung der Brennstoffrage Wandel schaffen, dann aber eine gewaltige Entwicklung dieser Maschinengattung bringen.

Eigenartige Entwicklungsfragen ergeben sich auch aus der Verwendung der Ölmaschinen für Eisenbahnbetrieb, für Motorpflüge usw. Die Berücksichtigung dieser Sonderverwendungsarten würde hier zu weit abführen.

Die Entwicklung der Ölmaschinen wird durch die Brennstoffrage aufgehalten. Wird diese gut gelöst, so sind die Ölmaschinen auf vielen Gebieten die Kraftmaschinen der Zukunft.

Bevor auf die Brennstoffrage näher eingegangen wird, ist ein Ausblick auf die mögliche Vervollkommnung der Verbrennungsmaschinen und im Anschluß daran ein Vergleich mit dem Dampfbetriebe am Platze.

Verbesserung der Verbrennungsmaschinen.

Mögliche Fortschritte in der Entwicklung der Verbrennungsmaschinen sind leicht zu erkennen.

Aller bisherige Fortschritt ruht nur auf der Steigerung des Druck- und Temperaturgefälles, einem wissenschaftlich richtigen. aber einseitigen Streben. Größte Wärmeausnutzung wird hierdurch allein nicht erreicht. denn mit dem Druck wachsen die Verluste und Widerstände.

Die Steigerung des Gefälles ist sogar schon über zweckmäßige Grenzen hinaus getrieben worden. Das beweisen Glühkopfmaschinen, mit denen unter Umständen trotz wesentlich kleinerer Gefälle (bei nur 10 Atm. Vorverdichtung) fast derselbe Wärmeverbrauch erreicht wurde wie mit Dieselmaschinen bei 35—40 Atm. Druck. Das beweisen ferner raschlaufende Benzin-Vergasermaschinen, insbesondere solche für Flugzeuge und Kraftwagen. die bei raschem Lauf und gleichbleibender Belastung einen Wärmeverbrauch ergeben, der dem von Hochdruckmaschinen sehr nahe kommt, obwohl die Vorverdichtung nur 4—5 Atm. beträgt.

Es sind eben. außer hohem Druckgefälle für den geringen Wärmeverbrauch noch andere. bekannte. aber bisher nicht ausreichend beachtete wissenschaftliche Bedingungen maßgebend, nämlich:

vollkommne und rasche Verbrennung. Vermeidung von Verlusten durch rascheste Umsetzung der Wärme in Arbeit und guter Wärmezustand der Maschine. Diese Bedingungen wurden bei den Verbrennungsmaschinen bisher nicht ausreichend oder gar nicht erfüllt.

Vorbedingung für vollkommne und rasche Verbrennung ist vollkommne Gemischbildung, mit der Wirkung. daß jedes Nachbrennen verhütet und volle Drucksteigerung nahe dem Hubwechsel erreicht wird. Die Regel ist: langes Nachbrennen selbst noch im Auspuff, als Folge von schlechter Gemischbildung. von Zufallsmischungen und unvollständiger. verspäteter Verbrennung. Rasche Verbrennung wird als „Explosion" gefürchtet. sie läßt sich aber im Triebwerk vollständig beherrschen und ermöglicht es. die Wärme in kürzester Zeit in Arbeit umzusetzen. Allerdings kann jedes brennbare Gemisch zu plötzlicher Schlagverbrennung gebracht werden, aber nur unter Bedingungen. die in gewöhnlichen Motorbetrieben nicht gegeben sind.

Die Verbesserung des Wärmezustandes in der Maschine tritt schon als Folge der vollkommnen und raschen Verbrennung auf und kann noch erhöht werden durch die Kühlung mit Heißwasser unter Druck. Hierzu liegen viele Erfahrungen. auch aus Großbetrieben, vor.

Diese drei bisher unzureichend erfüllten Forderungen hängen von der Brenngeschwindigkeit ab. auf die es entscheidend ankommt, und sie lassen sich zusammenfassen in die eine Forderung: es muß kürzester Verbrennungsweg geschaffen werden; dieser erfordert u. a. günstigsten Verbrennungsraum und Zündung an vielen Stellen.

Unter Berücksichtigung dieser Grundlagen wird es noch gelingen, Gemisch ansaugende Maschinen, selbst Vergasermaschinen, so zu bauen, daß sie ohne Gefahr der Frühzündung Hochdruckbetrieb und auch Selbstzündung zulassen. Dann wäre Hochdruckbetrieb möglich, ohne seinen größten Nachteil in den Kauf nehmen zu müssen, daß die Gemischbildung erst nach dem Hubwechsel in unzureichender Zeit, daher nur mangelhaft erfolgen kann.

Durch kürzeste Verbrennungswege und rascheste Verbrennung unter Erhöhung des Wärmezustandes könnte der Wärmeverbräuch auf durchschnittlich 1500 Wärmeeinheiten für die Stundenpferdekraft herabgebracht, also eine Wärmeausnutzung von mehr als $40\,^0/_0$ erzielt werden, während jetzt die besten Dampfmaschinen nur etwa $14\,^0/_0$, Gasmaschinen nur $25\,^0/_0$, bei ungünstiger Belastung viel weniger erreichen.

Der gekennzeichnete Fortschritt ist schon verwirklicht oder in die Wege geleitet. Er ist nur denen unbekannt geblieben, die über den einseitigen Standpunkt von Druck- und Temperaturerhöhung oder über einzelne bauliche Einzelheiten nicht hinausgehen.

Solange keine höheren Forderungen an die thermische Ausnutzung der Brennstoffe gestellt werden als gegenwärtig, wird die Viertaktmaschine wie bisher in den Kraftwerken herrschen. Für höhere thermische Ausnutzung ist sie aber ohne durchgreifende Änderung und Verbesserung wenig tauglich. Die Verbesserungsmöglichkeit ist im Vorangegangenen gekennzeichnet.

Verbesserung der Dampfbetriebe und Feuerungen.

Der Vergleich mit dem Dampfbetriebe ist besonders lehrreich.

Verbrennungsbetrieb und Dampfbetrieb sind gleicher Art, verfolgen dasselbe Ziel und benutzen gleiche Arten von Wärmekraftmaschinen.

Bei Dampfbetrieb wird seit einem Jahrhundert, als selbstverständlich und keines Nachdenkens bedürftig, Kohle auf einem

Roste verbrannt, mit entsprechender Flamme, und durch diese Heizung wird in einem Kessel Dampf erzeugt.

Seit einem Jahrhundert ist hierin kein Fortschritt grundlegender Art gemacht worden, sondern nur Teilfortschritte in der Herstellung der Kessel und ihrer Ausrüstung, in der Vorwärmung, der Ausnutzung der Abgaswärme, im Wärmeschutz, in Gewichts- und Kostenersparnis, Betriebsvervollkommnung, Verbesserung der Dampf- und Wasserwirtschaft usw.

Sonderfachleute, die Kraftbetrieben fernstehen, haben diese Fortschritte geschaffen. Hoher Wirkungsgrad der Kesselfeuerung an sich ist erreicht worden. Auch die Dampfmaschinen sind in gleichem Sinne, nämlich für sich allein, aufs höchste verbessert worden, und trotzdem wird der größte Teil des Kohlenwertes verschwendet. Seit Jahrzehnten der größten Entwicklung des Maschinenwesens ist das Denken der Sonderfachleute auf die Kohlenverbrennung gebannt, und Hauptziel ist, für bestimmte Kohle geeignete Feuerungseinrichtungen zu schaffen. Alles andere wird als nebensächlich betrachtet.

Unmittelbares Verbrennen der Kohle sollte aber Ausnahme sein. Nur solche Kohlen sollten auf dem Rost verbrannt werden, die sich nach den jetzigen Erfahrungen noch nicht günstig zerlegen lassen, und nur bei Kleinbetrieben, bei Betrieben mit stark schwankender Belastung usw. ist Rostfeuerung am Platze.

So ist der Dampfbetrieb seit Jahrzehnten im wesentlichen unverändert geblieben und hat sich nur riesenhaft ausgedehnt: es werden nur Rostfeuerungen verwendet; ertragen wird die Aschen- und Schlackenplage und der unreinliche Betrieb, der von den übrigen abgetrennt und in besondere Kesselhäuser verlegt werden muß, mit schlecht zugänglichen, eingemauerten Kesseln, weit entfernt von den Kraftmaschinen, mit langen, bei Heißdampf äußerst verlustreichen Dampfleitungen. Dabei sind die Leitungsverluste während der ganzen Betriebszeit zu tragen, gleichgültig, wie die Anlage belastet ist. Diese Wärmeleitungen aller Art mit ihren täglich 24 stündigen Dauerverlusten sind die größten Verschwender.

Diese Dauerfresser von Wärme hat man vielfach nur dadurch zu bekämpfen verstanden, daß man die Dampfverteilung durch elektrische ersetzte. Auf diesem Gebiete begann der Erfolg der elektrischen Energieverteilung; so sind aber auch kostspielige elektrische Anlagen, insbesondere im Bereiche von Berg- und Hüttenwerken, entstanden, die eine unwirtschaftliche Energieversorgung ergeben. Statt die Quelle der Wärmeverluste und der schlechten Brennstoffausnutzung zu beseitigen, ist man zu teuersten Energieformen übergegangen, in Fällen, wo die reine Dampfwirtschaft das allein Richtige wäre.

Für die üblichen Kesselbetriebe sind besondere Heizer notwendig, und der Erfolg ist ganz von ihnen abhängig. Sind Kessel oder Heizer schlecht, so wird die Rauch- und Rußplage unerträglich und der Wirkungsgrad gering. Die Umgebung solcher Betriebe wird zum Schmutzherd, und die Städte, darunter viele Großstädte, erhalten richtige Fabriksluft. Zwar stehen ringsum die amtlichen Wächter über die Volksgesundheit auf Posten, diese Quelle der Verpestung bleibt aber unberührt.

Große Werte werden durch die Verbrennung auf Rosten verschwendet. In den Kesseln wird zwar die Kohlenwärme gut ausgenutzt, aus Dampfkesseln und aus Dampfmaschinen werden durch Verbesserungen mühsam Zehntelprozente der Kraftausbeute herausgeholt; im Gesamtbetrieb aber wird der Kohlenwert verschwendet durch den rohen Verbrennungsvorgang, durch die Verluste in den Leitungen, den Kondensatoren usw.

Diese Zehntelprozente werden bei Dampfmaschinen durch besondere Meßverfahren festgestellt und die Ergebnisse als einseitige Paradezahlen niedrigen Dampfverbrauchs verkündet, und unbekümmert um das maßgebende wirtschaftliche Gesamtergebnis gilt die Maschinenanlage als beste, die die besten, im Durchschnittsbetrieb nie erreichbaren Paradezahlen aufweisen kann. Der wirkliche Verbrauch, auf den Kohlenwert bezogen, ist ein verschwenderischer. Pfennige werden gespart, Taler vergeudet!

Die einseitige wärmetheoretische Bewertung der Maschinen herrscht ganz allgemein.

Solche einseitigen Versuchsberichte gelten gar als wissenschaftliche Leistung, die technische Literatur ist voll von ihnen. Dabei sind die meisten Berichte für wärmetechnische Berechnungen nicht einmal brauchbar, weil in ihnen Ort und Art der Messung nicht angegeben ist, ebensowenig die Einzelheiten der Maschinen, deren Kenntnis es erst ermöglicht, den wirklichen Wärmefluß zu verfolgen.

Bei jeder Verbrennung kommt es auf die gute Gemisch-bildung an. für diese aber wird bei der Rostfeuerung gar nichts getan.

Kohlenstaubmaschinen sollten rasche Kohlenverbrennung für motorische Zwecke verwirklichen. Dies hat sich als unmöglich erwiesen, weil gute Gemischbildung unmöglich ist und selbst feines Kohlenpulver mit Luft nicht genügend gemischt werden kann. Die schlechte Gemischbildung zwingt dann zu niedriger Temperatur und geringem Wärmegefälle und ergibt schlechte Wärmeausnutzung.

Jede Flammenfeuerung ist aber ebenso unvollkommen. Kein Brennstoff brennt, sondern nur das Vergaste. Entscheidend für jede Verbrennung ist die Bildung des Gemisches von brennbarem Gas und Luft. Solche beherrschbare Gemischbildung ist aber bei den üblichen Feuerungen überhaupt nicht vorhanden. Brennbares Gemisch bildet sich bei ihnen nur zufällig an den Außenseiten der Gasströme. die der erhitzten Kohle entweichen. und so ist die Verbrennung vom Zufall und vom Heizer abhängig.

Um die gröbsten Zufälligkeiten auszuscheiden. müssen die Heizer besonders geschickt sein. Es werden besondere „Heizerkurse" und „Wettheizen" veranstaltet. Wie verkehrt würde man es finden. wenn die Verbrennungsmaschinen so schlechte Gemischbildung hätten, daß besondere Kurse für Maschinisten eingerichtet werden müßten, „Gemischregulierkurse". damit nicht allzu schlechtes Gemisch entsteht. und wenn die Gemischbildung überhaupt vom Geschick des Maschinisten abhängig wäre.

Die Gemischbildung. auf die es allein ankommt. müßte bei jeder Feuerung selbsttätig beherrscht werden. und zwar mit einfachen, sicheren Mitteln. ähnlich wie bei Gasmaschinen. und müßte von der Geschicklichkeit des Arbeiters unabhängig sein.

Landläufig gilt die Flamme als Kennzeichen und Sinnbild der Verbrennung. Aber gerade die Flamme muß verschwinden. sie ist stets das Kennzeichen schlechter Verbrennung. So lange eine Flamme vorhanden ist. so lange ist noch keine vollständige innere Gemischbildung zustande gekommen, sondern nur eine zufällige an der Außenfläche des Gasstroms.

Die Flamme und das Nachbrennen sind ebenso das Kennzeichen der schlechten Verbrennungsmaschinen.

Bei Dampfkesseln in Hüttenwerken, z. B. bei den mit armen Gichtgasen geheizten, ist oft zu beobachten, daß die Heizflamme viele Meter lang schwelend den Kessel umspült. Derartige Kessel stehen in gutem Ruf, weil Temperatur und Kesselbeanspruchung niedrig sind. Die Wärmeausnutzung ist aber elend, sie bleibt bei vielen solchen Kesseln unter $50\,^0/_0$.

Diese lange Flamme ist nichts andres als ein Gasstrom, der den Kessel als wirksame Isolierschicht umzieht und an seiner Oberfläche nach und nach zufällig Gelegenheit zur Mischung mit Luft findet, und nur dort, an der Oberfläche, kann das Gas brennen. Statt innerer Verbrennung ist nur ein langgestrecktes, langsam vor sich gehendes Nachbrennen vorhanden, das besonders nach außen hin wirksam ist, die Kesseleinmauerung heizt, weniger aber den Kessel.

Ist die Gemischbildung vollkommen, wie dies bei guter Gasfeuerung möglich ist, dann verschwindet die Flamme, es bleibt nur eine leuchtende Scheibe, deren Dicke von der Verbrennungsgeschwindigkeit abhängt. Je vollkommner die Mischung und je rascher die Verbrennung, desto besser wird dieser Zustand erreicht.

Diese bekannten Grundlagen und die erwähnten Verbesserungen der Verbrennungsmaschinen lassen sich sinngemäß auf Dampfkessel übertragen. Dies würde zu einer wertvollen Umgestaltung der Dampfbetriebe führen.

Dann sind aber für den Dampfkesselbetrieb erforderlich: richtige Gaserzeugung, Gasreinigung, die alle Störungen von Gasleitungen und Verbrennungsräumen fernhält, beste Gemischbildung, rasche innere Verbrennung der ganzen Gemischmasse, kürzeste Verbrennungswege und rascheste Wärmeübertragung im Kessel auf das zu verdampfende Wasser.

Solche Umgestaltung ist nicht von den „Spezialisten“ des Kesselbaus oder des Dampfmaschinenbaus zu erwarten, die anscheinend vollauf damit beschäftigt sind, Einzelverbesserungen an Kesseln und Maschinen durchzuführen, um die Paradezahlen für einige Teile der Anlagen noch zu verbessern.

Grundlagen und Anfangswege sind genau die gleichen für Dampfbetrieb und Verbrennungsbetrieb. Die Wege trennen sich erst bei der Gemischverbrennung, indem die heißen Gase entweder zur Kesselheizung und Dampferzeugung oder unmittelbar als Kraftmittel im Zylinder der Verbrennungsmaschine verwendet werden.

Kohle ist ein Rohstoff, der nicht verbrannt werden soll. Aus ihm ist vielmehr zunächst Reingas zu erzeugen, wobei wertvolle Nebenprodukte gewonnen werden. Darauf wird das reine Gas vollkommen mit Luft gemischt und unter Druck verbrannt.

Durch solche geschlossene Gasheizung wird bei hohem Druck im Zylinder von Gasmaschinen Triebkraft erzeugt; bei geringem Überdruck dient sie zur Kesselheizung. Gaserzeugung und Verwertung der Nebenprodukte sind getrennte Betriebe.

Die Druckgasheizung bedarf keines Zugs, der Schornstein und seine Verluste und Belästigungen fallen weg. Die Abgase sind nicht heiß, sind rein und unschädlich, bilden keinen Rauch, keine Asche, keine Schlacke, keinen Staub; die Metallflächen für die Wärmeleitung bleiben stets rein, und wirksame, rascheste Wärmeübertragung ist die Folge.

Solche Dampfkessel werden wegen ihrer vorzüglich wirkenden Verdampfungsflächen sehr klein; die Wärmeübertragung erfolgt in dünnwandigen Heizröhren. Diese können nach dem Grundsatz der Kühler gebaut werden: große Leitungsflächen für die Gase, kleine für das Wasser. Die Kessel werden billig, bedürfen keiner Einmauerung, nur einer Isolierung, und können neben den Dampfzylindern liegen, wie die gleichartigen Oberflächenkondensatoren unter den Dampfmaschinen. Der Maschinist regelt den Gang nach der Flamme durch den Gaszutritt. Die langen Dampfleitungen und sonstige Wärme verzehrende Rohrleitungen verschwinden. Das Temperaturgefälle und die Wärmeausnutzung können vergrößert werden, die Leitungsverluste fallen weg.

Wirtschaftlich ergeben sich Vorteile durch die bessere Wärmeausnutzung, durch einfache, billige Bauanlage, einfache Wartung und bessere Ausnutzung des Kohlenwertes unter Verwertung der Nebenprodukte.

Für Dampfbetriebe wie für Verbrennungsmaschinen ist daher erforderlich: richtige Vorbehandlung des Brennstoffs.

Jede Kohle ist nur Rohstoff; sie verbrennen, heißt hohe Werte verschwenden. Dieser Rohstoff ist für uns und unsere Zukunft viel wertvoller als alles Edelgestein, Perlen oder Rosenöl, trotzdem herrscht die Verschwendung ganz allgemein. Nur ein winziger Teil der Heizkraft wird in Nutzarbeit umgesetzt.

Die herrschende Verschwendung bezweckt: nur den Heizwert der Kohle auszunutzen, die wertvollen Nebenprodukte mitzuverbrennen oder, wenn Kraftgas zum Betriebe von Gasmaschinen erzeugt wird, die Nebenstoffe als lästig auf dem billigsten Wege loszuwerden.

Der richtige Weg ist: die hochwertigen Nebenprodukte zu gewinnen, damit die Aufbereitungskosten der Kohle zu decken und auch die Brennstoffkosten zu vermindern. Wird so vorgegangen, dann sind auch minderwertige Brennstoffe verwendbar.

Der Brennstoff muß erst umgewandelt werden. Es ist eine „Aufbereitung" der Kohle notwendig, um den Wert der Nebenprodukte zu gewinnen und um den Kohlenwert und den Heizwert besser, frei von Störungen und Belästigungen, ausnutzen zu können.

Stets muß Reingas erzeugt werden, einerseits um die wertvollen Nebenprodukte zu gewinnen, andrerseits, um den Kraftbetrieb in der Gasmaschine oder die Kesselheizung von allen Störungen durch Verunreinigungen freizuhalten.

Die Leitung von Reingas ist sehr einfach. Die Reinigung bewirkt zugleich die Abkühlung, dadurch werden Schwierigkeiten der Leitung beseitigt. Die Leitung ergibt keine Wärmeverluste, keine Ausdehnungen; Undichtheiten lassen sich bei fehlender Ausdehnung mit den gegenwärtigen Mitteln leicht vermeiden. Außerdem genügt für Kesselbetriebe geringer Überdruck von Gas und Luft.

Fast alle Kraftanlagen leiden daran, daß die Wärme in irgend einer Form unzulässig weit laufen muß. Für lange Fahrten ist die Wärme nun aber einmal nicht geeignet; sie drückt sich von Nutzarbeit, wo sie kann. Die Werke bauen ihre Dampfmaschinen in höherwertige um, ihre Dampfkessel in solche neuester Art, oder sie entschließen sich gar, mit Millionenaufwand, zu elektrischer Energieverteilung. Das Ergebnis ist immer: riesige Anlagekosten und geringfügige Ersparnis, ganz außer Verhältnis zu den Ausgaben.

Umwandlung der Kohle ist die Zukunft. Die Stickstoffverbindungen werden nutzbar gemacht, und nur die Heizkraft der verbleibenden gasförmigen Bestandteile wird zur Dampfkesselheizung oder zum Gasmaschinenantrieb verwendet. Für Betriebe verschiedener Art ist dieses Verfahren längst in Verwendung.

In Dampfbetrieben ist bisher nur die **Dampfverbesserung** durch Trocknung und Überhitzung eingeführt. ebenso die **Wasserverbesserung** durch ausgedehnte Reinigung usw. Es fehlt aber noch das Wichtigste: die **Brennstoffverbesserung**.

Wirtschaftlich liegt der große Vorzug dieses Wegs in der Möglichkeit. billige. schlechte Brennstoffe zu verwerten.

Nicht jeder Brennstoff ist transportfähig. Manche große Kohlenlager sind unverwendbar. weil schlechte Kohle Transportkosten nicht verträgt. Selbst brennbar ist nicht jede Kohle. Minderwertige Kohle. sehr wasserhaltige oder aschereiche. kann auf dem Roste überhaupt nicht verbrannt werden. Aber jede Kohle. auch die schlechteste. läßt sich vergasen.

Auch für die Torfverwertung. die in neuerer Zeit im Vordergrunde der volkswirtschaftlichen Bestrebungen steht, ist durch das erwähnte Verfahren der richtige Weg gegeben. Es heißt mit untauglichen Mitteln arbeiten. wenn solcher minderwertige Brennstoff in Kesselfeuerungen verbrannt und elektrischer Strom als Hauptprodukt angestrebt wird.

Die Zukunft ist: Vergasung des Brennstoffs mit Gewinnung der Nebenprodukte an einer Stelle bequemer Kohlenzufuhr, Vermeidung aller Wärmeleitungen, gasgefeuerte Hochleistungsdampfkessel an der Verwendungsstelle des Dampfes unmittelbar bei den Dampfmaschinen.

In Hüttenwerken könnte das Reingas für das ganze Werk verwendet werden. auch für Öfen und manche Heizstellen, die sehr verbesserungsfähig sind. Auch die „Regeneratoren" von gasgefeuerten Öfen, Winderhitzern usw. sind oft das Gegenteil dessen, was sie besagen, sie sind Wärmeverschwender.

Nach diesen Gesichtspunkten eingerichtete Anlagen verlangen Großbetrieb und große Betriebsdauer. um wirtschaftlich hohe Leistungen zu erzielen. sie sind daher nur in geeigneten Fällen anwendbar; diese Fälle sind aber sehr zahlreich.

Veredlung der Brennstoffe.

Der Ausblick im großen zeigt daher: Es gibt mehrere Wege, um aus den Brennstoffen vorteilhafter als bisher Triebkraft zu erzeugen. Die Bemühungen. den Fortschritt in den Kraftmaschinen allein zu schaffen, sind einseitig, und bei dem jetzigen Stande, wenigstens der Dampfmaschinen, ist hier überhaupt nicht mehr viel zu holen; wohl aber bietet die Brennstoffseite Aussicht auf reichen Erfolg.

Auf der Maschinenseite lassen sich nur die Verbrennungsmaschinen noch sehr verbessern durch entsprechende Beeinflussung des Verbrennungsvorgangs, durch richtige Gemischbildung, Zündung und Verbrennung und durch Beherrschung des Wärmezustandes.

Die Verbesserungsmöglichkeit der Dampfbetriebe ist im Vorangegangenen gekennzeichnet, ebenso für die Verbrennungsmaschinen, für welche das Wesentliche in der Brennstofffrage liegt.

Vorbehandlung der Brennstoffe, z. B. der Treiböle, mit dem Ziele, sie anzureichern, ihren Heizwert zu erhöhen, kann nur unbedeutenden Erfolg in engen Grenzen bringen.

Zugeführter Wasserstoff oder Sauerstoffträger mischen sich meist nur schlecht mit dem anzureichernden Öl, bewirken keine Veränderung in der Bindung der Kohlenwasserstoffe und verbessern den Verbrennungsvorgang nur unwesentlich. Die Verfahren einer bloß mechanischen „Hydrierung" sind umständlich und einflußlos. Die äußerliche Wasserstoffzuführung hat oft nur die Gefahr von Frühzündungen näher gerückt.

Chemische Umwandlung von Treibölen ist erreichbar, wenn der große Kohlenstoffgehalt von Schwerölen vermindert wird. Das Ziel ist alsdann, aus schweren Kohlenwasserstoffen Leichtöle herzustellen, die bei der motorischen Verbrennung bequemer zu behandeln sind.

Solche Umwandlung erfordert Wärme und ist ähnlich dem Vorgange bei Beginn der Verbrennung von Steinkohlentreibölen in Hochdruckmaschinen. In diesen Maschinen werden mit oder ohne Hilfsbrennstoff zunächst die schweren ringförmig gebundenen Kohlenwasserstoffe gespalten und in leichtere, nur kettenförmig gebundene umgewandelt, die dann zersetzt und verbrannt werden.

Dieser Vorgang, der sich im Kraftzylinder unmittelbar nach der Zündung abspielt, müßte durch chemische Vorbehandlung der Schweröle im großen erreicht werden. Außer Wärme ist für solche Umwandlung oft die Mitwirkung katalytischer Mittel erforderlich.

Wirtschaftlichen Wert hätte die Umwandlung von Schwerölen, wie beispielsweise Steinkohlenteeren, die in Hochdruckmaschinen nicht mehr betriebssicher verbrannt werden können.

Verflüssigung der Kohle.

Eine vollständige Umwälzung auf dem Gebiete der Verbrennungsmaschinen würde aber eintreten und diesen Maschinen die größte Bedeutung verleihen. wenn aus Kohle durch chemische Umwandlung flüssige Kohlenwasserstoffe hergestellt würden, unter gleichzeitiger Gewinnung der Stickstoffverbindungen.

Solche chemische Umwandlung von Kohlenwasserstoffen ist möglich durch Einwirkung von Wasserstoff unter hohem Druck und hoher Temperatur.

Die Hydrierung im Sinne chemischer Umwandlung könnte so geleitet werden. daß von vornherein hauptsächlich leichte Kohlenwasserstoffe erzeugt und die schweren weiterhin in leichte umgewandelt werden. Die Rückstände wären Asche und unverbrennbare Kohlenstoffverbindungen. Damit wäre die Benzinerzeugung aus Kohle erreicht, die bedeutungsvollste Brennstoffvorbehandlung.

Die Verflüssigung der Kohle ließe sich jedoch auch so leiten, daß alle Zwischenstufen von Schwer- und Leichtölen hergestellt werden können.

Dies wäre die großzügige Lösung der Brennstoffrage für den Kraftbetrieb, die höchste Ausnutzung des Kohlenwertes, zugleich die Unabhängigmachung vom Auslandsöl. Eine unabsehbare Entwicklung der Ölmaschinen wäre die Folge.

Die wirtschaftliche Bedeutung der Kohleverflüssigung wäre eine ähnliche wie die der Veredlung anderer Nutzstoffe. Billiges Roheisen z. B. ist nur auf geringe Entfernung oder nur auf dem Wasserwege transportlohnend. Durch die Umwandlung des Roheisens in Stahl vergrößert sich Wert und Absatzmöglichkeit außerordentlich, und zu Edellegierungen oder zu Feinware verarbeitet. gewinnt es die ganze Welt als Absatzgebiet.

Brennstoffe sind massenhaft auf der Erde vorhanden, aber geringwertige lohnen nicht den Transport. Selbst die Verwendung an der Stätte des Vorkommens ist mitunter unwirtschaftlich. Werden aus solcher Kohle aber durch Vorbehandlung die wertvollen Stickstoffverbindungen herausgeholt und die Kohlenwasserstoffe in Leicht- oder Schweröle umgewandelt, dann besiegt der veredelte Brennstoff die größten Entfernungen, und die Betriebe der ganzen Welt werden ihm zugänglich, wie dem Petroleum und dem Benzin. Jetzt leben viele Maschinenbetriebe oft nur so lange wirtschaftlich, bis es den Monopolhändlern beliebt, die Preise zu erhöhen.

Für die wirtschaftliche Bedeutung solcher Umwandlung ist das Beispiel bezeichnend, daß in einem Elbehafen vor Kriegsausbruch 10000 Wärmeeinheiten in Braunkohle nur 2 Pfennig, in Benzin dagegen 40 Pfennig, also das 20fache kosteten. Dieser gewaltige Preisunterschied läßt einen weiten Spielraum für die Kosten der Umwandlung.

Brennstoffveredlung durch Verflüssigung der Kohle würde eine gewinnreiche Industrie schaffen, und die Brennstofffrage fände auf absehbare Zeit ihre Lösung.

Solche Umwandlung von Schwerölrückständen und von Kohle in Benzin oder Schweröle ist laboratoriumsmäßig schon durchgeführt, der industrielle Betrieb ist in Vorbereitung.

Die Verbrennungsmaschinen wären dann nicht mehr auf wenige erlesene Brennstoffe angewiesen, die zudem vielfach aus dem Auslande stammen. Alle Brennstoffe, auch sehr geringwertige, könnten in hochwertige, transportlohnende umgewandelt und so auch die mächtigen armen Brennstofflager verwertet werden.

Die umständlichen Veränderungen der Hochdruckmaschinen, die den Zweck haben, einige noch nicht benutzte Schweröle zur Verbrennung zu verwenden, würden zwecklos werden. Kein Betrieb wäre mehr auf schwer zu behandelnde Öle angewiesen, und die teuern Hochdruckmaschinen könnten durch einfachere ersetzt werden. Die Notwendigkeit, den Maschinenbetrieb und den Verbrennungsvorgang den wechselnden Eigenschaften des Öls anzupassen, würde wegfallen.

Die Brennstoffveredlung könnte immer dasselbe Öl mit unveränderlichen Eigenschaften liefern. Ein Einheitsbrennstoff günstigster Art würde geschaffen, und die Einheitsmaschine wäre die Folge. Solche Vereinheitlichung wäre für die Herstellung und für den Betrieb von Verbrennungsmaschinen von größtem Werte. Gegenwärtig liegt eine ungeheure Geld- und Arbeitsverschwendung in der Vielgestaltigkeit dieser Maschinen. Die Hochdruckmaschinen würden dann allerdings an Bedeutung verlieren, weil gleich günstige wirtschaftliche Leistung wie mit ihnen auch durch einfachere Mittel erreicht wird.

Oder aber es könnte für jede der vorhandenen Arten von Verbrennungsmaschinen ein brauchbarer Brennstoff geliefert werden, denn die Verflüssigung der Kohle kann stets dem bestimmten Zwecke entsprechend geleitet werden.

Die Betriebssicherheit würde durch die Unveränderlichkeit des Brennstoffs wesentlich erhöht werden. Der Großbetrieb würde jedenfalls einen Einheitsbrennstoff von günstigsten motorischen Eigenschaften anstreben, der aber auch für die vorhandenen Maschinen brauchbar ist. Der Betrieb würde wesentlich verbilligt werden, wenn hochwertiger Brennstoff überall zu wirtschaftlichem Preise verfügbar wäre. Jetzt sind alle Betriebe vom Auslande und seiner willkürlichen Preisbestimmung abhängig, nicht minder aber von der stark wechselnden Beschaffenheit der Brennstoffe, und vielen Betrieben droht die Gefahr des Erliegens, wenn die Brennstoffverhältnisse sich ungünstig gestalten.

Aus der Erhöhung der Betriebssicherheit, der Vereinfachung und größeren Bequemlichkeit des Betriebs würde sich eine große Entwicklung der Verbrennungsmaschine ergeben. Die meisten kleineren Kraftwerke würden dieser Betriebsart zufallen. Die Elektrizitätswerke würden im Wettbewerb mit den Verbrennungsmaschinen auf neue Fortschritte bedacht sein müssen.

Auch eine weitere große Entwicklung des Kraftfahrwesens ist vorauszusehen, gegen welche die bisherige nur als ein bescheidener Anfang erscheint.

Gewaltigen Aufschwung müßten die Verbrennungsmaschinen für Schiffsbetriebe nehmen, deren Bedingungen unabhängig von den Schwierigkeiten des Hochdruckbetriebes erfüllt werden könnten.

Die Bedeutung der Brennstoffveredlung für die Kriegsmarine ist ohne weiteres klar. —

Das Ziel: größte Wirtschaftlichkeit der Kraftbetriebe, ist auf verschiedenen Wegen erreichbar; welches der zweckmäßigste ist, muß für den gegebenen Fall entschieden werden.

Ein Weg ist: die Kohle der erwähnten „Aufbereitung" zu unterziehen, die Stickstoffverbindungen zu verwerten, Reingas herzustellen und durch dessen Verbrennung in geschlossener Druckfeuerung Dampf zu erzeugen, mit dem dann beste Dampfmaschinen betrieben werden.

Ein zweiter Weg ist: die Energie des Reingases in Gasmaschinen weniger einseitig als bisher in mechanische Arbeit umzusetzen und dadurch höhere Wärmeausnutzung zu erzielen.

Der dritte Weg ist: Kohle zu verflüssigen, hierbei die Stickstoffverbindungen zu gewinnen und den Kraftbetrieb Ölmaschinen zu übertragen.

Keines dieser Verfahren wird Alleinsieger bleiben; wie bisher werden sie einander bekämpfen.

Nur die ortsverändernden Maschinen würden überwiegend dem Ölbetriebe zufallen, Betriebe mit hoher Wärmeausnutzung dem Gasbetriebe.

Aller Fortschritt ist ein Auf- und Niederwogen von Erfolgen, die den Mitwerbenden zu dem Streben zwingen, den Vorsprung der anderen durch Verbesserungen einzuholen und selbst Vorsprung zu gewinnen. Es ist kurzsichtig, auf Grund eines großen Fortschritts früheren Betriebsarten das Todesurteil zu sprechen, wie es wiederholt beim Auftauchen bedeutender Neuerungen auf dem Gebiete der Wärmekraftmaschinen vom einseitigen Gesichtspunkte der Wärmeausnutzung aus geschehen ist.

Volkswirtschaftlich ist zu fordern: Kohle sparen, diesen unersetzlichen Energievorrat aufs beste ausnutzen. Denn alle Industrie, aller Handel und Verkehr, unsere Zivilisation und alle Lebensverhältnisse beruhen auf der Ausnutzung der Brennstoffe, insbesondere der Kohle; die Ausnutzung der Wasserkräfte und sonstigen Naturkräfte ist dagegen verschwindend.

Volkswirtschaftlich ist aber auch zu fordern: Eigenbau treiben, vom Auslande unabhängig bleiben!

Der Kohlenverbrauch für motorische Zwecke ist seit einigen Jahrzehnten unheimlich gewachsen; die größte Menge davon, mehr als neun Zehntel, wird verschwendet, selbst bei großen Kraftbetrieben.

Bessere Brennstoffausnutzung ist ein zwingendes Gebot der nationalen Selbsterhaltung schon für uns, noch mehr aber für unsere Nachkommen.
